无穷维随机动力系统的动力学

(第二版)

黄建华　郑　言　著

科 学 出 版 社
北　京

内 容 简 介

本书主要介绍几类重要的随机偏微分方程及其随机动力系统的研究成果, 通过对高斯噪声、分数布朗运动和 Lévy 过程驱动的随机偏微分方程的随机吸引子及其 Hausdorff 维数估计、随机惯性流形、大偏差原理、遍历性、混合性和随机稳定性, 以及非一致双曲系统的随机稳定性等问题的研究, 系统地介绍了无穷维随机动力系统动力学和遍历性质的研究方法以及作者相关的研究成果.

本书可供高等院校数学专业高年级本科生、研究生、教师以及相关领域的科研人员阅读参考.

图书在版编目(CIP)数据

无穷维随机动力系统的动力学/黄建华, 郑言著. — 2 版. —北京: 科学出版社, 2021.10

ISBN 978-7-03-070083-4

Ⅰ. ①无… Ⅱ. ①黄… ②郑… Ⅲ. ①无限维-动力系统(数学) Ⅳ. ①O19

中国版本图书馆 CIP 数据核字(2021) 第 208007 号

责任编辑: 李静科 / 责任校对: 彭珍珍
责任印制: 赵 博 / 封面设计: 无极书装

科学出版社 出版
北京东黄城根北街 16 号
邮政编码: 100717
http://www.sciencep.com
北京华宇信诺印刷有限公司印刷
科学出版社发行 各地新华书店经销
*
2011 年 2 月第 一 版 开本: 720×1000 1/16
2021 年 10 月第 二 版 印张: 24 3/4
2025 年 2 月第六次印刷 字数: 479 000

定价: 149.00 元

(如有印装质量问题, 我社负责调换)

第二版前言

无穷维随机动力系统理论研究在近十余年得到了快速发展, 许多学者在随机偏微分方程的适定性、动力学和遍历性研究方面都取得了很好的研究成果. 2014 年 Martin Hairer 因在随机偏微分方程领域的突出成就获得菲尔兹奖; 2016 年国家自然科学基金委将 “随机分析方法及其应用” 列为十三五期间的 “优先发展领域及其主要研究方向”, 并于 2020 年将 “动力学中的随机方法” 作为重大项目予以资助, 这表明随机分析与动力学的深度交叉与融合研究不仅具有非常重要的理论意义, 而且对服务国家重大需求具有一定的战略意义.

本书第一版出版已经十余年了, 这期间两位作者先后得到国家自然科学基金 (No:11371367, No:11771449, No:12071480) 以及湖南省自然科学基金 (No: 2020JJ4102, No:2018JJ2468) 等资助, 两位作者及其合作者在随机流体类方程的适定性、大偏差原理、遍历性、混合性等方面取得了一些研究成果, 为动力系统的随机稳定性问题开辟了新的研究路径.

本书在第一版的基础上进行了修订和完善, 补充了作者及其合作者十余年来关于随机动力系统的研究成果, 特别是增补了近年来飞速发展的遍历性质研究内容. 本书的出版得到了湖南省学位与研究生教育改革研究项目 (No.2020JGYB004)、2020 年国防科技大学研究生教育教学改革研究课题和国防科技大学数学学科建设经费的资助, 科学出版社的李静科编辑为本书的出版付出了艰辛的劳动, 博士后杨哄福参与了最后的校对工作, 在此一并表示感谢.

本书第二版由郑言负责增补新的研究成果, 黄建华负责统稿. 由于作者学识的局限性, 不妥之处敬请批评指正.

作　者

2021 年 7 月

第一版序

近二十年来, 随机非线性偏微分方程及其动力系统问题大量出现在物理、力学、金融、生物等相关领域. 早在 20 世纪 70 年代, Bensoussan, Temam, Pardoux 等就对随机非线性偏微分方程进行了研究, 随机动力系统的研究要晚一些. 1994—1997 年, Crauel, Flandoli 及 Debussche 等建立了有关随机无穷维动力学理论的基本框架, 德国的 Ludwig Arnold 教授于 1998 年出版了奠基性的著作《随机动力系统》, 数学工作者开始利用随机动力系统的框架来研究随机非线性发展方程解的长期性态, 特别是近十多年来, 随机非线性偏微分方程及其动力系统以及数值计算的研究得到了蓬勃的发展, 不少数学家得到了一系列很有价值的研究结果, 出版了一些很好的著作.

对随机偏微分方程解的存在性理论及长时间性态的研究, 主要是从轨道几乎处处的渐近行为和分布意义下的渐近行为两个方面来进行, 并比较不同噪声对系统动力学的影响, 分析出现的新现象和新问题.

国防科技大学黄建华和郑言两位老师多年来从事无穷维随机动力系统的研究, 取得了一系列的研究成果, 这些成果发表在国内外重要的学术杂志上, 引起了国内外随机动力系统领域学者的重视和关注. 最近, 他们总结了多年来的研究工作, 撰写了《无穷维随机动力系统的动力学》, 对高斯噪声、分数布朗运动和 Lévy 过程驱动随机偏微分方程的随机吸引子及其 Hausdorff 维数估计、随机惯性流形、大偏差原理和遍历性, 以及非一致双曲系统的随机稳定性等进行研究, 系统地论述了无穷维随机动力系统的几何理论和随机稳定性的研究方法和主要结论.

我相信, 该书的出版对于从事随机动力系统的理论与应用的研究将具有重要的参考价值.

郭柏灵

2010 年 9 月于北京

第一版前言

最近十多年来, 流体力学、等离子体物理、非线性光学以及分子生物学等诸多领域的非线性波在随机介质、外力压力湍流和白噪声扰动中传播, 形成了更符合实际的、具有不同于确定系统的新现象和新特征. 例如, 噪声影响了孤立子的形状和传播速度, 也在某些条件下, 延缓或防止了 “爆破” 现象的发生. 在一定条件下, 随机干扰对动力系统建立 “有序性” 起到了十分积极的作用, 人们也在利用随机因素来控制系统. 例如, 在耗散系统中增大噪声的强度能引起系统的相变使之趋向于平衡态. 在数学理论上, 对随机非线性发展方程的整体解的存在唯一性, 必须建立更为细致也更加复杂的新的估计, 对其无穷维动力系统行为, 如整体吸引子的存在性、维数估计、惯性流形的存在性及其稳定性等提出了不同的条件和要求, 出现了更为复杂的新的情况, 在理论上必须重新加以建立. 目前, 关于这方面的研究尚处在初级和发展阶段.

随机动力系统的研究目前已经是国际动力系统领域专家研究的热点和前沿课题, 属核心数学研究领域. 国际上关于随机动力系统动力学研究始于 20 世纪 90 年代, 德国的 Ludwig Arnold 领导的 Bremen 课题小组历经 10 年的研究, 从随机方程入手发展了随机动力系统的基本理论, 并完善了有限维随机动力系统的线性理论, 1998 年出版了奠基性的专著《随机动力系统》, 引起了动力系统领域和随机分析领域的极大关注, 人们开始利用随机动力系统的框架来研究随机非线性发展方程解的长期性态, 并成功地应用到很多领域中. 20 世纪 90 年代, Flandoli, Crauel, Schmalfuss 等建立了随机无穷维动力系统的基本概念和框架, 并对 Burgers 方程、NS 方程、非线性波方程、非线性扩散方程等证明了随机整体吸引子的存在性等. 关于无穷维随机动力系统的动力学研究, 目前主要有：英国 Warwick 大学的 James Robinson 领导的研究小组、西班牙的 Caraballo 等领导的研究小组、德国的 Crauel 以及意大利的 Flandoli 为代表的研究团队、俄罗斯数学家 Igor Chueshov 关于单调随机动力系统的研究工作; 美国 Illinois 理工学院的段金桥及其合作者关于具有随机动力学边界条件的随机吸引子的研究工作, Illinois 理工学院的周修义和 Auburn 大学的沈文仙关于随机旋转数和随机噪声诱导单调性的研究工作, 美国 Brown 大学的 Rozovskii、美国新墨西哥州矿业科技学院的王碧祥、英国 York 大学的 Brzezniak 及其合作者黎育红等关于无界区域上随机发展方程和部分耗散系统的随机吸引子的研究工作, 杨伯翰大学的吕克宁和 Illinois 理工学院的段金桥关于随机动力系统的不变流形的研究工作. 这些研究工作极大地丰富了无穷维随机动力系统的基本理论, 需要指出的是, 他们的研究工作都是考虑由高斯白噪声驱动的发展方程的动力学性态, 而关于分数布朗运动驱动和非高斯 Lévy 过程驱动随机偏微分方程的解的动力学性态研究较少.

随机动力系统遍历理论的前沿课题是动力系统的随机稳定性研究. 粗略地讲, 动力系统的随机稳定性研究主要确定动力系统和它扰动后所形成的一系列随机动力系统, 以及确定它们的相关遍历性质是否随着扰动的减小而趋于一致. 国际上关于动力系统的随机稳定性研究始于 20 世纪 80 年代, 以色列数学家 Kifer 利用当时先进的随机分析技巧研究了双曲动力系统、一致扩张系统. 随后不久, 法国数学家 Keller 用 Ruelle 算子处理随机分片扩张系统并获得了成功. 他们的研究使当时尚处于模糊状态的随机稳定性概念清晰起来, 弱随机稳定性、强随机稳定性、混合率的健壮性等问题先后得到广泛关注. 国际上关于动力系统的随机稳定性的研究主要有三个学派: 第一个学派采用的是随机分析的办法, 通过对随机动力系统所对应的 Markov 过程的转移概率进行估计来证明弱随机稳定性; 第二个学派采用的是泛函中的扰动办法, 通过考虑转移算子的扰动把谱的稳定性问题和强随机稳定性、混合率的健壮性等问题联系起来, Keller 和 Baladi 关于分片扩张映射的文章被认为是这一方法的标志性文章; 最后一个学派采用的是遍历论的办法, 通过熵扩张等工具来估计随机动力系统的不变测度的聚点是否满足熵公式.

国内随机动力系统的研究是近几年才开始的, 2004 年 3 月 1 日—4 月 15 日, 在中国科学院数学与系统科学研究院晨兴数学研究中心举办了第一次 “非自治和随机动力系统” 高级研讨班. 后来郭柏灵院士领导的课题组在 Bourgain 空间中研究随机数学物理方程的动力学性态, 以及大气、海洋中的随机演化方程解的渐近行为. 中国科学院数学与系统科学研究院、北京大学、南京大学、四川大学、吉林大学、南京师范大学、上海大学、上海师范大学等的课题研究小组开展了对随机动力系统的几何理论研究, 取得了一些很好的研究成果, 并指导博士生从事随机动力系统的研究.

本书总结了作者及其合作者近年来在无穷维随机动力系统的动力学方面的研究工作, 主要涉及非光滑区域、初值非光滑、动力学边界条件的随机抛物方程的随机吸引子; 部分耗散系统的随机吸引子及其遍历性; 随机时滞抛物和时滞波方程的随机吸引子与惯性流形等; 分数布朗运动驱动的非牛顿流模型的随机动力学; Lévy 过程驱动的随机 Boussinesq 方程的遍历性及大偏差原理, 最后研究了非一致双曲系统的随机稳定性.

郭柏灵院士、李继彬教授、蒋继发教授和段金桥教授对本书的写作给予了极大的鼓励和支持, 科学出版社的责任编辑为本书的出版付出了辛勤的劳动, 在此表示深深的感谢. 在本书的撰写过程中, 黎育红副教授、王伟副教授、柳振鑫副教授和黄代文副研究员提供了很多参考文献, 为本书的顺利完成提供很多帮助, 在此表示感谢.

本书的出版得到了国防科技大学学术著作出版基金和数学学科建设基金的资助, 本书的研究成果得到了国家自然科学基金 (No: 10571175, No: 10971225)、天元基金 (No: 10926096)、留学回国科研启动基金以及国防科技大学基础研究基金 (No: JC0802) 的资助, 在此一并表示感谢.

限于作者的水平, 书中难免存在不妥之处, 恳请读者批评指正.

作　者

2010 年 8 月

目　录

第 1 章　几类随机发展方程的吸引子

整体吸引子在研究非线性发展方程的渐近性态中起着重要的作用. 粗略地说, 自治发展方程的整体吸引子是某一函数空间中吸引所有有界集的连通紧集. 关于自治发展方程整体吸引子的论文很多, 参阅文献 [2], [8], [38], [39], [42], [45]. 将自治方程整体吸引子的概念推广到非自治、随机偏微分方程的情形, 就是所谓的拉回吸引子. 关于各类非自治、随机发展方程的拉回吸引子的研究论文很多, 参阅文献 [10] – [12], [16], [43], [44], [46]. 这一章研究非光滑区域上或初值非光滑的随机非线性抛物方程、动力学边界条件下的非牛顿-Boussinesq 修正方程、随机部分耗散系统在有界区域上或无穷格点上的随机吸引子的存在性.

1.1　随机动力系统与随机吸引子

设 (X,d) 为完备的可分度量空间, $(\Omega,\mathcal{F},P)$ 为一概率空间.

定义 1.1.1　如果映射 $\theta_t:[R\times\Omega\ni(t,\omega)\mapsto\theta_t\omega\in\Omega]$ 是 $(\mathfrak{B}(R)\times\mathcal{F},\mathcal{F})$-可测的, $\theta_0=Id$, $\theta_{s+t}=\theta_s\circ\theta_t$, 其中 $t,s\in R$, 且对任意的 $E\in\mathcal{F}$, $\theta_tP=P$ (即 $P(\theta_tE)=P(E)$), 则称 $(\Omega,\mathcal{F},P,(\theta_t)_{t\in R})$ 为可测的度量动力系统.

定义 1.1.2　(1) 设 (X,d) 是 Polish 空间 (具有可数基的局部紧的 Hausdorff 空间), $\mathcal{F}$ 是 σ-代数, θ 是 $(\Omega,\mathcal{F},P)$ 对应的保测变换, $(\Omega,\mathcal{F},P,\{\theta_t\}_{t\in R})$ 是度量动力系统. 如果可测映射

$$\Phi:R^+\times X\times\Omega\to X\times\Omega,\quad \Phi(t,x,\omega)=(S(t,x,\omega),\theta_t\omega)$$

在 X 上 P.a.s. 满足

(i) $S(0,\omega)=\mathrm{id}$(即 X 上的恒同映射);

(ii) 对任意的 $s,t\in R^+$ 及 $\omega\in\Omega$, $S(t+s,\omega)=S(t,\theta_s\omega)\circ S(s,\omega)$,

则称 Φ 为 θ 驱动的可测随机动力系统 (RDS).

(2) 若 X 为一拓扑空间, 可测随机动力系统 Φ 满足: 对任意的 $(t,\omega)\in R^+\times\Omega$,

$$S(t,\omega):X\longmapsto X \text{ 是连续的},$$

则称 Φ 为 θ 驱动的连续随机动力系统.

(3) 若 X 为一光滑流形, 连续随机动力系统 Φ 满足: 如果对某个 $k,1\leqslant k\leqslant\infty$, 对任意的 $(t,\omega)\in R^+\times\Omega$,

$$S(t,\omega): X \longmapsto X \text{ 是 } C^k \text{ 的},$$

则称 Φ 为 θ 驱动的 C^k 随机动力系统.

定义 1.1.3 设 $(\Omega,\mathcal{F},P)$ 是一概率空间, (X,d) 是 Polish 空间, 集值映射 $K:\Omega\to 2^X$ (2^X 表示 X 中的所有子集组成的集合). 如果对任意的 $x\in X$, 映射 $\omega\to d(x,K(\omega))$ 关于 $\mathcal{F}$ 可测, 则称 $K(\omega)$ 为随机集, 其中 $d(x,M)=\inf_{y\in M}d(x,y)$. 如果对每个 $\omega\in\Omega$, $K(\omega)$ 是闭的, 则称 $K(\omega)$ 是随机闭集. 如果对每个 $\omega\in\Omega$, $K(\omega)$ 都是紧集, 则称 $K(\omega)$ 是随机紧集. 随机集 $K(\omega)$ 称为是有界的, 如果存在 $x_0\in X$ 及随机变量 $r(\omega)>0$, 使得对所有的 $\omega\in\Omega$,

$$K(\omega)\subset\{x\in X:\ d(x,x_0)\leqslant r(\omega)\}.$$

定义 1.1.4 (1) 称 X 的非空子集簇 $\{K(\omega)|\omega\in\Omega\}$ 是拉回吸引的, 如果对任意的 $\omega\in\Omega$ 及 X 中的任意子集 $B\subset X$, 满足

$$d(S(t,\theta_{-t}\omega)B,K(\omega))\to 0,\qquad t\to\infty.$$

(2) 称 X 的非空子集簇 $\{K(\omega)|\omega\in\Omega\}$ 是拉回吸收的, 如果对任意的 $\omega\in\Omega$ 及 X 中的任意子集 $B\subset X$, 都存在实数 $T(\omega,B)>0$, 使得当 $t\geqslant T(\omega,B)$ 时,

$$S(t,\theta_{-t}\omega)B\subset K(\omega).$$

称 $\{K(\omega)|\omega\in\Omega\}$ 为 X 的拉回吸收子集簇, 如果它是拉回吸收的, $T(\omega,B)$ 为吸收时刻.

(3) 称 X 的非空子集簇 $\{K(\omega)|\omega\in\Omega\}$ 是紧的, 如果对任意的 $\omega\in\Omega$, $K(\omega)$ 是紧的.

(4) 称 X 的非空子集簇 $\{K(\omega)|\omega\in\Omega\}$ 是可测的 (关于 $\mathcal{F}$ 的完备化空间是可测的), 如果对任意的 $x\in X$, 映射 $[\Omega\ni\omega\mapsto d_X(x,K(\omega))\in R^+]$ 关于 $\mathcal{F}$ 可测 (是指关于 $\mathcal{F}$ 的完备化空间可测).

定义 1.1.5 设 $(\Omega,\mathcal{F},P)$ 是概率空间, (X,d) 是 Polish 空间, Φ 是随机动力系统, X 的非空子集簇 $\{A(\omega)|\omega\in\Omega\}$ 称为 Φ 的随机吸引子 (也称随机拉回吸引子), 如果 $A(\omega)$ 是随机紧集, 吸引 X 中所有确定的集合, 并且是不变的, 即对所有 $t>0$ 和 $\omega\in\Omega$, $\Phi(t,\omega)A(\omega)=A(\theta_t\omega)$.

定理 1.1.1 [11] 设 Φ 是定义在 X 上 θ_t 驱动的随机动力系统, 如果存在一个随机紧集, 吸引 X 中的任意有界集, 则随机动力系统 Φ 存在随机吸引子 $\mathcal{A}(\omega)$,

$$\mathcal{A}(\omega)=\overline{\bigcup_{B\subset X}\Lambda_B(\omega)},$$

且 $\mathcal{A}(\omega)$ 是可测的. 如果 X 是连通的, 则 P.a.s, $\mathcal{A}(\omega)$ 是连通的, 其中 $\Lambda_B(\omega) = \bigcap_{s\geqslant 0}\overline{\bigcup_{t\geqslant s}\Phi(t,\theta_t\omega)B}$ 是 B 的 ω 极限集.

附注 由随机吸引子的定义可知, 整体随机吸引子是唯一的. 在实际应用中, 通常把初始时刻移到 $-\infty$, 对固定的 $\omega\in\Omega$, 考虑 $t=0$ 时刻的值即可.

定理 1.1.2([5], 命题 10, 命题 12) (1) 给定 $K(\cdot):\Omega\to 2^X\setminus\{\varnothing\}$, 如果 $K(\cdot)$ 是渐近紧的, 则对每个 $\omega\in\Omega$, $\Omega_{K(\cdot)}(\omega)$ 是非空紧的, 且 $\Omega_{K(\cdot)}(\cdot)$ 在拉回意义下吸引 $K(\cdot)$.

(2) 给定 $K_1(\cdot), K_2(\cdot):\Omega\to 2^X\setminus\{\varnothing\}$, 如果 $K_1(\cdot)$ 和 $K_2(\cdot)$ 都是渐近紧的, $K_2(\cdot)$ 在拉回意义下吸收 $K_1(\cdot)$, 则对每个 $\omega\in\Omega$,

$$\Omega_{K_1(\cdot)}(\omega)\subset\Omega_{K_2(\cdot)}(\omega).$$

定理 1.1.3([11], 命题 2.1) 假设 $K(\omega):\Omega\to 2^X\setminus\{\varnothing\}$ 是渐近紧的, 且在拉回意义下是吸引的, 则下面定义的集值映射 $A(\cdot):\Omega\to 2^X\setminus\{\varnothing\}$, 对任意的 $\omega\in\Omega$,

$$A(\omega)=\overline{\bigcup_{B\subset X}\Omega_B(\omega)}$$

是随机动力系统 $\{S(t,\omega)\}$ 的整体随机吸引子.

假设空间 X 是一个 Hilbert 空间, $\{S(t,\omega)\}$ 是空间 X 上关于度量动力系统 $(\Omega,\mathcal{F},P,(\theta_t)_{t\in R})$ 的一个随机动力系统. 假设 $A(\cdot):\Omega\to 2^X\setminus\{\varnothing\}$ 是随机动力系统 $\{S(t,\omega)\}$ 的随机吸引子.

定义 1.1.6 给定 $\omega\in\Omega$, 称 $d(\omega)\in[0,\infty]$ 是随机吸引子 $A(\omega)$ 的 Hausdroff 维数, 如果

$$\begin{cases}\mu_H(A(\omega),d)=0, & \forall d>d(\omega),\\ \mu_H(A(\omega),d)=\infty, & \forall d<d(\omega),\end{cases}$$

其中

$$\mu_H(A(\omega),d)=\lim_{\epsilon\to 0}\mu_H(A(\omega),d,\epsilon),$$

$$\mu_H(A(\omega),d,\epsilon)=\inf\sum_{i\in I}r_i^d,$$

这里的下确界是关于 $A(\omega)$ 的所有的 X 中的 $(B_i)_{i\in I}$ 覆盖取的, 其中 $r_i\leqslant\epsilon$.

对每个 $\omega\in\Omega$, 记

$$S(\omega)=S(1,\omega).$$

如果对每个 $x\in X$, 映射 $[\Omega\ni\omega\mapsto S(\omega)x]$ 是 $(\mathcal{F},\mathcal{B}(X))$ 可测的, 则称 $S(\cdot)$ 是 X 上的随机映射.

定义 1.1.7 称一个随机映射 $S(\cdot)$ 在 $\{A(\omega)\}_{\omega\in\Omega}$ 上是一致可微的, 如果存在一个常数 $\mu>0$ 和一个随机变量 $\bar{M}:\Omega\to R$, 对于任意的 $\omega\in\Omega$ 及任意的 $x\in A(\omega)$, 存在一个线性算子 $L(x,\omega):X\to X$ 使得

$$\bar{M}(\omega)\geqslant 1,\quad \mathbb{E}(\ln\bar{M}(\omega))<\infty,$$

如果 $x+h\in A(\omega)$, 则

$$||S(\omega)(x+h)-S(\omega)x-L(x,\omega)h||_X\leqslant\bar{M}(\omega)||h||_X^{1+\mu}. \tag{1.1.1}$$

假设 $S(\cdot)$ 在 $\{A(\omega)\}_{\omega\in\Omega}$ 上是一致可微的, 线性算子 $L(\cdot,\cdot)$ 满足方程 (1.1.1). 令

$$\lambda_n(L(x,\omega))=\sup_{G\subset X,\dim G=n}\ \inf_{y\in G,||y||_X=1}||L(x,\omega)y||_X \tag{1.1.2}$$

及

$$\gamma_n(L(x,\omega))=\lambda_1(L(x,\omega))\cdots\lambda_n(L(x,\omega)). \tag{1.1.3}$$

定理 1.1.4 [16] 假设 $S(\cdot)$ 在 $\{A(\omega)\}_{\omega\in\Omega}$ 上一致可微的, 线性算子 $L(\cdot,\cdot)$ 满足方程 (1.1.1). 进一步, 如果存在一个可积的随机变量 $\bar{\gamma}_d:\Omega\to(0,\infty)$, $d\in N$, 及随机变量 $\bar{\lambda}_1:\Omega\to(0,\infty)$, 使得对任意的 $\omega\in\Omega$ 及 $x\in A(\omega)$, 都满足

$$\gamma_d(L(x,\omega))\leqslant\bar{\gamma}_d(\omega),\quad \mathbb{E}(\ln(\bar{\gamma}_d))<0, \tag{1.1.4}$$

及

$$\lambda_1(L(x,\omega))\leqslant\bar{\lambda}_1(\omega),\quad \bar{\lambda}_1(\omega)\geqslant 1,\quad \mathbb{E}(\ln(\bar{\lambda}_1))<\infty, \tag{1.1.5}$$

那么, 随机吸引子 $A(\omega)$ 的 Hausdorff 维数不大于 d, 即对所有的 $\omega\in\Omega$, 都有 $d_H(A(\omega))\leqslant d$ 成立.

1.2　非光滑区域上非自治抛物方程的拉回吸引子

这一节先研究一般的非自治抛物型偏微分方程

$$\begin{cases}\dfrac{\partial u}{\partial t}=\displaystyle\sum_{i=1}^N\frac{\partial}{\partial x_i}\left(\sum_{j=1}^N a_{ij}(t,x)\frac{\partial u}{\partial x_j}+a_i(t,x)u\right)\\ \qquad+\displaystyle\sum_{i=1}^N b_i(t,x)\frac{\partial u}{\partial x_i}+c_0(t,x)u+f(t,x,u),\qquad x\in D,\\ \mathcal{B}(t)u=0,\qquad x\in\partial D,\end{cases} \tag{1.2.1}$$

其中 $D \subset R^N$ 是有界的 Lipschitz 区域, $a_{ij}(\cdot,\cdot)$, $a_i(\cdot,\cdot)$, $b_i(\cdot,\cdot)$, $c_0(\cdot,\cdot) \in L_\infty(R \times \bar{D})$ $(i,j=1,2,\cdots,N)$; $f(t,x,u)$ 关于 u 可微的, 关于 $(t,x,u) \in R \times \bar{D} \times R$ 是 Borel 可测的, 并且满足某些耗散性假设; $\mathcal{B}$ 是 Dirichlet(Neumann 或 Robin) 边界算子, 即

$$\mathcal{B}(t)u = \begin{cases} u, & \text{(Dirichlet)} \\ \displaystyle\sum_{i=1}^{N}\left(\sum_{j=1}^{N} a_{ij}(t,x)\frac{\partial u}{\partial x_j} + a_i(t,x)u\right)\nu_i, & \text{(Neumann)} \\ \displaystyle\sum_{i=1}^{N}\left(\sum_{j=1}^{N} a_{ij}(t,x)\frac{\partial u}{\partial x_j} + a_i(t,x)u\right)\nu_i + d_0(t,x)u. & \text{(Robin)} \end{cases} \tag{1.2.2}$$

$\nu = (\nu_1,\nu_2,\cdots,\nu_N)$ 表示边界 ∂D 上指向 D 的外侧的单位法线方向, (1.2.2) 式中的 $a_{ij}(\cdot,\cdot)$ 和 $a_i(\cdot,\cdot)$ $(i,j=1,2,\cdots,N)$ 与式 (1.2.1) 中的相同, $d_0(\cdot,\cdot) \in L_\infty(R \times \partial D)$.

下面将主要研究一般随机抛物方程

$$\begin{cases} \displaystyle\frac{\partial u}{\partial t} = \sum_{i=1}^{N}\frac{\partial}{\partial x_i}\left(\sum_{j=1}^{N} a_{ij}(\theta_t\omega,x)\frac{\partial u}{\partial x_j} + a_i(\theta_t\omega,x)u\right) \\ \qquad\displaystyle + \sum_{i=1}^{N} b_i(\theta_t\omega,x)\frac{\partial u}{\partial x_i} + c_0(\theta_t\omega,x)u + f(\theta_t\omega,x,u), \qquad x \in D, \\ \mathcal{B}(\theta_t\omega)u = 0, \qquad x \in \partial D \end{cases} \tag{1.2.3}$$

的拉回吸引子, 其中 D 与 (1.2.1) 中的一致, $\omega \in \Omega$, $(P,\{\theta_t\}_{t\in R})$ 是一个度量动力系统, $a_{ij}(\cdot,\cdot)$, $a_i(\cdot,\cdot)$, $b_i(\cdot,\cdot)$ $(i,j=1,\cdots,N)$, $c_0(\cdot,\cdot)$ 是 $(\mathfrak{F} \times \mathfrak{B}(D), \mathfrak{B}(R))$ 可测; $f(\omega,x,u)$ 关于 u 可微, 关于 (ω,x,u) 是 $(\mathfrak{F} \times \mathfrak{B}(D) \times \mathfrak{B}(R), \mathfrak{B}(R))$ 可测的, 并满足某些耗散性假设条件. $\mathcal{B}$ 是 Dirichlet(Neumann 或 Robin) 边界算子, 即 $\mathcal{B}(\theta_t\omega)$ 是形如 (1.2.2) 中的 $\mathcal{B}(t)$ 算子, 其中 $a_{ij}(t,x) = a_{ij}^{\omega}(t,x) := a_{ij}(\theta_t\omega,x)$, $a_i(t,x) = a_i^{\omega}(t,x) := a_i(\theta_t\omega,x)$, $d_0(t,x) = d_0^{\omega}(t,x) := d_0(\theta_t\omega,x)$, $d_0(\cdot,\cdot)$ 是 $(\mathfrak{F} \times \mathfrak{B}(\partial D), \mathfrak{B}(R))$ 可测的.

对各种类型的非自治发展方程 (1.2.1) 和随机发展方程 (1.2.3) 的整体吸引子的研究很多, 见文献 [2], [8], [38], [42] — [46]. 在这些研究非自治发展方程 (1.2.1) 和随机发展方程 (1.2.3) 解存在唯一性的文献中, 常用的两种方法是 Galerkin 近似方法和半群方法. Galerkin 近似方法常用来研究在某个 Hilbert 空间 (例如 $L_2(D)$) 中发展方程的解的性质, 而半群方法则用于某个 Banach 空间中的发展方程的解的性质. 例如, Marion 等[38] 研究了反应扩散方程

$$\frac{\partial u}{\partial t}=\Delta u+g(x,u),\quad x\in D,\quad \mathcal{B}u=0,\quad x\in\partial D \tag{1.2.4}$$

在 $L_2(D)$ 中的整体吸引子, 其中 $\mathcal{B}u=u$ 或者 $\mathcal{B}u=\dfrac{\partial u}{\partial\nu}$, $g(x,u)$ 关于 x 可测, 关于 u 是 C^1 的, 并且满足下面的假设条件:

(H0) 存在常数 $p>2,\quad c_1>0,\quad c_2>0,\quad c_3\geqslant 0,\quad c_4\geqslant 0$ 使得

$$-c_2|u|^p-c_3\leqslant g(x,u)u\leqslant -c_1|u|^p+c_3,\qquad u\in R,\quad \text{a.e.}\quad x\in D,$$

$$\partial_u g(x,u)\leqslant c_4,\qquad u\in R,\quad \text{a.e.}\quad x\in D,$$

其中 $\partial_u g$ 表示 g 关于 u 的偏导数. Marion 等[38] 利用 Galerkin 近似方法证明了对任意的初值函数 $u_0\in L_2(D)$, 方程 (1.2.4) 存在唯一满足初值条件 $u(0;u_0)=u_0$ 的弱解 $u(t;u_0)$, 并且映射 $[R^+\ni t\mapsto u(t;u_0)\in L_2(D)]$, $[L_2(D)\ni u_0\mapsto u(t;u_0)\in L_2(D)]$ 是连续的, 方程 (1.2.4) 在 $L_2(D)$ 中存在整体吸引子 A, 而且当 $\mathcal{B}u=u$ 时 ($\mathcal{B}u=\dfrac{\partial u}{\partial\nu}$ 时), A 在 $\mathring{W}_2^1(D)\cap L_p(D)(W_2^1(D)\cap L_p(D))$ 中是有界的.

在文献 [43] 中, 作者在 $C(\bar{D})$ 中研究了下面的非自治抛物方程

$$\begin{cases}\dfrac{\partial u}{\partial t}=\Delta u+g(t,x,u), & x\in D,\\ u=0, \quad x\in\partial D\end{cases} \tag{1.2.5}$$

的拉回吸引子, 其中 g 满足适当的光滑性假设, 并且存在可积函数 $C(t,x)$ 及 $D(t,x)$ 满足

$$g(t,x,u)u\leqslant C(t,x)|u|^2+D(t,x)|u|,\qquad (t,x,u)\in R\times D\times R.$$

利用半群方法可以证明对任意的 $u_0\in C(\bar{D})$ 及 $s\in R$, 方程 (1.3.8) 存在唯一的 Mild 解 $u(t;s,u_0)$, 满足初值 $u(s;s,u_0)=u_0$, 并且 (1.3.8) 在空间 $C(\bar{D})$ 中存在拉回吸引子.

尽管有很多论文研究了各种特殊形式的非自治发展方程和随机发展方程的整体吸引子, 但是, 对一般形式的非自治发展方程 (1.2.1) 和一般形式的随机发展方程 (1.2.3) 的拉回整体吸引子的论文较少, 甚至关于一般形式的方程 (1.2.1) 和 (1.2.3) 解的基本性质的研究结论也很少. 因此, 这一节先研究一般的非自治发展方程 (1.2.1) 和随机发展方程 (1.2.3) 在 $L_q(D)$ $(1<q<\infty)$ 中的解的动力学性质, 在适当的耗散条件下, 一般的非自治发展方程 (1.2.1) 和随机发展方程 (1.2.3) 在 $L_q(D)$ $(1<q<\infty)$ 中存在拉回吸引子.

为了研究非光滑区域上一般非自治抛物方程的性质, 先把光滑区域上的线性抛物方程

$$\begin{cases} \dfrac{\partial u}{\partial t}=\displaystyle\sum_{i=1}^{N}\frac{\partial}{\partial x_i}\left(\sum_{j=1}^{N}a_{ij}(t,x)\frac{\partial u}{\partial x_j}+a_i(t,x)u\right) \\ \qquad +\displaystyle\sum_{i=1}^{N}b_i(t,x)\frac{\partial u}{\partial x_i}+c_0(t,x)u, \qquad x\in D, \\ \mathcal{B}(t)u=0, \qquad x\in\partial D \end{cases} \tag{1.2.6}$$

解的基本性质推广到非光滑区域上的一般线性抛物方程的情形, 其中 D, a_{ij}, a_i, $b_i, c_0, d_0, \mathcal{B}(t)$ 的假设与 (1.2.1) 的假设相同, 也需要把光滑区域上的非线性抛物方程 (1.2.1) 的解的基本性质推广到非光滑区域上一般的非线性抛物方程解的基本性质. 由于非自治发展方程的形式很一般, 因此这种推广是非平凡的. 最近有很多关于非光滑区域上的一般线性抛物方程的性质研究, 参阅文献 [13-15,25-27,40,41] 等.

可以证明，如果 $u(t;s,u_0):=U_{a,p}(t,s)u_0$ 是方程 (1.2.6) 在 $L_p(D)$ 中的满足条件 $u(s;s,u_0)=u_0$ 的解, 则对任意的 $1\leqslant p\leqslant\infty$, 方程 (1.2.6) 在 $L_p(D)$ 中可以生成解算子簇 $\{U_{a,p}(t,s)\}_{s\leqslant t}$, 并且 $U_{a,p}(t,s)$ 满足很多类似于由 Laplace 算子在光滑区域上的解析半群的性质. 对于非光滑区域上的一般的非线性抛物方程, 除了文献 [14] 的研究之外, 并没有更多的研究文献. 因此, 利用半群方法在空间 $L_q(D)$ 中研究一般的非自治抛物方程 (1.2.1), 证明其解的一些基本性质, 包括方程 (1.2.1) 的 Mild 解对初边值的连续依赖性、单调性和紧性等, 注意到, 随机方程 (1.2.3) 可以看作 $\omega\in\Omega$ 参数化的非自治方程簇. 方程 (1.2.1) 包含了周期抛物方程和概周期抛物方程, 并且一个随机抛物方程可以通过变换化成随机方程 (1.2.3) 的形式, 例如, 考虑下面的加性噪声驱动的随机抛物方程

$$dv=\Delta vdt+f(v)dt+dW(t), \quad x\in D, \tag{1.2.7}$$

$$\frac{\partial v}{\partial \nu}=0, \quad x\in\partial D, \tag{1.2.8}$$

其中 $W(t)$ 是双边布朗运动.

$$\Omega=C_0(R,R)=\{\omega|\omega:R\to R\text{ 连续, 且}\omega(0)=0\},$$

并赋予紧开拓扑, 则 $\mathcal{F}=\mathfrak{B}(\Omega)$ 是 Borel σ 代数, P 是 Ω 上的 Wiener 测度, $\theta_t:\Omega\to\Omega$, $\theta_t\omega(\cdot)=\omega(\cdot+t)-\omega(t)$. 则 $(P,(\theta_t)_{t\in R})$ 是一个遍历的度量动力系统. 令 $v^*:\Omega\to R$ 是下面常微分方程

$$dv+vdt=dW$$

的稳态解过程. 令

$$v=u+v^*.$$

则 u 满足方程 (1.2.3) 的特殊形式:

$$\begin{cases}\dfrac{\partial u}{\partial t}=\Delta u+f(u+v^*(\theta_t\omega))+v^*(\theta_t\omega), \quad x\in\partial D,\\ \dfrac{\partial u}{\partial \nu}=0, \quad x\in\partial D.\end{cases}$$

需要指出的是, 加性噪声驱动的随机抛物方程的拉回吸引子可能有比较简单的结构, 例如在几乎每个纤维上可能是单点集[10].

1.2.1 一般线性抛物方程

先研究

$$\begin{cases}\dfrac{\partial u}{\partial t}=\displaystyle\sum_{i=1}^{N}\frac{\partial}{\partial x_i}\left(\sum_{j=1}^{N}a_{ij}(t,x)\frac{\partial u}{\partial x_j}+a_i(t,x)u\right)\\ \qquad +\displaystyle\sum_{i=1}^{N}b_i(t,x)\frac{\partial u}{\partial x_i}+c_0(t,x)u, \qquad x\in D,\\ \mathcal{B}(t)u=0, \qquad x\in\partial D,\end{cases} \tag{1.2.9}$$

其中 $D\subset R^N$ 为有界的 Lipschitz 区域, $\mathcal{B}$ 是 Dirichlet(Neumann 或 Robin) 边界算子, $((a_{ij})_{i,j=1}^N,(a_i)_{i=1}^N,(b_i)_{i=1}^N,\ c_0,\ d_0)$ 是系数容许空间 Y 中的满足一定条件的常数.

先给出后面常用的一般线性抛物方程 (1.2.9) 的基本性质, 这些性质可以看成是热方程

$$\frac{\partial u}{\partial t}=\Delta u \tag{1.2.10}$$

在具有 Dirichlet(Neumann 或 Robin) 边界条件的光滑区域上解的基本性质的推广[13,15,25-27,40,41].

先给出一些记号和基本假设:

$$a=((a_{ij})_{i,j=1}^N,(a_i)_{i=1}^N,(b_i)_{i=1}^N,c_0,d_0),$$

其中 a_{ij}, a_i, b_i, c_0 是方程 (1.2.9) 的系数, d_0 是边界条件的系数.

对任意的 $a=((a_{ij})_{i,j=1}^N,(a_i)_{i=1}^N,(b_i)_{i=1}^N,c_0,d_0)$ 及 $t\in R$, 可定义 a 的时间平移算子 $a\cdot t$:

$$a\cdot t:=((a_{ij}\cdot t)_{i,j=1}^N,(a_i\cdot t)_{i=1}^N,(b_i\cdot t)_{i=1}^N,c_0\cdot t,d_0\cdot t),$$

其中 $a_{ij}\cdot t(\tau,x):=a_{ij}(\tau+t,x)$, $s,\tau\in R$, $x\in D$ 等, 在不混淆的情况下, 简记 $a=(a_{ij},a_i,b_i,c_0,d_0)$.

下面对方程 (1.2.9) 的容许系数类 Y 给出假设:

(L-1) Y 是 $L_\infty(R\times D, R^{N^2+2N+1})\times L_\infty(R\times\partial D, R)$ 的有界子集, 在弱 * 拓扑下是闭的（因此是紧的）.

(L-2) Y 是平移不变的. 如果 $a\in Y$, 则 $a\cdot t\in Y, \forall t\in R$.

(L-3) $d_0=0$, 对任意 $a=((a_{ij})_{i,j=1}^N,(a_i)_{i=1}^N,(b_i)_{i=1}^N,\ c_0,\ d_0)\in Y$ (Dirichlet 或 Neumann 情形), 或 $d_0\geqslant 0$, 对任意的 $a=((a_{ij})_{i,j=1}^N,(a_i)_{i=1}^N,(b_i)_{i=1}^N,\ c_0,\ d_0)\in Y$ (Robin 情形).

当讨论空间 Y 中序列的收敛性到 Y 上映射的连续性时, 总是假设该空间赋予弱拓扑, 并按照弱 $*$ 拓扑收敛. 注意到 $[Y\times R\ni(a,t)\mapsto a\cdot t\in Y]$ 是连续的. 对于 $t\in R$, 令 $\sigma_t\colon Y\to Y$ 为 $\sigma_t a:=a\cdot t$, 则映射簇 $\sigma=\{\sigma_t\}_{t\in R}$ 在紧空间上是一个流.

(L-4) (一致椭圆性) 存在常数 $\alpha_0>0$ 使得对所有的 $a\in Y$, 总有

$$\sum_{i,j=1}^N a_{ij}(t,x)\,\xi_i\,\xi_j\geqslant,\alpha_0\sum_{i=1}^N\xi_i^2,\quad \text{a.e.}(t,x)\ \in R\times D,\ \forall\xi\in R^N, \tag{1.2.11}$$

$$a_{ij}(t,x)=a_{ji}(t,x),\quad \text{a.e. }(t,x)\in R\times D,\quad i,j=1,2,\cdots,N.$$

(L-5) (几乎处处收敛) (1) 在 Dirichlet(或 Neumann) 边界条件下, 对 Y 中任意收敛到 a 的序列 $(a^{(n)})$, 都有 $a_{ij}^{(n)}\to a_{ij}$, $a_i^{(n)}\to a_i$, $b_i^{(n)}\to b_i$ 在 $R\times D$ 上几乎逐点成立.

(2) 在 Robin 边界条件下: 对 Y 中任意收敛到 a 的序列 $(a^{(n)})$, 都有 $a_{ij}^{(n)}\to a_{ij}$, $a_i^{(n)}\to a_i$, $b_i^{(n)}\to b_i$ 在 $R\times D$ 上几乎逐点成立, 并且 $d_0^{(n)}\to d_0$ 在 $R\times\partial D$ 上几乎逐点成立.

注意到在假设 (L-5) 中, 没有对 c_0 做任何假设, 并且如果 a_{ij}, a_i, b_i 及 d_0 在各自定义域上都是局部 Hölder 连续的, 且 Hölder 指数是不依赖于 $a\in Y$ 的常数, 则 (L-5) 成立.

对于给定的 Banach 空间 X, 其范数记为 $\|\cdot\|_X$, 记 $L_p(D)$ 的范数为 $\|\cdot\|_{p,D}$ 或 $\|\cdot\|_p$, 记从 $L_p(D)$ 到 $L_q(D)$ 的线性有界算子空间 $\mathcal{L}(L_p(D),L_q(D))$ 为 $\|\cdot\|_{p,q}$. 在不混淆的情况下, 简记 $\|\cdot\|_{p,p}$ 为 $\|\cdot\|_p$, 或者 $\|\cdot\|$.

记 $W_2^1(D):=\{u\in L_2(D)|\dfrac{\partial u}{\partial x_i}\in L_2(D),\ i=1,2,\cdots,N\}$. 定义空间 V 如下:

$$V:=\begin{cases}\mathring{W}_2^1(D), & \text{(Dirichlet)}\\ W_2^1(D), & \text{(Neumann)}\\ W_{2,2}^1(D,\partial D), & \text{(Robin)}\end{cases} \tag{1.2.12}$$

其中 $\mathring{W}_2^1(D)$ 是 $\mathcal{D}(D)$ 在 $W_2^1(D)$ 中的闭包, $W_{2,2}^1(D,\partial D)$ 是空间

$$V_0 := \{ v \in W_2^1(D) \cap C(\bar{D}) | v \text{ 在 D 上是 } C^\infty \text{的，且} \|v\|_V < \infty \}$$

关于 $\|v\|_V := (\|\nabla v\|_2^2 + \|v\|_{2,\partial D}^2)^{1/2}$ 的完备化.

记 $\langle u, u^* \rangle$ 为空间 V 和 V^* 之间的对偶, 其中 $u \in V$, $u^* \in V^*$.

对于 $s \leqslant t$, 令

$$W = W(s,t;V,V^*) := \{ v \in L_2((s,t),V) | \dot{v} \in L_2((s,t),V^*) \}, \tag{1.2.13}$$

并赋予范数

$$\|v\|_W := \left(\int_s^t \|v(\tau)\|_V^2 \, d\tau + \int_s^t \|\dot{v}(\tau)\|_{V^*}^2 \, d\tau \right)^{\frac{1}{2}},$$

其中 $\dot{v} := dv/d\tau$ 是分布意义下取值于 V^* 的时间导数.

对于 $a \in Y$, 定义 V 上在 Dirichlet 边值条件和 Neumann 边值条件下关于 a 的双线性形式 $B_a = B_a(t,\cdot,\cdot)$ 如下：

$$\begin{aligned} B_a(t,u,v) :=& \int_D (a_{ij}(t,x)\partial_{x_j} u + a_i(t,x)u)\partial_{x_i} v dx \\ &- \int_D (b_i(t,x)\partial_{x_i} u + c_0(t,x)u)v \, dx, \quad u,v \in V, \end{aligned} \tag{1.2.14}$$

在 Robin 边界条件下

$$\begin{aligned} B_a(t,u,v) :=& \int_D (a_{ij}(t,x)\partial_{x_j} u + a_i(t,x)u)\partial_{x_i} v dx \\ &- \int_D (b_i(t,x)\partial_{x_i} u + c_0(t,x)u)v \, dx \\ &+ \int_{\partial D} d_0(t,x) uv \, dH_{N-1}, \quad u,v \in V, \end{aligned} \tag{1.2.15}$$

其中 H_{N-1} 表示 $N-1$ 维 Hausdorff 测度.

对于给定的 $E, F \subset L_q(D)$, 定义

$$d_q(E,F) := \sup_{u\in E} \inf_{v \in F} \|u - v\|_q.$$

对于 $u_1, u_2 \in L_p(D)$ $(1 \leqslant p \leqslant \infty)$, 定义

$$u_1 \leqslant u_2 \ (u_1 \geqslant u_2), \qquad u_1(x) \leqslant u_2(x) \quad (u_1(x) \geqslant u_2(x)) \qquad \text{a.e.} \quad x \in D.$$

定义空间

$$L_p(D)^+ := \{u \in L_p(D) | u \geqslant 0\}.$$

下面给出由一般线性抛物方程 (1.2.9) 的解定义的算子的基本性质.

定理 1.2.1(解算子的存在性及 L_p-L_q 估计) 对任意的 $a \in Y$, 任意的 $s < t$, 及任意的 $1 \leqslant p \leqslant \infty$, 存在算子 $U_{a,p}(t,s) \in \mathcal{L}(L_p(D), L_p(D))$ 满足下面的性质

(1) $u(t;s,u_0) := U_{a,2}(t,s)u_0$ ($u_0 \in L_2(D)$) 是方程 (1.2.9) 的弱解, 且满足初值条件 $u(s;s,u_0) = u_0$, 即对任意的 $v \in V$ 及 $\psi \in \mathcal{D}([s,t))$,

$$-\int_s^t \langle u(\tau), v\rangle \dot{\psi}(\tau)\, d\tau + \int_s^t B_a(\tau, u(\tau), v)\psi(\tau)\, d\tau - \langle u_0, v\rangle \psi(s) = 0, \quad (1.2.16)$$

其中 $\mathcal{D}([s,t))$ 是在 $[s,t)$ 上具有紧支集的所有光滑的实函数组成的函数空间;

(2) 对任意的 $a \in Y$, $q \geqslant p \geqslant 1$ 及 $t > s$, $U_{a,p}(t,s)(L_p(D)) \subset L_q(D)$, $U_{a,p}(t,s)|_{L_q(D)} = U_{a,q}(t,s)$;

(3) 对任意的 $a \in Y$, $p \geqslant 1$ 及 $t \geqslant \tau \geqslant s$, $U_{a,p}(t,\tau) \circ U_{a,p}(\tau,s) = U_{a,p}(t,s)$, $U_{a,p}(t,s) = U_{a\cdot s,p}(t-s,0)$;

(4) 对任意的 $a \in Y$, $1 \leqslant p \leqslant q \leqslant \infty$, $t > s$, 存在常数 $M > 0$, $\gamma > 0$ 使得下面结论成立

$$\|U_{a,p}(t,s)\|_{p,q} \leqslant M(t-s)^{-\frac{N}{2}(\frac{1}{p}-\frac{1}{q})} e^{\gamma(t-s)}.$$

证明

(1) 参阅文献 [13, 定理 2.4].

(2) 参阅 [13, 定理 5.1, 推论 5.3].

(3) 由 (1), (2) 及文献 [41, 命题 2.1.6, 2.1.7] 即可得证.

(4) 参阅文献 [13, 推论 7.2]. □

记 $U_{a,p}(t,s) = U_a(t,s)$. 则由定理 1.2.1(3) 可知, $U_a(t,s) = U_{a\cdot s}(t-s,0)$. 下面给出算子 $U_a(t,0)$ 的基本性质.

定理 1.2.2 算子 $U_a(t,0)$ 具有下面性质:

(1) 对任意的 $1 < p < \infty$, $u_0 \in L_p(D)$ 及 $a \in Y$, 映射 $[0,\infty) \ni t \mapsto U_a(t,0)u_0 \in L_p(D)$ 是连续的.

(2) 令 $1 \leqslant p \leqslant q < \infty$, $a \in Y$. 则对任意的实数列 $(t_n)_{n=1}^{\infty}$ 及任意序列 $(u_n)_{n=1}^{\infty} \subset L_p(D)$, 如果 $\lim_{n\to\infty} t_n = t$, $t > 0$, 且在 $L_p(D)$ 中满足 $\lim_{n\to\infty} u_n = u_0$, 则在 $L_q(D)$ 中, $U_a(t_n,0)u_n$ 收敛到 $U_a(t,0)u_0$.

(3) 对任意序列 $(a^{(n)})_{n=1}^{\infty} \subset Y$, 任意实数列 $(t_n)_{n=1}^{\infty}$, $(u_n)_{n=1}^{\infty} \subset L_2(D)$, 如果 $\lim_{n\to\infty} a^{(n)} = a$, $\lim_{n\to\infty} t_n = t$, $t > 0$, 且在 $L_2(D)$ 中, 有 $\lim_{n\to\infty} u_n = u_0$ 成立, 则在 $L_2(D)$ 中, $U_{a^{(n)}}(t_n,0)u_n$ 收敛到 $U_a(t,0)u_0$.

证明　(1) 参阅文献 [13, 定理 5.1, 推论 5.3] 或 [41, 命题 2.2.1].

(2) 参阅文献 [41, 命题 2.2.6].

(3) 参阅文献 [41, 命题 2.2.13] 及 [41, 定理 2.4.1]. □

定理 1.2.3　设 $1 \leqslant p \leqslant \infty$, $1 \leqslant q < \infty$. 则对任意给定的 $0 < t_1 \leqslant t_2$, 如果 E 是 $L_p(D)$ 中的一个有界子集, 则 $\{U_a(\tau,0)u_0 | a \in Y, \tau \in [t_1,t_2], u_0 \in E\}$ 在 $L_q(D)$ 中是相对紧的.

证明　参阅文献 [41, 命题 2.2.5]. □

定理 1.2.4　设 $a \in Y$, $t > 0$, $u_1, u_2 \in L_p(D)$.

(1) 如果 $u_1 \leqslant u_2$, 那么 $U_a(t,0)u_1 \leqslant U_a(t,0)u_2$;

(2) 如果 $u_1 \leqslant u_2, u_1 \neq u_2$, 那么 $(U_a(t,0)u_1)(x) < (U_a(t,0)u_2)(x)$, a.e. $x \in D$;

(3) 在 Dirichlet 边值条件下, 假设 $a^{(k)}$, $k = 1,2$, 在 $R \times D$ 上几乎处处满足 $a_{ij}^{(1)} = a_{ij}^{(2)}$, $a_i^{(1)} = a_i^{(2)}$, $b_i^{(1)} = b_i^{(2)}$, $c_0^{(1)} \leqslant c_0^{(2)}$, 则对任意的 $t > 0$ 及任意的 $u_0 \in L_p(D)^+$, 都有

$$U_{a^{(1)}}(t,0)u_0 \leqslant U_{a^{(2)}}(t,0)u_0;$$

(4) 在 Neumann 边值条件或 Robin 边值条件下, 假设 $a^{(k)}$, $k = 1,2$ 满足 $a_{ij}^{(1)} = a_{ij}^{(2)}, a_i^{(1)} = a_i^{(2)}, b_i^{(1)} = b_i^{(2)}$, 但 $c_0^{(1)} \leqslant c_0^{(2)}, d_0^{(1)} \geqslant d_0^{(2)}$ 几乎处处在 $R \times D$ 成立或几乎处处在 $R \times \partial D$ 成立. 则对任意的 $t > 0$ 及 $u_0 \in L_p(D)^+$,

$$U_{a^{(1)}}(t,0)u_0 \leqslant U_{a^{(2)}}(t,0)u_0.$$

证明　(1) 参阅文献 [41, 命题 2.2.9 (1)].

(2) 参阅文献 [41, 命题 2.2.9 (2)].

(3) 参阅文献 [41, 命题 2.2.10 (1)].

(4) 参阅文献 [41, 命题 2.2.10 (2)]. □

定义 1.2.1　给定 $a \in Y$, $p \geqslant 1$, 定义

$$\lambda_{a,p} := \limsup_{t-s\to\infty} \frac{\ln \|U_{a,p}(t,s)\|_p}{t-s}.$$

定理 1.2.5　(1) $-\infty < \lambda_{a,2} < \infty$;

(2) $\lambda_{a,p}$ 不依赖于 p;

(3) 给定 $\epsilon > 0$, 当 $t - s \gg 1$ 时, 都有 $\|U_{a,p}(t,s)\|_p \leqslant e^{(\lambda_{a,p}+\epsilon)(t-s)}$.

证明　(1) 由文献 [41, 定理 3.1.1, 3.1.2] 即可得证.

(2) 由定理 1.2.1 (4) 可知, 对任意有界集 $E \subset L_p(D)$, $s \in R$, 存在常数 $M_1 > 0$, 使得当 $u_0 \in E$ 时, 都有 $\|U_a(s+1,s)u_0\|_\infty \leqslant M_1$ 成立. 因此, 当 $t \geqslant s+1$, $u_0 \in E$, $p \geqslant 1$ 时, 都有

$$\|U_a(t,s)u_0\|_p = \|U_a(t,s+1)U_a(s+1,s)u_0\|_p \leqslant M_1\|U_a(t,s+1)\|_\infty.$$

这表明, 对任意的 $p \geqslant 1$, $\lambda_{a,p} \leqslant \lambda_{a,\infty}$.

对任意的 $q \geqslant p \geqslant 1$ 及任意的 $u_0 \in L_q(D)$, 当 $t \geqslant s+1$ 时,

$$\|U_a(t,s)u_0\|_q \leqslant Me^{\gamma}\|U_a(t-1,s)u_0\|_p \leqslant Me^{\gamma}\|U_a(t-1,s)\|_p\|u_0\|_p,$$

这表明 $\lambda_{a,q} \leqslant \lambda_{a,p}$. 因此, $\lambda_{a,p}$ 不依赖于 p.

(3) 由定义即可得证. □

附注 当 a 关于 t 是周期时, λ_a 是方程 (1.2.9) 的主特征值. 一般地, 称 λ_a 为方程 (1.2.9) 的上 Lyapunov 指数.

1.2.2 一般非线性抛物方程

这一节讨论一般的非线性抛物方程

$$\begin{cases} \dfrac{\partial u}{\partial t} = \displaystyle\sum_{i=1}^{N} \frac{\partial}{\partial x_i}\left(\sum_{j=1}^{N} a_{ij}(t,x)\frac{\partial u}{\partial x_j} + a_i(t,x)u\right) \\ \qquad + \displaystyle\sum_{i=1}^{N} b_i(t,x)\frac{\partial u}{\partial x_i} + c_0(t,x)u + f(t,x,u), \quad x \in D, \\ \mathcal{B}(t)u = 0, \quad x \in \partial D, \end{cases} \tag{1.2.17}$$

其中 $a=(a_{ij},a_i,b_i,c_0,d_0) \in Y$ (Y 是 $L_\infty(R\times D, R^{N^2+2N+1}) \times L_\infty(R\times\partial D, R)$ 的子集, 且满足 (L-1)~(L-5)), $f(t,x,u)$ 是某个容许函数集 Z 中的元素, $\mathcal{B}$ 形如 (1.2.2) 中的边值算子 (注意到 $\mathcal{B}$ 中含有 d_0).

下面研究方程 (1.2.17) 的 Mild 解, 并将光滑抛物方程的各种基本性质推广到一般的非线性抛物方程 (1.2.17) 情形. 记 ∂_u 为函数关于 u 的偏导数.

(NL-1) 对每个 $f \in Z$, $f(t,x,u)$ 关于 u 可微, $f(t,x,u)$, $\partial_u f(t,x,u)$ 都是关于 $(t,x,u) \in R\times\bar{D}\times R$ Borel 可测的. 而且, 对任意的 $t \in R$, 都有 $f\cdot t(\cdot,\cdot,\cdot) := f(\cdot+t,\cdot,\cdot) \in Z$.

(NL-2) 存在常数 $p_0 \geqslant 2$, $q_0 > \max\left\{\dfrac{N}{2}, 1\right\}$, $m_0 \in N$ 使得对任意的 $f \in Z$, 都存在 $c_i(\cdot) \in C(R,R)$ $(i=1,2,3)$, $c_1(t), c_3(t) \geqslant 0$, $t \in R$, 及 $R\times D$ 上的 Lebesgue 可测函数 $C_i(\cdot,\cdot)$, 满足 $C_i(t,\cdot) \in L_{q_0}(D)$, $C_i(t,x) \geqslant 0$, $(t,x) \in R\times D$, $[R \ni t \mapsto C_i(t,\cdot) \in L_{q_0}(D)]$ 连续, 且对于 $(t,x,u) \in R\times D\times R$, 下面结论成立:

$$|f(t,x,u)| \leqslant c_1(t)|u|^{p_0-1} + C_1(t,x), \tag{1.2.18}$$

$$f(t,x,u)u \leqslant c_2(t)|u|^{p_0} + C_2(t,x), \tag{1.2.19}$$

$$|\partial_u f(t,x,u)| \leqslant c_3(t)|u|^{p_0-2} + C_3(t,x), \tag{1.2.20}$$

$$\frac{c_i(t)}{t^{m_0}} \to 0, \quad \frac{\|C_i(t,\cdot)\|_{q_0}}{t^{m_0}} \to 0, \qquad |t| \to \infty, \quad i=1,2,3. \tag{1.2.21}$$

而且当 $p_0 > 2$ 时, $c_2(t) \leqslant 0$, $t \in R$.

(NL-3) 对于任意的 $f \in Z$, $u \in L_{q_0(p_0-1)}(D)$, 映射 $[R \ni t \mapsto f(t,\cdot,u(\cdot)) \in L_{q_0}(D)]$ 连续.

由 (NL-1), (NL-2) 可知, 对任意的 $f \in Z$, $t \in R$, $u(\cdot) \in L_{q_0(p_0-1)}(D)$, 都有 $f(t,\cdot,u(\cdot)) \in L_{q_0}(D)$, 并且存在 $1 < p < q < \infty$ 使得

$$q \geqslant q_0(p_0-1) \geqslant q_0 \geqslant p\left(\frac{q}{q-p}\right) > p > 1, \tag{1.2.22}$$

$$\frac{N}{2} \cdot \frac{1}{p} < 1. \tag{1.2.23}$$

对给定满足 $\max\left\{\frac{N}{2},1\right\} < p < q_0$ 的 p 和满足 (1.2.22), $q \gg 1$ 的 q, 都有 $p = q_0\left(\frac{p_0-1}{p_0}\right)$, $q = q_0(p_0-1)$ 满足方程 (1.2.22).

在讨论 Z 中序列的收敛性、到 Z 上的映射的连续性等时, 若没有特别强调, 都假设该空间被赋予紧开拓扑, 即当 $n \to \infty$ 时, 对于任意的 $Z \ni f_n \to f \in Z$, 如果 $f_n(t,x,u) \to f(t,x,u)$ 在 $R \times \bar{D} \times R$ 的有界集上是关于 (t,x,u) 一致收敛的.

引理 1.2.1 对于 $f \in Z$, $u(\cdot) \in L_q(D)$, 令 $F(f,t,u)(x) = f(t,x,u(x))$, $q > p$ 满足 (1.2.22), (1.2.23). 则下面结论成立:

(1) 对任意给定的 $f \in Z$, $F(f,t,\cdot): L_q(D) \to L_p(D)$, 存在 $\kappa(T,r)$, 对任意 $u, v \in L_q(D)$, $\|u\|_q, \|v\|_q \leqslant r$, $t \in R$, $|t| \leqslant T$, 都有

$$\|F(f,t,u) - F(f,t,v)\|_p \leqslant \kappa(T,r)\|u-v\|_q; \tag{1.2.24}$$

(2) 对任意给定的 $f \in Z$, 映射 $[R \times L_q(D) \ni (t,u) \mapsto F(f,t,u) \in L_p(D)]$ 是连续的.

证明 (1) 由 (NL-2) 可知,

$$|f(t,x,0)| \leqslant C_1(t,x), \qquad (t,x) \in R \times D,$$

对 $t \in R$, $C_1(t,\cdot) \in L_{q_0}(D)$. 因此, 对任意的 $t \in R$, $f(t,\cdot,0) \in L_p(D)$. 再由 (NL-2) 可知, 对任意给定的 $u \in L_q(D)$ 及 $(t,x) \in R \times D$,

$$\begin{aligned} |f(t,x,u(x))| &\leqslant |f(t,x,u(x)) - f(t,x,0)| + |f(t,x,0)| \\ &\leqslant c_3(t)|u(x)|^{p_0-1} + C_3(t,x)|u(x)| + C_1(t,x). \end{aligned}$$

显然, 对任意的 $t \in R$, $c_3(t)|u|^{p_0-1} \in L_p(D)$, $C_1(t,\cdot) \in L_p(D)$. 注意到 $t \in R$, $\dfrac{p}{q}+\dfrac{q-p}{q}=1$, $|u|^p \in L_{\frac{q}{p}}(D)$, $C_3(t,\cdot)^p \in L_{\frac{q}{q-p}}(D)$. 由 Hölder 不等式可知, 对任意的 $t \in R$, $C_3(t,\cdot)|u| \in L_p(D)$. 因此, 对任意的 $t \in R$, $u \in L_q(D)$, $f(t,\cdot,u(\cdot)) \in L_p(D)$.

对任意的 $u,v \in L_q(D)$, $(t,x) \in R \times D$,

$$|f(t,x,u(x))-f(t,x,v(x))| \leqslant \Big(c_3(t)|u(x)-v(x)|^{p_0-2}+C_3(t,x)\Big)\cdot|u(x)-v(x)|.$$

注意到 $|u(\cdot)-v(\cdot)|^p \in L_{\frac{q}{p}}(D)$,

$$\frac{p_0-2}{q-p} \leqslant \frac{p_0-2}{q-q_0} \leqslant \frac{p_0-2}{q_0(p_0-1)-q_0}=\frac{1}{q_0}<1.$$

因此, 对 $t \in R$ 都有 $\dfrac{(p_0-2)pq}{q-p}<q$, $\Big(c_3(t)|u(\cdot)-v(\cdot)|^{p_0-2}+C_3(t,\cdot)\Big)^p \in L_{\frac{q}{q-p}}(D)$.

(2) 对任意的 $x \in R$, $t_1,t_2 \in R$, $u_1,u_2 \in L_q(D)$,

$$\begin{aligned}|f(t_2,x,u_2(x))-f(t_1,x,u_1(x))| \leqslant{}& |f(t_2,x,u_2(x))-f(t_2,x,u_1(x))| \\ &+|f(t_2,x,u_1(x))-f(t_1,x,u_1(x))|.\end{aligned}$$

假设 $|t_1|,|t_2| \leqslant T$, $\|u_1\|_q$, $\|u_2\|_q \leqslant r$. 由结论 (1) 可知

$$\|f(t_2,\cdot,u_2(\cdot))-f(t_2,\cdot,u_1(\cdot))\|_p \leqslant \kappa(T,r)\|u_2-u_1\|_q.$$

由 (NL-3) 可得, 当 $t_2 \to t_1$ 时,

$$\|f(t_2,\cdot,u_1(\cdot))-f(t_1,\cdot,u_1(\cdot))\|_p \to 0.$$

因此结论 (2) 得证. □

下面研究方程 (1.2.17) 的 Mild 解及其性质. 假设 $1<q<\infty$, 存在 $p>1$ 使得 p 和 q 满足 (1.2.22) 和 (1.2.23).

定义 1.2.2 (1) 对于给定的 $u_0 \in L_q(D)$, $s<T$, 如果 $s \leqslant t \leqslant T$, $u(\cdot) \in C([s,T],L_q(D))$ 满足下面的积分方程

$$u(t)=U_a(t,s)u_0+\int_s^t U_a(t,\tau)f(\tau,\cdot,u(\tau))d\tau, \tag{1.2.25}$$

则称 $u(\cdot)$ 是方程 (1.2.17) 满足初值条件 $u(s)=u_0$ 的 Mild 解.

(2) 对 $s < T < T_\infty$, 如果 $u(\cdot) \in C([s,T_\infty),L_q(D))$ 是 (1.2.17) 在 $[s,T]$ 满足初值条件 $u(s) = u_0$ 的 Mild 解, 则称 $u(\cdot) \in C([s,T_\infty),L_q(D))$ 是 (1.2.17) 在 $[s,T_\infty)(s < T_\infty \leqslant \infty)$ 满足初值条件 $u(s) = u_0 \in L_q(D)$ 的局部 Mild 解; 如果 $T_\infty = \infty$, 则称其为整体 Mild 解.

由引理 1.2.1 可知, 对于给定的 $u(\cdot) \in C([s,T],L_q(D))$, $f(t,\cdot,u(t)) \in L_p(D)$ 关于 t 是连续的, 因此 $U_a(t,\tau)f(\tau,\cdot,u(\tau)) \in L_q(D)$ 关于 τ 连续, $s \leqslant \tau < t$. 因此, 由定理 1.2.1 及 (1.2.23) 可知, 在方程 (1.2.25) 中的积分是有定义的.

定理 1.2.6 对任意的 $u_0 \in L_q(D)$, $s \in R$, $a \in Y$, $f \in Z$, 存在 $h > 0$ 使得方程 (1.2.17) 在 $[s,s+h]$ 上存在唯一的 Mild 解, 且满足初值条件 $u(s;s,u_0,a,f) = u_0$, 记为 $u(t;s,u_0,a,f)$.

证明 可以用文献 [14] 中定理 3.8 的方法来证明该定理, 但为便于读者阅读方便, 下面给出定理的主要证明思路. 首先, 对于给定的 $h > 0$, $r > 0$, 令

$$M_r(h,s) = \{u \in C\big([s,s+h],L_q(D)\big) \mid \|u(\tau)\|_q \leqslant r\}, \tag{1.2.26}$$

并赋予一致拓扑 $\|u-v\|_{M_r(h,s)} = \sup_{t\in[s,s+h]}\|u(t)-v(t)\|_q$. 则 $M_r(h,s)$ 是一个完备的度量空间.

接下来, 对于给定的 $a \in Y$, $f \in Z$, $u_0 \in L_q(D)$, $u \in M_r(h,s)$, 令

$$G_{u_0,a,f}(u)(t) = U_a(t,s)u_0 + \int_s^t U_a(t,\tau)f(\tau,\cdot,u(\tau))d\tau. \tag{1.2.27}$$

由引理 1.2.1 和文献 [14] 中定理 3.8 的证明可知, 对于任意的 $\rho > 0$, 存在 $h > 0$, $r > 0$ 使得对任意的 $u_0 \in L_q(D)$, $\|u_0\|_q \leqslant \rho$, $G_{u_0,a,f} : M_r(h,s) \to M_r(h,s)$ 是压缩的. 因此, 存在唯一的 $u(\cdot) \in M_r(h,s)$, 使得当 $t \in [s,s+h]$ 时,

$$u(t) = U_a(t,s)u_0 + \int_s^t U_a(t,\tau)f(\tau,\cdot,u(\tau))d\tau.$$

这表明 $u(t)$ 是系统 (1.2.17) 在 $[s,s+h]$ 上的唯一的 Mild 解, 并且满足 $u(s) = u_0$. □

定义 $u(t;s,u_0,a,f)=\Phi_{a,f}(t,s)u_0$. 由定理 1.2.1 (3) 可知, 对任意的 $s<\tau<t$,

$$\Phi_{a,f}(t,s)u_0 = \Phi_{a,f}(t,\tau) \circ \Phi_{a,f}(\tau,s)u_0, \tag{1.2.28}$$

$$\Phi_{a,f}(t,s)u_0 = \Phi_{a\cdot t,f\cdot t}(t-s,0)u_0, \tag{1.2.29}$$

并且 $\Phi_{a,f}(t,s)u_0$ 在 $[s,t]$ 上存在.

定理 1.2.7 (1) 假设 $t_n \to t > s$, 对 $L_q(D)$ 中的 $u_{0n} \to u_0$ 及 $f_n, f \in Z$, 对 $(t,x,u) \in R \times D \times R$, $f_n(t,x,u)$ 逐点收敛到 $f(t,x,u)$. 而且, 假设存在 $c(\cdot) \in C(R,R)$, $C(t,x) \times C(t,\cdot) \in L_{q_0}(D)$, 使得对 $(t,x,u) \in R \times D \times R$, $n = 1,2,\cdots$, 都有 $|f_n(t,x,u)| \leqslant c(t)|u|^{p_0-1} + C(t,x)$. 则对任意的 $a \in Y$, 对任意的 $t > s$, $u(t;s,u_0,a,f)$ 在 $L_q(D)$ 中, 且有

$$u(t_n;s,u_{0n},a,f_n) \to u(t;s,u_0,a,f).$$

(2) 假设 $q_0 > 2$. 令 $q > 2$ 使得存在 $p \geqslant 2$, 方程 (1.2.22), (1.2.23) 成立. 假设 $t_n \to t > s$, 在 $L_q(D)$ 中, $u_{0n} \to u_0$, 在 Y 中 $a_n \to a$, $f_n, f \in Z$, 对 $(t,x,u) \in R \times D \times R$, 都有 $f_n(t,x,u)$ 逐点收敛到 $f(t,x,u)$. 再假设存在 $c(\cdot) \in C(R,R)$ 及 $C(t,x)$, $[R \ni t \mapsto C(t,\cdot) \in L_{q_0}(D)]$ 是连续的, 对 $(t,x,u) \in R \times D \times R$, $n = 1,2,\cdots$, $|f_n(t,x,u)| \leqslant c(t)|u|^{p_0-1} + C(t,x)$. 则当 $t > s$ 时, $u(t;s,u_0,a,f)$ 存在, 且在 $L_q(D)$ 中有

$$u(t_n;s,u_{0n},a_n,f_n) \to u(t;s,u_0,a,f), \qquad n \to \infty.$$

证明 只证明 (2). 结论 (1) 可类似证明.

(2) 首先, 假设 $t_n, t \in (s, s+T]$, $u(t;s,u_0,a,f)$ 在 $[s,s+T]$ 上存在.

注意到

$$\begin{aligned} u(t_n;s,u_{0n},a_n,f_n) - u(t;s,u_0,a,f) &= u(t_n;s,u_{0n},a_n,f_n) - u(t_n;s,u_0,a,f) \\ &\quad + u(t_n;s,u_0,a,f) - u(t;s,u_0,a,f), \end{aligned}$$

在 $L_q(D)$ 中, 当 $t_n \to t$ 时,

$$u(t_n;s,u_0,a,f) - u(t;s,u_0,a,f) \to 0.$$

因此, 只要证明在 $L_q(D)$ 中, 当 $n \to \infty$ 时,

$$u(t;s,u_{0n},a_n,f_n) - u(t;s,u_0,a,f) \to 0$$

在 $(s,s+T]$ 的紧子集上关于 t 是一致的.

由文献 [13] 中的定理 4.4 可知, 只要证明对任意给定的连续有界函数 $u: (s,s+T] \to L_q(D)$, 在 $L_q(D)$ 上, $G_n(u)(t) \to G(u)(t)$ 在 $(s,s+T]$ 的紧子集上关于 t 是一致的, 其中

$$G_n(u)(t) := U_{a_n}(t,s)u_{0n} + \int_s^t U_{a_n}(t,\tau)f_n(\tau,\cdot,u(\tau))d\tau,$$

$$G(u)(t) := U_a(t,s)u_0 + \int_s^t U_a(t,\tau)f(\tau,\cdot,u(\tau))d\tau.$$

下面证明, 对任意给定的连续有界函数 $u:(s,s+T]\to L_q(D)$, $G_n(u)(t)\to G(u)(t)$ 在 $(s,s+T]$ 的紧子集上关于 t 是一致的. 事实上, 由定理 1.2.2(3) 可知, 在 $L_2(D)$ 上, 当 $n\to\infty$ 时, 在 (s,∞) 的紧子集上关于 t 一致地有

$$U_{a_n}(t,s)u_{0n}\to U_a(t,s)u_0.$$

由定理 1.2.3 可知, 在 $L_q(D)$ 上, 当 $n\to\infty$ 时, 在 (s,∞) 的紧子集上关于 t 一致地有

$$U_{a_n}(t,s)u_{0n}\to U_a(t,s)u_0.$$

注意到, 对于 $(t,x)\in(s,s+T]\times D$, $n=1,2,\cdots$, $f_n(t,x,u(t)(x))$ 逐点收敛到 $f(t,x,u(t)(x))$, 并且 $|f_n(t,x,u(t)(x))|\leqslant c(t)|u(t)(x)|^{p_0-1}+C(t,x)$. 由 Lebesgue 控制收敛定理可知, 对于 $t\in(s,s+T]$, 当 $n\to\infty$ 时, 在 $L_p(D)$ 中有

$$f_n(t,\cdot,u(t))\to f(t,\cdot,u(t)).$$

由定理 1.2.2 (3) 及定理 1.2.3 可得, 当 $n\to\infty$ 时, 对每个 $s<\tau<t$, 在 $L_q(D)$ 中有

$$U_{a_n}(t,\tau)f_n(\tau,\cdot,u(\tau))\to U_a(t,\tau)f(\tau,\cdot,u(\cdot)).$$

再由 L_p-L_q 估计 (参阅定理 1.2.1(4)) 和 Lebesgue 控制收敛定理可得, 在 $L_q(D)$ 中, 在 $(s,s+T]$ 的紧子集上关于 t 一致地有

$$\int_s^t U_{a_n}(t,\tau)f_n(\tau,\cdot,u(\tau))d\tau-\int_s^t U_a(t,\tau)f(\tau,\cdot,u(\tau))d\tau\to 0.$$

这表明在 $L_q(D)$ 空间, 在 $(s,s+T]$ 的紧子集上关于 t 一致地有 $G_n(u)(t)\to G(u)(t)$ 成立. 从而定理证毕. □

定理 1.2.8 给定 $f\in Z$, 如果对 $(t,x,u)\in R\times D\times R$, $c(\cdot)\in C(R,R)$, 都有 $f(t,x,u)=c(t)u+g(t,x,u)$ 成立, 则当 $t>s$ 且 $u(t;s,u_0,a,f)$ 存在时, 对任意的 $u_0\in L_q(D)$, 都有

$$u(t;s,u_0,a,f)=U_a(t,s)e^{\int_s^t c(r)dr}u_0+\int_s^t U_a(t,\tau)e^{\int_\tau^t c(r)dr}g(\tau,\cdot,u(\tau;s,u_0,a,f))d\tau.$$

证明 由 (1.2.28) 可知, 只需证明当 $0<t-s\ll 1$ 时, 定理 1.2.8 成立即可. 首先, 类似于定理 1.2.6 的讨论可知, 当 $0<h\ll 1$ 时, 方程

$$\tilde{u}(t)=U_a(t,s)e^{\int_s^t c(r)dr}u_0+\int_s^t U_a(t,\tau)e^{\int_\tau^t c(r)dr}g(\tau,\cdot,\tilde{u}(\tau))d\tau$$

在 $C([s,s+h],L_q(D))$ 中存在唯一解, 并记之为 $\tilde{u}(t;s,u_0,a,f)$. 于是, 当 $s\leqslant t\leqslant s+h$ 时,

$$\begin{aligned}
&\tilde{u}(t;s,u_0,a,f)\\
=&U_a(t,s)u_0+U_a(t,s)\Big(\int_s^t c(\tau)e^{\int_s^\tau c(r)dr}d\tau\Big)u_0\\
&+\int_s^t U_a(t,\tau)e^{\int_\tau^t c(r)dr}g(\tau,\cdot,\tilde{u}(\tau;s,u_0,a,f))d\tau\\
=&U_a(t,s)u_0+\int_s^t U_a(t,\tau)c(\tau)\tilde{u}(\tau;s,u_0,a,f)d\tau\\
&+\int_s^t U_a(t,\tau)g(\tau,\cdot,\tilde{u}(\tau;s,u_0,a,f))d\tau\\
&+\int_s^t U_a(t,\tau)\Big(e^{\int_\tau^t c(r)dr}-1\Big)g(\tau,\cdot,\tilde{u}(\tau;s,u_0,a,f))d\tau\\
&-\int_s^t U_a(t,\tau)c(\tau)\int_s^\tau U_a(\tau,\xi)e^{\int_\xi^\tau c(r)dr}g(\xi,\cdot,\tilde{u}(\xi;s,u_0,a,f))d\xi d\tau.
\end{aligned}$$

注意到, 当 $s\leqslant t\leqslant s+h$ 时,

$$\begin{aligned}
&\int_s^t U_a(t,\tau)\Big(e^{\int_\tau^t c(r)dr}-1\Big)g(\tau,\cdot,\tilde{u}(\tau;s,u_0,a,f))d\tau\\
&-\int_s^t U_a(t,\tau)c(\tau)\int_s^\tau U_a(\tau,\xi)e^{\int_\xi^\tau c(r)dr}g(\xi,\cdot,\tilde{u}(\xi;s,u_0,a,f))d\xi d\tau\\
=&\int_s^t U_a(t,\tau)\int_\tau^t c(\xi)e^{\int_\tau^\xi c(r)dr}d\xi g(\tau,\cdot,\tilde{u}(\tau;s,u_0,a,f))d\tau\\
&-\int_s^t U_a(t,\tau)c(\tau)\int_s^\tau U_a(\tau,\xi)e^{\int_\xi^\tau c(r)dr}g(\xi,\cdot,\tilde{u}(\xi;s,u_0,a,f))d\xi d\tau\\
=&\int_s^t\int_\xi^t U_a(t,\xi)c(\tau)e^{\int_\xi^\tau c(r)dr}g(\xi,\cdot,\tilde{u}(\xi;s,u_0,a,f))d\tau d\xi\\
&-\int_s^t\int_s^\tau U_a(t,\xi)c(\tau)e^{\int_\xi^\tau c(r)dr}g(\xi,\cdot,\tilde{u}(\xi;s,u_0,a,f))d\xi d\tau\\
=&0.
\end{aligned}$$

于是, 当 $s \leqslant t \leqslant s+h$ 时,

$$\tilde{u}(t;s,u_0,a,f)=U_a(t,s)u_0+\int_s^t U_a(t,\tau)f(\tau,\cdot,\tilde{u}(\tau;s,u_0,a,f))d\tau,$$

这表明当 $s \leqslant t \leqslant s+h$ 时,

$$\begin{aligned}u(t;s,u_0,a,f)&=\tilde{u}(t;s,u_0,a,f)\\&=U_a(t,s)e^{\int_s^t c(r)dr}u_0+\int_s^t U_a(t,\tau)e^{\int_\tau^t c(r)dr}g(\tau,\cdot,u(\tau;s,u_0,a,f))d\tau.\end{aligned}$$

□

定理 1.2.9 令 $a \in Y$, $u_1,u_2 \in L_q(D)$, $f_1,f_2 \in Z$ 使得 $u_1 \leqslant u_2$, 且当 $(t,x,u) \in R \times D \times R$ 时, $f_1(t,x,u) \leqslant f_2(t,x,u)$. 则当 $s \leqslant t$, 且 $u(t;s,u_1,a,f_1)$ 和 $u(t;s,u_2,a,f_2)$ 都存在时, $u(t;s,u_1,a,f_1) \leqslant u(t;s,u_2,a,f_2)$.

证明 首先, 由 (1.2.28) 可知, 只要证明当 $0<t-s \ll 1$ 时结论成立即可. 由定理 1.2.7 (1) 可知, 只证 $u_1,u_2 \in L_\infty(D)$ 的情形即可.

假设 $u_1,u_2 \in L_\infty(D)$, 令 $u^i(t)=u(t;s,u_i,a,f_i)$. 则有

$$\begin{aligned}\|u^i(t)\|_\infty &\leqslant \|U_a(t,s)u_i\|_\infty+\int_s^t \|U_a(t,\tau)f_i(\tau,\cdot,u^i(\tau))\|_\infty d\tau\\&\leqslant \|U_a(t,s)u_i\|_\infty+M\int_s^t (t-\tau)^{-\frac{N}{2p}}e^{\gamma(t-\tau)}\|f(\tau,\cdot,u^i(\tau))\|_p d\tau.\end{aligned}$$

于是, 存在 $h_1>0$ 和 $M_1>0$ 使得

$$\|u^i(t)\|_\infty \leqslant M_1, \qquad 0 \leqslant t-s \leqslant h_1, \quad i=1,2. \tag{1.2.30}$$

令 $\zeta(\cdot) \in C^\infty(R,R^+)$ 满足: 当 $|u| \leqslant M_1$ 时, $\zeta(u)=1$; 当 $|u| \gg 1$ 时, $\zeta(u)=0$. 再令当 $(t,x,u) \in R \times D \times R$ 时, $\tilde{f}_i(t,x,u)=\zeta(u)f_i(t,x,u)$. 则由 (1.2.30) 可得

$$u(t;s,u_i,a,\tilde{f}_i)=u(t;s,u_i,a,f_i), \qquad s \leqslant t \leqslant s+h_1. \tag{1.2.31}$$

接下来, 由 (NL-2) 可知, 存在一个可测函数 $\tilde{C}(t,x) \geqslant 0$ $((t,x) \in R \times D)$, $[R \ni t \mapsto \tilde{C}(t,\cdot) \in L_{q_0}(D)]$ 连续, 当 $(t,x,u) \in R \times D \times R$, $i=1,2$ 时, 满足

$$\partial_u \tilde{f}_i(t,x,u) \geqslant -\tilde{C}(t,x).$$

令 $\tilde{C}_n(t,x)$, $(n=1,2,\cdots)$ 是简单函数, 当 $(t,x) \in R \times D$ 时,

$$0 \leqslant \tilde{C}_n(t,x) \leqslant \tilde{C}(t,x),$$

且在 $R \times D$ 上, 当 $n \to \infty$ 时, $\tilde{C}_n(t,x)$ 逐点收敛到 $\tilde{C}(t,x)$.

令
$$g_i^n(t,x,u) = \tilde{f}_i(t,x,u) + \tilde{C}(t,x)u - \tilde{C}_n(t,x)u.$$

则在 $R \times D$ 上, 当 $n \to \infty$ 时, $g_i^n(t,x,u)$ 逐点收敛到 $\tilde{f}_i(t,x,u)$.

注意到, 用 g_i^n 替换 f, 定理 1.2.6 成立. 用 g_i^n 替换 f_n 后, 定理 1.2.7 也成立, 于是, 当 $s \leqslant t \leqslant s + h_1$, $n \to \infty$ 时,

$$u(t;s,u_i,a,g_i^n) \to u(t;s,u_i,a,f_i).$$

对每个 $n \in N$, 都存在 $\tilde{c}_n \in R^+$ 满足

$$\tilde{C}_n(t,x) \leqslant \tilde{c}_n, \qquad (t,x) \in R \times D.$$

令
$$\tilde{g}_i^n(t,x,u) = g_i^n(t,x,u) + \tilde{c}_n u.$$

则
$$g_i^n(t,x,u) = \tilde{g}_i^n(t,x,u) - \tilde{c}_n u.$$

注意到, 用 g_i^n 替换 g 后, 定理 1.2.8 仍然成立. 因此

$$u(t;s,u_i,a,g_i^n) = U_a(t,s)e^{-\tilde{c}_n \cdot (t-s)}u_i$$
$$+ \int_s^t U_a(t,\tau)e^{-\tilde{c}_n \cdot (t-\tau)}\tilde{g}_i^n(\tau,\cdot,u(\tau;s,u_i,a,g_i^n))d\tau. \quad (1.2.32)$$

注意到, 对于 $(t,x,u) \in R \times D \times R$, $\partial_u \tilde{g}_i^n(t,x,u) \geqslant 0$, 且 $\tilde{g}_1^n(t,x,u) \leqslant \tilde{g}_2^n(t,x,u)$.

固定 $u \in C([s,s+h], L_q(D)]$ $(0 < h \leqslant h_1)$, 定义 $G_i^n(u)(\cdot)$ 如下:

$$G_i^n(u)(t) = U_a(t,s)e^{-\tilde{c}_n \cdot (t-s)}u_i + \int_s^t U_a(t,\tau)e^{-\tilde{c}_n \cdot (\tau-s)}\tilde{g}_i^n(\tau,\cdot,u(\tau))d\tau.$$

则类似于定理 1.2.8 的讨论可知, 当 $0 < h \ll 1$ 时, $u(\cdot;s,u_i,a,g_i^n)$ 是 $G_i^n(\cdot)$ 在 $C([s,s+h], L_q(D))$ 中的不动点.

最后, 对任意的 $u^0(\cdot) \in C([s,s+h], L_q(D))$, 令 $u_i^{j,n}(\cdot) = G_i^n(u^{j-1,n})(\cdot)$, $j = 1,2,\cdots$. 则由定理 1.2.4 可得, 当 $s \leqslant t \leqslant s+h$ 时, $u_1^{1,n}(t) \leqslant u_2^{1,n}(t)$.

由于 $\partial_u \tilde{g}_i^n \geqslant 0$, 再利用定理 1.2.4 得, $G_1^n(u_1^{1,n})(t) \leqslant G_1^n(u_2^{1,n})(t) \leqslant G_2^n(u_2^{1,n})(t)$. 因此, 当 $s \leqslant t \leqslant s+h$ 时, $u_1^{2,n}(t) \leqslant u_2^{2,n}(t)$. 由数学归纳法可知, 当 $s \leqslant t \leqslant s+h$, $j = 1,2,\cdots$ 时, $u_1^{j,n}(t) \leqslant u_2^{j,n}(t)$. 当 $s \leqslant t \leqslant s+h$ 时, 都有 $u(t;s,u_1,a,g_1^n) \leqslant u(t;s,u_2,a,g_2^n)$ 成立. 因此, 当 $0 \leqslant t-s \ll 1$ 时, $u(t;s,u_1,a,f_1) \leqslant u(t;s,u_2,a,f_2)$. 定理证毕. $\square$

定理 1.2.10 对任意的 $a \in Y$, $f \in Z$, $u_0 \in L_q(D)$, $u(t;s,u_0,a,f)$ 对 $t \geqslant s$ 都存在.

证明 首先, 由 (NL-2) 可知, 存在 $c(\cdot) \in C(R,R)$, $C(t,x) \geqslant 0$ $((t,x) \in R \times D)$, $[R \ni t \mapsto C(t,\cdot) \in L_{q_0}(D)]$ 连续且满足

$$\max\{f(t,x,u),0\} \leqslant c(t)u + C(t,x), \qquad (t,x) \in R \times D, \qquad u \geqslant -2,$$

$$\min\{f(t,x,u),0\} \geqslant c(t)u - C(t,x), \qquad (t,x) \in R \times D, \qquad u \leqslant 2.$$

令 $\xi(\cdot), \eta(\cdot) \in C^\infty(R,[0,1])$ 满足

$$\xi(u) = 1, \qquad u \geqslant 0, \qquad \xi(u) = 0, \qquad u \leqslant -1,$$

$$\eta(u) = 1, \qquad u \leqslant 0, \qquad \eta(u) = 0, \qquad u \geqslant 1.$$

当 $(t,x,u) \in R \times D \times R$ 时, 定义

$$f^+(t,x,u) = (c(t)u + C(t,x))\xi(u+1) + f(t,x,u)\eta(u+1),$$

$$f^-(t,x,u) = (c(t)u - C(t,x))\eta(u-1) + f(t,x,u)\xi(u-1).$$

则有

$$f^+(t,x,u) = c(t)u + C(t,x), \qquad (t,x) \in R \times D, \quad u \geqslant 0,$$

$$f^-(t,x,u) = c(t)u - C(t,x), \qquad (t,x) \in R \times D, \quad u \leqslant 0,$$

$$f^-(t,x,u) \leqslant f(t,x,u) \leqslant f^+(t,x,u), \qquad (t,x,u) \in R \times D \times R.$$

注意到 $-|u_0| \leqslant u_0 \leqslant |u_0|$, 由定理 1.2.9 可得, 当 $t > s$ 且解都存在时,

$$u(t;s,-|u_0|,a,f) \leqslant u(t;s,u_0,a,f) \leqslant u(t;s,|u_0|,a,f).$$

令 $v^\pm(t;s,\pm|u_0|)$ 是方程 (1.2.17) 的解, 且 $v^\pm(s;s,\pm|u_0|) = \pm|u_0|$, 用 $c(t)u \pm C(t,x)$ 替换 $f(t,x,u)$ 后可得, 当 $t > s$ 时,

$$\begin{aligned} v^-(t;s,-|u_0|) &= -U_a(t,s)e^{\int_s^t c(r)dr}|u_0| - \int_s^t U_a(t,\tau)e^{\int_\tau^t c(r)dr}C(\tau,\cdot)d\tau \\ &= -U_a(t,s)|u_0| + \int_s^t U_a(t,\tau)\Big(c(\tau)v^-(\tau;s,-|u_0|) - C(\tau;\cdot)\Big)d\tau \\ &\leqslant -U_a(t,s)|u_0| + \int_s^t U_a(t,\tau)f(\tau,\cdot,v^-(\tau;s,-|u_0|))d\tau, \end{aligned}$$

$$\begin{aligned} v^+(t;s,|u_0|) &= U_a(t,s)e^{\int_s^t c(r)dr}|u_0| + \int_s^t U_a(t,\tau)e^{\int_\tau^t c(r)dr}C(\tau,\cdot)d\tau \\ &= U_a(t,s)|u_0| + \int_s^t U_a(t,\tau)\Big(c(\tau)v^+(\tau;s,|u_0|) + C(\tau,\cdot)\Big)d\tau \\ &\geqslant U_a(t,s)|u_0| + \int_s^t U_a(t,\tau)f(\tau,\cdot;v^+(\tau;s,|u_0|))d\tau. \end{aligned}$$

于是, $v^{\pm}(t;s,\pm|u_0|)$ 对所有的 $t>s$ 都存在, 且当 $t>s$ 且 $u(t;s,\pm|u_0|,a,f)$ 和 $u(t;s,u_0,a,f)$ 都存在时,

$$\begin{aligned} &v^-(t;s,-|u_0|) \leqslant 0, \quad v^+(t;s,|u_0|) \geqslant 0, \\ &v^-(t;s;-|u_0|) = u(t;s,-|u_0|,a,f^-) \leqslant u(t;s,-|u_0|,a,f) \\ &\qquad \leqslant u(t;s,u_0,a,f) \leqslant u(t;s,|u_0|,a,f) \\ &\qquad \leqslant u(t;s,|u_0|,a,f^+) = v^+(t;s,|u_0|). \end{aligned}$$

这表明, $u(t;s,u_0,a,f)$ 对所有的 $t>s$ 都存在. □

定理 1.2.11 给定 $a\in Y$ 和 $f\in Z$, 令 $E\subset L_q(D)$ 是有界子集, 则有

(1) 对任意的 $s<T$, 都存在 $M_1>0$, 使得对任意的 $u_0\in E$ 和 $t\in[s,T]$, $\|u(t;s,u_0,a,f)\|_q\leqslant M_1$;

(2) 对任意的 $0<\delta$, $s+\delta<T<\infty$, 都存在 $M_2>0$ 使得对任意的 $u_0\in E$, $t\in[s+\delta,T]$, $\|u(t;s,u_0,a,f)\|_\infty\leqslant M_2$.

证明 只证结论 (2). 结论 (1) 可类似于 (2) 进行证明.

(2) 由定理 1.2.10 的证明可知, 只需证明 $f(t,x,u)=c(t)u+C(t,x)$ 即可. 由定理 1.2.8 可得

$$u(t;s,u_0,a,f) = U_a(t,s)e^{\int_s^t c(r)dr}u_0 + \int_s^t U_a(t,\tau)e^{\int_s^\tau c(r)dr}C(\tau,\cdot)d\tau.$$

于是, 对于任意的 $\tilde{q}\geqslant q$,

$$\begin{aligned} \|u(t;s,u_0,a,f)\|_{\tilde{q}} &\leqslant e^{\int_s^t c(r)dr}\|U_a(t,s)u_0\|_{\tilde{q}} + \int_s^t \|U_a(t,\tau)e^{\int_s^\tau c(r)dr}C(\tau,\cdot)\|_{\tilde{q}}d\tau \\ &\leqslant M(t-s)^{-\frac{N}{2}(\frac{1}{q}-\frac{1}{\tilde{q}})}e^{\gamma(t-s)}e^{\int_s^\tau c(r)dr}\|u_0\|_q \\ &\quad + M\int_s^t (t-\tau)^{-\frac{N}{2}(\frac{1}{p}-\frac{1}{\tilde{q}})}e^{\gamma(t-\tau)}e^{\int_s^\tau c(r)dr}\|C(\tau,\cdot)\|_p d\tau. \end{aligned}$$

这表明对 $t\in[s+\delta,T]$, $u_0\in E$ 和任意的 $q\leqslant\tilde{q}\leqslant\infty$, $\|u(t,\cdot;u_0,s,f)\|_{\tilde{q}}$ 是一致有界的. □

定理 1.2.12 给定 $a\in Y$, $f\in Z$, $t>s$ 和有界子集 $E\subset L_q(D)$, $\{u(t;s,u_0,a,f)|u_0\in E\}$ 在 $L_q(D)$ 中是相对紧的.

证明 注意到

$$u(t;s,u_0,a,f)=U_a(t,s)u_0+\int_s^t U_a(t,\tau)f(\tau,\cdot,u(\tau;s,u_0,a,f))d\tau.$$

由定理 1.2.3 可知, $\{U_a(t,s)u_0|u_0\in E\}$ 在 $L_q(D)$ 中是相对紧的. 因此, 只需证明集合

$$\tilde{E}=\left\{\int_s^t U_a(t,\tau)f(\tau,\cdot,u(\tau))d\tau|u_0\in E\right\}$$

是相对紧的, 其中 $u(\tau)=u(\tau;s,u_0,a,f)$.

类似于文献 [41] 中定理 6.1.3 的证明可以得到 $\tilde{E}$ 的相对紧性. 为了完整起见, 在这里给出该定理的证明. 由定理 1.2.11 可知, 当 t 在 $[s,\infty)$ 的有界子集上, $u_0\in E$ 时, $\|u(t;s,u_0,a,f)\|_q$ 是有界的. 于是, $\delta\to 0$ 关于 $u_0\in E$ 是一致的.

$$\int_{t-\delta}^t U_a(t,\tau)f(\tau,\cdot,u(\tau))d\tau\to 0.$$

因此, 只需证明, 当 $0<\delta\ll 1$ 时, 集合

$$\tilde{E}_\delta:=\left\{\int_s^{t-\delta} U_a(t,\tau)f(\tau,\cdot,u(\tau))d\tau|u_0\in E\right\}$$

是相对紧的. 令 $v(\tau;u_0)=f(\tau,\cdot,u(\tau))$. 则 $\|v(\tau;u_0)\|_p$ 关于 $u_0\in E$ 和 $\tau\in[s,t]$ 是有界的, 并假设这个界为 M_0. 则闭包 $\{U_a(t,\tau)v(\tau;u_0)|\tau\in[s,t-\delta],u_0\in E\}$ 是紧的, 记为 $\bar{E}_\delta$. 显然,

$$\tilde{E}_\delta\subset(t-\delta-s)\cdot\overline{\mathrm{Co}}(\bar{E}_\delta),$$

其中, $\overline{\mathrm{Co}}(\bar{E}_\delta)$ 是 $\bar{E}_\delta$ 的闭凸壳. 由文献 [51, 定理 3.25], $\overline{\mathrm{Co}}(\bar{E}_\delta)$ 是紧的, 于是 $\tilde{E}_\delta$ 是相对紧的. □

1.2.3 非光滑区域上非自治抛物方程的拉回吸引子

下面研究在非光滑区域上非自治抛物方程的拉回吸引子. 考虑非自治抛物方程

$$\begin{cases} \dfrac{\partial u}{\partial t} = \displaystyle\sum_{i=1}^{N} \frac{\partial}{\partial x_i}\left(\sum_{j=1}^{N} a_{ij}(t,x)\frac{\partial u}{\partial x_j} + a_i(t,x)u\right) \\ \qquad + \displaystyle\sum_{i=1}^{N} b_i(t,x)\frac{\partial u}{\partial x_i} + c_0(t,x)u + f(t,x,u), \qquad x \in D, \\ \mathcal{B}(t)u = 0, \qquad x \in \partial D, \end{cases} \tag{1.2.33}$$

其中 D 是 R^N 中的有界的 Lipschitz 区域. 算子 $\mathcal{B}$ 和式 (1.2.2) 相同. 在这一小节中, 假设

(NA-1) $a=(a_{ij},a_i,b_i,c_0,d_0)$ 是 Y 中的元素, 其中 Y 是 $L_\infty(R\times D,R^{N^2+2N+1}) \times L_\infty(R\times\partial D,R)$ 的子集, 满足 (L-1)~(L-5) (注意到 d_0 在 $\mathcal{B}(t)$ 中出现).

(NA-2) f 是 Z 中的元素, 其中 Z 是从 $R\times\bar{D}\times R$ 到 R 的满足 (NL-1)~(NL-3) 的 Borel 可测函数集的子集.

(NA-3) 当 $p_0=2$ 时,

$$\limsup_{t-s\to\infty} \frac{1}{t-s}\int_s^t c_2(\tau)d\tau < -\lambda_a;$$

当 $p_0>2$ 时,

$$c_2(t)\leqslant 0, \quad \limsup_{t-s\to\infty} \frac{1}{t-s}\int_s^t c_2(\tau)d\tau < 0,$$

其中 p_0, $c_2(\cdot)$ 与 (NL-2) 中相同.

接下来, 假设 $1<q<\infty$, 存在 $p>1$, 使得 (1.2.22) 和 (1.2.23) 成立. 当 $u_0 \in L_q(D)$ 时, 令 $u(t;s,u_0,a,f)=u(t;s,u_0)$. 则 $\{U(t,s)\}_{t\geqslant s}$, $U(t,s)u_0=u(t;s,u_0)$ 在 $L_q(D)$ 上是一个非自治动力系统. 给定 $E\subset L_q(D)$, 令

$$u(t;s,E)=\{u(t;s,u_0)|u_0\in E\}.$$

定理 1.2.13 存在 $L_q(D)$ 中的一簇有界子集 $\{B(\tau)|\tau\in R\}$, 使得对任意有界子集 $E\subset L_q(D)$, 对任意的 $\tau\in R$, 存在 $T(\tau,E)>0$, 当 $t\geqslant T(\tau,E)$ 时,

$$u(\tau;\tau-t,E)\subset B(\tau).$$

证明 首先考虑 $p_0=2$ 情形. 由 (NL-2) 和 (NA-3) 可知, 存在 $c(\cdot)\in C(R,R^+)$ 和 $C(t,x)\geqslant 0$, $[R\ni t\mapsto C(t,\cdot)\in L_{q_0}(D)]$ 连续, 当 $t\in R$, $x\in D$, $u\geqslant 0$ 时,

$$f(t,x,u)\leqslant c(t)u+C(t,x),$$

当 $t \in R, x \in D, u \leqslant 0$ 时,

$$f(t,x,u) \geqslant c(t)u - C(t,x).$$

而且,

$$\lim_{t\to\pm\infty} \frac{c(t)}{t^{m_0}} \to 0, \quad \lim_{t\to\pm\infty} \frac{\|C(t,\cdot)\|_{q_0}}{t^{m_0}} \to 0,$$

$$\limsup_{t-s\to\infty} \frac{1}{t-s}\int_s^t c(r)dr < -\lambda_a.$$

定义 $\tilde{U}_a(t,s)$ 如下:

$$\tilde{U}_a(t,s) = U_a(t,s)e^{\int_s^t c(r)dr},$$

则存在 $\epsilon > 0$, $M_0 > 0$, 当 $t > s$ 时,

$$\|\tilde{U}_a(t,s)\|_q \leqslant M_0 e^{-\epsilon(t-s)}.$$

固定 $\tau \in R$, 令

$$\kappa(\tau) = 1 + M_0 \int_{-\infty}^0 e^{\epsilon r}\|C(\tau + r,\cdot)\|_{q_0} dr.$$

类似于定理 1.2.9 证明可知, 当 $t > s$ 时,

$$-\tilde{U}_a(t,s)|u_0| - \int_s^t \tilde{U}_a(t,\tau)C(\tau,\cdot)d\tau \leqslant u(t;s,u_0)$$

$$\leqslant \tilde{U}_a(t,s)|u_0| + \int_s^t \tilde{U}_a(t,\tau)C(\tau,\cdot)d\tau.$$

因此, 对 $L_q(D)$ 中的有界子集上的 u_0, 关于 $t \gg 1$ 一致地有

$$\|u(\tau;\tau - t,u_0)\|_q \leqslant \kappa(\tau).$$

因此, $B(\tau) = \{u \in L_q(D) \mid \|u\|_q \leqslant \kappa(\tau)\}$ 满足定理的条件.

接下来考虑 $p_0 > 2$ 的情形. 由 (NA-3) 可知, 存在 $c^* > 0$, $C(t,x) \geqslant 0$, $[R \ni t \mapsto C(t,\cdot) \in L_{q_0}(D)]$ 连续, 当 $t \in R, x \in D, u \geqslant 0$ 时,

$$f(t,x,u) \leqslant c_2(t)c^*u + C(t,x),$$

当 $t \in R, x \in D, u \leqslant 0$ 时,

$$c_2(t)c^*u - C(t,x) \leqslant f(t,x,u),$$

$$c^* \cdot \limsup_{t-s\to\infty} \frac{1}{t-s}\int_s^t c_2(r)dr < -\lambda_a.$$

由 $p_0 = 2$ 情形的讨论即可证明该定理. □

注意到, 定理 1.2.13 的 $L_q(D)$ 中的子集簇 $\{B(\tau)|\tau \in R\}$ 称为拉回吸收子集簇.

定理 1.2.14 非自治动力系统 $\{U(t,s)\}_{t\geqslant s}$ 存在一个拉回整体吸引子, 即对于任意的 $t \geqslant \tau$, 及任意有界子集 $E \subset L_q(D)$, 存在 $L_q(D)$ 的非空紧子集簇 $\{A_q(\tau)|\tau \in R\}$ 满足 $u(t;\tau, A_q(\tau)) = A_q(t)$,

$$d_q(u(\tau;\tau-t,E), A_q(\tau)) \to 0, \qquad t\to\infty.$$

证明 首先, 由文献 [11, 定理 1.1] 可知, 只需证明 $\{U(t,s)\}_{t\geqslant s}$ 存在紧的拉回吸收子集簇即可.

设 $B(\tau)$ 如定理 1.2.13 中所定义的集合. 则对任意有界集合 $E\subset L_q(D)$,

$$u(\tau-1;\tau-t,E) = u(\tau-1;\tau-1-(t-1),E) \subset B(\tau-1),$$

且当 $t \gg 1$ 时,

$$u(\tau;\tau-t,E) = u(1;\tau-1,u(\tau-1;\tau-t;E)) \subset u(1;\tau-1,B(\tau-1)).$$

于是, $\{K(\tau)|\tau\in R\}$ 也是 $\{U(t,s)\}_{t\geqslant s}$ 的拉回吸收子集簇, 其中

$$K(\tau) = u(1;\tau-1,B(\tau-1)).$$

由定理 1.2.12 可知, $u(1;\tau-1,B(\tau-1))$ 是相对紧的, $\mathrm{cl}(K(\tau))|\tau\in R\}$ 是 $\{U(t,s)\}_{t\geqslant s}$ 的紧的拉回吸收集, 于是, 定理得证. □

推论 1.2.1 对任意的 $\tau\in R$, $q<\tilde{q}<\infty$, 及 $L_{\tilde{q}}(D)$ 中的任意有界集 E, $A_q(\tau)$ 是 $L_\infty(D)$ 中的有界子集, 并且当 $t\to\infty$ 时,

$$d_{\tilde{q}}(u(\tau;\tau-t,E), A_q(\tau)) \to 0.$$

证明 首先, 固定 $\tau\in R$. 由定理 1.2.11 可知, $A(\tau)$ 是 $L_\infty(D)$ 中的有界子集.

设 $K(\tau)$ 与定理 1.2.14 所定义相同. 再由定理 1.2.11 可知, $K(\tau)$ 也是 $L_\infty(D)$ 的有界子集.

现在对于任意的有界子集 $E\subset L_{\tilde{q}}(D)$, E 是 $L_q(D)$ 的有界子集, 则当 $t\gg 1$ 时, $u(\tau;\tau-t,E)\subset K(\tau)$. 于是, 存在 $M_0>0$, 当 $t\gg 1$, 对任意的 $u_0\in E$, 任意的 $v\in A(\tau)$, 都有

$$\|u(\tau;\tau-t,u_0)\|_{L_\infty(D)} \leqslant M_0, \quad \|v\|_{L_\infty(D)} \leqslant M_0.$$

这表明对任意的 $u_0 \in E, v \in A(\tau)$, 当 $t \gg 1$ 时,

$$\|u(\tau;\tau-t,u_0)-v\|_{\tilde{q}}^{\tilde{q}} \leqslant M_0^{\tilde{q}-q}\int_D |u(\tau;\tau-t,u_0)-v|^q dx,$$

$$\|u(\tau;\tau-t,u_0)-v\|_{\tilde{q}} \leqslant M_0^{\frac{\tilde{q}-q}{\tilde{q}}}\left(\|u(\tau;\tau-t,u_0)-v\|_q\right)^{\frac{q}{\tilde{q}}}.$$

因此, 当 $t \to \infty$ 时,

$$d_{\tilde{q}}(u(\tau;\tau-t,E),A(\tau)) \leqslant M_0^{\frac{\tilde{q}-q}{\tilde{q}}}\left(d_q(u(\tau;\tau-t,E),A(\tau))\right)^{\frac{q}{\tilde{q}}} \to 0.$$

□

1.3 初值非光滑的随机抛物方程的随机吸引子

这一节研究随机抛物方程

$$\begin{cases}\dfrac{\partial u}{\partial t}=\displaystyle\sum_{i,j=1}^{N}\frac{\partial}{\partial x_i}\left(a_{ij}(\theta_t\omega,x)\frac{\partial u}{\partial x_j}\right)+f(\theta_t\omega,x,u), \quad x\in D\\ u=0, \quad x\in\partial D\end{cases} \tag{1.3.1}$$

的拉回吸引子. 其中, $D \subset R^n$ 是有界区域, $\omega \in \Omega$, $(\Omega,\mathcal{F},P)$ 是概率空间, $((\Omega,\mathcal{F},P),\{\theta_t\}_{t\in R})$ 是遍历的度量动力系统, $f:\Omega\times D\times R\to R$ 满足下面的耗散条件:

(H1) $f:\Omega\times\bar{D}\times R\to R$ 关于 ω 是可测的. 对于每个 $\omega\in\Omega$, $f^\omega(t,x,u)$ 关于 $(t,x)\in R\times\bar{D}$ 连续, 关于 $u\in R$ 可微. 而且, 对每个 $\omega\in\Omega$, 存在一个正数 d_0 满足

$$f_u(\theta_t\omega,x,u)\geqslant -d_0.$$

(H2) 对任意的 $\omega\in\Omega$, $x\in\bar{D}$, $u\in R$, 存在 $p\geqslant 2$, 两个不依赖于 ω 的正数 d_1,d_3 和两个正的具有连续轨道的可测函数 $d_2(\cdot),d_4(\cdot):\Omega\to R$, 其中 $d_2(\theta_t\omega),d_4(\theta_t\omega)$ 关于 t 连续, 满足

$$d_3|u|^p-d_4(\theta_t\omega)\leqslant f(\theta_t\omega,x,u)u\leqslant d_1|u|^p+d_2(\theta_t\omega), \quad \omega\in\Omega,$$

对某个 $m\geqslant 1$, 当 $t\to\infty$ 时,

$$\frac{d_2(\theta_t\omega)}{t^m}\to 0, \qquad \frac{d_4(\theta_t\omega)}{t^m}\to 0.$$

(H3) 存在正常数 d_6 和具有连续轨道的可测函数 $d_7(\cdot):\Omega\to R$, 满足

$$|f_u(\theta_t\omega,x,u)|\leqslant d_6|u|^{p-2}+d_7(\theta_t\omega).$$

其中 $d_7(\theta_t\omega)$ 关于 t 连续并满足

$$\frac{d_7(\theta_t\omega)}{t^m}\to 0,\qquad t\to\infty.$$

注意到, 当 $a_{ij}(\theta_t\omega,x)\equiv a_{ij}(x)$, $f(\theta_t\omega,x,u)\equiv f(x,u)$ 时, (1.3.1) 退化为下面的自治抛物方程

$$\begin{cases}\dfrac{\partial u}{\partial t}=\displaystyle\sum_{i,j=1}^{N}\frac{\partial}{\partial x_i}\left(a_{ij}(x)\frac{\partial u}{\partial x_j}\right)+f(x,u),\quad x\in D,\\ u=0,\quad x\in\partial D.\end{cases}\tag{1.3.2}$$

方程 (1.3.2) 和相应的随机抛物方程 (1.3.1) 常用来描述许多物理模型和生物模型, 包括著名的生物种群中的 KPP 模型. 方程 (1.3.1) 也包含时间周期和时间概周期抛物方程这些特殊类型. 注意到一些随机抛物方程可以通过适当的变化转化成 (1.3.1) 形式的随机发展方程. 例如, 考虑下面加性噪声驱动的随机抛物方程

$$\begin{cases}dv=\displaystyle\sum_{i,j=1}^{N}\frac{\partial}{\partial x_i}\left(a_{ij}(x)\frac{\partial u}{\partial x_j}\right)dt+f(v)dt+dW(t),\quad x\in D,\\ \dfrac{\partial v}{\partial\nu}=0,\quad x\in\partial D,\end{cases}\tag{1.3.3}$$

其中 $W(t)$ 是双边布朗运动. 令

$$\Omega=C_0(R,R)=\{\omega|\omega:R\to R\text{ 连续, 且}\omega(0)=0\},$$

并赋以紧开拓扑, $\mathcal{F}=\mathcal{B}(\Omega)$ (Borel σ-代数), P 是 Wiener 测度, $\theta_t:\Omega\to\Omega$, $\theta_t\omega(\cdot)=\omega(\cdot+t)-\omega(t)$. 则 $((\Omega,\mathcal{F},P),(\theta_t)_{t\in R})$ 是遍历的度量动力系统.

令 $v^*:\Omega\to R$ 是 Ornstein-Uhlenbeck 方程的稳态解过程

$$dv+Avdt=dW.$$

令

$$v=u+v^*,$$

则 u 满足

$$\begin{cases} \dfrac{\partial u}{\partial t} = Au + f(u + v^*(\theta_t\omega)) + v^*(\theta_t\omega), & x \in \partial D, \\ \dfrac{\partial u}{\partial \nu} = 0, & x \in \partial D. \end{cases}$$

在区域 D 的适当的光滑条件下, 关于 (1.3.2) 的整体吸引子的研究很多[42,45]. 可以证明, 当 D 具有某种光滑性时, 方程 (1.3.2) 的解在 $L^2(D)$ 中生成一个半流, 并在 $L^2(D)$ 中有整体吸引子[38,42,45]. 当 p 满足 $1 < p \leqslant \dfrac{2n}{n-2}$ 时 (n 是空间自变量的维数), 方程 (1.3.2) 在 $H_0^1(D)$ 中生成半流, 并在 H_0^1 中存在整体吸引子[39,42].

由拟线性抛物方程的一般理论[2,47] 和随机动力系统的一般理论可知, (1.3.1) 在 $L^2(D)$ 中生成一个随机动力系统

$$\Pi_t(u_0, \omega) = (u(t, \cdot; u_0, \omega), \theta_t\omega), \tag{1.3.4}$$

其中 $\theta_t\omega$ 是保测的、遍历的变换. 当 D 是一个具有光滑边界的有界开集, $p \leqslant \dfrac{2n-2}{n-2}$, 则 (1.3.1) 在 $H_0^1(D)$ 中也可以生成一个随机动力系统, 并且 $u(t, \cdot; u_0, \omega)$ 关于关于初值 $u_0 \in H_0^1(D)$ 按 $\|\cdot\|_{H_0^1}$ 是连续的.

为便于证明主要结论, 先给出重要的非紧性测度和 ω-极限紧的概念 [23,57].

定义 1.3.1　设 M 是一个度量空间, A 是 M 的一个有界子集. 则 A 的非紧测度 $\gamma(A)$ 定义为

$$\gamma(A) = \inf\{\delta > 0 : A \text{ 可表示为有限个直径不超过 } \delta \text{子集的并}\}.$$

定义 1.3.2　在完备空间 M 上的随机动力系统 $\{S(t,\omega)\}_{t\geqslant 0, \omega\in\Omega}$ 是 ω-极限紧的, 如果对 M 中的每个有界子集 $B(\omega)$, 对任意的 $\epsilon > 0$, 都存在 $t_0(\omega) > 0$ 使得

$$\gamma\left(\bigcup_{t\geqslant t_0(\omega)} S(t, \theta_{-t}\omega)B(\theta_{-t}\omega)\right) \leqslant \epsilon.$$

引理 1.3.1[23]　设 M 是完备度量空间, γ 是非紧测度, 则有

(1) $\gamma(B) = 0$ 当且仅当 $\bar{B}$ 是紧的;

(2) 如果 M 是 Banach 空间, 则 $\gamma(B_1 + B_2) \leqslant \gamma(B_1) + \gamma(B_2)$;

(3) $\gamma(B_1) \leqslant \gamma(B_2)$, $B_1 \subset B_2$;

(4) $\gamma(B_1 \bigcup B_2) \leqslant \max\{\gamma(B_1), \gamma(B_2)\}$;

(5) $\gamma(B) = \gamma(\bar{B})$.

引理 1.3.2[23]　设 M 是无穷维 Banach 空间, $B(\epsilon)$ 是半径为 ϵ 的小球, 则 $\gamma(B(\epsilon)) = 2\epsilon$.

引理 1.3.3 [23] 设 X 是无穷维 Banach 空间, 且有下面分解

$$X = X_1 \bigoplus X_2, \qquad \dim X_1 < \infty.$$

令 $P: X \to X_1$, $Q: X \to X_2$ 是典则投影, A 是 X 的有界子集. 如果 QA 的直径不超过 ϵ, 则有 $\gamma(A) < \epsilon$.

引理 1.3.4 [23] 设 M 是一个完备的度量空间, γ 是非紧测度. 假设 $\{F_n\}$ 是 M 上的有界闭子集序列, 且满足

(1) $F_n \neq \varnothing$;

(2) $F_{n+1} \subset F_n$;

(3) $\gamma(F_n) \to 0$, $n \to \infty$.

则 $F(\bigcap_{n=1}^{\infty} F_n)$ 是一个非空紧集.

下面的条件是一个技术性条件, 最早由 [39] 给出, 在本小节的主要结论证明中起着关键作用.

条件 (C) 对任意有界随机集 $B(\omega) \subset H$, 及任意 $\epsilon > 0$, 存在 $t_B(\omega) > 0$ 和 H 中的有限维子空间 X_1, 使得 $\{PS(t, \theta_{-t}\omega)B(\theta_{-t}(\omega))\}$ 是有界的, 且

$$||(I-P)S(t, \theta_{-t}\omega)x|| < \epsilon, \quad t \geqslant t_B(\omega), \quad x \in B(\theta_{-t}\omega),$$

其中 $P: H \to X_1$ 是有界投影算子.

定理 1.3.1 [12] 设 $\{S(t,\omega)\}_{t \geqslant s, \omega \in \Omega}$ 是 Polish 空间 H 上的随机动力系统, 如果存在一个随机紧集 $K(\omega)$, 吸引每个有界的确定性的集合 $B \subset H$, 则集合

$$\mathcal{A}(\omega) = \overline{\bigcup_{B \subset H} \Omega_B(\omega)}$$

是 $S(t,\omega)$ 的整体随机吸引子. 如果 T 是连续的, 则其关于 $\mathbb{F}$ 的 P 完备化是可测的.

定理 1.3.2 设 $\{S(t,\omega)\}_{t \geqslant 0, \omega \in \Omega}$ 是连续的随机动力系统. 假设存在保测映射群 $(\theta_t)_{t \in R}$ 满足

(i) $S(t,\omega)$ 是 ω 极限紧;

(ii) 在 H 中存在有界吸收集 $K(\omega)$.

则 $K(\omega)$ 的 Ω 极限集 $\mathcal{A}_K(\omega) = \Omega(K(\omega))$ 是紧的随机吸引子, 吸引 H 中的所有有界子集.

证明 (1) 先证 $\mathcal{A}_k(\theta_t\omega)$ 是可测的. 对任意的 $x \in H$,

$$d\left(x, \overline{\bigcup_{t \geqslant 0} S(t, \theta_{-t}\omega)K(\theta_{-t}\omega)}\right) = d\left(x, \bigcup_{t \geqslant 0} S(t, \theta_{-t}\omega)K(\theta_{-t}\omega)\right)$$

$$= \inf_{t>0} d(x, S(t,\theta_{-t}\omega)K(\theta_{-t}\omega)).$$

由 H 的可分性及 $S(t,\omega)$ 在 H 中的连续性假设可知, 当 $y \in H$ 时, $(t,\omega) \longmapsto d(x, S(t,\theta_{-t}\omega)y)$ 是可测的, 于是,

$$(t,\omega) \longmapsto d(x, S(t,\theta_{-t}\omega K(\theta_{-t}\omega))$$

是可测的.

注意到, 当 $\alpha \in R$ 时,

$$\begin{aligned}&\{\omega \in \Omega; \inf_{t>\tau} d(x, S(t,\theta_{-t}\omega)K(\theta_{-t}\omega)) < \alpha\}\\ &= \Pi_\omega\{(s,\omega) \in (-\infty, T) \times \omega : d(x, S(t,\theta_{-t}\omega)K(\theta_{-t}\omega)) < \alpha\},\end{aligned}$$

其中, Π_ω 是从 $R^+ \times \Omega$ 到 Ω 的典则映射. 于是, 由投影定理可知, $\{\omega \in \Omega | \inf_{t>\tau} d(x, S(t,\theta_{-t}\omega)K(\theta_{-t}\omega)) < \alpha\}$ 关于 $\mathcal{F}$ 的 P 完备化是可测的.

由于 $K(\omega)$ 是有界子集, $S(t,\omega)$ 是 Ω 极限紧的, 因此, 对任意的 $\epsilon > 0$, 都存在某个 $t_k(\omega) > 0$, 满足

$$\gamma\left(\bigcup_{t \geqslant t_K(\omega)} S(t,\theta_{-t}\omega)K(\theta_t\omega))\right) < \epsilon.$$

令 $\epsilon = \dfrac{1}{n}, n = 1, 2, \cdots$, 则可找到序列 $\{t_n\}$, $t_1 < t_2 < \cdots < t_n < \cdots$ 满足

$$\gamma\left(\bigcup_{t \geqslant t_n} S(t,\theta_{-t}\omega)K(\theta_t\omega)\right) < \frac{1}{n}, \quad n = 1, 2, \cdots.$$

由非紧测度的性质可得

$$\gamma\left(\overline{\bigcup_{t \geqslant t_n} S(t,\theta_{-t}\omega)K(\theta_t\omega)}\right) < \frac{1}{n}, \quad n = 1, 2, \cdots.$$

根据非紧测度的定义, 有 $\overline{\bigcup_{t \geqslant t_n} S(t,\theta_{-t}\omega)K(\theta_t\omega))}$ 是紧的随机集. 再利用引理 1.3.4 可知, $\overline{\bigcup_{t \geqslant t_n} S(t,\theta_{-t}\omega)K(\theta_t\omega))}$ 是非空紧集, 并且是 $K(\omega)$ 的 Ω 极限集, 即

$$\mathcal{A}_k(\omega) = \Omega(K(\omega)) = \bigcap_{s \geqslant 0} \overline{\bigcup_{t \geqslant s} S(t,\theta_{-t}\omega)K(\theta_t\omega)} = \bigcap_{n=1}^{\infty} \overline{\bigcup_{t \geqslant t_n} S(t,\theta_{-t}\omega)K(\theta_t\omega)}.$$

(2) 接下来证明不变性. 假设 $\psi \in \mathcal{A}_K(\theta_s\omega)$, 利用 Ω 极限集的 θ 平移的定义可知, 存在序列 $t_n \to \infty$, $\phi_n \in K(\theta_{-t_n+s}\omega)$ 使得

$$S(t_n, \theta_{-t_n+s}\omega)\phi_n \to \psi, \qquad n \to \infty.$$

由随机动力系统的余环性质可知,

$$\psi = \lim_{n\to\infty} S(s,\omega)\cdot S(t_n - s, \theta_{-t_n+s}\omega)\phi_n.$$

令 n 充分大, 使得 $t_n - s \geqslant t_K(\omega)$, 这表明 $p_n \triangleq S(t_n - s, \theta_{-t_n+s)}\omega)\phi_n \in K(\omega)$.

断言: $\{p_n\}$ 存在收敛的子序列 $\{p_{n_j}\}_{j\in Z}$ 满足 $\lim_{j\to+\infty} p_{n_j} = \bar{\phi} \in \Omega_k(\omega)$.

事实上, 对任意的 $\epsilon > 0$ 及任意的 $\omega \in \Omega$, 存在 $t_n(\omega)$ 满足

$$\gamma\left(\bigcup_{t'\geqslant t_\epsilon(\omega)} S(t', \theta_{-t'}\omega)K(\theta_{-t'}\omega)\right) \leqslant \epsilon,$$

这表明

$$\gamma\left(\bigcup_{t'\geqslant t_\epsilon(\omega)+s} S(t'-s, \theta_{-t'+s}\omega)K(\theta_{-t'+s}\omega)\right) \leqslant \epsilon,$$

因此, 存在 N 满足

$$\bigcup_{n\geqslant N} S(t_n - s, \theta_{-t_n+s}\omega)\phi_n \subset \bigcup_{t'\geqslant t_\epsilon(\omega)+s} S(t'-s, \theta_{-t'+s}\omega)K(\theta_{-t'+s}\omega).$$

由于 $\bigcup_{n=N_0}^{N} S(t_n - s, \theta_{-t_n+s}\omega)\phi_n$ 包含了有限个点, 其中 N_0 是固定的, 当 $n \geqslant N_0$ 时, $t_n - s \geqslant 0$. 由非紧测度的性质可知,

$$\gamma\left(\bigcup_{n\geqslant N_0} S(t_n - s, \theta_{-t_n+s}\omega)\phi_n\right) = \gamma\left(\bigcup_{n\geqslant N} S(t_n - s, \theta_{-t_n+s}\omega)\phi_n\right) < \epsilon,$$

这表明

$$\gamma\left(\bigcup_{n\geqslant N} S(t_n - s, \theta_{-t_n+s}\omega)\phi_n\right) = 0,$$

即 $\{S(t_n - s, \theta_{-t_n+s}\omega)\phi_n\}$ 是相对紧的. 因此, 存在一个序列 $t_{n_j} \to +\infty$, 及 $\psi \in H$ 满足

$$S(t_{n_j} - s, \theta_{t_{n_j}+s}\omega)\phi_{n_j} \to \phi, \quad t_{n_j} \to +\infty.$$

由 Ω-极限集的定义可知, $\phi \in \Omega(K(\omega))$, 且

$$\psi = \lim_{n\to\infty} S(s,\omega)\cdot S(t_{n_j}-s,\theta_{-t_{n_j}+s}\omega)\phi_{n_j} = S(t,\omega)\cdot \lim_{n\to\infty} S(t_{n_j}-s,\theta_{-t_{n_j}+s}\omega)\phi_{n_j}$$

$$= S(s,\omega)\phi \subset S(s,\omega)\Omega(K(\omega)),$$

即

$$\mathcal{A}_K(\theta_s(\omega)) \subset S(s,\omega)\Omega(K(\omega)). \tag{1.3.5}$$

反之, 令 $\psi \in S(s,\omega)\Omega(K(\omega))$, 则存在某个 $\phi \in \Omega(K(\omega))$ 满足 $\psi = S(s,\omega)$. 由 ω 极限集的定义可知, 存在序列 $t_n \to \infty$ 及 $\phi_n \in K(\theta_{-t_n}\omega)$ 满足 $\psi = \lim_{n\to\infty} S(t_n,\theta_{-t_n}\omega)\phi_n$. 当 $t>0$ 时, $S(t,\theta_{-t}\omega), t \geqslant 0$, $\omega\in\Omega$ 的连续性蕴涵

$$\begin{aligned}S(s,\omega)\psi &= S(s,\omega)\lim_{n\to\infty} S(t_n,\theta_{t_n}\omega)\phi_n = \lim_{n\to\infty} S(s,\omega)\cdot S(t_n,\theta_{t_n}\omega)\phi_n\\ &= \lim_{n\to\infty} S(t_n+s,\theta_{-t_n}\omega)\phi_n = \lim_{n\to\infty} S(t_n+s,\theta_{-t_n-s}\cdot\theta_s\omega)\phi_n\\ &= \lim_{n\to\infty} S(t_n',\theta_{-t_n'}\cdot\theta_s\omega)\phi_n,\end{aligned}$$

其中, $t_n' = t_n + s \to \infty$, $\phi_n \in K(\theta_{-t_n'}\omega) = K(\theta_{-t_n'}\theta_s\omega)$. 于是 $S(s,\omega)\psi \in \Omega(K(\theta_s\omega))$, 不变性即可得证.

(3) 最后证明吸引性. 如果结论不成立, 则 $\Omega_K(\omega)$ 不吸引某个有界集 $B(\omega)$, 于是, 存在某个 $\delta>0$, 序列 $t_n\to\infty$ 及序列 $b_n \in B(\theta_{-t_n}\omega)$ 使得对所有的 $n\in N$,

$$d(S(t_n,\theta_{-t_n}\omega)b_n,\Omega_K(\omega)) \geqslant \delta > 0.$$

由于 $B(\omega)$ 是有界吸收集, 因此 $\{S(t_n,\theta_{t_n}\omega)b_n\}_{n\in N}$ 存在收敛的子列 $\{b_{n_j}\}$ 满足

$$S(t_{n_j},\theta_{-t_{n_j}}\omega)b_{n_j} \to \bar{\phi} \in \Omega_K(\omega). \tag{1.3.6}$$

再由 $\{S(t,\omega)\}_{t\geqslant 0,\omega\in\Omega}$ 的连续性可得

$$d(S(t_{n_j},\theta_{-t_{n_j}}\omega)b_{n_j},\Omega_K(\omega)) < \epsilon,$$

这与式 (1.3.6) 矛盾, 从而定理证毕. □

定理 1.3.3　设 $\{S(t,\omega)\}_{t\geqslant 0,\omega\in\Omega}$ 是 $(\Omega,\mathcal{F},P,(\theta_t)_{t\in R})$ 上的连续随机动力系统, 则 $\{S(t,\omega)\}_{t\geqslant 0,\omega\in\Omega}$ 在 H 中存在随机吸引子 $\mathcal{A}(\omega)$ 当且仅当

(i) $\{S(t,\omega)\}_{t\geqslant 0,\omega\in\Omega}$ 是 ω 极限紧的;

(ii) 存在一个有界的吸收集 $K(\omega)\subset H$.

证明 由定理 1.3.2 可知, 只需证明必要性. 因为 $\mathcal{A}_K(\omega)$ 是随机吸引子, 则 $\mathcal{A}_K(\omega)$ 的 ϵ 邻域是一个吸收集. 下面只需证明随机动力系统 $\{S(t,\omega)\}_{t\geqslant 0,\omega\in\Omega}$ 是 ω-极限紧的.

为此, 对任意的 $\epsilon>0$ 及 H 中任意的有界子集 $B(\omega)$, 存在 $t_B(\omega,\epsilon)\geqslant 0$ 满足

$$\bigcup_{t\geqslant t_B(\omega,\epsilon)} S(t,\theta_{-t}\omega)\subset N_{\frac{\epsilon}{4}}(\mathcal{A}_K(\omega))=\left\{x\in H: d(x,\mathcal{A}_K(\omega))<\frac{\epsilon}{4}\right\}.$$

由于 $\mathcal{A}_K(\omega)$ 是非紧的, 则存在 H 中的有限个元素 $x_1,x_2,\cdots,x_n\in H$ 满足

$$\mathcal{A}_K(\omega)\subset\bigcup_{i=1}^{n}N\left(x_i,\frac{\epsilon}{4}\right).$$

于是

$$N_{\frac{\epsilon}{4}}(\mathcal{A}_K(\omega))\subset\bigcup_{i=1}^{n}N\left(x_i,\frac{\epsilon}{2}\right),$$

这表明

$$\gamma\left(\bigcup_{t\geqslant t_B(\omega,\epsilon)} S(t,\theta_{-t}\omega)B(\theta_{-t}\omega)\right)\leqslant\gamma(N_{\frac{\epsilon}{4}}(\mathcal{A}_K(\omega)))\leqslant\epsilon.$$

即 $\{S(t,\omega)\}$ 是 ω 极限紧, 从而定理得证. □

定理 1.3.4 设 H 是 Banach 空间, $\{S(t,\omega)\}_{t\geqslant o,\omega\in\Omega}$ 是 $(\Omega,\mathcal{F},P,(\theta_t)_{t\in R})$ 上的随机动力系统. 则

(1) 如果条件 (C) 成立, 则 $\{S(t,\omega)\}_{t\geqslant 0,\omega\in\Omega}$ 是 ω 极限紧的;

(2) 设 H 是一致凸的 Banach 空间, 则 $\{S(t,\omega)\}_{t\geqslant o,\omega\in\Omega}$ 是 ω 极限紧的当且仅当条件 (C) 成立.

证明 (1) 由引理 1.3.1~引理 1.3.4 可知

$$\begin{aligned}
&\gamma\left(\bigcup_{t\geqslant t_B(\omega)} S(t,\theta_{-t}\omega)K(\theta_{-t}\omega)\right)\\
=&\gamma\left(P\left(\bigcup_{t\geqslant t_B(\omega)} S(t,\theta_{-t}\omega)K(\theta_{-t}\omega)\right)+\left(I-P\bigcup_{t\geqslant t_B(\omega)} S(t,\theta_{-t}\omega)K(\theta_{-t}\omega)\right)\right)\\
\leqslant&\gamma\left(P\left(\bigcup_{t\geqslant t_B(\omega)} S(t,\theta_{-t}\omega)K(\theta_{-t}\omega)\right)\right)+\gamma\left((I-P)\bigcup_{t\geqslant t_B(\omega)} S(t,\theta_{-t}\omega)K(\theta_{-t}\omega)\right)
\end{aligned}$$

$\leqslant \gamma(N(0,\epsilon)) = 2\epsilon.$

因此, $\{S(t,\omega)\}_{t\geqslant 0,\omega\in\Omega}$ 是 ω 极限紧的.

(2) 设 H 是一致凸的 Banach 空间, $\{S(t,\omega)\}_{t\geqslant 0,\omega\in\Omega}$ 是 ω 极限紧的. 则对 H 中的任意有界子集 $B(\Omega)$, 及任意的 $\epsilon > 0$, 存在某个 $t_B(\omega) > 0$ 满足

$$\gamma\left(\bigcup_{t\geqslant t_B(\omega)} S(t,\theta_{-t}\omega)B(\theta_{-t}\omega)\right) < \frac{\epsilon}{2}.$$

由非紧测度的性质可知, 存在有限个子集 $A_1(\omega), A_2(\omega), \cdots, A_m(\omega)$(其中每个子集的直径不超过 $\frac{\epsilon}{2}$) 满足

$$\bigcup_{t\geqslant t_B(\omega)} S(t,\theta_{-t}\omega)B(\theta_{-t}\omega)) \subset \bigcup_{i=1}^{m} A_i(\omega).$$

令 $x_i \in A_i(\omega), i = 1, \cdots, m$, 则

$$\bigcup_{t\geqslant t_B(\omega)} S(t,\theta_{-t}\omega)B(\theta_{-t}\omega)) \subset \bigcup_{i=1}^{m} N\left(x_i, \frac{\epsilon}{2}\right).$$

记 $X_1 = \mathrm{span}\{x_1, x_2, \cdots, x_m\}$. 由于 H 是一致凸的, 于是, 存在投影 $P : X \longmapsto X_1$, 使得对任意的 $x \in H$, $||x - Px|| = \mathrm{dist}(x, X_1)$. 因此,

$$||(I-P)S(t,\theta_{-t}\omega)x|| \leqslant \frac{\epsilon}{2} < \epsilon,$$

这表明条件 (C) 成立, 即该定理得证. □

综合定理 1.3.2、定理 1.3.3 和定理 1.3.4 可得

定理 1.3.5 设 H 是 Banach 空间, $\{S(t,\omega)\}_{t\geqslant 0,\theta\in\Omega}$ 是 Polish 空间 H 上 $(\Omega, \mathcal{F}, P, (\theta_t)_{t\in R})$ 的连续随机动力系统. 如果下面条件成立：

(i) $\{S(t,\omega)\}_{t\geqslant 0,\theta\in\Omega}$ 满足条件 (C);

(ii) 存在一个有界吸收集 $K(\omega) \subset H$.

则随机动力系统在 H 中存在随机吸引子 $\mathcal{A}_K(\omega) = \bigcap_{s\geqslant 0}\overline{\bigcup_{t\geqslant s} S(t,\theta_{-t}\omega)K(\theta_{-t}\omega)}$.

定理 1.3.6 设 H 是 Banach 空间, $\{S(t,\omega)\}_{t\geqslant 0,\theta\in\Omega}$ 是 Polish 空间 H 上 $(\Omega, \mathcal{F}, P, (\theta_t)_{t\in R})$ 的强弱连续随机动力系统. 如果下面条件成立：

(i) $\{S(t,\omega)\}_{t\geqslant 0,\theta\in\Omega}$ 满足条件 (C);

(ii) 存在一个有界吸收集 $K(\omega) \subset H$.

则随机动力系统在 H 中存在随机吸引子 $\mathcal{A}_K(\omega) = \bigcap_{s\geqslant 0}\overline{\bigcup_{t\geqslant s} S(t,\theta_{-t}\omega)K(\theta_{-t}\omega)}$.

证明 必要性的证明与定理 1.3.3 的证明类似, 在此略. 在充分性的证明中, $\mathcal{A}_K(\omega)$ 可测性和紧性的证明与定理 1.3.3 相同, 详见文献 [29]. 这里只给出不变性的证明.

假设 $\psi \in \mathcal{A}_K(\theta_s\omega)$, 由 Ω 极限集的 θ 平移性的定义, 注意到 $S(t,\omega)$ 是强弱连续的, 则存在序列 $t_n \to \infty$ 和 $\phi_n \in K(\theta_{-t_n+s}\omega)$, 当 $n \to \infty$ 时,

$$S(t_n, \theta_{-t_n+s}\omega)\phi_n \rightharpoonup \psi.$$

随机动力系统的余环性质蕴涵着

$$\psi = \lim_{n\to\infty} S(s,\omega)\cdot S(t_n - s, \theta_{-t_n+s}\omega)\phi_n.$$

令 n 充分大, 使得 $t_n - s \geqslant t_K(\omega)$, 这表明 $p_n \triangleq S(t_n - s, \theta_{-t_n+s)}\omega)\phi_n \in K(\omega)$.

类似于定理 1.3.3 可证明序列 $\{p_n\}$ 存在收敛的子列 $\{p_{n_j}\}_{j\in Z}$ 满足 $\lim_{j\to+\infty} p_{n_j} = \bar{\phi} \in \Omega_k(\omega)$. 因此, 存在序列 $t_{n_j} \to +\infty$ 及 $\psi \in H$ 满足

$$S(t_{n_j} - s, \theta_{t_{n_j}+s}\omega)\phi_{n_j} \to \phi, \quad t_{n_j} \to +\infty.$$

由 Ω 极限集的定义可得 $\phi \in \Omega(K(\omega))$, 且

$$\begin{aligned}\psi &= \lim_{n\to\infty} S(s,\omega)\cdot S(t_{n_j} - s, \theta_{-t_{n_j}+s}\omega)\phi_{n_j} = S(t,\omega)\cdot \lim_{n\to\infty} S(t_{n_j} - s, \theta_{-t_{n_j}+s}\omega)\phi_{n_j}\\ &= S(s,\omega)\phi \subset S(s,\omega)\Omega(K(\omega)),\end{aligned}$$

即

$$\mathcal{A}_K(\theta_s(\omega)) \subset S(s,\omega)\Omega(K(\omega)).$$

反之, 令 $\psi \in S(s,\omega)\Omega(K(\omega))$, 则存在某个 $\phi \in \Omega(K(\omega))$ 使得 $\psi = S(s,\omega)$. 由 ω 极限集的定义, 以及 $S(t,\omega)$ 的强弱连续性可知, 存在序列 $t_n \to \infty$ 及 $\phi_n \in K(\theta_{-t_n}\omega)$ 满足

$$S(t_n, \theta_{-t_n}\omega)\phi_n \rightharpoonup \psi, \quad n \to \infty, \quad t > 0.$$

由 $S(t,\theta_{-t}\omega), t \geqslant 0, \omega \in \Omega$ 的强弱连续性可知

$$\begin{aligned}S(s,\omega)\psi &= S(s,\omega)\lim_{n\to\infty} S(t_n, \theta_{t_n}\omega)\phi_n = \lim_{n\to\infty} S(s,\omega)\cdot S(t_n, \theta_{t_n}\omega)\phi_n\\ &= \lim_{n\to\infty} S(t_n + s, \theta_{-t_n}\omega)\phi_n = \lim_{n\to\infty} S(t_n + s, \theta_{-t_n-s}\cdot\theta_s\omega)\phi_n\\ &= \lim_{n\to\infty} S(t'_n, \theta_{-t'_n}\cdot\theta_s\omega)\phi_n,\end{aligned}$$

其中, $t'_n = t_n + s \to \infty$, $\phi_n \in K(\theta_{-t'_n}\omega) = K(\theta_{-t'_n}\theta_s\omega)$, 于是, $S(s,\omega)\psi \in \Omega(K(\theta_s\omega))$, 即得到不变性. □

下面给出随机动力系统强弱连续性的判定方法.

定理 1.3.7　设 X, Y 是两个 Banach 空间, X^*, Y^* 分别是其对偶空间, X 在 Y 中稠密, 映射 $i: X \to Y$ 是连续的, 它的伴随算子 $i^*: Y^* \to X^*$ 是稠密的, 且 $S(t,\omega)$ 在 Y 上是强弱连续的, 则 $S(t,\omega)$ 在 X 上强弱连续的充要条件是对每个 $\omega \in \Omega$, $t \in R^+$, $S(t,\omega)$ 将 X 中的紧随机集映到 Y 中的有界随机集.

证明　该定理的证明类似于 [44] 中定理 2.4 的证明, 只需要作适当的修改即可. 在此略. □

1.3.1　L^2 空间中的随机吸引子

研究非自治抛物方程和随机抛物方程特殊形式的解主要有两种方法: 一是 Galerkin 近似方法; 二是半群方法. 例如 Langa[48] 研究了非自治反应扩散方程

$$\begin{cases} u_t - \Delta u + f(t,u) = h(t), \quad x \in D, \quad t > s, \\ u = 0, \quad x \in \partial D, \\ u(s) = u_s, \end{cases} \tag{1.3.7}$$

其中 $f \in C^1(R^2, R), h(\cdot) \in L^2_{\rm loc}(R, L^2(D)$, D 是 R^n 中的有界开集, 存在 $r \geqslant 0$, $p \geqslant 2$, $c_i > 0$, $i = 1, \cdots, 5$ 满足:

(D1) $c_1|u|^p - c_2 \leqslant f(t,u)u \leqslant c_3|u|^p - c_4$;

(D2) $f_u(t,u) \geqslant -c_5$;

(D3) 对任意的 $t \in R$, 存在非减函数 $\eta(t) > 0$, 使得对所有的 $\tau \leqslant t, u, v \in R$, $|f(\tau,u) - f(\tau,v)| \leqslant \eta(t)|u - v|$.

另外, Langa[48] 证明了在 $L^2(D)$ 中存在拉回吸引子 $K(t)$. 文献 [44] 利用强弱连续的余环性质和非紧测度技术证明了当 $f(t,u) = f(u) \in C(R,R)$, $g(\cdot) \in L^2_{loc}(D)$, 且 (D1)~(D2) 成立时, 系统 (1.3.7) 在 $H^1_0(D)$ 中存在拉回吸引子. 文献 [43] 研究了下面的非自治抛物方程

$$\begin{cases} \dfrac{\partial u}{\partial t} = \Delta u + g(t,x,u), \quad x \in D, \\ u = 0, \quad x \in \partial D. \end{cases} \tag{1.3.8}$$

当 f 满足适当的光滑性, 对所有的 $u \in R$,

$$f(t,x,u)u \leqslant c(t,x)|u|^2 + D(t,x)|u|,$$

文献 [43] 利用半群方法证明了, 当初值 $u_0 \in C(\bar{D})$ 时, (1.3.8) 存在唯一的 Mild 解 $u(t;s,u_0)$, 且 $u(s;s,u_0)=u_0$; 并且系统 (1.3.8) 在 $C_0(\bar{D})$ 中存在拉回吸引子. 文献 [12] 研究了高斯噪声驱动的反应扩散方程

$$\begin{cases} du = \Delta u dt + f(u)dt + \displaystyle\sum_{j=1}^{m} \phi_j(x)dw_j(t), \\ u = 0, \quad x \in \partial D, \\ u_(t_0,x) = u_0(x) \in L^2(D), \end{cases}$$

其中, f 为如下形式的多项式

$$f(u) = \sum_{k=0}^{2p-1} a_k u^k, \qquad a_{2p-1} < 0,$$

并证明了方程 (1.3.9) 的解在 L^2 上生成一个随机动力系统, 其存在紧的拉回吸引子.

这一节先研究一般的随机抛物方程

$$\begin{cases} \dfrac{\partial u}{\partial t} - \Delta u + g(\theta_t\omega, x, u) = 0, \quad x \in D, \\ u(t_0,x) = u_0(x), \quad x \in D, \\ u = 0, \quad x \in \partial D, \end{cases} \tag{1.3.9}$$

其中, $\omega \in \Omega$, $g: \Omega \times \bar{D} \times R \to R$ 是可测的. D 是 R^n 中的具有光滑边界 ∂D 的有界开集. 对每个给定的 $\omega \in \Omega$, 记 $g^\omega(t,x,u) = g(\theta_t\omega, x, u)$. 为便于讨论, 作如下假设:

(H1) $g: \Omega \times \bar{D} \times R \to R$ 关于 ω 是可测的, 对每个 $\omega \in \Omega$, $g^\omega(t,x,u)$ 关于 $(t,x) \in R \times \bar{D}$ 连续, 关于 $u \in R$ 是可微的. 而且, 对每个 $\omega \in \Omega$, 存在一个正数 d_0 满足

$$g_u(\theta_t\omega, x, u) \geqslant -d_0.$$

(H2) 对任意的 $\omega \in \Omega$, $x \in \bar{D}$, $u \in R$, 存在 $p \geqslant 2$, 两个不依赖于 ω 的正数 d_1, d_3 和两个正的具有连续轨道的可测函数 $d_2(\cdot), d_4(\cdot): \Omega \to R$, 其中 $d_2(\theta_t\omega), d_4(\theta_t\omega)$ 关于 t 连续, 满足

$$d_3|u|^p - d_4(\theta_t\omega) \leqslant g(\theta_t\omega, x, u)u \leqslant d_1|u|^p + d_2(\theta_t\omega), \quad \omega \in \Omega,$$

对某个 $m \geqslant 1$,

$$\frac{d_2(\theta_t\omega)}{t^m} \to 0, \qquad \frac{d_4(\theta_t\omega)}{t^m} \to 0, \qquad t \to \infty.$$

(H3) 存在正常数 d_6 和具有连续轨道的可测函数 $d_7(\cdot):\Omega\to R$, 满足

$$|g_u(\theta_t\omega,x,u)|\leqslant d_6|u|^{p-2}+d_7(\theta_t\omega).$$

其中 $d_7(\theta_t\omega)$ 关于 t 连续, 并满足

$$\frac{d_7(\theta_t\omega)}{t^m}\to 0,\qquad t\to\infty.$$

记 $H=L^2(D)$, 其内积和范数分别为 $(\cdot,\cdot)$, $||\cdot||$, $V=H_0^1(D)$ 的内积和相应的范数分别为 $(\cdot,\cdot)_V$, $||\cdot||_V$, $L^p(D)$ 的内积为 $||\cdot||_{L^p}$.

对任意初值 $u_0(x)\in L^2(D)$, 由文献 [8] 的定理 3.1 和 Faedo-Galerkin 近似方法可证得下面结论:

定理 1.3.8 假设 (H1)~(H3) 成立, 则对每个 $\omega\in\Omega$, 及任意的 $T\in R^+, u_0\in L^2(D)$, 存在唯一的弱解 $u(\cdot,\cdot,u_0,\omega)\in C([0,T],L^2(D))\bigcap L^2(0,T,H_0^1(D))\bigcap L^p(0,T,L^p(D))\bigcap L^\infty(0,T,L^2(D))$, 且在空间 $V'(0,T;\,H^{-1}(D))$ 上按分布意义满足方程 (1.3.9), $u(0,u_0,\omega)=u_0$. 而且, 对所有 $u_0,v_0\in L^2(D)$,

$$|u(t,u_0,\omega)-v(t,v_0,\omega)|\leqslant\exp(c_5(t-\tau))|u_0-v_0|. \tag{1.3.10}$$

证明 对每个 $\omega\in\Omega$, 方程 (1.3.9) 在某个纤维上是确定方程. 由于 (H1)~(H3) 成立, 注意到 (H2) 表明 $g^\omega(t,x,u)$ 关于 t 是多项式增长速度. 类似于文献 [8] 的 Faedo-Galerkin 近似方法和文献 [5] 中定理 4.1 的讨论可以证明, 对每个 $\omega\in\Omega$, 及任意给定的初值函数 $u_0(x)\in L^2(D)$, 对任意的 $T>0$, (1.3.9) 在 $V'(0,T,H^{-1}(D))$ 上在分布意义下存在一个弱解 $u(t,x,t_0,\omega,u_0)$, 且 $\partial_t u\in L^p(0,T,H^{-1}(D))$. 并且 $u(x,s)$ 满足

$$u(\cdot)\in L^2(0,T,H_0^1(D))\bigcap L^p(0,T,L^p(D))\bigcap L^\infty(0,T,L^2(D)),$$

$u(\cdot)\in C([0,T],L^2(D))$. 类似于文献 [38] 的定理 1.1 和文献 [8] 的定理 3.3, 可以用弱解的连续性得到唯一性. □

附注 引理 1.3.8 表明 $S(t,\omega)u_0$ 关于 $t\geqslant 0$ 和 u_0 是连续的.

令

$$Y=\Big\{g:\ g(t,x,u)\in C(R\times D\times R,R)\text{ 满足假设(H1)}\sim\text{(H3) 且具有有限的}$$

$$\text{加权范数, 其中}||g||_{\mathcal{M}}=\sup_{s\in[\tau,t]}\sup_{x\in\bar{D},v\in R}\left(\frac{|g(t,x,v)|}{1+|v|^{p-1}}\right)<\infty\Big\}.$$

由文献 [8] 的附注 2.1 可知, $(Y,||\cdot||_{\mathcal{M}})$ 是一个 Banach 空间.

对每个 $g \in Y$, 考虑下面的方程

$$\begin{cases} \dfrac{\partial u}{\partial t} - \Delta u + g(t,x,u) = 0, \\ u(t,x)|_{\partial D} = 0, \qquad u(t_0,x) = u_0(x). \end{cases} \tag{1.3.11}$$

记 $u(t,x,u_0,g)$ 是方程 (1.3.11) 的解. 如果每个 $\omega \in \Omega$, $g(t,x,g) = g(\theta_t\omega,x,u) = g^\omega(t,x,u)$, 则 $u(t,x,u_0,\omega) = u(t,x,u_0,g^\omega)$ 是方程 (1.3.11) 的解.

引理 1.3.5 $S(t,\omega)u_0$ 关于 ω 可测.

引理 1.3.6 对每个 $g \in Y$, 方程 (1.3.11) 的解 $u(t,\cdot,t_0,u_0,g)$ 关于 g 是连续的.

证明 设 $u_i(t,x,u_{i0},g_i)$, $i=1,2$ 是下面方程的解

$$\begin{cases} \dfrac{\partial u_i}{\partial t} - \Delta u_i + g_i^\omega(t,x,u_i) = 0, \quad i=1,2, \\ u_i(t,x,u_{i0},g_i) = 0, \quad x \in \partial D, \\ u_i(t_0,x,\omega) = u_{i0}(x), \end{cases}$$

则 $u_1 - u_2$ 满足方程

$$\begin{cases} \dfrac{\partial(u_1-u_2)}{\partial t} - \Delta(u_1-u_2) + g_1^\omega(t,x,u_1) - g_2^\omega(t,x,u_2) = 0, \\ u_1(t_0,x) - u_2(t_0,x) = u_{10}(x) - u_{20}(x). \end{cases} \tag{1.3.12}$$

用 $u_1 - u_2$ 与方程 (1.3.12) 作 L^2 内积, 直接计算可得

$$\begin{aligned} &\frac{1}{2}\frac{d}{dt}||u_1-u_2||^2 + ||u_1-u_2||_V^2 \\ &= -\Big(g_1^\omega(t,x,u_1) - g_2^\omega(t,x,u_1), u_1-u_2\Big) \\ &\quad - \Big(g_2^\omega(t,x,u_1) - g_2^\omega(t,x,u_2), u_1-u_2\Big). \end{aligned} \tag{1.3.13}$$

由 (H1) 可得

$$-\Big(g_2^\omega(t,x,u_1) - g_2^\omega(t,x,u_2), u_1-u_2\Big) \leqslant d_0||u_1-u_2||^2.$$

根据 $||\cdot||_{\mathcal{M}}$ 的定义可知, 对所有的 $v \in R$, $x \in \bar{D}$, $s \in [\tau,t]$,

$$|g_1(s,x,u_1) - g_2(s,x,u_1)| \leqslant ||g_1-g_2||_{\mathcal{M}}\big(1+|u_1|^{p-1}\big).$$

再由 Young 不等式得到

$$\begin{aligned}\Big|(g_1(t,x,u_1)-g_2(t,x,u_1),u_1-u_2)\Big| &\leqslant ||g_1-g_2||_{\mathcal{M}}\int_D\big(1+|v_1|^{p-1}\big)|u_1-u_2|dx\\ &\leqslant ||g_1-g_2||_{\mathcal{M}}d_5\Big(1+||u_1||_{L^p}^p+||u_2||_{L^p}^q\Big).\end{aligned}$$

于是,

$$\frac{d}{dt}||u_1-u_2||^2\leqslant 2d_0||u_1-u_2||+a(t)||g_1-g_2||_{\mathcal{M}}. \tag{1.3.14}$$

其中, $a(t)=2d_5\Big(1+||u_1||_{L^p}^p+||u_2||_{L^p}^q+1\Big)$. 由估计式 (1.3.14) 可得

$$||u_1-u_2||^2\leqslant\left(||u_{1\tau}-u_{2\tau}||^2+||g_1-g_2||_{\mathcal{M}}\int_\tau^t a(s)ds\right)e^{2d_0(t-\tau)}.$$

因此, 对任意固定的 t 和 τ, $t\geqslant\tau$, 如果 $||u_{1\tau}-u_{2\tau}||\to 0$, $||g_1-g_2||_M\to 0$, 则 $||u_1(t)-u_2(t)||\to 0$. 从而引理证毕. □

引理 1.3.7　假设 (H1) $\sim$ (H3) 成立, 则映射 $E:\Omega\ni\omega\to g^\omega\in Y$ 关于 ω 是可测的.

证明　由于 $g^\omega(t,x,u)$ 关于 $\omega\in\Omega$ 是可测的, $[\tau,t]$ 是不可数的, 因此可以选取有理数 $\tau_1,\tau_2,\cdots,\tau_n\in[\tau,t]$, 使得对任意的 $(t_n,x_n,u_n)(\{(t_n,x_n,u_n)\}$ 在 $[\tau,t]\times\bar{D}\times\mathcal{M}_1$ 中稠密),

$$\left\{\omega\mid|g^\omega(t_n,x_n,u_n)-g_0^\omega(t_n,x_n,u_n)|<\delta-\frac{1}{k}\right\}$$

是一个可测集. 同理,

$$\bigcap_k\bigcap_n\left\{\omega\mid\frac{|g^\omega(t_n,x_n,u_n)-g_0^\omega(t_n,x_n,u_n)|}{1+|u_n|^{p-1}}<\delta-\frac{1}{k}\right\}$$

也是一个可测集. 注意到范数 $||\cdot||_{\mathcal{M}_1}$ 的定义, 则有

$$\begin{aligned}&\bigcap_k\bigcap_n\left\{\omega\mid||g^\omega(t_n,x_n,u_n)-g_0(t_n,x_n,u_n)||_{\mathcal{M}_1}<\delta-\frac{1}{k}\right\}\\ =&\bigcap_k\bigcap_n\left\{\omega\mid\sup_{(t_n,x_n,u_n)\in[\tau,t]\times\bar{D}\times\mathcal{M}_1}\frac{|g^\omega(t_n,x_n,u_n)-g_0(t_n,x_n,u_n)|}{1+|u_n|^{p-1}}<\delta-\frac{1}{k}\right\}\end{aligned}$$

$$\subset \bigcap_k \bigcap_n \left\{ \omega \mid sup_{(t_n,x_n,u_n)\in[\tau,t]\times\bar{D}\times\mathcal{M}_1} |g^\omega(t_n,x_n,u_n) - g_0(t_n,x_n,u_n)| < \delta - \frac{1}{k} \right\}$$

$$= \left\{ \omega : \ sup_{(t_n,x_n,u_n)\in[\tau,t]\times\bar{D}\times\mathcal{M}_1} |g^\omega(t_n,x_n,u_n) - g_0(t_n,x_n,u_n)| < \delta \right\}.$$

于是,

$$\{\omega : ||g^\omega(t,x,u) - g_0(t,x,u)||_{\mathcal{M}_1} < \delta\}$$

是一个可测集. 从而引理 1.3.7 得证. □

引理 1.3.7 和引理 1.3.6 蕴涵着下面的结论:

引理 1.3.8 对每个 $\omega \in \Omega$, 方程 (1.3.11) 的解 $u(t,x,u_0,\omega) = u(t,x,u_0,g^\omega)$ 关于 ω 是可测的.

因此, 对每个 $\omega \in \Omega$ 和初始函数 $u_0(x) \in L^2(D)$, $\{S(t,\omega)\}_{t\in R,\omega\in\Omega}$ 是从 $L^2(D)$ 到 $L^2(D)$ 上的随机动力系统.

接下来证明 $H_0^1(D)$ 中有界吸收集的存在性和 ω 极限渐近紧性.

引理 1.3.9 随机动力系统 $S(t,\theta_{-t}\omega)$ 在 $L^2(D)$ 中存在一个吸收集 $K(\omega)$, $\mathcal{A}(\omega) = \bigcup_\omega K(\omega)$ 中按照 $||\cdot||_{L^2}$ 范数吸引 $L^2(D)$ 中的有界轨道.

证明 固定 $\omega \in \Omega$ (下面的结论对 Polish a.s. $\omega \in \Omega$ 都成立). 设 $t_0 < -1$, 则存在 $t_2^* = -1 - \frac{1}{2}\ln||u_0||$, 当 $t_0 \leqslant t_2^*$ 时, $e^{-2(-1-t_0)}||u_0||^2 \leqslant 1$.

用 u 与方程 (1.3.9) 的第一个方程相乘, 并在 D 积分后可得

$$\frac{1}{2}\frac{d}{dt}||u||^2 + ||u||_V^2 + \int_D ug(\theta_t\omega,x,u)dx = 0. \tag{1.3.15}$$

由 (H1) 和 Poincaré 不等式及 (1.3.15) 可得

$$\frac{d}{dt}||u||^2 + \lambda_1||u||^2 + 2d_3\int_D |u|^p dx \leqslant 2d_4(\theta_t\omega)|D|. \tag{1.3.16}$$

利用 Gronwall 不等式得到

$$||u(-1)||^2 \leqslant e^{-\lambda_1(-1-t_0)}||u_0||^2 + \int_{t_0}^{-1} e^{-\lambda_1(-1-t_0)}\Big(2d_4(\theta_s\omega)|D|\Big)ds$$

$$\leqslant e^{-\lambda_1(-1-t_0)}||u_0||^2 + \int_{-\infty}^{-1} e^{-\lambda_1(-1-t_0)}\Big(2d_4(\theta_s\omega)|D|\Big)ds.$$

条件 (H2) 表明当 t_0 和 s 分别趋于 $-\infty$ 时, $d_4(\theta_s\omega)$ 至多是多项式增长, 因此, 存在一个有界函数 $\gamma_1(\omega)$ 满足

$$\int_{-\infty}^{-1} e^{-\lambda_1(-1-t_0)}\Big(2d_4(\theta_s\omega)|D|\Big)ds \leqslant \gamma_0(\omega),$$

给定 $\rho > 0$ 满足 $||u_0(x)|| \leqslant \rho$, 选取 $\bar{t} = -1 - \dfrac{1}{\lambda_1}\ln\rho^2$, 使得当 $t_0 \leqslant \bar{t}$ 时,

$$e^{-\lambda_1(-1-t_0)}\rho^2 \leqslant 1,$$

令

$$\gamma_1^2(\omega) = 1 + 2|D|\int_{-\infty}^{-1} e^{-\lambda_1(-1-t_0)}\Big(d_4(\theta_s\omega)\Big)ds.$$

记 $B(\omega) = \{u|\ ||u|| \leqslant \gamma_1(\omega)\}$, 则由有界吸收集的定义可知, 集合 $B(\omega)$ 是随机动力系统 $\{S(t,\theta_{-t}\omega)\}_{t\geqslant 0,\omega\in\Omega}$ 的一个有界吸收集. □

引理 1.3.10 存在随机变量 $\gamma_2(\omega) > 0$, 使得对所有的 $\rho > 0$, 存在 $t_2^* \leqslant -1$, 对 P.a.s $\omega \in \Omega$, $t_0 \leqslant t_2^*$, $u_0(x) \in L^2(D)$ 且 $||u_0(x)|| \leqslant \rho$, 方程 (1.3.9) 的解 $u(t,\omega,t_0,u_0)$ 在 $[t_0,\infty)$ 满足

$$\int_{-1}^{0} ||u(s)||_V^2 ds \leqslant \gamma_2(\omega).$$

证明 类似于引理 1.5.2 的讨论, 将方程 (1.3.15) 在 $[-1,0]$ 上积分, 当 $t_0 \leqslant t_2^*$ 时,

$$\frac{1}{2}||u(0)||^2 + \int_{-1}^{0} ||u||_V^2 ds + d_3\int_{-1}^{0} |u|_{L^p}^p dx \leqslant \frac{1}{2}||u(-1)||^2 + \int_{-1}^{0} d_4(\theta_s\omega)ds.$$

注意到引理 1.3.9 中关于 $||u(-1)||$ 的估计, 有

$$\int_{-1}^{0} ||u||_V^2 ds \leqslant \int_{-1}^{0} d_4(\theta_s\omega)ds + \frac{1}{2}\gamma_1(\omega) = \gamma_2(\omega),$$

从而引理 1.3.10 即可得证. □

定理 1.3.9 假设 (H1) $\sim$ (H3) 成立, 则随机动力系统 $S(t,\omega)$ 在 $L^2(D)$ 中存在拉回吸引子 $\mathcal{A}(\omega)$, 按照 $||\cdot||_{L^2}$ 范数吸引 $L^2(D)$ 中的有界集. 而且 $\mathcal{A}(\omega)$ 在 $L^2(D)$ 中按 $L^2(D)$ 范数可测.

证明 用 $-\Delta u$ 乘方程 (1.3.9) 两边, 并在 D 上积分后得到

$$\begin{aligned}\frac{1}{2}\frac{d}{dt}||u||_V^2 + ||\Delta u||_V^2 &= \int_D \Delta u g(\theta_t\omega, x, u)dx\\ &\leqslant \int_D -\sum_{i=1}^{n} g_u(\theta_t\omega, x, u)\left(\frac{\partial u}{\partial x_i}\right)^2 dx, \qquad (1.3.17)\end{aligned}$$

由 (H1) 和 (1.3.17) 可得

$$\frac{d}{dt}||u||_V^2 + ||\Delta u||_V^2 \leqslant 2d_0||u||_V^2. \tag{1.3.18}$$

在任意区间 $[s,0]$ 积分 (1.3.18) 后得到

$$||u(0)||_V^2 \leqslant ||u(s)||_V^2 + 2d_0\int_s^0 ||u(s)||_V^2 ds. \tag{1.3.19}$$

由 Poincaré 不等式, 存在常数 $c_0 = c_0(D)$ 使得当 $u_0(x) \in H_0^1(D)$ 时,

$$||u_0|| \leqslant c_0||u_0||_V.$$

在 $[-1,0]$ 上对 (1.3.19) 关于 s 积分, 再由引理 1.3.10 得到

$$||u(0)||_V^2 \leqslant \int_{-1}^0 ||u(s)||_V^2 ds + 2d_0\int_{-1}^0 ||u(s)||_V^2 ds \leqslant (1+2d_0)\gamma_2(\omega).$$

给定 $\rho > 0$ 满足 $||u_0(x)||_V \leqslant \rho$, 选取 $\bar{t} = -1 - \frac{1}{2}\ln\frac{2}{c_0^2\rho^2}$, 当 $t_0 \leqslant \bar{t}$ 时,

$$\frac{1}{2}e^{-2(-1-t_0)}c_0^2||u_0||_V^2 \leqslant 1.$$

记 $\gamma(\omega)^2 = (1+2d_0)\gamma_2(\omega)$, $B(\omega) = \{u \in H_0^1(D) | ||u||_V \leqslant \gamma(\omega)\}$. 由有界吸收集的定义可得, $B = \{B(\omega)\}_{\omega\in\Omega}$ 是随机动力系统 $S(t,\theta_{-t}\omega)_{t\geqslant 0,\omega\in\Omega}$ 在 $H_0^1(D)$ 中的有界吸收集. 由于 $H_0^1(D) \subset L^2(D)$, 可以得到 $S(t,\theta_{-t}\omega)$ 的高正则性, 即对 $L^2(D)$ 中的任意有界集 B, $||u(t,B,\omega)||_{H_0^1} \leqslant M$, 这表明 $S(t,\theta_{-t}\omega)$ 是紧的. 因此, 随机动力系统 $S(t,\theta_{-t}\omega)$ 在 $L^2(D)$ 中存在随机吸引子. □

1.3.2 H_0^1 中的弱吸引子

这一节研究一般随机抛物方程在 H_0^1 上的弱随机吸引子的存在性, 即研究

$$\begin{cases} \dfrac{\partial u}{\partial t} - \Delta u + g(\theta_t\omega, x, u) = 0, \quad x \in D, \\ u(t_0,x) = u_0(x) \in u_0(x) \in H_0^1, \quad x \in D, \\ u = 0, \quad x \in \partial D, \end{cases} \tag{1.3.20}$$

其中对每个 $\omega \in \Omega$, $g: \Omega \times \bar{D} \times R \to R$ 是可测的, $u_0(x) \in H_0^1$.

设 D 是 R^n 中具有光滑边界的 ∂D 的有界开集, $A = -\Delta$ 是线性闭的无界正自伴算子, $D(A) \subset H$, 存在特征值 λ_j 及相应的特征函数 $\phi_j(x)$, 其构成 H 的一组正交基, 即

$$A\phi_j(x) = \lambda\phi_j(x), \quad j = 1,2,\cdots, \quad 0 < \lambda_1 \leqslant \lambda_2 \leqslant \cdots, \quad \lambda_j \to \infty, \quad j \to \infty.$$

对每个 $g \in Y$, 考虑下面的方程

$$\begin{cases} \dfrac{\partial u}{\partial t} - \Delta u + g(t,x,u) = 0, \\ u(t,x)|_{\partial D} = 0, \quad u(t_0,x) = u_0(x). \end{cases} \tag{1.3.21}$$

记 $u(t,x,u_0,g)$ 是方程 (1.3.21) 的解. 如果对每个 $\omega \in \Omega$, $g(t,x,g) = g(\theta_t\omega,x,u) = g^\omega(t,x,u)$, 则 $u(t,x,u_0,\omega) = u(t,x,u_0,g^\omega)$ 是方程 (1.3.20) 的解.

对于确定型自治方程 (1.3.21), 即 $g(\theta_t\omega,x,u) = g(x,u)$, 有很多人研究其渐近性态, 证明整体吸引子及其 Hausdorff 维数估计. 对于具有拟周期、概周期、渐近概周期非自治方程, 利用双参数过程和斜积流技巧来研究一致吸引子及其 Hausdorff 维数[42,45]. 需要指出的是, 这些工作主要集中在相平面为 $L^2(D)$ 上, 而不是 $H_0^1(D)$, 在相平面 $H_0^1(D)$ 上, 初值函数 $u_0(x) \in H_0^1(D)$ 情形下方程 (1.3.20) 的渐近性态的结论不多. 需要指出的是, [39] 在 $H_0^1(D)$ 中利用非紧测度技术研究了自治抛物方程 (1.3.21) 的整体吸引子的存在性. 这一节在 H_0^1 中研究一般的随机抛物方程 (1.3.20) 的拉回吸引子.

引理 1.3.11 假设 (H1) $\sim$ (H3) 成立, 则对每个 $\omega \in \Omega$, 对任意的 $T \in R^+$, $u_{t_0} \in H_0^1(D)$, 方程 (1.3.20) 存在唯一的弱解 $u(\cdot,\cdot,u_0,\omega) \in C([0,T],L^2(D)) \bigcap L^2(0,T,H_0^1(D)) \bigcap L^p(0,T,L^p(D))$, 在空间 $V'(0,T;H^{-1}(D))$ 上按分布意义满足该方程, $u(0,\cdot,u_0,\omega) = u_0$, 而且对所有的 $u_0, v_0 \in L^2(D)$.

$$|u(t,\cdot,u_0,\omega) - v(t,\cdot,u_0,\omega))| \leqslant \exp(c_5(t-\tau))|u_0 - v_0|. \tag{1.3.22}$$

证明 对每个 $\omega \in \Omega$, 在某个纤维上, 方程 (1.3.20) 是一个确定型方程. 由于 (H1)~(H3) 成立, 条件 (H2) 表明 $g^\omega(t,x,u)$ 关于 t 是多项式增长的. 类似于文献 [8] 中定理 3.1 的 Faedo-Galerkin 近似方法的讨论, 可以证明, 对每个 $\omega \in \Omega$ 及任给定的初值函数 $u_0(x) \in H_0^1(D)$, 对任意的 $T > 0$, 方程 (1.3.20) 存在一个弱解 $u(t,x,t_0,\omega,u_0)$, 在空间 $V'(0,T,H^{-1}(D))$ 上分布意义下满足方程, $\partial_t u \in L^p(0,T,H^{-1}(D))$, 且解 $u(x,s)$ 满足

$$u(\cdot) \in L^2(0,T,H_0^1(D)) \bigcap L^p(0,T,L^p(D)) \bigcap L^\infty(0,T,L^2(D)),$$

$u(\cdot) \in C([0,T],L^2(D))$. 类似于文献 [38] 的定理 1.1 的讨论, 可以得到弱解的唯一性. 引理证毕. □

引理 1.3.12 假设 (H1) $\sim$ (H3) 成立, 则对每个 $\omega \in \Omega$, 当 $t \geqslant 0$ 时, 弱解 $u(t,x,\omega,u_0)$ 从 $L^2(D)$ 映到 $L^2(D)$ 是连续的.

证明 对每个 $\omega \in \Omega$, 方程 (1.3.20) 在每个纤维上是确定方程, 由引理 1.3.11 知, $u(\cdot) \in C(0,T,L^2(D))$. 为证明弱解 $u(\cdot)$ 关于 t 是连续的, 即 $u(t) \in C(0,T,$

$H_0^1(D))$. 由于 $u_0(x) \in H_0^1(D) \hookrightarrow L^2(D)$, 易证当 $t \geqslant 0$ 时, $u_0(x) \mapsto u(t,x,\omega,u_0)$ 从 $L^2(D)$ 映到 $L^2(D)$ 是连续的. □

引理 1.3.13 对每个 $g \in Y$, 方程 (1.3.21) 的解 $u(t,\cdot,t_0,u_0,g)$ 关于 g 连续.

证明 该引理的证明类似于引理 1.3.6, 在此略. □

引理 1.3.14 假设 (H1) ~ (H3) 成立, 则映射 $E: \Omega \ni \omega \to g^\omega \in Y$ 关于 ω 是可测的.

证明 该引理的证明类似于引理 1.3.7 的讨论, 在此略. □

引理 1.3.15 对每个初值函数 $u_0(x) \in H_0^1(D)$, 方程的解 $u(t,\cdot,u_0,\omega)$ 在 $H_0^1(D)$ 中关于 u_0 是弱连续的.

证明 当 $n=1$, $n=2$ 时, 如果条件 (H1)~(H3) 成立, 则由文献 [42] 可知, $u(t,\cdot,u_0,\omega)$ 关于 $u_0 \in H_0^1(D)$ 是连续的, 不需要对增长速度 p 增加任何限制. 当 $n=3$ 时, $u(t,\cdot,u_0,\omega)$ 关于 $u_0 \in H_0^1(D)$ 也是连续的, 且在 $H_0^1(D)$ 中, $2 \leqslant p \leqslant \dfrac{2n}{n-2}$. 当 $n>3$ 时, 可以证明解 $u(t,\cdot,u_0,\omega)$ 在 H_0^1 上弱连续到 u_0. □

注意到, 对任意的 $\omega \in \Omega$, 引理 1.3.11 和引理 1.3.12, 表明方程 (1.3.20) 的解确定了一个随机动力系统 $S(t,\omega)$:

$$S(t,\omega): H_0^1(D) \to H_0^1(D): \quad S(t,\omega)u_0 = u(t,x,\omega,t_0,u_0).$$

引理 1.3.16 随机动力系统 $\{S(t,\theta_{-t}\omega)\}_{t\geqslant 0,\omega\in\Omega}$ 在 $H_0^1(D)$ 中存在有界的吸收集.

证明 固定 $\omega \in \Omega$(下面的讨论对 P. a.s. $\omega \in \Omega$ 都成立). 令 $t_0 \leqslant -1$, $u_0(x) \in H_0^1(D)$. 由引理 1.3.11 可知, $-\Delta u$ 在弱的意义下有意义.

用 $-\Delta u$ 乘方程 (1.3.20) 两边, 在 D 上积分可得

$$\frac{1}{2}\frac{d}{dt}||u||_V^2 + ||\Delta u||_V^2 = \int_D \Delta u g(\theta_t\omega,x,u)dx \leqslant \int_D -\sum_{i=1}^n g_u(\theta_t\omega,x,u)\left(\frac{\partial u}{\partial x_i}\right)^2 dx. \tag{1.3.23}$$

利用 (H2) 和 Hölder 不等式, 由 (1.3.23) 可知

$$\frac{d}{dt}||u||_V^2 + ||\Delta u||_V^2 \leqslant 2d_5||u||_V^2. \tag{1.3.24}$$

在任意区间 $[s,0]$ 上关于方程 (1.3.24) 积分可得

$$||u(0)||_V^2 \leqslant ||u(s)||_V^2 + 2d_5\int_s^0 ||u(s)||_V^2 ds. \tag{1.3.25}$$

利用 Poincaré 不等式可知, 存在一个常数 $c_0 = c_0(D)$ 使得 $||u_0|| \leqslant c_0||u_0||_V$, 当 $u_0(x) \in H_0^1(D)$ 时, 在 $[-1,0]$ 上 (1.3.25) 关于 s 积分, 由引理 1.3.10 可知

$$\begin{aligned}||u(0)||_V^2 &\leqslant \int_{-1}^0 ||u(s)||_V^2 ds + 2d_5 \int_{-1}^0 ||u(s)||_V^2 ds \\ &\leqslant (1+2d_5)\int_{-1}^0 ||u(s)||_V^2 ds \\ &\leqslant (1+2d_5)\Big[\int_{-1}^0 d_4(\theta_s\omega)ds + \frac{1}{2}\gamma_1(\omega)\Big] = \gamma^2(\omega).\end{aligned}$$

给定 $\rho > 0$ 使得 $||u_0(x)||_V \leqslant \rho$, 选取 $\bar{t} = -1 - \dfrac{1}{2}\ln\dfrac{2}{c_0^2\rho^2}$ 使得对任何 $||u_0(x)||_V \leqslant \rho$, 当 $t_0 \leqslant \bar{t}$ 时,

$$\frac{1}{2}e^{-2(-1-t_0)}c_0^2||u_0||_V^2 \leqslant 1.$$

令 $B(\omega) = \{u \in H_0^1(D) | ||u||_V \leqslant \gamma(\omega)\}$. 由有界吸收集的定义可知, 集合 $B = \{B(\omega)\}_{\omega\in\Omega}$ 是随机动力系统 $\{S(t,\theta_{-t}\omega)\}_{t\geqslant 0,\omega\in\Omega}$ 在 $H_0^1(D)$ 中的一个有界吸收集, 从而引理 1.3.16 得证. □

引理 1.3.17 假设 (H1) ~ (H3) 成立, 则当 $n \leqslant 2$, $2 \leqslant p < +\infty$, 或 $n \geqslant 3$, $2 \leqslant p \leqslant \dfrac{2n-2}{n-2}$ 时, 随机动力系统 $\{S(t,\theta_{-t}\omega)\}_{t\geqslant 0,\omega\in\Omega}$ 在 $H_0^1(D)$ 中是 ω 极限紧的.

证明 由定理 1.3.4 可知, 只需在 $H_0^1(D)$ 中验证条件 (C) 成立即可. 由引理 1.5.2, 存在 $t_B(\omega) > 0$, 当 $t \geqslant t_B(\omega)$, $S(t,\theta_{-t}\omega)B(\theta_{-t}\omega) \subset B(\omega)$. 令 λ_i 和 e_i 分别是 $-\Delta$ 在 $H_0^1(D)$ 中的特征值与特征函数, 其构成了 $L^2(D)$ 的正交基. 令 $X_1 = \mathrm{span}\{e_1, e_2, \cdots, e_N\}$, $P : L^2 \to X_1$ 是投影算子, $Q = Id - P$. 记 $||\cdot||$ 和 $||\cdot||_V$ 分别是 L^2 范数和 $H_0^1(D)$ 范数.

任取初值 $u_0(x) \in B(\omega)$, 用 $-\Delta u_2 = -\Delta Q u$ 乘以系统 (1.3.20) 的第一个方程, 并在 D 上积分后得到

$$\frac{d}{dt}||u_2||_V^2 + 2||\Delta u_2||^2 + 2\int_D \Delta u_2 g(\theta_t\omega, x, u)dx = 0.$$

由 Hölder 不等式可得

$$\frac{d}{dt}||u_2||_V^2 + ||\Delta u_2||^2 \leqslant \int_D g^2(\theta_t\omega, x, u)dx. \tag{1.3.26}$$

注意到 $u_2 \in X_2 = L^2(D) - X_1$, 再利用 Poincaré 不等式得到

$$||\Delta u_2||^2 \geqslant \lambda_{N+1}||u_2||_V^2. \tag{1.3.27}$$

由假设 (H2) 可知, 存在正常数 d_9 和正的连续函数和 $d_{10}(\theta_t\omega)$ 满足

$$|g(\theta_t, x, \omega)| \leqslant d_9|u|^{p-1} + d_{10}(\theta_t\omega). \tag{1.3.28}$$

由 (1.3.26)~(1.3.28) 可得

$$\begin{aligned}\frac{d}{dt}||u_2||_V^2 + \lambda_{N+1}||u_2||_V^2 &\leqslant \int_D |g(\theta_t\omega, x, u)|^2 dx \leqslant \int_D [d_9|u|^{p-1} + d_{10}(\theta_t\omega)]^2 dx \\ &\leqslant \int_D \left[d_{11}|u|^{2p-2}dx + d_{12}d_{10}^2(\theta_t\omega)\right] dx.\end{aligned}$$

于是,

$$\frac{d}{dt}||u_2||_V^2 + \lambda_{N+1}||u_2||_V^2 \leqslant d_{11}\int_D |u|^{2p-2}dx + d_{12}|D|d_{10}^2(\theta_t\omega). \tag{1.3.29}$$

当 $2 \leqslant p < +\infty, n \leqslant 2$, 或 $2 \leqslant p \leqslant \frac{2n}{n-2}$, $n \geqslant 3$ 时, 由 Sobolev 嵌入定理, 存在正常数 d 满足

$$\int_D |u|^{2p-2}dx \leqslant d(||u||_V^2)^{p-1}.$$

注意到 $B(\omega)$ 是一个吸收集, 因此存在一个有界正数 $M(\omega)$, 当 $t \geqslant t_B(\omega)$ 时,

$$\int_D |u_2|^{2p-2}dx \leqslant \int_D |u|^{2p-2}dx \leqslant d(||u||_V^2)^{p-1} \leqslant M(\omega) < \infty. \tag{1.3.30}$$

由 (1.3.29) 和 (1.3.30) 可知

$$\frac{d}{dt}||u_2||_V^2 + \lambda_{N+1}||u_2||_V^2 \leqslant d_{11}M(\omega) + d_{12}|D|d_{10}^2(\theta_t\omega).$$

利用 Gronwall 不等式得到

$$\begin{aligned}||u_2(t)||_V^2 &\leqslant e^{-\lambda_{N+1}(t-t_0)}||u(t_0)||_V^2 + \int_{t_0}^t e^{-\lambda_{N+1}(s-t_0)}[d_{11}M(\omega) + d_{12}|D|d_{10}^2(\theta_s\omega)]ds \\ &\leqslant e^{-\lambda_{N+1}(t-t_0)}||u(t_0)||_V^2 + \frac{d_{11}M(\omega)}{\lambda_{N+1}}[1 - e^{-\lambda_{N+1}(t-t_0)}] \\ &\quad + d_{12}|D|e^{-\lambda_{N+1}t_0}\int_{-\infty}^t d_{10}^2(\theta_s\omega)e^{-\lambda_{N+1}s}ds.\end{aligned}$$

对任意的 $\epsilon > 0$, 记

$$\lambda_{N+1} \geqslant \frac{8d_{11}M(\omega)}{\epsilon^2}, \quad t^*(\omega) = t_0 + \frac{1}{\lambda_{N+1}}\ln\frac{8\gamma_4^2(\omega)}{\epsilon^2},$$

则当 $t \geqslant t^*(\omega)$ 时,

$$e^{-\lambda_{N+1}(t-t_0)}\gamma_4^2(\omega) \leqslant \frac{\epsilon^2}{8}, \quad \frac{M(\omega)}{\lambda_{N+1}^2} \leqslant \frac{\epsilon^2}{8}, \quad d_{12}|D|\int_{-\infty}^{t} d_{10}^2(\theta_s\omega)e^{-\lambda_{N+1}s}ds \leqslant \frac{3\epsilon^2}{4},$$

$$||Qu||_V^2 = ||u_2(t)||_V^2 \leqslant \frac{\epsilon^2}{8} + \frac{\epsilon^2}{8} + \frac{3\epsilon^2}{4} = \epsilon^2,$$

因此, 对任意的 $\epsilon > 0$, 存在 $L^2(D)$ 的有限维子空间 X_1 和某个 $t^*(\omega)$ 使得当 $t \geqslant t^*(\omega)$ 时,

$$\gamma(I-P)S(t, \theta_{-t}\omega)B(\theta_{-t}\omega) \leqslant \epsilon,$$

于是, 引理 1.3.17 得证. □

定理 1.3.10 假设 (H1) ~ (H3) 成立, 则方程(1.3.20)的解生成的随机动力系统 $\{S(t,\omega)\}_{t\geqslant 0,\omega\in\Omega}$ 在 $H_0^1(D)$ 中存在弱的随机吸引子.

证明 由引理 1.3.9 和引理 1.3.17 可知, 随机动力系统 $\{S(t,\omega)\}_{t\geqslant 0,\omega\in\Omega}$ 是 ω 极限紧的, 并在 H_0^1 中存在一个有界的吸收集. 根据定理 1.3.6 的假设, 下面只需证明随机动力系统是强弱连续的即可. 由强弱连续随机动力系统的定义及引理 1.3.15 即可知道 $\{S(t,\omega)\}_{t\geqslant 0,\omega\in\Omega}$ 是强弱连续的随机动力系统. □

附注 (1) 当 $n = 1, 2$ 时, 对任意的 $p \geqslant 2$, 随机动力系统 $\{S(t,\omega)\}_{t\geqslant 0,\omega\in\Omega}$ 关于初值 u_0 是连续的. 此时弱吸引子和正常的随机吸引子是一致的.

(2) 当 $n = 3$ 时, 对任意的 $2 \leqslant p \leqslant \dfrac{2n}{n-2}$, 随机动力系统 $\{S(t,\omega)\}_{t\geqslant 0,\omega\in\Omega}$ 关于初值 u_0 是连续的.

下面的定理揭示了 $L^2(D)$ 中随机吸引子 $\mathcal{A}(\omega)$ 和 $H_0^1(D)$ 中随机吸引子 $\tilde{\mathcal{A}}(\omega)$ 的关系.

定理 1.3.11 $\mathcal{A}(\omega) = \tilde{\mathcal{A}}(\omega)$ 和 $\mathcal{A}(\omega)$ 都按照 $H_0^1(D)$ 范数吸引 $L^2(D)$ 中的有界集.

证明 由定理 1.3.10 可知, 在 H_0^1 的随机吸引子 $\tilde{\mathcal{A}}(\omega)$ 是一个紧的随机集, 由 Sobolev 嵌入定理可知, 随机吸引子 $\tilde{\mathcal{A}}(\omega)$ 在 $L^2(D)$ 中也是一个有界随机集, 因此, 随机吸引子 $\mathcal{A}(\omega)$ 按照 $||\cdot||_{L^2}$ 范数吸引 $L^2(D)$ 中的有界集 $\tilde{\mathcal{A}}(\omega)$. 再由随机吸引子的定义可知

$$\mathcal{A}(\omega) = \bigcap_{s\geqslant 0}\overline{\bigcup_{t\geqslant s} S(t,\theta_{-t}\omega)\tilde{\mathcal{A}}(\theta_{-t}\omega)} = \tilde{\mathcal{A}}(\omega).$$

从而定理 1.3.11 得证. □

1.4 具有动力学边界非牛顿-Boussinesq 修正方程的随机吸引子

关于具有动力学边界条件的随机抛物方程的动力学性态的研究, 文献较多, 可参阅文献 [4,6,7] 及其参考文献等.

关于地球覆盖物流的研究着重研究高黏性流体的热对流, 对于热效应起本质作用的不可压缩流体中流的动力学描述, 非牛顿-Boussinesq 修正方程是一个合理的模型[21]. 这一节研究具有动力学边界的非牛顿-Boussinesq 修正方程

$$\begin{cases}\dfrac{\partial u}{\partial t}+(u\cdot\nabla)u+\nabla p=\nabla\cdot\tau(e(u))+e_2\theta+f+\dot{w}_1(t), \quad (x,t)\in D\times R_+,\\ \nabla\cdot u=0, \quad (x,t)\in D\times R_+,\\ u=0, \quad (x,t)\in\Gamma\times R_+,\\ \dfrac{\partial\theta}{\partial t}+(u\cdot\nabla)\theta-k\Delta\theta=g+\dot{w}_2(t), \quad (x,t)\in D\times R_+,\\ \gamma\theta=\theta_\Gamma,\\ \dfrac{\partial\theta_\Gamma}{\partial t}=-\dfrac{\partial\theta_\Gamma}{\partial n}-c\theta_\Gamma+h+\dot{w}_3(t), \quad (x,t)\in\Gamma\times R_+,\\ u(0)=u_0, \quad \theta(0)=\theta_0.\end{cases} \tag{1.4.1}$$

其中函数 $u=u(x,t)=(u^1,u^2)$ 表示不可压缩双极黏性流体的流动相关的速度, 纯量函数 p 表示压强, θ 为温度, 非线性本构关系 $\tau(e(u))=-2\mu_1\Delta e(u)+2\mu_0(\epsilon+|e(u)|^2)^{-\frac{\alpha}{2}}$, $i,j=1,2$, $e_{ij}=e_{ij}(u)=\dfrac{1}{2}\left(\dfrac{\partial u_i}{\partial x_j}+\dfrac{\partial u_j}{\partial x_j}\right)$. $\mu_0,\mu_1,\alpha,\epsilon$ 都是依赖于温度和压强的参数, 总假设 $\mu_0>0$, $\mu_1>0$, $\epsilon>0$, $\alpha\in(0,1)$.

先定义函数空间. 令 $\mathbb{L}^2(D)=(L^2(D))^2\times L^2(D)$, 其上的内积和范数分别为

$$(\cdot,\cdot)=(\cdot,\cdot)_{(L^2(D))^2}+\frac{1}{k}(\cdot,\cdot)_{L^2(D)}+(\cdot,\cdot)_{L^2(\Gamma)}, \qquad ||U||^2=(U,U), \quad \forall U=(u,\theta,\theta_\Gamma).$$

再定义一个包含边界条件和自由散度条件的函数空间

$$\mathcal{V}=\{(u,\theta,\theta_\Gamma)\in(C^\infty(D))^2\times C^\infty(D)\times C^\infty(D)|\mathrm{div}u=0\}.$$

类似于文献 [4], 定义

$$H_s^1=\{(u,\theta,\theta_\Gamma)\in(H_0^1(D))^2\times H^1(D)\times H^{\frac{1}{2}}(\Gamma)\},$$

其中 $H^{\frac{1}{2}}(\Gamma)=\Gamma(H^1(D))$, 并赋以范数 $\|\phi\|_{H^{\frac{1}{2}}}=\inf_{\gamma u=\phi}\|u\|_{H^1(D)}$. 关于边界算子 γ 的性质可参阅文献 [45]. 令 $\mathbb{H}$ 为 $\mathcal{V}$ 关于 L^2 范数的闭包, $\mathbb{V}$ 为 $\mathcal{V}$ 关于 H_s^1 范数的闭包, $\mathbb{V}'$ 为 $\mathbb{V}$ 的对偶空间. 定义

$$a(u,v)=\sum_{i,j,k}^{2}\Big(\frac{\partial e_{ij}(u)}{\partial x_k},\frac{\partial e_{ij}(v)}{\partial x_k}\Big)=\sum_{i,j,k}^{2}\int_D\frac{\partial e_{ij}(u)}{\partial x_k}\frac{\partial e_{ij}(v)}{\partial x_k}dx,\quad u,v\in\mathbb{V}.$$

由 Lax-Milgram 引理可知, $A\in\mathcal{L}(\mathbb{V},\mathbb{V}')$ 是一个等距算子, 且

$$(Au,v)=a(u,v),\ \ \forall u,v\in\mathbb{V},\quad A=P\Delta^2.$$

令 $\langle\cdot,\cdot\rangle$ 为从 $\mathbb{V}'\times\mathbb{V}\to R$ 的对偶映射, 定义三线性算子 $b(u,v,w)=\langle B(u,v),w\rangle$, 并且

$$b_1(u,v,w)=\sum_{i,j=1}^{2}\int_D u_i\frac{\partial v_j}{\partial x_i}w_jdx,\quad b_2(u,\theta,\rho)=\int_D u_i\frac{\partial\theta_j}{\partial x_i}\rho_jdx.$$

对于任意的 $u\in\mathbb{V}$, 定义连续泛函 $N(u)$ 为

$$\langle N(u),v\rangle=\sum_{i,j=1}^{2}\int_D 2\mu_0(\epsilon+|e(u)|^2)^{-\alpha/2}e_{ij}(u)e_{ij}(v)dx,\quad v\in\mathbb{V}.$$

为便于讨论, 对于适当光滑的 u,θ,θ_Γ, 定义

$$\tilde{A}\phi=\begin{pmatrix}A_1u,\\ A_2(\theta,\theta_\gamma)\end{pmatrix},\quad A_1u=-2\nu_1Au,\qquad A_2(\theta,\theta_\gamma)=\begin{pmatrix}-k\Delta\theta\\ \dfrac{\partial_n\theta_\gamma+c\theta_\gamma}{\epsilon}\end{pmatrix},$$

$$\tilde{B}(\phi,\psi)=\begin{pmatrix}B_1(u,v)\\ B_2(u,\theta_1)\\ 0\end{pmatrix}=\begin{pmatrix}(u\cdot\nabla)v\\ (u\cdot\nabla)\theta_1\\ 0\end{pmatrix},$$

则具有动力学边界的随机非牛顿-Boussinesq 修正方程 (1.4.1) 可写成抽象发展方程

$$\begin{cases}du=[-2\mu_1A_1u-B_1(u,u)-N(u)+e_2\theta]dt+\dot{w}_1(t),\\ d\theta=-u\cdot\nabla\theta+k\Delta\theta+\dot{w}_2(t),\\ d\theta_\Gamma=-\partial_n\theta_\Gamma-c\theta_\Gamma+h+\dot{w}_3(t),\\ u(0)=u_0,\quad\theta(0)=\theta_0.\end{cases}\tag{1.4.2}$$

令

$$\phi=\begin{pmatrix}u\\ \theta\\ \theta_\Gamma\end{pmatrix},\qquad \psi=\begin{pmatrix}v\\ \theta_1\\ \theta_{1\Gamma}\end{pmatrix},\qquad W=\begin{pmatrix}w^1\\ w^2\\ w^3\end{pmatrix},$$

$$F(\phi)=\begin{pmatrix}\theta e_2\\ 0\\ h\end{pmatrix},\qquad R(\phi)=\begin{pmatrix}N(u),\\ 0\\ 0\end{pmatrix},\quad \phi(0)=\phi_0=\begin{pmatrix}u_0,\\ \theta_0\\ 0\end{pmatrix},$$

则方程组 (1.4.2) 可写成下面的发展方程

$$\begin{cases}dU+\tilde{A}Udt+\tilde{B}(U,U)dt+R(U)dt=F(U)dt+dW,\\ U(0)=U_0\in\mathbb{H}.\end{cases}\tag{1.4.3}$$

由文献 [4] 的引理 2.2 可知, 算子 A_1 和 A_2 都是正的自伴算子, A 也是正的自伴算子, $D(A)=D(A_1)\times D(A_2)$, 且

$$(\tilde{A}\phi,\phi)\geqslant\lambda||\phi||^2,\quad \lambda=\min(\mu_1,\mu_2).$$

记 Ornstein-Uhlenbeck 方程

$$dZ+\tilde{A}Zdt=dW\tag{1.4.4}$$

的稳态解为 $\hat{Z}=(z,z_\theta,z_\Gamma)$. 由文献 [4] 的引理 4.1 可知

$$\mathrm{Tr}_H(K\tilde{A}^{2s-1+\epsilon})=\mathrm{Tr}_H(\tilde{A}^{s-1/2+\epsilon/2}K\tilde{A}^{s-1/2+\epsilon/2})<\infty,$$

且

$$\mathrm{E}||\hat{Z}||^2_{D(\tilde{A}^s)}=1/2\mathrm{Tr}_H(\tilde{A}^{s-1/2}K\tilde{A}^{s-1/2})<\infty,\qquad \mathrm{E}\sup_{[0,T]}||\hat{Z}(\theta_t\omega)||^2_{D(\tilde{A})}<\infty.$$

作变换 $V=U-\hat{Z}(\theta_t\omega)$, 则方程组 (1.4.3) 变成

$$\begin{cases}dV+\tilde{A}Vdt+\tilde{B}(V+\hat{Z}(\theta_t\omega),V+\hat{Z}(\theta_t\omega))dt+R(V+\hat{Z}(\theta_t\omega))dt\\ \qquad=F(V+\hat{Z}(\theta_t\omega))dt,\\ V(0)=v_0\in\mathbb{H}.\end{cases}\tag{1.4.5}$$

引理 1.4.1 随机非牛顿-Bousinesq 修正方程 (1.4.5) 的解生成一个连续的随机动力系统 Φ.

证明　可以利用经典的 Galerkin 近似方法证明解的存在性. 这里只给出证明思路. 设算子 $\tilde{A}$ 在 $\mathbb{H}$ 上的特征函数组成的正交基为 $\{e_i\}_{i=1}^{\infty}$, $H_n = \mathrm{Span}\{e_1, \cdots, e_n\}$, P_n 是相应的投影算子, 考虑 Galerkin 近似方程

$$dV_n + \tilde{A}V_n dt + \tilde{B}(V_n + P_n Z(\theta_t\omega), V_n + P_n Z(\theta_t\omega))dt + R(V_n + P_n Z(\theta_t\omega))dt$$

$$= F(V_n + P_n Z(\theta_t\omega))dt,$$

$$V_n(0) = v_{n0} \in \mathbb{H}.$$

该近似方程存在唯一的整体解 $V_n(t, t_0, \omega)$, 其轨线在连续函数空间 $C([0,T], H_n)$ 中. 注意到 Galerkin 近似方程的解的集合 $\{V_n\}_{n\in N}$ 在 $L^2(0,T,H)\bigcap C([0,T)];\mathbb{V}')$ 中相对紧, 于是, 其极限函数 $V(t, t_0, V_0, \omega)$ 满足方程 (1.4.5). 进一步, 可以证明 $V(t, t_0, V_0, \omega) \in L^\infty(0,T;\mathbb{H})\bigcap L^2(0,T,\mathbb{V})$.

注意到 Galerkin 近似方程的解 $V_n(t, t_0, \omega)$ 是可测的, 因此方程 (1.4.5) 的解 $V(t, t_0, V_0, \omega)$ 也是可测的, 并且关于初值 V_0 连续. 因此, 随机非牛顿-Boussinesq 修正方程的解确定了一个随机动力系统 $\Phi: R\times\Omega\times\mathbb{H}\to\mathbb{H}$. 证毕. □

引理 1.4.2　*非牛顿-Boussinesq 修正方程 (1.4.5) 的解生成的随机动力系统 Φ 在 $\mathbb{H}$ 中存在一个随机吸收集 $C(\omega) = B_H(0, \rho(\omega))$, 其中*

$$\rho(\omega) = K^\epsilon \int_{-\infty}^0 e^{\int_\tau^0 [[K^\epsilon ||z(\theta_\tau\omega)||_{H^1}^2 - \lambda]]ds}[G_1(\theta_\tau\omega) + G_2(\theta_\tau\omega)]d\tau.$$

证明　设 $V = (v, \vartheta, \vartheta_\Gamma)$ 是方程 (1.4.5) 的解, $Z = (z, z_\theta, z_\Gamma)$ 是 O-U 变换的稳态解. 用 $V = (v, \vartheta, \vartheta_\Gamma)$ 与方程 (1.4.5) 作 $\mathcal{L}^2$ 内积, 写成分量形式

$$\frac{d||v||^2}{dt} + 2(A_1 v, v) + 2(B_1(v + z(\theta_t\omega)), v + z(\theta_t\omega)), v) + 2N(v + z(\theta_t\omega), v)$$

$$= 2((\vartheta + Z_\vartheta(\theta_t\omega))e_2, v), \tag{1.4.6}$$

及

$$\frac{d||(\vartheta, \vartheta_\Gamma)||^2}{dt} + 2(A_2\vartheta, \vartheta) = -2(B_2(v + z(\theta_t\omega), \vartheta + Z_\vartheta(\theta_t\omega)), \vartheta) + 2(f, \vartheta_\Gamma). \tag{1.4.7}$$

先考虑第一个方程 (1.4.6). 由 $N(\cdot)$ 的定义及文献 [56] 可知

$$(N(u), u) \geqslant 0, \quad -(Nu, Av) \leqslant \frac{\mu_1}{4}||Av||_V^2 + c||u||_V^2, \tag{1.4.8}$$

$$(N(u), z) \leqslant 4\mu_0 e^{-\frac{\alpha}{2}}||u||_V \cdot ||z||_V, \tag{1.4.9}$$

于是

$$
\begin{aligned}
-2N(v+z(\theta_t\omega),v) &= -2N(v+z(\theta_t\omega),v+z(\theta_t\omega))+2N(v+z(\theta_t\omega),z(\theta_t\omega)) \\
&\leqslant 8\mu_0\epsilon^{-\frac{\alpha}{2}}||v+z(\theta_t\omega)||\cdot||z(\theta_t\omega)|| \\
&\leqslant 8\mu_0\epsilon^{-\frac{\alpha}{2}}||v||||z(\theta_t\omega)||+8\mu_0\epsilon^{-\frac{\alpha}{2}}||z(\theta_t\omega)||^2.
\end{aligned}
$$

因此

$$
\begin{aligned}
&\frac{d||v||^2}{dt}+2(A_1v,v) \\
&\leqslant 2||\vartheta+z_\vartheta(\theta_t\omega)||||v||+2|b_1(z(\theta_t\omega),z(\theta_t\omega),v)|+2|b_1(v,z(\theta_t\omega),v)| \\
&\quad +2|(N(v+z(\theta_t\omega),z(\theta_t\omega))| \\
&\leqslant K^\epsilon||\vartheta||^2+\frac{3\epsilon}{4}||v||^2+K^\epsilon||z_\varepsilon(\theta_t\omega)||^2 \\
&\quad +K^\epsilon||z(\theta_t\omega)||_{H^1}^2||v||^2+\frac{\epsilon}{2}||v||_{H^1}^2+K_1^\epsilon||z(\theta)_t\omega)||_{H^1}^2 \\
&\quad +8\mu_0\epsilon_0^{-\frac{\alpha}{2}}||z(\theta_t\omega)||_{H^1}^2.
\end{aligned}
$$

令 $G_1(\theta_t\omega)=K^\epsilon||\vartheta||^2+K^\epsilon||z_\varepsilon(\theta_t\omega)||^2+\frac{\epsilon}{2}||v||_{H^1}^2+K_1^\epsilon||z(\theta)_t\omega)||_{H^1}^2+8\mu_0\epsilon_0^{-\frac{\alpha}{2}}$ $\cdot||z(\theta_t\omega)||_{H^1}^2$. 则当 ϵ 充分小时,

$$
\frac{d||v||^2}{dt}-[K^\epsilon||z(\theta_t\omega)||_{H^1}^2-\lambda]||v||^2\leqslant K^\epsilon||\vartheta||^2+G_1(\theta_t\omega). \tag{1.4.10}
$$

由 Gronwall 引理得到

$$
\begin{aligned}
||v(t)||^2 &\leqslant e^{\int_0^t[K^\epsilon||z(\theta_s\omega)||_{H^1}^2-\lambda]ds}||v(0)||^2+\int_0^t G_1(\theta_s\omega)e^{\int_s^t[K^\epsilon||z(\theta_\tau\omega)||_{H^1}^2-\lambda]d\tau}ds \\
&\quad +2\int_0^t K^\epsilon||\vartheta||^2e^{\int_s^t[K^\epsilon||z(\theta_\tau\omega)||_{H^1}^2-\lambda]d\tau}ds
\end{aligned}
$$

接下来讨论方程 (1.4.7). 对于充分小的 $\epsilon>0$, 直接计算可得

$$
\begin{aligned}
&\frac{d||(\vartheta,\vartheta_\Gamma)||^2}{dt}+2(A_2\vartheta,\vartheta) \\
&\leqslant 2|(f,\vartheta)|+2|b_2(v+z(\theta_t\omega),z_\vartheta(\theta_t\omega),\vartheta)|K^\epsilon+K^\epsilon(||v||||z_\vartheta(\theta_t\omega)_{H^2})^2 \\
&\quad +K^\epsilon(||z_\vartheta(\theta_t\omega)_{H^2})^2||z(\theta_t\omega))^2+\epsilon||\vartheta||_{H^1}^2.
\end{aligned}
$$

令 $G_2(\theta_t\omega) = K^\epsilon + K^\epsilon(||z_\vartheta(\theta_t\omega)_{H^2})^2||z(\theta_t\omega))^2$, 则有

$$\frac{d||(\vartheta,\vartheta_\Gamma)||^2}{dt} + \lambda||(\vartheta,\vartheta_\Gamma)||^2 + K||\vartheta||^2$$
$$\leqslant K^\epsilon + K^\epsilon(||v||||z_\vartheta(\theta_t\omega)_{H^2})^2 + G_2(\theta_t\omega). \tag{1.4.11}$$

利用 Gronwall 引理可得

$$||(\vartheta,\vartheta_\Gamma)||^2 + K\int_0^t e^{-\lambda(t-s)}||\vartheta||^2_{H^1}ds$$
$$\leqslant K^\epsilon \int_0^t e^{-\lambda(t-s)}||v||^2||z_\vartheta(\theta_s\omega)||^2_{H^2}ds$$
$$+\int_0^t e^{-\lambda(t-s)}G_2(\theta_s\omega)ds + e^{-\lambda}t||(\vartheta,\vartheta_\gamma)^2_{H^2}ds$$
$$+e^{-\lambda t}((\vartheta,\vartheta_\gamma))(0)||^2.$$

注意到, $||U||^2 = ||v||^2 + ||(\vartheta,\vartheta_\Gamma)||^2$, 因此, 当 ϵ 充分小时,

$$\frac{d||U||^2}{dt} - [K^\epsilon||z(\theta_t\omega)||^2_{H^1} - \lambda]||U||^2 + K||U||^2_{H^1}$$
$$\leqslant K^\epsilon(||v||||z_\vartheta(\theta_t\omega)_{H^2})^2 + (G_1(\theta_t\omega) + G_2(\theta_t\omega)).$$

由 Gronwall 不等式可得

$$||U(t)||^2 \leqslant e^{\int_0^t[K^\epsilon||z(\theta_t\omega)||^2_{H^1}-\lambda]d\tau}$$
$$\cdot\left(K^\epsilon||U(0)||^2+\int_0^t K^\epsilon e^{-\int_0^t[K^\epsilon||z(\theta_t\omega)||^2_{H^1}-\lambda]d\tau}[G_1(\theta_\tau\omega)+G_2(\theta_\tau\omega)]]d\tau\right).$$

类似于文献 [4] 的引理 5.2, 由 Birkhoff 遍历性定理可得

$$e^{[K^\epsilon||z(\theta_t\omega)||^2_{H^1}-\lambda]d\tau} \approx e^{E[K^\epsilon||z(\theta_\tau\omega)||^2_{H^1}-\lambda]t} < \infty, \quad t\to\pm\infty.$$

因此

$$\rho(\omega) = K^\epsilon\int_{-\infty}^0 e^{\int_\tau^0[[K^\epsilon||z(\theta_\tau\omega)||^2_{H^1}-\lambda]]ds}[G_1(\theta_\tau\omega)+G_2(\theta_\tau\omega)]d\tau < \infty.$$

则 $C(\omega) = B_H(0,\rho(\omega))$ 是随机动力系统的一个吸收集. □

引理 1.4.3 设 $C(\omega)$ 是随机动力系统 Φ 在 $\mathbb{H}$ 中的是一个吸收集, 则 $B(\omega) = \overline{\Phi(1,\theta_{-1}\omega,C(\theta_{-1}\omega)}$ 是 $\mathbb{H}$ 中紧的吸收集.

证明 只需证明系统的解 V 在 $\mathbb{V}$ 的 H^1 范数有界, 再利用 $\mathbb{V}$ 紧嵌入到 $\mathbb{L}^2$ 中即可得到紧性. 为此, 用 $\tilde{A}V$ 与方程 (1.4.5) 作 $\mathbb{L}^2$ 内积后得到

$$\begin{aligned}&\left(\frac{dV}{dt},\tilde{A}V\right)+(\tilde{A}V,\tilde{A}V)\\&\leqslant |b_1(v+z(\theta_t\omega),v+z(\theta_t\omega),A_1v)|+|b_2(\rho+Z_\rho(\theta_t\omega),v+z(\theta_t\omega),A_2\rho)|\\&\quad+N(v+z(\theta_t\omega),A_1v)+|(\rho+Z_\rho(\theta_t\omega)e_2,A_1v)|+|(f,A_2Z_\gamma)|.\end{aligned}$$

由不等式 (1.4.8) 可知

$$-N(v+z(\theta_t\omega),A_1v)\leqslant\frac{\mu_1}{4}||A_1v||_{H^1}^2+c||v+z(\theta_t\omega)||_{H^1}^2.$$

由文献 [4] 的引理 5.5 可得

$$\begin{aligned}&\frac{d||U||_V^2}{dt}+(\tilde{A}U,\tilde{A}U)\\&\leqslant K^\epsilon||v+z(\theta_t\omega)||^2\cdot||v+z(\theta_t\omega)||_{H^1}^2+\epsilon||A_1v||^2+\frac{\mu_1}{4}||A_1v||_{H^1}^2\\&\quad+c_B||\vartheta+Z_\vartheta(\theta_t\omega)||\cdot||v+z(\theta_t\omega||_{H^2}^2\cdot||A_2\theta||_{H^1}+c||v+z(\theta_t\omega||_{H^1}^2\\&\quad+||\vartheta+Z_\vartheta(\theta_t\omega)||\cdot||A_1v||+||f||\cdot||A_2Z_\gamma(\theta_t\omega)||.\end{aligned}$$

由 Poincaré 不等式可得

$$\frac{d||U||_V^2}{dt}\leqslant(H_1(\theta_t\omega)+K_2^\epsilon||v||^2||v||_{H^1}^2)||U||_V^2+K_3^\epsilon||U||^2+H_2(\theta_t\omega),$$

其中

$$\begin{aligned}H_1(\theta_t\omega)&=K_1^\epsilon||z(\theta_t\omega)||_{H^2}^2+K_2^\epsilon||z_\vartheta(\theta_t\omega)||_{H^2}^2\\&\quad+K_3^\epsilon||z(\theta_t\omega)||^2\cdot||z(\theta_t\omega)||_{H^1}^2+K_4^\epsilon||Z_\Gamma(\theta_t\omega)||_{H^1}^2,\\H_2(\theta_t\omega)&=K_1^\epsilon+K_2^\epsilon||z(\theta_t\omega)||_{H^1}^2\cdot||z_\vartheta(\theta_t\omega)||_{H^2}^2\\&\quad+K_3^\epsilon||z_\vartheta(\theta_t\omega)||^2+K_4^\epsilon||z(\theta_t\omega)||_{H^1}^2\cdot||z(\theta_t\omega)||_{H^2}^2.\end{aligned}$$

类似于引理 1.4.2 的讨论可以证明, 当初值 $U_0=(u_0,\theta_0,\theta_\Gamma^0)$ 取值于有界集时, 由文献 [4] 的附注 5.3 和附注 5.4 可知, $U\in L^\infty(0,T;H)$, 并且 $U\in L^2(0,T;\mathbb{V})$. 因此 $\int_0^1||v||^2\cdot||v||_{H^1}^2<\infty$. 由一致 Gronwall 不等式可知, 当 $U(0)\in C(\theta_{-1}\omega)$ 时, $B(\omega)=\overline{\Phi(1,\theta_{-1}\omega,C(\theta_{-1}\omega)}$ 是 $\mathbb{H}$ 中紧的吸收集. 引理 1.4.3 证毕. □

由引理 1.4.2、引理 1.4.3 和定理 1.4.1 可得到下面结论:

定理 1.4.1　随机非牛顿-Boussinesq 修正方程在 $\mathbb{H}$ 中存在唯一的随机吸引子.

1.5　随机部分耗散系统的随机吸引子

这一节研究随机部分耗散系统在高斯白噪声驱动下的动力学性质, 主要研究其在有界区域上的随机吸引子的存在性和 Hausdorff 维数估计, 然后研究其在无穷格点上的随机吸引子的存在性. 关于无界区域上随机部分耗散 FitzHugh-Nagumo 方程的随机吸引子, 读者可参阅文献 [54].

1.5.1　随机部分耗散系统

随机部分耗散系统的一个典型例子就是随机 FitzHugh-Nagumo 系统

$$\begin{cases} du(t)=(\Delta u+h(u)-\alpha v)dt+\phi(x)dW_1(t), \quad x\in D,\\ dv(t)=(\beta u-\sigma v)dt+\psi(x)dW_2(t), \quad x\in D,\\ u=0, \quad x\in\partial D, \end{cases} \tag{1.5.1}$$

其中 $D\subset R^n$ 是一个有界的光滑区域, h 是一个形如

$$h(u)=\sum_{k=0}^{2p-1}a_ku^k$$

的多项式，$a_{2p-1}<0$, $p>1$, α, $\beta\geqslant 0$, $\sigma>0$, $W_1(t)$ 和 $W_2(t)$ 是相互独立的双边布朗运动, $\phi(x)$ 和 $\psi(x)$ 都是给定的扰动函数.

系统 (1.5.1) 是研究沿着神经元电脉冲传输的 Hodgkin-Huxley 模型的简化方程, 其中, 状态变量 $u(t,x)$ 表示电势能, 状态变量 $v(t,x)$ 常被作为恢复变量. 具有部分零扩散系数的系统 (1.5.1) 称为随机部分耗散反应扩散方程.

关于随机 FitzHugh-Nagumo 系统, 文献 [36] 研究了系统 (1.5.1) 初值问题弱解的存在性, 但没有研究解的正则性以及随机吸引子等问题. 这一章研究随机 FitzHugh-Nagumo 方程 (1.5.1), 也研究更一般的随机部分耗散系统

$$\begin{cases} \dfrac{\partial u}{\partial t}=\Delta u+h(\theta_t\omega,x,u)+f(\theta_t\omega,x,u,v), \quad x\in D,\\ \dfrac{\partial v}{\partial t}=-\sigma v+g(\theta_t\omega,x,u), \quad x\in D,\\ u=0, \quad x\in\partial D, \end{cases} \tag{1.5.2}$$

其中, $D\subset R^n$ 是一个光滑的有界区域, $\omega\in\Omega$, $(\Omega,\mathcal{F},P,(\theta_t)_{t\in R})$ 是一个度量动力系统, $h:\Omega\times\bar{D}\times R\to R$, $f:\Omega\times\bar{D}\times R^2\to R$, $g:\Omega\times\bar{D}\times R\to R$ 是可测的, 关于 h, f 和 g 的假设稍后给出.

附注 (1) 系统 (1.5.1) 可以通过随机 O-U 变换化成系统 (1.5.2). 因此, 先研究随机系统 (1.5.2) 的渐近性态. 由于该系统是部分耗散的, 给研究带来一些困难, 解算子缺乏紧性 (确定性系统也存在这一困难), 随机系统的解算子也难以证明可测性.

(2) 需要指出, 把本章研究的 (1.5.1) 和 (1.5.2) 的 Dirichlet 边值条件换成 Neumann 边值条件, 结论也是可以类似证明, 读者可自己证明.

(3) 如果 $f(\theta_t\omega, x, u, v) \equiv 0$, 那么系统 (1.5.2) 的第一个方程可以从第二个方程中解藕, 因此, 这一章给出的方法对下面的随机反应扩散方程也是成立的:

$$\begin{cases} \dfrac{\partial u}{\partial t} = \Delta u + h(\theta_t\omega, x, u), \quad x \in D, \\ u = 0, \quad x \in \partial D, \end{cases} \tag{1.5.3}$$

其中 h 满足系统 (1.5.2) 的同样的假设条件. 系统 (1.5.3) 在 $L_2(D)$ 中生成一个随机动力系统, 并且存在随机吸引子. 可参考文献 [31] 关于系统 (1.5.3) 的随机吸引子的研究, 此时的区域 D 是非光滑的.

称一个可测函数 $C : \Omega \to R$ 有连续轨道, 如果对每个 $\omega \in \Omega$, $C^\omega(t) := C(\theta_t\omega)$ 关于 $t \in R$ 是连续的.

1.5.2 随机部分耗散反应扩散方程的随机吸引子

这一节先研究随机部分耗散反应扩散方程

$$\begin{cases} \dfrac{\partial u}{\partial t} = \Delta u + h(\theta_t\omega, x, u) + f(\theta_t\omega, x, u, v), \quad x \in D \\ \dfrac{\partial v}{\partial t} = -\sigma v + g(\theta_t\omega, x, u), \quad x \in D \\ u = 0, \quad x \in \partial D \end{cases} \tag{1.5.4}$$

随机吸引子的存在性, 其中 $D \subset R^n$ 是一个光滑的有界区域, $\omega \in \Omega$, $(\Omega, \mathcal{F}, P, (\theta)_{t\in R})$ 是一个度量动力系统, $h : \Omega \times \bar{D} \times R \to R$, $f : \Omega \times \bar{D} \times R \times R \to R$, $g : \Omega \times \bar{D} \times R \to R$ 都是 Borel 可测的, 并且满足下面的假设:

(HR-0) 对每个 $\omega \in \Omega$, $h^\omega(t, x, u) := h(\theta_t\omega, x, u)$ 关于 $(t, x) \in R \times \bar{D}$ 连续, 关于 $u \in R$ 可微, $f^\omega(t, x, u, v) := f(\theta_t\omega, x, u, v)$ 关于 $(t, x) \in R \times \bar{D}$ 连续, 关于 $u, v \in R$ 可微, $g^\omega(t, x, u) := g(\theta_t\omega, x, u)$ 关于 $(t, x) \in R \times \bar{D}$ 连续, 关于 $u \in R$ 可微.

(HR-1) 存在正常数 c_1, $\bar{c}_1$, p_1, $p_1 > 2$ 和具有连续轨道的 $(\mathcal{F}, \mathcal{B}(R))$ 可测函数 $C_1(\cdot) : \Omega \to R$, 使得

$$h(\omega, x, u)u \leqslant -c_1|u|^{p_1} + C_1(\omega), \quad \forall\omega \in \Omega, \quad x \in D, \quad u \in R,$$

$$h_u(\omega, x, u) \leqslant \bar{c}_1, \quad \forall \omega \in \Omega, \quad x \in D, \quad u \in R, \tag{1.5.5}$$

及对某个 $m_1 \geqslant 1$ 和每个 $\omega \in \Omega$, 当 $|t| \to \infty$ 时,

$$\frac{C_1(\theta_t \omega)}{t^{m_1}} \to 0.$$

(HR-2) 存在正常数 c_2, $\bar{c}_2$, p_2, $0 < p_2 < p_1 - 1$ 且 $2p_2 < p_1$ 和一个具有连续轨道的 $(\mathcal{F}, \mathcal{B}(R))$ 可测函数 $C_2(\cdot) : \Omega \to R$ 使得

$$|f(\omega, x, u, v)| \leqslant c_2(|u|^{p_2} + |v|) + C_2(\omega), \quad \forall \omega \in \Omega, \quad x \in D, \quad u, v \in R,$$

$$(h_u(\omega, x, u) + f_u(\omega, x, u, v))\xi_1^2 + f_v(\omega, x, u, v)\xi_1\xi_2 \leqslant \bar{c}_2(\xi_1^2 + \xi_2^2) \tag{1.5.6}$$

对每个 $\omega \in \Omega$, 对 $x \in D$, $u, v \in R$, $(\xi_1, \xi_2) \in R^2$ 及对某个 $m_2 \geqslant 1$ 和每个 $\omega \in \Omega$, 当 $|t| \to \infty$ 时,

$$\frac{C_2(\theta_t \omega)}{t^{m_2}} \to 0.$$

(HR-3) 存在正常数 c_3, $\bar{c}_3$ 和一个具有连续轨道的 $(\mathcal{F}, \mathcal{B}(R))$ 可测函数 $C_3(\cdot) : \Omega \to R$ 满足

$$|g_u(\omega, x, u)| \leqslant c_3, \qquad |g_{x_i}(\omega, x, u)| \leqslant \bar{c}_3|u| + C_3(\omega), \quad \forall \omega \in \Omega, \quad x \in D, \quad u \in R,$$

及对某个 $m_3 \geqslant 1$ 和每个 $\omega \in \Omega$, 当 $|t| \to \infty$ 时,

$$\frac{C_3(\theta_t \omega)}{t^{m_3}} \to 0.$$

附注 (1) 令 $m = \max\{m_1, m_2, m_3\}$. 则对于 $i = 1, 2, 3$, $\omega \in \Omega$, 当 $|t| \to \infty$ 时,

$$\frac{C_i(\theta_t \omega)}{t^m} \to 0. \tag{1.5.7}$$

不失一般性, 总假设 $m_1 = m_2 = m_3$.

(2) 由假设 (HR-1) 可知, 存在一个正常数 $\check{c}_1$ 和一个具有连续轨道的 $(\mathcal{F}, \mathcal{B}(R))$ 可测函数 $\check{C}_1(\cdot) : \Omega \to R$ 满足

$$|h(\omega, x, u)| \leqslant \check{c}_1|u|^{p_1 - 1} + \check{C}_1(\omega), \quad \forall \omega \in \Omega, \quad x \in D, \quad u \in R, \tag{1.5.8}$$

及

$$\frac{\check{C}_1(\theta_t \omega)}{t^m} \to 0, \quad |t| \to \infty, \quad \forall \omega \in \Omega.$$

(3) 如果 $f_u(\omega, x, u, v)$ 是上有界的, $f_v(\omega, x, u, v)$ 是有界的, 则由条件 (1.5.5) 可导出条件 (1.5.6) 成立, 而条件 (1.5.6) 在实际中是很自然的条件.

下面利用一般随机动力系统的随机吸引子存在的定理证明系统 (1.5.4) 存在随机吸引子. 大致思路是先证明系统 (1.5.4) 在 $L_2(D)\times L_2(D)$ 上关于 $(\Omega, \mathcal{F}, P, \{\theta_t\}_{t\in R})$ 生成随机动力系统 $\{S(t,\omega)\}$, 然后再证明 $\{S(t,\omega)\}$ 存在随机吸引子, 为此, 需要克服系统 (1.5.4) 的解算子的可测性和渐近紧性的困难.

为了证明系统 (1.5.4) 的解关于 $\omega\in\Omega$ 的可测性, 先在集合 $\mathcal{Y}$ 中考虑由函数 $(\tilde{h}, \tilde{f}, \tilde{g})$ 表示的一簇部分耗散反应扩散系统

$$\begin{cases}\dfrac{\partial u}{\partial t}=\Delta u+\tilde{h}(t,x,u)+\tilde{f}(t,x,u,v), \quad x\in D,\\ \dfrac{\partial v}{\partial t}=-\sigma v+\tilde{g}(t,x,u), \quad x\in D,\\ u=0, \quad x\in\partial D,\end{cases}\tag{1.5.9}$$

其中 D 和 σ 与系统 (1.5.4) 中的假设一致. 假设 $\mathcal{Y}$ 是所有满足下面条件 (HR-0)$'$ ~(HR-3)$'$ 的函数的 $(\tilde{h}, \tilde{f}, \tilde{h})$ 集合, 其中

(HR-0)$'$ 对每个 $(\tilde{h}, \tilde{f}, \tilde{g})\in\mathcal{Y}$, $\tilde{h}(t,x,u)$ 关于 $(t,x)\in R\times\bar{D}$ 是连续的, 关于 $u\in R$ 是可微的, $\tilde{f}(t,x,u,v)$ 关于 $(t,x)\in R\times\bar{D}$ 是连续的, 关于 $u,v\in R$ 是可微的, $\tilde{g}(t,x,u)$ 关于 $(t,x)\in R\times\bar{D}$ 连续, 关于 $u\in R$ 是可微的.

(HR-1)$'$ 对每个 $(\tilde{h}, \tilde{f}, \tilde{g})\in\mathcal{Y}$, 都存在一个连续函数 $\tilde{C}_1(\cdot): R\to R$ 满足

$$\tilde{h}(t,x,u)u\leqslant -c_1|u|^{p_1}+\tilde{C}_1(t), \quad \forall t\in R, \quad x\in D, \quad u\in R,$$

$$\tilde{h}_u(t,x,u)\leqslant \bar{c}_1, \quad \forall t\in R, \quad x\in D, \quad u\in R,$$

及

$$\frac{\tilde{C}_1(t)}{t^{m_1}}\to 0, \qquad |t|\to\infty,$$

其中 c_1, $\bar{c}_1$ 和 m_1 与 (HR-1) 假设相同.

(HR-2)$'$ 对每个 $(\tilde{h}, \tilde{f}, \tilde{g})\in\mathcal{Y}$, 都存在一个连续函数 $\tilde{C}_2(\cdot): R\to R$, 对每个 $t\in R$, $x\in D$, $u,v\in R$, $(\xi_1,\xi_2)\in R^2$ 都满足

$$|\tilde{f}(t,x,u,v)|\leqslant c_2(|u|^{p_2}+|v|)+\tilde{C}_2(t), \quad \forall t\in R, \quad x\in D, \quad u,v\in R,$$

$$(\tilde{h}_u(t,x,u)+\tilde{f}_u(t,x,u,v))\xi_1^2+\tilde{f}_v(t,x,u,v)\xi_1\xi_2\leqslant \bar{c}_2(\xi_1^2+\xi_2^2),$$

$$\frac{\tilde{C}_2(t)}{t^{m_2}}\to 0, \qquad |t|\to\infty,$$

其中 $c_2, \bar{c}_2$ 和 m_2 与 (HR-2) 假设相同.

(HR-3)$'$ 对每个 $(\tilde{h}, \tilde{f}, \tilde{g}) \in \mathcal{Y}$, 都存在一个连续函数 $\tilde{C}_3(\cdot): R \to R$ 满足

$$|\tilde{g}_u(t,x,u)| \leqslant c_3, \quad |g_{x_i}(t,x,u)| \leqslant \bar{c}_3|u| + \tilde{C}_3(t), \quad \forall t \in R, \quad x \in D, \quad u \in R,$$

及

$$\frac{\tilde{C}_3(t)}{t^{m_3}} \to 0, \qquad |t| \to \infty,$$

其中 $c_3, \bar{c}_3$ 和 m_3 与 (HR-3) 假设相同.

显然, 对每个 $\omega \in \Omega$, $(h^\omega, f^\omega, g^\omega) \in \mathcal{Y}$.

定理 1.5.1 对每个 $F := (\tilde{h}, \tilde{f}, \tilde{g}) \in \mathcal{Y}$, 对任意的 $(u_0, v_0) \in L_2(D) \times L_2(D)$, 任意的 $t_0, T \in R$, $T > t_0$, 方程 (1.5.9) 都存在唯一的弱解 $\big(u(t;t_0,F,u_0,v_0), v(t;t_0,F,u_0,v_0)\big)$, $\big(u(t_0;t_0,F,u_0,v_0), v(t_0;t_0,F,u_0,v_0)\big) = \big(u_0, v_0\big)$, $u(\cdot;t_0,F,u_0,v_0) \in \big(C([t_0,T],L_2(D)) \bigcap L_2((t_0,T],H_0^1(D)) \bigcap L_{p_1}((t_0,T],L_{p_1}(D))\big)$, $v(\cdot;t_0,F,u_0,v_0) \in C([t_0,T],L_2(D))$. 且对所有的 $t \geqslant t_0$, $F \in \mathcal{Y}$, 映射 $[L_2(D) \times L_2(D) \ni (u_0,v_0) \mapsto \big(u(t;t_0,F,u_0,v_0), v(t;t_0,F,u_0,v_0)\big) \in L_2(D) \times L_2(D)]$ 是连续的.

证明 用类似于文献 [37, 命题 1.1] 和 [52, 定理 3.1] 中关于自治反应扩散系统的证明方法得到的弱解存在性. □

接下来证明解 $(u(t;t_0,F,u_0,v_0), v(t;t_0,F,u_0,v_0))$ 关于 F 的连续性, 为此, 需要引进下面的 Banach 空间. 对任意给定的 $T > 0$,

$$\mathcal{M}_1(T) = \Big\{\tilde{h}(\cdot,\cdot,\cdot) \in C([0,T] \times \bar{D} \times R, R)\Big| \\ ||\tilde{h}||_{\mathcal{M}_1(T)} := \sup_{t\in[0,T],x\in D,v\in R}\left(\frac{|\tilde{h}(t,x,u)|}{1+|u|^{p_1-1}}\right) < \infty\Big\}, \tag{1.5.10}$$

$$\mathcal{M}_2(T) = \Big\{\tilde{f}(\cdot,\cdot,\cdot,\cdot) \in C([0,T] \times \bar{D} \times R \times R, R)\Big| \\ ||\tilde{f}||_{\mathcal{M}_2(T)} := \sup_{t\in[0,T],x\in D,u,v\in R}\left(\frac{|\tilde{f}(t,x,u,v)|}{1+|u|^{p_2}+|v|}\right) < \infty\Big\}, \tag{1.5.11}$$

$$\mathcal{M}_3(T) = \Big\{\tilde{g}(\cdot,\cdot,\cdot) \in C([0,T] \times \bar{D} \times R, R)\Big| \\ ||\tilde{g}||_{\mathcal{M}_3(T)} := \sup_{t\in[0,T],x\in D,v\in R}\left(\frac{|\tilde{g}(t,x,v)|}{1+|v|}\right) < \infty\Big\}, \tag{1.5.12}$$

其中 p_1 与 p_2 分别与 (HR-1) 和 (HR-2) 相同.

接下来, $\langle\cdot,\cdot\rangle$ 表示 $L_2(D)$ 空间的内积, $\|\cdot\|$ 是 $L_2(D)$ 中的范数. 对于给定的 $u\in H^1(D)$, $\|u\|_V:=\left(\sum_{i=1}^n\|\dfrac{\partial u}{\partial x_i}\|^2\right)^{1/2}$. c_i, $\bar{c}_i$, $C_i(\cdot):\Omega\to R$ $(i=1,2,3)$, 其中 p_1, p_2 与 (HR-1)~(HR-3) 的假设一致. $\|\cdot\|_{L_p(D)}$ $(p\geqslant 1)$ 表示 $L_p(D)$ 中的范数. 于是有

定理 1.5.2 给定 $T>0$, $(u_0,v_0)\in L_2(D)\times L_2(D)$. $\big(u(T;0,F,u_0,v_0),$ $v(T;0,F,u_0,v_0)\big)\in L_2(D)\times L_2(D)$ 关于 $F:=(\tilde{h},\tilde{f},\tilde{g})$ 按 $\mathcal{M}_1(T)\times\mathcal{M}_2(T)\times\mathcal{M}_3(T)$ 的拓扑连续.

证明 给定 $T>0$, $F_1=(\tilde{h}_1,\tilde{f}_1,\tilde{g}_1)\in\mathcal{M}_1(T)\times\mathcal{M}_2(T)\times\mathcal{M}_3(T)$, $(u_0,v_0)\in L_2(D)\times L_2(D)$. 则有如下断言:

断言 1 当 $t\in[0,T]$, $F=(\tilde{h},\tilde{f},\tilde{g})\in\mathcal{M}_1(T)\times\mathcal{M}_2(T)\times\mathcal{M}_3(T)$, 且 $\|F-F_1\|_{\mathcal{M}_1(T)\times\mathcal{M}_2(T)\times\mathcal{M}_3(T)}\leqslant\dfrac{c_1}{2}$ 时, $\|u(t;0,F,u_0,v_0)\|+\|v(t;0,F,u_0,v_0)\|$ 有界.

事实上, 令 $(u,v):=(u(t),v(t)):=(u(t;F),v(t;F)):=(u(t;0,F,u_0,v_0),$ $v(t;0,F,u_0,v_0))$, $t\in(0,T]$, 则有

$$
\begin{aligned}
&\frac{1}{2}\frac{d}{dt}(||u||^2+||v||^2)+||u||_V^2+\sigma||v||^2\\
=&\langle\tilde{h}(t,x,u),u\rangle+\langle\tilde{f}(t,x,u,v),u\rangle+\langle\tilde{g}(t,x,u),v\rangle\\
=&\langle\tilde{h}_1(t,x,u),u\rangle+\langle\tilde{f}_1(t,x,u,v),u\rangle+\langle\tilde{g}_1(t,x,u),v\rangle\\
&+\langle\tilde{h}(t,x,u)-\tilde{h}_1(t,x,u),u\rangle+\langle\tilde{f}(t,x,u,v)-\tilde{f}_1(t,x,u,v),u\rangle\\
&+\langle\tilde{g}(t,x,u)-\tilde{g}_1(t,x,u),v\rangle.
\end{aligned}\tag{1.5.13}
$$

由条件 $(\text{HR-1})'$ ~$(\text{HR-3})'$ 可知, 存在依赖于 F_1 的 $\tilde{C}_i(\cdot)$ $(i=1,2,3)$, 使得对任意的 $\delta>0$,

$$
\langle\tilde{h}_1(t,x,u),u\rangle\leqslant -c_1\int_D|u|^{p_1}dx+\tilde{C}_1(t)\int_D|u|dx,
$$

$$
\begin{aligned}
|\langle\tilde{f}_1(t,x,u,v),u\rangle|&\leqslant c_2\int_D(|u|^{p_2+1}+|u|\cdot|v|)dx+\tilde{C}_2(t)\int_D|u|dx\\
&\leqslant c_2\int_D|u|^{p_2+1}dx+\frac{c_2^2}{\delta}\int_D u^2dx+\frac{\delta}{4}\int_D v^2+\tilde{C}_2(t)\int_D|u|dx,\\
|\langle\tilde{g}_1(t,x,u),v),v\rangle|&\leqslant c_3\int_D(|u|\cdot|v|)dx+\tilde{C}_3(t)\int_D|v|dx\\
&\leqslant\frac{c_3^2}{\delta}\int_D u^2dx+\frac{\delta}{4}\int_D v^2dx+\frac{\delta}{4}\int_D v^2dx+\frac{\tilde{C}_3^2(t)}{\delta}|D|.
\end{aligned}
$$

由 $\|F - F_1\|_{\mathcal{M}_1(T)\times\mathcal{M}_2(T)\times\mathcal{M}_3(T)} \leqslant c_1/2$ 可得

$$
\begin{aligned}
|\langle \tilde{h}(t,x,u) - \tilde{h}_1(t,x,u), u\rangle| &\leqslant \frac{c_1}{2}\int_D |u|(1+|u|^{p_1-1})dx \\
&= \frac{c_1}{2}\int_D |u|dx + \frac{c_1}{2}\int_D |u|^{p_1}dx,
\end{aligned}
$$

$$
\begin{aligned}
|\langle \tilde{f}(t,x,u,v) - \tilde{f}_1(t,x,u,v), u\rangle| &\leqslant \frac{c_1}{2}\int_D |u|(1+|u|^{p_2}+|v|)dx \\
&\leqslant \frac{c_1}{2}\int_D |u|dx + \frac{c_1}{2}\int_D |u|^{p_2+1}dx \\
&\quad + \frac{c_1^2}{4\delta}\int_D u^2dx + \frac{\delta}{4}\int_D v^2dx, \\
|\langle \tilde{g}(t,x,u) - \tilde{g}_1(t,x,u), v\rangle| &\leqslant \frac{c_1}{2}\int_D |v|(1+|u|)dx \\
&\leqslant \frac{\delta}{4}\int_D v^2dx + \frac{c_1^2}{4\delta}|D| + \frac{c_1^2}{4\delta}\int_D u^2dx + \frac{\delta}{4}\int_D v^2dx.
\end{aligned}
$$

于是

$$
\begin{aligned}
&\frac{1}{2}\frac{d}{dt}(||u||^2 + ||v||^2) + ||u||_V^2 + \sigma||v||^2 \\
\leqslant& -\frac{c_1}{2}\int_D |u|^{p_1}dx + \left(\tilde{C}_1(t) + \tilde{C}_2(t) + c_1\right)\int_D |u|dx + \left(\frac{c_2^2+c_3^2}{\delta} + \frac{c_1^2}{2\delta}\right)\int_D u^2dx \\
&+ \left(c_2 + \frac{c_1}{2}\right)\int_D |u|^{p_2+1}dx + \frac{6\delta}{4}\int_D v^2dx + \left(\frac{c_1^2}{4\delta} + \frac{\tilde{C}_3^2(t)}{\delta}\right)|D|. \qquad (1.5.14)
\end{aligned}
$$

令 $q_1, q_2, q_3 \geqslant 1$ 分别满足 $\dfrac{1}{p_1} + \dfrac{1}{q_1} = 1$, $\dfrac{2}{p_1} + \dfrac{1}{q_2} = 1$, $\dfrac{p_2+1}{p_1} + \dfrac{1}{q_3} = 1$. 再由广义 Young 不等式得到

$$
\begin{aligned}
\left(\tilde{C}_1(t) + \tilde{C}_2(t) + c_1\right)\int_D |u|dx &\leqslant \frac{\delta}{p_1}\int_D |u|^{p_1}dx + \frac{(\tilde{C}_1(t) + \tilde{C}_2(t) + c_1)^{q_1}}{q_1\delta^{q_1/p_1}}|D|, \\
\left(\frac{c_2^2+c_3^2}{\delta} + \frac{c_1^2}{2\delta}\right)\int_D u^2dx &\leqslant \frac{2\delta}{p_1}\int_D |u|^{p_1}dx + \frac{(c_1^2+c_2^2+c_3^2)^{q_2}}{q_2\delta^{(2+p_1)q_2/p_1}}|D|, \\
\left(c_2 + \frac{c_1}{2}\right)\int_D |u|^{p_2+1}dx &\leqslant \frac{(p_2+1)\delta}{p_1}\int_D |u|^{p_1}dx + \frac{(c_2+c_1)^{q_3}}{q_3\delta^{(p_2+1)q_3/p_1}}|D|.
\end{aligned}
$$

于是,

$$\begin{aligned}&\frac{1}{2}\frac{d}{dt}(||u||^2+||v||^2)+||u||_V^2+\sigma||v||^2\\ \leqslant&\left(-\frac{c_1}{2}+\frac{4\delta+p_2\delta}{p_1}\right)\int_D|u|^{p_1}dx+\frac{6\delta}{4}\int_D v^2dx+C_1^*(t,\delta),\end{aligned}\tag{1.5.15}$$

其中

$$\begin{aligned}&C_1^*(t,\delta)\\ =&\left(\frac{c_1^2}{4\delta}+\frac{\tilde{C}_3^2(t)}{\delta}+\frac{(\tilde{C}_1(t)+\tilde{C}_2(t)+c_1)^{q_1}}{q_1\delta^{q_1/p_1}}+\frac{(c_1^2+c_2^2+c_3^2)^{q_2}}{q_2\delta^{(2+p_1)q_2/p_1}}+\frac{(c_2+c_1)^{q_3}}{q_3\delta^{(p_2+1)q_3/p_1}}\right)|D|.\end{aligned}$$

取 $\delta>0$ 充分小使得

$$-\frac{c_1}{2}+\frac{4\delta+p_2\delta}{p_1}<0,\quad \frac{6\delta}{4}<\sigma$$

成立. 则有

$$\frac{1}{2}\frac{d}{dt}(||u||^2+||v||^2)\leqslant C_1^*(t,\delta).$$

于是, 对于 $t\in[0,T]$, 及任意的 $F=(\tilde{h},\tilde{f},\tilde{g})\in\mathcal{M}(T):=\mathcal{M}_1(T)\times\mathcal{M}_2(T)\times\mathcal{M}_3(T)$, $\|F-F_1\|_{\mathcal{M}(T)}\leqslant\dfrac{c_1}{2}$, 都有

$$\|u(t;F)\|^2+\|v(t;F)\|^2\leqslant\|u_0\|^2+\|v_0\|^2+2\int_0^t C_1^*(t,\delta)dt.$$

因此断言 1 成立.

由断言 1 的证明直接可得到下面的断言 2 成立:

断言 2 对于给定的 $(u_0,v_0)\in L_2(D)\times L_2(D)$, $F_1=(\tilde{h}_1,\tilde{f}_1,\tilde{g}_1)\in\mathcal{M}_1(T)\times\mathcal{M}_2(T)\times\mathcal{M}_3(T)$, 当 $t\in[0,T]$, $F=(\tilde{h},\tilde{f},\tilde{g})\in\mathcal{M}_1(T)\times\mathcal{M}_2(T)\times\mathcal{M}_3(T)$, 且满足 $\|F-F_1\|_{\mathcal{M}_1(T)\times\mathcal{M}_2(T)\times\mathcal{M}_3(T)}\leqslant\dfrac{c_1}{2}$ 时, $\int_0^t\int_D|u(t;0,F,u_0,v_0)|^{p_1}dxdt$, $\int_0^t\int_D|v(t;0,F,u_0,v_0)|^2dxdt$ 都有界.

接下来, 对于给定的 $T>0$, $(u_0,v_0)\in L_2(D)\times L_2(D)$, $F_1=(\tilde{h}_1,\tilde{f}_1,\tilde{g}_1)$, $F_2=(\tilde{h}_2,\tilde{f}_2,\tilde{g}_2)\in\mathcal{M}_1(T)\times\mathcal{M}_2(T)\times\mathcal{M}_3(T)$, $\|F_1-F_2\|_{\mathcal{M}_1(T)\times\mathcal{M}_2(T)\times\mathcal{M}_3(T)}<\dfrac{c_1}{2}$, 令 $(u_i,v_i):=(u_i(t),v_i(t)):=(u_i(t;F_i),v(t;F_i)):=(u(t;0,F_i,u_0,v_0),v(t;0,F_i,u_0,v_0))$, $i=1,2$, $t\in(0,T]$. 则 (u_1-u_2,v_1-v_2) 满足下面的方程

$$\begin{cases}\dfrac{\partial(u_1-u_2)}{\partial t}=\Delta(u_1-u_2)+(\tilde{h}_1(t,x,u_1)-\tilde{h}_2(t,x,u_2))\\ \qquad\qquad\qquad+(\tilde{f}_1(t,x,u_1,v_1)-\tilde{f}_2(t,x,u_2,v_2)),\\ \dfrac{\partial(v_1-v_2)}{\partial t}=-\sigma(v_1-v_2)+(\tilde{g}_1(t,x,u_1)-\tilde{g}_2(t,x,u_2)).\end{cases}\tag{1.5.16}$$

因此可得

$$
\begin{cases}
\frac{1}{2}\frac{d}{dt}||u_1-u_2||^2+||u_1-u_2||_V^2=\langle \tilde{h}_1(t,x,u_1)-\tilde{h}_2(t,x,u_1),u_1-u_2\rangle \\
\qquad +\langle \tilde{h}_2(t,x,u_1)-\tilde{h}_2(t,x,u_2),u_1-u_2\rangle \\
\qquad +\langle \tilde{f}_1(t,x,u_1,v_1)-\tilde{f}_2(t,x,u_1,v_1),u_1-u_2\rangle \\
\qquad +\langle \tilde{f}_2(t,x,u_1,v_1)-\tilde{f}_2(t,x,u_2,v_2),u_1-u_2\rangle, \\
\frac{1}{2}\frac{d}{dt}||v_1-v_2||^2+\sigma||v_1-v_2||^2=\langle \tilde{g}_1(t,x,u_1)-\tilde{g}_2(t,x,u_1),v_1-v_2\rangle \\
\qquad +\langle \tilde{g}_2(t,x,u_1)-\tilde{g}_2(t,x,u_2),v_1-v_2\rangle.
\end{cases}
$$

注意到

$$
\begin{aligned}
&|\langle \tilde{h}_1(t,x,u_1)-\tilde{h}_2(t,x,u_1),u_1-u_2\rangle| \\
\leqslant &\|\tilde{h}_1-\tilde{h}_2\|_{\mathcal{M}_1(T)}\int_D(1+|u_1|^{p_1-1})(|u_1-u_2|)dx, \\
&|\langle \tilde{f}_1(t,x,u_1,v_1)-\tilde{f}_2(t,x,u_1,v_1),u_1-u_2\rangle| \\
\leqslant &\|\tilde{f}_1-\tilde{f}_2\|_{\mathcal{M}_2(T)}\int_D(1+|u_1|^{p_2}+|v_1|)(|u_1-u_2|)dx,
\end{aligned}
$$

及

$$
|\langle \tilde{g}_1(t,x,u_1)-\tilde{g}_2(t,x,u_1),v_1-v_2\rangle|\leqslant\|\tilde{g}_1-\tilde{g}_2\|_{\mathcal{M}_3(T)}\int_D(1+|u_1|)(|v_1-v_2|)dx.
$$

由假设 (HR-1)$'$ ∼(HR-3)$'$ 可得

$$
\begin{aligned}
&\langle \tilde{h}_2(t,x,u_1)-\tilde{h}_2(t,x,u_2)+(\tilde{f}_2(t,x,u_1,v_1)-\tilde{f}_2(t,x,u_2,v_2),u_1-u_2\rangle \\
\leqslant &\bar{c}_2\int((u_1-u_2)^2+(v_1-v_2)^2)dx, \\
&|\langle \tilde{g}_2(t,x,u_1)-\tilde{g}_2(t,x,u_2),v_1-v_2\rangle|\leqslant c_3\int(|u_1-u_2|)(|v_1-v_2|)dx.
\end{aligned}
$$

固定 F_1, 由断言 1 和断言 2 可知, 存在依赖于 F_1 的 $c_2^*>0$ 和 $C_2^*(\cdot)\in C([0,T],R^+)$ 使得对于 $t\in(0,T]$, 都有

$$
\begin{aligned}
&\frac{d}{dt}(||u_1-u_2||^2+||v_1-v_2||^2) \\
\leqslant &c_2^*(\|u_1-u_2\|^2+\|v_1-v_2\|^2)+C_2^*(t)\|F_1-F_2\|_{\mathcal{M}_1(T)\times\mathcal{M}_2(T)\times\mathcal{M}_3(T)}.
\end{aligned}
$$

这表明

$$\begin{aligned}&\|u_1(t)-u_2(t)\|^2+\|v_1(t)-v_2(t)\|^2\\ \leqslant\ &\|F_1-F_2\|_{\mathcal{M}_1(T)\times\mathcal{M}_2(T)\times\mathcal{M}_3(T)}\int_0^t e^{c_2^*(t-s)}C_2^*(s)ds.\end{aligned}$$

因此, 当 $\|F_1-F_2\|_{\mathcal{M}_1(T)\times\mathcal{M}_2(T)\times\mathcal{M}_3(T)}\to 0$ 时,

$$\|u_1(T;F_1)-u_2(T;F_2)\|^2+\|v_1(T;F_1)-v_2(T;F_2)\|^2\to 0.$$

定理证毕. □

现在考虑原来的方程 (1.5.4). 对任意给定的 $\omega\in\Omega$, $F^\omega:=(h^\omega,f^\omega,g^\omega)\in\mathcal{Y}$. 因此, 对任意的 $(u_0,v_0)\in L_2(D)\times L_2(D)$, $(u(t;t_0,F^\omega,u_0,v_0),v(t;t_0,F^\omega,u_0,v_0))$ 是方程 (1.5.4) 的唯一弱解, 并满足初值条件 $(u(t_0;t_0,F^\omega,u_0,v_0),v(t_0;t_0,F^\omega,u_0,v_0))=(u_0,v_0)$, 记为 $(u(t;t_0,\omega,u_0,v_0).\ v(t;t_0,\omega,u_0,v_0))$. 当 $t_0\in R$, $t\geqslant t_0$, $\omega\in\Omega$, $(u_0,v_0)\in L_2(D)\times L_2(D)$, 令

$$U_\omega(t,t_0)(u_0,v_0)=\big(u(t;t_0,\omega,u_0,v_0),v(t;t_0,\omega,u_0,v_0)\big).$$

注意到

$$U_\omega(t,t_0)(u_0,v_0)=U_{\omega\cdot t_0}(t-t_0,0)(u_0,v_0), \tag{1.5.17}$$

$$U_\omega(t,t_2)\circ U_\omega(t_2,t_1)(u_0,v_0)=U_\omega(t,t_1)(u_0,v_0). \tag{1.5.18}$$

令

$$S(t,\omega)(u_0,v_0)=U_\omega(t,0)(u_0,v_0),\qquad t\geqslant 0,\quad \omega\in\Omega.$$

由假设条件 (HR-0)~(HR-3) 可知, 对任意的 $\omega\in\Omega$, $T>0$, 有

$$h^\omega(\cdot,\cdot,\cdot)\in\mathcal{M}_1(T),\quad f^\omega(\cdot,\cdot,\cdot,\cdot)\in\mathcal{M}_2(T),\quad g^\omega(\cdot,\cdot,\cdot)\in\mathcal{M}_3(T).$$

下面进一步假设

(HR-4) 对于任意给定的 $T>0$, $\mathcal{M}_1(T,h)=\{h^\omega(\cdot,\cdot,\cdot):\omega\in\Omega\}$, $\mathcal{M}_2(T,f)=\{f^\omega(\cdot,\cdot,\cdot,\cdot):\omega\in\Omega\}$ 和 $\mathcal{M}_3(T,g)=\{g^\omega(\cdot,\cdot,\cdot):\omega\in\Omega\}$ 分别是 $\mathcal{M}_1(T)$, $\mathcal{M}_2(T)$ 和 $\mathcal{M}_3(T)$ 的可分离子集.

定理 1.5.3 假设条件 (HR-0)~(HR-4) 成立. 对于任意给定的 $t\geqslant 0$, $(u_0,v_0)\in L_2(D)\times L_2(D)$, $S(t,\omega)(u_0,v_0)$ 关于 ω 可测, 并且 $\{S(t,\omega)\}$ 在 $L_2(D)\times L_2(D)$ 上关于 $(\Omega,\mathcal{F},P,(\theta_t)_{t\in R})$ 生成随机动力系统.

证明 首先证明对任意给定的 $T>0$, 映射 $[\Omega\ni\omega\mapsto h^{\omega}(\cdot,\cdot,\cdot)\in\mathcal{M}_1(T)]$, $[\Omega\ni\omega\mapsto f^{\omega}(\cdot,\cdot,\cdot,\cdot)\in\mathcal{M}_2(T)]$, $[\Omega\ni\omega\mapsto g^{\omega}(\cdot,\cdot,\cdot)\in\mathcal{M}_3(T)]$ 都是可测的. 只证明 $[\Omega\ni\omega\mapsto h^{\omega}(\cdot,\cdot,\cdot)\in\mathcal{M}_1(T)]$ 是可测的, 其余类似证明.

由条件 (HR-4) 可知, 存在序列 $\{h_k\}\subset\mathcal{M}_1(T,h)$ 使得 $\{h_k\}$ 在 $\mathcal{M}_1(T,h)$ 中是稠密的. 对于任意的 $r>0$, $k\geqslant 1$, 记

$$O(h_k,r)=\{\omega:\|h^{\omega}-h_k\|_{\mathcal{M}_1(T)}<r\},$$

$$\bar{O}(h_k,r)=\{\omega:\|h^{\omega}-h_k\|_{\mathcal{M}_1(T)}\leqslant r\}.$$

只需证明 $O(h_k,r)\in\mathcal{F}$ 即可.

注意到

$$O(h_k,r)=\cup_{j=1}^{\infty}\bar{O}\big(h_k,r-1/j\big).$$

令 $\{t_i\}$, $\{x_i\}$, $\{u_i\}$ 分别是 $[0,T]$, D 和 R 的稠密子集. 则

$$\bar{O}\big(h_k,r-1/j\big)=\cap_{i_1,i_2,i_3=1}^{\infty}\left\{\omega:\frac{|h^{\omega}(t_{i_1},x_{i_2},u_{i_3})|}{1+|u_{i_3}|^{p_1-1}}\leqslant r-1/j\right\}.$$

于是, 对于每个 $j\geqslant 1$, $\bar{O}\big(h_k,r-1/j\big)\in\mathcal{F}$, $h(\omega,x,u)$ 关于 $\omega\in\Omega$ 是可测的, 于是, $O(h_k,r)\in\mathcal{F}$. 因此 $[\Omega\ni\omega\mapsto h^{\omega}(\cdot,\cdot,\cdot)\in\mathcal{M}_1(T)]$ 是可测的.

接下来, 由定理 1.5.2 可知, 对于给定的 $T>0$ 及初值 $(u_0,v_0)\in L_2(D)\times L_2(D)$, 映射 $[\mathcal{M}_1(T)\times\mathcal{M}_2(T)\times\mathcal{M}_3(T)\ni F=(\tilde{h},\tilde{f},\tilde{g})\mapsto(u(t;0,F,u_0,v_0),v(t;0,F,u_0,v_0))\in L_2(D)\times L_2(D)]$ 是连续的, 因此, 由 $[\Omega\ni\omega\mapsto(H^{\omega},f^{\omega},g^{\omega})\in\mathcal{M}_1(T)\times\mathcal{M}_2(T)\times\mathcal{M}_3(T)]$ 的可测性可知, 映射 $[\Omega\ni\omega\mapsto U_{\omega}(t,0)(u_0,v_0)\in L_2(D)\times L_2(D)]$ 是可测的.

由定理 1.5.1 及 $S(t,\omega)(u_0,v_0)$ 关于 $\omega\in\Omega$ 的可测性可知, 映射 $[R^+\times\Omega\times L_2(D)\times L_2(D)\ni(t,\omega,u_0,v_0)\mapsto S(t,\omega)(u_0,v_0)\in L_2(D)\times {}_2(D)]$ 是 $(\mathcal{B}(R^+)\times\mathcal{F}\times\mathcal{B}(L_2(D)\times L_2(D))$ 上关于 $\mathcal{B}(L_2(D)\times L_2(D))$ 可测的. 因此, (1.5.4) 在 $L_2(D)\times L_2(D)$ 关于 $(\Omega,\mathcal{F},P,(\theta_t)_{t\in R})$ 生成随机动力系统 $S(\cdot,\cdot)$:

$$S(t,\omega):L_2(D)\times L_2(D)\to L_2(D)\times L_2(D),$$

$$S(t,\omega)(u_0,v_0)=U_{\omega}(t,0)(u_0,v_0).$$

因此, 定理得证. □

定理 1.5.4 假设 (HR-0)~(HR-4) 成立, 则由方程 (1.5.4) 生成的随机动力系统 $\{S(t,\omega)\}$ 在 $L_2(D)\times L_2(D)$ 中存在有界的回拉吸收集.

证明 首先, 类似于定理 1.5.2 的证明, 令 $q_2 > 0$ 满足 $\frac{2}{p_1} + \frac{1}{q_2} = 1$. 对于给定的 $\tau \in R^+$, $\omega \in \Omega$, 及 $(u_0, v_0) \in L_2(D) \times L_2(D)$, 记 $(u, v) := (u(t), v(t)) := (u(t; \theta_{-\tau}\omega, u_0, v_0), v(t; \theta_{-\tau}\omega, u_0, v_0))$.

由 Young 不等式可知, 对于给定的 $\delta > 0$, 有

$$\int_D |u|^2 dx \leqslant \frac{2\delta}{p_1} \int_D |u|^{p_1} dx + \frac{1}{q_2 \delta^{2q_2/p_1}} |D|.$$

由定理 1.5.2 的证明可知, 存在正常数 $0 < c^* < \frac{\sigma}{2}$, $0 < \bar{c}^* < \frac{\sigma}{2}$ 及具有连续轨道的可测函数 $C^* : \Omega \to R$, 对某个 $m^* \geqslant 1$, 都有

$$\frac{1}{2}\frac{d}{dt}(||u||^2 + ||v||^2) + ||u||_V^2 + \bar{c}^* \int_D |u|^{p_1} dx + c^*(\|u\|^2 + \|v\|^2) \leqslant C^*(\theta_{t-\tau}\omega), \quad (1.5.19)$$

及

$$\frac{C^*(\theta_t \omega)}{t^{m^*}} \to 0, \qquad |t| \to \infty$$

成立.

由不等式 (1.5.19) 可得

$$\begin{aligned}
&\|u(t)\|^2 + \|v(t)\|^2 + 2\int_0^t e^{-2c^*(t-s)} \|u(s)\|_V^2 ds \\
&+ 2\bar{c}^* \int_0^t e^{-2c^*(t-s)} \int_D |u(s)|^{p_1} dx ds \\
\leqslant\ & e^{-2c^* t}\left(\|u_0\|^2 + \|v_0\|^2\right) + 2\int_0^t e^{-2c^*(t-s)} C^*(\theta_{s-\tau}\omega) ds \\
\leqslant\ & e^{-2c^* t}\left(\|u_0\|^2 + \|v_0\|^2\right) + 2\int_{-\tau}^{t-\tau} e^{-2c^*(t-\tau-s)} C^*(\theta_s \omega) ds \\
\leqslant\ & e^{-2c^* t}\left(\|u_0\|^2 + \|v_0\|^2\right) + 2e^{-2c^*(t-\tau)} \int_{-\infty}^{t-\tau} e^{2c^* s} C^*(\theta_s \omega) ds. \qquad (1.5.20)
\end{aligned}$$

对于给定的 $\omega \in \Omega$, 令

$$r^*(\omega) = 1 + 2e^{2c^*} \int_{-\infty}^0 e^{2c^* s} C^*(\theta_s \omega) ds. \qquad (1.5.21)$$

对任意给定 $\rho > 0$, $\omega \in \Omega$, 令 $\tau_0(\omega, \rho) > 0$ 满足

$$e^{-2c^* \tau_0(\omega,\rho)} \rho < 1.$$

令

$$B(\rho)=\{(u,v)\in L_2(D)\times L_2(D)|\|u\|^2+\|v\|^2\leqslant\rho^2\}.$$

则由 (1.5.20) 可得

$$U_{\theta_{-\tau}\omega}(\tau,0)B(\rho)\subset B(r^*(\omega)),\quad \forall\tau\geqslant\tau_0(\omega,\rho).$$

因此, 随机动力系统 $\{S(t,\omega)\}$ 存在一个有界的拉回吸收集 $\{B(r^*(\omega))\}$. □

推论 1.5.1 (1) 存在 $m^*>0$ 使得对每个 $\omega\in\Omega$, 都有

$$\frac{r^*(\theta_t\omega)}{t^{m^*}}\to 0,\qquad |t|\to\infty;$$

(2) 对每个 $\omega\in\Omega$, 存在 $\tau^*(\omega)$, 当 $t\in[\tau-1,\tau]$, $\tau\geqslant\tau^*(\omega)$ 时, 有

$$e^{-2c^*t}r^*(\theta_{-\tau}\omega)\leqslant 1,$$

且

$$U_{\theta_{-\tau}\omega}(t,0)B(r^*(\theta_{-\tau}\omega))\subset B(r^*(\omega)),\quad \forall t\in[\tau-1,\tau],\quad \tau\geqslant\tau^*(\omega);$$

(3) 对每个 $\omega\in\Omega$, $(u_0,v_0)\in B(r^*(\theta_{-\tau}\omega))$, $t\in[\tau-1,\tau]$, $\tau\geqslant\tau^*(\omega)$, $\tau^*(\omega)$ 与 (2) 中相同,

$$\begin{cases}\displaystyle\int_0^t e^{-2c^*(t-s)}\|u(s)\|_V^2ds\leqslant\frac{r^*(\omega)}{2},\\ \displaystyle\int_0^t e^{-2c^*(t-s)}\|u(s)\|_{L_{p_1}(D)}^{p_1}ds\leqslant\frac{r^*(\omega)}{2\bar{c}^*},\\ \displaystyle\int_0^t e^{-2c^*(t-s)}\|u(s)\|^2ds\leqslant\frac{r^*(\omega)}{p_1\bar{c}^*}+\frac{|D|}{2c^*q_2},\end{cases}$$

其中 $(u(t),v(t)):=(u(t;\theta_{-\tau}\omega,u_0,v_0),v(t;\theta_{-\tau}\omega,u_0,v_0))$, $q_2>0$ 满足 $\dfrac{2}{p_1}+\dfrac{1}{q_2}=1$;

(4) 对每个 $\omega\in\Omega$, 存在 $\tilde{r}^*(\omega)$ 使得对 $\tau\geqslant\tau^*(\omega)$, $\tau^*(\cdot)$ 与 (2) 中相同, $(u_0,v_0)\in B(r^*(\theta_{-\tau}\omega))$,

$$\begin{cases}\displaystyle\int_{\tau-1}^{\tau}\|u(s;\theta_{-\tau}\omega,u_0,v_0)\|_V^2ds\leqslant\tilde{r}^*(\omega),\\ \displaystyle\int_{\tau-1}^{\tau}(\|u(s;\theta_{-\tau}\omega,u_0,v_0)\|^2+\|v(s;\theta_{-\tau}\omega,u_0,v_0)\|^2)ds\leqslant\tilde{r}^*(\omega),\\ \displaystyle\int_{\tau-1}^{\tau}\|u(s;\theta_{-\tau}\omega,u_0,v_0)\|_{L_{p_1}(D)}^{p_1}\leqslant\tilde{r}^*(\omega).\end{cases}$$

证明 (1) 由 (1.5.21) 即可得证 (1). 事实上, 对某个 $m^* \geqslant 1$,

$$\frac{C^*(\theta_t\omega)}{t^{m^*}} \to 0, \qquad |t| \to \infty.$$

(2) 由结论 (1) 和 (1.5.20) 即可得证结论 (2).

(3) 对于给定的 $\omega \in \Omega$, $(u_0, v_0) \in B(r^*(\theta_{-\tau}\omega))$, 令 $(u(t), v(t)) := (u(t;\theta_{-\tau}\omega, u_0, v_0),$
$v(t;\theta_{-\tau}\omega, u_0, v_0))$. 假设 $\tau \geqslant \tau^*(\omega)$ 及 $t \in [\tau - 1, \tau]$. 则由 (1.5.20) 可得,

$$\begin{aligned}&2\int_0^t e^{-2c^*(t-s)}\|u(s)\|_V^2 ds\\ \leqslant\ & e^{-2c^*t}(\|u_0\|^2 + \|v_0\|^2) + 2e^{-2c^*(t-\tau)}\int_{-\infty}^{t-\tau} e^{2c^*s}C^*(\theta_s\omega)ds.\end{aligned}$$

由 (2) 可得

$$\int_0^t e^{-2c^*(t-s)}\|u(s)\|_V^2 ds \leqslant \frac{r^*(\omega)}{2}.$$

类似地, 由不等式 (1.5.20) 可得

$$\begin{aligned}&2\bar{c}^*\int_0^t e^{-2c^*(t-s)}\|u(s)\|_{p_1}^{p_1} ds\\ \leqslant\ & e^{-2c^*t}(\|u_0\|^2 + \|v_0\|^2) + 2e^{-2c^*(t-\tau)}\int_{-\infty}^{t-\tau} e^{2c^*s}C^*(\theta_s\omega)ds.\end{aligned}$$

于是

$$\int_0^t e^{-2c^*(t-s)}\|u(s)\|_{p_1}^{p_1} ds \leqslant \frac{r^*(\omega)}{2\bar{c}^*}.$$

再由不等式 (1.5.20) 及重要不等式可得

$$\begin{aligned}\int_0^s e^{-2c^*(t-s)}\|u(s)\|^2 ds &\leqslant \frac{2}{p_1}\int_0^s e^{-2c^*(t-s)}\|u(s)\|_{p_1}^{p_1} ds + \frac{1}{q_2}|D|\int_0^s e^{-2c^*(t-s)}ds\\ &\leqslant \frac{r^*(\omega)}{p_1\bar{c}^*} + \frac{|D|}{2c^*q_2}.\end{aligned}$$

(4) 由结论 (3) 及 (1.5.19) 即可得证结论 (4). □

下面给出随机部分耗散反应扩散系统 (1.5.4) 的随机吸引子存在性.

定理 1.5.5 假设 (HR-0)~(HR-4) 成立. 则由系统 (1.5.4) 生成的随机动力系统 $\{S(t,\omega)\}$ 在 $L_2(D) \times L_2(D)$ 中存在随机吸引子.

证明 令 $K(\omega)=B(r^*(\omega))$, 其中 $r^*(\omega)$ 与式 (1.5.21) 一致. 由定理 1.5.4 可知, $\{K(\omega)\}$ 是拉回吸引的. 下面证明 $\{K(\omega)\}_{\omega\in\Omega}$ 是渐近紧的.

注意到 $\omega\in\Omega$, $(u_0,v_0)\in L_2(D)\times L_2(D)$,

$$v(t;\omega,u_0,v_0)=v_0e^{-\sigma\cdot t}+\int_0^t g(\theta_s\omega,x,u)e^{-\sigma\cdot(t-s)}ds,$$

其中 $u:=u(t;\omega,u_0,v_0)$. 令

$$v_1(t;\omega,u_0,v_0)=\int_0^t g(\theta_s\omega,x,u)e^{-\sigma\cdot(t-s)}ds,$$

$$v_2(t;\omega,u_0,v_0)=v_0(x)e^{-\sigma\cdot t}.$$

则 $S(t,\omega)$ 可分解成

$$S(t,\omega)(u_0,v_0)=S_1(t,\omega)(u_0,v_0)+S_2(t,\omega)(u_0,v_0),$$

其中

$$S_1(t,\omega)(u_0,v_0)=(u(t;\omega,u_0,v_0),v_1(t;\omega,u_0,v_0)),$$

$$S_2(t,\omega)(u_0,v_0)=(0,v_2(t;\omega,u_0,v_0)).$$

显然, 对任意的 $\epsilon>0$, 都存在 $\tau^{**}>0$, 使得对任意的 $\tau\geqslant\tau^{**}$, $\omega\in\Omega$, $(u_0,v_0)\in K(\theta_{-\tau}\omega)$, 都有下面结论成立

$$\|S_2(\tau,\theta_{-\tau}\omega)(u_0,v_0)\|<\epsilon. \tag{1.5.22}$$

为证明 $\{K(\omega)\}$ 是渐近紧的, 只需证明对每个 $\omega\in\Omega$, 都存在 $H_0^1(D)\times H_0^1(D)$ 中的有界集 $B^*(\omega)$ 使得当 $\tau\gg1$ 时, 有

$$S_1(\tau,\theta_{-\tau}\omega)K(\theta_{-\tau}\omega)\subset B^*(\omega).$$

注意到

$$v_1(t;\theta_{-\tau}\omega,u_0,v_0)=\int_0^t g(\theta_{s-\tau}\omega,x,u(s;\theta_{-\tau}\omega,u_0,v_0))e^{-\sigma(t-s)}ds.$$

断言 3 对每个 $\omega\in\Omega$, 都存在 $\tilde{r}^{**}(\omega)$, 使得对任意的 $\tau\geqslant\tau^*(\omega)$ ($\tau^*(\omega)$ 与推论 1.5.1 中的一致), $(u_0,v_0)\in K(\theta_{-\tau}\omega)$, 都有

$$\int_{\tau-1}^{\tau}||v_1(s;\theta_{-\tau}\omega,u_0,v_0)||_V^2ds\leqslant\tilde{r}^{**}(\omega), \tag{1.5.23}$$

$$\int_{\tau-1}^{\tau} \|u(s;\theta_{-\tau}\omega,u_0,v_0)\|_{L_{2p_1-2}(D)}^{2p_1-2} ds \leqslant \tilde{r}^{**}(\omega). \tag{1.5.24}$$

断言 3 可用类似于文献 [37, 定理 2.2] 中的证明方法证明, 这里只对不等式 (1.5.23) 给出证明.

令 $v_1 := v_1(t) := v_1(t;\theta_{-\tau}\omega,u_0,v_0)$, $w_j := w_j(t) := \dfrac{\partial v_1(t)}{\partial x_j}, j=1,2,\cdots,n$. 记 $u := u(t) := u(t;\theta_{-\tau}\omega,u_0,v_0)$. 则 w_j 满足下面的方程

$$\begin{cases} \dfrac{\partial w_j}{\partial t} + \sigma w_j = g_{x_i}(\theta_{t-\tau}\omega,x,u) + g_u(\theta_{t-\tau}\omega,x,u)\dfrac{\partial u}{\partial x_j}, \\ w_j(0) = 0. \end{cases} \tag{1.5.25}$$

由 (HR-3) 可得

$$\left| g_{x_i}(\theta_{t-\tau}\omega,x,u) + g_u(\theta_{t-\tau}\omega,x,u)\frac{\partial u}{\partial x_j} \right| \leqslant c_3 \left| \frac{\partial u}{\partial x_j} \right| + \bar{c}_3|u| + C_3(\theta_{t-\tau}\omega),$$

即存在 c_3^* 使得

$$\frac{1}{2}\frac{d}{dt}||w_j||^2 + \sigma||w_j||^2 \leqslant \frac{\sigma}{2}||w_j||^2 + c_3^* \left(\int_D \left| \frac{\partial u}{\partial x_i} \right|^2 dx + \int_D |u|^2 dx + C_3^2(\theta_{t-\tau}\omega) \right). \tag{1.5.26}$$

将方程 (1.5.26) 从 $j=1$ 到 n 相加后得到

$$\frac{d}{dt}||v_1||_V^2 + \sigma||v_1||_V^2 \leqslant 2nc_3^*\big(||u||_V^2 + ||u||^2 + C_3^2(\theta_t\omega)\big). \tag{1.5.27}$$

于是, 对 $t \in [\tau-1,\tau]$, $\tau \geqslant \tau^*(\omega)$, 有

$$\|v_1(t)\|_V^2 \leqslant 2nc_3^* \int_0^t e^{-\sigma(t-s)} \big(||u(s)||_V^2 + ||u(s)||^2 + C_3^2(\theta_{s-\tau}\omega)\big) ds.$$

再利用推论 1.5.1 可知, 存在 $\tilde{r}^{**}(\omega)$, 使得当 $\tau \geqslant \tau^*(\omega)$ 时, 有

$$\int_{\tau-1}^{\tau} \|v_1(s)\|_V^2 ds \leqslant \tilde{r}^{**}(\omega).$$

因此不等式 (1.5.23) 得证.

断言 4 对每个 $\omega \in \Omega$, 都存在一个 $r^{**}(\omega)$, 使得对每个 $\tau \geqslant \tau^*(\omega)$ ($\tau^*(\omega)$ 与推论 1.5.1 的相同), 都有 $||u(\tau)||_V^2 + ||v_1(\tau)||_V^2 \leqslant r^{**}(\omega)$.

事实上, 用 $-\Delta u$ 乘以系统 (1.5.4) 第一个方程两边, 并在 D 上积分后可得

$$\frac{1}{2}\frac{d}{dt}||u||_V^2 + ||\Delta u||^2 = \int_D h(\theta_t\omega, x, u)\Delta u dx + \int_D f(\theta_t\omega, x, u, v)\Delta u dx.$$

根据假设 (HR-1)~(HR-3) 及 1.5.2 节附注 (2) 可得

$$\begin{aligned}
&\frac{1}{2}\frac{d}{dt}||u||_V^2 + ||\Delta u||^2 \\
\leqslant &\int_D |h(\theta_t\omega, x, u)| \cdot |\Delta u| dx + \int_D |f(\theta_t\omega, x, u, v)| \cdot |\Delta u| dx \\
\leqslant &\frac{1}{2}\int_D |\Delta u|^2 dx + \frac{1}{2}\int \left(\check{c}_1|u|^{p_1-1} + \check{C}_1(\theta_t\omega)\right)^2 dx \\
&+ \frac{1}{2}\int_D |\Delta u|^2 dx + \frac{1}{2}\int_D \left(c_2|u|^{p_2} + c_2|v| + C_2(\theta_t\omega)\right)^2 dx \\
\leqslant &||\Delta u||^2 + \frac{1}{2}\int_D \left(\check{c}_1|u|^{p_1-1} + \check{C}_1(\theta_t\omega)\right)^2 dx + \frac{1}{2}\int_D \left(c_2|u|^{p_2} + c_2|v| + C_2(\theta_t\omega)\right)^2 dx.
\end{aligned}$$

由于 $2p_2 \leqslant p_1$, 则存在正常数 c_4^* 和具有连续轨道的随机变量 $C_4^*(\cdot) : \Omega \to R$, 满足

$$\frac{d}{dt}||u||_V^2 \leqslant c_4^* \int_D (|u|^{2p_1-2} + |u|^{p_1}) dx + c_4^* \int_D |v|^2 dx + C_4^*(\theta_t\omega). \tag{1.5.28}$$

结合 (1.5.27) 和 (1.5.28) 可得

$$\begin{aligned}
\frac{d}{dt}(||u||_V^2 + ||v_1||_V^2) \leqslant\ & c_4^*\left(||u||_{L_{p_1}(D)}^{p_1} + \|u\|_{L_{2p_1-2}(D)}^{2p_1-2}\right) + 2c_3^*||u||_V^2 + 2c_3^*||u||^2 \\
&+ c_4^*||v||^2 + \left(2c_3^* C_3^2(\theta_{t-\tau}\omega) + C_4^*(\theta_{t-\tau}\omega)\right].
\end{aligned} \tag{1.5.29}$$

在任意区间 $[t, \tau]$ 上积分不等式 (1.5.29) 得到

$$\begin{aligned}
&||u(\tau)||_V^2 + ||v_1(\tau)||_V^2 \\
\leqslant\ &||u(t)||_V^2 + ||v_1(t)||_V^2 + c_4^* \int_t^\tau \left(||u(s)||_{L_{p_1}}^{p_1} + \|u\|_{L_{2p_1-2}(D)}^{2p_1-2}\right) ds \\
&+ 2c_3^* \int_t^\tau ||u(s)||_V^2 ds + 2c_3^* \int_t^\tau ||u(s)||^2 ds + + c_4^* \int_t^\tau ||v(s)||^2 ds \\
&+ 2c_3^* \int_t^\tau C_3^2(\theta_{s-\tau}\omega) ds + \int_t^\tau C_4^*(\theta_{s-\tau}\omega) ds.
\end{aligned} \tag{1.5.30}$$

再在区间 $[\tau - 1, \tau]$ 上对不等式 (1.5.30) 关于 t 积分后, 由推论 (1.5.1) 及断言 3 可得, 存在 $r^{**}(\omega)$ 满足

$$||u(\tau)||_V^2 + ||v_1(\tau)||_V^2 \leqslant r^{**}(\omega).$$

从而断言 4 得证.

于是, $\bigcup_{\tau\geqslant\tau^*(\omega)} S_1(\tau,\theta_{-\tau}\omega)K(\theta_{-\tau}\omega)$ 是 $H_0^1(D)\times H^1(D)$ 中的有界集, 因此, 它是 $L_2(D)\times L_2(D)$ 的预紧集. 再由 (1.5.22) 可知, $\{K(\omega)\}$ 是渐近紧的.

由命题 1.1.2 可知, $\{\Omega_{K(\cdot)}(\omega)\}$ 是紧的拉回吸引集, 再由命题 1.1.3 可知, $\{S(t,\omega)\}$ 存在一个拉回吸引子. □

1.5.3 随机 FitzHugh-Nagumo 系统的随机吸引子

这一节研究加性噪声驱动的 FitzHugh-Nagumo 系统

$$\begin{cases} du(t)=(\Delta u+h(u)-\alpha v)dt+\phi(x)dW_1(t), \quad x\in D,\\ dv(t)=(\beta u-\sigma v)dt+\psi(x)dW_2(t), \quad x\in D,\\ u=0, \quad x\in\partial D, \end{cases} \tag{1.5.31}$$

的随机吸引子及其 Hausdorff 维数估计, 其中 $D\subset R^n$ 是光滑的有界区域, α, $\beta\geqslant 0$, $\sigma>0$, $W_1(t)$ 和 $W_2(t)$ 是独立的布朗运动, h, ϕ, ψ 满足:

(HS-0) h 形如下面的多项式

$$h(u)=\sum_{k=0}^{2p-1}a_k u^k, \tag{1.5.32}$$

其中 $a_{2p-1}<0$, $p>1$; $\phi(x)$ 和 $\psi(x)$ 是 $\bar{D}$ 上 C^2 函数, 且 $\phi|_{\partial D}=0$.

先证明 (1.5.31) 能通过随机变换化成随机部分耗散系统 (1.5.4) 的形式. 为此, 令

$$\Omega_j=\Omega_0=C_0(R,R)=\{\omega_0:\omega_0\in C(R,R),\omega_0(0)=0\},$$

并赋以紧开拓扑, $\mathcal{F}_j=\mathcal{B}(\Omega_0)$ (Borel σ 代数), P_j 是 Wiener 测度 $(j=1,2)$. 令

$$\tilde{\Omega}=\Omega_1\times\Omega_2,$$

$\tilde{\mathcal{F}}$ 是诱导的乘积 σ 代数 $\tilde{\Omega}$, P 是诱导的乘积 Wiener 测度, $\theta_t:\tilde{\Omega}\to\tilde{\Omega}$, $\theta_t\omega(\cdot)=\omega(\cdot+t)-\omega(t)$. 则 $(\tilde{\Omega},\tilde{\mathcal{F}},P,(\theta_t)_{t\in R})$ 是遍历度量动力系统.

令 $(u^*(\cdot),v^*(\cdot)):\Omega\to R^2$ 是下面解藕系统的唯一的稳态解过程

$$\begin{cases} du=-udt+dW_1(t),\\ dv=-\sigma vdt+dW_2(t). \end{cases} \tag{1.5.33}$$

由文献 [17] 可知

定理 1.5.6　存在一个 θ_t 不变子集 $\Omega \subset \tilde{\Omega}$, 即对于 $t \in R$, 有 $\theta_t\Omega = \Omega$, $P(\Omega) = 1$, 使得对任意的 $\omega \in \Omega$, 下面结论成立:

(1) $u^{*,\omega}(t) := u^*(\theta_t\omega)$ 和 $v^{*,\omega}(t) := v^*(\theta_t\omega)$ 关于 $t \in R$ 连续;

(2) $\lim_{t\to\pm\infty} \dfrac{u^{*,\omega}(t)}{t} = 0$, $\lim_{t\to\pm\infty} \dfrac{v^{*,\omega}(t)}{t} = 0$;

(3) $\lim_{t\to\pm\infty} \dfrac{1}{t}\displaystyle\int_0^t u^{*,\omega}(s)ds = 0$, $\lim_{t\to\pm\infty} \dfrac{1}{t}\displaystyle\int_0^t v^{*,\omega}(s)ds = 0$.

令 $\Omega \subset \tilde{\Omega}$ 与定理 1.5.6 的相同, $\mathcal{F} = \tilde{\mathcal{F}} \cap \Omega \equiv \{F \cap \Omega | F \in \tilde{\mathcal{F}}\}$. 则 $(\Omega, \mathcal{F}, P, (\theta_t)_{t\in R})$ 也是一个遍历的度量动力系统.

记

$$\tilde{u}(t) = u(t) - \phi(\cdot)u^*(\theta_t\omega), \quad \tilde{v}(t) = v(t) - \psi(\cdot)v^*(\theta_t\omega), \tag{1.5.34}$$

则系统 (1.5.31) 可变成

$$\begin{cases} \dfrac{d\tilde{u}}{dt} = \Delta\tilde{u} + \tilde{h}(\theta_t\omega, x, \tilde{u}) + \tilde{f}(\theta_t\omega, x, \tilde{u}, \tilde{v}), \quad x \in D, \\ \dfrac{d\tilde{v}}{dt} = -\sigma\tilde{u} + \tilde{g}(\theta_t\omega, x, \tilde{u}), \quad x \in D, \\ \tilde{u} = 0, \quad x \in \partial D, \end{cases} \tag{1.5.35}$$

其中

$$\tilde{h}(\theta_t\omega, x, \tilde{u}) = \sum_{k=0}^{2p-1} a_k(\tilde{u} + \phi(x)u^*(\theta_t\omega))^k,$$

$$\tilde{f}(\theta_t\omega, x, \tilde{u}, \tilde{v}) = (\Delta\phi(x))u^*(\theta_t\omega) + \phi(x)u^*(\theta_t\omega) - \alpha\tilde{v} - \alpha\psi(x)v^*(\theta_t\omega),$$

$$\tilde{g}(\theta_t\omega, x, \tilde{u}) = \beta\tilde{u} + \beta\phi(x)u^*(\theta_t\omega).$$

因此, 研究随机系统 (1.5.31) 的渐近性态, 可转而探究系统 (1.5.35) 的渐近性态.

需要指出的是, 条件 $\phi|_{\partial D} = 0$ 可以去掉. 例如, 如果 $\phi(x) \equiv 1$, 那么, 在像空间的真子空间中, $\tilde{u}^* : \Omega \to R$ 是下面系统唯一的稳态解过程

$$\begin{cases} du = \Delta u + dW_1(t), \quad x \in D, \\ u = 0, \quad x \in \partial D. \end{cases}$$

则 (1.5.31) 可以通过变换

$$\tilde{u}(t) = u(t) - \tilde{u}^*(\theta_t\omega), \quad \tilde{v}(t) = v(t) - \psi(\cdot)v^*(\theta_t\omega)$$

化成形如 (1.5.35) 的随机微分方程组. 为简单起见, 仍假设 (HS-0) 成立.

显然 (1.5.35) 与系统 (1.5.4) 形式相同. 对于系统 (1.5.4), 由上一节定理可得

定理 1.5.7 (1) 系统 (1.5.35) 关于 $(\Omega, \mathcal{F}, P, (\theta_t)_{t\in R})$ 在空间 $L_2(D)\times L_2(D)$ 上生成随机动力系统 $\{\tilde{S}(t,\omega)\}$;

(2) $\{\tilde{S}(t,\omega)\}$ 在空间 $L_2(D)\times L_2(D)$ 中存在随机吸引子 $\{\tilde{A}(\omega)\}_{\omega\in\Omega}$.

证明 只需证明系统 (1.5.35) 满足上一节的条件 (HR-0)~(HR-4) 即可. 由假设 (HS-0) 和定理 1.5.6 即可得知条件 (HR-0)-(HR-3) 成立. 由定理 1.5.6 可知, 对任意的 $T>0$, $\{u^{*,\omega}(\cdot):\omega\in\Omega\}\cup\{v^{*,\omega}(\cdot):\omega\in\Omega\}\subset C([0,T],R\}$, 因此它是 $C([0,T],R)$ 的可分离子集, 这表明对任意的 $T>0$, $\mathcal{M}_1(T,\tilde{h})=\{\tilde{h}^{\omega}(\cdot,\cdot,\cdot):\omega\in\Omega\}$, $\mathcal{M}_2(T,\tilde{f})=\{\tilde{f}^{\omega}(\cdot,\cdot,\cdot,\cdot):\omega\in\Omega\}$, $\mathcal{M}_3(T,\tilde{g})=\{\tilde{g}^{\omega}(\cdot,\cdot,\cdot):\omega\in\Omega\}$ 分别是 $\mathcal{M}_1(T)$, $\mathcal{M}_2(T)$ 和 $\mathcal{M}_3(T)$ 的可分离子集, 其中 $\mathcal{M}_1(T)$, $\mathcal{M}_2(T)$ 和 $\mathcal{M}_3(T)$ 分别与 (1.5.10), (1.5.11), (1.5.12) 相同. 因此, 条件 (HR-4) 也满足. □

接下来研究白噪声对系统 (1.5.35) 的随机吸引子的 Hausdorff 维数的影响. 为此, 记 $\tilde{S}(\omega)=\tilde{S}(1,\omega)$. 先研究随机映射 $\tilde{S}(\cdot)$ 在随机吸引子 $\tilde{A}(\cdot)$ 上的一致可微性.

定理 1.5.8 随机映射 $\tilde{S}(\cdot)$ 在随机吸引子 $\{\tilde{A}(\omega)\}$ 是一致可微的.

证明 由文献 [16, 引理 4.4] 的证明方法即可得证, 为完整起见, 在这里给出证明的主要步骤.

首先, 对于给定的 $\omega\in\Omega$, 任取 $(u,v)^T\in\tilde{A}(\omega)$, $(u+\xi,v+\eta)^T\in\tilde{A}(\omega)$. 令

$$
\begin{aligned}
(\tilde{u},\tilde{v}) &:= (\tilde{u}(t),\tilde{v}(t)) := \tilde{S}(t,\omega)(u,v),\\
(\hat{u},\hat{v}) &:= (\hat{u}(t),\hat{v}(t)) := \tilde{S}(t,\omega)(u+\xi,v+\eta),
\end{aligned}
$$

考虑系统 (1.5.35) 在 $(\tilde{u},\tilde{v})$ 处的线性化方程

$$
\begin{cases}
\dfrac{\partial\bar{u}(t)}{\partial t}=\Delta\bar{u}+h'(\tilde{u}+\phi(x)u^*(\theta_t\omega))\bar{u}-\alpha\bar{v}, \quad x\in D,\\
\dfrac{\partial\bar{v}(t)}{\partial t}=\beta\bar{u}-\sigma\bar{v}, \quad x\in D,\\
\bar{u}=0, \quad x\in\partial D.
\end{cases}
\tag{1.5.36}
$$

令 $(\bar{u},\bar{v}):=(\bar{u}(t),\bar{v}(t)):=(\bar{u}(t;(\xi,\eta),(u,v),\omega),\bar{v}(t;(\xi,\eta),(u,v),\omega))$ 是系统 (1.5.36) 满足初值条件 $(\bar{u}(0;(\xi,\eta),(u,v),\omega),\bar{v}(0;(\xi,\eta),(u,v),\omega))=(\xi,\eta)$ 的解. 令 $U:=U(t):=\hat{u}(t)-\tilde{u}(t)-\bar{u}(t)$, $V:=V(t):=\hat{v}(t)-\tilde{v}(t)-\bar{v}(t)$. 则

$$\begin{cases}\dfrac{\partial U(t)}{\partial t} = \Delta U + h(\hat{u} + \phi(x)u^*(\theta_t\omega)) - h(\tilde{u} + \phi(x)u^*(\theta_t\omega)) \\ \qquad\qquad -h'(\tilde{u} + \phi(x)u^*(\theta_t\omega))\bar{u} - \alpha V, \quad x \in D, \\ \dfrac{\partial V(t)}{\partial t} = \beta U - \sigma V, \quad x \in D, \\ U = 0, \quad x \in \partial D, \end{cases} \tag{1.5.37}$$

且 $(U(0), V(0)) = (0, 0)$.

接下来令 c_1 与 (HR-1) 中的假设相同, 只是用 $\tilde{h}$ 替换 h (即用定理 1.5.7 的讨论可证, $\tilde{h}$ 满足假设 (HR-1)).

令

$$\hat{u}^* := \hat{u}^*(t) := \hat{u}(t) + \phi(\cdot)u^*(\theta_t\omega),$$
$$\tilde{u}^* := \tilde{u}^*(t) := \tilde{u}(t) + \phi(\cdot)u^*(\theta_t\omega).$$

在 $L_2(D) \times L_2(D)$ 上用 (U, V) 与 (1.5.37) 作内积后可得

$$\begin{aligned}
&\frac{d}{dt}(||U||^2 + ||V||^2) \\
&= 2\langle \Delta U, U\rangle + 2\langle h(\hat{u}^*), U\rangle - 2\langle h(\tilde{u}^*), U\rangle \\
&\quad - 2\langle h'(\tilde{u})\bar{u}^*)\bar{u}, U\rangle - 2(\alpha - \beta)\langle U, V\rangle - 2\sigma\langle V, V\rangle \\
&= -2||U||_V^2 - 2\sigma||V||^2 - 2(\alpha - \beta)\langle U, V\rangle + 2\langle h'(\tilde{u}^*)U, U\rangle \\
&\quad + 2\langle h(\hat{u}^*) - h(\tilde{u}^*) - h'(\tilde{u}^*)(\hat{u} - \tilde{u}), U\rangle \\
&\leqslant -2||U||_V^2 - 2\sigma||V||^2 + (|\alpha - \beta|)(\|U\|^2 + \|V\|^2) + 2c_1\|U\|^2 \\
&\quad + 2\langle h(\hat{u}^*) - h(\tilde{u}^*) - h'(\tilde{u}^*)(\hat{u} - \tilde{u}), U\rangle.
\end{aligned} \tag{1.5.38}$$

由 Sobolev 嵌入定理, 存在 $p^* > 2$ 使得 $H_0^1(D) \subset L_{p^*}(D)$. 因此存在一个正常数 $\tilde{c}_1^*$ 满足

$$||U||_{L_{p^*}(D)} \leqslant \tilde{c}_1^*||U||_V, \quad \forall\, U \in L_{p^*}(D),$$

令 $q^* > 1$ 满足 $\dfrac{1}{p^*} + \dfrac{1}{q^*} = 1$. 由 Hölder 不等式得

$$\begin{aligned}
&\langle h(\hat{u}^*) - h(\tilde{u}^*) - h'(\tilde{u}^*)(\hat{u} - \tilde{u}), U\rangle \\
&\leqslant \|h(\hat{u}^*) - h(\tilde{u}^*) - h'(\tilde{u}^*)(\hat{u} - \tilde{u})\|_{L_{q^*}(D)} \cdot \|U\|_{L_{p^*}(D)}
\end{aligned}$$

$$\leqslant \tilde{c}_1^* \|h(\hat{u}^*) - h(\tilde{u}^*) - h'(\tilde{u}^*)(\hat{u} - \tilde{u})\|_{L_{q^*}(D)} \cdot ||U||_V$$
$$\leqslant \frac{\tilde{c}_1^2}{4} \|h(\hat{u}^*) - h(\tilde{u}^*) - h'(\tilde{u}^*)(\hat{u} - \tilde{u})\|_{L_{q^*}(D)}^2 + ||U||_V^2. \tag{1.5.39}$$

由条件 (HS-0) 可得, 存在 $\tilde{c}_2^* > 0$ 使得对任意的 $y_1, y_2 \in R$,

$$|h(y_1) - h(y_2) - h'(y_1)(y_1 - y_2)| \leqslant \tilde{c}_2^* \big(1 + |y_1|^{2p-2} + |y_2|^{2p-2}\big) \cdot |y_1 - y_2|^2.$$

这表明存在 $\tilde{c}_3^* > 0$, 使得对任意的 $q \geqslant 1$, $u_1, u_2 \in L_q(D)$, 都有

$$\|h(u_1) - h(u_2) - h'(u_1)(u_1 - u_2)\|_{L_{q^*}(D)}$$
$$\leqslant \tilde{c}_3^* (1 + \|u_1\|_{L_{q_1}(D)} + \|u_2\|_{L_{q_1}(D)})^{r_1} \|u_1 - u_2\|^{1+\delta}, \tag{1.5.40}$$

其中 $q_1 = \dfrac{2}{\epsilon}(2pq^* - 2 + \epsilon), r_1 = \dfrac{\epsilon}{2q^*}$, $\delta \in \left(0, \dfrac{2 - q^*}{q^*}\right)$, $\epsilon = 2 - q^*(1 + \delta)$. 由 (1.5.38)~(1.5.40) 可知, 存在 $\tilde{c}_4^*$, $\tilde{c}_5^* > 0$ 使得

$$\frac{d}{dt}\big(||U||^2 + ||V||^2\big)$$
$$\leqslant \tilde{c}_4^* (1 + \|\tilde{u}^*\|_{L_{q_1}(D)} + \|\hat{u}^*\|_{L_{q_1}(D)})^{2r_1} \|\hat{u} - \tilde{u}\|^{2(1+\delta)} + \tilde{c}_5^* \big(||U||^2 + ||V||^2\big) \tag{1.5.41}$$

成立.

注意到 $U(0) = 0, V(0) = 0$. 因此, 有

$$||U(1)||^2 + ||V(1)||^2$$
$$\leqslant \tilde{c}_4^* \int_0^1 e^{\tilde{c}_5^*(1-s)} (\|\tilde{u}(s)^*\|_{L_{q_1}(D)} + \|\hat{u}(s)^*\|_{L_{q_1}(D)})^{2\gamma_1} \|\hat{u}(s) - \tilde{u}(s)\|^{2(1+\delta)} ds. \tag{1.5.42}$$

下面估计 $\|\hat{u}(t) - \tilde{u}(t)\|$. 由 $(\hat{u}, \hat{v})$ 和 $(\tilde{u}, \tilde{v})$ 的定义可得

$$\begin{cases} \dfrac{\partial(\hat{u} - \tilde{u})}{\partial t} = \Delta(\hat{u} - \tilde{u}) + h(\hat{u}^*) - h(\tilde{u}^*) - \alpha(\hat{v} - \tilde{v}), \quad x \in D, \\ \dfrac{\partial(\hat{v} - \tilde{v})}{\partial t} = \beta(\hat{u} - \tilde{u}) - \sigma(\hat{v} - \tilde{v}), \quad x \in D, \\ \hat{u} - \tilde{u} = 0, \quad x \in \partial D, \\ (\hat{u}(0) - \tilde{u}(0), \hat{v}(0) - \tilde{v}(0)) = (\xi, \eta). \end{cases} \tag{1.5.43}$$

用 $(\hat{u}-\tilde{u},\hat{v}-\tilde{v})$ 与系统 (1.5.43) 作内积后可得, 对于某个 $\tilde{c}_6^*>0$

$$\begin{aligned}\frac{d}{dt}\big(||\hat{u}-\tilde{u}||^2+||\hat{v}-\tilde{v}||^2\big)&\leqslant 2\langle\Delta(\hat{u}-\tilde{u}),\hat{u}-\tilde{u}\rangle+2\langle h(\hat{u}^*)-h(\tilde{u}^*),\hat{u}-\tilde{u}\rangle\\&\quad-2(\alpha-\beta)\langle\hat{v}-\tilde{v},\hat{u}-\tilde{u}\rangle-2\sigma||\hat{v}-\tilde{v}||^2\\&\leqslant\tilde{c}_6^*\big(||\hat{u}-\tilde{u}||^2+||\hat{v}-\tilde{v}||^2\big),\end{aligned}$$

于是可得

$$||\hat{u}(t)-\tilde{u}(t)||^2+||\hat{v}(t)-\tilde{v}(t)||^2\leqslant e^{\tilde{c}_6^*t}\big(||\xi||^2+||\eta||^2\big).\tag{1.5.44}$$

由 (1.5.42) 和 (1.5.44) 可得,

$$\begin{aligned}&||U(1)||^2+||V(1)||^2\\&\leqslant\tilde{c}_4^*e^{\tilde{c}_5^*+\tilde{c}_6^*}\int_0^1(1+\|\tilde{u}^*(s)\|_{L_{q_1}(D)}+\|\hat{u}(s)\|^*_{L_{q_1}(D)})^{2\gamma_1}ds\cdot\big(||\xi||^2+||\eta||^2\big)^{1+\delta}.\end{aligned}\tag{1.5.45}$$

最后, 类似于文献 [16, 引理 4.4] 的讨论可知, 存在一个随机变量 $\bar{K}:\Omega\to R^+$ 满足

$$\bar{K}(\omega)\geqslant 1,\quad \mathbb{E}(\ln\bar{K}(\omega))<\infty,$$

$$\tilde{c}_4^*e^{\tilde{c}_5^*+\tilde{c}_6^*}\int_0^1(1+\|\tilde{u}^*(s)\|_{L_{q_1}(D)}+\|\hat{u}(s)\|^*_{L_{q_1}(D)})^{2\gamma_1}ds\leqslant\bar{K}(\omega).$$

令

$$\tilde{L}((u,v),\omega)(\xi,\eta)=(\bar{u}(1;(\xi,\eta),(u,v),\omega),\bar{v}(1;(\xi,\eta),(u,v),\omega)).\tag{1.5.46}$$

则有

$$\begin{aligned}&||\tilde{S}(\omega)(u+\xi,v+\eta)-\tilde{S}(\omega)(u,v)-\tilde{L}((u,v),\omega)(\xi,\eta)||\\&\leqslant\bar{K}(\omega)\big(||\xi||^2+||\eta||^2\big)^{1+\delta},\end{aligned}$$

这表明随机映射 $\tilde{S}(\omega)(=\tilde{S}(1,\omega))$ 是一致可微的. □

由命题 1.1.4 可得

定理 1.5.9 假设 (HS-0) 成立. 则有

$$d_H(\tilde{A}(\omega))\leqslant\frac{4}{\sigma(n+2)}\left(\frac{4n}{M_1(n+2)}\right)^{\frac{n}{2}}\left(\frac{\sigma}{2}+\frac{M_2}{L_2}+c_1+\frac{(\beta-\alpha)^2}{2\sigma}\right)^{1+\frac{n}{2}}|D|,\tag{1.5.47}$$

其中 M_1 和 M_2 都依赖于空间维数 n、区域 D 的形状和直径 L.

证明 首先, 对给定的 $\omega \in \Omega$, $(u,v) \in \tilde{A}(\omega)$, 令 $\tilde{L}((u,v),\omega)$ 与 (1.5.46) 中的一致, $\lambda_n(\tilde{L}((u,v),\omega))$, $\alpha_n(\tilde{L}(u,v),\omega))$ 分别与 (1.1.2) 和 (1.1.3) 定义相同.

容易证明, 存在一个随机变量 $\bar{\lambda}_1 : \Omega \to R^+$ 满足

$$\begin{cases} \lambda_1(\tilde{L}((u,v),\omega) \leqslant \bar{\lambda}_1(\omega), \quad \omega \in \Omega, \\ \bar{\lambda}_1(\omega) \geqslant 1, \quad \omega \in \Omega, \\ \mathbb{E}(\ln \bar{\lambda}_1) < \infty. \end{cases}$$

接下来, 对 $(\xi,\eta) \in H^2(D) \times L_2(D)$, 令

$$\mathcal{M}(t,u,v,\omega)(\xi,\eta) = (\Delta\xi + h'(u)\xi - \alpha\eta, \beta\xi - \sigma\eta).$$

注意到，对任意的 $n \geqslant 1$,

$$\begin{aligned} &\gamma_n(\tilde{L}((u,v),\omega) \\ =& \sup_{\Psi_i \in L_2(D)\times L_2(D), \|\Psi_i\| \leqslant 1, i=1,2,\cdots,n} \exp\left(\int_0^1 \mathrm{tr}\mathcal{M}(\tau,u(\tau),v(\tau),\omega) \circ Q_n(\tau) d\tau\right) \end{aligned}$$

其中 $Q_n(\tau)$ 是从 $L_2(D) \times L_2(D)$ 到由 $\Phi_1(\tau), \cdots, \Phi_n(\tau)$ 张成空间上的正交算子, $\Phi_1(t), \cdots, \Phi_n(t)$ 是系统 (1.5.36) 分别满足初值条件 $\Psi_1, \cdots, \Psi_n$ 的解.

固定 $L_2(D) \times L_2(D)$ 的一个正交基 $(\Psi_1, \cdots, \Psi_m)$. 令 $(\phi_i, \psi_i), i = 1, \cdots, m$ 是 $Q(\tau)H$ 的一个正交基, 其中 $Q(\tau)$ 是从 $L_2(D) \times L_2(D)$ 到由 $\Phi_1(\tau), \Phi_2(\tau), \cdots,$ $\Phi_m(\tau)$ 张成空间上的正交投影算子, Φ_j 是线性化系统 (1.5.36) 满足初值条件 $\Phi_j(0) = \Psi_j$, $j = 1, 2, \cdots, m$ 的 m 个解. 则有

$$\begin{aligned} &\mathrm{tr}(\mathcal{M}(\tau,u,v,\omega) \circ Q_m(\tau)) \\ =& \sum_{i=1}^m \langle \mathcal{M}(\tau,u,v,\omega)(\phi_i,\psi_i), (\phi_i,\psi_i)\rangle \\ =& \sum_{i=1}^m \Big(-||\phi_i||_V^2 + (\beta-\alpha)\langle \phi_i,\psi_i\rangle - \sigma||\psi_i||^2 + \langle h'(\tilde{u}^*(\tau))\phi_i,\phi_i\rangle\Big) \\ \leqslant& \sum_{i=1}^m \Big(-||\phi_i||_V^2 + (\beta-\alpha)(\phi_i,\psi_i) - \sigma||\psi_i||^2 + c_1||\phi_i||^2\Big) \\ \leqslant& -\sum_{i=1}^m ||\phi_i||_V^2 + \frac{(\beta-\alpha)^2}{2\sigma}\sum_{i=1}^m ||\phi_i(x)||^2 - \frac{\sigma}{2}\Sigma_{i=1}^m||\psi_i(x)||^2 + c_1\sum_{i=1}^m ||\phi_i||^2. \end{aligned}$$

由推广的 Lieb-Thirring 不等式[20] 可知, 存在两个依赖于空间维数 n 和区域 D 的直径 L 的常数 M_1 和 M_2 使得

$$\sum_{i=1}^{m}||\phi_i(x)||_V^2 \geqslant M_1\int_D\left(\sum_{i=1}^{m}\phi_i^2(x)\right)^{1+\frac{2}{n}}dx-\frac{M_2}{L_2}\int_D\left(\sum_{i=1}^{m}\phi_i^2(x)\right)dx \quad (1.5.48)$$

成立. 注意到

$$\begin{aligned}
&\int_D\left(\frac{\sigma}{2}+\frac{M_2}{L_2}+c_1+\frac{(\beta-\alpha)^2}{2\sigma}\right)\left(\sum_{j=1}^{m}\phi_i^2(x)\right)dx\\
\leqslant&\frac{M_1}{2}\int_D\left(\sum_{j=1}^{m}\phi_i^2(x)\right)^{1+\frac{2}{n}}dx\\
&+\frac{2}{n+2}\left(\frac{4n}{K_1(n+2)}\right)^{\frac{n}{2}}\left(\frac{\sigma}{2}+\frac{K_2}{L_2}+c_1+\frac{(\beta-\alpha)^2}{2\sigma}\right)^{1+\frac{n}{2}}|D|. \quad (1.5.49)
\end{aligned}$$

由于函数簇 $\{(\phi_i(x),\psi_i(x))\}_{i=1}^m$ 是正交的, 于是有

$$\sum_{i=1}^{m}\left(||\phi_i(x)||^2+||\psi(x)||^2\right)=m.$$

因此

$$\begin{aligned}
&\mathrm{tr}(\mathcal{M}(\tau,u,v,\omega)\circ Q_m(\tau))\\
\leqslant&-M_1\int_D\left(\sum_{i=1}^{m}\phi_i^2(x)\right)^{1+\frac{2}{n}}dx+\left(\frac{(\beta-\alpha)^2}{2\sigma}+\frac{\sigma}{2}+c_1+\frac{K_2}{L_2}\right)\sum_{i=1}^{m}||\phi_i(x)||^2-\frac{\sigma}{2}m\\
\leqslant&-\frac{M_1}{2}\int_D\left(\sum_{i=1}^{m}\phi_i^2(x)\right)^{1+\frac{2}{n}}dx\\
&+\frac{2}{n+2}\left(\frac{4n}{M_1(n+2)}\right)^{\frac{n}{2}}\left(\frac{\sigma}{2}+\frac{K_2}{L_2}+c_1+\frac{(\beta-\alpha)^2}{2\sigma}\right)^{1+\frac{n}{2}}|D|-\frac{\sigma}{2}m\\
\leqslant&\frac{2}{n+2}\left(\frac{4n}{M_1(n+2)}\right)^{\frac{n}{2}}\left(\frac{\sigma}{2}+\frac{K_2}{L_2}+c_1+\frac{(\beta-\alpha)^2}{2\sigma}\right)^{1+\frac{n}{2}}|D|-\frac{\sigma}{2}m.
\end{aligned}$$

由此可得

$$\gamma_m(\tilde{L}(u,v,\omega))$$

$$\leqslant \exp\left(\frac{2}{n+2}\left(\frac{4n}{K_1(n+2)}\right)^{\frac{n}{2}}\left(\frac{\sigma}{2}+\frac{K_2}{L_2}+c_1+\frac{(\beta-\alpha)^2}{2\sigma}\right)^{1+\frac{n}{2}}|D|-\frac{\sigma}{2}m\right).$$

令 $\bar{\gamma}_m$ 是下面的常值随机变量

$$\bar{\gamma}_m=\exp\left(\frac{2}{n+2}\left(\frac{4n}{K_1(n+2)}\right)^{\frac{n}{2}}\left(\frac{\sigma}{2}+\frac{K_2}{L_2}+c_1+\frac{(\beta-\alpha)^2}{2\sigma}\right)^{1+\frac{n}{2}}|D|-\frac{\sigma}{2}m\right).$$

则有

$$\gamma_m(\tilde{L}(u,v,\omega))\leqslant\bar{\gamma}_m.$$

当

$$m>\frac{4}{\sigma(n+2)}\left(\frac{4n}{K_1(n+2)}\right)^{\frac{n}{2}}\left(\frac{\sigma}{2}+\frac{K_2}{L_2}+c_1+\frac{(\beta-\alpha)^2}{2\sigma}\right)^{1+\frac{n}{2}}|D|$$

时, 都有

$$\mathbb{E}(\ln(\bar{\gamma}_m))<0.$$

该定理由命题 1.1.4 即可得证. □

1.5.4 无穷格点上部分耗散系统的随机吸引子

近十几年来, 格点动力系统得到广泛的关注, 关于格点上的发展方程的行波解和整体吸引子的文献很多, 例如文献 [3], [9], [35], [53], [58] . 对于随机 FitzHugh-Nagumo 方程, 文献 [33] 研究了下面的 FitzHugh-Nagumo 神经元白噪声系统

$$\begin{cases}\dfrac{dx_i}{dt}=c\left(x_i-\dfrac{1}{3}x_i^3+y_i\right)+h\displaystyle\sum_{k\in Z}\delta(t-2k\pi/\omega)\\ \qquad\qquad -\dfrac{d}{N-1}\displaystyle\sum_{j=1}^{N}(x_i-x_j)+D_i\eta_i(t),\\ \dfrac{dy_i}{dt}=-\dfrac{1}{c}(x_i+by_i+a),\quad i=1,2,\cdots,N.\end{cases}\tag{1.5.50}$$

其中 $\eta_i(t)$ 是高斯白噪声. 文献 [33] 还通过数值模拟方法研究了噪声对受外部脉冲作用的神经元的同步尖峰活动的影响. 这一节研究格点上的随机部分耗散系统

$$\begin{cases}\dfrac{du_i}{dt}=u_{i+1}-2u_i+u_{i-1}+h(u_i)-v_i+a_i\dfrac{dw_i^1(t)}{dt},\\ \dfrac{dv_i}{dt}=\sigma u_i-\delta v_i+b_i\dfrac{dw_i^2(t)}{dt}\end{cases}\tag{1.5.51}$$

的随机吸引子, 其中 $i\in Z$, $u=(u_i)_{i\in Z}\in l^2$, $v=(v_i)_{i\in Z}\in l^2$, σ, δ 都是正常数, $\{w_i|i\in Z\}$ 是相互独立的布朗运动.

定理 1.5.10 ([3], 命题 4.1) 假设 $K(\omega) \subset H$ 是连续随机动力系统 $\phi(t, \theta_{-t}\omega)_{t\geqslant 0,\omega\in\Omega}$ 的一个闭的吸收集, 并且对 a.e. $\omega \in \Omega$, 满足渐近紧条件, 则余环 $\phi(t, \theta_{-t}\omega)_{t\geqslant 0,\omega\in\Omega}$ 存在唯一的随机吸引子

$$\mathcal{A}(\omega) = \bigcap_{t\geqslant t_K\omega)} \overline{\bigcup_{t\geqslant\tau} \phi(t, \theta_{-t}\omega)K(\theta_{-t}\omega))}.$$

先考虑无穷格点上的随机 FitzHugh-Nagumo 系统

$$\begin{cases} \dfrac{du_i}{dt} = (u_{i+1} - 2u_i + u_{i-1}) + f(u_i) - v_i + a_i\dfrac{dw_i^1}{dt}, \\ \dfrac{dv_i}{dt} = \sigma u_i - \delta v_i + b_i\dfrac{dw_i^2}{dt}, \end{cases} \quad i \in Z, \tag{1.5.52}$$

其中 $u = (u_i)_{i\in Z}$, $v = (v_i)_{i\in Z}$ 是 l^2 中的两个序列,

$$f(u) = -\lambda u + h(u),$$

$h(u)$ 是光滑的非线性函数, 满足

$$h(0) = 0, \quad h_i(u)u \leqslant -\alpha u^2 + \beta_i, \quad h'(u) \leqslant k, \quad u \in R \tag{1.5.53}$$

及多项式增长条件

$$|h(u)| \leqslant c_h(|u|^{2p+1} + 1), \quad \forall\, u \in R, \tag{1.5.54}$$

α, β_i 和 μ 是正常数, $\beta = (\beta_1, \cdots, \beta_n, \cdots) \in l^2$, p 是正整数.

一个典型例子是三次函数 $f(u) = u(1-u)(u-a) = \left[-u^3 + (a+1)u^2 - \dfrac{a}{2}u\right] - \dfrac{a}{2}u = h(u) - \lambda u$, $0 < a < 1$, $\lambda = a/2$ 并满足 (1.5.53),

$$\alpha = \frac{a}{2}, \quad \beta = \frac{27}{256}, \quad k = \frac{2a^2 + a + 2}{6}.$$

另一个典型例子是 $f(v) = H(v - a) - v$, $0 < a < 1$,

$$H(x) = \begin{cases} 0, & x < 0, \\ [0, 1], & x = 0, \\ 1, & x > 0, \end{cases}$$

其中 $\lambda = 1$.

对于 $u=(u_i)_{i\in Z}$, 定义从 l^2 到 l^2 的线性算子 A, B 和 B^* 如下:

$$(Bu)_i = u_{i+1} - u_i, \quad (B^*u)_i = u_{i-1} - u_i,$$

$$(Au)_i = -u_{i+1} + 2u_i - u_{i-1}, \quad i \in Z.$$

容易验证, $A = BB^* = B^*B$, 且对于任意的 $u, v \in l^2$, $(B^*u, v) = (u, Bv)$, 这表明 $(Au, u) \geqslant 0$.

令 $e^i \in l^2$ 表示在位置 i 为 1, 其余元素均为 0 的向量,

$$w^1(t,\omega) = \sum_{i\in Z} a_i w_i^1(t) e^i, \quad w^2(t,\omega) = \sum_{i\in Z} b_i \bar{w}_i^2(t) e^i, \quad (a_i)_{i\in Z},\ (b_i)_{i\in Z} \in l^2 \tag{1.5.55}$$

是定义在概率空间 $(\Omega, \mathcal{F}, P)$ 上取值于 l^2 的白噪声,

$$\Omega = \{\omega \in C(R, l^2):\ \omega(0) = 0\}.$$

将系统 (1.5.52) 及初值条件 ($u_0 = (u_{0,i})_{i\in Z}$, $v_0 = (v_{0,i})_{i\in Z}$) 写成 $l^2 \times l^2$ 中的积分方程:

$$\begin{cases} u(t) = u_0 + \displaystyle\int_0^t \Big[-Au(s) + f(u(s)) - v(s) \Big] ds + W^1(t), \\ v(t) = v_0 + \displaystyle\int_0^t \Big[\sigma u(s) - \delta v(s) \Big] ds + W^2(t), \end{cases} \quad t \geqslant 0,\ \omega \in \Omega. \tag{1.5.56}$$

为了研究系统 (1.5.56) 整体解的存在性，先把 (1.5.56) 转化成带参数的确定性系统. 令

$$\tilde{u}(t) = u(t) - W^1(t), \qquad \tilde{v}(t) = v(t) - W^1(t).$$

则方程 (1.5.56) 可转化为下面的方程

$$\begin{cases} \tilde{u}(t) = u_0 + \displaystyle\int_0^t \Big[-A(\tilde{u}(s) + W^1(s)) + f(\tilde{u}(s)) + W^1(s)) - \tilde{v}(s) - W^2(s) \Big] ds, \\ \tilde{v}(t) = v_0 + \displaystyle\int_0^t \Big[\sigma\tilde{u}(s) + \sigma W^1 - \delta\tilde{v}(s) - \delta W^2 \Big] ds, \end{cases} \tag{1.5.57}$$

对每个固定的 $\omega \in \Omega$, 方程 (1.5.57) 是确定性的方程. 于是有

引理 1.5.1 假设 (1.5.53) 和 (1.5.54) 成立, 则对任意的初值 (u_0, v_0) 及某个 $T > 0$, 方程 (1.5.56) 都存在唯一的解 $(u(t), v(t)) \in L^2(\Omega, C[0,T], l^2 \times l^2)$, 且满足

$$\sup_{t\in[0,T]} \left[||u(t)||^2 + \frac{1}{\sigma} ||v(t)||^2 \right]$$

$$\leqslant 2\left(||u_0||^2+\frac{1}{\sigma}||v_0||^2\right)+2\sup_{t\in[0,T]}\left[||w^1(t)||^2+\frac{1}{\sigma}||w^2(t)||^2\right]$$
$$+2C_0^*\int_0^T\left(||w^1(s)||^2+||w^2(s)||^{4p+2}+||w^2(s)||^2\right)ds.$$

证明　由于 $f(u)$ 是一个连续函数, 则假设条件 (1.5.53) 和 (1.5.54) 都成立. 由常微分方程的解的存在性定理可知, 方程 (1.5.57) 存在一个局部解 $(\tilde{u}(t),\tilde{v}(t)\in C([0,T^*),l^2\times l^2)$, 其中 $[0,T^*)$ 是方程 (1.5.57) 解的最大存在区间. 下面证明这个局部解实际上是整体存在的.

对于固定的 $\omega\in\Omega$, 用 $(\tilde{u},\tilde{v})$ 分别与方程 (1.5.57) 作 $l^2\times l^2$ 内积后得到

$$||\tilde{u}(t)||^2+\frac{1}{\sigma}||\tilde{v}(t)||^2$$
$$\leqslant ||u_0||^2+\frac{1}{\sigma}||v_0||^2+2\int_0^t(-A\tilde{u}(s),\tilde{u}(s))ds+2\int_0^t(f(\tilde{u}+W^1(s)),\tilde{u}))ds$$
$$+2\int_0^t(-AW^1(s)),\tilde{u}(s))ds-2\int_0^t(W^2(s),\tilde{u})ds+2\int_0^t(W^1(s),\tilde{v}(s))ds$$
$$-\frac{2\delta}{\sigma}\int_0^t||\tilde{v}(s)||^2ds-\frac{2\delta}{\sigma}\int_0^t(W^2(s),\tilde{v}(s))ds.$$

由 (1.5.53) 和 (1.5.54) 可得

$$2(f(\tilde{u}+W^1(s)),\tilde{u}))$$
$$=2(f(\tilde{u}+W^1(s)),\tilde{u}+W^1(s))-2(f(\tilde{u}+W^1(s)),W^1(s))$$
$$\leqslant -\lambda||\tilde{u}||^2+14\lambda||W^1||^2-\alpha||\tilde{u}+W^1(s)||^2+\beta+|f(\tilde{u}+W^1)|\cdot|W^1(s)|$$
$$\leqslant -\lambda||\tilde{u}||^2+14\lambda||W^1||^2-\alpha+||\tilde{u}+W^1(s)||^2+\beta+\frac{1}{2}c_h^2$$
$$+\frac{1}{2}||W^1||^2+\frac{1}{2}c_h^2||\tilde{u}+W^1||^{4p+2}+c_h^2||\tilde{u}+W^1||^{2p+1}$$
$$\leqslant -\lambda||\tilde{u}||^2+C_0\Big(||W^1(s)||^{4p+2}+||W^1(s)||^2+1\Big),$$

其中 C_0 是依赖于 λ,α,c_h 和 p 的正常数.

利用 Young 不等式, 直接计算可得

$$2(-AW^1,\tilde{u})\leqslant\frac{1}{4}\lambda||\tilde{u}||^2+\frac{4}{\lambda}||A||^2\cdot||W^1||^2,$$
$$2(W^2,\tilde{u})\leqslant\frac{1}{4}\lambda||\tilde{u}||^2+\frac{4}{\lambda}||W^2||^2,$$

$$2(W^1,\tilde{v})\leqslant\frac{\delta}{2\sigma}||\tilde{v}||^2+\frac{2\sigma}{\delta}||W^1||^2,$$
$$\frac{2\delta}{\sigma}(W^2,\tilde{v})\leqslant\frac{\delta}{2\sigma}||\tilde{v}||^2+\frac{8\delta}{\sigma}||W^2||^2.$$

令 $\mu_1=\max\left\{\frac{\lambda}{2},\delta\right\}$, 则有

$$\begin{aligned}&||\tilde{u}(t)||^2+\frac{1}{\sigma}||\tilde{v}(t)||^2\\ \leqslant&||u_0||^2+\frac{1}{\sigma}||v_0||^2-\mu_1\int_0^t\left[||\tilde{u}(s)||^2+\frac{1}{\sigma}||\tilde{v}(s)||^2\right]ds\\ &+C_0^*\int_0^t\left(||W^1(s)||^{4p+2}+||W^1(s)||^2+||W^2(s)||^2+1\right)ds\\ \leqslant&||u_0||^2+\frac{1}{\sigma}||v_0||^2+C_0^*\int_0^t\left(||W^1(s)||^{4p+2}+||W^1(s)||^2+||W^2(s)||^2+1\right)ds,\end{aligned}\tag{1.5.58}$$

其中 C_0^* 是依赖于 $\lambda,\alpha,c_h,p,\beta$ 和 A 的正常数. 因此, 由 (1.5.58) 可知, $||\tilde{u}(t)||^2+\frac{1}{\sigma}||\tilde{v}(t)||^2$ 被一个连续函数控制, 这表明方程的解在区间 $[0,T]$ 是整体存在的.

由于 $W^1(t),W^2(t)$ 是白噪声, 它们的数学期望是有限的, 于是, $(\tilde{u}(t),\tilde{v}(t))\in L^2(\Omega,C([0,T]),l^2\times l^2)$. 所以, 系统 (1.5.57) 有整体解.

因此, 对所有的 $\omega\in\Omega$, 都有

$$\begin{aligned}&\sup_{t\in[0,T]}\left[||u(t)||^2+\frac{1}{\sigma}||v(t)||^2\right]\\ =&\sup_{t\in[0,T]}\left[||\tilde{u}(t)+W^1(t)||^2+\frac{1}{\sigma}||\tilde{v}(t)+W^2(t)||^2\right]\\ \leqslant&2\left(||u_0||^2+\frac{1}{\sigma}||v_0||^2\right)+2\sup_{t\in[0,T]}\left[||W^1(t)||^2+\frac{1}{\sigma}||W^1(t)||^2\right]\\ &+2C_0^*\int_0^T\left(||W^1(s)||^{4p+2}+||W^1(s)||^2+||W^2(s)||^2+1\right)ds.\end{aligned}$$

从而引理 (1.5.1) 得证. □

由于 $f(u)$ 是连续函数, 容易证明系统 (1.5.56) 解的唯一性和解对初值的连续依赖性.

类似于文献 [3] 中定理3.2的证明方法可以证明, 系统 (1.5.57) 的解 $(\tilde{u}(t,\omega,\tilde{u}_0,\tilde{v}_0),\tilde{v}(t,\omega,\tilde{u}_0,\tilde{v}_0))$ 可以生成随机动力系统, 记为 $S_1(t,\theta_{-t}\omega)$.

下面在 l^2 中定义 Ornstein-Uhlenbeck 过程:

$$z_1(\theta_t\omega)=-\lambda\int_{-\infty}^{0}e^{\lambda s}\theta_t\omega ds,\quad t\in R,$$

$$z_2(\theta_t\omega)=-\delta\int_{-\infty}^{0}e^{\delta s}\theta_t\omega ds,\quad t\in R,$$

其中 δ 和 λ 是正常数. 对任意具有次指数增长速度的轨道 ω 的意义下, 上面的积分有意义, z_1,z_2 分别可解下面的 Itô 方程

$$dz_1+\lambda z_1dt=dw^1,\qquad dz_2+\delta z_1dt=dw^2,\quad t>0,$$

而且, 存在一个 θ_t 不变集 $\Omega'\subset\Omega$ 满足:

(1) 对每个 $\omega\in\Omega'$, 映射 $s\to y_i(\theta_s\omega),i=1,2$ 都是连续的;

(2) 随机变量 $||y_i(\theta_t\omega)||,\ i=1,2$ 都是缓变的.

令

$$\tilde{u}(t)=u(t)-y_1(\theta_t\omega),\qquad \tilde{v}(t)=v(t)-y_2(\theta_t\omega),$$

则有

$$\begin{cases}\dfrac{d\tilde{u}}{dt}=-A\tilde{u}-\lambda\tilde{u}+h(\tilde{u}+y_1(\theta_t\omega))-\tilde{v}+y_2(\theta_t\omega)-Ay_1(\theta_t\omega),\\ \dfrac{d\tilde{v}}{dt}=\sigma\tilde{u}-\delta\tilde{v}+\sigma y_1(\theta_t\omega),\end{cases}\tag{1.5.59}$$

满足初值条件

$$\tilde{u}(0,\omega,\tilde{u}_0,\tilde{v}_0)=\tilde{u}_0(\omega)=u_0-y_1(\omega),\quad \tilde{v}(0,\omega,\tilde{u}_0,\tilde{v}_0)=\tilde{v}_0(\omega)=v_0-y_2(\omega).\tag{1.5.60}$$

引理 1.5.2 随机动力系统 $S(t,\theta_{-t}\omega)$ 存在 θ_t 不变集 $\Omega'\subset\Omega$ 和一个随机吸收集 $K(\omega),\omega\in\Omega'$.

证明 用 $\tilde{u}$ 和 $\tilde{v}$ 分别对方程 (1.5.57) 作 l^2 内积后可得

$$\begin{cases}\dfrac{d}{dt}||\tilde{u}||^2=-2(A\tilde{u},\tilde{u})-2\lambda||\tilde{u}||^2+2(h(\tilde{u}+2y_1(\theta_t\omega)),\tilde{u})-2(\tilde{u},\tilde{v})\\ \qquad\qquad -2(Ay_1(\theta_1\omega),\tilde{u})-2(y_2(\theta_t\omega),\tilde{u}),\\ \dfrac{1}{\sigma}\dfrac{d}{dt}||\tilde{v}||^2=2(\tilde{u},\tilde{v})-\dfrac{2\delta}{\sigma}||\tilde{v}||^2+2(\tilde{v},y_1(\theta_t\omega)),\end{cases}\tag{1.5.61}$$

把 (1.5.61) 中的两个方程相加后得到

$$\frac{d}{dt}[||\tilde{u}||^2+\frac{1}{\sigma}||\tilde{v}||^2]+2(A\tilde{u},\tilde{u})+2\lambda||\tilde{u}||^2+\frac{2\delta}{\sigma}||\tilde{v}||^2$$
$$=2(h(\tilde{u}+y_1(\theta_t\omega)),\tilde{u})-2(Ay_1(\theta_t\omega),\tilde{u})-2(\tilde{u},y_2(\theta_t\omega))+2(y_1(\theta_t\omega),\tilde{v}),$$

注意到 $(A\tilde{u},\tilde{u})=||B\tilde{u}||^2\geqslant 0$, 利用 (1.5.53)~(1.5.54) 和 Young 不等式可得

$$\begin{aligned}&2(h(\tilde{u}+y_1(\theta_t\omega)),\tilde{u})\\&=(h(\tilde{u}+y_1(\theta_t\omega)),y_1(\theta_t\omega)+\tilde{u})-(h(\tilde{u}+y_1(\theta_t\omega)),y_1(\theta_t\omega))\\&\leqslant\sum_{i\in Z}-2\alpha|\tilde{u}_i+y_1^i|^2+2\sum_{i\in Z}|\beta_i|^2+\sum_{i\in Z}2c_h|\tilde{u}_i+y_i|^{2p+1}|y_1^i|+\sum_{i\in Z}2c_h|\tilde{u}_i+y_i||y_1^i|\\&\leqslant\frac{1}{2}\lambda||\tilde{u}||^2+C(1+||y_1(\theta_t\omega)||^{2p+2}+||y(\theta_t\omega)||^2),\end{aligned}$$

其中 C 是依赖于 p,α,c_h,λ 和 β_i 的正常数.

直接计算可得

$$\begin{aligned}-2(Ay_1(\theta_t\omega),\tilde{u})&\leqslant\frac{1}{4}\lambda||\tilde{u}||^2+\frac{4}{\lambda}||A||^2\cdot||y_1(\theta_t\omega)||^2,\\-2(y_2(\theta_t\omega),\tilde{u})&\leqslant\frac{1}{4}\lambda||\tilde{u}||^2+\frac{4}{\lambda}||y_2(\theta_t\omega)||^2,\\2(y_1(\theta_t\omega),\tilde{v})&\leqslant\frac{\delta}{\sigma}||\tilde{v}||^2+\frac{\sigma}{\delta}||y_1(\theta_t\omega)||^2,\end{aligned}$$

因此

$$\begin{aligned}&\frac{d}{dt}\left[||\tilde{u}||^2+\frac{1}{\sigma}||\tilde{v}||^2\right]+\lambda||\tilde{u}||^2+\frac{\delta}{\sigma}||\tilde{v}||^2\\&\leqslant C[1+||y_1(\theta_t\omega)||^{2p+2}+||y_1(\theta_t\omega)||^2]\\&\quad+\left(\frac{4}{\lambda}||A||^2+\frac{\sigma}{\delta}\right)||y_1(\theta_t\omega)||^2+\frac{4}{\lambda}||y_2(\theta_t\omega)||^2.\end{aligned}$$

令 $\mu=\min\{\lambda,\ \delta\}$, 则有

$$\begin{aligned}&\frac{d}{dt}\left(||\tilde{u}||^2+\frac{1}{\sigma}||\tilde{v}||^2\right)+\mu\left(||\tilde{u}||^2+\frac{1}{\sigma}||\tilde{v}||^2\right)\\&\leqslant C+C||y_1(\theta_t\omega)||^{2p+2}+\left(C+\frac{4}{\lambda}||A||^2+\frac{\sigma}{\delta}\right)||y_1(\theta_t\omega)||^2+\frac{4}{\lambda}||y_2(\theta_t\omega)||^2.\end{aligned}$$

由 Gronwall 引理可得

$$||\tilde{u}(t,\omega,\tilde{u}_0,\tilde{v}_0)||^2+\frac{1}{\sigma}||\tilde{v}(t,\omega,\tilde{u}_0,\tilde{v}_0)||^2 \tag{1.5.62}$$

$$\leqslant\left(\tilde{u_0}(\omega)||^2+\frac{1}{\sigma}||\tilde{v_0}(\omega)||^2\right)e^{-\mu t}+\frac{C}{\lambda}$$

$$+C^*\int_0^t e^{\mu(s-t)}(||y_1(\theta_s\omega)||^{2p+2}+||y_1(\theta_s\omega)||^2+||y_2(\theta_s\omega)||^2)ds, \tag{1.5.63}$$

其中 $C^*=\max\left\{C+\frac{4}{\lambda}||A||^2+\frac{\sigma}{\delta},\frac{4}{\lambda}\right\}$.

根据文献 [1] 的命题 4.3.3 可知, $||y_1(\theta_s\omega)||^2$ 和 $||y_2(\theta_s\omega)||^2$ 都是缓变的, $y_i(\theta_t\omega)$, $i=1,2$ 关于 t 连续, 并且存在一个缓变随机变量 $r(\omega)>0$ 满足下面性质：

$$||y_1(\theta_s\omega)||^{2p+2}+||y_1(\theta_s\omega)||^2+||y_2(\theta_s\omega)||^2\leqslant r(\theta_t\omega)\leqslant r(\omega)e^{\frac{\mu}{2}|t|}. \tag{1.5.64}$$

因此

$$||\tilde{u}(t,\theta_{-t}\omega,\tilde{u}_0(\theta_{-t}\omega),\tilde{v}_0(\theta_{-t}\omega))||^2+\frac{1}{\sigma}||\tilde{v}(t,\omega,\tilde{u}_0(\theta_{-t}\omega),\tilde{v}_0(\theta_{-t}\omega))||^2$$

$$\leqslant\left(||\tilde{u_0}(\theta_{-t}\omega)||^2+\frac{1}{\sigma}||\tilde{v_0}(\theta_{-t}\omega)||^2\right)e^{-\mu t}$$

$$+\frac{C}{\lambda}+C^*\int_0^t e^{\mu(s-t)}(||y_1(\theta_{s-t}\omega)||^{2p+2}+||y_1(\theta_{s-t}\omega)||^2+||y_2(\theta_{s-t}\omega)||^2)ds$$

$$\leqslant\left(||\tilde{u_0}(\theta_{-t}\omega)||^2+\frac{1}{\sigma}||\tilde{v_0}(\theta_{-t}\omega)||^2\right)e^{-\mu t}+\frac{C}{\lambda}$$

$$+C^*\int_{-t}^0 e^{\mu\tau}(||y_1(\theta_\tau\omega)||^{2p+2}+||y_1(\theta_\tau\omega)||^2+||y_2(\theta_\tau\omega)||^2)ds$$

$$\leqslant\left(||\tilde{u_0}(\theta_{-t}\omega)||^2+\frac{1}{\sigma}||\tilde{v_0}(\theta_{-t}\omega)||^2]\right)e^{-\mu t}+\left(\frac{C}{\lambda}+\frac{2C^*}{\lambda}r(\omega)\right).$$

记 $R(\omega)=\frac{C}{\lambda}+\frac{2C^*}{\lambda}r(\omega)$, 容易证明 $R(\omega)$ 也是缓变的.

定义

$$\tilde{K}(\omega)=\left\{(\tilde{u},\tilde{v})\in l^2\times l^2,\quad ||\tilde{u}||^2+\frac{1}{\sigma}||\tilde{v}||^2\leqslant R^2(\omega)\right\}.$$

则 $\tilde{K}(\omega)$ 是随机动力系统 $(\tilde{u}(t,\omega,\tilde{u}_0,\tilde{v}_0),\tilde{v}(t,\omega,\tilde{u}_0,\tilde{v}_0))$ 的一个吸收集, 即对每个 $B\in D$ 和每个 $\omega\in\Omega'$, 都存在 $T_B(\omega)$, 使得当 $t\geqslant T_B(\omega)$ 时,

$$S_1(t,\theta_{-t})\omega,B(\theta_{-t}\omega))\subset\tilde{K}(\omega).$$

令

$$K(\omega)=\left\{(u,v)\in l^2\times l^2,\quad ||u||^2+\frac{1}{\sigma}||v||^2\leqslant R_1^2(\omega)\right\},$$

其中

$$R_1^2(\omega)=2R^2(\omega)+2||y_1(\theta_t\omega)||^2+\frac{2}{\sigma}||y_2(\theta_t\omega)||^2.$$

于是, $K(\omega)$ 是随机动力系统 $S(t,\theta_{-t}\omega)=S_1(t,\theta_{-t}\omega)-(y_1(\theta_t\omega),y_2(\theta_t\omega))$ 的一个随机吸收集, 因此, 引理 (1.5.2) 得证. □

引理 1.5.3 如果 $(u_0(\omega),v_0(\omega))\in K(\omega)$, 其中 $K(\omega)$ 是引理 (1.5.2) 的随机吸收集. 那么, 对每个 $\epsilon>0$, 都存在 $T(\epsilon,\omega)>0$ 和 $N(\epsilon,\omega)>0$, 使得对每个 $t\geqslant T(\epsilon,\omega)>0$, 系统 (1.5.52) 的解 $(u(t,\omega,u_0(\omega),v_0(\omega)),\ v(t,\omega,u_0(\omega),v_0(\omega)))$ 都满足

$$\sum_{|i|\geqslant N(\epsilon,\omega)}\Big[||u(t,\theta_{-t}\omega,u_0(\theta_{-t}\omega),v_0(\theta_{-t}\omega))||^2$$
$$+\frac{1}{\sigma}||v(t,\theta_{-t}\omega,u_0(\theta_{-t}\omega),v_0(\theta_{-t}\omega))||^2\Big]\leqslant\epsilon.$$

证明 令 ρ 是光滑的截断函数, 当 $s\in R^+$ 时, $0\leqslant\rho(s)\leqslant 1$, 当 $0\leqslant s\leqslant 1$ 时, $\rho(s)=0$, 当 $s\geqslant 2$ 时, $\rho(s)=1$. 则存在一个常数 C 使得对所有的 $s\in R^+$, 都有 $|\rho'(s)|\leqslant C$ 成立.

用 $\rho\left(\frac{|i|}{k}\right)\tilde{u}$ 和 $\rho\left(\frac{|i|}{k}\right)\tilde{v}$ 分别与系统 (1.5.57) 作内积后得到

$$\frac{d}{dt}\left(\sum_{i\in Z}\rho\left(\frac{|i|}{k}\right)|\tilde{u}_i|^2\right)+2\sum_{i\in Z}(A\tilde{u})_i\rho\left(\frac{|i|}{k}\right)\tilde{u}_i+2\lambda\sum_{i\in Z}\rho\left(\frac{|i|}{k}\right)|\tilde{u}_i|^2$$
$$=2\sum_{i\in Z}\rho\left(\frac{|i|}{k}\right)h(\tilde{u}_i+y_1(\theta_t\omega))\tilde{u}_i-2\sum_{i\in Z}\rho\left(\frac{|i|}{k}\right)\tilde{u}_i\tilde{v}_i+2\sum_{i\in Z}\rho\left(\frac{|i|}{k}\right)y_2(\theta_t\omega))\tilde{u}_i$$
$$-2\sum_{i\in Z}\rho\left(\frac{|i|}{k}\right)(A\tilde{u}_i+y_1(\theta_t\omega))_i\tilde{u}_i,$$

以及

$$\frac{1}{\sigma}\frac{d}{dt}\left(\sum_{i\in Z}(\rho\left(\frac{|i|}{k}\right)|\tilde{u}_i|^2\right)$$
$$=2\sum_{i\in Z}\rho\left(\frac{|i|}{k}\right)\tilde{u}_i\tilde{v}_i-\frac{2\delta}{\sigma}\sum_{i\in Z}\rho\left(\frac{|i|}{k}\right)|\tilde{v}_i|^2+2\frac{d}{dt}\sum_{i\in Z}\rho\left(\frac{|i|}{k}\right)\tilde{v}_iy_1^i(\theta_t\omega)$$

$$\leqslant 2\sum_{i\in Z}\rho\left(\frac{|i|}{k}\right)\tilde{u_i}\tilde{v_i}-\frac{\delta}{\sigma}\sum_{i\in Z}\rho\left(\frac{|i|}{k}\right)|\tilde{v_i}|^2+\frac{\sigma}{\delta}\sum_{i\in Z}|y_1^i(\tilde{\theta}_t\omega)|^2.$$

注意到 $|\rho'(s)|\leqslant C$ 及假设 (1.5.53) 和 (1.5.54), 直接计算可得

$$\begin{aligned}
&2\sum_{i\in Z}(A\tilde{u})_i\rho\left(\frac{|i|}{k}\right)\tilde{u_i}\\
&=2\sum_{i\in Z}(\tilde{u}_{i+1}-\tilde{u_i})\left[\rho\left(\frac{|i+1|}{k}\right)-\rho\left(\frac{|i|}{k}\right)\right]\tilde{u}_{i+1}+\rho\left(\frac{|i|}{k}\right)(\tilde{u}_{i+1}-\tilde{u_i})\\
&=2\sum_{i\in Z}\left[\rho\left(\frac{|i+1|}{k}\right)-\rho\left(\frac{|i|}{k}\right)\right](\tilde{u}_{i+1}-\tilde{u_i})\tilde{u}_{i+1}+2\sum_{i\in Z}\rho\left(\frac{|i|}{k}\right)(\tilde{u}_{i+1}-\tilde{u_i})^2\\
&\geqslant 2\sum_{i\in Z}\left[\rho\left(\frac{|i+1|}{k}\right)-\rho\left(\frac{|i|}{k}\right)\right](\tilde{u}_{i+1}-\tilde{u_i})\tilde{u}_{i+1}\\
&\geqslant -2\sum_{i\in Z}\frac{\rho'(\xi_i)}{k}|\tilde{u}_{i+1}-\tilde{u_i}||\tilde{u}_{i+1}|\\
&\geqslant -2\sum_{i\in Z}\frac{C}{k}|\tilde{u}_{i+1}-\tilde{u_i}||\tilde{u}_{i+1}|\\
&\geqslant -\sum_{i\in Z}\frac{4C}{k}||\tilde{u}||^2|\tilde{u}_{i+1}|,
\end{aligned}\tag{1.5.65}$$

以及

$$\begin{aligned}
&2\sum_{i\in Z}\rho\left(\frac{|i|}{k}\right)h(\tilde{u_i}+y_1(\theta_t\omega))\tilde{u_i}\\
\leqslant&-2\alpha\sum_{i\in Z}\rho\left(\frac{|i|}{k}\right)|\tilde{u_i}+y_1(\theta_t\omega)|^2+2\sum_{i\in Z}\rho\left(\frac{|i|}{k}\right)\beta_i\\
&+2c_h\sum_{i\in Z}\rho\left(\frac{|i|}{k}\right)|\tilde{u_i}+y_1^i(\theta_t\omega)|^{2p+2}|y_1^i(\theta_t\omega)|\\
&+2c_h\sum_{i\in Z}\rho\left(\frac{|i|}{k}\right)|\tilde{u_i}+y_1^i(\theta_t\omega)||y_1^i(\theta_t\omega)|\\
\leqslant&\frac{1}{2}\lambda\sum_{i\in Z}\rho\left(\frac{|i|}{k}\right)|\tilde{u_i}|^2+2\sum_{i\in Z}\rho\left(\frac{|i|}{k}\right)\beta_i\\
&+C_1^*\sum_{i\in Z}\rho\left(\frac{|i|}{k}\right)(|y_1^i(\theta_t\omega)|^{2p+2}+|y_1^i(\theta_t\omega)|^2),
\end{aligned}\tag{1.5.66}$$

其中 C_1^* 是只依赖于 $\alpha, \beta, \lambda, p$ 和 c_h 的正常数.

$$-2\sum_{i\in Z}\rho\left(\frac{|i|}{k}\right)(A\tilde{u_i}+y_1(\theta_t\omega))_i\tilde{u_i}\leqslant\frac{1}{4}\lambda\sum_{|i|\geqslant k}\rho\left(\frac{|i|}{k}\right)|\tilde{u_i}|^2+C_2^*\sum_{|i|\geqslant k-1}|y_1^i(\theta_t\omega)|^2, \tag{1.5.67}$$

其中 C_2^* 是一个正常数,

$$2\sum_{i\in Z}\rho\left(\frac{|i|}{k}\right)y_2^i(\theta_t\omega))_i\tilde{u_i}\leqslant\frac{1}{4}\lambda\sum_{|i|\geqslant k}\rho\left(\frac{|i|}{k}\right)|\tilde{u_i}|^2+\frac{4}{\lambda}\sum_{|i|\geqslant k}|y_2^i(\theta_t\omega)|^2. \tag{1.5.68}$$

把 (1.5.65), (1.5.66), (1.5.67) 和 (1.5.68) 加起来可得

$$\begin{aligned}
&\frac{d}{dt}\left[\sum_{i\in Z}\rho\left(\frac{|i|}{k}\right)|\tilde{u_i}|^2+\frac{1}{\sigma}\frac{d}{dt}\sum_{i\in Z}\rho\left(\frac{|i|}{k}\right)|\tilde{v_i}|^2\right]\\
&+\lambda\sum_{i\in Z}\left(\rho\left(\frac{|i|}{k}\right)|\tilde{u_i}|^2\right)+\frac{\delta}{\sigma}\sum_{i\in Z}\rho\left(\frac{|i|}{k}\right)|\tilde{u_i}|^2\\
\leqslant&\frac{4C}{K}||\tilde{u}||^2+2\sum_{i\in Z}\rho\left(\frac{|i|}{k}\right)\beta_i+C_1^*\sum_{i\in Z}\rho\left(\frac{|i|}{k}\right)(|y_1^i(\theta_t\omega)|^{2p+2}+|y_1^i(\theta_t\omega)|^2)\\
&+\frac{4}{\lambda}\sum_{|i|\geqslant k}|y_1^i(\theta_t\omega))|^2+C_2^*\sum_{|i|\geqslant k-1}|y_1^i(\theta_t\omega)|^2+\frac{\sigma}{\delta}\sum_{i\in Z}|y_1^i(\theta_t\omega))|^2.
\end{aligned}$$

令 $\mu=\min\{\lambda,\delta\}$, 则有

$$\begin{aligned}
&\frac{d}{dt}\left[\sum_{i\in Z}\rho\left(\frac{|i|}{k}\right)|\tilde{u_i}|^2+\frac{1}{\sigma}\sum_{i\in Z}\rho\left(\frac{|i|}{k}\right)|\tilde{v_i}|^2\right]\\
&+\mu\left[\sum_{i\in Z}\rho\left(\frac{|i|}{k}\right)|\tilde{u_i}|^2+\frac{1}{\sigma}\frac{d}{dt}\sum_{i\in Z}(\rho\left(\frac{|i|}{k}\right)|\tilde{v_i}|^2\right]\\
\leqslant&\frac{4C}{k}||\tilde{u}||^2+2\sum_{i\in Z}\rho\left(\frac{|i|}{k}\right)\beta_i+C_1^*\sum_{i\in Z}\rho\left(\frac{|i|}{k}\right)(|y_1^i(\theta_t\omega)|^{2p+2}+|y_1^i(\theta_t\omega)|^2)\\
&+\frac{4}{\lambda}\sum_{|i|\geqslant k}|y_1^i(\theta_t\omega))|^2+\left(C_2^*+\frac{\sigma}{\delta}\right)\sum_{|i|\geqslant k-1}|y_1^i(\theta_t\omega)|^2.
\end{aligned}$$

由 Gronwall 不等式可知, 对 $t\geqslant T_K(\omega)$,

$$\sum_{i\in Z}\rho\left(\frac{|i|}{k}\right)|\tilde{u_i}(t,\omega,u_0(\omega),v_0(\omega))|^2+\frac{1}{\sigma}\sum_{i\in Z}\rho\left(\frac{|i|}{k}\right)|\tilde{v_i}(t,\omega,u_0(\omega),v_0(\omega))|^2$$

$$
\begin{aligned}
&\leqslant e^{\mu(t-T_K)}\left[\sum_{i\in Z}\rho\left(\frac{|i|}{k}\right)|\tilde{u_i}(T_k,\omega,u_0(\omega),v_0(\omega))|^2\right.\\
&\quad\left.+\frac{1}{\sigma}\frac{d}{dt}\sum_{i\in Z}\rho\left(\frac{|i|}{k}\right)|\tilde{v_i}(T_K,\omega,u_0(\omega),v_0(\omega))|^2\right]\\
&\quad+\frac{4C}{k}\int_{T_K}^t||\tilde{u}||^2e^{\mu(\tau-t)}d\tau+\frac{2}{\mu}\sum_{i\in Z}\rho\left(\frac{|i|}{k}\right)\beta_i\\
&\quad+\int_{T_K}^t e^{-\mu(\tau-t)}\left[C_1^*\sum_{i\in Z}\rho\left(\frac{|i|}{k}\right)(|y_1^i(\theta_\tau\omega)|^{2p+2}+|y_1^i(\theta_t\omega)|^2)\right.\\
&\quad\left.+\frac{4}{\lambda}\sum_{|i|\geqslant k}|y_1^i(\theta_\tau\omega)|^2+\left(C_2^*+\frac{\sigma}{\delta}\right)\sum_{|i|\geqslant k-1}|y_1^i(\theta_\tau\omega)|^2\right]d\tau. \qquad (1.5.69)
\end{aligned}
$$

接下来估计 (1.5.69) 的每一项. 用 $\theta_{-t}\omega$ 代替 ω, 由 (1.5.62) 和 (1.5.64) 可得

$$
\begin{aligned}
&e^{\mu(t-T_K)}\left[\sum_{i\in Z}\rho\left(\frac{|i|}{k}\right)|\tilde{u_i}(T_k,\theta_{-t}\omega,u_0(\theta_{-t}\omega),v_0(\theta_{-t}\omega))|^2\right.\\
&\quad\left.+\frac{1}{\sigma}\sum_{i\in Z}\rho\left(\frac{|i|}{k}\right)|\tilde{v_i}(T_K,\theta_{-t}\omega,u_0(\theta_{-t}\omega),v_0(\theta_{-t}\omega))|^2\right]\\
&\leqslant\left[||\tilde{u}_0(\theta_{-t}\omega)||^2+\frac{1}{\sigma}||\tilde{v}_0(\theta_{-t}\omega)||^2e^{-\mu t}+\frac{C}{\lambda}e^{\mu(t-T_K)}+\frac{2}{\mu}C^*\cdot r(\omega)e^{-\frac{\mu}{2}(t-T_K)}\right].
\end{aligned}
$$

因此, 存在 $T_1(\epsilon,\omega)>T_K(\omega)$, 当 $t>T_1(\epsilon,\omega)$ 时,

$$
\begin{aligned}
&e^{\mu(t-T_K)}\left[\sum_{i\in Z}\rho\left(\frac{|i|}{k}\right)|\tilde{u_i}(T_k,\theta_{-t}\omega,u_0(\theta_{-t}\omega),v_0(\theta_{-t}\omega))|^2\right.\\
&\quad\left.+\frac{1}{\sigma}\sum_{i\in Z}\rho\left(\frac{|i|}{k}\right)|\tilde{v_i}(T_K,\theta_{-t}\omega,u_0(\theta_{-t}\omega),v_0(\theta_{-t}\omega))|^2\right]\\
&\leqslant\frac{1}{4}\epsilon.
\end{aligned}
$$

接下来估计第二项:

$$
\begin{aligned}
&\frac{4C}{K}\int_{T_K}^t e^{\mu(t-\tau)}||\tilde{u}(\tau,\theta_{-t}\omega,\tilde{u}_0(\theta_{-t}\omega),\tilde{v}_0(\theta_{-t}\omega))||^2d\tau\\
=&\frac{4C}{K}\int_{T_K}^t e^{\mu(t-\tau)}\left[(||\tilde{u}_0(\theta_{-t}\omega)||^2+\frac{1}{\sigma}||\tilde{v}_0(\theta_{-t}\omega)||^2)e^{\mu\tau}+\frac{C}{\lambda}\right.
\end{aligned}
$$

$$+ C^* \int_0^{\tau} e^{\mu(s-t)}(||y_1(\theta_{s-t}\omega)||^{2p+2} + ||y_1(\theta_{s-t}\omega)||^2 + ||y_2(\theta_{s-t}\omega)||^{2p+2})\Big] d\tau$$

$$\leqslant \frac{4C}{K}\left(||\tilde{u}_0(\theta_{-t}\omega)||^2 + \frac{1}{\sigma}||\tilde{v}_0(\theta_{-t}\omega)||^2\right)(t - T_K)e^{-\mu t} + \frac{C}{\mu\lambda} + \frac{4}{\mu}C^* r(\omega)).$$

注意到 $(\tilde{u}_0(\theta_{-t}\omega), \tilde{v}_0(\theta_{-t}\omega)) \in K(\theta_{-t}\omega)$, 这表明 $||\tilde{u}_0(\theta_{-t}\omega)||^2 + \frac{1}{\sigma}||\tilde{v}_0(\theta_{-t}\omega)||^2 \leqslant R(\theta_{-t}\omega)$ 是缓变的, 因此, 存在 $T_2(\epsilon,\omega) > T_K(\omega)$ 及 $N_1(\epsilon,\omega)$, 当 $t > T_2(\epsilon,\omega), k > N_1(\epsilon,\omega)$ 时, 有

$$\frac{4C}{K}\int_{T_K}^{t} e^{\mu(t-\tau)}||\tilde{u}(\tau,\theta_{-t}\omega,\tilde{u}_0(\theta_{-t}\omega),\tilde{v}_0(\theta_{-t}\omega)||^2 d\tau \leqslant \frac{1}{4}\epsilon. \tag{1.5.70}$$

下面估计第三项. 由假设 $\beta \in l^2$ 可知, 存在 $N_2(\epsilon,\omega) > 0$, 当 $k > N_2(\epsilon,\omega)$ 时, 有

$$\sum_{|i|>k} \rho\Big(\frac{|i|}{k}\Big)\beta_i < \frac{\epsilon}{4}. \tag{1.5.71}$$

最后估计第四项. 直接计算可知

$$\int_{T_k}^{t} e^{\mu(s-t)}\Bigg[C_1^* \sum_{|i|\geqslant k} \rho\left(\frac{|i|}{k}\right)[|y_1^i(\theta_{s-t}\omega)|^{2p+2} + |y_1^i(\theta_{s-t}\omega)|^2]$$

$$+ \frac{4}{\lambda}\sum_{|i|\geqslant K}|y_2^i(\theta_{s-t}\omega)|^2 + \left(C_2^* + \frac{\sigma}{\delta}\right)\sum_{|i|\geqslant k-1}|y_1^i(\theta_{s-t}\omega)|^2\Bigg]$$

$$= \int_{T_k-t}^{0} e^{\mu\tau}\Bigg[C_1^* \sum_{|i|\geqslant k} \rho\left(\frac{|i|}{k}\right)\left[|y_1^i(\theta_\tau\omega)|^{2p+2} + |y_1^i(\theta_\tau\omega)|^2\right]$$

$$+ \frac{4}{\lambda}\sum_{|i|\geqslant k}|y_2^i(\theta_\tau\omega)|^2 + \left(C_2^* + \frac{\sigma}{\delta}\right)\sum_{|i|\geqslant k-1}|y_1^i(\theta_{s-t}\omega)|^2\Bigg]$$

$$= \int_{-T^*}^{0} e^{\mu\tau}\Bigg[C_1^* \sum_{|i|\geqslant k} \rho\left(\frac{|i|}{k}\right)\left[|y_1^i(\theta_\tau\omega)|^{2p+2} + |y_1^i(\theta_\tau\omega)|^2\right]$$

$$+ \frac{4}{\lambda}\sum_{|i|\geqslant k}|y_2^i(\theta_\tau\omega)|^2 + \left(C_2^* + \frac{\sigma}{\delta}\right)\sum_{|i|\geqslant k-1}|y_1^i(\theta_{s-t}\omega)|^2\Bigg]$$

$$+ \int_{T_K-\tau}^{-T^*} e^{\mu\tau}\Bigg[C_1^* \sum_{|i|\geqslant k} \rho\left(\frac{|i|}{k}\right)\left[|y_1^i(\theta_\tau\omega)|^{2p+2} + |y_1^i(\theta_\tau\omega)|^2\right] + \frac{4}{\lambda}\sum_{|i|\geqslant k}|y_2^i(\theta_\tau\omega)|^2$$

$$+ \left(C_2^* + \frac{\sigma}{\delta}\right)\sum_{|i|\geqslant k-1}|y_1^i(\theta_{s-t}\omega)|^2\Bigg].$$

由截断函数的定义可知

$$\int_{T_K-t}^{-T^*} e^{\mu\tau}\left[C_1^*\sum_{|i|\geqslant k}\rho\left(\frac{|i|}{k}\right)\left[|y_1^i(\theta_\tau)|^{2p+2}+|y_1^i(\theta_\tau\omega)|^2\right]\right.$$

$$\leqslant\int_{T_K-t}^{-T^*} e^{\mu\tau}r(\omega)C_1^*e^{-\frac{\mu\tau}{2}}d\tau=\int_{T_K-t}^{-T^*} e^{\frac{\mu\tau}{2}}r(\omega)C_1^*d\tau=C_1^*r(\omega)\frac{2}{\mu}e^{-\frac{\mu}{2}T^*},$$

以及

$$\int_{T_k}^{-T^*} e^{\mu t}\left[\frac{4}{\lambda}\sum_{|i|\geqslant k}|y_2^i(\theta_\tau\omega)|^2+\left(C_2^*+\frac{\sigma}{\delta}\sum_{|i|\geqslant k-1}|y_1^i(\theta_\tau\omega)|^2\right)\right]d\tau$$

$$\leqslant\left(\frac{4}{\lambda}+C_2^*+\frac{\sigma}{\delta}\right)\int_{T_K-t}^{-T^*} e^{\mu\tau}r(\omega)e^{-\frac{\mu}{2}\tau}d\tau$$

$$\leqslant\left(\frac{4}{\lambda}+C_2^*+\frac{\sigma}{\delta}\right)r(\omega)\frac{2}{\mu}e^{-\frac{\mu}{2}T^*}.$$

选取 $T^*>\dfrac{2}{\mu}\ln\dfrac{16\left(\dfrac{4}{\lambda}C_1^*+C_2^*+\dfrac{\sigma}{\delta}\right)r(\omega)}{\mu\epsilon}$, 使得当 $t>T^*+T_K$ 时,

$$\int_{T_k}^{-T^*} e^{\mu t}\left[\frac{4}{\lambda}\sum_{|i|\geqslant k}|y_2^i(\theta_\tau\omega)|^2+\left(C_2^*+\frac{\sigma}{\delta}\sum_{|i|\geqslant k-1}|y_1^i(\theta_\tau\omega)|^2\right)\right]d\tau<\frac{\epsilon}{8}. \tag{1.5.72}$$

固定 T^*, 由 Lebesgue 控制收敛定理可知

$$\int_{-T^*}^{0} e^{\mu\tau}d\tau\left[C_1^*\sum_{|i|\geqslant k}\rho\left(\frac{|i|}{k}\right)\left[|y_1^i(\theta_\tau\omega)|^{2p+2}+|y_1^i(\theta_\tau\omega)|^2\right]\right.$$

$$\left.+\frac{4}{\lambda}\sum_{|i|\geqslant k}|y_2^i(\theta_\tau\omega)|^2+\left(C_2^*+\frac{\sigma}{\delta}\right)\sum_{|i|\geqslant k-1}|y_1^i(\theta_{s-t}\omega)|^2\right]d\tau$$

$$\leqslant\left[\frac{4}{\lambda}+C_1^*+C_2^*+\frac{\sigma}{\delta}\right]\int_{-T^*}^{0} e^{\frac{\mu}{2}\tau}d\tau$$

$$\leqslant\frac{2\left(\dfrac{4}{\lambda}+C_1^*+C_2^*+\dfrac{\sigma}{\delta}\right)r(\omega)}{\mu}(1-e^{-\frac{\mu}{2}T^*}),$$

因此, 存在 $T_3(\epsilon,\omega)>0$, 当 $k>N_3(\epsilon,\omega)$ 时,

$$\int_{-T^*}^{0} e^{\mu\tau}\left[C_1^*\sum_{|i|\geqslant k}\rho\left(\frac{|i|}{k}\right)\left[|y_1^i(\theta_\tau\omega)|^{2p+2}+|y_1^i(\theta_\tau\omega)|^2\right]\right.$$

$$+\frac{4}{\lambda}\sum_{|i|\geqslant k}|y_2^i(\theta_\tau\omega)|^2+\left(C_2^*+\frac{\sigma}{\delta}\right)\sum_{|i|\geqslant k-1}|y_1^i(\theta_{s-t}\omega)|^2\Big]d\tau<\frac{\epsilon}{8} \tag{1.5.73}$$

对于 $t>T(\epsilon,\omega)$, $N>N^*(\epsilon,\omega)$, 选取 $T(\epsilon,\omega)=\max\{T_1(\epsilon,\omega),T_2(\epsilon,\omega),T^*(\epsilon,\omega)+T_K(\omega)\}$, $N^*=\max\{N_1(\epsilon,\omega),N_2(\epsilon,\omega),N_3(\epsilon,\omega)\}$, 结合 (1.5.70), (1.5.71), (1.5.72) 和 (1.5.73) 可得

$$\sum_{|i|>2k}\left(|\tilde{u}(t,\theta_{-t}\omega,\tilde{u}_0(\theta_{-t}\omega),\tilde{v}_0(\theta_{-t}\omega))|^2+\frac{1}{\sigma}|\tilde{v}(t,\theta_{-t}\omega,\tilde{u}_0(\theta_{-t}\omega),\tilde{v}_0(\theta_{-t}\omega))|^2\right)<\epsilon. \tag{1.5.74}$$

因此

$$\begin{aligned}||u(t)||^2+\frac{1}{\sigma}||v(t)||^2&=||\tilde{u}(t)+y_1(\theta_t\omega)||^2+\frac{1}{\sigma}||\tilde{v}(t)+y_1(\theta_t\omega)||^2\\&\leqslant 2||\tilde{u}(t)||^2+\frac{2}{\sigma}||\tilde{v}(t)||^2+2||y_1(\theta_t\omega)||^2+\frac{2}{\sigma}||y_2(\theta_t\omega)||^2\\&\leqslant 2\epsilon+2\left(||y_1(\theta_t\omega)||^2+\frac{1}{\sigma}||y_2(\theta_t\omega)||^2\right).\end{aligned}$$

于是, 有

$$\begin{aligned}\sum_{|i|\geqslant N(\epsilon,\omega)}\Big[&|u_i(t,\theta_{-t}\omega,u_0(\theta_{-t}\omega),v_0(\theta_{-t}\omega))|^2\\&+\frac{1}{\sigma}|v_i(t,\theta_{-t}\omega,u_0(\theta_{-t}\omega),v_0(\theta_{-t}\omega))|^2\leqslant 4\epsilon.\end{aligned}$$

因此, 引理 (1.5.3) 得证. □

引理 1.5.4 对每个 $w\in\Omega'$, 随机集 $K(\omega)$ 是渐近紧的, 即对 $l^2\times l^2$ 中的每个序列 $(u_n,v_n)\in S(t_n,\theta_{-t_n}\omega)K(\theta_{-t_n}\omega))$, 当 $t_n\to\infty$ 时, 都在 $l^2\times l^2$ 中存在收敛的子列.

证明 采用文献 [3] 的证明方法. 令 $\omega\in\Omega'$, 对每个序列 $\{t_n\}_{n=1}^\infty:t_1,t_2,\cdots$, $t_n\to\infty$, 当 $n\to\infty$ 时, $(u_n(t_n,\theta_{-t_n}\omega,x_n,y_n),v_n(t_n,\theta_{-t_n}\omega,x_n,y_n))\in S(t_n,\theta_{-t_n}\omega,K(\theta_{t_n}\omega))$, 这表明存在 $(x_n,y_n)\in K(\theta_{-t}\omega)$ 满足

$$(u_n(t_n,\theta_{-t_n}\omega,x_n,y_n),v_n(t_n,\theta_{-t_n}\omega,x_n,y_n))=S(t_n,\theta_{-t_n}\omega)(x_n,y_n),$$

由于 $K(\omega)$ 是有界吸收集, 那么, 当 n 足够大时, $(u_n,v_n)=S(t_n,\theta_{-t_n}\omega,x_n,y_n)\in K(\omega)$, 存在 $(u,v)\in l^2\times l^2$, 及子列 $(u_n',v_n')=S(t_n,\theta_{-t_n}\omega,x_n',y_n')$ 使得

$$(u_n'(t_n,\theta_{-t_n}\omega,x_n,y_n),v_n'(t_n,\theta_{-t_n}\omega,x_n,y_n))\to(u,v), \tag{1.5.75}$$

在 $l^2 \times l^2$ 中弱收敛. 接下来证明 (u'_n, v'_n) 在 $l^2 \times l^2$ 中按照范数强收敛. 实际上, 由引理 (1.5.3) 可知, 对任意的 $\epsilon > 0$, 存在 $N^*(\epsilon,\omega)$ 和 $K_1(\epsilon,\omega)$, 当 $n \geqslant N^*(\epsilon,\omega)$ 时,

$$\sum_{|i|\geqslant K_1(\epsilon,\omega)} \left(|u'_{ni}(t_n,\theta_{-t_n}\omega,x_n,y_n)|^2 + \frac{1}{\sigma}|v'_{ni}(t_n,\theta_{-t_n}\omega,x_n,y_n)|^2\right) \leqslant \frac{1}{8}\epsilon^2, \quad (1.5.76)$$

注意到 $(u,v) \in l^2 \times l^2$, 因此, 存在 $K_2(\epsilon) > 0$ 使得

$$\sum_{|i|\geqslant K_2(\omega)} \left(|u_i|^2 + \frac{1}{\sigma}|v_i|^2\right) \leqslant \frac{\epsilon^2}{8}. \quad (1.5.77)$$

令 $K(\epsilon,\omega) = \max\{K_1(\epsilon,\omega), K_2(\epsilon)\}$. 当 $|i| \leqslant K(\epsilon,\omega)$ 时, 由 (1.5.75) 可知, 存在 $N_2^*(\epsilon,\omega) > 0$, 当 $n \geqslant N_2^*(\epsilon,\omega)$ 时,

$$\sum_{|i|\leqslant K(\epsilon,\omega)} \left(|u'_{ni}(t_n,\theta_{-t_n}\omega,x_n,y_n) - u_i|^2 + \frac{1}{\sigma}|v'_{ni}(t_n,\theta_{-t_n}\omega,x_n,y_n) - v_i|^2\right) \leqslant \frac{1}{2}\epsilon^2. \quad (1.5.78)$$

结合 (1.5.76), (1.5.77) 和 (1.5.78) 可知, 当 $n \geqslant N^*(\epsilon,\omega)$ 时,

$$\begin{aligned}
&||u'_n(t_n,\theta_{-t_n}\omega,x_n,y_n) - u||^2 + \frac{1}{\sigma}||v'_n(t_n,\theta_{-t_n}\omega,x_n,y_n) - v||^2 \\
=& \sum_{|i|\leqslant K(\epsilon,\omega)} \left(|u'_{ni}(t_n,\theta_{-t_n}\omega,x_n,y_n) - u_i|^2 + \frac{1}{\sigma}|v'_{ni}(t_n,\theta_{-t_n}\omega,x_n,y_n) - v_i|^2\right) \\
&+ \sum_{|i|\geqslant K(\epsilon,\omega)} \left(|u'_{ni}(t_n,\theta_{-t_n}\omega,x_n,y_n) - u_i|^2 + \frac{1}{\sigma}|v'_{ni}(t_n,\theta_{-t_n}\omega,x_n,y_n) - v_i|^2\right) \\
\leqslant& \frac{1}{2}\epsilon^2 + 2\sum_{|i|\geqslant K(\epsilon,\omega)} \left(|u'_{ni}(t_n,\theta_{-t_n}\omega,x_n,y_n)|^2 + \frac{1}{\sigma}|v'_{ni}(t_n,\theta_{-t_n}\omega,x_n,y_n)|^2\right) \\
&+ 2\sum_{|i|\geqslant K(\epsilon,\omega)} \left(|u_i|^2 + \frac{1}{\sigma}|v_i|^2\right) \\
\leqslant& \frac{1}{2}\epsilon^2 + \frac{1}{4}\epsilon^2 + \frac{1}{4}\epsilon^2 = \epsilon^2.
\end{aligned}$$

因此, 引理 (1.5.4) 得证. □

由引理 1.5.2、引理 1.5.3、引理 1.5.4 及定理 1.5.10 即可得到

定理 1.5.11　随机动力系统 $\{S(t,\theta_{-t}\omega)\}_{t\geqslant 0,\omega\in\Omega}$ 在 $l^2 \times l^2$ 中存在随机吸引子.

参考文献

[1] Arnold L. *Random dynamical system.* New York/ Berlin: Springer-Verlag, 1998.

[2] Babin A and Vishik M. *Attractors for Evolution Equations.* Amsterdam: North-Holland, 1992.

[3] Bates P, Lisei H and Lu K. Attractors for stochastic lattice dynamical systems. *Stoch. Dyn.*, 2006, **6**: 1-21.

[4] Brune P, Duan J and Schmalfuss B. Random dynamics of the Boussinesq with dynamical boundary conditions. *Stochastic Anal. Appl.*, 2009, **27**: 1096-1116.

[5] Caraballo T, Lukaszewicz G and Real J. Pullback attractors for asymptotically compact non-autonomous dynamical systems. *Nonlinear Analysis*, 2006, **64**: 484-498.

[6] Cheushov I and Schmalfuss B. Parabolic stochastic partial differential equations with dynamical boundary conditions. *Differential Integral Equations*, 2004, **17**(7-8): 751-780.

[7] Cheushov I and Schmalfuss B. Qualitative behavior of a class of stochastic parabolic PDEs with dynamical boundary conditions. *Discrete Contin. Dyn. Syst.*, 2007, **18**(2-3): 315-338.

[8] Chepyzhov V and Vishik M. Attractors for Equations of Mathematical Physics. Providence, Rhode Island: American Mathematical Society, 2002.

[9] Chow S, John Mallet-Paret and Shen W. Traveling waves in lattice dynamical systems. *J. Differential Equations*, 1998, **149**: 248-291.

[10] Chueshov I and Scheutzow M. On the strucure of attractors and invariant measures for a class of monotone random systems. *Dynamical Systems*, 2004, **19**: 127-144.

[11] Crauel H, Debussche A and Flandoli F. Random attractors. *J. Dynam. Differential Equations*, 1997, **9**: 307-341.

[12] Crauel H and Flandoli F. Attractors for random dynamical systems. *Probability theory and related fields*, 1994, **100**: 365-393.

[13] Daners D. Heat kernel estimates for operators with boundary conditions. *Math. Nachr.*, 2000, **217**: 13-41.

[14] Daners D. Perturbation of semilinear evolution equations under weak assumptions at initial time. *J. Differential Equations*, 2005, **210**: 352-382.

[15] Daners D. Domain perturbation for linear and nonlinear parabolic equations. *J. Differential Equations*, 1996, **129**: 358-402.

[16] Debussche A. On the finite dimensionality of random attractors. *Stochastic Anal. Appl.*, 1997, **15**: 473-491.

[17] Duan J, Lu K and Schmalfuss B. Invariant manifolds for stochastic partial differential equations. *Ann. Probab.*, 2003, **31**: 2109-2135.

[18] Elmer C, van Vleck E. Spatially discrete FitzHugh-Nagumo equations. *SIAM J. Appl. Math.*, 2005, **65**(4): 1153-1174.

[19] Gao W and Wang J. Existence of wavefronts and impulses to FitzHugh-Nagumo equations. *Nonlinear Anal.*, 2004, **57**: 667-676.

[20] Ghidaglia J M, Marion M and Temam R. Generalization of the Sobolev-Lieb-Thirring inequalities and applications to the dimension of attractors. *Differential and Integral Equations*, 1988, **1**: 1-21.

[21] 郭柏灵, 林国广, 尚亚东. 非牛顿流动力系统. 北京: 国防工业出版社, 2006.

[22] 郭柏灵, 蒲学科. 随机无穷维动力系统. 北京航空航天大学出版社, 2009.

[23] 郭大钧. 非线性泛函分析. 济南: 山东科学技术出版社, 2002.

[24] Has'minskii R Z. *Stochastic Stability of Differential Equations.* Sijthoff and Noordhoff, 1981.

[25] Húska J. Harnack inequality and exponential separation for oblique derivative problems on Lipschitz domains. *J. Differential Equations*, 2006, **226**(2): 541-557.

[26] Húska J and Poláčik P. The principal Floquet bundle and exponential separation for linear parabolic equations. *J. Dynam. Differential Equations*, 2004, **16**(2): 347-375.

[27] Húska J, Poláčik P and Safonov M V. Harnack inequality, exponential separation, and perturbations of principal Floquet bundles for linear parabolic equations. *Ann. Inst. H. Poincaré Anal. Non Linéaire*, 2007, **24**(5): 711-739.

[28] Huang J H. The random attracor of stochastic Fitzhugh-Nagumo equations in an infinite lattice with white noises. Phisica D, 2007, **233**: 83-94.

[29] Huang J and Shen W. Pullback attractors for random parabolic equations with non-smooth initial data, *preprint*, 2008.

[30] Huang J and Shen W. Pullback attractors for nonautonomous and random parabolic equations on non-smooth domains. *Discrete and continuous dynamical systems*, 2009, **16**: 587-614.

[31] Huang J and Shen W. Random attractor of stochastic partly dissipative reaction diffusion equations and its application to stochastic FitzHugh-Nagumo equations. *Inter. J. Evolution Equations*, 2009, **4**: 21-49.

[32] Jones C. Stability of the traveling wave solution of the FitzHugh-Nagumo systems, *Trans. Amer.Math. Soc.*, 1984, **286**: 431-469.

[33] Kitajima H and Kurths J. Synchronized firing of FitzHugh-Nagumo neurons by noise. *Chaos*, 2005, **15**: 023704:1-023704:5.

[34] Li X and Zhong C. Attractors for partial dissipative lattice dynamic systems in $l^2 \times l^2$. *J. of Computational and Applied Mathematics*, 2005, **177**: 159-174.

[35] Lu Y and Sun J. Dynamical behavior for stochastic lattice systems. *Chaos Solitons Fractals*, 2006, **27**: 1080-1090.

[36] Magalhães P and Coayla-Terán E. Weak solution for stochastic FitzHugh-Nagumo Equations. *Stochastic Analysis and Applications*, 2003, **21**: 443-463.

[37] Marion M. Finite-dimensional attractors associated with partly dissipative reaction-diffusion systems. *SIAM J. Math. Anal.*, 1989, **20**: 816-844.

[38] Marion M.Attractors for reaction-diffusion equations, existence and estimate of their dimension. *Applicable Analysis*, 1987, **25**: 101-147.

[39] Ma Q, Wang S and Zhong C. Necessary and sufficient conditions for the existence of global attractors for semigroups and applications. *Indiana University Mathematics Journal*, 2002, **6**: 1541-1559.

[40] Mierczynski J and Shen W. Exponential separation and principal Lyapunov exponent/spectrum for random/nonautonomous parabolic equations. *J. Differential Equations*, 2003, **191**: 175-205.

[41] Mierczynski J and Shen W. Spectral Theory for Random and Nonautonomous Parabolic Equations and Applications. Boca Raton: Chapman & Hall/CRC, in press.

[42] Robinson J. Infinite-Dimensional Dynamical Systems, An Introduction to Dissipative Parabolic PDEs and the Theory of Global Attractors. Cambridge: Cambridge University press, 2001.

[43] Robinson J, Rodríguez-Bernal A and Vidal-López A. Pullback attractors and extremal complete trajectories for non-autonomous reaction-diffusion problem. *J. Differential Equations*, 2007, **238**: 289-337.

[44] Song H and Wu H. Pullback attractors of nonautonomous reaction-diffusion equations. *J. Math.Anal. Appl.*, 2007, **325**: 1200-1215.

[45] Teman R. Infinite-Dimensional Dynamical Systems in Mechanics and Physics. NewYork: Springer-Verlag, 1988.

[46] Wang Y, Zhong C and Zhou S. Pullback attractors of nonautonomous dynamical systems. *Discrete and continuous dynamical systems*, 2006, **16**: 587-614.

[47] Ladyzenskaja O, Solonnikov V and Uralceva N. Linear and Quasilinear Equations of Parabolic Type, Translations of mathematical monographs 23. Providence, RI: American mathematical society, 1968.

[48] Langa J. Asymptotically finite dimensional pullback behavior of nonautonomous PDEs. *Arch. Math.*, 2003, **80**: 525-535.

[49] Prato G and Zabczyk J. Stochastic Equation in Infinite Dimensions, Encyclopedia of Mathematics and Its Applications. Cambridge: Cambridge University Press, 1992.

[50] Rodriguez-Bernal A and Wang B. Attractor for partly dissipative reaction diffusion system in R^n. *J. Math. Anal. Appl.*, 2000, **252**: 790-803.

[51] Rudin W. Functional Analysis. McGraw-Hill Book Company, 1973.

[52] Shao Z. Exitence of inertial manifolds for partly dissipative reaction diffusion systems in higher space dimensions. *J. Differential Equations*, 1998, **144**: 1-43.

[53] Vleck E and Wang B. Attractors for lattice FitzHugh-Nagumo systems. *Physica D*, 2005, **212**: 317-336.

[54] Wang B. Random attractors for the stochastic FitzHugh-Nagumo system on unbounded domains. *Nonlinear Anal.TMA*, 2009, **71**: 7-8, 2811-2828.

[55] Yang M and Zhong C. The existence and uniqueness of the solutions for partly dissipative reaction diffusion systems in R^n. *J. Lanzhou University*, 2006, **3**: 130-136.

[56] Zhao C D and Duan J Q. Random attractor for the Ladyzhenskaya model with additive noise. *J. Math. Anal. Appl.*, 2010, **362**: 241-251.

[57] Zhong C K, Yang M H and Sun C Y. The existence of global attractors for the norm-to-weak continuous semigroup and application to the nonlinear reaction-diffusion equations. *J. Diff. Equations*, 2006, **223**: 367-399.

[58] Zhou S. Attractors for first order dissipative lattice dynamical systems. *Physica D*, 2003, **178**: 51-61.

[59] Zhou S, Yin F and Ouyang Z. Random attractor for damped nonlinear wave equations with white noise. *SIAM, J. Appled Dynamical System*, 2005, **4**: 883-903.

第 2 章　随机时滞偏微分方程的吸引子与惯性流形

这一章先研究一类时滞抛物方程的随机吸引子的存在性, 再研究随机时滞耗散波方程的随机惯性流形.

2.1　随机时滞抛物方程的随机吸引子

这一节研究加性噪声驱动的时滞抛物方程:

$$\begin{cases} \dfrac{\partial u(t,x)}{\partial t}+Au(t,x)+bu(t,x)=F(u_t)(x)+\displaystyle\sum_{j=1}^{m}\beta_j(x)\frac{d}{dt}w_j(t), & x\in\mathcal{O}, \\ u(0,x)=u_0(x), \quad u(s,x)=\psi(s,x), \quad s\in(-r,0), \end{cases} \tag{2.1.1}$$

其中 $\mathcal{O}$ 是 R^{n_0} 中具有光滑边界的有界区域, b 是一个非负常数, $\{\beta_j\}_{j=1}^m$ 为定义在 $\mathcal{O}$ 上的给定函数, A 是一个稠定的具有紧的预解集的自伴线性算子, 其定义域为 $D(A)\subset L^2(\mathcal{O})$ (例如, 具有 Dirichlet 零边值的 $-\Delta$ 算子), $A: D(A)\to L^2(\Omega)$ 有离散谱 $\{\lambda_k\}_{k=1}^{\infty}$, 满足 $0<\lambda_1\leqslant\lambda_2\leqslant\cdots\leqslant\lambda_k\to\infty\ (k\to\infty)$. $F: L^2(-r,0;L^2(\mathcal{O}))\to L^2(\mathcal{O})$ 是含有时滞项的非线性项, 并存在 $k_1,k_2,k_3\geqslant 0$, 使得对所有的 $\xi\in L^2(-r,0;L^2(\mathcal{O})),\eta\in L^2(\mathcal{O})$, 都有

$$|(F(\xi),\eta)_{L^2(\mathcal{O})}|\leqslant k_1\|\eta\|_{L^2(\mathcal{O})}^2+k_2\int_{-r}^{0}\|\xi(s)\|_{L^2(\mathcal{O})}^2ds+k_3, \tag{2.1.2}$$

其中 $\{w_j\}_{j=1}^m$ 是相互独立的双边实值 Wiener 过程.

关于随机抛物方程的随机吸引子的文献很多, 但是，关于随机时滞抛物方程的随机吸引子的文献不多. 我们证明含有一般时滞的随机抛物方程的随机吸引子的存在性及其上半连续性.

为便于讨论, 引入下面的记号: $H=L^2(\Omega)$, 相应的内积为 $(\cdot,\cdot)$, 范数为 $|\cdot|$, $V=D(A^{\frac{1}{2}})$, 其上的内积为 $((\cdot,\cdot))$, 相应的范数为 $\|\cdot\|$, 其中, 对任意的 $u,v\in V$, $((u,v))=(A^{\frac{1}{2}}u,A^{\frac{1}{2}}v)$. 另外, $\|\cdot\|_{\mathrm{op}}$ 为算子范数, $B_X(a,\rho)$ 为 Banach 空间 $\{x\in X:\|x-a\|_X\leqslant\rho\}$ 中的闭球. 令 $\alpha>\beta$, 则由文献 [8] 可知, 空间 $D(A^\alpha)$ 紧嵌入到 $D(A^\beta)$. 特别地, $V\subset H\equiv H'\subset V'$, 其中 H' 是空间 H 的对偶空间, 且内射是稠密的和紧的, 并且对所有的 $u\in V$, 满足 $|u|\leqslant\lambda_1^{\frac{1}{2}}\|u\|$.

给定 $T > \tau$, $u : (\tau - r, T) \to H$, 对每个 $t \in (\tau, T)$, 我们定义 u_t 是定义在 $(-r, 0)$ 上的函数 $u_t(s) = u(t+s)$, $s \in (-r, 0)$, 并定义相应的函数空间为 $L_H^2 = L^2(-r, 0; H)$, $L_V^2 = L^2(-r, 0; V)$, $C_H = C([-r, 0]; H)$, $C_V = C([-r, 0]; V)$.

假设 $F : L_H^2 \to H$ 满足下面的条件:

(H1) 对 $\forall M > 0$, 都存在 $L_{F,M}$, 当 $(u(0), u), (v(0), v) \in B_{H \times L_H^2}(0, M)$ 时,

$$|F(u) - F(v)|^2 \leqslant L_{F,M}\left(|u(0) - v(0)|^2 + ||u - v^2||_{L_H^2}\right);$$

(H2) 存在常数 $k_1, k_2, k_3 \geqslant 0$, 使得对 $\forall \xi \in L_H^2, \eta \in H$, 都有

$$|(F(\xi), \eta)| \leqslant k_1|\eta|^2 + k_2\int_{-r}^{0}|\xi(s)|^2 ds + k_3. \tag{2.1.3}$$

由 Risez 表示定理可知,

$$|F(\xi)| = ||F(\xi)||_{\text{op}} = \sup_{|\eta|=1}(F(\xi), \eta) \leqslant k_1 + k_2\int_{-r}^{0}|\xi(s)|^2 ds + k_3, \tag{2.1.4}$$

这表明算子 F: $L_H^2 \to H$ 是有界的.

假设 b 是非负常数, $u_0 \in H$, $\psi \in L_H^2$. 接下来证明下面的随机时滞抛物方程

$$du(t) + (Au(t) + bu(t))\, dt = F(u_t)dt + \sum_{j=1}^{m}\beta_j dw_j \tag{2.1.5}$$

满足

$$u(\tau) = u_0, \quad u(\tau + s) = \psi(s), \quad s \in (-r, 0) \tag{2.1.6}$$

的解生成一个连续的随机动力系统, 其中 $\{\beta_j\}_{j=1}^m \subset V$, $\{w_j\}_{j=1}^m$ 是概率空间 $(\Omega, \mathcal{F}, P)$ 上的独立的双边实值 Wiener 过程. 令

$$\Omega = \{\omega = (\omega_1, \omega_2, \cdots, \omega_m) \in C(R; R^m) : \omega(0) = 0\}, \tag{2.1.7}$$

$\mathcal{F}$ 是由 Ω 的紧开拓扑诱导出的 Borel-σ 代数, P 是 $(\Omega, \mathcal{F})$ 的正、负时间部分所对应的两个 Wiener 测度的乘积测度. 则有

$$(w_1(t, \omega), w_2(t, \omega), \cdots, w_m(t, \omega)) = \omega(t), \quad t \in R. \tag{2.1.8}$$

定义时间平移

$$\theta_t\omega(\cdot) = \omega(\cdot + t) - \omega(\cdot), \quad \omega \in \Omega,\ t \in R. \tag{2.1.9}$$

则它是一个遍历的变换群, $(\Omega, \mathcal{F}, P, (\theta_t)_{t \in R})$ 是一个度量动力系统.

令 μ 是一个正数（稍后给定）. 对每个 $j=1,\cdots,m$, 考虑一个 Ornstein-Uhlenbeck 方程:

$$dz_j(t)=-\mu z_j(t)dt+dw_j(t). \tag{2.1.10}$$

容易看出, 方程 (2.1.10) 的稳态解为

$$z_j(t)=\int_{-\infty}^{t}e^{-\mu(t-s)}dw_j(s),\quad t\in R. \tag{2.1.11}$$

令 $z(t)=\sum_{j=1}^{m}\beta_j z_j(t)$, 则由方程 (2.1.10) 可知

$$dz=-\mu z+\sum_{j=1}^{m}\beta_j dw_j. \tag{2.1.12}$$

随机过程 $z(t)$ 又称为 Ornstein-Uhlenbeck 过程, 其具有下面的性质:

(1) $z(t)$ 是连续的高斯过程, 且 $\mathrm{E}(z(t))=0$;

(2) 令 $\beta=\sum_{j=1}^{m}|\beta_j|$. 则对所有的 $t\in R$, 存在 $\mu>0$ 满足

$$\beta m\mathrm{E}|z_1(t)|\leqslant 1.$$

事实上, 当 $\mu\to\infty$ 时, $(\mathrm{E}|z_1(t)|)^2\leqslant\mathrm{E}|z_1(t)|^2=\mathrm{Var}(z_1(t))\to 0$, 由遍历定理可知,

$$\begin{aligned}\lim_{\tau\to-\infty}\frac{1}{t-\tau}\int_{\tau}^{t}|z(s)|ds&\leqslant\lim_{\tau\to-\infty}\frac{1}{t-\tau}\int_{\tau}^{t}\beta\sum_{j=1}^{m}|z_j(s)|ds\\&=\beta m\mathrm{E}|z_1(t)|\leqslant 1.\end{aligned} \tag{2.1.13}$$

注意到

$$\frac{z_j(\tau)}{\tau}=\frac{z_j(t)}{\tau}-\frac{\mu}{\tau}\int_{\tau}^{t}z_j(s)ds+\frac{w_j(\tau)}{\tau}, \tag{2.1.14}$$

则有

$$\lim_{\tau\to-\infty}\frac{z_j(\tau)}{\tau}=0,\quad \text{P-a.s.}, \tag{2.1.15}$$

$$\int_{\infty}^{t}e^{-c_0(t-s)}(|Az(s)|^2+|z(s)|^2)ds<\infty, \tag{2.1.16}$$

$$\int_{-\infty}^{t}\int_{-r}^{0}e^{-c_0(t-s)}|z(s+s_1)|^2ds_1ds<\infty, \tag{2.1.17}$$

其中 c_0 是一个正常数.

令 $v(t) = u(t) - z(t)$, 则 v 满足方程

$$\frac{dv}{dt} + Av + bv = F(v_t + z_t) + (\mu z - Az - bz), \tag{2.1.18}$$

及相应的初值条件

$$\begin{aligned} &v(\tau, \omega) = u_0 - z(\tau, \omega) \triangleq v_0(\omega), \\ &v(\tau + s) = \psi(s) - z(\tau + s, \omega) \triangleq \xi(s, \omega), \quad s \in (-r, 0). \end{aligned} \tag{2.1.19}$$

注意到随机过程 $z(t)$ 是 P-a.s. 连续的, 因此, 类似于文献 [18] 中定理 3.1 的证明可知, 对 P-a.s. $\omega \in \Omega$ 及所有的 $v_0(\omega) \in H$, $\xi(\omega) \in L^2_H$, 方程 (2.1.18) 和 (2.1.19) 存在唯一的弱解 $v(t, \omega; \tau, (v_0, \xi))$, 并且对所有的 $t > \tau$, 该弱解在 $H \times L^2_H$ 中关于 $(v_0(\omega), \xi(\omega))$ 连续.

定理 2.1.1 假设 (H1) $\sim$ (H2) 成立. 则对于 P-a.s. $\omega \in \Omega$,

(a) 如果 $(v_0(\omega), \xi(\omega)) \in H \times L^2_H$, 则系统 (2.1.18)~(2.1.19) 存在唯一的弱解, 即

$$v(\cdot\,, \omega) \in L^2(\tau - r, T; H) \cap L^2(\tau, T; V) \cap L^\infty(\tau, T; H) \cap C([\tau, T]; H),$$

方程 (2.1.18) 在 V' 中分布意义下成立;

(b) 如果 $(v_0(\omega), \xi(\omega)) \in V \times L^2_H$, 则方程 (2.1.18)~(2.1.19) 的解是强解, 且

$$v(\cdot\,, \omega) \in L^2(\tau, T; D(A)) \cap C([\tau, T]; V), \quad \frac{dv}{dt}(\cdot\,, \omega) \in L^2(\tau, T; H),$$

方程 (2.1.18) 在 $L^2(\tau, T; H)$ 成立, 特别地, 对几乎每个 $t \in [\tau, T]$, 方程在 H 中成立;

(c) 令 $v(t, \omega; \tau, (v_0, \xi))$ 为系统的解, 则对所有的 $t > \tau$, 映射 $(v_0, \xi) \mapsto (v(t, \omega; \tau, (v_0, \xi)), v_t(\cdot\,, \omega; \tau, (v_0, \xi)))$ 是连续的.

令 $u(t, \omega; \tau, (u_0, \psi)) = v(t, \omega; \tau, (u_0 - z(\tau), \psi - z_\tau)) + z(t)$. 则 u 是系统 (2.1.5) 和 (2.1.6) 的解.

定义乘积空间 $M^2_H = H \times L^2_H$, 容易验证, M^2_H 是一个 Hilbert 空间, 其上的范数为

$$||(u_0, \psi)||^2_{M^2_H} = |u_0|^2 + \int_{-r}^0 |\psi(s)|^2 ds, \quad \forall (u_0, \psi) \in M^2_H.$$

下面定义映射: $\varphi : R\times\Omega\times M_H^2\to M_H^2$:

$$\begin{aligned}\varphi(t,\omega)(u_0,\psi)&=(u(t,\omega;0,(u_0,\psi)),u_t(\cdot\ ,\omega;0,(u_0,\psi)))\\&=\left(v\left(t,\omega;0,(v_0,\xi)\right)+z(t),v_t\left(\cdot\ ,\omega;0,(v_0,\xi)\right)+z_t\right),\end{aligned}\tag{2.1.20}$$

则 φ 满足定义 1.1.2 中的条件 (i)~(iii). 因此, φ 是由随机时滞抛物方程的解定义的连续随机动力系统.

为了得到空间 M_H^2 中的有界随机吸收集的存在性和紧性, 下面先给出解在不同空间中的估计式, 并证明 C_V 中的吸收集在 C_H 中是紧的.

定义

$$v(\cdot)=v(\cdot\ ,\omega;\tau,(v_0,\xi)),\quad u(\cdot)=u(\cdot\ ,\omega;\tau,(u_0,\psi)).$$

固定 $\omega\in\Omega$，则对 P-a.s., 有

引理 2.1.1 如果 $\lambda_1+b>k_1+k_2r$, 则系统 (2.1.18)~(2.1.19) 的解 $v(t)$ 满足

$$|v(t)|^2\leqslant e^{-c_0(t-\tau)}|v_0|^2+2(k_2+\varepsilon_0)re^{-c_0(t-\tau-r)}||\xi^2||_{L_H^2}+C_p(t,\omega)+\frac{2k_3}{c_0},\quad \text{P-a.s.,}\tag{2.1.21}$$

其中, l_0,c_0,ε_0 为只依赖于 λ_1,k_1,k_2,r 的正常数, $C_p(t,\omega)$ 依赖于 n, l_0, ε_0 和 $z(t)$ 的 P-a.s. 有限的随机过程.

证明 由于 $\lambda_1+b>k_1+k_2r$, 故选择充分小的 l_0,c_0,ε_0 使得 $\lambda_1+b>k_1+(k_2+\varepsilon_0)re^{c_0r}+\dfrac{c_0}{2}+l_0$ 成立.

用 $v(t)$ 与方程 (2.1.18) 作内积可得

$$\begin{aligned}&\frac{1}{2}\frac{d}{dt}|v(t)|^2+||v(t)||^2+b|v(t)|^2\\&=(F(v_t+z_t),v(t))+(\mu z(t)-Az(t)-bz(t),v(t))\\&\leqslant k_1|v(t)|^2+(k_2+\varepsilon_0)||v_t||_{L_H^2}^2+\left(k_2+\frac{1}{\varepsilon_0}\right)||z_t||_{L_H^2}^2+k_3\\&\quad+\frac{1}{4l_0}|\mu z(t)-Az(t)-bz(t)|^2+l_0|v(t)|^2.\end{aligned}\tag{2.1.22}$$

令

$$p_1(t,\omega):=\left|2\left(k_2+\frac{1}{\varepsilon_0}\right)\int_{-r}^0|z(t+\theta)|^2d\theta+\frac{1}{2l_0}|\mu z(t)-Az(t)-bz(t)|^2\right|,\tag{2.1.23}$$

则由 Poincaré 不等式可得

$$\frac{d}{dt}|v(t)|^2+2(\lambda_1+b-k_1-l_0)|v(t)|^2\leqslant 2(k_2+\varepsilon_0)\int_{-r}^{0}|v(t+\theta)|^2d\theta+p_1(t,\omega)+2k_3, \tag{2.1.24}$$

$$\begin{aligned}\frac{d}{dt}(e^{c_0t}|v(t)|^2)&=c_0e^{c_0t}|v(t)|^2+e^{c_0t}\frac{d}{dt}|v(t)|^2\\&\leqslant 2e^{c_0t}\bigg(-\Big(\lambda_1+b-k_1-l_0-\frac{c_0}{2}\Big)|v(t)|^2\\&\quad+(k_2+\varepsilon_0)\int_{-r}^{0}|v(t+\theta)|^2d\theta+\frac{1}{2}p_1(t,\omega)+k_3\bigg).\end{aligned} \tag{2.1.25}$$

对上式从 τ 到 t 积分后可得

$$\begin{aligned}&e^{c_0t}|v(t)|^2-e^{c_0\tau}|v(\tau)|^2\\\leqslant&-2\Big(\lambda_1+b-k_1-l_0-\frac{c_0}{2}\Big)\int_{\tau}^{t}e^{c_0s}|v(s)|^2ds\\&+2(k_2+\varepsilon_0)\int_{\tau}^{t}\int_{-r}^{0}e^{c_0s}|v(s+s_1)|^2ds_1ds+\int_{\tau}^{t}e^{c_0s}p_1(s,\omega)ds+\frac{2k_3}{c_0}(e^{c_0t}-e^{c_0\tau})\\\leqslant&-2\Big(\lambda_1+b-k_1-(k_2+\varepsilon_0)re^{r}-l_0-\frac{c_0}{2}\Big)\int_{\tau}^{t}e^{c_0s}|v(s)|^2ds\\&+2(k_2+\varepsilon_0)re^{r+\tau}\int_{\tau-r}^{\tau}|v(s)|^2ds+\int_{\tau}^{t}e^{c_0s}p_1(s,\omega)ds+\frac{2k_3}{c_0}e^{c_0t}.\end{aligned} \tag{2.1.26}$$

由 (2.1.16) 和 (2.1.17) 可得, 存在 P-a.s. 有限的随机过程 $C_p(t,\omega)$ 使得

$$\int_{\tau}^{t}e^{-c_0(t-s)}p_1(s,\omega)ds\leqslant\int_{-\infty}^{t}e^{-c_0(t-s)}p_1(s,\omega)ds\leqslant C_p(t,\omega)<\infty,\quad \text{P-a.s.} \tag{2.1.27}$$

成立, 故有

$$\begin{aligned}|v(t)|^2\leqslant&e^{-c_0(t-\tau)}|v_0|^2+2(k_2+\varepsilon_0)re^{-c_0(t-\tau-r)}||\xi^2||_{L_H^2}\\&+\int_{\tau}^{t}e^{-c_0(t-s)}p_1(s,\omega)ds+\frac{2k_3}{c_0}\\\leqslant&e^{-c_0(t-\tau)}|v_0|^2+2(k_2+\varepsilon_0)re^{-c_0(t-\tau-r)}||\xi^2||_{L_H^2}+C_p(t,\omega)+\frac{2k_3}{c_0}.\end{aligned} \tag{2.1.28}$$

因此, 该引理得证. □

由引理 2.1.1 可知, 对于给定的 $(v_0,\xi)\in\mathcal{B}_{M_H^2}(0,d)$, 存在 $T_H(d)>r$, 使得

$$||v_t||_{C_H}^2=\max_{s\in[-r,0]}|v(t+s)|^2\leqslant C_p(t,\omega)+\frac{4k_3}{c_0},\quad \tau<t-T_H(d).$$

令 $\rho_H^2(t,\omega)=C_p(t,\omega)+\dfrac{4k_3}{c_0}$.

引理 2.1.2 如果 $\lambda_1+b>k_1+k_2r$, 则在 C_H 中存在随机半径簇 $\rho_H(t,\omega)$ 使得对所有的 $(v_0,\xi)\in\mathcal{B}_{M_H^2}(0,d)$, 都存在 $T_H(d)>r$ 满足

$$||v_t(\cdot\ ,\omega;\tau,(v_0,\xi))||_{C_H}\leqslant\rho_H(t,\omega),\quad \forall\tau<t-T_H(d).\tag{2.1.29}$$

为证在 C_V 中随机吸收集的存在性, 我们需要得到 $\int_{t-1}^t||v(s)||^2ds$ 的估计.

引理 2.1.3 对所有的 $(v_0,\xi)\in\mathcal{B}_{M_H^2}(0,d)$, 都存在 $T_H(d)>r$ 及 P-a.s. 有限的随机过程 $I_V(t,\omega)$ 满足

$$\int_{t-1}^t||v(s)||^2ds\leqslant I_V(t,\omega),\quad \forall\tau<t-T_H(d),\quad \text{P-a.s.}.\tag{2.1.30}$$

证明 由 (2.1.3) 可得

$$\begin{aligned}&\frac{1}{2}\frac{d}{dt}|v(t)|^2+\left(1+(k_1+l_0)\lambda_1^{-1}\right)||v(t)||^2\\&\leqslant(k_2+\varepsilon_0)\int_{-r}^0|v(t+s_1)|^2ds_1+\frac{1}{2}p_1(t,\omega)+k_3.\end{aligned}\tag{2.1.31}$$

从 $t-1$ 到 t 积分后可得

$$\begin{aligned}&\frac{1}{2}\left(|v(t)|-|v(t-1)|\right)+\left(1+(k_1+l_0)\lambda_1^{-1}\right)\int_{t-1}^t||v(s)||^2ds\\&\leqslant(k_2+\varepsilon_0)\int_{t-1}^t\int_{-r}^0|v(s+\theta)|^2d\theta ds+\frac{1}{2}\int_{t-1}^t p_1(s,\omega)+k_3ds,\end{aligned}\tag{2.1.32}$$

$$\begin{aligned}&\left(1+(k_1+l_0)\lambda_1^{-1}\right)\int_{t-1}^t||v(s)||^2ds\\&\leqslant(k_2+\varepsilon_0)r\sup_{s\in[t+1,t-\tau]}|v(s)|^2+\frac{1}{2}\int_{t-1}^t p_1(s,\omega)ds+\frac{1}{2}|v(s)|^2+k_3.\end{aligned}\tag{2.1.33}$$

因此, 存在 $T_H(d) > r$, 使得当 $\tau < t - T_H(d)$ 时,

$$\int_{t-1}^{t} ||v(s)||^2 ds \leqslant I_V(t,\omega), \tag{2.1.34}$$

其中

$$I_V(t,\omega) = \frac{1}{1+(k_1+l_0)\lambda_1^{-1}}\left(\left((k_2+\varepsilon_0)r+\frac{1}{2}\right)\rho_H^2(t,\omega)+\frac{1}{2}\int_{t-1}^{t} p_1(s,\omega)ds + k_3\right). \tag{2.1.35}$$

引理得证. □

引理 2.1.4　如果引理 2.1.2 的假设成立且 $k_1 < 1$, 则在 C_V 中存在随机半径簇 $\rho_V(t,\omega)$ 使得对所有的 $\tau < t - T_H(d) - r, (v_0,\xi) \in \mathcal{B}_{M_H^2}(0,d)$,

$$||v_t(\cdot\,,\omega;\tau,(v_0,\xi))||_{C_V} \leqslant \rho_V(t,\omega) \tag{2.1.36}$$

成立.

证明　给定 $(v_0,\xi) \in \mathcal{B}_{M_H^2}(0,d)$, 选择 $l_1 > 0$ 使得 $k_1 + l_1 < 1$. 用 $Av(t)$ 与方程 (2.1.18) 作内积后可得

$$\begin{aligned}
&\frac{1}{2}\frac{d}{dt}||v(t)||^2 + |Av(t)|^2 + b||v(t)||^2 \\
&= (F(v_t+z_t), Av(t)) + (\mu z(t) - Az(t) - bz(t), Av(t)) \\
&\leqslant k_1|Av(t)|^2 + (k_2+\varepsilon_0)||v_t||_{L_H^2} + \left(k_2+\frac{1}{\varepsilon_0}\right)||z_t||_{L_H^2} + k_3 \\
&\quad + l_1|Au(t)|^2 + \frac{1}{4l_1}|\mu z(t) - Az(t) - bz(t)|^2.
\end{aligned} \tag{2.1.37}$$

令 $p_2(t,\omega) := 2\left(k_2+\dfrac{1}{\varepsilon_0}\right)||z_t||_{L_H^2} + \dfrac{1}{2l_1}|\mu z(t) - Az(t) - bz(t)|^2$, 则有

$$\begin{aligned}
&\frac{d}{dt}||v(t)||^2 + 2\left(1-k_1-l_1\right)|Av(t)|^2 \\
&\leqslant 2(k_2+\varepsilon_0)\int_{-r}^{0}|v(t+s)|^2 ds + p_2(t,\omega) + 2k_3,
\end{aligned} \tag{2.1.38}$$

$$\frac{d}{dt}||v(t)||^2 \leqslant 2(k_2+\varepsilon_0)\int_{-r}^{0}|v(t+s)|^2 ds + p_2(t,\omega) + 2k_3. \tag{2.1.39}$$

由引理 2.1.2 可得, 存在 $T_H(d)$, 使得当 $\tau < t - T_H(d)$ 时,

$$|v(t)| \leqslant \rho_H(t,\omega),$$

由引理 2.1.3 可得

$$\int_{t-1}^{t} ||v(s)||^2 ds \leqslant I_V(t,\omega).$$

在 $[s,t]$ 上对方程 (2.1.39) 关于 t 积分后得到

$$||v(t)||^2 - ||v(s)||^2 \leqslant 2(k_2+\varepsilon_0)\int_s^t \int_{-r}^0 |v(s+s_1)|^2 ds_1 + \int_s^t p_2(s,\omega)ds + 2k_3(t-s). \tag{2.1.40}$$

再在 $[t-1,t]$ 上关于 s 积分后得到

$$\begin{aligned}
&||v(t)||^2 \\
\leqslant& \int_{t-1}^t ||v(s)||^2 ds + 2(k_2+\varepsilon_0)\int_{t-1}^t \int_{-r}^0 |v(s+s_1)|^2 ds_1 + \int_{t-1}^t p_2(s,\omega)ds + 2k_3 \\
\leqslant& I_V(t,\omega) + 2(k_2+\varepsilon_0) r\rho_H^2(t,\omega) + \int_{t-1}^t p_2(s,\omega)ds + 2k_3.
\end{aligned} \tag{2.1.41}$$

于是对所有的 $\tau < t - T_H(d) - r$,

$$\begin{aligned}
&||v_t(\cdot\,,\omega;\tau,(v_0,\xi))||_{C_V}^2 = \max_{s\in[-r,0]} ||v(t+s)||^2 \\
\leqslant& \max_{s\in[t-r,t]} \left\{ I_V(s,\omega) + 2(k_2+\varepsilon_0) r\rho_H^2(s,\omega) + \int_{s-1}^s p_2(s_1,\omega)ds_1 + 2k_3 \right\} \\
\triangleq& \rho_V^2(t,\omega),
\end{aligned} \tag{2.1.42}$$

引理证毕. □

定理 2.1.2 如果 (H1) ~ (H2) 成立, $\lambda_1 + b > k_1 + k_2 r$, $k_1 < 1$. 则由随机时滞抛物方程 (2.1.18)~(2.1.19) 的解生成的随机动力系统 φ 存在随机吸引子 $\mathcal{A}_{M_H^2}(\omega) \subset H \times C_H$, 并且

$$\varphi(t,\omega)\mathcal{A}_{M_H^2}(\omega) = \mathcal{A}_{M_H^2}(\theta_t\omega). \tag{2.1.43}$$

证明 令 $P_{C_H}: H \times C_H \to C_H$ 为投影算子. 对任意的 $\omega \in \Omega$, 构造随机集

$$K(\omega) = \bigcup_{\psi_1 \in B_{C_V}(0,\rho_V(0,\omega))} P_{C_H}\left(\varphi(r,\omega)(\psi_1(0),\psi_1)\right). \tag{2.1.44}$$

由于 $\rho_V(0,\omega)$ 在 C_V 中是 P-a.s. 有界吸收集, 因此随机集 $K(\omega)\subset\rho_V(0,\omega)$ 也是 C_V 中的 P-a.s. 有界随机吸收集.

下面用 Ascoli-Arzela 引理证明 $K(\omega)$ 在 C_H 是相对紧的. 为此, 需验证 $K(\omega)$ 是等度连续和一致有界的. 一致有界性可由 $K(\omega)$ 定义直接得到, 下面证明 $K(\omega)$ 是等度连续的.

注意到, 当 $t_1,t_2\in[-r,0]$, $\psi_1\in B_{C_V}(0,\rho_{V,\varepsilon}(0,\omega))$ 时,

$$\begin{aligned}&|\left(P_{C_H}\varphi(r,\omega)(\psi_1(0),\psi_1)\right)(t_1)-\left(P_{C_H}\varphi(r,\omega)(\psi_1(0),\psi_1)\right)(t_2)|\\&=|u(r+t_1,\omega;0,(\psi_1(0),\psi_1))-u(r+t_2,\omega;0,(\psi_1(0),\psi_1))|.\end{aligned}\tag{2.1.45}$$

令 $u(\cdot)=u(\cdot,\omega;0,(\psi_1(0),\psi_1))$, 假设 $t_2>t_1$, 则有

$$\begin{aligned}&|u(r+t_1)-u(r+t_2)|\\&\leqslant|v(r+t_1)-v(r+t_2)|+|z(r+t_1)-z(r+t_2)|\\&\leqslant\left|\int_{r+t_1}^{r+t_2}\frac{dv}{dt}dt\right|+|z(r+t_1)-z(r+t_2)|\\&\leqslant\int_{r+t_1}^{r+t_2}(|Av(t)|+b|v(t)|+|F(v_t+z_t)|)dt\\&\quad+\left(\int_{r+t_1}^{r+t_2}|\mu z(t)-Az(t)-bz(t)|dt+|z(r+t_1)-z(r+t_2)|\right).\end{aligned}\tag{2.1.46}$$

下面估计方程右边的每一项.

(i) 由于 Ornstein-Uhlenbeck 过程的轨道是 P-a.s. 连续的, 因此在有限区间 $[0,r]$ 上, $z(\cdot,\omega)$ 和 $Az(\cdot,\omega)$ 都是一致连续的, 因此, 当 $t_2\to t_1$ 时,

$$\int_{r+t_1}^{r+t_2}|\mu z(t)-Az(t)-bz(t)|dt\to0.\tag{2.1.47}$$

(ii) 由 (2.1.38) 可得

$$(1-k_1-l_1)|Av(t)|^2\leqslant(k_2+\varepsilon_0)\int_{-r}^{0}|v(t+s)|^2ds+\frac{1}{2}p_2(t,\omega)+k_3-\frac{1}{2}\frac{d}{dt}||v(t)||^2.\tag{2.1.48}$$

由于

$$
\begin{aligned}
&(1-k_1-l_1)\int_{r+t_1}^{r+t_2}|Av(t)|^2dt\\
\leqslant{}&(k_2+\varepsilon_0)\int_{-r}^{0}\int_{r+t_1}^{r+t_2}|u(t+s)|^2dtds+\frac{1}{2}\int_{r+t_1}^{r+t_2}p_2(t,\omega)dt+k_3(t_2-t_1)\\
&-\frac{1}{2}\int_{r+t_1}^{r+t_2}\frac{d}{dt}||v(t)||^2dt\\
\leqslant{}&(k_2+k_3+\varepsilon_0)r\rho_H^2(t_2-t_1)+\frac{1}{2}\int_{r+t_1}^{r+t_2}p_2(t,\omega)dt\\
&+\rho_v^2+\frac{1}{2}||v(t+\theta_1)||^2-\frac{1}{2}||v(t+\theta_2)||^2,
\end{aligned}\tag{2.1.49}
$$

因此

$$
\int_{r+t_1}^{r+t_2}|Av(t)|dt\leqslant(t_2-t_1)^{\frac{1}{2}}\cdot\left(\int_{r+t_1}^{r+t_2}|Av(t)|^2\right)^{\frac{1}{2}}\to 0,\quad t_2\to t_1.
$$

(iii) 直接计算可得

$$
\int_{r+t_1}^{r+t_2}b|v(t)|dt\leqslant b\rho_H(t,\omega)|t_2-t_1|.
$$

(iv) 再由 (2.1.3) 可得

$$
\begin{aligned}
\int_{r+t_1}^{r+t_2}|F(u_t)|dt&\leqslant\int_{r+t_1}^{r+t_2}\left(k_1+k_2\int_{-r}^{0}|u(t+s)|^2ds+k_3\right)dt\\
&\leqslant(k_1+k_3)(t_2-t_1)+k_2\int_{-r}^{0}\int_{r+t_1}^{r+t_2}|v(t+s)+z(t+s)|^2dtds\\
&\leqslant(k_1+k_3+(k_2+\varepsilon_0)r\rho_H^2+p_1(t,\omega))(t_2-t_1).
\end{aligned}\tag{2.1.50}
$$

综上所述, 当 $t_2\to t_1$ 时,

$$
|u(r+t_2)-u(r+t_1)|\to 0,\quad \forall\psi_1\in B_{C_V}(0,\rho_V(0,\omega)).
$$

因此, 等度连续性得证.

于是, $K(\omega)$ 在 C_H 中是相对紧的. $\overline{K(\omega)}$ 在 C_H 中是一个紧的吸收集, 其中, 闭包是在 C_H 中取的.

考虑线性算子 $\widetilde{j}:\phi\in C_H\mapsto\widetilde{j}(\phi)=(\phi(0),\phi)\in H\times C_H$. 容易验证该算子是从 C_H 到 M_H^2 上的连续算子. 令 $\widetilde{K}(\omega)=\widetilde{j}(\overline{K(\omega)})$. 由于 $H\times C_H\subset M_H^2$, 并且内射是连续的, $\widetilde{K}(\omega)$ 是 M_H^2 中的紧集.

由文献 [2] 中定理 3.11 可知, 随机动力系统 φ 存在随机吸引子 $\mathcal{A}_\varepsilon(\omega)\subset H\times C_H$ P-a.s., 且

$$\varphi(t,\omega)\mathcal{A}_{M_H^2}(\omega)=\mathcal{A}_{M_H^2}(\theta_t\omega). \tag{2.1.51}$$

定理 2.1.2 证毕. □

接下来证明随机吸引子的上半连续性. 考虑依赖于 ε 的随机扰动时滞抛物方程

$$\begin{cases}\dfrac{\partial u(t,x)}{\partial t}+Au(t,x)+bu(t,x)=F(u_t)(x)+\varepsilon\displaystyle\sum_{j=1}^{m}\beta_j(x)\frac{d}{dt}w_j(t), \quad x\in\mathcal{O},\\ u(0,x)=u_0(x),\quad u(s,x)=\psi(s,x),\quad s\in(-r,0).\end{cases} \tag{2.1.52}$$

令 $v(t)=u(t)-\varepsilon z(t)$, 则 v 满足依赖于随机参数的方程

$$\frac{dv}{dt}+Av+bv=F(v_t+\varepsilon z_t)+\varepsilon(\mu z-Az-bz) \tag{2.1.53}$$

及相应的初值条件

$$\begin{aligned}&v(\tau,\omega)=u_0-\varepsilon z(\tau,\omega)\triangleq v_0(\omega),\\ &v(\tau+s)=\psi(s)-\varepsilon z(\tau+s,\omega)\triangleq\xi(s,\omega),\quad s\in(-r,0).\end{aligned} \tag{2.1.54}$$

类似于文献 [18] 中定理 3.1 的证明可知, 对每个 $\varepsilon\in R^+$, 方程 (2.1.53)~(2.1.54) 存在唯一的弱解 $v(t,\omega;\tau,(v_0,\xi))$, 并且映射 $(v_0,\xi)\mapsto(v(t,\omega;\tau,(v_0,\xi)),v_t(\cdot\,,\omega;\tau,(v_0,\xi)))$ 是连续的, 可定义依赖于 ε 的映射为 $\varphi_\varepsilon:R\times\Omega\times M_H^2\to M_H^2$ 如下:

$$\begin{aligned}\varphi_\varepsilon(t,\omega)(u_0,\psi)&=(u(t,\omega;0,(u_0,\psi)),u_t(\cdot\,,\omega;0,(u_0,\psi)))\\ &=(v(t,\omega;0,(v_0,\xi))+\varepsilon z(t),v_t(\cdot\,,\omega;0,(v_0,\xi))+\varepsilon z_t).\end{aligned} \tag{2.1.55}$$

因此, φ_ε 是连续的随机动力系统.

令

$$\rho_{H,\varepsilon}^2(t,\omega)=\varepsilon^2C_p(t,\omega)+\frac{4k_3}{c_0},$$

$$
\begin{aligned}
I_{V,\varepsilon}(t,\omega) &= \frac{1}{1+(k_1+l_0)\lambda_1^{-1}} \\
&\quad \cdot \left(\left((k_2+\varepsilon_0)r + \frac{1}{2} \right) \rho_{H,\varepsilon}^2(t,\omega) + \frac{\varepsilon^2}{2} \int_{t-1}^{t} p_1(s,\omega)ds + k_3 \right), \\
\rho_{V,\varepsilon}^2(t,\omega) &= \max_{s\in[t-r,t]} \left\{ I_{V,\varepsilon}(s,\omega) + 2(k_2+\varepsilon_0)r\rho_{H,\varepsilon}^2(s,\omega) \right. \\
&\quad \left. + \varepsilon^2 \int_{s-1}^{s} p_2(s_1,\omega)ds_1 + 2k_3 \right\}.
\end{aligned}
$$

用类似于引理 2.1.1 和引理 2.1.4 的证明, 可以在不同空间中得到解的不同估计.

记 $v(\cdot) = v(\cdot\,,\omega;\tau,(v_0,\xi))$. 则有下面引理.

引理 2.1.5 如果 $\lambda_1 + b > k_1 + k_2 r$, 则方程 (2.1.53)~(2.1.54) 的解 $v(t)$ 满足 (i)

$$
\begin{aligned}
|v(t)|^2 &\leqslant e^{-c_0(t-\tau)}|v_0|^2 + 2(k_2+\varepsilon_0)re^{-c_0(t-\tau-r)}||\xi^2||_{L_H^2} \\
&\quad + \varepsilon^2 C_p(t,\omega) + \frac{2k_3}{c_0} \quad \text{P-a.s.},
\end{aligned}
\tag{2.1.56}
$$

(ii) 对所有的 $(v_0,\xi) \in \mathcal{B}_{M_H^2}(0,d)$, 都存在 $T_H(d) > r$, 使得当 $\tau < t - T_H(d) - r$ 时, 有

$$
\int_{t-1}^{t} ||v(s)||^2 ds \leqslant I_{V,\varepsilon}(t,\omega), \quad ||v(t)||^2 \leqslant \rho_{V,\varepsilon}^2(t,\omega).
$$

因此, $B_{C_H}(0,\rho_{H,\varepsilon}(t,\omega))$ 和 $B_{C_V}(0,\rho_{V,\varepsilon}(t,\omega))$ 分别是随机动力系统在 C_H 和 C_V 中的吸收集.

令

$$
K_\varepsilon(\omega) = \bigcup_{\psi_1 \in B_{C_V}(0,\rho_{V,\varepsilon}(0,\omega))} P_{C_H}\left(\varphi_\varepsilon(r,\omega)(\psi_1(0),\psi_1)\right),
$$

类似于定理 2.1.2 的证明可得

定理 2.1.3 假设 (H1) ~ (H2) 成立, $\lambda_1 + b > k_1 + k_2 r$ 且 $k_1 < 1$. 则由系统 (2.1.52) 的解生成的随机动力系统 φ_ε 存在随机吸引子 $\mathcal{A}_\varepsilon(\omega) \subset H \times C_H$, 且

$$
\varphi_\varepsilon(t,\omega)\mathcal{A}_\varepsilon(\omega) = \mathcal{A}_\varepsilon(\theta_t\omega). \tag{2.1.57}
$$

注意到, 当 $\varepsilon = 0$ 时, 随机时滞抛物方程就退化为自治时滞抛物方程:

$$
\begin{cases}
\dfrac{\partial u(t,x)}{\partial t} + Au(t,x) + bu(t,x) = F(u_t)(x), \quad x \in \mathcal{O}, \\
u(0,x) = u_0(x), \quad u(s,x) = \psi(s,x), \quad s \in (-r,0),
\end{cases}
\tag{2.1.58}
$$

容易验证, 上述自治系统存在整体吸引子. 现在讨论整体吸引子和随机吸引子之间的联系. 下面利用文献 [5] 的思想证明在随机扰动下, 自治情形的整体吸引子是上半连续的.

首先令 $\varepsilon=0$, 由定理 2.1.3 可知, 由系统 (2.1.58) 的解生成的自治动力系统存在整体吸引子. 然而, 需要指出, 由文献 [18] 中的命题 4.1 可知, 系统 (2.1.58) 的一致吸引子是存在的. 由文献 [5] 关于扰动系统的吸引子的上半连续性可知, 在随机扰动下, 自治情形的整体吸引子是上半连续的随机吸引子.

定理 2.1.4 设 φ_ε 为 (2.1.20) 的解生成的随机动力系统, S 为 (2.1.58) 的解生成的自治动力系统, 相应的吸引子分别为 $\mathcal{A}_\varepsilon(\omega)$ 和 $\mathcal{A}$. 则当 $\varepsilon\to 0$ 时, $\mathcal{A}_\varepsilon(\omega)$ 关于 Hausdorff 半距离连续到 $\mathcal{A}$, 即对 P-a.s. $\omega\in\Omega$,

$$\lim_{\varepsilon\to 0}\operatorname{dist}(\mathcal{A}_\varepsilon(\omega),\mathcal{A})=0. \tag{2.1.59}$$

证明 为了应用文献 [5] 中的定理 3.1, 需要验证下面两个条件:

条件 1. 对每个 P-a.s. $\omega\in\Omega$, $t\in R$, 及 M_H^2 有界集中的元素 (u_0,ψ), 都有

$$\lim_{\varepsilon\to 0}||\varphi_\varepsilon(t,\omega)(u_0,\psi)-S(t)(u_0,\psi)||_{M_H^2}=0, \tag{2.1.60}$$

由 (2.1.20) 可得

$$\begin{aligned}&||\varphi_\varepsilon(t,\omega)(u_0,\psi)-S(t)(u_0,\psi)||_{M_H^2}\\ \leqslant\ &||(v(t,\omega;0,(u_0-\varepsilon z(0),\psi-z_0)),v_t(\cdot,\omega;0,(u_0-\varepsilon z(0),\psi-z_0)))\\ &-S(t)(u_0,\psi)||_{M_H^2}\\ &+|\varepsilon|\cdot||(z(t,\omega),z_t(\cdot,\omega))||_{M_H^2}.\end{aligned}$$

注意到 $z(t)$ 是 P-a.s. 的连续函数 $v(t,\omega;0,(u_0-\varepsilon z(0),\psi-z_0))$ 和 $S(t)(u_0,\psi)$ 是下面方程的解:

$$\begin{aligned}&\frac{dv}{dt}+Av+bv=F(v_t+\varepsilon z_t)+\varepsilon(\mu z-Az-bz),\\ &\frac{du}{dt}+Au+bu=F(u_t).\end{aligned}$$

F 满足必要的假设条件, 由泛函微分方程的解的连续依赖性可知, 当 $\varepsilon\to 0$ 时, $v(t,\omega;0,(u_0-\varepsilon z(0),\psi-z_0))\to S(t)(u_0,\psi)$. 因此, 条件 1 得证.

条件 2. 可以证明, 对每个 $\omega\in\Omega$, 对 P-a.s. 的 $K_\varepsilon(\omega)\supset\mathcal{A}_\varepsilon(\omega)$, $K\supset\mathcal{A}$, $K_\varepsilon(\omega)$ 和 K 都满足下面的性质:

$$\lim_{\varepsilon\to 0}\operatorname{dist}(K_\varepsilon(\omega),K)=0. \tag{2.1.61}$$

事实上, 只需证明在三个不同的函数空间中这些吸收球的半径的极限满足

$$\lim_{\varepsilon\to 0}\rho_{H,\varepsilon}^2(t,\omega)=\frac{4k_3}{c_0}=\rho_{H,0}^2, \tag{2.1.62}$$

$$\lim_{\varepsilon\to 0}I_{V,\varepsilon}(t,\omega)=\frac{1}{1+(k_1+l_0)\lambda_1^{-1}}\left(\left((k_2+\varepsilon_0)r+\frac{1}{2}\right)\rho_{H,0}^2+k_3\right)=I_{V,0}, \tag{2.1.63}$$

$$\lim_{\varepsilon\to 0}\rho_{V,\varepsilon}^2(t,\omega)=I_{V,0}+2(k_2+\varepsilon_0)r\rho_{H,0}^2+2k_3=\rho_{V,0}^2. \tag{2.1.64}$$

因此

$$\lim_{\varepsilon\to 0}\mathrm{dist}(B_{C_H}(0,\rho_{H,\varepsilon}(0,\omega)),B_{C_H}(0,\rho_{H,0})=0,$$
$$\lim_{\varepsilon\to 0}\mathrm{dist}(B_{C_V}(0,\rho_{V,\varepsilon}(0,\omega)),B_{C_V}(0,\rho_{V,0})=0.$$

类似于引理 2.1.1~引理 2.1.4 可以证明, 方程 (2.1.58) 的解生成一个自治动力系统, $\rho_{H,0}$ 和 $\rho_{V,0}$ 分别是自治动力系统在 C_H 和 C_V 空间的吸收球的半径. 由紧的吸收集 $K_\varepsilon(\omega)$ 的构造和随机动力系统 φ_ε 的连续性可知, 断言成立, 于是定理得证. □

最后, 作为应用, 研究一个单种群具有状态依赖的分布时滞和加性白噪声驱动的非局部偏微分方程模型:

$$\begin{aligned}&\frac{\partial}{\partial t}u(t,x)+Au(t,x)+d_0u(t,x)\\&=\int_{-r}^{0}\left(\int_\Omega b(u(t+s,y))f(x-y)dy\right)\xi(s,u(t),u_t)ds+\sum_{j=1}^{m}\beta_j(x)\frac{d}{dt}w_j(t)\\&\equiv F(u_t)(x)+\sum_{j=1}^{m}\beta_j(x)\frac{d}{dt}w_j(t),\quad x\in\mathcal{O},\end{aligned} \tag{2.1.65}$$

其中, ξ 表示状态选择时滞. 该模型中的时滞反馈是可选的, 例如时滞出生率中的成熟期等, 并且选择依赖于系统的状态. 该偏微分方程模型可以看作是含有空间扩散、状态依赖的分布时滞和随机扰动的非线性发展过程的很好的近似, 与文献 [24] 中关于模型非线性项的假设相同, 即

(i) $b:R\to R$ 是局部 Lipschitz, 存在正常数 C_1, C_2, 使得对所有的 $w\in R$ 满足 $|b(w)|\leqslant C_1|w|+C_2$;

(ii) $f:\Omega\to R$ 是有界的;

(iii) $\xi : [-r,0]\times H\times L_H^2 \to R$ 关于第二、三变元是局部 Lipschitz 的, 即对任意 $M>0$, 都存在 $L_{\xi,M}$, 使得对所有的 $\theta\in[-r,0]$, 及满足 $|v^i|^2+\int_{-r}^0 |\psi^i(s)|^2ds \leqslant M^2$, $i=1,2$ 的 $(v^i,\psi^i)\in H\times L^2(-r,0;H)$, 都有

$$|\xi(\theta,v^1,\psi^1)-\xi(\theta,v^2,\psi^2)| \leqslant L_{\xi,M}\cdot\left(|v^1-v^2|^2+\int_{-r}^0 |\psi^1(s)-\psi^2(s)|^2ds\right)^{\frac{1}{2}} \tag{2.1.66}$$

成立, 并且存在 $C_\xi>0$, 使得对所有的 $(v,\psi)\in H\times L_H^2$,

$$||\xi(\cdot\,,v,\psi)||_{L^2(-r,0)} \leqslant C_\xi. \tag{2.1.67}$$

进一步假设

(iv) 对于定义在 $\mathcal{O}$ 的给定函数 $\{\beta_j\}_{j=1}^m$, $\{w_j\}_{j=1}^m$ 是在概率空间 $(\Omega,\mathcal{F},P)$ 上的独立的双边实值 Wiener 过程.

命题 2.1.1 [18]　假设文献 [24] 中的条件 (i) ~ (iii) 成立, 则非局部模型中的非线性项 F 满足假设 (H1) ~ (H2).

考虑下面的方程:

$$\frac{dv}{dt}+Av+bv=F(v_t+z_t)+(\mu z-Az-bz) \tag{2.1.68}$$

及初值条件

$$\begin{aligned} &v(\tau,\omega)=u_0-z(\tau,\omega)\triangleq v_0(\omega),\\ &v(\tau+s)=\psi(s)-z(\tau+s,\omega)\triangleq \xi(s,\omega),\quad s\in(-r,0), \end{aligned} \tag{2.1.69}$$

其中 $z(t)$ 是 (2.1.10) 中定义的 Ornstein-Uhlenbek 过程.

由定理 2.1.1 可得

命题 2.1.2　对每个 $\tau\in R$, 系统 (2.1.68)~(2.1.69) P-a.s. 有唯一的弱解, 即

$$v(\cdot\,,\omega)\in L^2(\tau-r,T;H)\cap L^2(\tau,T;V)\cap L^\infty(\tau,T;H)\cap C([\tau,T];H),$$

且对所有的 $t>\tau$, 映射 $(v_0,\xi)\mapsto(v(t,\omega;\tau,(v_0,\xi)),v_t(\cdot\,,\omega;\tau,(v_0,\xi)))$ 是连续的.

令 $u(t,\omega;\tau,(u_0,\psi))=v\,(t,\omega;\tau,(u_0-z(\tau),\psi-z_\tau))+z(t)$. 则过程 u 是系统 (2.1.65) 的解. 由上述命题可知, 可以定义一个连续的随机动力系统 $\varphi: R\times\Omega\times M_H^2\to M_H^2$:

$$\begin{aligned} \varphi(t,\omega)(u_0,\psi)&=(u(t,\omega;0,(u_0,\psi)),u_t(\cdot\,,\omega;0,(u_0,\psi)))\\ &=(v\,(t,\omega;0,(v_0,\xi))+z(t),v_t\,(\cdot\,,\omega;0,(v_0,\xi))+z_t)\,. \end{aligned} \tag{2.1.70}$$

因此, 有

命题 2.1.3 如果 $\lambda_1 + b > k_1 + k_2 r$, $k_1 < 1$, 则由系统 (2.1.65) 的解定义的随机动力系统 φ 存在随机吸引子 $\mathcal{A}_{M_H^2}(\omega) \subset H \times C_H$, 并且

$$\varphi(t,\omega)\mathcal{A}_{M_H^2}(\omega) = \mathcal{A}_{M_H^2}(\theta_t\omega).$$

接下来讨论确定性系统的整体吸引子与随机吸引子之间的关系. 考虑下面含参数 ε 的随机偏微分方程:

$$\begin{aligned}
&\frac{\partial}{\partial t}u(t,x) + Au(t,x) + d_0u(t,x)\\
&= \int_{-r}^{0}\left(\int_{\Omega} b(u(t+s,y))f(x-y)dy\right)\xi(s,u(t),u_t)ds + \varepsilon\sum_{j=1}^{m}\beta_j(x)\frac{d}{dt}w_j(t)\\
&\equiv F(u_t)(x) + \varepsilon\sum_{j=1}^{m}\beta_j(x)\frac{d}{dt}w_j(t), \quad x \in \mathcal{O},
\end{aligned} \tag{2.1.71}$$

由定理 2.1.4 可知,

命题 2.1.4 在命题 2.1.3 的假设下, 自治系统 (2.1.71) ($\varepsilon = 0$) 存在整体吸引子 $\mathcal{A}$. 则当 $\varepsilon \to 0$ 时, 由方程 (2.1.71) 生成的随机动力系统 φ_ε 的随机吸引子 $\mathcal{A}_\varepsilon(\omega)$ 依 Hausdorff 半距离上半连续到 $\mathcal{A}$, 即对 P-a.s. $\omega \in \Omega$,

$$\lim_{\varepsilon\to 0}\operatorname{dist}(\mathcal{A}_\varepsilon(\omega), \mathcal{A}) = 0. \tag{2.1.72}$$

2.2 随机时滞耗散波方程的随机惯性流形

惯性流形是指正不变的、包含整体吸引子 (如果存在的话) 且按指数速度吸引所有的解轨道有限维的 Lipschtiz 流形. 惯性流形是联系无穷维动力系统和有限维动力系统的重要桥梁. 如果一个无穷维动力系统存在惯性流形, 那么, 该无穷维动力系统在惯性流形上的性态, 完全由一个有限维的动力系统所确定, 该系统即为惯性形式. 由于惯性流形的存在性依赖于所谓的 "谱间隙" 条件, 导致很多动力系统不满足该条件而得不到惯性流形, 因此, 人们转而考虑其近似惯性流形的性质. 关于无穷维动力系统的惯性流形和近似惯性流形的研究文献很多, 参阅文献 [14] 及其参考文献.

目前, 关于随机惯性流形方面的研究工作不多, 例如, Bensoussan 和 Flandoli[3], Girya 和 Chueshov[12], Chueshov 和 Scheutzow[10], Da Prato 和 Debussche[21], Du 和 Duan[11] 研究了随机抛物方程的随机惯性流形, 柳振鑫[19] 研究了随机波方程的随机惯性流形的存在性, 并证明了当白噪声的强度趋于 0 时, 随机

惯性流形趋于相应的确定性系统的惯性流形. 1995 年 Chueshov 对随机 Navior-Stokes 方程的随机近似惯性流形开展研究[9]. 关于时滞随机抛物方程的惯性流形参阅文献 [10], 但关于随机时滞波方程的随机吸引子的结论很少, 这一节将利用修正的 Lyapunov-Perron 方法证明随机时滞波方程的随机惯性流形的存在性.

考虑下面的随机时滞耗散波方程

$$\begin{cases}\dfrac{\partial^2 u}{\partial t^2}+2\epsilon\dfrac{\partial u}{\partial t}+Au=B(u_t)+\mu g\dfrac{dw}{dt}, \quad t>0,\\ u(s+\theta)=u_s\in C_\alpha,\\ \dfrac{du}{dt}=u_1, \quad s\in R.\end{cases} \tag{2.2.1}$$

的随机惯性流形的存在性, 其中 $C_\alpha=C([-r,0],D(A^\alpha)$, $0\leqslant\alpha\leqslant\dfrac{1}{2}$, $|v|_{C_\alpha}=\sup\{||A^\alpha u(\theta)||:\theta\in[-r,0]\}$. A 是一线性无界正定的自伴稠定闭算子, 在可分的 Hilbert 空间 H 中具有离散谱, 且存在 H 的标准正交基 $\{e_k\}$ 使得

$$Ae_k=\mu_k e_k, \quad 0<\mu_1\leqslant\mu_2\cdots\leqslant\mu_k\to\infty, \quad k\to\infty.$$

关于确定性的时滞半线性波方程

$$\begin{cases}\dfrac{\partial^2 u}{\partial t^2}+2\epsilon\dfrac{\partial u}{\partial t}+Au=B(u_t,t), \quad t>0,\\ u(s+\theta)=u_s\in C_\alpha,\\ \dfrac{du}{dt}=u_1, \quad s\in R.\end{cases} \tag{2.2.2}$$

Rezounenko 等利用 Lyapunov-Perron 方法在一定的谱间隙条件和充分小的时滞假设下, 证明了当 $B(u_t,t)=B(u_t)$ 时方程 (2.2.2) 惯性流形的存在性. 朱健民等[27] 研究了具有拟周期外力作用的非自治时滞半线性波方程在 C_α 中存在惯性流形.

对含有时滞的非线性项 $B(u_t):C_\alpha\to R$ 作如下假设:

(H0) $||B(0)||\leqslant M_0$, $||B(u_1)-B(u_2)||\leqslant M||u_1-u_2|_{C_\alpha}$, $\quad 0\leqslant\alpha\leqslant\dfrac{1}{2}$, $u_1,u_2\in C_\alpha$.

记 O-U 变换

$$dz+2\epsilon z dt=dW$$

的稳态解为 $z(\theta_t\omega)$. 令 $u_t=v$, 则随机耗散波方程 (2.2.2) 可写成

$$\begin{cases}u_t=v,\\ v_t+2\epsilon v+Au=B(u_t)+\mu g\dot{w}.\end{cases} \tag{2.2.3}$$

令 $\bar{u}=u,\ \bar{v}=v-\mu g z(\theta_t\omega)$, 则方程 (2.2.4) 可写成

$$\begin{cases}\bar{u}_t=\bar{v}+\mu g z(\theta_t\omega),\\ \bar{v}_t=-2\epsilon\bar{v}-A\bar{u}+B(\bar{u}_t).\end{cases}\tag{2.2.4}$$

定义

$$\phi=\begin{pmatrix}\bar{u}\\ \bar{v}\end{pmatrix},\qquad \tilde{A}\phi=\begin{pmatrix}0 & I\\ -A & -2\epsilon I\end{pmatrix},\qquad F(\phi_t,\theta_t\omega)=\begin{pmatrix}\mu g z(\theta_t\omega)\\ B(\bar{u}_t)\end{pmatrix}.$$

则方程 (2.2.2) 可写成随机发展方程

$$\frac{d\phi}{dt}=\tilde{A}\phi+F(\phi_t,\theta_t\omega).\tag{2.2.5}$$

直接计算可知, $\tilde{A}$ 的特征值和相应的特征函数分别为

$$\lambda_n^{\pm}=\epsilon\pm\sqrt{\epsilon^2-\mu_n},\quad f_n^{\pm}=(e_n;-\lambda_n^{\pm}e_n),\quad n=1,2,\cdots.$$

令 $\epsilon^2>\mu_{N+1}$, 记 $E=D(A^{\frac{1}{2}}\times H)$, 考虑空间 E 上的直和分解 $E=E_1\oplus E_2$, 其中

$$E_1=\operatorname{Lin}\{(e_k;0),\ (0;e_k):\ k=1,2,\cdots,N\},$$

$$E_2=\operatorname{cllin}\{(e_k;0),\ (0;e_k):\ k\geqslant N+1\}$$

分别在 E_1 和 E_2 上定义 Hermite 内积

$$\langle U,V\rangle_1=\epsilon^2(u_1,v_1)-(Au_1,v_1)+(\epsilon u_1+u_2,\epsilon v_1+v_2),$$

$$\langle U,V\rangle_2=(Au_1,v_1)+(\epsilon^2-2\mu_{N+1})(u_1,v_1)+(\epsilon u_1+u_2,\epsilon v_1+v_2).$$

其中 $U=(u_1,u_2),V=(v_1,v_2)$ 分别对应相应的 $E_i,i=1,2$. 定义 E 上的内积

$$\langle U,V\rangle=\langle U^1,V^1\rangle_1+\langle U^2,V^2\rangle_2,$$

其中 $U=U^1+U^2,\ V=V^1+V^2,\ U^i,V^i\in E^i,\ i=1,2,\ |U|^2=\langle U,U\rangle$. 由文献 [27] 可知, 对任意的 $U=(u,v)\in E$,

$$||A^{\alpha}u||\leqslant\mu_{N+1}^{\alpha}\delta_{N,\epsilon}^{-1}|U|_{C_E},\quad 0\leqslant\alpha\leqslant\frac{1}{2},\tag{2.2.6}$$

其中

$$\delta_{N,\epsilon}=\sqrt{\mu_{N+1}}\min\left\{1,\frac{\sqrt{\epsilon^2-\mu_{N+1}}}{\mu_{N+1}}\right\}.$$

注意到 $\tilde{A}$ 的特征函数 $\{f_k^{\pm}\}$ 具有如下正交性质:

$$\langle f_n^+, f_k^+\rangle = \langle f_n^-, f_k^-\rangle = \langle f_n^+, f_k^-\rangle = 0, \qquad k \neq n;$$
$$\langle f_k^+, f_k^-\rangle = 0, \qquad 1 \leqslant k \leqslant N.$$

令 $E_1^{\pm} = \mathrm{Lin}\{f_k^{\pm}, k \leqslant N\}$, 由正交性质可知, $E_1 = E_1^+ \bigoplus E_1^-, E = E_1 \bigoplus E_2$. 定义 $P = P_{E_1^-}, Q = I - P = P_{E_1^+} + P_{E_2}$. 由文献 [10] 可知,

$$|\tilde{A}^\alpha e^{\tilde{A}t} P| \leqslant \lambda_N^{+\alpha} e^{\lambda_N^+|t|}, \quad t \in R,$$
$$|e^{-\tilde{A}t}Q| \leqslant e^{-\lambda_{N+1}^+ t}, \quad t > 0,$$
$$||\tilde{A}^\alpha e^{-t\tilde{A}}Q|| \leqslant [(\alpha/t)^\alpha + \lambda_{N+1}^{+\alpha}] \cdot e^{-\lambda_{N+1}^+ t}, \quad t > 0, \alpha > 0.$$

记

$$\eta = \frac{\lambda_{N+1}^- + \lambda_N^-}{2}, \quad \delta = \frac{4M_1 e^{\xi r}}{\lambda_{N+1}^- - \lambda_N^-}.$$

令

$C_{\eta,s}^- = \{\phi(t) : (-\infty, s] \to E|V(t)$ 是强连续函数, 且 $\sup_{t\leqslant 0} e^{-\eta(t-s)}||\phi(t)||_E < \infty\}$,

则 $C_{\eta,s}^-$ 在 $||\phi||_\eta = \sup_{t\leqslant 0} e^{-\eta(t-s)}||\phi(t)||_E$ 范数意义下是一个 Banach 空间. 引进两个算子

$$\xi(t, \sigma, \omega) = \int_\sigma^t e^{-(t-\tau)\tilde{A}} dW(\tau),$$
$$\xi(t, -\infty, \omega) = \int_{-\infty}^t e^{-(t-\tau)\tilde{A}} dW(\tau) = \lim_{s\to-\infty} \int_s^t e^{-(t-\tau)\tilde{A}} dW(t).$$

则由文献 [10] 命题 3.1 可知, $\xi(t, s, \omega)$ 满足下面性质:

引理 2.2.1　当 $(t, s) \in \Xi =: \{(t, s) : -\infty \leqslant s \leqslant \infty, t > -\infty\}$ 时, 存在 $\bar{\xi} : \Xi \times \Omega \to H$ 满足下面的性质:

(1) $P(\{\omega, \bar{\xi}(t, s, \omega) = \xi(t, s, \omega)\}) = 1, \ \forall (t, s,) \in \Xi$;

(2) $\bar{\xi}(t, s, \omega) = \bar{\xi}(t + \tau, s + \tau, \theta_{-\tau}\omega), \ (t, s,) \in \Xi, \ \tau \in R, \ \omega \in \Omega$;

(3) 对每个 $\omega \in \Omega$, 映射 $(t, s) \to \bar{\xi}(t, s, \omega)$ 是从 Ξ 到 $D(A^\alpha)$ 上的连续映射;

(4) $(t, s, \omega) \to \bar{\xi}(t, s, \omega)$ 是从 $\Xi \times \Omega$ 到 $D(A^\alpha)$ 的可测映射;

(5) $\bar{\xi}(t, s, \omega) = \bar{\xi}(t, \tau, \omega) - e^{(t-s)\tilde{A}}\bar{\xi}(s, \tau, \omega), \ -\infty \leqslant \tau < s \leqslant t, \ \omega \in \Omega$;

(6) 对所有的 $\beta > 0, \omega \in \Omega, \sup_{t\in R}\{A^\alpha \bar{\xi}(t, -\infty, \omega)||e^{-\beta|t|}\} < \infty$.

定理 2.2.1 假设 (H0) 成立, 对每个 $\omega \in \Omega, \sigma \in R$, 及初值 $U_0(\sigma) = (u_\sigma, u_1) \in C_\alpha \times H$, 方程存在唯一解 $u(t,\sigma,\omega,U_0(\sigma))$, $t \geqslant \sigma - r$, 并且定义一个随机映射 $\varphi : R_+ \times \Omega \times (C_\alpha \times H) \to C_\alpha \times H$ 为

$$\varphi(t,\omega,(u_0(\sigma),u_1))(\theta) = u(t+\theta,0,\omega,(u_0(\sigma),u_1)).$$

则 (φ,θ) 是一个随机动力系统.

引理 2.2.2 当谱间隙条件 $\lambda_{N+1}^- - \lambda_N^- > 16M_1$, 且 r 足够小使得 $\delta < \dfrac{1}{2}$ 时, 存在 Lipsctitz 映射 $\Phi : P_{E_1^-} \to (1-\hat{P})C_E$ 满足

$$||\Phi_s(\omega,p_1,\theta) - \Phi_s(\omega,p_2,\theta)||_\eta \leqslant \frac{\delta}{1-\delta} e^{-\theta\eta} ||\phi_1 - \phi_2||_\eta,$$

其中 $p_1, p_2 \in E_1^-$.

证明 在 $C_{\eta,s}^-$ 中定义映射

$$\begin{aligned}\mathcal{T}_p^{s,\omega}[\phi](t) = & e^{-(t-s)\tilde{A}}p - \int_s^t e^{-(t-\tau)\tilde{A}} PF(\phi_\tau,\theta_\tau\omega)d\tau \\ & + \int_{-\infty}^t e^{-(t-\tau)\tilde{A}} QF(\phi_\tau,\theta_\tau\omega)d\tau) \\ & - e^{-(t-s)\tilde{A}} P\xi(s,t,\omega) + Q\xi(t,-\infty,\omega),\end{aligned} \tag{2.2.7}$$

其中 $t \leqslant s$, $p \in E_1^-$, $\phi_\tau = \phi(\tau+\theta) \in C_E$, $\theta \in [-r,0]$. 下面用 Banach 不动点定理证明方程

$$\mathcal{T}_p^{s,\omega}[\phi](t) = \phi(t) \tag{2.2.8}$$

存在唯一解. 我们断言: 映射 $\mathcal{T}_p^{s,\omega}$ 将 $C_{\eta,s}^-$ 映到 $C_{\eta,s}^-$. 事实上, 任取 $\phi_1, \phi_2 \in C_{\eta,s}^-$, 直接计算可得

$$\begin{aligned}& ||\mathcal{T}_p^{s,\omega}[\phi_1] - \mathcal{T}_p^{s,\omega}[\phi_2]||_\eta \\ = & \Big\| \int_s^t e^{-(t-\tau)\tilde{A}} P[F(\phi_{2\tau},\theta_\tau\omega) - F(\phi_{1\tau},\theta_\tau\omega)]d\tau \\ & + \int_{-\infty}^t e^{-(t-\tau)\tilde{A}} Q[F(\phi_{1\tau},\theta_\tau\omega) - F(\phi_{2\tau},\theta_\tau\omega)d\tau)] \Big\|_\eta \\ \leqslant & \operatorname{esssup}_{t\in(-\infty,s)} e^{\eta(t-s)} \int_s^t ||\tilde{A}^\alpha e^{-(t-\tau)\tilde{A}} P|| ||F(\phi_{2\tau},\theta_\tau\omega) - F(\phi_{1\tau},\theta_\tau\omega)||d\tau\end{aligned}$$

$$+\operatorname{esssup}_{t\in(-\infty,s)}e^{\eta(t-s)}\int_{-\infty}^{t}||\tilde{A}e^{-(t-\tau)\tilde{A}}Q||||F(\phi_{1\tau},\theta_\tau\omega)-F(\phi_{2\tau},\theta_\tau\omega)||d\tau.$$

由估计式 (2.2) 可知

$$\int_t^s||\tilde{A}^\alpha e^{-(t-s)\tilde{A}}A||e^{-\eta(\tau-s)}d\tau\leqslant\frac{\lambda_N^{+\alpha}}{\eta-\lambda_N^+}(e^{-\eta(t-s)}-e^{\lambda_N^-(t-s)}),\tag{2.2.9}$$

$$\int_{-\infty}^t||\tilde{A}^\alpha e^{-(t-s)\tilde{A}}Q||e^{\eta\tau}d\tau\leqslant\frac{k(\lambda_{N+1}^+-\eta)^\alpha+\lambda_{N+1}^{+\alpha}}{\lambda_{N+1}^+-\eta}e^{-\eta t}.\tag{2.2.10}$$

由关于算子 B 的假设和估计式 (2.2.6) 可知

$$|F(\phi_{1t},\theta_t\omega)-F(\phi_{2t},\theta_t\omega)|\leqslant\frac{M_1\mu_{N+1}^\alpha}{\delta_{N,\epsilon}}|\phi_{1t}-\phi_{2t}|_{C_E}.\tag{2.2.11}$$

由此可得 $||\mathcal{T}_p^{s,\omega}[\phi_1]-\mathcal{T}_p^{s,\omega}[\phi_2]||_\eta\leqslant\delta|\phi_1-\phi_2|_\eta$, 即得到映射 $\mathcal{T}_p^{s,\omega}$ 在 C_η^- 上是压缩的. 因此, 由不动点定理可知方程 (2.2.8) 存在唯一解.

定义映射 $\Phi_s(\omega,\cdot,\cdot):PE\to(1-\hat{P})C_\alpha$,

$$\begin{aligned}&\Phi_s(\omega,p,\theta)\\&=\int_{-\infty}^{s+\theta}e^{-(s+\theta-\tau)\tilde{A}}QF(\phi_\tau,\theta_\tau\omega)d\tau+\int_{s+\theta}^{s}e^{-(s+\theta-\tau)\tilde{A}}PF(\phi_\tau,\theta_\tau\omega)d\tau\\&\quad-e^{-\theta\tilde{A}}P\xi(s,s+\theta,\omega)+Q\xi(s+\theta,-\infty,\omega)\qquad(2.2.12)\\&=\phi(s+\theta,s,p,\omega)-e^{-\tilde{A}\theta}p,\end{aligned}$$

其中 ϕ 是 $\mathcal{T}_p^{s,\omega}$ 在 C_η^- 中的不动点.

任取 $p_1,p_2\in E_1^-$, ϕ_1,ϕ_2 分别是关于 $(p_1,\omega),(p_2,\omega)$ 的解, 类似于文献 [27] 定理 3.1 的讨论, 可以证明当 $t\leqslant 0$ 时,

$$||\phi_1(t)-\phi_2(t)||_\eta\leqslant\delta||\phi_1-\phi_2||+e^{(\eta-\lambda_N^-)t}|p_2-p_1||_E,$$

于是

$$||\phi_1-\phi_2||_\eta\leqslant\frac{1}{1-\delta}|p_1-p_2|_E,$$

因此,

$$||\Phi_s(\omega,p_1,\theta)-\Phi_s(\omega,p_2,\theta)||_\eta$$

$$= ||\phi_1(s+\theta,s,p_1,\omega)-\phi_2(s+\theta,s,p_2,\omega)+e^{-\tilde{A}\theta}p_2-e^{-\tilde{A}\theta}p_1||_E$$

$$\leqslant \frac{\delta}{1-\delta}e^{-\theta\eta}||\phi_1-\phi_2||_\eta,$$

即 $\Phi_s(\omega,p,\theta)$ 是 Lipschitz 映射. □

引理 2.2.3 假设 (H0) 及谱间隙条件成立, 时滞量 r 适当小, 则由 (2.2.12) 定义的随机映射 $\Phi_s: PE\to(1-\hat{P})C_E$ 是 $\mathcal{F}_s$ 可测的, 满足下面的性质：

(1) N-随机 Lipschitz 流形

$$\mathcal{M}_s(\omega)=\{\hat{p}(\cdot)+\Phi_s(\omega,\hat{p}(0),\cdot)|\hat{p}\in\hat{P}C_\alpha\}\subset C_E, \tag{2.2.13}$$

关于余环 φ 是不变的；

(2) 对系统 (2.2.5) 的任意解 $\phi(t,\omega)$, 都存在 $\psi(t,\omega)\subset\mathcal{M}_s(\omega)$, 使得

$$|\phi(t,\omega)-\psi(t,\omega)|_{C_E}<c_1e^{-c_2},\quad c_1,c_2>0. \tag{2.2.14}$$

证明 固定 $s\in R$, $p\in PE$, 设 $U(t),t\geqslant s$ 是下面积分方程初值问题的解:

$$\begin{cases}U(t,\omega)=e^{-(t-\sigma)\tilde{A}}U_\sigma(0)+\displaystyle\int_\sigma^t e^{-(t-\tau)\tilde{A}}F(U_\tau,\theta_\tau\omega)d\tau+\xi(t,\sigma,\omega),\\ U_s=\hat{p}+\Psi_s(\omega,p,\cdot),\end{cases} \tag{2.2.15}$$

即当 $t\geqslant s+\theta$, $\theta\in[-r,0]$ 时, $U(t)=\varphi(t-\theta-s,\theta_s\omega,\hat{p}+\Psi_s(\omega,p,\cdot))(\theta)$.

(1) 先证不变性. 定义

$$W(\sigma)=\begin{cases}\phi(\sigma,s,p,\omega), & \sigma\leqslant s,\\ U(\sigma), & \sigma\geqslant s.\end{cases}$$

下证当 $t\geqslant s$, $\sigma\leqslant t$ 时, $U_t\in\mathcal{M}_t(\omega)$, 即当 $-r\leqslant\theta\leqslant 0$ 时,

$$U(t+\theta)=W(t+\theta)=e^{-\tilde{A}\theta}PU(t)+\Psi_t(\omega,PU(t),\theta).$$

为此, 只需证明下面等式成立

$$W(\sigma)=\phi(\sigma,t,PU(t),\omega). \tag{2.2.16}$$

事实上, 当 $t\geqslant s$ 时, 由式 (2.2.12) 可得

$$\phi(t)=e^{-(t-s)\tilde{A}}\hat{p}(0)+\int_s^t e^{-(t-s)\tilde{A}}PF(W_\tau,\theta_\tau\omega)d\tau+\int_{-\infty}^t e^{-(t-s)\tilde{A}}QF(W_\tau,\theta_\tau\omega)d\tau$$

$$+ P\xi(t,s,\omega) + Q\xi(t,-\infty,\omega). \tag{2.2.17}$$

注意到当 $p \in \mathcal{T}_p^{s,\omega}[\phi](\sigma)$ 时,

$$P\phi(t) = e^{-(t-s)\tilde{A}}\hat{p}(0) + \int_s^t e^{-(t-s)\tilde{A}} PF(W_\tau, \theta_\tau\omega)d\tau + P\xi(t,s,\omega).$$

于是, 只需证明

$$\begin{aligned} W(\sigma) = & e^{-(\sigma-s)\tilde{A}}\hat{p}(0) + \int_s^\sigma e^{-(\sigma-\tau)\tilde{A}} PF(W_\tau, \theta_\tau\omega)d\tau \\ & + \int_{-\infty}^\sigma e^{-(\sigma-\tau)\tilde{A}} QF(W_\tau, \theta_\tau\omega)d\tau \\ & \times\ e^{-(\sigma-t)\tilde{A}} P(\xi(t,s,\omega) - \xi(t,\sigma,\omega)) + Q\xi(t,-\infty,\omega). \end{aligned} \tag{2.2.18}$$

注意到当 $\sigma \geqslant s$ 时, 由引理 2.2.1 的第 5 条性质可知, 对任意的 $-\infty \leqslant \tau < s \leqslant t,\ \omega \in \Omega$,

$$\bar{\xi}(t,s,\omega) = \bar{\xi}(t,\tau,\omega) - e^{(t-s)\tilde{A}}\bar{\xi}(s,\tau,\omega). \tag{2.2.19}$$

将等式 (2.2.19) 代入等式 (2.2.18) 后, 即可得到等式 (2.2.17). 而当 $\sigma \leqslant s$ 时, 由 $W(\sigma)$ 的定义即可得知, $w(\sigma) = \mathcal{T}_p^{s,\omega}(w(\sigma))$. 于是, 不论 $\sigma \geqslant s$ 还是 $\sigma \leqslant s$, W 都满足方程 (2.2.16). 从而不变性得证.

(2) 再证指数吸引性. 令

$$C_\eta^+ = \{\psi(t):\ \psi : [-r,\infty) \to E,\ \psi \text{ 是强连续函数}\}.$$

并赋以如下范数

$$|\psi|_{\eta,+} = \mathrm{esssup}_{t\geqslant -r}\{e^{\eta t}|\psi|_E\} < \infty, \quad \eta > 0,\ \forall\psi \in C_{\eta,+}.$$

对任意初值 $U_0(\theta) = (u_0,u_1) \in C_\alpha \times H$, 相应的解为 $\phi(t,\omega,U_0(\theta))$, 下面证明存在一个随机变量 $U_0^*(\theta) = (u_0^*,u_1^*) \in \mathcal{M}_t(\omega)$, 其相应的解记为 $\phi^*(t,\omega,U_0^*(\theta))$, 使得对所有的 $\omega \in \Omega$,

$$||\psi(t,\omega,,U_0(\theta)) - \psi(t,\omega,,U_0^*(\theta))||_{C_E} < c_1e^{-c_2t}, \quad c_1,c_2 > 0. \tag{2.2.20}$$

令 $(1-\hat{P})(U_0^*(\theta) - U_0(\theta)) = \hat{q}(\theta)$, 记 $W(t,\omega) = \psi(t,\omega,,U_0(\theta)) - \psi(t,\omega,,U_0^*(\theta))$. 当 $t = \theta \in [-r,0]$ 时, 考虑下面的方程

$$W(t) = \hat{q}(\theta) - e^{\theta\tilde{A}}\int_0^\infty e^{\tau\tilde{A}} P\Big(F(W_\tau + \psi_\tau, \theta_\tau\omega) - F(\psi_\tau, \theta_\tau\omega)\Big)d\tau. \tag{2.2.21}$$

当 $t \geqslant 0$ 时, 考虑下面的方程

$$W(t) = e^{-t\tilde{A}}\hat{q}(0) + \int_0^t e^{-(t-\tau)\tilde{A}}Q\Big(F(W_\tau+\psi_\tau,\theta_\tau\omega) - F(\psi_\tau,\theta_\tau\omega)\Big)d\tau \\ - \int_t^\infty e^{-(t-\tau)\tilde{A}}P\Big(F(W_\tau+\psi_\tau,\theta_\tau\omega) - F(\psi_\tau,\theta_\tau\omega)\Big)d\tau. \quad (2.2.22)$$

注意到随机变量 $U_0^*(\theta) \in \mathcal{M}_t(\omega)$, 因此

$$(1-\hat{P})U_0^*(\theta) = \Phi(PU_0^*(0),\omega,\theta).$$

从而有

$$\hat{q}(\theta) + (1-\hat{P})U_0(\theta) = \Psi(U_0^*(0),\omega,\theta) = \Phi(W(0)+PU_0(0)-\hat{q}(0),\omega,\theta) \\ = \Phi(PU_0(0) - \int_0^\infty e^{\tau\tilde{A}}P\Big(F(W_\tau+\psi_\tau,\theta_\tau\omega) - F(\psi_\tau,\theta_\tau\omega)\Big).$$

下面利用不动点定理证明方程 (2.2.21) 和方程 (2.2.22) 中 $W(t)$ 的存在性. 当 $t \geqslant 0$ 时, 定义算子

$$\mathbb{B}_+(W(t)) = e^{-t\tilde{A}}\hat{q}(0) + \int_0^t e^{-(t-\tau)\tilde{A}}Q\Big(F(W_\tau+\psi_\tau,\theta_\tau\omega) - F(\psi_\tau,\theta_\tau\omega)\Big)d\tau \\ - \int_t^\infty e^{-(t-\tau)\tilde{A}}P\Big(F(W_\tau+\psi_\tau,\theta_\tau\omega) - F(\psi_\tau,\theta_\tau\omega)\Big)d\tau.$$

当 $t = \theta \in [-r,0]$ 时, 定义算子

$$\mathbb{B}_+(W(t)) = \hat{q}(\theta) - e^{\theta\tilde{A}}\int_0^\infty e^{\tau\tilde{A}}P\Big(F(W_\tau+\psi_\tau,\theta_\tau\omega) - F(\psi_\tau,\theta_\tau\omega)\Big)d\tau.$$

对任意的 $W_1, W_2 \in C_\theta^+$, 记 $D_j(\tau) = F(W_\tau+\psi_\tau,\theta_\tau\omega) - F(\psi_\tau,\theta_\tau\omega)$, $j=1,2$. 则有

$$|D_1(\tau) - D_2(\tau)| \leqslant e^{\eta(r-\tau)}M_1||W_1 - W_2||_{\eta,+}.$$

因此, 当 $t \geqslant 0$ 时,

$$|\mathbb{B}_+(W_1(t)) - \mathbb{B}_+(W_2(t))| \leqslant e^{t\lambda_{N+1}^-}|\hat{q}_1(0) - \hat{q}_2(0)| + \delta e^{-\eta t}||W_1(t) - W_2(t)||_{\eta,+};$$

当 $t = \theta \in [-r,0]$ 时,

$$|\mathbb{B}_+(W_1(\theta)) - \mathbb{B}_+(W_2(\theta))| \leqslant |\hat{q}_1(\theta) - \hat{q}_2(\theta)| + \frac{\delta}{2} e^{-\theta\lambda_N^-} ||W_1(t) - W_2(t)||_{\eta,+}.$$

注意到

$$\begin{aligned}|\hat{q}_1(\theta) - \hat{q}_2(\theta)| \leqslant & \left|\Psi(PU_0(0) - \int_0^\infty e^{\tau\tilde{A}} P(D_1(\tau) d\tau\right.\\ & \left. - \Phi(PU_0(0) - \int_0^\infty e^{\tau\tilde{A}} P(D_2(\tau) d\tau\right|\\ & \times \frac{\delta^2}{2(1-\delta)} e^{\eta\theta} |W_1 - W - 2|_{\eta,+}.\end{aligned}$$

因此可得

$$|\mathbb{B}_+(W_1(t)) - \mathbb{B}_+(W_2(t))|_\eta \leqslant \left(\delta + \frac{\delta^2}{2(1-\delta)}\right) |W_1 - W - 2|_{\eta,+}.$$

从而, 当条件 $\delta < \dfrac{1}{2}$ 时, 映射 $\mathbb{B}_+$ 在函数空间 C_η^+ 上是压缩的, 于是 $W(t)$ 在空间 C_η^+ 中存在, 从而指数吸引性得证. □

综合定理 2.2.1、引理 2.2.2 和引理 2.2.3 可得下面的结论:

定理 2.2.2 假设 (H0) 及谱间隙条件 $\lambda_{N+1}^- - \lambda_N^- > 16M_1$ 成立, 时滞量 r 适当小, 则由 (2.2.12) 定义的随机映射 $\Phi_s : PE \to (1-\hat{P})C_E$ 是 $\mathcal{F}_s$ 可测的, 且存在随机惯性流形

$$\mathcal{M}_s(\omega) = \{\hat{p}(\cdot) + \Phi_s(\omega, \hat{p}(0), \cdot) : \hat{p} \in \hat{P}C_\alpha\} \subset C_E.$$

参考文献

[1] Blank M. Discreteness and Continuity in Problems of Chaotic Dynamics. Transl. of Math. Monographs 161. Providence: Amer. Math. Soc., 1997.

[2] Crauel H, Debussche A, Flandoli F. Random attractors. *J. Dyn. Differential Equations*, 1995, **9(2)**: 307-341.

[3] Bensoussan A, Flandoli F. Stochastoc inertial manifold. *Stochast. Stoch.Rep.*, 1995, **53**: 13-39.

[4] Caraballo T, Real J. Attractors for 2D-Navier-Stokes models with delays. *J. Differential Equations*, 2004, **205**: 271-297.

[5] Caraballo T, Langa J A. On the upper semicontinuity of cocycle attractors for non-autonomous and random dynamical systems. *Ser.A Math. Anal.*, 2003, **10**: 491-513.

[6] Caraballo T, Garrido-Atienza M J and Schmalfuss B. Existence of exponentially attracting stationary solutions for delay evolution equations. *Discrete Contin. Dyn. Syst.*, 2007, **18**: no. 2-3, 271-293.

[7] Caraballo T, Duan J Q, Lu K N and Schmalfuss B. Invariant manifolds for random and stochastic partial differential equations, Preprint, 2009.

[8] Chueshov I D. Introduction to the Theory of Infinite-Dimensional Dissipative Systems. Kharkiv: Acta, 2002.

[9] Chueshov I D. On approximate inertial manifolds for stochastic Navier-Stokes equations. *Journal of Mathematical analysis and applications*, 1995, **196**: 221-236.

[10] Chueshov I D and Scheutzow M. Inertial manifolds and forms for stochastically perturbed retarded semilinear parabolic equations. *Journal of dynamics and ifferential equations*, 2001, **13(2)**: 355-380.

[11] Du A J and Duan J Q. Invariant manifold reduction for stochastic dynamical systems, Preprint, 2006.

[12] Girya T V and Chueshov I D. Inertial manifolds and stationary measures for stochastically pertubed dissipative dynamical systems. *Math. Sb.*, 1995, **186(1)**: 29-46. *Translated in Sb. Math*, 1995, **186(1)**: 25-45.

[13] Has'minskii R Z. Stochastic Stability of Differential Equations. Sijthoff and Noordhoff, 1980.

[14] 郭柏灵, 戴正德. 惯性流形与近似惯性流形. 北京: 科学出版社, 1990.

[15] Kifer Y. Random Perturbations of Dynamical Systems. Boston: Birkhäuser, 1988.

[16] Baladi V. Positive Transfer Operators and Decay of Correlations. *Advanced Series in Nonlinear Dynamics 16*. World Scientific Publishing Co., Inc., 2000.

[17] Viana M. Stochastic Dynamics of Deterministic Systems. Col. Bras. de Matem atica, 1997.

[18] Li J, Huang J. Uniform attractors for non-autonomous parabolic equations with delays. *Nonlinear Analysis*, 2009, **71**: 2194-2209.

[19] Liu Z X. Stochastic inertial manifold for damped wave equation. *Stochastics and Dynamics*, 2010.

[20] Da Prato G and Zabczyk J. Ergodicity for Infinite Dimensional Systems. Cambridge: Cambridge Univ. Press, 1996.

[21] Da Prato G and Debussche A. Construction of stochastic inertial manifolds using backward integration. *Stochast. Stoch. Rep.*, 1996, **59**: 305-324.

[22] Peszat S and Zabczyk J. Stochastic partial differential equations with lévy noise: An evolution equation approach. *Encyclopedia of Mathematics and its Applications*, Cambridge University Press, 2007.

[23] Rezounenko A V. Partial differential equations with discrete and distributed state-dependent delays. *J. Math. Anal. Appl.*, 2007, 326: 1031-1045.

[24] Rezounenko A V, Wu J. A non-local PDE model for population dynamics with state-selective delay: Local theory and global attrators. *J. Comput. Appl. Math.*, 2006, 190: 99-113.

[25] Schmalfuss B. Inertial manifolds for random differential equations. *IMA. Math. Appl.*, 2005, **140**: 213-236.

[26] Temam R. Infinite Dimensional Dynamical Systems in Mechanics and Physics, second ed. New York: Springer, 1997.

[27] 朱健民, 李祥, 黄建华. 拟周期时滞耗散半线性波方程的惯性流形. 应用数学, 2007, **20(2)**: 263-269.

第 3 章 几类分数布朗运动驱动的随机发展方程的随机动力学

分数布朗运动具有长相依、自相似、样本轨道是 α-阶 Hölder 连续的特性, 其样本轨道不是 Markov 过程, 对加性分数布朗运动和乘性分数布朗运动相应的随机积分定义不同, 要分别定义相应的随机积分, 使得研究变得更加困难和不同, 也正是因为这些性质, 使得它在金融、经济、网络通信等领域有着广泛的应用, 引起了人们的极大关注. 分数布朗运动可定义为连续的中心独立的高斯过程, 当 Hurst 参数等于 1/2 时, 分数维布朗运动就退化为布朗运动. 关于分数布朗运动驱动的随机偏微分方程的解的存在性、唯一性和正则性的结论较多.

非牛顿流集中反映在悬胶体和高分子量的流体物质中, 像溶化的塑料、聚合体、油漆、涂料等物质的流动呈现非牛顿流性态. 1993 年, Rajigopal 把主要的非牛顿流性态归结为: 在剪切流中该流体具有剪切成薄流或厚流的能力, 在剪切流中存在非零的标准应力差等. 不可压缩流体的运动本质上由它的本构关系确定, 当流体的应力张量与流体的应变速率张量是现在依赖的, 则称为牛顿流; 当依赖关系是非线性时, 称为非牛顿流. 对于确定的非牛顿流系统的动力学研究, 有很多研究结果, 可参阅文献 [11]. 对于非自治非牛顿流的动力学研究, 可参阅文献 [10]. 关于分数布朗运动驱动的 N-S 方程 Mild 解的存在唯一性, 可参阅文献 [18]. 关于高斯过程驱动的非牛顿流的随机吸引子, 可参阅文献 [22].

这一章先给出分数布朗运动的定义和性质, 根据加性分数布朗运动定义相应的随机积分, 再研究加性分数布朗运动驱动的非牛顿流解整体解的存在唯一性, 并证明生成随机动力系统, 对乘性分数布朗运动, 给出相应的随机积分, 并给出具有 Lipschitz 系数的随机偏微分方程的动力学. 最后建立分数布朗运动驱动的随机 Robinovich 系统不变测度的存在唯一性.

3.1 分数布朗运动定义和性质

设 $(\Omega, \mathcal{F}, P)$ 是概率空间, Q 是一个有界的对称的线性算子, 满足

$$Qe_i = \tilde{\lambda}_i e_i, \quad \lambda_i \geqslant 0, \quad j = 1, 2, \cdots, \quad \mathrm{tr}Q = \sum_{i=1}^{\infty} < \infty,$$

其中 $\{e_i\}$ 是 H 的一个正交基.

定义 3.1.1 设 $H \in (0,1)$ 是 Hurst 参数, 定义在 $[0,\infty)$ 上的实值函数 $\beta^H(t)$, $t \in R$, 具有平稳增量、零均值, 方差为

$$\mathrm{E}\beta^H(t)\beta^H(s) = \frac{1}{2}(|t|^{2H} + |s|^{2H} - |t-s|^{2H}), \quad t, s \in R$$

的高斯过程称为双边一维的分数布朗运动.

连续的具有增量协方差算子 Q 和 Hurst 参数为 H 的 V 值分数布朗运动定义为

$$B^H(t) = \sum_{i=1}^{\infty} \sqrt{\lambda_i} e_i \beta_i^H(t).$$

注意到 $\sum_{i=1}^{\infty} \lambda_i < \infty$, $\mathrm{E}(\beta_i^H(t))^2 = |t|^{2H}$, 则上述级数在 $L^2(\Omega, \mathcal{F}, P)$ 中收敛. 特别地, 当 $H = \dfrac{1}{2}$ 时, 分数布朗运动即为标准布朗运动.

附注 分数布朗运动具有三个特征: ① 自相似性; ② 长相依性; ③ 具有 α-Hölder 连续轨道, 可以从图 3.1 对比分数布朗运动和布朗运动的样本轨道的异同. □

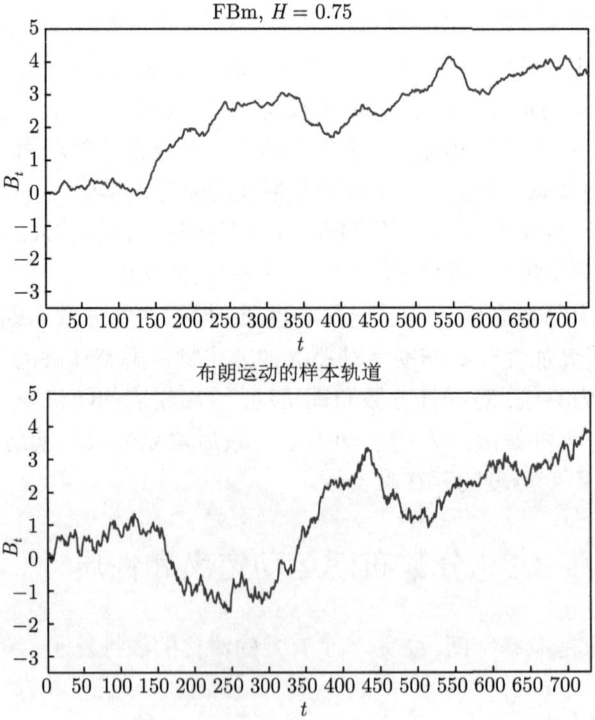

图 3.1

附注 当 $H \neq \frac{1}{2}$ 时, 分数布朗运动 B^H 既不是半鞅, 也不是马氏过程. □

取 $\Omega = C_0(R, V)$, 即定义在 R 上, 取值于 V 中, 满足 $\omega(0) = 0$, 并赋以紧开拓扑的连续函数空间. 令 F 是相应的 Borel-σ 代数, P 是分数布朗运动的概率分布, $\{\theta\}_{t\in R}$ 为 Wiener 平移, 即

$$\theta_t \omega(\cdot) = \omega(\cdot + t) - \omega(t), \quad t \in R.$$

则 $(\Omega, \mathcal{F}, P, \theta)$ 是遍历的度量动力系统.

由 $B^H(t)$ 的定义和 Kolmogorov 定理可知, B^H 有一个连续版本 $B^H(\cdot) \in C(R, V)$, 即存在常数 $c, r > 0$, 满足

$$\mathrm{E}||B^H(t) - B^H(s)||_V^2 \leqslant c|t - s|^{1+r}, \quad s, t \in R.$$

这一章只考虑 $H \in \left(\frac{1}{2}, 1\right)$ 的情形, 引入随机积分 $\int_a^b G(s)dB^H(s)$ 的定义[9]. 其中 G 为确定的算子值函数. 设 $p \in \left(\frac{1}{H}, \infty\right)$.

(i) $\forall f \in L^p(a, b; H)$, 定义 $\int_a^b G(s)dB^H(s)$.

若 f 为简单函数, 即 $f(t) = \sum f_i \cdot 1_{[t_i, t_{i+1})}$, $a = t_1 < t_2 < \cdots < t_n = b$, $f_i \in H$. 定义积分

$$I(f) := \int_a^b f(s)d\beta_i^H(s) = \sum_{j=1}^{n-1}(\beta_i^H(t_{j+1}) - \beta_i^H(t_j)). \tag{3.1.1}$$

则有

$$\mathrm{E}I(f) = 0, \tag{3.1.2}$$

$$\mathrm{E}||I(f)||_H^2 = \int_a^b \int_a^b \langle f(r), f(s)\rangle \rho(r - s)drds \tag{3.1.3}$$

$$\leqslant C(p, a, b)||f||_{L^p(a,b;H)}^2, \tag{3.1.4}$$

其中 $\rho(r) = H(2H - 1)|r|^{2H-2}$, $C(p, a, b)$ 为一只依赖于 p, a, b 的正常数.

采用实变函数中的积分思想, 可以将被积函数扩展至整个 $L^p(a, b; H)$ 空间并且保持性质 (3.1.2) 和 (3.1.4).

(ii) 设 $G : (a, b) \to \mathcal{L}(H)$, 并且 $\forall u \in H$, $t \to G(t)u \in L^p(a, b; H)$,

$$\int_a^b \int_a^b ||G(s)||_{\mathcal{L}(H)}||G(r)||_{\mathcal{L}(H)}\rho(t - s)drds < \infty. \tag{3.1.5}$$

定义算子 G 关于 B^H 的随机积分:

$$I(G)=\int_a^b G(s)dB^H(s):=\sum_{i=1}^{\infty}\sqrt{\lambda_i}\int_a^b G(s)e_i d\beta_i^H(s)\in H, \tag{3.1.6}$$

其级数在 $L^2(\Omega,H)$ 中收敛.

3.2 加性分数布朗运动驱动的非牛顿流动力系统

这一节研究加性分数布朗运动驱动的二维不可压非牛顿流:

$$\begin{cases}\dfrac{\partial u}{\partial t}+(u\cdot\nabla)u+\nabla p=\nabla\cdot(\mu(u)e-2\mu_1\Delta e)+\dfrac{dB^H(t)}{dt}, & x\in\mathcal{D},\ t>0,\\ \nabla\cdot u=0, \quad x\in\mathcal{D},\ t>0, \\ u=0, \quad \tau_{ijk}\eta_j\eta_k=0, \quad x\in\partial\mathcal{D},\ t\geqslant 0,\\ u=u_0, \quad x\in\mathcal{D},\ t=0.\end{cases} \tag{3.2.1}$$

其中 $\mathcal{D}$ 是 R^2 上的有界光滑区域, u 是流体速度矢量, $\mu(u)=2\mu_0(\epsilon+|e|^2)^{-\frac{\alpha}{2}}$, 这里 $e_{ij}(u)=\dfrac{1}{2}\left(\dfrac{\partial u_i}{\partial x_j}+\dfrac{\partial u_j}{\partial x_i}\right)$ 是流体速度梯度的对称部分, $|e|=(\sum_{i,j=1}^2 e_{ij}^2)^{\frac{1}{2}}$. 本节讨论 $\alpha>0$ 的情形, 即剪切流的情形.

为了便于利用抽象的动力系统方法研究随机非牛顿流 (3.2.1), 先定义正定双线性型 $a(\cdot,\ \cdot):V\times V\to R$,

$$a(u,v)=\frac{1}{2}(\Delta u,\Delta v). \tag{3.2.2}$$

命题 3.2.1 矩阵 e 和双线性型 a 有如下性质:

(i)

$$\nabla\cdot e(u)=\frac{1}{2}\Delta u, \quad \forall u\in V, \tag{3.2.3}$$

$$\nabla\cdot(\Delta e(u))=\frac{1}{2}\Delta^2 u, \quad \forall u\in H^4(\mathcal{O})\cap H. \tag{3.2.4}$$

(ii) $\forall\ u,v\in V$,

$$\frac{1}{2}(\Delta u,\Delta v)=2\sum_{i,j,k=1}^{2}\int\frac{\partial e_{ij}(u)}{\partial x_j}\cdot\frac{\partial e_{ik}(u)}{\partial x_k}dx=\sum_{i,j,k=1}^{2}\int\frac{\partial e_{ij}(u)}{\partial x_k}\cdot\frac{\partial e_{ij}(u)}{\partial x_k}dx. \tag{3.2.5}$$

(iii) $\exists\ c_1, c_2 > 0$, s. t.

$$c_1||u||_V^2 \leqslant a(u,u) \leqslant c_2||u||_V^2, \quad \forall u \in V. \tag{3.2.6}$$

证明 (i) 注意到 $\forall u \in V$, 有 $\nabla \cdot u = 0$, 即 $\dfrac{\partial u}{\partial x_1} + \dfrac{\partial u}{\partial x_2} = 0$. 于是

$$\begin{aligned}
\nabla \cdot e(u) &= \left(\frac{\partial}{\partial x_1} \quad \frac{\partial}{\partial x_2}\right) \cdot \begin{pmatrix} \dfrac{\partial u_1}{\partial x_1} & \dfrac{1}{2}\left(\dfrac{\partial u_2}{\partial x_1} + \dfrac{\partial u_1}{\partial x_2}\right) \\ \dfrac{1}{2}\left(\dfrac{\partial u_2}{\partial x_1} + \dfrac{\partial u_1}{\partial x_2}\right) & \dfrac{\partial u_2}{\partial x_2} \end{pmatrix} \\
&= \frac{1}{2}\begin{pmatrix} 2\dfrac{\partial^2 u_1}{\partial x_1^2} + \dfrac{\partial^2 u_1}{\partial x_2^2} + \dfrac{\partial^2 u_2}{\partial x_1 x_2} \\ \dfrac{\partial^2 u_1}{\partial x_1 x_2} + \dfrac{\partial^2 u_2}{\partial x_1^2} + 2\dfrac{\partial^2 u_2}{\partial x_2^2} \end{pmatrix} \\
&= \frac{1}{2}\begin{pmatrix} 2\dfrac{\partial^2 u_1}{\partial x_1^2} + \dfrac{\partial^2 u_1}{\partial x_2^2} - \dfrac{\partial^2 u_1}{\partial x_1^2} \\ -\dfrac{\partial^2 u_2}{\partial x_2^2} + \dfrac{\partial^2 u_2}{\partial x_1^2} + 2\dfrac{\partial^2 u_2}{\partial x_2^2} \end{pmatrix} \\
&= \frac{1}{2}\begin{pmatrix} \dfrac{\partial^2 u_1}{\partial x_1^2} + \dfrac{\partial^2 u_1}{\partial x_2^2} \\ \dfrac{\partial^2 u_2}{\partial x_1^2} + \dfrac{\partial^2 u_2}{\partial x_2^2} \end{pmatrix} \\
&= \frac{1}{2}\Delta u.
\end{aligned} \tag{3.2.7}$$

下证 (3.2.4) 式. 因为偏微分算子 ∂x_1 和 ∂x_2 可交换, 所以有

$$\nabla \cdot (\Delta e(u)) = \Delta(\nabla \cdot e(u)) = \Delta\left(\frac{1}{2}\Delta u\right) = \frac{1}{2}\Delta^2 u. \tag{3.2.8}$$

(ii) 对任意的 $u, v \in H_0^2(\mathcal{O})$, 有

$$\begin{aligned}
&\sum_{i,j,k=1}^{2}\int \frac{\partial e_{ij}(u)}{\partial x_k} \cdot \frac{\partial e_{ij}(u)}{\partial x_k} dx \\
&= -\sum \int e_{ij}(u) \cdot \frac{\partial^2 e_{ij}(v)}{\partial x_k^2} dx \\
&= -\sum_{i,j=1}^{2}\int e_{ij}(u) \cdot \Delta e_{ij}(v) dx
\end{aligned}$$

$$
\begin{aligned}
&= -\frac{1}{4}\sum\int\left(\frac{\partial u_i}{\partial x_j}+\frac{\partial u_j}{\partial x_i}\right)\cdot\left(\frac{\partial \Delta v_i}{\partial x_j}+\frac{\partial \Delta v_j}{\partial x_i}\right)dx \\
&= \frac{1}{4}\sum\int\left(\left(\frac{\partial^2 u_i}{\partial x_j^2}-\frac{\partial^2 u_j}{\partial x_i x_j}\right)\Delta v_i+\left(\frac{\partial^2 u_i}{\partial x_j x_i}-\frac{\partial^2 u_j}{\partial x_i^2}\right)\Delta v_j\right)dx \\
&= \frac{1}{4}\sum_{i,j=1}^{2}\int(\Delta u_i\cdot\Delta v_i+\Delta u_j\cdot\Delta v_j)dx \\
&= \frac{1}{2}(\Delta u,\Delta v).
\end{aligned}
\tag{3.2.9}
$$

$\forall\, u, v \in V$, 有

$$
\begin{aligned}
\frac{1}{2}(\Delta u,\Delta v) &= 2(\nabla\cdot(e(u)),\nabla\cdot(e(v))) \\
&= 2\left(\begin{pmatrix}\dfrac{\partial e_{11}(u)}{\partial x_1}+\dfrac{\partial e_{12}(u)}{\partial x_2}\\ \dfrac{\partial e_{21}(u)}{\partial x_1}+\dfrac{\partial e_{22}(u)}{\partial x_2}\end{pmatrix}^{\mathrm{T}},\begin{pmatrix}\dfrac{\partial e_{11}(v)}{\partial x_1}+\dfrac{\partial e_{12}(v)}{\partial x_2}\\ \dfrac{\partial e_{21}(v)}{\partial x_1}+\dfrac{\partial e_{22}(v)}{\partial x_2}\end{pmatrix}\right) \quad (\because e_{ij}=e_{ji}) \\
&= 2\sum_i\left(\sum_j\frac{\partial e_{ij}(u)}{\partial x_j},\sum_k\frac{\partial e_{ik}(v)}{\partial x_k}\right) \\
&= 2\sum_{i,j,k=1}^{2}\int\frac{\partial e_{ij}(u)}{\partial x_j}\cdot\frac{\partial e_{ik}(v)}{\partial x_k}dx.
\end{aligned}
\tag{3.2.10}
$$

(iii) 参见文献 [1] 中引理 2.3. □

下面定义 A 及其生成的解析半群. 由命题 3.2.1 的性质 (iii), 根据 Lax-Milgram 引理, 定义算子 $A\in\mathcal{L}(V,V')$:

$$\langle Au,v\rangle=a(u,v),\quad \forall\, u,v\in V. \tag{3.2.11}$$

关于 A 有如下命题:

命题 3.2.2 (i) A 是 V 到 V' 等距同构映射. 令 $D(A)=\{u\in V: a(u,v)=(f,v), f\in H\}$, 则 $A\in\mathcal{L}(D(A),H)$ 为 $D(A)$ 到 H 的等距同构映射;

(ii) A 自伴正定, A^{-1} 紧, 由 Hilbert 定理知, $\exists A$ 的特征向量 $\{e_i\}_{i=1}^{\infty}\subset D(A)$ 及特征值 $\{\lambda_i\}_{i=1}^{\infty}$, 使得

$$Ae_i=\lambda e_i,\quad e_i\in D(A),\quad i=1,2,\cdots, \tag{3.2.12}$$

$$0<\lambda_1\leqslant\lambda_2\leqslant\cdots\leqslant\lambda_i\leqslant\cdots,\quad \lim_{i\to\infty}\lambda_i=\infty, \tag{3.2.13}$$

并且 $\{e_i\}$ 张成 H 空间的一组标准正交基.

(iii) $\forall u \in D(A)$,

$$Au = \nabla \cdot (\Delta e(u)) = \frac{1}{2}\Delta^2 u, \tag{3.2.14}$$

即 $A = P\Delta^2$, 其中 P 为 $L^2(\mathcal{O})$ 到 H 的 Leray 投影算子.

命题 3.2.2 (i) 和 (ii) 的证明参考文献 [1], (iii) 的证明参考命题 3.2.1.

注意到 A 为具有离散谱的自伴正定线性算子, 按照文献 [2] 中 2.1 节的定义, 对 A 的分数幂算子定义如下.

定义 3.2.1 $\forall \alpha > 0$,

$$D(A^\alpha) = \left\{ h = \sum_{k=1}^{\infty} c_k e_k \in H \,\middle|\, \sum_{k=1}^{\infty} c_k^2 (\lambda_k^\alpha)^2 < \infty \right\}, \tag{3.2.15}$$

$$D(A^{-\alpha}) = \left\{ \text{满足} \sum_{k=1}^{\infty} c_k^2 (\lambda_k^\alpha)^2 < \infty \text{的形式级数} \sum c_k e_k \right\}, \tag{3.2.16}$$

$$A^\alpha h = \sum_{k=1}^{\infty} c_k \lambda_k^\alpha e_k, \quad h \in D(A^\alpha). \tag{3.2.17}$$

记 $\mathcal{F}_\alpha \equiv D(A^\alpha)$, 则 $\mathcal{F}_\alpha$ 为一可分的 Hilbert 空间, 在 $\mathcal{F}_\alpha$ 上定义内积 $(u, v)_\alpha = (A^\alpha u, A^\alpha v)$, 范数 $||u||_\alpha = ||A^\alpha||$; $\mathcal{F}_{-\alpha}$ 为 $\mathcal{F}_\alpha$ 上全体有界线性泛函. 特别地, $\mathcal{F}_0 = H$, $\mathcal{F}_{1/2} = V$, $\mathcal{F}_{-1/2} = V'$; $\forall \sigma_1 > \sigma_2$, $\mathcal{F}_{\sigma_1}$ 紧嵌入 $\mathcal{F}_{\sigma_2}$.

因为 A 是 Hilbert 空间 H 中的自共轭、稠定、下有界算子, 所以 A 为扇形算子 (参见文献 [4] 1.3 节例 2), A 生成一解析半群 $S \in \mathcal{L}(H)$,

$$S(t) := e^{-tA} = \int_0^\infty e^{-t\lambda} dE_\lambda. \tag{3.2.18}$$

半群 S 有下列性质.

命题 3.2.3 (i) $\forall \alpha \in R$, $t > 0$, $S(t)$ 映 $\mathcal{F}_\alpha$ 到 $\cap_{\sigma>0}\mathcal{F}_\sigma$, 并且有 [2]

$$||S(t)u||_\alpha \leqslant e^{-t\lambda_1}||u||_\alpha, \tag{3.2.19}$$

$$S(\cdot)u \in C([0,T]; \mathcal{F}_\alpha) \cap C((0,T]; \cap_{\sigma>0}\mathcal{F}_\sigma), \quad \forall u \in \mathcal{F}_\alpha; \tag{3.2.20}$$

(ii) $\forall u \in H$,

$$||S(\cdot)u||_X \leqslant 2||u||. \tag{3.2.21}$$

证明 (i) 参见文献 [2] 练习 2.1.14.

(ii) 由于

$$\begin{aligned}||S(\cdot)u||_{C([0,T];H)} &= \max_{t\in[0,T]} ||S(t)u|| \\ &\leqslant \max_{t\in[0,T]} ||S(t)||_{\mathcal{L}(H)} \cdot ||u|| \\ &\leqslant \max_{t\in[0,T]} e^{-t\lambda_1}||u|| = ||u||,\end{aligned} \tag{3.2.22}$$

$$\begin{aligned}||S(\cdot)u||^2_{L^2(0,T;V)} &= \int_0^T ||S(t)u||_V^2 dt \\ &= \int_0^T (AS(t)u, S(t)u)dt \\ &= -\int_0^T \left(\frac{dS(t)u}{dt}, S(t)u\right) dt \\ &= -\frac{1}{2}\int_0^T \frac{d||S(t)u||^2}{dt} dt \\ &= -\frac{1}{2}(||S(T)u||^2 - \|u\|^2) \leqslant ||u||^2,\end{aligned} \tag{3.2.23}$$

故

$$||S(\cdot)u||_X = ||S(\cdot)u||_{C([0,T];H)} + ||S(\cdot)u||_{L^2(0,T;V)} \leqslant 2||u||. \tag{3.2.24}$$

□

考虑 Cauchy 问题

$$\frac{du}{dt} + Au = f(t), \quad t \in (0,T); \quad u(0) = u_0, \tag{3.2.25}$$

其中 $u_0 \in \mathcal{F}_\alpha$, $f \in L^2(0,T;\mathcal{F}_{\alpha-1/2})$.

定义 3.2.2 称 u 是问题 (3.2.25) 在 $\mathcal{F}_\alpha$ 中的弱解, 若

$$u \in C([0,T];\mathcal{F}_\alpha) \cap L^2(0,T;\mathcal{F}_{\alpha+1/2}), \quad \frac{du}{dt} \in L^2(0,T;\mathcal{F}_{\alpha-1/2}), \tag{3.2.26}$$

并且等式 (3.2.25) 在分布意义下成立.

弱解与通过半群 S 表示的温和解有如下关系.

引理 3.2.1[2] 问题 (3.2.25) 存在唯一的弱解, 其表达式为

$$u(t) = e^{-tA}u_0 + \int_0^t e^{-(t-\tau)A} f(\tau)d\tau, \tag{3.2.27}$$

并且有估计

$$\|u(t)\|_\alpha^2+\int_0^t\|u(\tau)\|_{\alpha+\frac{1}{2}}^2d\tau\leqslant\|u(0)\|_\alpha^2+\int_0^t\|f(\tau)\|_{\alpha-\frac{1}{2}}^2d\tau. \tag{3.2.28}$$

为了将方程 (3.2.1) 写成抽象的发展方程, 还需处理方程 (3.2.1) 的非线性项. 首先定义三线性型:

$$b(u,v,w)=\sum_{i,j=1}^{2}\int_{\mathcal{O}}u_i\frac{\partial v_j}{\partial x_i}w_jdx,\quad \forall u,v,w\in H_0^1(\mathcal{O}). \tag{3.2.29}$$

因为 $V\subset H_0^1(\mathcal{O})$ 是一个闭子空间, 所以 $b(\cdot,\cdot,\cdot)$ 在 $V\times V\times V$ 上连续, 由文献 [3] 知

$$b(u,v,w)=-b(u,w,v),\quad b(u,v,v)=0,\quad \forall u,v,w\in H_0^1(\mathcal{O}). \tag{3.2.30}$$

$\forall u,v\in V$, 定义泛函 $B(u,v)\in V'$:

$$\langle B(u,v),w\rangle=b(u,v,w),\quad \forall w\in V. \tag{3.2.31}$$

并且令 $B(u):=B(u,u)\in V'$, $\forall u\in V$.

$\forall u\in V$, 定义 $N(u)$ 为

$$\langle N(u),v\rangle=\int_{\mathcal{O}}\mu(u)e_{ij}(u)e_{ij}(v)dx,\quad \forall v\in V. \tag{3.2.32}$$

则 $N(u)$ 为 V 到 V' 的连续泛函, 并且有

$$\langle N(u),v\rangle=-\int_{\mathcal{O}}(\nabla\cdot(\mu(u)e(u)))\cdot vdx. \tag{3.2.33}$$

至此, 将系统 (3.2.1) 转化为抽象的发展方程:

$$du+(2\mu_1Au+B(u)+N(u))\,dt=dB^H(t), \tag{3.2.34}$$

$$u(0)=u_0. \tag{3.2.35}$$

先定义下面的函数空间:

$$\mathcal{V}=\{\phi:\phi\in C_0^\infty(O),\ \nabla\cdot\phi=0\},$$
$$H=\{\mathrm{cl}(\mathcal{V})\text{ 在 }L^2(O)\text{内}\},$$

$$V = \{\mathrm{cl}(\mathcal{V}) \text{ 在 } H^2(O)\text{内}\}.$$

记 $(\cdot,\cdot)$ 为 H 中的内积, $\langle\cdot,\cdot\rangle$ 为 V 与 V' 之间的对偶积.

定义算子

$$a(u,v)=\sum_{i,j,k}^{2}\left(\frac{\partial e_{ij}(u)}{\partial x_k},\frac{\partial e_{ij}(v)}{\partial x_k}\right)=\sum_{i,j,k}^{2}\int_D \frac{\partial e_{ij}(u)}{\partial x_k}\frac{\partial e_{ij}(v)}{\partial x_k}dx,\quad u,v\in V.$$

由 Lax-Milgram 引理可知, $A\in\mathcal{L}(V.V')$ 是一个等距算子, 且

$$(Au,v)=a(u,v),\quad \forall u,v\in V,\quad A=P\Delta^2.$$

定义泛函 $N(u)$ 为

$$\langle N(u),v\rangle=\sum_{i,j=1}^{2}\int_D 2\mu_0(\epsilon+|e(u)|^2)^{-\alpha/2}e_{ij}(u)e_{ij}(v)dx,\quad v\in V.$$

于是, 在分布意义下重写加性分数布朗运动驱动的非牛顿随机偏微分方程为下面抽象的发展方程

$$\begin{cases} du+[2\mu_1 Au+B(u,u)+N(u)]dt=dB^H(t),\\ u|_{t=0}=u_0. \end{cases}$$

定义 3.2.3 称 u 是方程 (3.2.34) 的解, 若 $u\in C([0,T];H)\cap L^2(0,T;V)$, 并且在 H 中以概率 1 满足如下积分方程

$$u(t)=S(t)u_0-\int_0^T S(t-s)B(u(s))ds-\int_0^T S(t-s)N(u(s))ds+\int_0^T S(t-s)dB^H(s),\tag{3.2.36}$$

其中方程 (3.2.36) 右端第二、三项积分为算子值函数的 Bochner 积分, 第四项为上节定义的随机积分.

本章通过在空间 $X=C([0,T];H)\cap L^2(0,T;V)$ 中寻求不动点来证明 fBm 驱动的不可压非牛顿流系统 (3.2.1) 解的存在唯一性. $\forall u\in X$, 令

$$J_1(u):=-\int_0^{\cdot} S(\cdot-s)B(u(s))ds,\tag{3.2.37}$$

$$J_2(u):=-\int_0^{\cdot} S(\cdot-s)N(u(s))ds,\tag{3.2.38}$$

$$z(t):=\int_0^t S(t-s)dB^H(s).\tag{3.2.39}$$

引理 3.2.2 $J_1 : X \to X$, 并且 $\forall u, v \in X$, 有估计

$$||J_1(u)||_X^2 \leqslant c_1||u||^2_{C([0,T];H)} \cdot ||u||^2_{L^2(0,T;V)}, \tag{3.2.40}$$

$$\begin{aligned}||J_1(u) - J_1(v)||_X^2 \leqslant\ & c_2 \left(||u||^2_{C([0,T];H)} \cdot ||u||^2_{L^2(0,T);V} + ||v||^2_{C([0,T];H)} \cdot ||v||^2_{L^2(0,T);V}\right)^{\frac{1}{2}} \\ & \cdot \left(||u-v||^2_{C([0,T];H)} + ||u-v||^2_{L^2(0,T;V)}\right).\end{aligned} \tag{3.2.41}$$

证明 先证 J_1 映 X 到 X.

由文献 [1] 中引理 2.6 知 $\forall u \in X$, $B(u) \in L^2(0,T;V')$. 于是根据引理 3.2.1知, $J_1(u)$ 是下面线性微分方程

$$\frac{dJ(t)}{dt} + AJ(t) + B(u(t)) = 0, \quad t \in [0,T], \tag{3.2.42}$$

$$J(0) = 0 \tag{3.2.43}$$

的弱解, 并且有 $J_1 \in C([0,T];H) \cap L^2(0,T;V) = X$, 即 J_1 映 X 到 X.

下证 (3.2.40) 式成立. 因为线性方程存在唯一弱解, 故可以对方程 (3.2.57) 两边关于 J 作内积得到

$$\begin{aligned}\frac{1}{2}\frac{||J(t)||^2}{dt} + ||J(t)||_V^2 &= -\langle B(u(t)), J(t)\rangle \\ &\leqslant ||B(u(t))||_{V'} \cdot ||J(t)||_V \\ &\leqslant \frac{1}{2}||B(u(t))||^2_{V'} + \frac{1}{2}||J(t)||_V^2.\end{aligned} \tag{3.2.44}$$

不等式两边关于 t 从 0 到 t 积分, 得到能量不等式:

$$||J(t)||^2 + \int_0^t ||J(s)||_V^2 ds \leqslant \int_0^t ||B(u(s))||^2_{V'} ds. \tag{3.2.45}$$

注意到

$$\begin{aligned}\int_0^T ||B(u(t))||^2_{V'} dt &\leqslant c_1 \int_0^T ||u(t)||^2 \cdot ||u(t)||_V^2 dt \\ &\leqslant c_1 \cdot ||u||^2_{C([0,T];H)} \cdot \int_0^T ||u(t)||_V^2 dt \\ &\leqslant \frac{c_1}{2}\left(||u||^4_{C([0,T];H)} + ||u||^4_{L^2(0,T;V)}\right) \\ &\leqslant \frac{c_1}{2}||u||_X^4.\end{aligned} \tag{3.2.46}$$

于是有

$$||J||_X^2 \leqslant 2\left(||J||_{C([0,T];H)}^2 + ||J||_{L^2(0,T;V)}^2\right) \leqslant c_1||u||_X^4. \tag{3.2.47}$$

下证 (3.2.41) 式成立. $\forall u, v \in X$, 令 $w = u - v$, 则 w 为线性方程

$$\frac{dw(t)}{dt} + Aw(t) + B(u(t)) - B(v(t)) = 0, \tag{3.2.48}$$

$$w(0) = 0 \tag{3.2.49}$$

的弱解. 同理可得能量不等式:

$$||w(t)||^2 + \int_0^t ||w(s)||_V^2 ds \leqslant \int_0^t ||B(u(s)) - B(v(s))||_{V'}^2 ds. \tag{3.2.50}$$

首先估计 $||B(u) - B(v)||_{V'}$. $\forall \phi \in V$,

$$\begin{aligned}
&|\langle B(u) - B(v), \phi\rangle| \\
&= |b(u,u,\phi) - b(v,v,\phi)| \\
&\leqslant |b(u-v,y,\phi)| + |b(v,u-v,\phi)| \\
&\leqslant c_2\left(||u-v||^{\frac{1}{2}}||u-v||_V^{\frac{1}{2}}||\phi||_V||u||^{\frac{1}{2}}||u||_V^{\frac{1}{2}} + ||v||^{\frac{1}{2}}||v||_V^{\frac{1}{2}}||\phi||_V||u-v||^{\frac{1}{2}}||u-v||_V^{\frac{1}{2}}\right) \\
&= c_2\left(||u||^{\frac{1}{2}}||u||_V^{\frac{1}{2}} + ||v||^{\frac{1}{2}}||v||_V^{\frac{1}{2}}\right)||u-v||^{\frac{1}{2}}||u-v||_V^{\frac{1}{2}}||\phi||_V.
\end{aligned} \tag{3.2.51}$$

故

$$||B(u) - B(v)||_{V'} \leqslant c_2\left(||u||^{\frac{1}{2}}||u||_V^{\frac{1}{2}} + ||v||^{\frac{1}{2}}||v||_V^{\frac{1}{2}}\right)||u-v||^{\frac{1}{2}}||u-v||_V^{\frac{1}{2}}. \tag{3.2.52}$$

于是

$$\begin{aligned}
&||w(t)||^2 + \int_0^t ||w(s)||_V^2 ds \\
&\leqslant c_2\int_0^T \left(||u(s)||^{\frac{1}{2}}||u(s)||_V^{\frac{1}{2}} + ||v(s)||^{\frac{1}{2}}||v(s)||_V^{\frac{1}{2}}\right)^2 ||u(s)-v(s)|| \cdot ||u(s)-v(s)||_V ds \\
&\leqslant \frac{c_2}{2}\left(\int_0^T \left(||u(s)||^{\frac{1}{2}}||u(s)||_V^{\frac{1}{2}} + ||v(s)||^{\frac{1}{2}}||v(s)||_V^{\frac{1}{2}}\right)^4\right. \\
&\left.\times||u(s)-v(s)||^2 ds + \int_0^T ||u(s)-v(s)||_V^2 ds\right)
\end{aligned}$$

$$\leqslant \frac{c_2}{2}\left(||u-v||^2_{C([0,T];H)}\int_0^T\left(||u(s)||^{\frac{1}{2}}||u(s)||_V^{\frac{1}{2}}\right.\right.$$
$$\left.\left.+||v(s)||^{\frac{1}{2}}||v(s)||_V^{\frac{1}{2}}\right)^4 ds+||u-v||^2_{L^2(0,T;V)}ds\right)$$
$$\leqslant \frac{c_2}{2}\left(4||u-v||^2_{C([0,T];H)}\int_0^T\left(||u(s)||^2||u(s)||_V^2\right.\right.$$
$$\left.\left.+||v(s)||^2||v(s)||_V^2\right)ds+||u-v||^2_{L^2(0,T;V)}ds\right)$$
$$\leqslant \frac{c_2}{2}\left(4||u-v||^2_{C([0,T];H)}\left(||u||^2_{C([0,T];H)}||u||^2_{L^2(0,T;V)}\right.\right.$$
$$\left.\left.+||v||^2_{C([0,T];H)}||v||^2_{L^2(0,T;V)}\right)+||u-v||^2_{L^2(0,T;V)}ds\right)$$
$$\leqslant c_2\left(||u||^2_{C([0,T];H)}||u||^2_{L^2(0,T;V)}+||v||^2_{C([0,T];H)}||v||^2_{L^2(0,T;V)}\right)^{\frac{1}{2}}$$
$$\times\left(||u-v||^2_{C([0,T];H)}+||u-v||^2_{L^2(0,T;V)}ds\right), \tag{3.2.53}$$

即

$$||J_1(u)-J_1(v)||_X^2\leqslant c_2\left(||u||^2_{C([0,T];H)}\cdot||u||^2_{L^2(0,T);V}+||v||^2_{C([0,T];H)}\cdot||v||^2_{L^2(0,T);V}\right)^{\frac{1}{2}}$$
$$\times\left(||u-v||^2_{C([0,T];H)}+||u-v||^2_{L^2(0,T;V)}\right). \tag{3.2.54}$$

□

引理 3.2.3 $J_2: X\to X$, 并且 $\forall u,v\in X$, 有估计:

$$||J_2(u)||_X^2\leqslant 2c_3||u||^2_{L^2(0,T;V)}, \tag{3.2.55}$$

$$||J_2(u)-J_2(v)||_X^2\leqslant 2c_4||u-v||^2_{L^2(0,T;V)}. \tag{3.2.56}$$

证明 $\forall u\in X$, 由文献 [1] 引理 2.6 知 $N(u)\in L^2(0,T;V)$. 类似于引理 3.2.2可证, J_2 映 X 到 X, 且 $J_2(u)$ 是下面线性微分方程

$$\frac{dJ(t)}{dt}+AJ(t)+N(u(t))=0,\quad t\in[0,T], \tag{3.2.57}$$

$$J(0)=0 \tag{3.2.58}$$

的弱解, 并且有如下的能量不等式:

$$||J(t)||^2+\int_0^t||J(s)||_V^2ds\leqslant\int_0^t||N(u(s))||_{V'}^2ds. \tag{3.2.59}$$

由文献 [1] 知

$$||N(u)||_{V'}\leqslant c_3||u||V. \tag{3.2.60}$$

于是

$$||J_2(u)||_X^2 \leqslant 2\int_0^t ||N(u(s))||_{V'}^2 ds \leqslant 2c_3\int_0^t ||u(s)||_V^2 ds \leqslant 2c_3||u||_{L^2(0,T;V)}^2. \tag{3.2.61}$$

下证 (3.2.56) 式. $\forall u,v\in X$, 令 $w=u-v$, 则 w 为线性方程

$$\frac{dw(t)}{dt}+Aw(t)+N(u(t))-N(v(t))=0, \tag{3.2.62}$$

$$w(0)=0 \tag{3.2.63}$$

的弱解. 同理可得能量不等式:

$$||w(t)||^2+\int_0^t ||w(s)||_V^2 ds \leqslant \int_0^t ||N(u(s))-N(v(s))||_{V'}^2 ds. \tag{3.2.64}$$

$\forall\alpha\in(0,1)$, $\forall\phi\in V$, 有

$$|\langle N(u)-N(v),\phi\rangle| = 2|\int_{\mathcal{O}} (\mu(u)e_{ij}(u)-\mu(v)e_{ij}(v))\, e_{ij}(\phi)dx|. \tag{3.2.65}$$

下面对 $\langle N(u)-N(v),\phi\rangle$ 估计的技巧类似于文献 [10] 引理 3.1 的证明过程. 令

$$F(s)=2\mu_0(\epsilon+|s|^2)^{-\alpha/2}s, \tag{3.2.66}$$

其中

$$s=\begin{pmatrix} s_1 & s_2\\ s_3 & s_4\end{pmatrix}\in R^4,\quad |s|^2=\sum_{i=1}^4 s_i^2,\quad s_i\in R,\quad i=1,2,3,4. \tag{3.2.67}$$

于是 $F(s)$ 的 Fréchet 导数为

$$DF(s)=2\mu_0(\epsilon+|s|^2)^{-\alpha/2}$$
$$\times\begin{pmatrix} 1-\dfrac{\alpha s_1^2}{\epsilon+|s|^2} & -\dfrac{\alpha s_1s_2}{\epsilon+|s|^2} & -\dfrac{\alpha s_1s_3}{\epsilon+|s|^2} & -\dfrac{\alpha s_1s_4}{\epsilon+|s|^2}\\ -\dfrac{\alpha s_1s_2}{\epsilon+|s|^2} & 1-\dfrac{\alpha s_2^2}{\epsilon+|s|^2} & -\dfrac{\alpha s_2s_3}{\epsilon+|s|^2} & -\dfrac{\alpha s_2s_4}{\epsilon+|s|^2}\\ -\dfrac{\alpha s_1s_3}{\epsilon+|s|^2} & -\dfrac{\alpha s_2s_3}{\epsilon+|s|^2} & 1-\dfrac{\alpha s_3^2}{\epsilon+|s|^2} & -\dfrac{\alpha s_3s_4}{\epsilon+|s|^2}\\ -\dfrac{\alpha s_1s_4}{\epsilon+|s|^2} & -\dfrac{\alpha s_2s_4}{\epsilon+|s|^2} & -\dfrac{\alpha s_3s_4}{\epsilon+|s|^2} & 1-\dfrac{\alpha s_4^2}{\epsilon+|s|^2}\end{pmatrix} \tag{3.2.68}$$

因为 $0<\alpha<1$, 故有

$$\left|-\frac{\alpha s_i s_j}{\epsilon+|s|^2}\right|<\left|-\frac{s_i s_j}{\epsilon+|s|^2}\right|<\frac{1}{\epsilon},\quad i,j=1,2,3,4, \tag{3.2.69}$$

以及

$$0<1-\frac{\alpha s_i^2}{\epsilon+|s|^2}<1,\quad i=1,2,3,4. \tag{3.2.70}$$

于是

$$||DF(s)||\leqslant 2\mu_0(\epsilon+|s|^2)^{-\alpha/2}\sqrt{4+\frac{12}{\epsilon^2}},\quad \forall s\in R^4. \tag{3.2.71}$$

同理可得

$$D^2F(s)=\left(\frac{\partial^2 F_i(s)}{\partial s_j\partial s_k}\right),\quad i,j,k=1,2,3,4, \tag{3.2.72}$$

其中 $F_i(s)=2\mu_0(\epsilon+|s|^2)^{-\alpha/2}s_i$. 通过计算得到

$$||DF(s)||+||D^2F(s)||\leqslant c_4(\mu_0,\epsilon,\alpha)\doteq c_4,\quad \forall s_i\in R,\quad i=1,2,3,4, \tag{3.2.73}$$

其中 c_4 只依赖于 μ_0,ϵ 和 α. $\forall a,b\in R^4$,

$$F(b)-F(a)=\int_0^1 DF\left(a+\tau(b-a)\right)(b-a)d\tau. \tag{3.2.74}$$

取 $a=e(u)=(e_{ij}(u)),b=e(v)=(e_{ij}(v))$, 利用分部积分以及上述 $F(s)$ 的不等式可得

$$\begin{aligned}\langle N(u)-N(v),\phi\rangle&=-\int_{\mathcal{O}}(\nabla\cdot[F(e(u))-F(e(v))])\cdot\phi dx\\&\leqslant c_4\left(||\nabla(u-v)||+||\Delta(u-v)||\right)||\phi||\\&\leqslant c_4\left(||u-v||_{H_0^1(\mathcal{O})}+||u-v||_V\right)||\phi||\\&\leqslant 2c_4\mu_1||u-v||_V||\phi||_V.\end{aligned} \tag{3.2.75}$$

于是

$$\int_0^T||N(u(s))-N(v(s))||_{V'}^2ds\leqslant c_4\int_0^T||u(s)-v(s)||_V^2ds\leqslant c_4||u-v||_{L^2(0,T;V)}^2. \tag{3.2.76}$$

故

$$||J_2(u) - J_2(v)||_X^2 \leqslant 2\int_0^t ||N(u(s)) - N(v(s))||_{V'}^2 ds \leqslant 2c_4||u||_{L^2(0,T;V)}^2. \quad (3.2.77)$$

□

引理 3.2.4[6] $\forall u_0 \in V$, 过程 $v(t,x) = S(t)u_0 + z(t)$ 在 V 中有一个连续修正, 即 $v \in C([0,T];V)$, P-a.s., 并且有

$$z(t) = A\int_0^t S(t-s)B^H(s)ds + B^H(t), \quad t \geqslant 0, \quad \text{P-a.s.}. \quad (3.2.78)$$

引理 3.2.5[7] 设 E 为 Banach 空间, $F: E \to E$, $y \in E$, $M > 0$ 为常数. 若 $F(0) = 0$, $||y||_E \leqslant \frac{1}{2}M$, 并且

$$||F(u) - F(v)||_E \leqslant \frac{1}{2}||u - v||_E, \quad \forall u, v \in B_E(M), \quad (3.2.79)$$

则方程

$$u = y + F(u) \quad (3.2.80)$$

有唯一解 $u \in B_E(M)$.

定理 3.2.1 对任意的初值 $u_0 \in H$ 及每个 $\omega \in \Omega$, 都存在随机变量 $T(\omega)$, 非牛顿流系统 (3.2.34) 在 (3.2.36) 的意义下存在唯一局部 Mild 解 $u \in X$.

证明 对任意的 $\omega \in \Omega$, 令

$$y(t) = S(t)u_0 + z(t), \quad (3.2.81)$$

则有

$$||y||_X \leqslant ||S(\cdot)u_0||_X + ||z||_X \leqslant 2||u_0|| + ||z||_X. \quad (3.2.82)$$

记 $M(\omega) = 2(2||u_0|| + ||z(\omega)||_X)$.

构造映射 $\mathcal{F} = J_1 + J_2$, 则 $\forall u, v \in X$, 有

$$\begin{aligned}
&||\mathcal{F}(u) - \mathcal{F}(v)||_X \\
&\leqslant ||J_1(u) - J_1(v)||_X + ||J_2(u) - J_2(v)||_X \\
&\leqslant 2c_2^{\frac{1}{2}}\left(||u||_{C([0,T];H)}^2 \cdot ||u||_{L^2(0,T);V}^2 + ||v||_{C([0,T];H)}^2 \cdot ||v||_{L^2(0,T);V}^2\right)^{\frac{1}{4}} \cdot ||u - v||_X \\
&\quad + 2c_4^{\frac{1}{2}}T^{\frac{1}{2}}||u - v||_X
\end{aligned}$$

$$\leqslant 2c_2^{\frac{1}{2}}M^{\frac{1}{2}}\left(||u||^2_{L^2(0,T);V}+||v||^2_{L^2(0,T);V}\right)^{\frac{1}{4}}||u-v||_X+2c_4^{\frac{1}{2}}T^{\frac{1}{2}}||u-v||_X. \quad (3.2.83)$$

由 Bochner 积分的绝对连续性, 选取 $\tau\in(0,1]$ 使得

$$\left(||u||^2_{L^2(0,\tau);V}+||v||^2_{L^2(0,\tau);V}\right)^{\frac{1}{4}}\leqslant(2Mc_2)^{-\frac{1}{2}}. \quad (3.2.84)$$

再令 $T=\min\left\{\tau,1,\dfrac{1}{16c_4}\right\}$ (注意到 T 的选取跟 ω, M 有关). 则有

$$||\mathcal{F}(u)-\mathcal{F}(v)||_X\leqslant\left(\frac{1}{4}+\frac{1}{4}\right)||u-v||_X=\frac{1}{2}||u-v||_X. \quad (3.2.85)$$

根据修正的不动点引理 3.2.5 可知, 方程

$$u(t)=S(t)u_0+z(t)+J_1(u)(t)+J_2(u)(t) \quad (3.2.86)$$

在 $X=C([0,T];H)\cap L^2(0,T;V)$ 中存在唯一解, 且解 $||u||_X\leqslant M$. □

定理 3.2.2 对任意的初值 $u_0\in H$ 及每个 $\omega\in\Omega$, 非牛顿流系统 (3.2.34) 在 (3.2.36) 的意义下存在唯一的整体 Mild 解 $u\in X$.

证明 由定理 3.2.1 可知, 非牛顿流系统 (3.2.34) 在 (3.2.36) 的意义下存在唯一局部 Mild 解 $u\in X$. 下面将局部解进行延拓, 首先进行解的估计.

令 $y(t)=u(t)-z(t)$, 则 y 满足

$$y(t)=S(t)u_0-\int_0^t\left(S(t-s)[B\left(y(s)+z(s)\right)+N\left(y(s)+z(s)\right)]\right)ds.$$

由引理 3.2.1 知, $y(t)$ 是下列带随机系数的微分方程

$$\frac{y(t)}{dt}+Ay(t)+B(y(t)+z(t))+N(y(t)+z(t))=0, \quad (3.2.87)$$

$$y(0)=u_0$$

的弱解. 将 (3.2.87) 式两边与 $y(t)$ 作内积, 得

$$\frac{1}{2}\frac{d||y(t)||^2}{dt}+||y(t)||^2_V+b\left(y(t)+z(t),y(t)+z(t),y(t)\right)+\langle N(y(t)+z(t)),y(t)\rangle=0. \quad (3.2.88)$$

首先估计 b 项:

$$
\begin{aligned}
& b\left(y(t)+z(t), y(t)+z(t), y(t)\right) \\
= & b\left(y(t)+z(t), z(t), y(t)\right) \\
= & -b(y(t), y(t), y(t))-b(z(t), y(t), y(t)) \\
\leqslant & c_1\|y(t)\|_{H_0^1(\mathcal{O})}^{1/2}\|y(t)\|_{H^2(\mathcal{O})}^{1/2}\|y(t)\|_{H_0^1(\mathcal{O})}\|z(t)\|+c_2\|y(t)\|_{H_0^1(\mathcal{O})}\|z(t)\|_{L_{\mathcal{O}}^4}^2 \\
\leqslant & \frac{1}{4}\|y(t)\|_V^2+24^3 c_1^4\|y(t)\|^2\|z(t)\|_{L^4(\mathcal{O})}^2+\frac{1}{4}\|y(t)\|_V^2+16 c_1\|z(t)\|_{L^4(\mathcal{O})}^2 .
\end{aligned}
$$

其次估计 N 项:

$$
\begin{aligned}
\langle N(y(t)+z(t)), y(t)\rangle & =-\int_{\mathcal{O}}(\nabla \cdot[F(e(y(t)+z(t)))-F(e(0))]) \cdot y(t) d x \\
& \leqslant c_4\left(\|y(t)\|_{H_0^1(\mathcal{O})}+\|y(t)\|_V\right)\|y(t)+z(t)\| \\
& \leqslant 2 c_4 \mu_1\|y(t)+z(t)\| \cdot\|y(t)\|_V \\
& \leqslant \frac{1}{4}\|y(t)\|_V+16 c_5\|z(t)\|^4,
\end{aligned}
$$

即有

$$
\frac{d\|y(t)\|^2}{d t}+\|y(t)\|_V^2 \leqslant c_6(1+\|z(t)\|_{L^4(\mathcal{O})})^4)\|y(t)\|^2+c_7(\|z(t)\|+\|z(t)\|_{L^4(\mathcal{O})})^4 .
$$

由 Gnowwall 不等式可得

$$
\begin{aligned}
\max_{t \in[0, T]}\|y(t)\|^2 \leqslant & \exp \left\{c_6(1+\int_0^T\|z(t)\|_{L^4(\mathcal{O})}^4)\right\} \cdot\|u_0\|^2 \\
& +c_7 \int_0^T \exp \left\{c_6(1+\int_s^T\|z(r)\|_{L^4(\mathcal{O})}^4 d r)\right\} \\
& \times(\|z(s)\|_{L^4(\mathcal{O})}^4+\|z(s)\|^2) d s,
\end{aligned} \tag{3.2.89}
$$

$$
\begin{aligned}
\int_0^T\|y(t)\|_V^2 d t \leqslant & \|u_0\|^2+c_6 \sup_{t \in[0, T]}\|y(t)\|^2 \cdot \int_0^T\|z(t)\|_{L^4(\mathcal{O})})^4 d t \\
& +c_7 \int_0^T(\|z(t)\|_{L^4(\mathcal{O})}^4+\|z(t)\|^2) d t .
\end{aligned} \tag{3.2.90}
$$

这表明 Mild 解可延拓到任意区间上, 于是解的整体存在性得证. □

定理 3.2.3 对任意的初值 $u_0 \in X$, 非牛顿流系统 (3.2.34) 的整体 Mild 解 $u(t, u_0, \omega) \in X$ 确定的解映射 ϕ 在 X 上生成一个随机动力系统.

证明 对每个给定的 $\omega \in \Omega$, 由 Mild 解对初值的连续依赖性可知, ϕ 是可测的. 下面只需验证余环性质. 对每个 $\omega \in \Omega$, 记积分方程

$$
\begin{aligned}
u(t) = S(t)u_0 &- \int_0^t (S(t-s)[B(y(s)+z(s)) + N(y(s)+z(s))])\, ds \\
&+ \int_0^t S(t-s)dB^H(s,\omega)
\end{aligned}
$$

的解为 $u(t;0,\omega,u_0)$. 注意到

$$
\int_0^T S(t-s)dB^H(s,\theta_\tau\omega) = \int_\tau^{t+\tau} S(t+\tau-s)dB^H(s,\omega),
$$

即 $z(t_\tau,\tau,\omega) = z(t,0,\theta_\tau\omega)$. 由解的存在唯一性可知

$$
u(t+\tau;\tau,\omega,u_0) = u(t+\tau;0,\omega,u_0).
$$

令 $\phi(t,\omega,u_0) = u(t;0,\omega,u_0)$, 则

$$
\begin{aligned}
\phi(t+\tau,\omega,u_0) &= u(t+\tau;0,\omega,u_0) \\
&= u(t+\tau;\tau,\omega,u(\tau;0,\omega,u_0)) \\
&= u(t;0,\theta_\tau\omega,u(\tau;0,\omega,u_0)) \\
&= \phi(t,\theta_\tau\omega)\circ\phi(\tau,\omega),
\end{aligned}
$$

即 ϕ 在 X 上生成随机动力系统. □

定义 $\Phi: R^+ \times \Omega \times V \to V$ 如下:

$$
\begin{aligned}
\Phi(t,\omega,u_0) = S(t)u_0 &- \int_0^t S(t-s)B(u(s),u(s))ds - \int_0^t S(t-s)N(u(s))ds \\
&+ \int_0^t S(t-s)dB^H(s)).
\end{aligned}
$$

分数布朗运动相应的 Ornstein-Uhenbeck 方程

$$
dz(t) = -2\mu AZ(t)dt + dB^H(t), \quad u(0) = u_0. \tag{3.2.91}
$$

引理 3.2.6[6]　Ornstein-Uhenbeck 方程 (3.2.91) 定义了一个随机动力系统

$$\psi(t,\omega,x)=S(t)u_0+B^H(t,\omega)+A\int_0^t S(t-\tau)B^H(t,\tau)d\tau,$$

并且存在唯一的随机不动点

$$\Psi(\omega)=\int_{-\infty}^0 S(-\tau)dB^H(\tau,\omega),\quad \text{P.a.s.}$$

作变换 $v(t)=u(t)+\psi(t,\omega)$, 就得到下面的随机系数的偏微分方程:

$$\frac{dv(t)}{dt}+2\mu_1 Av+B(v+\psi,v+\psi)+N(\psi+v)=0.$$

定理 3.2.4　非牛顿方程 (3.2.92) 的弱解 $u(t,\omega,x)$ 生成的随机动力系统存在随机吸引子.

证明　证明方法类似于文献 [22], 在此略. □

3.3　乘性 FBM 驱动的随机偏微分方程的动力学

Maria, Lu 和 Schmalfuss[13] 研究了乘性噪声驱动的随机发展方程

$$\begin{cases}du(t)=[Au(t)+F(u(t))]dt+G(u(t))dB^H(t),\\ u(0)=u_0\in V,\end{cases}\tag{3.3.1}$$

当算子 F 和 G,G' 都是全局 Lipschitz 条件时, 引入了适当的函数空间 $W_{\eta,\sigma}^{\alpha,\infty}(0,T,V)$, 利用 Banach 空间压缩映像原理证明了该方程在 $W_{\eta,\sigma}^{\alpha,\infty}(0,T,V)$ 中存在唯一的 Mild 解, 并且解映射 $\Phi:V\to W_{\eta,\sigma}^{\alpha,\infty}(0,T,V)$ 生成一个随机动力系统, 详见文献 [13] 中的定理 9 和定理 10. 需要指出的是, 很多随机非线性发展方程中的 F 和 G 并不满足全局 Lipschitz 条件, 因此, 需要减弱文献 [13] 中对非线性项的全局 Lipschtiz 条件的限制, 建立更为一般的结论.

下面定义乘性噪声情况下的随机积分 $\int_0^T G(u(s))d\beta^H(s)$. 注意到分数布朗运动的轨道是 α-Hölder 连续的、自相似的、长相依的. 设 $V=(V,\|\cdot\|)$ 是可分空间, $\alpha\in(0,1)$, $0\leqslant a<b\leqslant T$, $\beta_{b-}^H(s)=\beta^H(s)-\beta^H(b)$, 当 $a<t<b$ 时, 定义 Weyl 右导数为

$$D_{0+}^\alpha f(t)=\frac{1}{\Gamma(1-\alpha)}\left(\frac{f(t)}{t^\alpha}+\alpha\int_0^t\frac{f(t)-f(\lambda)}{(t-\lambda)^{\alpha+1}d}\lambda\right);$$

Weyl 左导数为

$$D_{T-}^{\alpha}f(t)=\frac{(-1)^{\alpha}}{\Gamma(1-\alpha)}\left(\frac{f(t)}{(T-t)^{\alpha}}+\alpha\int_{t}^{T}\frac{f(t)-f(\lambda)}{(\lambda-t)^{\alpha+1}}d\lambda\right),$$

其中, Γ 是 Γ 函数.

当 $\phi\in L^{1}((0,T),V)$ 时, 定义 α 阶 Riemam-Liouville 右积分为

$$I_{0+}^{\alpha}\phi(t)=\frac{1}{\Gamma(\alpha)}\int_{0}^{t}(t-\lambda)^{\alpha-1}\phi(\lambda)d\lambda;$$

α-阶 Riemam-Liouville 左积分为

$$I_{T-}^{\alpha}\phi(t)=\frac{(-1)^{\alpha}}{\Gamma(\alpha)}\int_{t}^{T}(\lambda-t)^{\alpha-1}\phi(\lambda)d\lambda.$$

则有

$$D_{0+}^{\alpha}I_{0+}^{\alpha}\phi=\phi.$$

这样定义的 α 阶 Riemam-Liouville 积分的好处在于, 当 α 为整数时, 与通常的 Riemann 积分一致, 而当 α 为分数时, 可以将对 ϕ 的 α 阶积分转化为对参数 $t-\lambda$ 的 $\alpha-1$ 阶积分.

注意到对加性分数布朗运动时的随机积分, 不需要细致分析可积函数类, 而对于乘性分数布朗运动的随机积分, 要定义 $\int_0^T G(u(s))d\beta^H(s)$, 需要确定可积函数类. 下面参考文献 [12, 13] 中的随机积分定义.

当 $T>0$ 时, 定义 $W^{\alpha,1}(0,T;V)$ 为由可测函数 $f:[0,T]\to V$ 组成的集合并满足

$$|f|_{\alpha}=\int_{0}^{T}\left(\frac{||f(s)||}{s^{\alpha}}+\frac{||f(s)-f(\eta)||}{(s-\eta)^{\alpha+1}}\right)ds<\infty,$$

其中, 假设 α 满足 $0<\alpha<\frac{1}{2}$, $1-\alpha<H$.

由文献 [23] 的定义可知, 假设 $f\in W^{\alpha,1}(0,T;V)$, 当 $0\leqslant s<t\leqslant T$ 时, 定义广义的 Stieltjes 积分

$$\int_{0}^{T}fd\beta^{H}=(-1)^{\alpha}\int_{0}^{T}D_{0+}^{\alpha}f(s)D_{T-}^{1-\alpha}\beta_{T-}^{H}(s)ds,$$

$$\int_{s}^{t}fd\beta^{H}=\int_{0}^{T}f\,1_{(s,t)}d\beta^{H}. \tag{3.3.2}$$

由文献 [23] 可知, 随机积分 (3.3.2) 存在, 并且满足下面重要不等式

$$\left\|\int_0^T f d\beta^H\right\| \leqslant \Lambda_\alpha^{0,T}(\beta^H)|f|_\alpha, \tag{3.3.3}$$

其中, 当 $\alpha \in \left(1-H, \frac{1}{2}\right)$ 时,

$$\Lambda_\alpha^{0,T}(\beta^H) = \frac{1}{\Gamma(1-\alpha)\Gamma(\alpha)} \sup_{0\leqslant s\leqslant t\leqslant T}\left(\frac{|\beta^H(s)-\beta^H(t)|}{(t-s)^{1-\alpha}} + \int_s^t \frac{|\beta^H(\eta)-\beta^H(s)|}{(\eta-s)^{2-s}} ds\right).$$

注意到 $\Lambda_\alpha^{0,T}(\beta^H)$ 在全测集上是有限的, 并且关于 $\{\theta\}_{t\in R}$ 是不变的.

下面对无穷维分数布朗运动 B^H 来定义随机积分.

令 $L(V)$ 为 V 上的线性有界算子组成的空间, $G:\Omega\times[0,T]\to L(V)$, 对每个 $i\in N$, $\omega\in\Omega$, $G(\omega,\cdot)e_i \in W^{\alpha,1}(0,T,V)$. 下面定义

$$\int_0^T G(s)d\omega = \sum_{i=1}^\infty \int_0^T G(s)Q^{\frac{1}{2}}e_i d\beta_i^H(s) = \sum_{i=1}^\infty \sqrt{\lambda_i}\int_0^T G(s)e_i d\beta_i^H(s). \tag{3.3.4}$$

引理 3.3.1[15] 如果 $\sum_{i=1}^\infty \sqrt{\lambda_i} < \infty$, 则对所有的 $\omega\in\Omega$, 对每个 $G:\Omega\times[0,T]\to L(V)$, $G(\omega,\cdot)e_i\in W^{\alpha,1}(0,T,V)$, 随机积分 (3.3.4) 是有定义的, 并且

$$\left\|\int_0^T G(s)d\omega(s)\right\| \leqslant \Lambda_\alpha^{0,T}(\omega)\sup_i |G(\cdot)e_i|_\alpha, \quad \omega\in\Omega,$$

其中, $\Lambda_\alpha^{0,T}(\omega) = \sigma_{i=1}^\infty \sqrt{\lambda}\Lambda_\alpha^{0,T}(\beta_i^H)$.

引理 3.3.2[13] 对任意的 $a,b,r\in R$, 当下面的随机积分有意义时, 下面的平移性质成立, 即

$$\int_a^b G(s)d\omega(s) = \int_{a-r}^{b-r} G(s+r)d\theta_r\omega(s).$$

当 $\alpha\in\left(1-H,\frac{1}{2}\right)$, $\eta\in[\alpha,1-\alpha)$, $\sigma\geqslant 1$ 时, 定义 $W_{\eta,\sigma}^{\alpha,\infty}(0,T;V)$ 为

$$W_{\eta,\sigma}^{\alpha,\infty}(0,T;V) = \left\{x \middle| x:[0,T]\to V\text{是可测函数, 且}||x||_{\alpha,\eta}<\infty\right\},$$

其中

$$||x||_{\alpha,\eta,\sigma} = \sup_{[0,T]} e^{-\sigma t}\left(||x(t)|| + t^\eta \int_0^t \frac{||x(t)-x(r)||}{(t-r)^{1+\alpha}}dr\right).$$

则 $W_{\eta,\sigma}^{\alpha,\infty}(0,T;V)$ 是一个 Banach 空间.

再定义一个函数空间

$$W_{\eta,\sigma,L}^{\alpha,\infty}(0,T;V)$$
$$=\{v(t)\in L(V)|\text{ 对每个}i,\ v(\cdot)e_i\in W_{\eta,\sigma}^{\alpha,\infty}(0,T;V),\ ||v(\cdot)e_i||_{\alpha,\eta,\sigma}<\infty\}.$$

引理 3.3.3[13] 设 $\alpha\in\left(1-H,\dfrac{1}{2}\right)$, $\sigma\geqslant 1$, $\eta\in[\alpha,1-\alpha)$, 则有

(1) 对每个 $\omega\in\Omega$, 当 $v\in W_{\eta,\alpha,L}^{\alpha,\infty}$ 时, 则有

$$\left\|\int_0^t S(t-\tau)v(t)d\omega(t)\right\|_{\alpha,\eta,\sigma}\leqslant C_1(\Lambda_\alpha^{0,T}(\omega),\sigma)\sup_{i\in N}||v(t)e_i||_{\alpha,\eta,\sigma},$$

其中, 对每个 $\omega\in\Omega$, $\lim_{\sigma\to\infty}C_1(\Lambda_\alpha^{0,T}(\omega),\sigma)=0$;

(2) 当可测函数 $v:[0,T]\to V$ 满足 $\sup_{t\in[0,T]}||v(t)||<\infty$ 时, 则有

$$\left\|\int_0^t S(t-\tau)v(\tau)d\tau\right\|_{\alpha,\eta,\sigma}\leqslant C_2(\sigma)\sup_{t\in[0,T]}e^{-\sigma t}||v(t)||,$$

其中, $\lim_{\sigma\to\infty}C_2(\sigma)=0$.

定理 3.3.1[13] 设 $\alpha\in\left(1-H,\dfrac{1}{2}\right)$, $\sigma\geqslant 1$, $\xi\in[\alpha,1-\alpha)$, 如果非线性项 F 是 Lipschitz 连续的, $G:V\to L(V)$, $G':V\to L(V,L(V))$ 满足条件:

$$\sup_{i\in N}||G(v_1)e_i-G(v_2)e_i||\leqslant L_G||v_1-V_2||,$$
$$\sup_{i\in N}||G'(v_1)e_i-G'(v_2)e_i||\leqslant L'_G||v_1-V_2||,$$

其中 $\{e_i\}_{i\in N}$ 是 V 的完备正交基. 则对任意的初值 $u_0\in V$, 方程 (3.3.1) 在空间 $W_{\xi,\sigma}^{\alpha,\infty}(0,T;V)$ 上存在唯一的解 $u(t,t_0,\omega)$, 属于 $W_{\xi,\sigma}^{\alpha,\infty}(0,T;V)$, 并且对每个 $\omega\in\Omega$, 映射 $\Phi:V\to W_{\xi,\sigma}^{\alpha,\infty}(0,T;V):u_0\to u$ 是连续的.

证明 应用标准的 Banach 中的压缩不动点定理. 定义映射:

$$\mathcal{T}(u)(t)=S(t)u_0+\int_0^t S(t-\tau)F(u)(\tau)d\tau+\int_0^t S(t-\tau)G(u)(\tau)d\omega(\tau).$$

从 $B^{\sigma_0}(0,2\tilde{r})=\{u\in W_{\xi,\sigma}^{\alpha,\infty}(0,T;V):||u||_{\alpha,\xi,\sigma_0}\leqslant 2\tilde{r}\}$ 映到自身, 再验证 $||\mathcal{T}(u_1)-\mathcal{T}(u_2)||_{\alpha,\xi,\sigma}\leqslant\tilde{C}(\sigma)(1+4\tilde{r}e^{\sigma_0 T})||u_1-u_2||_{\alpha,\xi,\sigma}$, 从而得到解的存在唯一性, 详细证明参阅文献 [13] 的定理 9. □

定理 3.3.2[13] 方程 (3.3.1) 的解 $u(t,\omega,u_0)$ 定义了一个随机动力系统 ϕ : $R^+\times\Omega\times V\to V$:

$$\phi(t,\omega,u_0)=S(t)u_0+\int_0^t S(t-\tau)F(u)(\tau)d\tau+\int_0^t S(t-\tau)G(u)(\tau)d\omega(\tau).$$

附注 由于定理 3.3.1 和定理 3.3.2 对非线性 F 和 G,G' 均要求是全局 Lipschitz 连续的, 使得应用范围很小, 需要利用 Yosida 近似的技巧来处理非 Lipschitz 情况, 或者利用广义的迭代方法来处理. 注意到分数布朗运动的轨道不满足 Markov 性质, 在利用随机动力系统的框架研究随机吸引子时, 紧性不好处理, 需要在 W^∞ 上构造新的余环 (而不是利用原来的 RDS), 使之与两个余环和 RDS 之间建立新的关系得到紧性, 从而建立随机吸引子的存在性[21].

3.4 加性分数布朗运动驱动的 Rabinovich 系统

为了描述平行于磁场传播的等离子体中声波与离子的相互作用, 特别是考虑低杂波共振附近声波和等离子体的振荡效应, Pikovski, Rabinovich 和 Trakhtengerts[33] 最先引入了 Rabinovich 系统:

$$\begin{cases}dx_t=(hy_t-ax_t+y_tz_t)dt,\\ dy_t=(hx_t-by_t-x_tz_t)dt,\\ dz_t=(-dz_t+x_ty_t)dt,\end{cases}\tag{3.4.1}$$

其中 $(x_t,y_t,z_t)^{\mathrm T}\in R^3$, a,b 和 d 是阻尼率, h 与馈波的驱动振幅成比例. Rabinovich 系统 (3.4.1) 可以呈现非常复杂的动力学行为, 详见文献 [25,34,36]. Llibre, Messias 和 PSilva[30] 证明了对合适的参数系统 (3.4.1) 会有两族奇异退化的异宿环, 如果稍微改变参数, 他们用数值方法发现了一个形如四翼蝴蝶的奇异吸引子. 关于 Rabinovich 系统动力学行为的研究参见文献 [31].

将系统 (3.4.1) 中的参数 a 和 b 替换为

$$a\to a+a_0dW_t,\qquad b\to b+b_0dW_t,$$

Liu 和 Li[28] 讨论了如下的随机 Rabinovich 系统

$$\begin{cases}dx_t=(hy_t-ax_t+y_tz_t)dt-a_0dW_t,\\ dy_t=(hx_t-by_t-x_tz_t)dt-b_0dW_t,\\ dz_t=(-dz_t+x_ty_t)dt,\end{cases}\tag{3.4.2}$$

其中 W_t 是 Wiener 过程. 他们通过构造 Lyapunov 函数的方法研究了随机 Rabinovich 系统的渐近行为, 并得到了全局指数吸引集. 进一步的, Liu 等[29] 将带跳噪声引入随机 Rabinovich 系统, 研究了该系统的分支并得到了随机吸引子.

因为分数布朗运动并不是一个 Markov 过程, 所以证明不变测度存在唯一性的经典方法无法直接应用. 为此, Hairer 和 Ohashi 发展了一种新的理论框架, 他们也称之为"随机"动力系统 (Stochastic Dynamical System), 并证明了由分数布朗运动驱动的随机微分方程的解可以生成所谓的"拟马氏过程", 在此基础上他们开发了新的工具研究遍历性问题, 读者可以详见文献 [26, 27]. Zeng 和 Yang[35] 以此研究了分数布朗运动驱动的随机 Lorenz 混沌系统的遍历性.

本节考虑如下分数布朗运动驱动的随机 Rabinovich 系统

$$\begin{cases} dx_t = (hy_t - ax_t + y_t z_t)dt + q_1 x_t dB_t^{H_1}, \\ dy_t = (hx_t - by_t - x_t z_t)dt + q_2 y_t dB_t^{H_2}, \\ dz_t = (-dz_t + x_t y_t)dt + q_3 z_t dB_t^{H_3}, \\ x(0) = x_0, y(0) = y_0, z(0) = z_0. \end{cases} \tag{3.4.3}$$

令

$$u_t = \begin{pmatrix} x_t \\ y_t \\ z_t \end{pmatrix}, \quad A = \begin{pmatrix} a & -h & 0 \\ -h & b & 0 \\ 0 & 0 & d \end{pmatrix}, \quad B(u_t) = \begin{pmatrix} -y_t z_t \\ x_t z_t \\ -x_t y_t \end{pmatrix},$$

$$Q(u_t) = \begin{pmatrix} q_1 x_t & 0 & 0 \\ 0 & q_2 y_t & 0 \\ 0 & 0 & q_3 z_t \end{pmatrix}, \quad B_t^H = \begin{pmatrix} B_t^{H_1} \\ B_t^{H_2} \\ B_t^{H_3} \end{pmatrix}.$$

则随机方程 (6.1.1) 可以改写为

$$\begin{cases} du_t = -(Au_t + B(u_t))dt + Q(u_t)dB_t^H, \\ u(0) = u_0. \end{cases} \tag{3.4.4}$$

本节旨在借助文献 [27] 的理论建立分数布朗运动驱动的随机 Robinovich 系统不变测度的存在唯一性, 为了比较 Markov 过程和非马氏过程所驱动的随机微分方程遍历性的不同, 最后也用微分的方法研究了布朗驱动驱动的随机 Robinovich 系统的遍历性.

3.4.1 预备知识

定义 3.4.1 令 $(\Omega, \mathcal{F}, P)$ 是一个完备概率空间, $\beta^H(t), t \in R$ 是一个连续中心化的高斯过程. 如果 $\beta^H(t)$ 的方差函数满足对任意的 $t, s \in R$,

$$R_H(t,s) = \mathrm{E}[\beta^H(t)\beta^H(s)] = \frac{1}{2}(|t|^{2H} + |s|^{2H} + |t-s|^{2H})$$
$$= \int_0^{t\wedge s} K_H(t,r)K_H(s,r)dr, \tag{3.4.5}$$

则 $\beta^H(t)$ 称为 Hurst 参数为 H 的一维双边分数布朗运动. $K_H(t,s)$ 为平方可积核,

$$K_H(t,s) = C_H(t-s)^{H-1/2} + C_H\left(\frac{1}{2}-H\right)\int_s^t (r-s)^{H-3/2}\left[1-\left(\frac{s}{r}\right)^{1/2-H}\right]dr, \tag{3.4.6}$$

其中

$$C_H = \sqrt{\frac{2H\Gamma(3/2-H)}{\Gamma(1/2+H)\Gamma(2-2H)}}, \tag{3.4.7}$$

且

$$\frac{\partial K_H}{\partial t}(t,s) = C_H\left(H-\frac{1}{2}\right)(t-s)^{H-3/2}\left(\frac{s}{t}\right)^{\frac{1}{2}-H}. \tag{3.4.8}$$

在 $L^2([0,T])$ 的一个合适子集上定义伴随算子 K_T^*:

$$(K_T^*\varphi)(s) = K_H(T,s)\varphi(s) + \int_s^T (\varphi(r)-\varphi(s))\frac{\partial K_H(r,s)}{\partial r}dr. \tag{3.4.9}$$

则关于 $\beta^H(t)$ 的 Wiener 积分可以表示为

$$\int_0^t \varphi(s)d\beta^H(s) = \int_0^t (K_t^*\varphi)(s)dW(s), \qquad t \in [0,T]. \tag{3.4.10}$$

定义 3.4.2 四元组 $(W, \{P_t\}_{t\geqslant 0}, P_\omega, \{\theta_t\}_{t\geqslant 0})$ 称为一个平稳噪声过程, 如果以下满足

(i) W 是一个 Polish 空间;

(ii) P_t 是一个在 W 上的 Feller 转移半群, 而 P_ω 是 P_t 唯一的不变测度;

(iii) $\{\theta_t\}_{t\geqslant 0}$ 是 W 上可测映射的半流, 且对 $\forall x \in W, t > 0$, $\theta_t^* P_t(x,\cdot) = \delta_x$.

定义 3.4.3 在 Polish 空间 X 上基于随机噪声过程 $(W, \{P_t\}_{t\geqslant 0}, P_\omega, \{\theta_t\}_{t\geqslant 0})$ 的连续随机动力系统 (SDS) 是一个映射

$$\Lambda : R^+ \times X \times W \to X, \quad 1(t, x, \omega) \to \Lambda_t(x, \omega),$$

且具有以下性质:

(i) 轨道的正则性: 对所有的 $T > 0, x \in X, \omega \in W$, 映射 $\Phi_T(x, \omega)(t) = \Lambda_t(x, \theta_{T-t}\omega)$ 属于 $C([0,T], X)$;

(ii) 连续依赖性: 映射 $(x, \omega) \mapsto \Phi_T(x, \omega)$ 对所有的 $T > 0$ 是连续的;

(iii) 余环性质: $\Lambda_0(x, \omega) = x, \Lambda_{s+t}(x, \omega) = \Lambda_s(\Lambda_t(x, \theta_s\omega), \omega)$, 对所有的 $s, t > 0$, $x \in X$, $\omega \in W$ 成立.

定义 3.4.4 连续随机动力系统 Λ 成为是拟马氏的, 如果对任意两个开集 V, $U \subset W$, 及所有的 $t, s > 0$, 存在可测映射 $\omega \mapsto P_s^{V,U}(\omega, \cdot) \in M_+(W^2)$ 满足

(i) 对所有 $\omega \in W$, 测度 $P_s^{V,U}(\omega, \cdot)$ 关于 $P_s(\omega, \cdot)_{|V}$ 和 $P_s(\omega, \cdot)_{|U}$ 是次耦合的 (subcoupling);

(ii) 对所有 ω, $P_s^{V,U}(\omega, N_W^t) > 0$, 使得 $\min\{P_s(\omega; V), P_s(\omega, U)\} > 0$.

定义 3.4.5 函数 $V : R^d \to R^+$ 称为是 Λ 的 Lyapunov 函数, 如果

(i) $V^{-1}([0, K])$ 对所有 $0 \leqslant K < \infty$ 是紧的;

(ii) 存在常数 $C > 0$ 和满足 $\xi(1) < 1$ 的连续函数 $\xi : [0, 1] \to R^+$, 使得

$$\int V(x) Q_t \mu(dx, d\omega) \leqslant C + \xi(t) \int V(x) \mu(dx, d\omega)$$

对所有的 $t \in [0, 1]$ 成立.

下面陈述 Hairer[27] 建立的关键定理, 该定理尤其适合研究分数布朗运动驱动的随机系统的遍历性问题.

定理 3.4.1[27] 如果以下假设满足:

(H1) 正则性: f 和 σ 是 C^∞ 的, 扩散系数 σ 及 f 和 σ 的导数是一致有界的:

$$\sup_{x \in R^d} (|\sigma(x)| + |Df(x)| + |D\sigma(x)|) < \infty;$$

(H2) 非退化性: $\sigma(x) \in M_{d\times d}$ 是可逆的且 $\sup_{x \in R^d} |\sigma^{-1}(x)| < \infty$;

(H3) 耗散性: 存在 $C > 0$ 使得 $(f(x), x) \leqslant C(1 - ||x||^2)$, $\forall x \in R^d$.

则随机微分方程

$$X_t = X_0 + \int_0^t f(X_s) ds + \int_0^t \sigma(X_s) dB^H(s)$$

存在唯一的不变测度.

3.4.2 适定性

这一小节建立方程 (3.4.4) 的适定性.

令 $F(u_t) = Au_t + B(u_t)$, 其中

$$F_N(u_t) = \begin{cases} F(u_t), & |u_t| \leqslant N, \\ F\left(\dfrac{u_t}{|u_t|}N\right), & |u_t| > N. \end{cases}$$

引理 3.4.1 存在常数 $C > 0$ 使得

$$|F_N(u_1) - F_N(u_2)| \leqslant C|u_1 - u_2|, \quad 且 \quad |F_N(u)| \leqslant C(1 + |u|) \tag{3.4.11}$$

对任意的 $u, u_1, u_2 \in R^3$ 成立.

证明 分三种情形证明引理 3.4.1.

情形 1: 如果 $|u_1| \leqslant N$ 且 $|u_2| \leqslant N$, 则

$$|F_N(u_1) - F_N(u_2)| \leqslant |Au_1 - Au_2| + |B(u_1) - B(u_2)|.$$

直接计算可得

$$\begin{aligned} &|Au_1 - Au_2| \\ =& \left|\begin{pmatrix} a(x_1 - x_2) - h(y_1 - y_2), -h(x_1 - x_2) + b(y_1 - y_2), d(z_1 - z_2) \end{pmatrix}^{\mathrm{T}}\right| \\ \leqslant& [2(a^2 + h^2)(x_1 - x_2)^2 + 2(b^2 + h^2)(y_1 - y_2)^2 + d^2(z_1 - z_2)^2]^{\frac{1}{2}} \\ \leqslant& \max\left\{\sqrt{2(a^2 + h^2)}, \sqrt{2(b^2 + h^2)}, d\right\} |u_1 - u_2|, \end{aligned}$$

以及

$$\begin{aligned} &|B(u_1) - B(u_2)| \\ =& [(y_1 z_1 - y_2 z_2)^2 + (x_1 z_1 - x_2 z_2)^2 + (x_1 y_1 - x_2 y_2)^2]^{\frac{1}{2}} \\ \leqslant& 2[z_1^2(y_1 - y_2)^2 + y_2^2(z_1 - z_2)^2 + z_1^2(x_1 - x_2)^2 \\ &+ x_2^2(z_1 - z_2)^2 + y_1^2(x_1 - x_2)^2 + x_2^2(y_1 - y_2)^2]^{\frac{1}{2}} \\ \leqslant& 2\sqrt{2}N|u_1 - u_2|, \end{aligned}$$

因而存在常数 $C > 0$ 使得

$$|F_N(u_1) - F_N(u_2)| \leqslant C|u_1 - u_2|.$$

情形 2: 如果 $|u_1| \leqslant N < |u_2|$, 则

$$|F_N(u_1) - F_N(u_2)| = \left|Au_1 - A\frac{u_2}{|u_2|}N + B(u_1) - B\left(\frac{u_2}{|u_2|}N\right)\right| \leqslant C\left|u_1 - \frac{u_2}{|u_2|}N\right|.$$

定义 $\bar{u_2} = \frac{u_2}{|u_2|}N$. 令 $B(O,N)$ 是中心为 $O = (0,0,0)^{\mathrm{T}}$, 半径为 N 的球. 注意到对于三角形 $u_1\bar{u_2}u_2$, $\angle u_1\bar{u_2}u_2 > \frac{\pi}{2} > \angle u_1u_2\bar{u_2}$, 所以 $|u_1 - \bar{u_2}| < |u_1 - u_2|$. 故成立

$$|F_N(u_1) - F_N(u_2)| \leqslant C|u_1 - u_2|.$$

情形 3: 如果 $|u_1| > N$ 且 $|u_2| > N$, 不失一般性, 假设 $|u_1| \leqslant |u_2|$, 则有

$$\begin{aligned}|F_N(u_1) - F_N(u_2)| &\leqslant C\left|\frac{u_1}{|u_1|}N - \frac{u_2}{|u_2|}N\right| \\ &= \frac{C}{|u_1|}N\left|u_1 - \frac{|u_1|}{|u_2|}u_2\right| \leqslant C\left|u_1 - \frac{|u_1|}{|u_2|}u_2\right|.\end{aligned}$$

定义 $\bar{u_2} = \frac{|u_1|}{|u_2|}u_2$, 令 $O = (0,0,0)^{\mathrm{T}}$, 显然在三角形 $u_1O\overline{u_2}$ 内, $\angle Ou_1\bar{u_2} = \angle O\bar{u_2}u_1 < \frac{\pi}{2}$, 且 $\angle u_2\bar{u_2}u_1 > \frac{\pi}{2}$, 所以 $|u_1 - \bar{u_2}| \leqslant |u_1 - u_2|$. 故成立

$$|F_N(u_1) - F_N(u_2)| \leqslant C|u_1 - u_2|.$$

综合以上论述, 存在常数 $C > 0$ 使得

$$|F_N(u_1) - F_N(u_2)| \leqslant C|u_1 - u_2|$$

对任意 $u, u_1, u_2 \in R^3$ 成立, 而且

$$|F_N(u)| = |F_N(u) - F_N(0)| \leqslant C|u| \leqslant C(1 + |u|).$$

因此引理 3.4.1成立. □

定理 3.4.2 *方程 (3.4.4) 具有唯一的全局解, 即*

$$u_t = u_0 - \int_0^t (Au_s + B(u_s))ds + \int_0^t Q(u_s)dB_s^H.$$

证明 对任意 $T > 0$, 考虑 $t \in [0,T]$,

$$\begin{cases} du_t^N = -F_N(u_t^N)dt + Q(u_t^N)dB_t^H, \\ u_0^N = u_0. \end{cases} \tag{3.4.12}$$

前面已证明 F_N 是 Lipschitz 连续的且满足线性增长条件. 进一步地,

$$|Q(u_1)-Q(u_2)|=\begin{vmatrix} q_1(x_1-x_2) & 0 & 0 \\ 0 & q_2(y_1-y_2) & 0 \\ 0 & 0 & q_3(z_1-z_2) \end{vmatrix}$$

$$\leqslant \max\{q_1,q_2,q_3\}|u_1-u_2|,$$

而且有

$$|\partial_x Q(u_1)-\partial_x Q(u_2)|\leqslant C|u_1-u_2|,$$

$$|\partial_y Q(u_1)-\partial_y Q(u_2)|\leqslant C|u_1-u_2|,$$

$$|\partial_z Q(u_1)-\partial_z Q(u_2)|\leqslant C|u_1-u_2|.$$

因此由文献 [32, Theorem 5.1], 方程 (3.4.12) 存在唯一解满足

$$u_t^N=u_0-\int_0^t F_N(u_s^N)ds+\int_0^t Q(u_s^N)dB_s^H.$$

定义一组停时序列 $\{\tau_n\}_{n\geqslant 1}$ 为

$$\tau_n:=\inf\{t>0:|u_t|\geqslant n\}.$$

注意到在区间 $[0,T\wedge\tau_N]$ 上, $F_N(u_t)=F(u_t)$, 且方程 (3.4.12) 与 (3.4.4) 一致. 因此当 $t\in[0,T\wedge\tau_N]$ 时, 方程 (3.4.4) 具有唯一解满足

$$u_t=u_0-\int_0^t F(u_s)ds+\int_0^t Q(u_s)dB_s^H. \tag{3.4.13}$$

另一方面,

$$\begin{aligned}\mathrm{E}[u_{T\wedge\tau_N}]&\leqslant u_0+\mathrm{E}\left|\int_0^{T\wedge\tau_N}F(u_s)ds\right|+\mathrm{E}\left|\int_0^t Q(u_s)dB_s^H\right|\\&=u_0+\mathrm{E}\left|\int_0^{T\wedge\tau_N}F_N(u_{s\wedge\tau_N})ds\right|\\&\leqslant u_0+\mathrm{E}\left|\int_0^{T\wedge\tau_N}C(1+|u_{s\wedge\tau_N}|)ds\right|\\&\leqslant u_0+CT+C\int_0^{T\wedge\tau_N}\mathrm{E}|u_{s\wedge\tau_N}|ds.\end{aligned}$$

用 Gronwall 不等式, 可得存在常数 $C := C(T) > 0$, 使得 $\mathrm{E}|u_{T\wedge\tau_N}| \leqslant C(T)$.

又因为

$$\mathrm{E}|u_{T\wedge\tau_N}| \geqslant \mathrm{E}[I_{\{\tau_n\leqslant T\}} \geqslant NP\{\tau_N \leqslant T\},$$

所以 $P\{\tau_N \leqslant T\} \leqslant \dfrac{C(T)}{N}$.

令 $\tau_\infty = \lim\limits_{n\to\infty} \tau_n$, 则 $P\{\tau_\infty > T\} = 1$. 由此及等式 (3.4.13), 显然有方程 (3.4.4) 在 $[0,T]$ 上恰好存在唯一解.

在 $[T,2T]$, $[2T,3T], \cdots$ 上重复以上过程, 则完成定理的证明. □

3.4.3 不变测度的存在唯一性

令 B_t^H 是一个 Hurst 参数 $H \in \left(\dfrac{1}{2}, 1\right)$ 的双边分数布朗运动

$$B_t^H = \alpha_H \int_{-\infty}^0 (-\tau)^{H-\frac{1}{2}}(dB_{t+\tau} - B_\tau),$$

其中 $\alpha_H > 0$ 是个常数. 记 $H_0 = \min\{H_1, H_2, H_3\}$, $C_0^\infty(R^-; R^3)$ 是 $R^- := (-\infty, 0]$ 上光滑紧支集合函数 f (满足 $f(0) = 0$) 的集合, 而 $W_{\lambda,\gamma}$ 是 $C_0^\infty(R^-; R^3)$ 在范数

$$\|\omega\|_{\lambda,\gamma} = \sup_{s,t\in R^-, s\neq t} \frac{|\omega(t) - \omega(s)|}{|t-s|^\gamma (1+|t|+|s|)^\lambda}$$

下的完备化, 其中 $0 < \lambda, \gamma < 1$. 注意到范数 $\|\cdot\|_{\lambda,\gamma}$ 与 $[0,T]$ 上的 Hölder 范数等价.

令 $\widetilde{W}_{\lambda,\gamma}$ 为 $R^+ := [0, +\infty)$ 上与 $W_{\lambda,\gamma}$ 对应的空间. 如果 $\gamma \in \left(\dfrac{1}{2}, H_0\right)$, $\gamma + \lambda \in (H_0, 1)$, 则在 $W_{\lambda,\gamma} \times \widetilde{W}_{\lambda,\gamma}$ 上存在 Borel 概率测度 P_{H_0}, 使得与 P_{H_0} 关联的规范过程是一个双边分数布朗运动.

令 Π 是由 $W_{\lambda,\gamma}$ 到 $\widetilde{W}_{\lambda,\gamma}$ 的有界线性算子, 满足

$$\Pi\omega(t) = \beta_{H_0} \int_0^\infty \frac{1}{\tau} g\left(\frac{t}{\tau}\right) \omega(-\tau) d\tau,$$

其中

$$g(\tau) = \tau^{H_0-\frac{1}{2}} + \left(H_0 - \frac{3}{2}\right) \tau \int_0^1 \frac{(\tau+u)^{H_0-\frac{5}{2}}}{(1-u)^{H_0-\frac{1}{2}}} du,$$

以及

$$\beta_{H_0} = \left(H_0 - \frac{1}{2}\right) \alpha_{H_0} \alpha_{1-H_0}.$$

令 $K_h:\omega\to\omega+h$ 是 $\widetilde{W}_{\lambda,\gamma}$ 上的位移映射, $\mathcal{H}(\omega,\cdot)=(K_{\Pi_\omega}\circ I^{H_0-\frac{1}{2}})*W$, 其中 W 是 R^+ 上的 Wiener 测度,

$$I^{H_0-\frac{1}{2}}f(t)=\frac{1}{\Gamma\left(H_0-\dfrac{1}{2}\right)}\int_0^t(t-s)^{H_0-\frac{3}{2}}f(s)ds.$$

定义单边 Wiener 位移 $\theta_t:W_{\lambda,\gamma}\to W_{\lambda,\gamma}$ 为

$$\theta_t\omega(s)=\omega(s-t)-\omega(-t),\quad s\in R^-,\ t\in R^+.$$

令

$$\beta_t(\omega,\tilde{\omega})=\begin{cases}\tilde{\omega}(s+t)-\tilde{\omega}(t), if-t<s,\\ \omega(s+t)-\tilde{\omega}(t), if-t\geqslant s,\end{cases}\quad \omega\in W_{\lambda,\gamma},\ t\in R^+.$$

定义 P_t 为转移算子 $P_t(\omega,\cdot)=\beta_t^*\mathcal{H}_t(\omega,\cdot)$. 由文献 [27] 知, 四元组 $(W_{\lambda,\gamma},\{P_t\},p_{H_0},\{\theta_t\}_{t\geqslant0})$ 是一个平稳噪声过程.

对于 $u_0=(x_0,y_0,z_0)^{\mathrm{T}}$ 及噪声 $\xi\in C_0([0,T],R^3)$, 令

$$\Phi_T(u_t,\xi)(t)=u_0-\int_0^t(A\Phi_T(u_s,\xi_s)+B(\Phi_T(u_s,\xi_s))ds+\int_0^t Q(\Phi_T(u_s,\xi_s))dB_s^H.$$

则由定理 3.4.2 可得 $\Phi_T(u_t,\xi)$ 的存在唯一性.

令 $\Lambda:R^+\times R^3\times W_{\lambda,\gamma}\to R^3$, $\Lambda_t(u_t,\omega)=\Phi_T(u_t,S_t\omega)(t)$, 其中 S_T 是一个连续位移算子

$$S_T:W_{\lambda,\gamma}\to\tilde{W}_{\lambda,\gamma},\quad (S_Th)(t)=h(t-T)-h(-T).$$

令 $Q_t(u_t,\omega;Q_1\times Q_2)=\int_{Q_2}\delta_{\Lambda_t(u_t,\omega')}(Q_1)P_t(\omega,d\omega')$, 则由文献 [26, Lemma 2.12] 知, $Q_t(u_t,\omega;\cdot)$ 是 $R^3\times W_{\lambda,\gamma}$ 上的 Feller 半群.

定理 3.4.3 如果 $9h^2\leqslant 8ab$, 则 Λ_t 是基于随机过程 $W_{\lambda,\gamma}\to\tilde{W}_{\lambda,\gamma}$ 的连续随机动力系统, 且具有唯一的不变测度.

证明 因为 Φ_T 是个逐路径的积分, 所以 Λ_t 满足 [27, Definition 2.2]. 可以进一步验证 Λ_t 是一个连续随机动力系统. 为了证明不变测度的存在性, 首先考虑确定的 Rabinovich 系统

$$\begin{cases}d\hat{u}_t=-A\hat{u}_t-B(\hat{u}_t),\\ \hat{u}(0)=u_0,\end{cases}\tag{3.4.14}$$

其中 $\hat{u}_t=(\hat{x}_t,\hat{y}_t,\hat{z}_t)^{\mathrm{T}}\in R^3$.

令 $V=\hat{x}_t^2+2\hat{x}_t^2+\hat{z}_t^2$, 当 $9h^2\leqslant 8ab$ 时, 直接计算得

$$\begin{aligned}\frac{d|\hat{u}_t|^2}{dt}\leqslant\frac{dV}{dt}&=2\hat{x}_t\dot{\hat{x}}_t+4\hat{y}_t\dot{\hat{y}}_t+2\hat{z}_t\dot{\hat{z}}_t\\&=-2a\hat{x}_t{}^2-4b\hat{y_t^2}-2d\hat{z}_t{}^2+6h\hat{x}_t\hat{y}_t\\&\leqslant-2d\hat{z}_t{}^2\\&\leqslant-2d|\hat{u}_t|^2.\end{aligned}$$

由 Gronwall 不等式, 可得存在 $k>0$ 使得

$$|\hat{u}_t|^2\leqslant C|u_0|^2\exp(-kt)+C.$$

则对任意 $p\geqslant 1$,

$$|\hat{u}_t|^p\leqslant C|u_0|^p\exp(-pkt)+C.$$

令 $\tilde{u}_t=u_t-\hat{u}_t$, 其中 u_t 是定理 3.4.2 得到的解, 则有

$$\tilde{u}_t=\int_0^t[-A\tilde{u}_s-B(\tilde{u}_s+\hat{u}_s)+B(\hat{u}_s)]ds+\int_0^t Q(\tilde{u}_s+\hat{u}_s)dB_s^H:=I_1(t)+I_2(t).$$

直接计算得

$$\begin{aligned}|I_1(t)|&\leqslant\int_0^t|A\tilde{u}_s|ds+\int_0^t|B(\tilde{u}_s+\hat{u}_s)-B(\hat{u}_s)|ds\\&\leqslant C_1\int_0^t|\tilde{u}_s|ds\leqslant C\int_0^t\frac{|\tilde{u}_s|}{|t-s|^\alpha}ds,\end{aligned}$$

$$\begin{aligned}\int_0^t\frac{|I_1(t)-I_1(s)|}{|t-s|^{1+\alpha}}ds&=\int_0^t\frac{|\int_s^t[-A(\tilde{u}_\tau+\hat{u}_\tau)-B(\tilde{u}_\tau+\hat{u}_\tau)+A\hat{u}_\tau+B(\hat{u}_\tau)]d\tau|}{|t-s|^{1+\alpha}}ds\\&\leqslant C\int_0^t\frac{|\tilde{u}_s|}{|t-s|^\alpha}ds,\end{aligned}$$

$$\begin{aligned}|I_2(t)|&\leqslant C\|B^{H_0}\|_\alpha\int_0^t|Q(\tilde{u}_s+\hat{u}_s)|ds|\\&\leqslant C\|B^{H_0}\|_\alpha\left(1+|u_0|+\int_0^t\int_0^s\frac{|\tilde{u}_s-\tilde{u}_\tau|}{|s-\tau|^{1+\alpha}}d\tau ds\right),\end{aligned}$$

$$\int_0^t\frac{|I_2(t)-I_2(s)|}{|t-s|^\alpha}ds\leqslant C\|B^{H_0}\|_\alpha\left(1+|u_0|+\int_0^t\frac{\int_0^s\frac{|\tilde{u}_s-\tilde{u}_\tau|}{|s-\tau|^{1+\alpha}}d\tau}{|t-s|^\alpha}ds\right)$$

$$\leqslant C\|B^{H_0}\|_\alpha\left(1+|u_0|+\int_0^t\int_0^s\frac{|\tilde{u}_s-\tilde{u}_\tau|}{|s-\tau|^{1+\alpha}|t-s|^\alpha}d\tau ds\right).$$

由以上估计推得

$$\begin{aligned}&|\tilde{u}_t|+\int_0^t\frac{|\tilde{u}_t-\tilde{u}_s|}{|t-s|^{1+\alpha}}ds\\ \leqslant&|I_1(t)|+|I_2(t)|+\int_0^t\frac{|I_1(t)-I_1(s)|}{|t-s|^{1+\alpha}}ds+\int_0^t\frac{|I_2(t)-I_2(s)|}{|t-s|^\alpha}ds\\ \leqslant&C\int_0^t\frac{|\tilde{u}_s|}{|t-s|^\alpha}ds+C\|B^{H_0}\|_\alpha\left(1+|u_0|+\int_0^t\int_0^s\frac{|\tilde{u}_s-\tilde{u}_\tau|(1+|t-s|^\alpha)}{|s-\tau|^{1+\alpha}|t-s|^\alpha}d\tau ds\right)\\ \leqslant&C\|B^{H_0}\|_\alpha\left(1+|u_0|+t^\alpha\int_0^t\frac{|\tilde{u}_s|+\displaystyle\int_0^s\frac{|\tilde{u}_s-\tilde{u}_\tau|}{|s-\tau|^{1+\alpha}}d\tau}{|t-s|^\alpha s^\alpha}ds\right).\end{aligned}$$

由文献 [32] 中的分数阶 Gronwall 不等式,

$$|\tilde{u}_t|+\int_0^t\frac{|\tilde{u}_t-\tilde{u}_s|}{|t-s|^{1+\alpha}}ds\leqslant C\|B^{H_0}\|_\alpha(1+|u_0|)\exp(C\|B^{H_0}\|_\alpha^{1/(1-\alpha)}t),$$

所以有

$$\begin{aligned}|u_t|&\leqslant C|u_0|\exp(-kt)+C+C\|B^{H_0}\|_\alpha(1+|u_0|)\exp(C\|B^{H_0}\|_\alpha^{1/(1-\alpha)}t)\\&\leqslant C|u_0|\exp(-kt)+C\exp(C\|B^{H_0}\|_\alpha^{1/(1-\alpha)}t),\end{aligned}$$

以及

$$|u_t|^p\leqslant C|u_0|^p\exp(-pkt)+C\exp(C\|B^{H_0}\|_\alpha^{1/(1-\alpha)}t).$$

因为 $|B^{H_0}\|_\alpha<\infty$, 所以

$$\int|u_t|^p(Q_t\mu)(dx,d\omega)\leqslant C\exp(-pkt)\int|u_t|^p\mu(dx,d\omega)+C.$$

因此对于连续随机动力系统 Λ, $V(u_t)=|u_t|^p$ 是一个 Lyapunov 函数. 进一步的, Q_t 是一个 Feller 转移半群. 由文献 [27] 知, Λ 具有不变测度.

最后证明不变测度的唯一性. 设 φ 是一个可测函数, $\varphi:C([1,+\infty),R^3)\to R$, 且它的导函数 $D\varphi$ 定义为

$$D\varphi(u_t,\omega)=\int_{C([1,+\infty),R^3)}\varphi(z)R_1^*D\delta_{u,\omega}(dz)=\mathrm{E}_\omega\varphi_T(\Phi_T(u_t,\tilde{\omega})),$$

其中 E_ω 是用概率测度 $\mathcal{H}(\omega,\cdot)$ 对 $\tilde{\omega}$ 取的期望. 则有

$$\begin{aligned}&D\varphi_T(v_t,\omega)-D\varphi_T(u_t,\omega)\\&=\mathrm{E}_\omega\int_0^1\langle D\varphi_T(\Phi_T(su_t+(1-s)z,\tilde{\omega}),D_x\Phi_T(su_t+(1-s)z,\tilde{\omega})(u_t-v_t)\rangle.\end{aligned}$$

由文献 [27], 存在一个连续函数 f 使得

$$\|\varphi_T(v_t,\omega)-D\varphi_T(u_t,\omega)\|_{TV}\leqslant f(u_t,v_t,\omega).$$

因此,

$$\|R_1^*D\delta_{(v_t,\omega)}-R_1^*D\delta_{(u_t,\omega)}\|_{TV}\leqslant f(u_t,v_t,\omega).$$

由 Bismut-Elworthy-Li 公式, 连续随机动力系统 Λ 在 $t=1$ 处是强 Feller 的. 可以验证 Λ 满足文献 [27] 中的假设 (H1) 和 (H2), 因此 Λ 在 $t=1$ 处也是拓扑不可约的. 最后因为随机系统 (3.4.4) 是拟马氏系统, 综合以上论述得到不变测度的唯一性, 证毕. □

3.4.4 Hurst 参数 $H=\dfrac{1}{2}$ 时的不变测度

对于系统 (3.4.4), 如果 $H_1=H_2=H_3=\dfrac{1}{2}$, 则驱动噪声事实上是布朗运动, 而原方程退化为:

$$\begin{cases}du_t=-(Au_t+B(u_t))dt+Q(u_t)dW(t),\\u(0)=u_0.\end{cases}\tag{3.4.15}$$

定理 3.4.4 方程 (3.4.15) 具有唯一的全局解, 其具有形式

$$u_t=u_0-\int_0^t(Au_s+B(u_s))ds+\int_0^tQ(u_s)dW(t).$$

证明 与定理 3.4.2 的证明类似. □

定理 3.4.5 如果 $a>q_1^2$, $b>q_2^2$, $d>q_3^2$, $9h^2<8(a-q_1^2)(b-q_2^2)$, 则方程

$$du_t=-(Au_t+B(u_t))dt+Q(u_t)dW(t)\tag{3.4.16}$$

的平凡解是随机渐近稳定的.

证明 用 Lyapunov 函数的方法. 令 $V(u_t)=x_t^2+2y_t^2+z_t^2$, 显然 $V(0)=0$, 且有

$$|u_t|^2\leqslant V(u_t)\leqslant 2|u_t|^2.$$

直接计算得,

$$\begin{aligned}LV(u_t)=&V_u(-Au_t-B(u_t))+\frac{1}{2}\mathrm{tr}[Q^{\mathrm{T}}(u_t)V_{uu}Q(u_t)]\\=&(hy_t-ax_t+y_tz_t)2x_t+(hx_t-by_t-x_tz_t)4y_t\\&+(-dz_t+x_ty_t)2z_t+2q_1^2x_t^2+4q_2^2y_t^2+2q_3^2z_t^2\\=&-2(a-q_1)^2x_t^2+4(b-q_2)^2y_t^2+2(d-q_3)z_t^2-6hx_ty_t.\end{aligned}$$

如果 $a>q_1^2,\ b>q_2^2,\ d>q_3^2,\ 9h^2<8(a-q_1^2)(b-q_2^2)$, 则有

$$2(a-q_1)^2x_t^2-6hx_ty_t+4(b-q_2)^2y_t^2>0.$$

此时 $-LV(u_t)$ 是负定的. 所以由文献 [37, Theorem 4.2.4], 平凡解是随机渐近稳定的, 证毕. □

定理 3.4.6 *如果 $a>q_1^2,\ b>q_2^2,\ d>q_3^2,\ 9h^2<8(a-q_1^2)(b-q_2^2)$, 则系统 (3.4.15) 具有唯一的不变测度.*

证明 令 u^* 是方程 3.4.16 的平凡解, 我们将证明可以通过 u^* 定义 (3.4.15) 的不变测度 μ, 且 μ 是唯一的.

用 u^* 定义概率转移半群

$$P_t\varphi=E\varphi(u^*(t)).$$

则 P_t 的对偶算子为

$$P_t^*\mu(\Gamma)=\int P_t(u_0,\Gamma)\mu(du_0).$$

其中 $P_t(u_0,\Gamma)=E\chi_\Gamma(u^*(t))$, 以及 χ_Γ 是集合 Γ 的示性函数.

令 $u(t,t_0,u_{t_0})$ 是系统

$$\begin{cases}du_t=-(Au_t+B(u_t))dt+Q(u_t)dW(t),\\u(t_0)=u_{t_0}\end{cases}\tag{3.4.17}$$

的解.

用 $\mathcal{L}$ 表示 $u(t,t_0,u_{t_0})$ 的分布, 则有 $\mathcal{L}(u(t,t_0,u_{t_0}))=\mathcal{L}(u(t_0,2t_0-t,u_{t_0}))$.

因为 u^* 是随机渐近稳定的, 所以有

$$\mathrm{E}|u(t_0, 2t_0 - t, u_{t_0}) - u^*(t_0)|^2 \to 0, \quad t \to \infty.$$

令 $\mu := \mathcal{L}(u^*(t_0))$, 则对任意的 u_{t_0},

$$P_t^* \delta_{u_{t_0}} = \mathcal{L}(u(t, t_0, u_{t_0})) \to \mu, \quad t \to \infty.$$

因此 μ 是 (3.4.15) 唯一的不变测度, 证毕. □

参 考 文 献

[1] Bloom F, Hao W. Regularization of a non-Newtonian system in an unbound channel: existence and uniqueness of solutions. *Nonlinear Anal*, 2001, **44**: 281-309.

[2] Chueshov I D. Introduction to the Theory of Infinite-Dimensional Dissipative Systems. Acta, 2002.

[3] Temam R. Infinite Dimensional Dynamical Systems in Mechanics and Physics, second ed.. New York: Springer, 1997.

[4] Henry D. Geometric Theory of Semilinear Parabolic Equations. Chinese translation. Berlin: Springer-Verlag, 1981.

[5] Biagini F, Hu Y, ∅ksendal B, Zhang T. Stochastic Calculus for Fractional Brownian Motion and Applications. London: Springer-Verlag, 2008.

[6] Maslowski B, Schmafuss B. Random dynamics systems and stationary solutions of differential equations driven by the fractional Brownian motion. *Stoahstic Anal. Appl.*, 2004, **22**: 1557-1607.

[7] Da Prato G, Zabczyk J. Ergodicity for Infinite Dimesional Systems. Cambridge: Cambridge University Press, 1996.

[8] Kunita H. Stochastic Flows and Stochastic Differential Equations. Cambridge: Cambridge University Press, 1990.

[9] Duncan T E, Maslowski B, Duncan B P. Fractional Brownian motion and stochastic equations in Hilbert spaces. *Stochastic Dyn.*, 2002, **2**: 225-250.

[10] Zhao C, Zhou S. Pullback attractors for a non-autonomous incompressible non- Newtonian fluid. *J. Differential Equations*, 2007, **238**: 394-425.

[11] 郭柏灵, 林国广, 尚亚东. 非牛顿流动力系统. 北京: 国防工业出版社, 2006.

[12] Garrido-Atenza M, Keling L and Schmalfuss B. Unstable invariant manifolds for stochastic PDEs driven by a FBM. *J. of Differential Equations*, 2010.

[13] Garrido-Atenza M, Keling L and Schmalfuss B. Random dynamical systems for stochastic partial diffusion equations driven by driven by a FBM. *Discrete and Continuous Dynamical Systems-B*, 2010, **14**(2): 473-493.

[14] Garrido-Atenza M et al. Discretization of stationary solutions of stochastic systems driven by fbm. *Appl. Math. Optim*, 2008.

[15] Maslowski B and Nualart D. Evolution equations driven by a fractional Brownian motion. *Journal of Functional Analysis*, 2003: 277-305.

[16] Marta Sanz-Sloe, Pierre-A Vuillermot. Mild solutions for a class of fractional spdes and their sample paths, preprint, 2007.

[17] Duncan T E et al. Semilinear stochastic equations in a Hilbert space with a fractional brownian motion. *Siam J. Math Anal*, 2009.

[18] Liqun Fang. Stochastic Navier-Stokes equation with fractional Brownian motions. *Dissertation in Louisiana State University, Dec.*, 2009

[19] Fu-2009Hongbo Fu, Daomin Cao, Jinqiao Duan et al. A sufficient condition for non-explosion for a class of spde. *Interdisciplinary Mathematical Sciences*, 2009, **8**: 131–142.

[20] Chow-2007Chow P L. Stochastic Partial Differential Equations. Chapman & Hall CSC, 2007.

[21] Li J and Huang J. Random dynamics of Non-Newtonian fluid driven by fractional Brownian motions. Preprint, 2010.

[22] Caidi Zhao and Jinqiao Duan. Random attractor for the Ladyzhenskaya model with additive noise. *J. Math. Anal. Appl.*, 2010, **362**: 241–251

[23] Zahle M. Integration with respective to fractal functions and stochastic calculus, I. *Probab. Theory Related Fields*, 1998, **111**: 333–374.

[24] Biagini F, Hu Y, Øksendal B, et al. Stochastic Calculus for Fractional Brownian Motion and Applications. London: Springer-Verlag, 2008.

[25] Chen C, Cao J and Zhang X. The topological structure of the Rabinovich system having an invariant algebraic surface. Nonlinearity, 2008, **21**: 211-220.

[26] Hairer M. Ergodicity of stochastic differential equations driven by fractional Brownian motiaon. *Ann. Probab.*, *35*, 2005, **33**: 703-758.

[27] Hairer M, Ohashi A. Ergodicity theory for SDEs with extrinsic memory. *Ann. Probab.*, *35*, 2007, **5**, 1950-1977.

[28] Liu A, Li L. Global dynamics of the stochastic Rabinovich system. *Nonlinear Dyn*, 2015, **81**: 2141-2153.

[29] Liu Y, Li L. Bifurcation and attractor of the stochastic Rabinovich system with jump. *International Journal of Geometric Methods in Modern Physics, Vol.* 2015, **12**: 1550092.

[30] Llibre J, Messias M, Silva P. On the global dynamics of the Rabinovich system. *J. Phys. A Math. Theor.*, 2008, **41**: 275210.

[31] Neukirch S. Integrals of motion and semipermeable surfaces to bound the amplitude of a plasma instability. *Phys. Rev. E*, 2001, **63**: 036202.

[32] Nualart D, Rascanu A. Differential Equations Driven by Fractional Brownian Motion. *Collect. Math.* 2002, **53**: 55-81.

[33] Pikovski A, Rabinovich M and Trakhtengerts V. Onset of stochasticity in decay confinement of parametric instability. *Sov. Phys. JETP*, 1978, **47**: 715-719.

[34] Xie F and Zhang X. Invariant algebraic surfaces of the Rabinovich system. *J. Phys. A: Math. Gen.* 2003, **36**: 499-516.

[35] Zeng C, Yang Q. Dynamics of the stochastic Lorenz chaotic system with long memory effects. *Chaos*, 2015, **25**: 123114.

[36] Zhang X. Integrals of motion of the Rabinovich system. *J. Phys. A: Math. Gen.* 2000, **33**: 5137-5155.

[37] Mao X. Stochastic Differential Equations and Their Application (University of Strathclyde, Glasgow, Scotland, 1997).

[38] Da Prato G and Zabczyk J. Ergodicity for Infinite Dimensional Systems, volume 229 of London Mathematical Society Lecture Note Series. Cambridge: Cambridge University Press, 1996.

第 4 章　Lévy 过程驱动的随机发展方程的动力学

近年来, Lévy 过程驱动的随机发展方程解的存在唯一性引起了很多学者的关注, 例如 Applebaum[1] 系统地给出了 Lévy 过程及随机积分, 证明了 Lévy 过程驱动的随机常微分方程解的存在唯一性, 以及相应的 Lévy 流等结论. Peszat 等[12] 较系统地给出了随机偏微分方程解的存在唯一性和正则性的研究方法, 文献 [6] 的第七章介绍了 Lévy 过程驱动的非线性抛物方程解的存在唯一性.

本章研究由 Lévy 过程驱动随机偏微分方程的动力学性质, 由两部分组成. 第一部分研究由从属子 Lévy 过程驱动的 Boussinesq 方程的随机动力学[7], 第二部分研究 Lévy 扰动的部分耗散反应扩散方程的随机吸引子[8].

4.1　从属子 Lévy 过程及 Oenstein-Uhlenbeck 变换的性质

Lévy 过程 $Y(t)$ 可分解成小跳部分 $Y_1(t)$ 和大跳部分 $Y_2(t)$ 两个部分, 即

$$Y(t) = Y_1(t) + Y_2(t), \qquad t \geqslant 0,$$

其中, ν 为 Lévy 过程 Y 的强度测度, Y_1 是强度测度为 $\nu_1(\Gamma) = \nu(\Gamma \bigcap B_U(0,1))$ 的 Lévy 过程, Y_2 是强度测度为 $\nu_2 = \nu - \nu_1$ 的 Lévy 过程, 则 Y_2 可以看成是强度测度为 ν_2 的补偿 Poisson 过程. 因此, Y_1 和 Y_2 均可以用 Poisson 随机测度 π 来定义, 其中

$$\pi([0,1]\times\Gamma) = \sum_{s\leqslant t} 1_\Gamma \Delta Y(s), \quad \Gamma \in \mathcal{U}, \quad \Delta Y(s) = Y(s) - Y(s^-), \quad s \geqslant 0.$$

注意到 π 是一个时齐的 Poisson 随机测度, 则 Y 可以表示为

$$Y(t) = \sum_{s\leqslant t} \Delta Y(s) = \int_0^t \int_U u\pi(du, ds), \quad t \geqslant 0.$$

因此

$$Y_1(t) = \sum_{s\leqslant t} 1_{|\Delta Y(s)|<1} \Delta Y(s) = \int_0^t \int_{|u|<1} u\pi(du, ds), \tag{4.1.1}$$

$$Y_2(t) = \sum_{s \leqslant t} 1_{|\Delta Y(s)| \geqslant 1} \Delta Y(s) = \int_0^t \int_{|u| \geqslant 1} u\pi(du, ds). \tag{4.1.2}$$

令 $0 < \tau_1 < \tau_2 < \tau_3 < \cdots \to \infty$ 是 Y_2 的跳时刻, 对每个 k, $\Delta Y_2(\tau_k) = \Delta Y(\tau_k) = Y(\tau_k) - Y(\tau_k-)$.

设算子 $\Psi(t), t \in [0, T]$ 是取值于从 U 到 E 的线性有界算子组成的空间上的强可测函数, Y 是 U 值的 Lévy 过程. 则当 $t \geqslant 0$ 时, 可定义随机积分如下:

$$\int_0^t \Psi(s) dY_2(s) = \sum_{\tau_k \leqslant t} \Psi(\tau_k) \Delta Y_2(\tau_k).$$

由此, 随机积分可分解成

$$\int_0^t \Psi(s) dY(s) = \int_0^t \Psi(s) dY_1(s) + \int_0^t \Psi(s) dY_2(s). \tag{4.1.3}$$

对于在 Banach 空间中的非线性发展方程

$$\begin{cases} du(t) = (Au(t) + F(u(t)))dt + dY(t), \quad t \geqslant 0, \\ u(0) = u_0, \end{cases} \tag{4.1.4}$$

Langevin 方程

$$\begin{cases} dX(t) = AX(t)dt + dY(t), \quad t \geqslant 0, \\ X(0) = 0 \end{cases} \tag{4.1.5}$$

的解为 Y_A. 易知, Y_A 有局部无界的轨道, 在适当条件下, Y_A 的轨线在 $L^p([0, T], E)$ 中, 则有

$$X(t) = \int_0^t S(t-s) dY_1(s) + \int_0^t S(t-s) dY_2(s) = X_1(t) + X_2(t).$$

由上述讨论可知,

$$X_2(t) = \int_0^t e^{(t-s)A} dY_2(s) = \sum_{\tau_k \leqslant t} e^{(t-s)A} \Delta Y(\tau_k), \quad t \geqslant 0,$$

对每个 k 和任意的 $\omega \in \Omega$, 由定义可知, 当 $t \in [\tau_k, \tau_{k+1})$ 时,

$$X_2(t) = S(t - \tau_k)[X_2(\tau_k-) + \Delta Y_2(\tau_k)].$$

由于当 $t \in [0,\tau_1)$ 时, $X_2(t)=0$, 因此, $\int_0^{\tau_1}|X_2(t)|_E^p dt = 0$. 从而当 $k \geqslant 1$ 时,

$$\int_{\tau_k}^{\tau_{k+1}}|X_2(t)|_E^p dt \leqslant C\int_0^{\tau_{k+1}-\tau_k}|e^{rA}|_{L(U,A)}^p dr\cdot|X_2(\tau_k-)+\Delta Y_2(\tau_k)|_U^p.$$

设 Z_A 是从属子 Lévy 过程相应的 Ornstein-Uhlenbeck 方程

$$\begin{cases} dX(t) = AX(t)dt + dY(t), & t \geqslant 0, \\ X(0) = x_0. \end{cases} \tag{4.1.6}$$

的解，则有

引理 4.1.1[4] 如果 $p \in (1,2]$, Z 是属于 Sub(p) 的从属子过程, E 是一个可分型的 p-Banach 空间, 则以概率 1, 对所有的 $T>0$, 都有

$$\int_0^T |Z_A(t)|_E^p dt < \infty.$$

引理 4.1.2[4] 如果从属子 Lévy 噪声满足上面的假设, 则以概率 1, 对所有的 $T>0$, 有

$$\int_0^T |Z_A(t)|_{L^4}^4 dt < \infty.$$

4.2 Lévy 过程驱动的随机 Boussinesq 方程的动力学

这一节研究从属子 Lévy 过程的驱动随机 Boussinesq 方程

$$\begin{cases} \dfrac{du}{dt} = \left(\dfrac{1}{Re}\triangle u - \nabla p - u\cdot\nabla u - \dfrac{1}{\mathrm{Fr}^2}\theta e_2\right) + dY_1(t), \\ \mathrm{div}\, u = 0, \qquad D\times R_+, \\ \dfrac{d\theta}{dt} = \left(\dfrac{1}{\mathrm{Re}\cdot\mathrm{Pr}}\triangle\theta - u\cdot\nabla\theta\right) + dY_2(t), \\ u(0) = u_0, \qquad \Gamma\times R_+, \\ \theta(0) = \theta_0, \end{cases} \tag{4.2.1}$$

其中, 向量值函数 $u=u(x,t)=(u^1,u^2)\in R^2$ 表示流体的速度，纯量函数 p 表示压强, $x=(\xi,\eta)\in D\subset R^2$, Fr 是 Froude 数, Re 是 Reynolds 数, Pr 是 Prandtl 数, $e_2 \in R^2$ 是垂直向上方向的单位向量. $Y_1(t)$ 和 $Y_2(t)$ 是从属子 Lévy 过程, 其

中 $W=(W(t))_{t\geqslant 0}$ 是 U 值的 H 柱面 Wiener 过程, $Z=(Z(t))_{t\geqslant 0}$ 是属于类 $\mathrm{Sub}(p)$, $p\in(1,2]$ 的从属子过程, $Y=(Y(t))_{t\geqslant 0}$ 是 U 值 Lévy 过程, 即

$$Y(t)=W(Z(t)),\quad t\geqslant 0. \tag{4.2.2}$$

为便于讨论, 定义下面的向量和算子:

$$U=(u,\theta),\quad Y(t)=(Y^1(t),Y^2(t)),$$

$$AU=\begin{pmatrix}\nu A_1u\\ kA_2\theta\end{pmatrix}=\begin{pmatrix}-\nu\Delta u\\ -k\Delta\theta\end{pmatrix},$$

$$B(U_1,U_2)=\begin{pmatrix}B_1(u_1,u_2)\\ B_2(u_1,\theta_2)\end{pmatrix}=\begin{pmatrix}(u_1\cdot\nabla)u_2\\ (u_1\cdot\nabla)\theta_2\end{pmatrix},$$

$$R(U)=\begin{pmatrix}-\dfrac{1}{\mathrm{Fr}^2}\theta e_2\\ 0\end{pmatrix},\quad U(0)=U_0=\begin{pmatrix}u_0\\ \theta_0\end{pmatrix}.$$

则方程组 (4.2.1) 可以写成抽象形式

$$\begin{cases}dU+[AU+B(U,U)+R(U)]dt=dY(t),\\ U(0)=U_0.\end{cases} \tag{4.2.3}$$

注意到算子 A_1 和 A_2 都是正的、自伴算子, 定义域分别为 $D(A_1)$ 和 $D(A_2)$, 则算子 A 定义在 $D(A)=D(A_1)\times D(A_2)$ 上. 由文献 [2] 的引理 2.2 可知, $\big(A_1u,u\big)\geqslant\mu_1\|u\|^2_{(L^2)^2}$, $\big(A_2(u,\theta),(u,\theta)\big)\geqslant\mu_2\|(u,\theta)\|^2$, 其中 μ_1,μ_2 是正常数. 令 $\lambda=\min(\mu_1,\mu_2)$, 则有

$$\big(AU,U\big)\geqslant\lambda\|U\|^2.$$

类似于文献 [2], 对于任意的 $U,V,W\in\mathbb{V}$, 定义三线性形式 $b(u,v,w)=\langle B(u,v),w\rangle$ 如下:

$$b_1(u,v,w)=\int_D\sigma_{i,j}^2u_i\frac{\partial v_j}{\partial x_i}w_jdx,$$

$$b_2(u,\tilde{v},\tilde{w})=\int_D\sigma_i^2u_i\frac{\partial\tilde{v}_j}{\partial x_i}\tilde{w}_jdx,$$

$$b(U,V,W)=b_1(u,v,w)+b_2(u,\tilde{v},\tilde{w}).$$

引理 4.2.1[2] 如果 $U,V,W\in\mathbb{V}$, 则有

$$b(U,V,W)=-b(U,W,V),\qquad (B(V,U),U)=b(V,U,U)=0.$$

引理 4.2.2[2]　如果 $u \in V_1$, $\theta, \eta \in V_2$, $\phi = (u, \theta)$, 则存在常数 $c_B > 0$ 满足

$$
\begin{aligned}
&|b_1(u,v,w)| \leqslant c_B ||u||_{H^1}||v||_{H^2}||w||, \quad u \in V, v \in D(A), w \in H,\\
&|b_1(u,v,w)| \leqslant c_B ||u||_{L^2}^{\frac{1}{2}}||u||_{H^1}^{\frac{1}{2}}||v||_{H^2}||w||^{\frac{1}{2}}||w||_{H^1}^{\frac{1}{2}}, \quad u \in V, v \in D(A), w \in V,\\
&|b_1(u,v,u)| \leqslant c_B ||u||_{H^1}||v||_{H^1}||v||, \quad u \in V, v \in V,\\
&|b_2(u,\theta,w)| \leqslant c_B ||u||^{\frac{1}{2}}||u||_{H^1}^{\frac{1}{2}}||\theta||_{H^1}||w||^{\frac{1}{2}}||w||_{H^1}^{\frac{1}{2}}, \quad u \in V, \theta \in V, w \in V,\\
&|b_2(u,\theta,w)| \leqslant c_B ||u||||\theta||_{H^2}||w||_{H^1}, \quad u \in H, \theta \in D(A), w \in V.
\end{aligned}
$$

考虑从属子 Lévy 过程 $Y(t)$ 驱动的随机 Boussinesq 方程

$$
\begin{cases}
dU + [AU + B(U,U) + R(U)]dt = dY(t), & t \geqslant 0,\\
U(0) = U_0.
\end{cases} \tag{4.2.4}
$$

记 $Z_A(\omega)$ 是 Langevin 方程 (4.1.5) 的稳态解.

定义4.2.1　一个 H 值 $(\mathcal{F}_t)_{t\geqslant 0}$ 适应的, $H^{-s,4}(0,1)$ 值的 Càdlàg 过程 $u(t)(t \geqslant 0)$ 称为是方程 (4.2.4) 的解, 如果对每个 $T > 0$, a.e, 都有

$$
\sup_{0\leqslant t\leqslant T} |U(t)|_H^2 + \int_0^T |U(t)|_{L^4(0,1)}^4 dt < \infty,
$$

且对任意的 $\psi \in V \bigcap H^{2,2}(0,1)$, 及对任意的 $t > 0$, 几乎必然地满足

$$
\begin{aligned}
&(U(t), \psi) - (U_0, \psi) - \int_0^t (U(s), \Delta\psi) ds\\
&\quad + \int_0^t (B(U,U), \psi(s)) ds + \int_0^t (R(U), \psi) ds = (\psi, Y(t)).
\end{aligned}
$$

命题 4.2.1[4]　假设 $z \in L^4(0,T;L^4(0,1)), g \in L^2(0,T,V')$, $v_0 \in H$, 则存在唯一的 $v \in \mathcal{H}^{1,2}(0,T)$ 满足

$$
\begin{cases}
\dfrac{dv}{dt} + Av + B(v,z) + B(z,v) + B(v,v) = g, \quad t \geqslant 0,\\
v(0) = v_0,
\end{cases} \tag{4.2.5}
$$

且下面的估计式成立:

$$
\sup_{t\in[0,T]} |v(t)|^2 \leqslant K^2L^2, \quad \int_0^T |\nabla v(t)|^2 dt \leqslant M^2,
$$

$$
\int_0^T |v'(t)|_{V'}^2 dt \leqslant N^2, \quad \int_0^T |v(t)|_{L^4(0,1)}^4 dt \leqslant 2T^{1/2}K^3L^3M,
$$

其中

$$K^2 = e^2 \int_0^T |z(s)|_{L^4}^4 ds,$$

$$L^2 = |v_0|^2 + 2\int_0^T |g(s)|_{V'}^2 ds,$$

$$M^2 = |v_0|^2 + 9KL\int_0^T |z(t)|_{L^4(0,T,L^4(0,1))}^2 + \frac{T^{1/4}}{\sqrt{2}} K^{3/2} L^{1/2},$$

并且映射 $L^2(0,T,V') \times H \ni (g_0, v_0) \to v \in \mathcal{H}^{1,2}(0,T)$ 是解析的.

命题 4.2.2[12] 设 $u:[0,T] \to B$ 连续函数, 其左导数为

$$\frac{d^- u}{dt}(t_0) = \lim_{\epsilon \to 0, \epsilon < 0} \frac{u(t_0+\epsilon) - u(t_0)}{\epsilon},$$

在 $t_0 \in [0,T]$ 处存在. 则 $\gamma(t) = |u(t)|_B, t \in [0,T]$ 是 t_0 处的左导数, 并且

$$\frac{d^-\gamma}{dt}(t_0) = \min\left\{\left\langle x^*, \frac{d^- u}{dt}(t_0)\right\rangle :\ x^* \in \partial |u(t_0)|_B\right\}.$$

命题 4.2.3[12] 设 $F: D(F) \to B$ 是 m 耗散映射, 则有

(1) 对所有的 $\alpha > 0$, $x, y \in B$, $|J_\alpha(x) - J_\alpha(y)|_B \leqslant |x-y|_B$;

(2) 当 $\alpha > 0$ 时, 映射 F_α 都是耗散的, 并且是 Lipschitz 连续的, 即

$$|F_\alpha(x) - F_\alpha(y)|_B \leqslant \frac{2}{\alpha}|x-y|_B, \quad \forall x, y \in B,$$

并且 $|F_\alpha(x)|_B \leqslant |F(x)|_B, \forall x \in D(F)$;

(3) $\lim_{\alpha\to 0}(x) = x, \forall x \in D(\bar{F})$.

定理 4.2.1 对任意的 $u_0 \in H$, 系统 (4.2.4) 存在唯一的 Càdlàg 的 Mild 解 $u(t)$, $t \geqslant 0$.

证明 令 $V = U - Z_A$, 则方程 (4.2.4) 转化为

$$\begin{cases} dV = [AV + B(V+Z_A, V+Z_A) + R(V+Z_A)]dt, & t \geqslant 0, \\ V(0) = U_0. \end{cases} \tag{4.2.6}$$

我们利用 Yosida 近似方法来证明. 由文献 [12] 定理 10.1 的证明可知，对于 $\alpha > 0, \beta > 0$, 及充分小的 η, m 耗散映射 $A+\eta$ 和 $B(\cdot,\cdot) + R(\cdot) + \eta$ 的 Yosida 近似分别为

$$(A+\eta)_\beta = \frac{1}{\beta}\Big((I - \beta(A+\eta))^{-1} - I\Big),$$

$$((B+R)+\eta)_\alpha=\frac{1}{\alpha}\Big((I-\alpha((B+R)+\eta))^{-1}-I\Big).$$

考虑下面的近似方程:

$$\begin{cases}\dfrac{d^-}{dt}Y_{\alpha,\beta}(t)=(A+\eta)_\beta Y_{\alpha,\beta}+(B+R+\eta)_\alpha(Y_{\alpha,\beta}+Z_A(t-))\\ \qquad\qquad -2\eta Y_{\alpha,\beta}-\eta Z_A(t-),\\ Y_{\alpha,\beta}(0)=U_0.\end{cases}\tag{4.2.7}$$

注意到 Yosida 近似算子是 Lipschitz 的, 因此方程 (4.2.7) 有连续的解 $Y_{\alpha,\beta}$. 下证极限

$$\lim_{\alpha\to0}[\lim_{\beta\to0}Y_{\alpha,\beta}(t)]=Y(t),\quad t\geqslant0$$

存在, 并且该极限就是方程 (4.2.6) 的 Mild 解.

为简便起见, 这里只给出 $\eta=0$ 的估计, 当 $\eta\neq0$ 时可类似得到估计. 设 Y_α 是积分方程

$$\begin{aligned}Y_\alpha(t)=S(t)U_0+\int_0^t S(t-s)(B(Y_\alpha(s)+Z_A(s-),Y_\alpha(s)+Z_A(s-))\\ +R(Y_\alpha(s)+Z_A(s-)))_\alpha ds\end{aligned}$$

的解. 注意到算子 $(B(\cdot,\cdot)+R(\cdot))_\alpha$ 是 Lipschitz 连续的, Z_A 是 Càdlàg 的, 因此, 上述方程在 H 中存在一个解, 并在 H 空间上连续.

对于 $\alpha>0,\beta>0$, 直接计算可得

$$\begin{aligned}&Y_\alpha-Y_{\alpha,\beta}\\ =&S(t)U_0-S_\beta(t)\\ &+\int_0^t[S(t-s)-S_\beta(t-s)][B(Y_\alpha(s)+Z_A(s-),Y_\alpha(s)+Z_A(s-))\\ &+R(Y_\alpha(s)+Z_A(s-))]_\alpha ds\\ &+\int_0^t[S_\beta(t-s)]\Big[[B(Y_\alpha(s)+Z_A(s-),Y_\alpha(s)+Z_A(s-))+R(Y_\alpha(s)+Z_A(s-))]_\alpha\\ &-[B(Y_{\alpha,\beta}(s)+Z_A(s-),Y_{\alpha,\beta}(s)+Z_A(s-))+R(Y_{\alpha,\beta}(s)+Z_A(s-))]_\alpha\Big]ds.\end{aligned}$$

由于 A 和 $B+R$ 是 m 耗散的, 因此, 存在常数 M,ω 和 C_α 使得对所有的 $t\geqslant 0,V,W\in H$, 都有

$$||S_\beta(t)||_{L(H,H)}\leqslant Me^{\omega t},\quad |[B(V)+R(V)]_\alpha-[B(U)+R(U)]_\alpha|\leqslant C_\alpha|V-U|_H.$$

从而有

$$
\begin{aligned}
&|Y_\alpha(t) - Y_{\alpha,\beta}(t)| \\
\leqslant &|S(t)U_0 - S_\beta(t)U_0| + MC_\alpha \int_0^t e^{\omega(t-s)}|Y_\alpha(s) - Y_{\alpha,\beta}(s)|ds \\
&+ \int_0^t |[S_\beta(t-s) - S(t-s)][B(Y_{\alpha,\beta}(s) + Z_A(s-), Y_{\alpha,\beta}(s) + Z_A(s-)) \\
&+R(Y_{\alpha,\beta}(s) + Z_A(s-))]_\alpha|ds.
\end{aligned}
$$

由 Hille-Yosida 定理可知, 当 $\beta \to 0$ 时, $S_\beta(t)U_0 \to S(t)U_0$ 在有界区间上关于 t 是一致的, 在 H 中的紧子集上关于初值 U_0 是一致的. 因此, 当 $\beta \to 0$ 时, 在有界区间上, 一致地都有

$$
|Y_\alpha(t) - Y_{\alpha,\beta}(t)| \leqslant MC_\alpha \int_0^t |Y_\alpha(s) - Y_{\alpha,\beta}(s)|ds.
$$

由 Gronwall 不等式可得

$$
\lim_{\beta\to 0} \sup_{t\leqslant T} |Y_\alpha(t) - Y_{\alpha,\beta}(t)| = 0, \quad \forall T < \infty. \tag{4.2.8}
$$

由引理 4.2.2 可得

$$
\begin{aligned}
\frac{d^-}{dt}|Y_{\alpha,\beta}(t)| = &\min\left\{\left\langle x^*, \frac{d^-}{dt}Y_{\alpha,\beta}(t)\right\rangle : x^* \in \partial|Y_{\alpha,\beta}(t)|\right\} \\
= &\min\Big\{\big\langle x^*, A_\beta Y_{\alpha,\beta}(t) + [B(Y_{\alpha,\beta}(s) + Z_A(s-), Y_{\alpha,\beta}(s) + Z_A(s-)) \\
&+R(Y_{\alpha,\beta}(s) + Z_A(s-))]_\alpha\big\rangle : x^* \in \partial|Y_{\alpha,\beta}(t)|\Big\}.
\end{aligned}
$$

注意到 A_β 和 $[B(\cdot,\cdot) + R(\cdot)]$ 是 m 耗散的, 且 A_β 是线性的. 因此,

$$
\begin{aligned}
\frac{d^-}{dt}|Y_{\alpha,\beta}(t)| &\leqslant |[B(Z_A(t-), Z_A(t-), Z_A(t-), Z_A(t-)) + R(Z_A(t-))]_\alpha| \\
&\leqslant |B(Z_A(t-), Z_A(t-), Z_A(t-), Z_A(t-)) + R(Z_A(t-))|,
\end{aligned}
$$

即

$$
\begin{aligned}
|Y_{\alpha,\beta}(t)| \leqslant |U_0| + \int_0^t &|[B(Z_A(t-), Z_A(t-), Z_A(t-), Z_A(t-)) \\
&+ R(Z_A(t-))|ds, \quad t \geqslant 0,
\end{aligned}
$$

由估计式 (4.2.8) 可知, 对所有的 $\alpha > 0$, 都有

$$|Y_\alpha(t)| \leqslant |U_0| + \int_0^t |[B(Z_A(t-), Z_A(t-), Z_A(t-), Z_A(t-)) + R(Z_A(t-))|ds, \quad t \in [0, T].$$

类似地, 当 $t \in [0, T]$ 时, 由命题 4.2.3 可知

$$\begin{aligned}
&\frac{1}{2}\frac{d^-}{dt}|Y_{\alpha,\beta}(t) - Y_{\gamma,\beta}(t)|^2 \\
=&\left\langle \frac{d^-}{dt}(Y_{\alpha,\beta}(t) - Y_{\gamma,\beta}(t)), Y_{\alpha,\beta}(t) - Y_{\gamma,\beta}(t) \right\rangle \\
=&\Big\langle (A_\beta Y_{\alpha,\beta}(t) - A_\beta Y_{\gamma,\beta}(t)) + [(B+R)_\alpha](Y_{\alpha,\beta}(t) + Z_A(\omega)(t-)) \\
&-[(B+R)_\gamma](Y_{\gamma,\beta}(t) + Z_A(\omega)(t-)), Y_{\alpha,\beta}(t) - Y_{\gamma,\beta}(t) \Big\rangle \\
\leqslant&\Big\langle [(B+R)_\alpha](Y_{\alpha,\beta}(t) + Z_A(\omega)(t-)) \\
&-[(B+R)_\gamma](Y_{\gamma,\beta}(t) + Z_A(\omega)(t-)), Y_{\alpha,\beta}(t) - Y_{\gamma,\beta}(t) \Big\rangle \\
\leqslant&(\gamma+\alpha)\Big[|(B+R)_\alpha](Y_{\alpha,\beta}(t)+Z_A(\omega)(t-))| + |(B+R)_\gamma](Y_{\gamma,\beta}(t)+Z_A(\omega)(t-))|\Big]^2 \\
\leqslant&(\gamma+\alpha)\Big[|(B+R)(Y_{\alpha,\beta}(t) + Z_A(\omega)(t-))| + |(B+R)(Y_{\gamma,\beta}(t) + Z_A(\omega)(t-))|\Big]^2.
\end{aligned}$$

再利用算子 A, B, R 的耗散性假设, 以及估计式 (4.2.9) 知, 存在常数 $C > 0$, 使得

$$\frac{1}{2}\frac{d^-}{dt}|Y_{\alpha,\beta}(t) - Y_{\gamma,\beta}(t)|^2 \leqslant C(\alpha+\gamma), \quad t \in [0, T].$$

因此

$$|Y_{\alpha,\beta}(t) - Y_{\gamma,\beta}(t)|^2 \leqslant 2C(\alpha+\gamma)T, \quad t \in [0, T].$$

再根据估计式 (4.2.8) 可知

$$|Y_\alpha(t) - Y_\gamma(t)|^2 \leqslant 2C(\alpha+\gamma)T, \quad t \in [0, T].$$

即当 $\alpha \to 0$ 时, 在 $[0, T]$ 上一致地有 $Y_\alpha(t) \to Y(t)$ 成立.

下面证明 Yousida 近似方程的解 Y_α 实际上是 Mild 解:

$$Y_\alpha(t) = S(t)U_0 + \int_0^t S(t-s)(B+R)_\alpha\Big(Y_\alpha(s) + Z_A(s)\Big)ds, \quad t \in [0, T].$$

注意到空间 H^1 的自反性, 由估计式

$$||Y_\alpha(t)||_{H^1} \leqslant C_2||U_0||_{H^1}, \quad t \in [0,T],\ \alpha > 0$$

可知, 在空间 H^1 中存在弱收敛的子序列 $\{Y_{\alpha,n}\}$, 弱收敛到 H^1 中的函数 $Y(t)$. 再注意到 $\{Y_{\alpha,n}(t)\}$ 本身在 L^2 中强收敛, 并且满足

$$||Y(t)||_{H^1} \leqslant C_2||U_0||_{H^1}, \quad t \in [0,T].$$

令 $h \in L^2$, 则有

$$\langle Y_\alpha(t), h\rangle_{L^2} = \langle S(t)U_0, h\rangle_{L^2} + \int_0^t \langle (B+R)(J_\alpha(Y_\alpha(s)+Z_A(s)), S^*(t-s)h\rangle_{L^2} ds.$$

当 $\alpha \to 0$ 时,

$$J_\alpha(Y_\alpha(s)+Z_A(s)) \to Y(s)+Z_A(s).$$

注意到

$$(B+R)(J_\alpha(Y_\alpha(s)+Z_A(s)) \to (B+R)((Y_\alpha(s)+Z_A(s))$$

在 L^2 中是弱收敛的. 令 $\alpha \to 0$, 于是

$$\langle Y(t), h\rangle_{L^2} = \langle S(t)U_0, h\rangle_{L^2} + \int_0^t \langle (S(t-s)(B+R)(Y(s)+Z_A(s)), h\rangle_{L^2} ds.$$

再由 h 的任意性可知

$$Y(t) = S(t)U_0 + \int_0^t S(t-s)(B+R)\Big(Y_\alpha(s)+Z_A(s)\Big)ds, \quad t \in [0,T].$$

即 $Y(t)$ 是方程的 Mild 解. □

定理 4.2.2 对任意的 $u_0 \in H$, 系统 (4.2.4) 的解映射生成一个随机动力系统 RDS.

证明 由定理 (4.2.1) 可知, 系统 (4.2.4) 存在唯一的解 $V(t, Z(\omega)(t), x)$. 定义映射:

$$\Phi : R^+ \times \Omega \times H \to H,$$
$$\Phi(t,\omega)x = V(t, Z(\omega)(t), (x - Z(\omega)(0)) + Z(\omega)(t+s).$$

(1) 由定理 (4.2.1) 的证明过程可知, Yosida 近似方程 $Y_\alpha(t)$ 的每个解是可测的, 注意到当 $\alpha \to 0$ 时, $Y_\alpha(t) \to Y(t)$ 是一致收敛的, 因此, 极限函数 $Y(t)$ 也是可测的, 于是, 映射 Φ 是可测的.

(2) $\Phi(0,\omega)=I$ 是显然的.

(3) 下面验证 Φ 满足余环性质:

$$\Phi(t+s,\omega)x=V(t+s,Z_A(\omega)(t+s))(x-Z_A(\omega)(0))+Z_A(\omega)(t+s).$$

事实上, 注意到 $Z_A(\omega)(s)=Z_A(\theta_s\omega)(0)$, 因此

$$\begin{aligned}
&\Phi(t,\theta_s\omega)[\Phi(s,\omega)x]\\
&=V(t,Z_A(\theta_s\omega)(t))(\Phi(s,\omega)x-Z_A(\theta_s\omega)(0))+Z_A(\theta_s\omega)(t)\\
&=V(t,Z_A(\theta_s\omega)(t)][V(s,Z_A(\omega)(s))(x-Z_A(\omega)(0))+Z(\omega)(s)\\
&\quad-Z(\theta_s\omega)(0)]+Z(\theta_s\omega)(t)\\
&=V(t,Z_A(\theta_s\omega)(t))(V(s,Z_A(\omega)(s))(x-Z_A(\omega)(0))+Z_A(\theta_s\omega)(t)\\
&=V_1(t).
\end{aligned}$$

同时

$$\begin{aligned}
&V(t+s,Z_A(\omega)(t+s))(x-Z_A(\omega)(0))\\
&=V(t,Z_A(\theta_s\omega)(t))(V(s,Z_A(\omega)(s))(x-Z_A(\omega)(0))=V_2(t).
\end{aligned}$$

由于

$$V(0,Z_A(\theta_s\omega)(0))(x-Z_A(\theta_s\omega)(0))=x-Z_A(\theta_s\omega)(0),$$

于是

$$\begin{aligned}
&V_1(0)=V(s,Z_A(\omega)(s))(x-Z_A(\omega)(0))\\
&=V(0,Z_A(\theta_s\omega)(0)(V(s,Z_A(\omega)(s))(x-Z_A(\omega)(0))=V_2(0),
\end{aligned}$$

并且

$$\frac{dV_1(t)}{dt}=\frac{dV((t+s),Z_A(\omega))}{dt}(t+s).$$

因此得到

$$\begin{aligned}
&\frac{dV_1(t)}{dt}+AV_1(t)+B(V_1(t)+Z_A(\omega)(t+s),V_1(t)+Z_A(\omega)(t+s))\\
&=-R(V_1(t)+Z_A(\theta_{t+s}\omega)),\\
&\frac{dV_2(t)}{dt}+AV_2(t)+B(V_2(t)+Z_A(\theta_s\omega)(t),V_2(t)+Z_A(\theta_s\omega)(t))\\
&=-R(V_2(t)+Z_A(\theta_s\omega)(t)).
\end{aligned}$$

由解的唯一性可知 $V_1(t) = V_2(t)$, (a.s.), 即

$$\Phi(t, \theta_s\omega)[\Phi(, \omega)x] = \Phi(t+s, \theta_{t+s}(\omega))x.$$

于是, Φ 满足 Cocycle 性质.

由随机动力系统的定义可知, 系统 (4.2.4) 的解映射生成一个随机动力系统 RDS. 定理得证. □

4.3 Lévy 过程扰动部分耗散反应扩散方程

这一节研究 Lévy 过程扰动的部分耗散系统的随机吸引子的存在性. 设 $\eta_1(t, \omega)$, $\eta_2(t, \omega)$ 都是 Lévy 过程, 其样本轨道都是 Càdlàg 的, 即其轨道是右连左极的随机过程. 选取样本空间 $\Omega = D(R)$ 为定义在 R 上的全体右连左极函数空间, 容易验证它是一个 Skorokhod 度量空间, 其上的变换

$$\theta_t\omega(\cdot) = \omega(t + \cdot),$$

P 是 θ_t 不变的概率测度，且度量为

$$\rho(\omega_1, \omega_2) = \sum_{i=1}^{\infty} \frac{1}{2^i} \frac{\rho_i(\omega_1, \omega_2)}{1 + \rho_i(\omega_1, \omega_2)},$$

其中

$$\rho_i(\omega_1, \omega_2) = \inf_{\lambda\in\Lambda} \Big(\sup_{t\in[-i,i]} |\omega_1(t) - \omega_2(\lambda(t))| + \sup_{t\in[-i,i]} |t - \lambda(t)| \Big),$$

$\Lambda = \{\lambda(\cdot)| : \lambda(\cdot) : [-i, i] \to [-i, i],\ \lambda(-i) = -i,\ \lambda(i) = i,\ \lambda(\cdot)$ 是连续递增的函数$\}$.

记 $C(X)$ 为 X 的所有非空闭集，$\beta(X)$ 为 X 的所有非空有界集, 下面给出多值随机动力系统的定义：

定义 4.3.1 如果一个多值映射 $G : R^+ \times \Omega \times X \to C(X)$ 满足下面的两个条件：

(1) 对于任意的 $x \in X$, 映射 $(t, x) \to G(t, \omega)x$ 都是可测的;

(2) 对于所有的 $t, s \in R^+, x \in X, \omega \in \Omega$, 都有 $G(0, \omega)x = x$, 且 $G(t+s, \omega)x \sqsubset G(t, \theta_s\omega)G(s, \omega)x$.

则称集值映射 G 为集值随机动力系统.

定义 4.3.2[10] 如果一个可测集 $A(\omega)$ 几乎必然满足下面三个条件：

(1) (半不变性) 对所有的 $t \in R^+$, $A(\theta_t\omega) \sqsubset G(t, \omega)A(\omega)$;

(2) (吸引性) 对 $\beta(X)$ 中的所有集合 B, 都有 $\mathrm{dist}(G(t, \theta_{-t}\omega))B, A(\omega)) \to 0,\quad t \to +\infty$;

(3) (紧性) $A(\omega)$ 是 X 中的紧集.

则称 $A(\omega)$ 为集值随机动力系统的随机吸引子.

正如文献 [10] 所指出的在研究集值随机动力系统时, 通常用下面 (G1) 研究其映射的可测性, 用概率方法 (G2) 证明有界吸收集的紧性:

(G1) 对所有的 $B\in\beta(X)$, 映射 $(t,\omega)\to G(t,\omega)B$ 是可测的;

(G2) 对所有的 $\epsilon>0$, 存在常数 $R=R(\epsilon)$, 使得对任意的 $B\in\beta(X)$, 存在 $T=T(B,R,\epsilon)$, 使得

$$P\left\{\sup_{t\geqslant T}||G(t,\theta_{-t}\omega)B||>R\right\}<\epsilon.$$

定理 4.3.1[10] 如果对所有的 $t\in R^+$ 及 $\omega\in\Omega$, 映射 $x\to G(t,\omega)x$ 是上半连续且是紧的, 多值随机动力系统 G 满足条件 $(G1)$ 和 $(G2)$, 并且对所有的 $t>0$ 和 $\omega\in\Omega$, $G(t,\omega)B_R$ 在 X 中相对紧, 则

$$\mathcal{A}(\omega)=\overline{\bigcup_{n=1}^{\infty}\bigwedge_{B_n}(\omega)}$$

是 $G(t,\omega)$ 的一个随机吸引子, 而且该吸引子是为唯一的, 在所有闭的吸收集中是极小的, 在紧的、可测的半不变集类中是极大的.

先考虑 Cadlag 过程扰动的反应扩散方程

$$\begin{cases}\dfrac{\partial u(t,x)}{\partial t}=a\Delta u(t,x)-f(u(t,x))+h(x)+g(u(t,x))\eta(t,w),\\ u|_{\partial Q}=0.\quad u_{|t=0}=u_0(x).\end{cases}\tag{4.3.1}$$

其中 $a>0,Q\subset R^n$ 是具有光滑边界的有界区域，$f,g\in C(R),h\in L^2(Q)$, 并且 f,g 满足下面结构性假设条件:

$$uf(u)\geqslant\alpha|u|^p-C,\quad \alpha>0,\ p\geqslant 2,\quad |g(u)|\leqslant C_1|u|+C_2.\tag{4.3.2}$$

定理 4.3.2[10] 假设随机噪声 $\eta(t,\omega)=\omega(t)$ 是 Càdlàg 噪声, $\delta>0$, 如果对任意的 $\epsilon>0$, 存在 $T>0$ 使得

$$P\left\{\sup_{t\geqslant T}\frac{1}{t}\int_{-t}^{0}|w(p)|dp\leqslant\frac{a\lambda_1}{2C_1+\gamma}-\delta\right\}>1-\epsilon,\tag{4.3.3}$$

并且对任意的 $\epsilon>0$, 存在常数 D 使得

$$\sup_{t\geqslant 0}P\left\{\int_{-t}^{0}|w(s)|e^{\delta(2C_1+\gamma)s}ds\leqslant D\right\}>1-\epsilon,\tag{4.3.4}$$

其中 λ_1 是 $-\Delta$ 在 $H_0^1(\Omega)$ 中的第一特征值, C_1 是正常数，且满足

$$|g(u)| \leqslant C_1|u| + C_2, \quad C_1 > 0,$$

则方程 (4.3.1) 的解生成的集值随机动力系统存在随机吸引子.

下面研究 Lévy 过程 $\omega(t)$ 扰动的部分耗散系统

$$\begin{cases} \dfrac{\partial u(t,x)}{\partial t} - d\Delta u(t,x) + h(x,u) + f(x,u,v) = k_1(u)\omega(t), \quad (x,t) \in D \times R^+, \\ \dfrac{\partial v(t,x)}{\partial t} + \sigma(x)v + g(x,u) = k_2(u)\omega(t), \quad (x,t) \in D \times R^+, \\ u|_{\partial D} = 0, \\ u_{|t=0} = u_0(x), \quad v_{|t=0} = v_0(x), \end{cases} \tag{4.3.5}$$

其中 $d > 0$, 函数 h, f, g, k_1, k_2 和 σ 对所有自变量都二次连续可微, 并满足:

(H1) $c_1|u|^p - c_3 \leqslant h(x,u)u \leqslant c_2|u|^p + c_3$, $p > 2$;

(H2) $|f(x,u,v)| \leqslant c_4(1 + |u|^{p_1} + |v|)$, $0 < p_1 < p-1$;

(H3) $\delta(x) \geqslant \delta > 0$;

(H4) $|g'(u)| \leqslant c_5$, $|g'_{x_i}(x,u)| \leqslant c_5(1+|u|)$, $i = 1, \cdots, n$, 其中 $\delta_i > 0$, $i = 1, \cdots, 5$;

(H5) $(h'_u(x.u) + f'_u(x,u,v))\xi_1^2 + f'_v(x,u,v)\xi_1\xi_2 \geqslant -c_6(\xi_1^2 + \xi_2^2)$, $i = 1, \cdots, n$, 其中 $\delta_6 > 0$;

(H6) 存在正常数 a_1, a_2, b_1, b_2 满足 $|k_1(u)| \leqslant a_1|u| + b_1$, $|k_2(v)| \leqslant a_2|v| + b_2$.

引理 4.3.1 对 $(u_0, v_0) \in L^2(D) \times L^2(D)$, 方程 (4.3.5) 存在唯一的解 $(u,v) \in C(0,\infty; L^2(D) \times L^2(D))$, 满足 $u \in L^2(0,T; H_0^1(D)) \bigcap L^p(D \times (0,T))$. 映射簇

$$G(t,\omega) : (u_0, v_0) \to (u(t), v(t)) \tag{4.3.6}$$

为一个多值随机动力系统.

证明 用类似于文献 [11] 中第 819 页的命题 1.1 的讨论, 用经典的 Galerkin 逼近方法可以证明, 对所有的 $\omega \in \Omega$, 注意到 $k_1(u)\omega(t)$ 和 $k_2(v)\omega(t)$ 关于时间 t 是右连左极的, 方程 (4.3.5) 至少存在一个解 $(u(t,\omega,u_0,v_0), v(t,\omega,u_0,v_0)) \in C(0,\infty; L^2(D) \times L^2(D))$, 并且 $u \in L^2(0,T; H_0^1(D)) \bigcap L^p(D \times (0,T))$. 类似于文献 [5] 的命题 4, 可以验证 $G(t,\omega)$ 是一个多值随机动力系统. □

引理 4.3.2 当条件 (H1)~(H5) 成立时, 存在正常数 $m_1, m_2, \delta_3, c_a, c_r$ 使得方程 (4.3.1) 的解 $((u(t), v(t))$ 满足估计式

$$|u(t)|^2 + |v(t)|^2 \leqslant (|u(0)|^2 + |v(0)|^2)e^{(\int_0^t (m_1|\omega(p)| - m_2)dp)}$$

$$+\int_0^t (c_3|D|+\delta_3+(c_a+c_r)|\omega(s)|)e^{(\int_s^t(m_1|\omega(p)|-m_2)dp)}ds.$$

证明 用 u,v 分别与方程 (4.3.1) 在 D 上作 L^2 内积后得到

$$\begin{aligned}&\frac{1}{2}\frac{d}{dt}(|u|^2+|v|^2)+d||u||^2+\int_D\sigma(x)v^2dx+\int_D h(x,u)udx\\&+\int_D\Big[f(x,u,v)u+g(x,v)v\Big]dx\\=&\int_D(k_1(x,u)\omega(t),u)dx+\int_D(k_2(x,v)\omega(t),v)dx.\end{aligned}$$

由 (H6) 及 Young 不等式可知, 存在 $a>0$ 及 $r>0$ 使得

$$\begin{aligned}2(k_1(u)\omega(t),u)&\leqslant(2a_1+r)|\omega|\ |u|^2+c_r|\omega|,\\2(k_2(v)\omega(t),v)&\leqslant(2a_2+a)|\omega|\ |u|^2+c_a|\omega|.\end{aligned}$$

由假设 (H4) 可知，存在 $c_7>0$ 使得

$$|g(x,\xi)|\leqslant c_7(1+|\xi|),\quad \forall\xi\in R,\ x\in D.$$

再由 (H1)∼(H3) 可得

$$\begin{aligned}&\frac{d}{dt}(|u|^2+|v|^2)+2d||u||^2+2\delta|v|^2+2c_1\int_D|u|^pdx\\\leqslant&2c_3|D|+2(c_4+c_7)\int_D(|u|+|u|^{p_1+1})dx+2(c_4+c_7)\int_D|v|(1+|u|)dx\\&+(c_r+c_a)|\omega|+(2a_1+r)|\omega|\ ||u||^2+(2a_2+a)|\omega|\ ||v||^2.\end{aligned}$$

注意到

$$(c_4+c_7)\int_D(|v|(1+|u|)dx\leqslant\frac{\delta}{2}\int_D|v|^2dx+\frac{(c_4+c_7)^2}{2\delta}\int_D(1+|u|)^2dx.$$

令 $q=\max\{p_1+1,2\}$, 则存在常数 $\delta_2>0$ 满足

$$(c_4+c_7)\left(|\xi|+|\xi|^{p_1+1}+\frac{(c_4+c_7)^2}{2\delta}(1+|\xi|^2)\right)\leqslant\delta_2(|\xi|^q+1).$$

于是

$$(c_4+c_7)\int_D\left(|u|+|u|^{p_1+1}+\frac{(c_4+c_7)^2}{2\delta}(1+|u|)^2\right)dx\leqslant\frac{c_1}{4}\int_D|u|^pdx+\delta_3.$$

因此

$$\begin{aligned}&\frac{d}{dt}\Big(|u|^2+|v|^2\Big)+2d\|u\|^2+\delta|v|^2+\frac{3}{2}c_1|u|_p^p\\ \leqslant&\, c_3|D|+\delta_3+(c_a+c_r)|\omega|+(2a_1+r)|\omega||u|^2+(2a_2+a)|\omega||v|^2.\end{aligned}\tag{4.3.7}$$

令 $m_1=\max\{2a_1+r,2a_2+a\}$, $m_2=\min\{\delta,2d\lambda_1\}$, 其中 $\lambda_1>0$ 是 $-\Delta$ 在 $H_0^1(D)$ 上的第一特征值. 由不等式 (4.3.7) 可得

$$\frac{d}{dt}(|u|^2+|v|^2)\leqslant c_3|D|+\delta_3+(c_a+c_r)|\omega|+(m_1|\omega(t)|-m_2)(|u|^2+|v|^2).\tag{4.3.8}$$

将不等式 (4.3.8) 在 $[s,t]$ 上积分后得到 $(t\geqslant s\geqslant 0)$

$$\begin{aligned}|u(t)|^2+|v(t)|^2\leqslant&\,|u(s)|^2+|v(s)|^2+(c_3|D|+\delta_3)(t-s)+(c_a+c_r)\int_s^t|\omega(p)|dp\\&+\int_s^t(m_1|\omega(p)|-m_2)(|u(p)|^2+|v(p)|^2)dp.\end{aligned}\tag{4.3.9}$$

由 Gronwall 不等式可知, 当 $t>0$ 时,

$$\begin{aligned}|u(t)|^2+|v(t)|^2\leqslant&\,(|u(0)|^2+|v(0)|^2)e^{(\int_0^t(m_1|\omega(p)|-m_2)dp)}\\&+\int_0^t(c_3|D|+\delta_3+(c_a+c_r)|\omega(s)|)e^{(\int_s^t(m_1|\omega(p)|-m_2)dp)}ds.\end{aligned}\tag{4.3.10}$$

引理证毕. □

类似于文献 [10] 中引理 1 的证明，有如下结论:

引理 4.3.3 设 $\{(u_n,v_n)=(u_n(t,\omega_n)u_n^0,v_n(t,\omega_n)v_n^0)\}\subset\big(L^2(0,T;H_0^1(D))\bigcap L^p(D\times(0,T)\bigcap C(0,\infty;L^2(D)\big)\times C(0,\infty;L^2(D))$ 是方程 (4.3.1) 的任意解, 当 $t_n\to t_0>0$ 时, $\omega_n\to\omega_0$, 在 $L^2\times L^2$ 中, (u_n^0,v_n^0) 弱收敛到 (u_0,v_0). 则在 $L^2\times L^2$ 中至少存在一个子列使得

$$(u_n(t_n,\omega_n)u_n^0,v_n(t_n,\omega_n)v_n^0)\to(u(t_0,\omega_0)u_0,v(t_0,\omega_0)v_0),$$

其中 $(u,v)=(u(t,\omega_0)u_0,v(t_0,\omega_0)v_0)\in\big(L^2(0,T;H_0^1(D))\bigcap L^p(D\times(0,T)\bigcap C(0,\infty;L^2(D)\big)\times C(0,\infty;L^2(D))$ 是方程 (4.3.5) 的解.

引理 4.3.4[10] 设 ω 是一个度量空间, Φ 是 Borel-σ 代数, 如果多值映射 $G:R^+\times\Omega\times X\to C(X)$ 满足: 对于 $x_n,x\in X$, 当 $t_n\to t_0>0$, $\omega_n\to\omega$, x_n 弱收敛于 x, 且 $y_n\in G(t_n,\omega_n)x_n$, 都存在某个子列 y_n 使得 $y_n\to y_0\in G(t_0,\omega_0)x_0$, 则映射 G 满足条件 G_1.

引理 4.3.5　假设 (H1)~(H6) 成立, Lévy 噪声 $\omega(t)$ 满足下面条件:

(HY0) 如果对任意的 $\epsilon>0,\alpha>0$, 都存在 $T=T(\epsilon)>0$ 使得 Lévy 噪声 $\omega(t)$ 满足

$$P\left(\omega(t):\ \sup_{t\geqslant T}\frac{1}{t}\int_{-t}^{0}|\omega(p)|dp-\frac{m_2}{m_1}\leqslant-\alpha\right)>1-\epsilon;$$

(HY1) 对任意的 $\epsilon>0$, 存在正常数 $D>0$ 使得 Lévy 噪声 $\omega(t)$ 满足

$$\sup_{t\geqslant 0}P\left\{\omega(t):\ \int_{-t}^{0}|\omega(s)|e^{m_1\alpha s}ds\leqslant D\right\}>1-\epsilon.$$

则方程 (4.3.5) 生成的多值随机动力系统 G 满足假设 (G_2).

证明　由引理 4.3.3 可知, 对任意的 $T_2>T_1>0$, 及任意的 $\omega\in\Omega$, 都存在随机变量 $t(\omega)\in[T_1,T_2]$ 及初值 $x_0(\omega)\in B_r$ 使得方程的解在 $t(\omega)$ 处达到上确界, 即

$$\sup_{t\in[T_1,T_2]}||G(t,\theta_{-t}\omega)B_r||=\left\|\Big(u(t(\omega),\theta_{-t(\omega))}\omega),v(t(\omega),\theta_{-t(\omega))}\omega)\Big)(u_0(\omega),v_0(\omega)\right\|.$$

注意到 $\omega\to\sup_{t\in[T_1,T_2]}||G(t,\theta_{-t}\omega)B_r||$ 是 Φ 可测的, 因此, $||(u(t(\omega),\theta_{-t(\omega)}\omega)x_0(\omega),$ $v(t(\omega),\theta_{-t(\omega))}\omega))||$ 也是 Φ-可测的.

固定 $\epsilon>0$, 对任意的 $N>0$ 及任意的 T, 当 $t\in[T,T+N]$ 时, 定义

$$\begin{aligned}L^N&=\left\{\omega:\ \sup||G(t,\theta_{-t}\omega)B_r||^2>R^2\right\}\\&=\left\{\omega:\ \left\|\Big(u(t(\omega),\theta_{-t(\omega)}\omega)x_0(\omega),v(t(\omega),\theta_{-t(\omega))}\omega)\Big)\right\|^2>R^2\right\}.\end{aligned}$$

定义

$$\begin{aligned}A_1&=\left\{\omega:\ r^2e^{m_1t(\omega)\left(\frac{1}{t(\omega)}\int_{-t(\omega)}^{0}|\omega(p)|dp-\frac{m_2}{m_1}\right)}\geqslant 1\right\}\\&\subset\left\{w:\ \left(\frac{1}{t(\omega)}\int_{-t(\omega)}^{0}|\omega(p)|dp-\frac{m_2}{m_1}\right)\geqslant\frac{1}{m_1t(\omega)}\ln\left(\frac{1}{r^2}\right)\right\}.\end{aligned}$$

选取正数 $T=T(r)$ 使得

$$\frac{1}{m_1t(\omega)}\ln\left(\frac{1}{r^2}\right)>-\alpha,\quad\alpha>0.$$

则

$$A_1\subset\left\{\frac{1}{t(\omega)}\int_{-t(\omega)}^{0}|\omega(p)|dp-\frac{m_2}{m_1}>-\alpha\right\}$$

$$\subset \left\{\omega:\ \sup_{t\geqslant T}\frac{1}{t}\int_{-t}^{0}|\omega(p)|dp-\frac{m_2}{m_1}>-\alpha\right\}.$$

由假设 (HY0) 可知, 存在正数 $T_1=T_1(\omega)$, 当 $t\geqslant T_1(\epsilon)$ 时,

$$P\left(\omega\ \sup_{t\geqslant T_1}\frac{1}{t}\int_{-t}^{0}|\omega(p)|dp-\frac{m_2}{m_1}\leqslant-\alpha\right)>1-\epsilon,$$

于是, 存在随机集合 $A_2\subset\Omega$, 使得 $P(A_2)\leqslant\dfrac{\epsilon}{4}$, 并且对所有的 $\omega\in\Omega\backslash A_2$,

$$\sup_{t\geqslant T_1}\frac{1}{t}\int_{-t}^{0}|\omega(p)|dp-\frac{m_2}{m_1}\leqslant-\alpha.$$

因此, 存在 $T_2=T_2(\epsilon,r)\geqslant T_1+T(r)$, 对所有的 $t(\omega)\in[T_2,T_2+N]$, 都有

$$P(A_1)<\frac{\epsilon}{4}.$$

由 (4.3.7) 可知,

$$\begin{aligned}L^N\subset\Bigg\{\omega:\ & r^2e^{m_1t(\omega)\left(\frac{1}{t(\omega)}\int_{-t(\omega)}^{0}\left|\omega(p)dp-\frac{m_2}{m_1}\right|\right)}\\&+\int_{-t(\omega)}^{0}e^{m_1s\left(\frac{1}{s}\omega(p)dp+\frac{m_2}{m_1}\right)}\Big(c_3|D|+\delta_3+(c_r+c_a)|\omega(s)|\Big)ds>R^2\Bigg\}.\end{aligned}$$

由随机集合 A_1 和 A_2 的定义可知,

$$\begin{aligned}L^N\subset&\left\{\omega:\ r^2e^{m_1t(\omega)\left(\frac{1}{t(\omega)}\int_{-t(\omega)}^{0}|\omega(p)|dp-\frac{m_2}{m_1}\right)}\geqslant1\right\}\\&\bigcup\Bigg\{\omega:\ \int_{-t(\omega)}^{0}e^{m_1s\left(\frac{1}{s}\int_s^0|\omega(p)|dp+\frac{m_2}{m_1}\right)}\Big(c_3|D|+\delta_3\\&+(c_r+c_a)|\omega(s)|\Big)ds>R^2-1\Bigg\}\\&\subset A_1\bigcup A_2\bigcup\Bigg\{\omega:\ \int_{-T_1}^{0}\Big(c_3|D|+\delta_3\\&+(c_r+c_a)|\omega(s)|\Big)e^{\left\{m_1s\left(\frac{1}{s}\int_s^0|\omega(p)|dp+\frac{m_2}{m_1}\right)\right\}}ds\end{aligned}$$

$$+\int_{-T_2-N}^{0}\Big(c_3|D|+\delta_3+(c_r+c_a)|\omega(s)|\Big)e^{\alpha m_1 s}ds>R^2-1\Bigg\}$$

$$=A_1\bigcup A_2\bigcup\left\{\omega:\ f_\epsilon(\omega)+\int_{-T_2+N}^{0}|\omega(s)e^{m_1\alpha s}ds>\frac{R^2-A}{B}\right\},$$

其中 A,B 为某个正常数, $f_\epsilon:\omega\to R$ 是可测的, P. a. s. 有界函数. 因此存在一个实数 $R_1=R_1(\epsilon)$ 及一个随机集 $A_3\subset\Omega$ 使得对所有的 $\omega\in A_3$ 都有

$$f_\epsilon(\omega)>R_1,\quad P(A_3)<\frac{\epsilon}{4}.$$

因此

$$L^N\subset A_1\bigcup A_2\bigcup A_3\bigcup\left\{\omega:\int_{-T-N}^{0}|\omega(s)|e^{m_1\alpha s}ds>\frac{R^2-A}{B}-R_1(\epsilon)\right\}.$$

由条件 (HY1) 可知, 存在正常数 $D=D(\epsilon)$ 使得对所有的 $t>0$,

$$P\left\{\omega:\int_{-t}^{0}|\omega(s)|e^{m_1\alpha s}ds>D\right\}<\frac{\epsilon}{4}.$$

选择 $R=R(\epsilon)$ 满足

$$\frac{R^2-A}{B}-R_1(\epsilon)>D.$$

因此, 对任意的 $\epsilon>0$, 总存在 $R=R(\epsilon)>0$, 对任意的 B_r, 总存在 $T=T(\epsilon,R,r)$ 满足

$$P(L^N)=P\left\{\omega:\sup_{t\in[T,T+N]}||G(t,\theta_{-t}\omega)B_r||^2>R^2\right\}<\epsilon,\quad\forall N\geqslant 1.$$

注意到 $L^N\subset L^{N+1}$, 令 $L=\bigcup_{i=1}^N L^N$, 则 $P(L)<\epsilon$, 且

$$\left\{\omega:\sup_{t\geqslant T}||G(t,\theta_{-t}\omega B_r||^2>R^2\right\}=L,$$

这表明 (G2) 成立, 因此引理得证. □

定理 4.3.3 假设 (H1)~(H6) 及条件 (HY0)~(HY1) 成立, 则有方程 (4.3.5) 生成的多值随机动力系统 G 存在随机吸引子.

证明 由引理 4.3.1 可知, 方程 (4.3.5) 生成一个多值随机动力系统 G, 由引理 4.3.4, 引理 4.3.5 可知, 多值随机动力系统 G 满足条件 (G_1) 和 (G_2), 由定理 4.3.1 即可得到随机吸引子的存在性, 定理证毕. □

附注 当 $k_1(u)$ 和 $k_2(v)$ 的增长条件减弱到

$$|k_1(u)| \leqslant a_1|u|^{\gamma_1} + b_1, \quad |k_2(v)| \leqslant a_2|v|^{\gamma_2} + b_2,$$

其中 $\gamma_1, \gamma_2 < p-1$, 则需要对噪声 ω 增加较强的条件, 以保证多值随机动力系统在概率意义下是耗散的, 类似于引理 (4.3.5) 和定理 (4.3.3) 的证明, 同样能够得到随机吸引子的存在性 [8].

附注 将 Lévy 噪声 $\omega(t)$ 换成一般的右连左极的 Càdlàg 过程, 定理 4.3.3 也成立.

参 考 文 献

[1] Applebaum D. Levy Processes and Stochastic Calculus (Second Edition). Cambridge University Press, 2009.

[2] Brune P, Duan J Q and Schmalfuss B. Random dynamics of the Boussinesq with dynamical boundary conditions. *Stoch. Anal.Appl.*, 2009, **27**(5): 1096-1116.

[3] Brzezniak Z. Asymptotic compactness and absorbing sets for stochastic Burgers' equations driven by space-time white noise and for some two-dimensional stochastic Navier-Stokes equations on certain unbounded domains // Stochastic Partial Differential Equations and Applications, VII. Lect. Notes Pure Appl. Math., 2006, 245: 35-52. Chapman & Hall/CRC, Boca R.

[4] Brzezniak Z, Zabczyk J. Regularity of Ornstein-Uhlenbeck processes driven by a Levy white noise. *Potential Anal*, 2010, **32**: 153-188.

[5] Caraballo T, Langa J A, Valero J. Global attractors for multivalued random dynamical systems, *Nolinear Analysis*, 2002, **48**: 805-829.

[6] 郭柏灵, 蒲学科. 随机无穷维动力系统. 北京: 科学出版社, 2009.

[7] Huang J H, Li Y H and Duan J Q. Random dynamical systems of stochastoc Boussinesq equations driven by Levy processes. *Preprint*, 2010.

[8] Huang J H. Random attractor for parttal dissipative reaction diffusion equation pertubed by Cadag ocesses. *Preprint*, 2010.

[9] Li Y H. On the almost surely asymptotic bounds of a class of Ornstein-Uhlenbeck processes in infinite dimensions. *J. Syst. Sci. & Complexity*, 2008, **21**: 416-426.

[10] Kapustyan O V, Valero J and Pereguda O V. Random attractor for the reaction diffusion equation pertubed by a stochastic Cadag process. *Theor. Probability and Math. Statist*, 2006, **73**: 57-69.

[11] Marion M. Finite-dimensional attractor associated with partly dissipative reaction diffusion equations. *SIAM J. Math. Anal.*, 1989, **20**: 816-844.

[12] Peszat S and Zabczyk J. Stochastic Partial Differential Equations with Levy Noises-Evolution Equation Approach. Cambridge: Cambridge University Press, 2009.

第 5 章 Lévy 过程驱动随机流体类发展方程的大偏差原理

随机微分方程的动力学行为的研究最初在对解的矩稳定性、大偏差估计或时间独立的概率分布等方面开展的. 这一章先用 Da Prato G 和 Zabczyk J 研究随机发展方程的大偏差原理的方法来研究非牛顿 Boussinesq 修正方程在高斯白噪声驱动下的大偏差原理; 再采用一种基本的理论证明方法, 从能量的指数估计和近似解的指数收敛性入手建立某种指数胎紧性, 从而得到 Levy 过程驱动的随机 Boussinesq 方程的大偏差原理; 最后将这一结果推广到一大类随机流体类发展方程.

5.1 引 言

首先给出随机偏微分方程的大偏差原理. 对于随机发展方程

$$\begin{cases} du = (Au + F(u))dt + \sqrt{\epsilon}B(u)dW(t), \\ u(0) = u_0 \in H, \end{cases} \tag{5.1.1}$$

其解为 $u(t, u_0, \epsilon)$. 相应的确定性发展方程

$$\begin{cases} du = (Au + F(u))dt, \\ u(0) = u_0 \in H, \end{cases} \tag{5.1.2}$$

的解记为 $z(t, u_0)$, 则有下面的结论:

定理 5.1.1 随机系统 (5.1.1) 的解 $u(t, u_0, \epsilon)$ 依概率收敛到确定系统 (5.1.2) 的解 $z(t, u_0)$, 即

$$\lim_{\epsilon\to 0} P\Big(\sup_{t\in[0,T]} |u(t, u_0, \epsilon) - z(t, u_0)| \geqslant r\Big) = 0. \tag{5.1.3}$$

定义 5.1.1 对于完备的可分空间 $E = C([0,T], H)$ 上的概率测度簇 $\{\mu_\epsilon\}, \epsilon > 0$, 下半连续函数 $I: E \to [0, \infty)$ 及任意的 $r \in [0, \infty)$, 集合

$$K(r) = \{x \in E,\ I(x) \leqslant r\}, \qquad r > 0$$

是紧的, 如果

$$\text{对}E\text{中的 Borel 闭子集,}\quad \limsup_{\epsilon\to 0}\epsilon\log\mu_\epsilon(\Gamma)\leqslant -\inf_{x\in\Gamma}I(x), \tag{5.1.4}$$

$$\text{对}E\text{中的 Borel 开子集,}\quad \liminf_{\epsilon\to 0}\epsilon\log\mu_\epsilon(G)\geqslant -\inf_{x\in G}I(x), \tag{5.1.5}$$

则称概率测度簇 $\{\mu_\epsilon\}$ 关于速率函数 I 满足大偏差原理 (LDP).

定理 5.1.2[13]　令 $I:\ E\to[0,\infty]$, 对任意的 $r\in[0,\infty)$, 集合

$$K(r)=\{x\in E,\ I(x)\leqslant r\},\qquad r>0,$$

是紧的下半连续函数, 则 $\{\mu_\epsilon\}$ 满足大偏差原理的充要条件是下面的两个条件成立:

(1) 对于任意的 $r>0,\delta>0,\gamma>0$, 存在 $\epsilon_0>0$ 使得对任意的 $\epsilon\in(0,\epsilon_0)$,

$$\mu_\epsilon(B(K(r)),\delta))\geqslant 1-e^{-\frac{1}{\epsilon}(r-\gamma)}; \tag{5.1.6}$$

(2) 对于任意的 $x\in E,\delta>0,\gamma>0$, 存在 $\epsilon_0>0$ 使得对任意的 $\epsilon\in(0,\epsilon_0)$,

$$\mu_\epsilon(B(x,\delta))\geqslant 1-e^{-\frac{1}{\epsilon}(I(x)+\gamma)}, \tag{5.1.7}$$

而且 (5.1.4), (5.1.5)分别与 (5.1.6), (5.1.7) 等价.

通常称 (5.1.6) 和 (5.1.7) 为 Freidlin-Wentsell 指数估计式.

设 E 是可分的 Banach 空间, 范数为 $\|\cdot\|$, μ 是 E 上的对称高斯测度, H_μ 是其再生核, 其内积和范数分别为 $\langle\cdot,\cdot\rangle_\mu$ 和 $|\cdot|_\mu$. 定义测度簇

$$\mu_\epsilon(\Gamma)=\mu(\epsilon^{-1/2}\Gamma),\qquad \Gamma\in\mathcal{B}(E),\ \epsilon>0. \tag{5.1.8}$$

$$I(x)=\begin{cases}\dfrac{1}{2}|x|_\mu^2, & x\in H_\mu,\\ +\infty, & \text{其他}.\end{cases} \tag{5.1.9}$$

定理 5.1.3[13]　令 $\{\mu_\epsilon\}$ 是一簇概率测度, 则对于任意的正数 $r_0\in E,\delta>0,\gamma>0$, 存在 $\epsilon_0>0$, 使得对任意 $\epsilon\in(0,\epsilon_0)$, 任意满足 $|x|_\mu^2\leqslant r_0$ 的 $x,x\in H_\mu$, 有

$$\mu_\epsilon(B(x,\delta))\geqslant 1-e^{-\frac{1}{\epsilon}\left(\frac{1}{2}|x|_\mu^2+\gamma\right)}.$$

定理 5.1.4[13]　由 (5.1.8) 定义的高斯测度簇 $\{\mu_\epsilon\}$ 满足由 (5.1.9) 确定的速率函数 $I(x)$ 的大偏差原理.

5.2 高斯白噪声驱动的非牛顿-Boussinesq 修正方程的大偏差原理

这一节利用基于无穷维布朗运动的泛函变分表示的弱收敛方法来证明非牛顿-Boussinesq 修正方程的大偏差原理.

$$\begin{cases}\dfrac{\partial u^\epsilon}{\partial t}+(u^\epsilon\cdot\nabla)u^\epsilon+\nabla p^\epsilon=\nabla(2\mu_0(\epsilon_0+|e(u^\epsilon)|^2)^{-\frac{\alpha}{2}}-2\mu_1\Delta e(u^\epsilon))+e_2\theta^\epsilon\\ \qquad\qquad\qquad\qquad+\sqrt{\epsilon}\dot{w}_1(t),\quad \nabla\cdot u^\epsilon=0,\\ \dfrac{\partial\theta^\epsilon}{\partial t}=-u^\epsilon\cdot\nabla\theta^\epsilon+k\Delta\theta^\epsilon+u_2^\epsilon+\sqrt{\epsilon}\dot{w}_2(t),\\ u^\epsilon|_{x_2=0}=0,\quad u^\epsilon|_{x_2=1}=0.\end{cases}\tag{5.2.1}$$

其中 $u^\epsilon,\theta^\epsilon,p^\epsilon,u^\epsilon_{x_1},\theta^\epsilon_{x_1}$ 是关于 x_1 的周期为 L 的周期函数.

下面先定义一些函数空间和算子, 再将方程 (5.2.1) 写成抽象的发展方程形式加以研究.

先定义周期的向量值平方可积函数空间

$$\begin{aligned}\dot{\mathbb{L}}^2(D)=\{&u\in L^2(D)\times L^2(D),\ \nabla\cdot u=0,\ u|_{x_2=0}=u|_{x_2=1}=0,\\ &\text{且}u\text{关于}x_1\text{是周期为}L\text{的周期函数}\},\\ \dot{\mathbb{V}}_1(D)=\{&v\in H^1(D)\times H^1(D),\ \nabla\cdot v=0,\ v|_{x_2=0}=v|_{x_2=1}=0,\\ &\text{且}v\text{关于}x_1\text{是周期为}L\text{的周期函数}\},\\ \dot{L}^2(D)=\{&\theta\in L^2(D),\ \theta|_{x_2=0}=\theta|_{x_2=1}=0,\\ &\text{且}\theta\text{关于}x_1\text{是周期为}L\text{的周期函数}\},\\ \dot{V}_2(D)=\{&\theta\in H^1(D),\ \theta|_{x_2=0}=\theta|_{x_2=1}=0,\\ &\text{且}\theta\text{关于}x_1\text{是周期为}L\text{的周期函数}\}.\end{aligned}$$

定义

$$a(u,v)=\sum_{i,j,k}^2\left(\frac{\partial e_{ij}(u)}{\partial x_k},\frac{\partial e_{ij}(v)}{\partial x_k}\right)=\sum_{i,j,k}^2\int_D\frac{\partial e_{ij}(u)}{\partial x_k}\frac{\partial e_{ij}(v)}{\partial x_k}dx,\quad u,v\in V.$$

由 Lax-Milgram 引理可知, $A\in\mathcal{L}(V.V')$ 是一个等距算子, 且

$$(Au,v)=a(u,v),\quad\forall u,v\in V,\quad A=P\Delta^2.$$

令 $\langle\cdot,\cdot\rangle$ 为 $\mathbb{V}'\times\mathbb{V}\to R$ 的对偶映射, 定义三线性算子 $b(u,v,w)=\langle B(u,v),w\rangle$, 并且

$$b_1(u,v,w)=\sum_{i,j=1}^{2}\int_D u_i\frac{\partial v_j}{\partial x_i}w_jdx,\quad b_2(u,\theta,\rho)=\int_D \sigma_{i=1}^2 u_i\frac{\partial V}{\partial x_i}\rho dx.$$

对于任意的 $u\in V$, 定义连续泛函 $B(u,u)$ 为

$$\langle N(u),v\rangle=\sum_{i,j=1}^{2}\int_D 2\mu_0(\epsilon+|e(u)|^2)^{-\alpha/2}e_{ij}(u)e_{ij}(v)dx,\quad v\in V.$$

则有

$$\begin{cases}du^\epsilon+[2\mu_1A_1u^\epsilon+B_1(u^\epsilon,u^\epsilon)+N(u^\epsilon)-\theta^\epsilon e_2]dt=\sqrt{\epsilon}dw_1(t),\\ d\theta^\epsilon+[kA_2\theta^\epsilon+B_2(u^\epsilon,\theta^\epsilon)-u_2^\epsilon]dt=\sqrt{\epsilon}dw_2(t),\end{cases}\tag{5.2.2}$$

其中

$$\tilde{A}\phi=\begin{pmatrix}A_1u\\A_2(\theta)\end{pmatrix},\quad A_1u=-2\nu_1Au,\qquad A_2(\theta)=-k\Delta\theta,$$

$$\tilde{B}(\phi,\psi)=\begin{pmatrix}B_1(u,v)\\B_2(u,\theta)\end{pmatrix}=\begin{pmatrix}(u\cdot\nabla)v\\(u\cdot\nabla)\theta\end{pmatrix},$$

则方程组 (5.2.2) 可写成下面的发展方程

$$\begin{cases}d\phi^\epsilon+\tilde{A}\phi^\epsilon+B(\phi^\epsilon,\phi^\epsilon)+N(\phi^\epsilon)dt=\sqrt{\epsilon}\sigma(t,\phi^\epsilon)dW,\\ \phi^\epsilon(0)=(u_0^\epsilon,\theta_0^\epsilon).\end{cases}\tag{5.2.3}$$

下面考虑 H_0 值 a.s. 满足 $\int_0^T|\phi(s)|_0^2ds<\infty$ 的 $\mathcal{F}_t$ 可料随机过程簇 $\mathcal{A}$, 并在集合

$$S_M=\left\{h\in L^2(0,T;H_0):\int_0^T|\phi(s)|_0^2ds<M\right\}$$

上赋以弱拓扑

$$d_1(h,k)=\sum_{i=1}^{\infty}\frac{1}{2^i}\left|\int_0^T(h(s)-k(s),\tilde{e}_i(s))_0ds\right|,$$

其中 $\{\tilde{e}_i(s)\}_{i=1}^{\infty}$ 是 $L^2(0,T;H_0)$ 的完备正交基, 则 S_M 是一个 Polish 空间.

下面先给出工作的函数空间

$$X=C([0,T];H)\bigcap L^2((0,T);V),\quad ||\phi||_X^2=\sup_{0\leqslant s\leqslant T}|\phi|^2+\int_0^T||\phi(s)||^2ds.$$

定义 5.2.1 如果一个随机过程 $\phi^\epsilon(t,\omega)\in C([0,T];H)\bigcap L^2((0,T);V)$ 在分布意义下几乎必然满足方程组 (5.2.3), 即对任意的 $\psi\in D(A)$ 及所有的 $t\in[0,T]$, 成立:

$$(\phi^\epsilon(t),\psi)-(\phi_0^\epsilon,\psi)+\int_0^t[(\phi^\epsilon(s),A\psi)+(B(\phi^\epsilon,\phi^\epsilon),\psi)+(N(\phi^\epsilon),\psi)]dt$$

$$=\sqrt{\epsilon}\int_0^t(\sigma(t,\phi^\epsilon)dW,\psi),\quad \text{a.s.} \tag{5.2.4}$$

则称该随机过程 $\phi^\epsilon(t,\omega)$ 为方程组 (5.2.3) 的弱解.

定理 5.2.1 任给定常数 $M>0$, 则存在正常数 ϵ_0, 使得当 $0\leqslant\epsilon<\epsilon_0$, 初值条件 ϕ_0^ϵ 满足 $\mathrm{E}|\phi_0^\epsilon|^4<\infty$ 时, 方程 (5.2.3) 在空间 $C([0,T];H)\bigcap L^2((0,T);V)$ 中存在依轨道意义下的唯一解 ϕ_ϵ.

证明 证明可参阅文献 [11], 在此略. □

定理 5.2.2 设 ϕ^ϵ 是方程 (5.2.3) 的解, 则 $\{\phi^\epsilon\}$ 的分布在 $C([0,T];H)\bigcap L^2((0,T);V)$ 中满足速率为 I_η 的大偏差原理, 其中

$$I_\eta(\psi)=\inf_{h\in L^2(0,T;H_0):\psi=g^0(\int_0^\cdot)h(s)ds)}\left\{\frac{1}{2}\int_0^T|h(s)|_0^2ds\right\}.$$

证明 证明方法类似于文献 [5], 在此略. □

5.3 Lévy 过程驱动的随机 Boussinesq 方程的大偏差原理

关于 Lévy 过程驱动的随机偏微分方程的大偏差原理的论文不多, 目前能找到相关文献是文献 [16], 考虑的是具有 Lipschitz 系数的情形. 关于纯跳过程驱动的有限维随机发展方程解的大偏差原理, 参阅文献 [2]. Xu 和 Zhang[17] 研究了 Lévy 过程驱动的随机 Navier-Stokes 方程大偏差原理. 正如文献 [17] 中所指出的, 研究 Lévy 过程驱动的非线性发展方程的大偏差原理, 主要的困难在于处理较高的非线性项的估计, 为此, 需要对解的能量泛函给出指数估计, 以及对近似解给出指数收敛估计, 等等. 这一节用大偏差理论中的广义压缩原理来证明 Lévy 过程驱动的随机 Boussinesq 方程解的分布满足大偏差原理.

令 $W(\cdot)$ 是 H 值的布朗运动, b 是 H 中的常值向量, f 是从某个可测函数空间 X 到 H 上的可测映射, 且满足假设

$$\int_X |f(x)|^2 \exp(a|f(x)|)\nu(dx) < +\infty, \quad \forall a > 0. \tag{5.3.1}$$

$\tilde{N}_n(dt,dx)$ 是 $[0,\infty)\times X$ 的具有强度为 $n\nu$ 的补偿 Poisson 测度, ν 是 $B(X)$ 上 σ 有限测度. $D([0,T],H)$ 表示从 $[0,T]$ 到 H 所有 Càdlàg 轨道 (左连续右极限存在的函数) 组成的集合, 赋予一致收敛拓扑构成的空间.

记

$$L_t^n = bt + \frac{1}{\sqrt{n}}W(t) + \frac{1}{n}\int_0^t\int_X f(x)\tilde{N}_n(ds,dx), \tag{5.3.2}$$

由文献 [1] 可知, Lévy 过程 $\{L^n, n \geqslant 1\}$ 的分布在 $D([0,1],H)$ 上满足速率函数为 I_0 的大偏差原理, 其中

$$I_0 = \begin{cases} \displaystyle\int_0^1 F^*(g'(s))ds, & g \in D([0,1],H),\ g' \in L^1([0,1],H), \\ \infty, & \text{其他}, \end{cases} \tag{5.3.3}$$

对任意的 $l \in H$,

$$\begin{aligned} F(l) &= \int_X [\exp(f(x),l) - 1 - (f(x),l)]\nu(dx) + (Ql,l) + (b,l), \\ F^*(z) &= \sup_{l\in H}[(z,l) - F(l)], \quad z \in H. \end{aligned}$$

设 $Z^n(t)$ 是下面随机线性微分方程的解:

$$dZ^n + AZ^n = \frac{1}{n}\int_X f(x)\tilde{N}_n(dt,dx). \tag{5.3.4}$$

投影算子

$$P_m x = \sum_{i=1}^m (x,e_i)e_i, \quad x \in H.$$

设 $Z^{n,m}(t)$ 是下面的随机线性方程的解

$$dZ^{n,m} + AZ^{n,m} = \frac{1}{n}\int_X P_m f(x)\tilde{N}_n(dt,dx). \tag{5.3.5}$$

则 $\tilde{Z}^{n,m} = n(Z^{n,m}(t) - Z^n(t))$ 是下面方程的解

$$d\tilde{Z}^{n,m} + A\tilde{Z}^{n,m} = \frac{1}{n}\int_X (P_m f(x) - f(x))\tilde{N}_n(dt, dx). \tag{5.3.6}$$

关于 Lévy 过程驱动的 2 维的 Navier-Stokes 方程

$$\begin{cases} du^n(t) = -Au^n(t)dt - B(u^n(t))dt + bdt + \dfrac{1}{\sqrt{n}}dW(t) \\ \qquad\qquad +\dfrac{1}{n}\displaystyle\int_X f(x)\tilde{N}_n(dt, dx), \\ u^n(0) = u_0 \in H, \end{cases} \tag{5.3.7}$$

的解有如下结论:

定理 5.3.1[17] 假设 μ_n 是方程 (5.3.7) 的解 u^n 的分布, 那么 $\{\mu_n, n \geqslant 1\}$ 在空间 $D([0,1], H)$ 上满足速率函数为 I 的大偏差原理, 即

(i) 对于空间 $D([0,1], H)$ 中任意的闭集 F,

$$\limsup_{n\to\infty} \frac{1}{n}\log \mu_n(F) \leqslant -\inf_{h\in F} I(h);$$

(ii) 对于空间 $D([0,1], H)$ 中任意开集 G,

$$\liminf_{n\to\infty} \frac{1}{n}\log \mu_n(G) \geqslant -\inf_{h\in G} I(h).$$

这一节利用文献 [17] 的思想, 研究由 Lévy 过程驱动的随机 Boussinesq 方程解的大偏差原理, 即研究下面的 Boussinesq 方程

$$\begin{cases} \dfrac{\partial u^n}{\partial t} + (u^n\cdot\nabla)u^n - \nu\Delta u^n + \nabla p^n = \theta e_2 + b_1 dt + \dfrac{1}{\sqrt{n}}dW^1(t) \\ \qquad + \displaystyle\int_X f(x)\tilde{N}_n^1(dt, dx), \\ \dfrac{\partial \theta^n}{\partial t} + (u^n\cdot\nabla)\theta^n - k\Delta\theta^n = u_2 + b_2 dt + \dfrac{1}{\sqrt{n}}dW^2(t) \\ \qquad + \displaystyle\int_X g(x)\tilde{N}_n^2(dt, dx), \\ \nabla\cdot u^n = 0, \\ u^n|_{\partial D} = 0, \quad u^n(0) = u_0^n, \quad \theta^n(0) = \theta_0^n, \end{cases} \tag{5.3.8}$$

其中向量值函数 $u^n = u^n(x,t) = (u_1^n, u_2^n)$ 表示流体的速度, θ^n 表示流体的温度, 纯量函数 p 表示压强, D 是 R^2 上的具有光滑边界的有界开集. $L_1^n(t) = b_1 dt +$

$\frac{1}{\sqrt{n}}dW^1(t)+\int_X f(x)\tilde{N}_n^1(dt,dx)$ 和 $L_2^n(t)=b_2dt+\frac{1}{\sqrt{n}}dW^2(t)+\int_X g(x)\tilde{N}_n^2(dt,dx)$ 均为 Lévy 过程, 且 b_1,b_2 为正常数, W^1,W^2 为布朗运动, $\tilde{N}_n^1(dt,dx)$ 和 $\tilde{N}_n^2(dt,dx)$ 分别表示定义在 $[0,\infty)$ 上强度分别为 $n\nu_1$ 和 $n\nu_2$ 的补偿 Poisson 测度, ν_1 和 ν_2 分别为 X 上的 σ 有限测度.

$f(x)$ 和 $g(x)$ 是从可测空间 X 到 H 上的可测映射, 且满足下面的假设条件:

$$\begin{cases}\int_U |f(x)|^2 e^{\alpha|f(x)|}\nu(dx)<\infty, \quad \forall\alpha>0,\\ \int_U |g(x)|^2 e^{\beta|g(x)|}\nu(dx)<\infty, \quad \forall\beta>0.\end{cases} \tag{5.3.9}$$

需要指出的是, 对于随机 Boussinesq 方程, Duan 和 Millet[5] 利用基于无穷维布朗运动泛函变分表示的弱收敛方法研究了高斯噪声驱动的 Boussinesq 方程

$$\begin{cases}\frac{\partial u^\epsilon}{\partial t}+(u^\epsilon\cdot\nabla)u^\epsilon-\nu\Delta u^\epsilon+\nabla p\epsilon=\theta^\epsilon e_2+\sqrt{\epsilon}n_1(t),\\ \frac{\partial \theta^\epsilon}{\partial t}+(u^\epsilon\cdot\nabla)\theta^\epsilon-u_2^\epsilon-k\Delta\theta^\epsilon=\sqrt{\epsilon}n_2(t),\\ \nabla\cdot u^\epsilon=0,\\ u^\epsilon|=0, \quad \theta^\epsilon=0, \quad x_2=0, \quad x=1\end{cases} \tag{5.3.10}$$

解的大偏差原理, 其中 $u^\epsilon,p^\epsilon,\theta^\epsilon,u_{x_1}^\epsilon,\theta_{x_1}^\epsilon$ 关于 x_1 是 l 周期的, $n_1(t)$ 和 $n_2(t)$ 是噪声项, $\epsilon>0$ 是小参数.

设 $L^2(D)$ 为通常的内积空间, 定义 $H=(L^2(D))^2\times L^2(D)$, 其内积和范数分别为

$$(\phi,\psi)=\int_D \phi(x)\psi(x)dx, \quad |\phi|^2=(\phi,\phi), \quad \forall\phi\in H.$$

定义 $V=V_1\times V_2=(H^1(D))^2\times H^1(D)$, 则 V 是乘积 Hilbert 空间, 其内积和范数分别为

$$(\phi,\psi)_V=\int_D \nabla\phi\cdot\nabla\psi dx, \quad ||\phi||_V^2=(\phi,\phi)_V=||\phi_1||_{V_1}^2+||\phi_2||_{V_2}^2.$$

容易验证, 对任意的 $u\in V_1,\theta\in V_2$, 存在常数 $C_1>0$ 使得

$$|u|_{(L^4(D))^2}^2\leqslant |u|||u||_{V_1}, \quad |\theta|_{L^4(D)}^2\leqslant C_1|\theta|||\theta||_{V_2}. \tag{5.3.11}$$

考虑无界线性算子 $A=(\nu A_1,kA_2):H\to H$, $D(A)=D(A_1)\times D(A_2)$, $D(A_1)=V_1\subset(H^2(D))^2, D(A_2)=V_2\subset H^2(D)$, 定义泛函

$$\langle A_1u,v\rangle=(u,u)_{V_1},\quad \langle A_2\theta,\eta\rangle=(\theta,\eta)_{V_2},\quad \forall u,v\in D(A_1),\ \forall\theta,\eta\in D(A_2).$$

再定义双线性算子 B_1,B_2 如下, 对任意的 $u,v,w\in V_1$, $\theta,\eta\in V_2$,

$$\langle B_1(u,v),w\rangle=\int_D[u\cdot\nabla v]wdx=\sum_{i,j=1,2}\int_D u_i\partial_i v_j w_j dx,$$

$$\langle B_2(u,\theta),\eta\rangle=\int_D[u\cdot\nabla\theta]\eta dx=\sum_{i,j=1,2}\int_D u_i\partial_i\theta w_j dx,$$

记

$$A\phi=\begin{pmatrix}\nu A_1u\\ kA_2\theta\end{pmatrix}=\begin{pmatrix}-\nu\Delta u\\ -k\Delta\theta\end{pmatrix},$$

$$B\phi=\begin{pmatrix}B_1(u,u)\\ B_2(u,\theta)\end{pmatrix}=\begin{pmatrix}(u\cdot\nabla)u\\ (u\cdot\nabla)\theta\end{pmatrix},$$

则算子 A 和算子 B 有如下的性质:

引理 5.3.1[7] 算子 A_1 和 A_2 都是正的自伴算子, A 是正的自伴算子, $D(A)=D(A_1)\times D(A_2)$, $(A\phi,\phi)\geqslant\lambda\|\phi\|_H^2$, $\lambda=\min(\nu,k)$.

引理 5.3.2[5] 如果 $u,v,w\in V_1$, $\theta,\eta\in V_2$, 则有

(1) $(B_1(u,v),v)=0,\quad (B_2(u,\theta),\theta)=0$;

(2) $(B_1(u,v),w)=-(B_1(u,w),v),\quad (B_2(u,\theta),\eta)=-(B_2(u,\eta),\theta)$.

引理 5.3.3[5] 如果 $u\in V_1$, $\theta,\eta\in V_2$, $\phi=(u,\theta)$, 则有

(1) $|B_1(u,v)|_{V_1'}\leqslant|u|_{L^4}^2\leqslant C_1\|u\||u|$,

(2) $|(B_2(u,\theta),\eta)|\leqslant\|\eta\|\cdot|u|_{L^4}\cdot|\theta|_{L^4}\leqslant C_2\|\eta\|\cdot|u|^{\frac12}\|u\|^{\frac12}\cdot|\theta|^{\frac12}\|\theta\|^{\frac12}$.

引理 5.3.4[5] 令 $\phi=(u,\theta)\in V$, $v\in L^4(D)\times L^4(D)$, $\eta\in L^4(D)$, 则有

(1) $|(B_1(u,u),v)|\leqslant\alpha\|u\|^2+\dfrac{3^3C_1^2}{4^4a^3}|u|^2\cdot|v|_{L^4}^4$,

(2) $|(B_2(u,\theta),\eta)|\leqslant\alpha\|(u,\theta)\|^2+\dfrac{3^3C_1^2}{4^4a^3}|u|^2\cdot|\eta|_{L^4}^4$.

为便于讨论, 定义

$$\phi=\begin{pmatrix}u\\ \theta\end{pmatrix},\quad b=\begin{pmatrix}b_1\\ b_2\end{pmatrix},\quad W=\begin{pmatrix}W^1\\ W^2\end{pmatrix},$$

$$F(x) = \begin{pmatrix} f(x) \\ g(x) \end{pmatrix}, \qquad R(\phi) = \begin{pmatrix} -\theta e_2 \\ -u_2 \end{pmatrix},$$

$$\tilde{N}(dt, dx) = \begin{pmatrix} \tilde{N}_1(dt, dx) \\ \tilde{N}_2(dt, dx) \end{pmatrix}, \quad \phi(0) = \phi_0 = \begin{pmatrix} u_0 \\ \theta_0 \end{pmatrix},$$

则方程组 (5.3.8) 可以写成下面的抽象形式:

$$\begin{cases} d\phi^n = -A\phi^n(t)dt - B(\phi^n(t), \phi^n(t)) - R(\phi^n)]dt + bdt + \frac{1}{\sqrt{n}}dW(t) \\ \qquad + \int_X F(x)\tilde{N}(dt, dx), \\ \phi^n(0) = (u_0^n, \theta_0^n). \end{cases} \tag{5.3.12}$$

下面给出重要的指数估计.

设 ϕ_t^n 是下面随机 Boussinesq 方程

$$\phi_t^n = x - \int_0^t A\phi_s^n ds - \int_0^t B(\phi_s^n)ds - \int_0^t R(\phi_s^n)ds + bt + \frac{1}{\sqrt{n}}W_t + \frac{1}{n}\int_0^t \int_X F(x)\tilde{N}_n(ds, dx) \tag{5.3.13}$$

的解. 令 $X_t^n = n\phi_t^n$, 则 X_t^n 是下面方程

$$X_t^n = nx - \int_0^t AX_s^n ds - \frac{1}{n}\int_0^t B(X_s^n)ds - \int_0^t R(X_s^n)ds + nbt + \sqrt{n}W_t + \int_0^t \int_X F(x)\tilde{N}_n(ds, dx) \tag{5.3.14}$$

的解. 记 $\{e_k\}_{k=1}^\infty$ 为 H 的正交基, $e_k, k = 1, \cdots$ 为 Q 在 V 中的特征函数, $\{\lambda_k\}_{k=1}^\infty$ 是相应的特征值.

引理 5.3.5 当 $g \in C_b^2(H)$ 时, $M_t^g = \exp(g(X_t^n) - g(nx) - \int_0^t h(X_s^n)ds)$ 是 $\mathcal{F}_t$-局部鞅, 其中

$$h(y) = -\left\langle Ay + \frac{1}{n}B(y) + R(y), g'(y) \right\rangle + n(b, g'(y)) + \frac{n}{2}\sum_{k=1}^\infty \lambda_k([g'(y) \otimes g'(y) + g''(y)]e_k, e_k) + n\int_X \{\exp[g(y + F(x)) - g(y)] - 1 - (g'(y), F(x))\}dx. \tag{5.3.15}$$

证明 利用 Itô 公式可得

$$
\begin{aligned}
&\exp(g(X_t^n))\\
&=\exp(g(nx))+\int_0^t(\exp(g(X_{s-}^n))\cdot g'(X_{s-}^n),dX_s^n)\\
&\quad+\frac{1}{2}\int_0^t\exp(g(X_{s-}^n))[g'(X_{s-}^n)\otimes g'(X_{s-}^n)+g''(X_{s-}^n)]d[\sqrt{n}W,\sqrt{n}W]_s^c\\
&\quad+\sum_{s\leqslant t}(\Delta(\exp(g(X_s^n)))-(\exp(g(X_{s-}^n))\cdot g'(X_{s-}^n),\Delta X_s^n))\\
&=\exp(g(nx))+\int_0^t(\exp(g(X_{s-}^n))\cdot g'(X_{s-}^n),-AX_s^n-\frac{1}{n}B(X_s^n)-R(X_s^n)\\
&\quad+nb)ds+\int_0^t(\exp(g(X_{s-}^n))\cdot g'(X_{s-}^n),\sqrt{n}dW_s)\\
&\quad+\int_0^t(\exp(g(X_{s-}^n))\cdot g'(X_{s-}^n),F(x))\tilde{N}_n(ds,dx)\\
&\quad+\frac{n}{2}\int_0^t\exp(g(X_{s-}^n))\sum_{k=1}^{\infty}\lambda_k([g'(X_{s-}^n)\otimes g'(X_{s-}^n)+g''(X_{s-}^n)]e_k,e_k)ds\\
&\quad+\int_0^t\int_X\exp(g(X_{s-}^n+F(x)))\\
&\quad-\exp(g(X_{s-}^n))-(\exp(g(X_{s-}^n))\cdot g'(X_{s-}^n),F(x))N_n(ds,dx).
\end{aligned}
$$

注意到

$$
\begin{aligned}
&\int_0^t\int_X\exp(g(X_{s-}^n+F(x)))-\exp(g(X_{s-}^n))-(\exp(g(X_{s-}^n))\\
&\quad\cdot g'(X_{s-}^n),F(x))N_n(ds,dx)\\
&=\int_0^t\int_X\exp(g(X_{s-}^n))\{\exp[g(X_{s-}^n+F(x))-g(X_{s-}^n)]\\
&\quad-1-(g'(X_{s-}^n),F(x))\}N_n(ds,dx)\\
&=\int_0^t\int_X\exp(g(X_{s-}^n))\{\exp[g(X_{s-}^n+F(x))-g(X_{s-}^n)]\\
&\quad-1-(g'(X_{s-}^n),F(x))\}\tilde{N}_n(ds,dx)\\
&\quad+n\int_0^t\int_X\exp(g(X_{s-}^n))\{\exp[g(X_{s-}^n+F(x))-g(X_{s-}^n)]
\end{aligned}
$$

$$- 1 - (g'(X^n_{s-}), F(x))\}\nu(dx)ds,$$

于是

$$\begin{aligned}
&\exp(g(X^n_t) - g(nx)) - \int_0^t \exp(g(X^n_s) - g(nx))h(X^n_s)ds \\
&= 1 + \int_0^t (\exp(g(X^n_{s-})) \cdot g'(X^n_{s-}), \sqrt{n}dW_s) + \int_0^t (\exp(g(X^n_{s-})) \cdot g'(X^n_{s-}), \\
&\quad F(x))\tilde{N}_n(ds, dx) + \int_0^t \int_X \exp(g(X^n_{s-}))\{\exp[g(X^n_{s-} + F(x)) - g(X^n_{s-})] - 1 \\
&\quad - (g'(X^n_{s-}), F(x))\}\tilde{N}_n(ds, dx) \\
&= 1 + \int_0^t (\exp(g(X^n_{s-})) \cdot g'(X^n_{s-}), \sqrt{n}dW_s) \\
&\quad + \int_0^t \int_X \exp(g(X^n_{s-}) - g(nx))\{\exp[g(X^n_{s-} + F(x)) - g(X^n_{s-})] - 1\}\tilde{N}_n(ds, dx)
\end{aligned}$$

是局部鞅.

为证明 M^g_t 也是一个局部鞅, 令 $M'_t = \exp(g(X^n_t) - g(nx)) - \int_0^t \exp(g(X^n_s) - g(nx))h(X^n_s)ds$, 则有

$$\begin{aligned}
dM^g_t &= d\left\{\exp[g(X^n_s) - g(nx)] \circ \exp\left[-\int_0^t h(X^n_s)ds\right]\right\} \\
&= \exp[g(X^n_s) - g(nx)] \cdot d\exp\left[-\int_0^t h(X^n_s)ds\right] \\
&\quad + \exp\left[-\int_0^t h(X^n_s)ds\right] \cdot d\exp[g(X^n_s) - g(nx)] + 0 \\
&= -\exp\left\{[g(X^n_s) - g(nx)] - \int_0^t h(X^n_s)ds\right\} \cdot h(X^n_t)dt \\
&\quad + \exp\left[-\int_0^t h(X^n_s)ds\right] \cdot d\left[M'_t + \int_0^t \exp(g(X^n_s) - g(nx))h(X^n_s)ds\right] \\
&= -\exp\left\{[g(X^n_s) - g(nx)] - \int_0^t h(X^n_s)ds\right\} \cdot h(X^n_t)dt \\
&\quad + \exp\left[-\int_0^t h(X^n_s)ds\right] dM'_t + \exp\left[-\int_0^t h(X^n_s)ds\right] \\
&\quad \cdot \exp[g(X^n_t) - g(nx)]h(X^n_t)dt
\end{aligned}$$

$$= \exp\left[-\int_0^t h(X_s^n)ds\right] dM_t'.$$

因此, $M_t^g = \int_0^t \exp\left[-\int_0^t h(X_s^n)ds\right] dM_t'$ 是一个局部鞅. □

接下来, 令 $g(y) := (1+\lambda|y|^2)^{\frac{1}{2}}(\lambda > 0)$. 容易证明

$$\sup_y |g''(y)| \leqslant \lambda, \quad \sup_y |g'(y)| \leqslant \lambda^{\frac{1}{2}}.$$

引理 5.3.6

$$\lim_{r\to\infty} \limsup_{n\to\infty} \frac{1}{n} \log P(\sup\nolimits_{0\leqslant t\leqslant 1} |\phi_t^n| > r) = -\infty.$$

证明 类似于文献 [17] 的引理 3.2 的讨论, 可以证明

$$\begin{aligned} h(X_t^n) \leqslant & -\lambda v(1+\lambda|X_t^n|^2)^{-\frac{1}{2}} \cdot \|X_t^n\|^2 + \lambda(1+\lambda|X_t^n|^2)^{-\frac{1}{2}} \cdot |X_t^n|^2 \\ & + n|b|\lambda^{\frac{1}{2}} + n\lambda \mathrm{tr}Q + nM_\lambda, \end{aligned} \tag{5.3.16}$$

其中, $\mathrm{tr}Q$ 是算子 Q 的迹, $M_\lambda := \int_X \lambda|F(x)|^2 \exp(\lambda^{\frac{1}{2}}|F(x)|)\nu(dx)$. 设 m 是一个整数 (稍后确定), 则有

$$\begin{aligned} & P\left(\sup_{0\leqslant t\leqslant 1} |\phi_t^n| > r\right) \\ = & P\left(\sup_{0\leqslant t\leqslant 1} |X_t^n| > nr\right) \\ = & P\left(\sup_{0\leqslant t\leqslant 1} g(X_t^n) > (1+\lambda n^2 r^2)^{\frac{1}{2}}\right) \\ = & P\left(m \cdot \sup_{0\leqslant t\leqslant 1} g(X_t^n) > (1+\lambda n^2 r^2)^{\frac{1}{2}} + (m-1)\cdot \sup_{0\leqslant t\leqslant 1} g(X_t^n)\right) \\ = & P\left(m \cdot \sup_{0\leqslant t\leqslant 1} \left[g(X_t^n) - g(nx) - \int_0^t h(X_s^n)ds\right.\right. \\ & \left.\left. + g(nx) + \int_0^t h(X_s^n)ds\right] > (1+\lambda n^2 r^2)^{\frac{1}{2}} + (m-1)\cdot \sup_{0\leqslant t\leqslant 1} g(X_t^n)\right) \\ \leqslant & P\left(m \cdot \sup_{0\leqslant t\leqslant 1} \left[g(X_t^n) - g(nx) - \int_0^t h(X_s^n)ds\right] + m\cdot g(nx)\right. \end{aligned}$$

$$+m\cdot\sup_{0\leqslant t\leqslant 1}\int_0^t h(X_s^n)ds>(1+\lambda n^2r^2)^{\frac{1}{2}}+(m-1)\cdot\sup_{0\leqslant t\leqslant 1}g(X_t^n)\Bigg)$$

$$\leqslant P\left(m\cdot\sup_{0\leqslant t\leqslant 1}\left[g(X_t^n)-g(nx)-\int_0^t h(X_s^n)ds\right]>(1+\lambda n^2r^2)^{\frac{1}{2}}\right.$$

$$-m\cdot(1+\lambda n^2|x|^2)^{\frac{1}{2}}+(m-1)\cdot\sup_{0\leqslant t\leqslant 1}g(X_t^n)$$

$$\left.-m\cdot\sup_{0\leqslant t\leqslant 1}\int_0^t h(X_s^n)ds\right).\tag{5.3.17}$$

当 m 充分大时, 由 (5.3.16) 和 Poincaré 不等式可得

$$(m-1)\cdot\sup_{0\leqslant t\leqslant 1}g(X_t^n)-m\cdot\sup_{0\leqslant t\leqslant 1}\int_0^t h(X_s^n)ds$$

$$\geqslant(m-1)\cdot\sup_{0\leqslant t\leqslant 1}g(X_t^n)-\sup_{0\leqslant t\leqslant 1}m[-\lambda v(1+\lambda|X_t^n|^2)^{-\frac{1}{2}}\cdot\|X_t^n\|^2$$

$$+\lambda(1+\lambda|X_t^n|^2)^{-\frac{1}{2}}\cdot|X_t^n|^2+n|b|\lambda^{\frac{1}{2}}+n\lambda\mathrm{tr}Q+nM_\lambda]$$

$$\geqslant(m-1)\left[\sup_{0\leqslant t\leqslant 1}(1+\lambda|X_t^n|^2)^{\frac{1}{2}}-\sup_{0\leqslant t\leqslant 1}\lambda(1+\lambda|X_t^n|^2)^{-\frac{1}{2}}\cdot|X_t^n|^2\right]$$

$$-\sup_{0\leqslant t\leqslant 1}[-m\lambda v(1+\lambda|X_t^n|^2)^{-\frac{1}{2}}\cdot\|X_t^n\|^2+\lambda(1+\lambda|X_t^n|^2)^{-\frac{1}{2}}\cdot|X_t^n|^2$$

$$+mn|b|\lambda^{\frac{1}{2}}+mn\lambda\mathrm{tr}Q+mnM_\lambda]$$

$$\geqslant-\sup_{0\leqslant t\leqslant 1}[-Cm\lambda v(1+\lambda|X_t^n|^2)^{-\frac{1}{2}}\cdot|X_t^n|^2+\lambda(1+\lambda|X_t^n|^2)^{-\frac{1}{2}}\cdot|X_t^n|^2$$

$$+mn|b|\lambda^{\frac{1}{2}}+mn\lambda\mathrm{tr}Q+mnM_\lambda]$$

$$\geqslant-mn|b|\lambda^{\frac{1}{2}}-mn\lambda TrQ-mnM_\lambda.\tag{5.3.18}$$

由 Doob 不等式和引理 5.3.5 可得

$$P\Bigg(m\cdot\sup_{0\leqslant t\leqslant 1}\left[g(X_t^n)-g(nx)-\int_0^t h(X_s^n)ds\right]$$

$$>(1+\lambda n^2r^2)^{\frac{1}{2}}-m\cdot(1+\lambda n^2|x|^2)^{\frac{1}{2}}$$

$$+(m-1)\cdot\sup_{0\leqslant t\leqslant 1}g(X_t^n)-m\cdot\sup_{0\leqslant t\leqslant 1}\int_0^t h(X_s^n)ds\Bigg)$$

$$\leqslant P\Bigg(m\cdot\sup_{0\leqslant t\leqslant 1}\left[g(X_t^n)-g(nx)-\int_0^t h(X_s^n)ds\right]$$

$$
\begin{aligned}
&> (1+\lambda n^2 r^2)^{\frac{1}{2}} - m\cdot(1+\lambda n^2|x|^2)^{\frac{1}{2}} \\
&- mn|b|\lambda^{\frac{1}{2}} - mn\lambda \mathrm{tr}Q - mnM_\lambda\Big) \\
\leqslant{} & m\cdot \sup_{0\leqslant t\leqslant 1} \mathrm{E}\left[g(X_t^n) - g(nx) - \int_0^t h(X_s^n)ds\right] \times \exp[-(1+\lambda n^2 r^2)^{\frac{1}{2}} \\
&+ m(1+\lambda n^2|x|^2)^{\frac{1}{2}} + mn|b|\lambda^{\frac{1}{2}} + mn\lambda\mathrm{tr}Q + mnM_\lambda]. \qquad (5.3.19)
\end{aligned}
$$

综合 (5.3.17) 和 (5.3.19) 可得

$$
\begin{aligned}
&\frac{1}{n}\log P\left(\sup_{0\leqslant t\leqslant 1}|\phi_t^n| > r\right) \\
\leqslant{} & -\frac{(1+\lambda n^2 r^2)^{\frac{1}{2}}}{n} + \frac{m(1+\lambda n^2|x|^2)^{\frac{1}{2}}}{n} + m|b|\lambda^{\frac{1}{2}} + m\lambda\mathrm{tr}Q + mM_\lambda.
\end{aligned}
$$

因此

$$
\limsup_{n\to\infty}\frac{1}{n}\log P\left(\sup_{0\leqslant t\leqslant 1}|\phi_t^n| > r\right) \leqslant -(\lambda r^2)^{\frac{1}{2}} + m(\lambda|x|^2)^{\frac{1}{2}} + m|b|\lambda^{\frac{1}{2}} + m\lambda\mathrm{tr}Q + mM_\lambda.
$$

令 $r\to\infty$ 即可, 证毕. □

引理 5.3.7

$$
\lim_{r\to\infty}\limsup_{n\to\infty}\frac{1}{n}\log P\left(\left(\int_0^1 \|\phi_t^n\|^2 dt\right)^{\frac{1}{2}} > r\right) = -\infty.
$$

证明 由于

$$
\begin{aligned}
P\left(\left(\int_0^1 \|\phi_t^n\|^2 dt\right)^{\frac{1}{2}} > r\right) &= P\left(\left(\int_0^1 \|n\phi_t^n\|^2 dt\right)^{\frac{1}{2}} > nr\right) \\
&= P\left(\left(\int_0^1 \|X_t^n\|^2 dt\right)^{\frac{1}{2}} > nr\right),
\end{aligned}
$$

及

$$
\begin{aligned}
\left(\int_0^1 \|X_t^n\|^2 dt\right)^{\frac{1}{2}} &= \left(\int_0^1 (1+\lambda|X_t^n|^2)^{-\frac{1}{2}}\cdot\|X_t^n\|^2\cdot(1+\lambda|X_t^n|^2)^{\frac{1}{2}}dt\right)^{\frac{1}{2}} \\
&\leqslant \left(\sup_{0\leqslant t\leqslant 1}(1+\lambda|X_t^n|^2)^{\frac{1}{2}}\right)^{\frac{1}{2}}\cdot\left(\int_0^1 (1+\lambda|X_t^n|^2)^{-\frac{1}{2}}\cdot\|X_t^n\|^2 dt\right)^{\frac{1}{2}}
\end{aligned}
$$

$$\leqslant \frac{1}{2}\sup_{0\leqslant t\leqslant 1}(1+\lambda|X_t^n|^2)^{\frac{1}{2}}+\frac{1}{2}\int_0^1(1+\lambda|X_t^n|^2)^{-\frac{1}{2}}\cdot\|X_t^n\|^2dt,$$

因此, 只需证明

$$\lim_{r\to\infty}\limsup_{n\to\infty}\frac{1}{n}\log P\left(\sup_{0\leqslant t\leqslant 1}(1+\lambda|X_t^n|^2)^{\frac{1}{2}}>nr\right)=-\infty,\tag{5.3.20}$$

及

$$\lim_{r\to\infty}\limsup_{n\to\infty}\frac{1}{n}\log P\left(\int_0^1(1+\lambda|X_t^n|^2)^{-\frac{1}{2}}\cdot\|X_t^n\|^2dt>nr\right)=-\infty\tag{5.3.21}$$

即可. 由引理 5.3.6 可知, (5.3.20) 成立. 下面证明 (5.3.21) 成立.

令 $Y_t^n:=\int_0^t(1+\lambda|X_s^n|^2)^{-\frac{1}{2}}\cdot\|X_s^n\|^2ds$. 则

$$\begin{aligned}
P(Y_1^n>nr)&=P(\lambda vY_1^n>\lambda vnr)\\
&\leqslant P(g(X_1^n)+\lambda vY_1^n>\lambda vnr)\\
&\leqslant P(g(X_1^n)+\lambda vY_1^n>\lambda vnr)\\
&\leqslant P\left(m\cdot\sup_{0\leqslant t\leqslant 1}g(X_t^n)>(m-1)\sup_{0\leqslant t\leqslant 1}g(X_t^n)+\lambda vnr-\lambda vY_1^n\right)\\
&=P\left(m\cdot\sup_{0\leqslant t\leqslant 1}\left[g(X_t^n)-g(nx)-\int_0^t h(X_s^n)ds\right.\right.\\
&\qquad\left.\left.+g(nx)+\int_0^t h(X_s^n)ds\right]>(m-1)\sup_{0\leqslant t\leqslant 1}g(X_t^n)+\lambda vnr-\lambda vY_1^n\right)\\
&\leqslant P\left(m\cdot\sup_{0\leqslant t\leqslant 1}\left[g(X_t^n)-g(nx)-\int_0^t h(X_s^n)ds\right]+m\cdot g(nx)\right.\\
&\qquad\left.+m\cdot\sup_{0\leqslant t\leqslant 1}\int_0^t h(X_s^n)ds>(m-1)\sup_{0\leqslant t\leqslant 1}g(X_t^n)+\lambda vnr-\lambda vY_1^n\right)\\
&\leqslant P\left(m\cdot\sup_{0\leqslant t\leqslant 1}\left[g(X_t^n)-g(nx)-\int_0^t h(X_s^n)ds\right]>\lambda vnr\right.\\
&\qquad-m\cdot(1+\lambda n^2|x|^2)^{\frac{1}{2}}\ +(m-1)\cdot\sup_{0\leqslant t\leqslant 1}g(X_t^n)\\
&\qquad\left.-m\cdot\sup_{0\leqslant t\leqslant 1}\int_0^t h(X_s^n)ds-\lambda vY_1^n\right).
\end{aligned}$$

类似于 (5.3.18), 可以证明, 当 m 充分大时,

$$(m-1)\cdot\sup_{0\leqslant t\leqslant 1} g(X_t^n) - m\cdot\sup_{0\leqslant t\leqslant 1}\int_0^t h(X_s^n)ds - \lambda v Y_1^n$$
$$\geqslant -mn|b|\lambda^{\frac{1}{2}} - mn\lambda \mathrm{tr}Q - mnM_\lambda,$$

因此

$$\begin{aligned}P(Y_1^n > nr) &\leqslant P\left(m\cdot\sup_{0\leqslant t\leqslant 1}\left[g(X_t^n)-g(nx)-\int_0^t h(X_s^n)ds\right] > \lambda vnr\right.\\&\qquad \left. - m\cdot(1+\lambda n^2|x|^2)^{\frac{1}{2}} - mn|b|\lambda^{\frac{1}{2}} - mn\lambda\mathrm{tr}Q - mnM_\lambda\right)\\&\leqslant m\cdot\sup_{0\leqslant t\leqslant 1}\mathrm{E}\left[g(X_t^n)-g(nx)-\int_0^t h(X_s^n)ds\right]\\&\qquad\times\exp[-\lambda vnr + m(1+\lambda n^2|x|^2)^{\frac{1}{2}} + mn|b|\lambda^{\frac{1}{2}} + mn\lambda\mathrm{tr}Q + mnM_\lambda]\\&\leqslant \exp[-\lambda vnr + m(1+\lambda n^2|x|^2)^{\frac{1}{2}} + mn|b|\lambda^{\frac{1}{2}} + mn\lambda\mathrm{tr}Q + mnM_\lambda],\end{aligned}$$

这表明

$$\lim_{r\to\infty}\limsup_{n\to\infty}\frac{1}{n}\log P\left(Y_n^1 > nr\right) = -\infty,$$

因此引理得证. □

定义投影算子 P_m:

$$P_m x := \sum_{i=1}^m (x,e_i)e_i, \qquad x\in H.$$

设 $Z_t^{n,m}, Z_t^n$ 分别是下面线性方程

$$Z_t^{n,m} = -\int_0^t AZ_s^{n,m}ds + \frac{1}{n}\int_0^t\int_X P_mF(x)\tilde{N}_n(ds,dx), \tag{5.3.22}$$

$$Z_t^n = -\int_0^t AZ_s^n ds + \frac{1}{n}\int_0^t\int_X F(x)\tilde{N}_n(ds,dx) \tag{5.3.23}$$

的解.

引理 5.3.8[17] 对任意的 $\delta > 0$,

$$\lim_{m\to\infty}\limsup_{n\to\infty}\frac{1}{n}\log P\left(\int_0^1 \|Z_s^{n,m} - Z_s^n\|^2 ds > \delta\right) = -\infty.$$

下面证明方程 (5.3.8) 的解满足大偏差原理. 为此, 先建立几个重要的引理.

对任意的 $g\in D([0,1],H)$, $g'\in L^1([0,1];H)$, 设 $\varphi(g)$ 是下面方程 (5.3.24) 的解

$$\varphi_t(g)=\phi_0-\int_0^t A\varphi_s(g)ds-\int_0^t B(\varphi_s(g),\varphi_s(g))ds-\int_0^t R(\varphi_s(g))ds+g(t). \quad (5.3.24)$$

对任意的 $h\in D([0,1],H)$, 定义函数

$$I(h)=\inf\{I_0(g):h=\varphi(g),\ g\in D([0,1];H)\},\quad \inf\{\varphi\}=\infty.$$

引理 5.3.9 由 (5.3.24) 定义的映射 $\varphi: D([0,1)];V)\to D([0,1];H)\subset L^2([0,1];V)$ 按照一致收敛拓扑是连续的.

证明 令 $\psi_t(g)=\varphi_t(g)-g(t)$, 由方程 (5.3.24) 可知, $\psi_t(g)$ 满足下面的方程

$$\begin{aligned}\psi_t(g)=&\phi_0-\int_0^t A\psi_s(g)ds-\int_0^t Ag(s)ds-\int_0^t B(\psi_s(g)+g(s),\psi_s(g)+g(s))ds\\&-\int_0^t R(\psi_s(g)+g(s))ds.\end{aligned} \quad (5.3.25)$$

为证 φ 按照一致收敛拓扑连续, 任取函数序列 $g_n,g\in D([0,1];V)$, $n=1,2,\cdots$ 满足

$$\lim_{n\to\infty}\sup_{t\in[0,1]}||g_n(t)-g(t)||_V=0,$$

只需证明下面结论成立即可:

$$\lim_{n\to\infty}\left(\sup_{t\in[0,1]}|\psi_t(g_n)-\psi_t(g)|_H^2+\frac{1}{2}\int_0^1||\psi_s(g_n)-\psi_s(g)||_V^2ds\right)=0. \quad (5.3.26)$$

先给出 $\psi_t(g)$ 的能量估计.

用 $\psi_t(g)$ 与方程

$$\frac{d\psi_t(g)}{dt}=-A\psi_t(g)-Ag(t)-B(\psi_t(g)+g(t),\psi_t(g)+g(t))+R(\psi_t(g)+g(t))$$

作 L^2 内积后得到

$$\begin{aligned}\frac{|\psi_t(g)|_H^2}{dt}=&2(-A\psi_t(g),\psi_t(g))+2(-Ag(t),\psi_t(g))\\&-2(B(\psi_t(g)+g(t),\psi_t(g)+g(t)),\psi_t(g))-2(R(\psi_t(g)+g(t),\psi_t(g)).\end{aligned}$$

整理得到

$$
\begin{aligned}
|\psi_t(g)|_H^2 = &||\phi_0||_H^2 + 2\int_0^t (-A\psi_s(g), \psi_s(g))ds + 2\int_0^t (-Ag(s), \psi_s(g))ds \\
&-2\int_0^t (B(\psi_s(g)+g(s), \psi_s(g)+g(s)), \psi_s(g))ds \\
&-2\int_0^t (R(\psi_s(g)+g(s), \psi_s(g))ds. \\
=&||\phi_0||_H^2 - 2\int_0^t ||\psi_s(g)||_V^2 ds - 2\int_0^t (Ag(s), \psi_s(g))ds \\
&-2\int_0^t (B(\psi_s(g)+g(s), \psi_s(g)+g(s)), \psi_s(g))ds \\
&-2\int_0^t (R(\psi_s(g)+g(s), \psi_s(g))ds. \\
\leqslant &||\phi_0||_H^2 - \int_0^t ||\psi_s(g)||_V^2 ds + \int_0^t ||g(s)||_V^2 \\
&+2\int_0^t |(B(\psi_s(g)+g(s), \psi_s(g)+g(s)), \psi_s(g))|ds \\
&+2\int_0^t (R(\psi_s(g)+g(s), \psi_s(g))ds.
\end{aligned}
$$

注意到 $\psi_t(g) = (\psi_t^v(g), \psi_t^\theta)^T, g = (g^v, g^\theta))$, 因此, 由双线性映射 B 的性质可得

$$
\begin{aligned}
&(B(\psi_t(g)+g(t), \psi_t(g)+g(t)), \psi_t(g)) \\
=&(B_1(\psi_t^v(g)+g^v(t), \psi_t^v(g)+g^v(t)), \psi_t^v(g)) + (B_2(\psi_t^v(g), \psi_t^\theta), \psi_t^\theta) \\
=&b_1(g^v(t), g^v(t), \psi_t^v(g)) + b_1(\psi_t^v(g), g^v(t), \psi_t^v(g)) + b_2(\psi_t^v(g)+g(t), g^\theta(t), \psi^\theta(g)).
\end{aligned}
$$

由引理 5.3.2、引理 5.3.3 和引理 5.3.4 可得

$$
\begin{aligned}
&2|(B(\psi_t(g)+g(t), \psi_t(g)+g(t)), \psi_t(g))| \\
\leqslant &2|b_1(g^v(t), g^v(t), \psi_t^v(g))| + 2|b_1(\psi_t^v(g), g^v(t), \psi_t^v(g))| + 2|b_2(\psi_t^v(g) \\
&+g(t), g^\theta(t), \psi^\theta(g))| \\
\leqslant &4|\psi_t^v(g)|_{L^2\times L^2}\cdot ||g^v(s)||_V \cdot ||\psi_t^v(g)||_{V_1} + 4c||g^v(t)||_V^2||\psi_t^v(g)||_{V_1} \\
&+K||\psi_t^v(g)+g(t)||_{V_1}||g^\theta(t)||_V||||\psi^\theta(g)||_{V_2}
\end{aligned}
$$

$$\leqslant 4|\psi_t^v(g)|_{L^2\times L^2}\cdot ||g^v(s)||_V\cdot||\psi_t^v(g)||_{V_1}+4c||g^v(t)||_V^2||\psi_t^v(g)||_{V_1}$$
$$+K||\psi_t^v(g)||_{V_1}||g^\theta(t)||_V||||\psi^\theta(g)||_{V_2}+K||g(t)||_V||g^\theta(t)||_V||||\psi^\theta(g)||_{V_2}.$$

由 R 的定义可得

$$\begin{aligned}&||R(\psi_s(g)+g(s),\psi_s(g))||\\ \leqslant&2||\psi_s^v(g)||_H\cdot||\psi_s^\theta(g)||_H+||g||_H||\psi_s^\theta(g)||_H+||g||_H||\psi_s^v(g)||_H\\ \leqslant&\left(1+\frac{\epsilon}{4}\right)||\psi_s(g)||^2+2K^\epsilon||g||^2.\end{aligned}$$

于是

$$\begin{aligned}&|\psi_t(g)|_H^2\\ \leqslant&||\phi_0||_H^2-2\int_0^t||\psi_s(g)||_V^2ds+\frac{\epsilon}{4}\int_0^t||\psi_s(g)||_V^2ds+\frac{4}{\epsilon}\int_0^t||g(s)||_V^2ds\\ &+4\int_0^t|\psi_s^v(g)||_H||g^v||_V||\psi_s^v(g)||_Vds\\ &+4c\int_0^t||g^v(s)||_V^2||\psi_s^v(g)||_{V_1}ds+\int_0^t[K||\psi_s^v(g)||_{V_1}||g^\theta(s)||_V||||\psi_s^\theta(g)||_{V_2}]ds\\ &+\int_0^tK||g(s)||_V||g^\theta(s)||_V||||\psi_s^\theta(g)||_{V_2}]ds\\ &+\left(1+\frac{\epsilon}{4}\right)\int_0^t||\psi_s(g)||^2ds+2K^\epsilon||g(s)||_H^2ds\\ \leqslant&||\phi_0||_H^2+2K^\epsilon\int_0^t||g(t)||_H^2ds+K_4^\epsilon\int_0^t||g(t)||_V^2||g||_H^2ds+K_3^\epsilon\int_0^t||g(s)||_V^4ds\\ &+\frac{4}{\epsilon}\int_0^t||g||_V^2ds\quad+K_2^\epsilon\int_0^t||\psi_s(g)||^2||g||_V^2ds.\end{aligned}$$

由 Gronwall 不等式得到

$$\begin{aligned}\sup_{0\leqslant s\leqslant t}|\psi_s(g)|^2\leqslant&\Big(||\phi_0||_H^2+2K^\epsilon\int_0^t||g(t)||_H^2ds+K_4^\epsilon\int_0^t||g(t)||_V^2||g||_H^2ds\\ &+K_3^\epsilon\int_0^t||g(s)||_V^4ds+\frac{4}{\epsilon}\int_0^t||g||_V^2ds\Big)e^{K_2^\epsilon\int_0^t||g(s)||_V^2ds}\\ \leqslant&||\phi_0||_H^2+t\Big(2K^\epsilon\sup_{0\leqslant s\leqslant t}||g(t)||_H^2+K_4^\epsilon\sup_{0\leqslant s\leqslant t}(||g(t)||_H^2||g(t)||_V^2)\end{aligned}$$

$$+K_3^\epsilon \sup_{0\leqslant s\leqslant t}||g(s)||_V^4+\frac{4}{\epsilon}\sup_{0\leqslant s\leqslant t}||g||_V^2\Big)e^{K_2^{t\epsilon}\sup\limits_{0\leqslant s\leqslant t}||g(s)||_V^2}. \quad (5.3.27)$$

类似可得到关于 $\int_0^t ||\psi_s(g)||_V^2 ds$ 的估计式.

用 g_n 代替 g, 重复上述讨论, 同样得到估计式 (5.3.27) 成立. 注意到

$$\lim_{n\to\infty}\sup_{0\leqslant t\leqslant 1}||g_n(t)-g(t)||^2=0,$$

于是存在依赖于 $\sup_{0\leqslant t\leqslant 1}||g(t)||_V$ 和 $||\phi_0||_H$ 的常数 $C_g(\phi_0)$, 满足

$$\int_0^1 ||\psi_s(g_n)||_V^2 ds\leqslant C_g(\phi_0),\quad n\geqslant 1. \quad (5.3.28)$$

直接计算后得到

$$\begin{aligned}\frac{\psi_t(g_n)-\psi_t(g)}{dt}=&-A(\psi_t(g_n)-\psi_t(g))-A(g_n(t)-g(t))-[R(\psi_t(g_n)+g_n)\\&-R(\psi_t(g)+g)]-[B(\psi_t(g_n)+g_n,\psi_t(g_n)+g_n)\\&-B(\psi_t(g)+g,\psi_t(g)+g)]. \end{aligned}\quad (5.3.29)$$

用 $\psi_t(g_n)-\psi_t(g)$ 与方程 (5.3.29) 作内积后得到

$$\begin{aligned}&||\psi_t(g_n)-\psi_t(g)||_H^2+2\int_0^t ||\psi_s(g_n)-\psi_s(g)||_V^2 ds\\=&-2\int_0^t\langle A(g_n(t)-g(t)),\psi_s(g_n)-\psi_s(g)\rangle ds\\&-2\int_0^t\langle R(\psi_s(g_n)+g_n)-R(\psi_s(g)+g),\psi_s(g_n)-\psi_s(g)\rangle ds\\&-2\int_0^t\langle B(\psi_s(g_n)+g_n,\psi_s(g_n)+g_n)\\&-B(\psi_s(g)+g,\psi_s(g)+g),\psi_s(g_n)-\psi_s(g)\rangle ds\\\leqslant&\int_0^t ||\psi_s(g_n)-\psi_s(g)||_V^2 ds+\int_0^t ||g_n-g||_V^2 ds\\&+2\int_0^t\langle R(\psi_s(g_n)+g_n)-R(\psi_s(g)+g),\psi_s(g_n)-\psi_s(g)\rangle ds\\&+2\int_0^t |\langle B(\psi_s(g_n)+g_n,\psi_s(g_n)+g_n)\end{aligned}$$

$$-B(\psi_s(g)+g,\psi_s(g)+g),\psi_s(g_n)-\psi_s(g)\rangle|ds. \tag{5.3.30}$$

由双线性算子 B 的定义及引理 5.3.2、引理 5.3.3 和引理 5.3.4 可得

$$\begin{aligned}
&|\langle B(\psi_s(g_n)+g_n,\psi_s(g_n)+g_n)-B(\psi_s(g)+g,\psi_s(g)+g),\psi_s(g_n)-\psi_s(g)\rangle|\\
=&|\langle B_1(\psi_s^v(g_n)+g_n,\psi_s^v(g_n)+g_n)-B_1(\psi_s^v(g)+g,\psi_s^v(g)+g),\psi_s^v(g_n)-\psi_s^v(g)\rangle|\\
&+|\langle B_2(\psi_s^v(g_n)+g_n,\psi_s^\theta(g_n)+g_n)-B_2(\psi_s^v(g)+g,\psi_s^\theta(g)+g),\psi_s^\theta(g_n)-\psi_s^\theta(g)\rangle|\\
\leqslant& C_1||\psi_s(g_n)-\psi_s(g)||_V^2+C_2(||\psi_s(g)||_V,||\psi_s(g_n)||_V,||g_n||_V,||g||_V)||g_n-g||_V^2\\
&+C_3(||\psi_s(g)||_V,||\psi_s(g_n)||_V,||g_n||_V,||g||_V)||\psi_s(g_n)-\psi_s(g)||_V^2.
\end{aligned}$$

综合上面两个不等式可得

$$\begin{aligned}
&\sup_{0\leqslant t\leqslant 1}||||\psi_t(g_n)-\psi_t(g)||^2+\frac{\lambda}{2}\int_0^1||\psi_s(g_n)-\psi_s(g)||_V^2ds\\
\leqslant& C_3(||g||_v,||g_n||_v,||\psi(g)||_v,||\psi(g_n)||_V)\sup_{0\leqslant t\leqslant 1}||g_n(t)-g(t)||_V.
\end{aligned}$$

令 $n\to\infty$, 即可得证等式 (5.3.26) 对任意的 $g_n,g\in D([0,1];V)$, $n=1,2,\cdots$ 都成立. 因此,

$$\psi_t:D([0,1)];V)\to D([0,1];H)\subset L^2([0,1],V).$$

按照一致收敛拓扑是连续的. 引理 5.3.9 得证. □

令 $\psi^{m,n}$ 是下面方程的解

$$\begin{aligned}
\psi^{n,m}=&\psi_0-\int_0^t A\psi^{n,m}ds-\int_0^t B(\psi^{n,m})ds-\int_0^t R(\psi^{n,m})ds+b^mt\\
&+\frac{1}{\sqrt{n}}W_t^m+\frac{1}{n}\int_0^t\int_X F^m(x)\tilde{N}_n(ds,dx).
\end{aligned}\tag{5.3.31}$$

其中 $b^m=P_mb,W_t^m=P_mW_t,f^m(x)=P_mf(x)$. 注意到 $Z^{m,n},Z^n$ 满足方程 (5.3.22) 和方程 (5.3.23). 令 $\bar{\phi}_t^{n,m}=\phi_t^{n,m}-Z_t^{n,m}$, $\bar{\phi}_t^n=\phi_t^n-Z_t^n$, 则 $\bar{\psi}_t^{n,m}$ 和 $\bar{\psi}_t^n$ 分别满足下面的方程:

$$\begin{aligned}
\bar{\psi}_t^{n,m}=&\psi_0-\int_0^t A\bar{\psi}_t^{n,m}ds-\int_0^t B(\bar{\psi}_s^{n,m}+Z_s^{n,m})ds\\
&-\int_0^t R(\bar{\psi}_s^{n,m}+Z_s^{n,m})ds+b^mt+\frac{1}{\sqrt{n}}W_t^m,
\end{aligned}$$

及

$$\bar{\psi}_t^n=\psi_0-\int_0^t A\bar{\psi}_t^nds-\int_0^t B(\bar{\psi}_s^n+Z_s^n)ds-\int_0^t R(\bar{\psi}_s^n+Z_s^n)ds+bt+\frac{1}{\sqrt{n}}W_t.$$

因此

$$
\begin{aligned}
&\bar{\psi}_t^{n,m}-\bar{\psi}_t^n\\
=&-\int_0^t A(\bar{\psi}_s^{n,m}-\bar{\psi}_s^n)ds-\int_0^t (B(\bar{\psi}_s^{n,m}+Z_s^{n,m})-B(\bar{\psi}_s^n+Z_s^n))ds\\
&-\int_0^t (R(\bar{\psi}_s^{n,m}+Z_s^{n,m})-R(\bar{\psi}_s^n+Z_s^n))ds+(b^m-b)t\\
&+\frac{1}{\sqrt{n}}(W_t^m-W_t).
\end{aligned}
\tag{5.3.32}
$$

定义停时

$$
\tau_{\delta_0}^{n,m}=\inf\left\{t\geqslant 0;\ |Z_t^{n,m}-Z_t^n|>\delta_0,\ \text{或}\ \int_0^t ||Z_s^{n,m}-Z_s^n||^2ds>\delta_0\right\}.
$$

固定 m, 定义一系列停时

$$
\tau_{\psi,1,M}^n=\inf\left\{t\geqslant 0,|\psi^n(t)|>M\right\},\tau_{\psi,2,M}^n=\inf\left\{t\geqslant 0,\int_0^t ||\psi_s^n||ds>M\right\},
$$

$$
\tau_{\psi,1,M}^{n,m}=\inf\left\{t\geqslant 0,|\psi^{n,m}(t)|>M\right\},\tau_{\psi,2,M}^{n,m}=\inf\left\{t\geqslant 0,\int_0^t ||\psi_s^{n,m}||ds>M\right\},
$$

$$
\tau_{Z,1,M}^{n,m}=\inf\left\{t\geqslant 0,|Z^{n,m}(t)|>M\right\},\tau_{Z,2,M}^{n,m}=\inf\left\{t\geqslant 0,\int_0^t ||Z_s^{n,m}||ds>M\right\},
$$

$$
\tau_{Z,1,M}^n=\inf\left\{t\geqslant 0,|Z^n(t)|>M\right\},\tau_{Z,2,M}^n=\inf\left\{t\geqslant 0,\int_0^t ||Z_s^n||ds>M\right\},
$$

以及

$$
\tau_M^{n,m}=\tau_{\psi,1,M}^n\wedge\tau_{\psi,2,M}^n\wedge\tau_{\psi,1,M}^{n,m}\wedge\tau_{\psi,2,M}^{n,m}\wedge\tau_{Z,1,M}^n\wedge\tau_{Z,2,M}^n\wedge\tau_{Z,1,M}^{n,m}\wedge\tau_{Z,2,M}^{n,m}.
$$

对 $|\bar{\psi}_{t\wedge\tau_M^{n,m}\wedge\tau_{\delta_0}^{n.m}}^{n,m}-\bar{\psi}_{t\wedge\tau_M^{n,m}\wedge\tau_{\delta_0}^{n.m}}^n|^2$ 用 Itô 公式, 有

$$
\begin{aligned}
&|\bar{\psi}_{t\wedge\tau_M^{n,m}\wedge\tau_{\delta_0}^{n.m}}^{n,m}-\bar{\psi}_{t\wedge\tau_M^{n,m}\wedge\tau_{\delta_0}^{n.m}}^n|^2+2\int_0^{t\wedge\tau_M^{n,m}\wedge\tau_{\delta_0}^{n.m}} ||\bar{\psi}_s^{n,m}-\bar{\psi}_s^n||^2ds\\
=&-2\int_0^{t\wedge\tau_M^{n,m}\wedge\tau_{\delta_0}^{n.m}}\left(B(\bar{\psi}_s^{n,m}+Z_s^{n,m})-B(\bar{\psi}_s^n+Z_s^n),\bar{\psi}_s^{n,m}-\bar{\psi}_s^n\right)ds\\
&-2\int_0^{t\wedge\tau_M^{n,m}\wedge\tau_{\delta_0}^{n.m}}\left(R(\bar{\psi}_s^{n,m}+Z_s^{n,m})-R(\bar{\psi}_s^n+Z_s^n),\bar{\psi}_s^{n,m}-\bar{\psi}_s^n\right)ds
\end{aligned}
$$

$$+2\int_0^{t\wedge\tau_M^{n,m}\wedge\tau_{\delta_0}^{n.m}}(\bar{\psi}_s^{n,m}-\bar{\psi}_s^n,b^m-b)ds+\frac{1}{n}\int_0^{t\wedge\tau_M^{n,m}\wedge\tau_{\delta_0}^{n.m}}\sum_{i=m+1}^{\infty}\lambda_i\,ds$$
$$+\frac{1}{\sqrt{n}}\int_0^{t\wedge\tau_M^{n,m}\wedge\tau_{\delta_0}^{n.m}}(\bar{\psi}_s^{n,m}-\bar{\psi}_s^n,dW_s^m-dW_s),$$

以及

$$\sup_{0\leqslant s\leqslant t\wedge\tau_M^{n,m}\wedge\tau_{\delta_0}^{n.m}}|\bar{\psi}_s^{n,m}-\bar{\psi}_s^n|^2+2\int_0^{t\wedge\tau_M^{n,m}\wedge\tau_{\delta_0}^{n.m}}||\bar{\psi}_s^{n,m}-\bar{\psi}_s^n||^2ds$$
$$\leqslant 4\int_0^{t\wedge\tau_M^{n,m}\wedge\tau_{\delta_0}^{n.m}}|\big(B(\bar{\psi}_s^{n,m}+Z_s^{n,m})-B(\bar{\psi}_s^n+Z_s^n),\bar{\psi}_s^{n,m}-\bar{\psi}_s^n\big)|ds$$
$$+4\int_0^{t\wedge\tau_M^{n,m}\wedge\tau_{\delta_0}^{n.m}}|\big(R(\bar{\psi}_s^{n,m}+Z_s^{n,m})-R(\bar{\psi}_s^n+Z_s^n),\bar{\psi}_s^{n,m}-\bar{\psi}_s^n\big)|ds$$
$$+4\int_0^{t\wedge\tau_M^{n,m}\wedge\tau_{\delta_0}^{n.m}}|(\bar{\psi}_s^{n,m}-\bar{\psi}_s^n,b^m-b)|ds+\frac{2}{n}\int_0^{t\wedge\tau_M^{n,m}\wedge\tau_{\delta_0}^{n.m}}\sum_{i=m+1}^{\infty}\lambda_i\,ds$$
$$+\frac{2}{\sqrt{n}}\sup_{0\leqslant s\leqslant t\wedge\tau_M^{n,m}\wedge\tau_{\delta_0}^{n.m}}\left|\int_0^s(\bar{\psi}_r^{n,m}-\bar{\psi}_r^n,dW_r^m-dW_r)\right|.$$

令

$$\bar{\psi}_s^{n,m}=(\bar{u}_s^{n,m},\bar{\theta}_s^{n,m}),\quad \bar{\psi}_s^n=(\bar{u}_s^n,\bar{\theta}_s^n),\quad Z_s^{n,m}=(Z_{1s}^{n,m},Z_{2s}^{n,m}),\quad Z_s^n=(Z_{1s}^n,Z_{2s}^n).$$

则

$$\int_0^t\big(B(\bar{\psi}_s^{n,m}+Z_s^{n,m})-B(\bar{\psi}_s^n+Z_s^n),\bar{\psi}_s^{n,m}-\bar{\psi}_s^n)\big)ds$$
$$=\int_0^t\big((B_1(\bar{u}_s^{n,m}+Z_{1s}^{n,m}),\bar{u}_s^{n,m}-\bar{u}_s^n)-(B_1(\bar{u}_s^n+Z_{1s}^{n,m}),\bar{u}_s^{n,m}-\bar{u}_s^n)\big)ds$$
$$+\int_0^t\big((B_2(\bar{u}_s^{n,m}+Z_{1s}^{n,m},\bar{\theta}_s^{n,m}+Z_{2s}^{n,m}),\bar{\theta}_s^{n,m}-\bar{\theta}_s^n)$$
$$-(B_2(\bar{u}_s^n+Z_{1s}^{n,m},\bar{\theta}_s^n+Z_{2s}^{n,m}),\bar{\theta}_s^n-\bar{\theta}_s^n)\big)ds.$$

下面建立两个引理以估计非线性项 $B(\cdot,\cdot)$.

引理 5.3.10

$$\left|\int_0^{t\wedge\tau_M^{n,m}\wedge\tau_{\delta_0}^{n.m}}\big((B_2(\bar{u}_s^{n,m}+Z_{1s}^{n,m},\bar{\theta}_s^{n,m}+Z_{2s}^{n,m}),\bar{\theta}_s^{n,m}-\bar{\theta}_s^n)\right.$$

$$-(B_2(\bar{u}_s^n + Z_{1s}^{n,m}, \bar{\theta}_s^n + Z_{2s}^{n,m}), \bar{\theta}_s^n - \bar{\theta}_s^n))ds\Big|$$

$$\leqslant \frac{1}{12}\int_0^{t\wedge\tau_M^{n,m}\wedge\tau_{\delta_0}^{n.m}} ||\bar{\psi}_s^{n,m} - \bar{\psi}_s^n||^2 ds + C\int_0^{t\wedge\tau_M^{n,m}\wedge\tau_{\delta_0}^{n.m}} |\bar{\psi}_s^{n,m} - \bar{\psi}_s^n|^2$$

$$\cdot(||\bar{\psi}_s^n||^2 + ||Z_s^{n,m}||^2)ds + C(M\delta_0)^{\frac{3}{2}},$$

其中 C 是不依赖于 n, m 的常数.

证明 证明的关键是建立非线性项 $B_2(\cdot,\cdot)$ 的先验估计. 直接计算可得

$$\int_0^t (B_2(\bar{\psi}_s^{n,m} + Z_s^{n,m}), \bar{\theta}_s^{n,m} - \bar{\theta}_s^n)ds - \int_0^t (B_2(\bar{\psi}_s^n + Z_s^n), \bar{\theta}_s^{n,m} - \bar{\theta}_s^n)ds$$

$$= \int_0^t (B_2(\bar{u}_s^{n,m}, \bar{\theta}_s^{n,m}), \bar{\theta}_s^{n,m} - \bar{\theta}_s^n) - (B_2(\bar{u}_s^n, \bar{\theta}_s^n), \bar{\theta}_s^{n,m} - \bar{\theta}_s^n)ds$$

$$+ \int_0^t (B_2(\bar{u}_s^{n,m}, Z_{2s}^{n,m}), \bar{\theta}_s^{n,m} - \bar{\theta}_s^n) - (B_2(\bar{u}_s^n, Z_{2s}^n), \bar{\theta}_s^{n,m} - \bar{\theta}_s^n)ds$$

$$+ \int_0^t (B_2(Z_{1s}^{n,m}, \bar{\theta}_s^{n,m}), \bar{\theta}_s^{n,m} - \bar{\theta}_s^n) - (B_2(Z_{1s}^n, \bar{\theta}_s^n), \bar{\theta}_s^{n,m} - \bar{\theta}_s^n)ds$$

$$+ \int_0^t (B_2(Z_{1s}^{n,m}, Z_{2s}^{n,m}), \bar{\theta}_s^{n,m} - \bar{\theta}_s^n) - (B_2(Z_{1s}^n, Z_{2s}^n), \bar{\theta}_s^{n,m} - \bar{\theta}_s^n)ds$$

$$= I_1 + I_2 + I_3 + I_4.$$

由 [6, Lemma 3.7], 对任意 $(u,\theta) \in V, (v,\eta) \in V$, 成立

$$(B_2(u,\theta) - B_2(v,\eta), \theta - \eta) = -(B_2(u - v, \theta - \eta), \eta). \tag{5.3.33}$$

由 (5.3.33) 以及引理 2.3~2.4, 可得

$$|I_1| \leqslant \int_0^t |(B_2(\bar{u}_s^{n,m} - \bar{u}_s^n, \bar{\theta}_s^{n,m} - \bar{\theta}_s^n), \bar{\theta}_s^n)|ds$$

$$\leqslant \frac{1}{72}\int_0^t ||\bar{\psi}_s^{n,m} - \bar{\psi}_s^n||^2 ds + 18C_1^2 \int_0^t |\bar{\psi}_s^{n,m} - \bar{\psi}_s^n|^2 \cdot ||\bar{\theta}_s^n||^2 ds,$$

以及

$$|I_3| \leqslant \int_0^t |(B_2(Z_{1s}^{n,m} - Z_{1s}^n, \bar{\theta}_s^{n,m} - \bar{\theta}_s^n), \bar{\theta}_s^n)|ds$$

$$\leqslant \frac{1}{72}\int_0^t ||\bar{\theta}_s^{n,m} - \bar{\theta}_s^n||^2 ds + 18C_1^2 \sup_{0\leqslant s\leqslant t} |Z_{1s-}^{n,m} - Z_{1s-}^n|$$

$$\times \sup_{0\leqslant s\leqslant t}|\bar{\theta}_{s-}^n|\left(\int_0^t ||Z_{1s}^{n,m}-Z_{1s}^n||^2ds\right)^{\frac{1}{2}}\cdot\left(\int_0^t ||\bar{\theta}_s^n||^2ds\right)^{\frac{1}{2}}.$$

类似地

$$\begin{aligned}|I_2|\leqslant&\int_0^t|(B_2(\bar{u}_s^{n,m}-\bar{u}_s^n,Z_{2s}^{n,m}),\bar{\theta}_s^{n,m}-\bar{\theta}_s^n)|+|(B_2(\bar{u}_s^n,Z_{2s}^{n,m}-Z_{2s}^n),\bar{\theta}_s^{n,m}-\bar{\theta}_s^n)|ds\\ \leqslant&\frac{1}{72}\int_0^t||\bar{\psi}_s^{n,m}-\bar{\psi}_s^n||^2ds+18C_1^2\int_0^t|\bar{\psi}_s^{n,m}-\bar{\psi}_s^n|^2\cdot||Z_{2s}^{n,m}||^2ds\\ &+\frac{1}{72}\int_0^t||\bar{\theta}_s^{n,m}-\bar{\theta}_s^n||^2ds+18C_1^2\sup_{0\leqslant s\leqslant t}|Z_{2s-}^{n,m}-Z_{2s-}^n|\cdot\sup_{0\leqslant s\leqslant t}|u_{s-}^n|\\ &\times\left(\int_0^t||Z_{2s}^{n,m}-Z_{2s}^n||^2ds\right)^{\frac{1}{2}}\cdot\left(\int_0^t||u_s^n||^2ds\right)^{\frac{1}{2}},\end{aligned}$$

以及

$$\begin{aligned}|I_4|\leqslant&\int_0^t|(B_2(Z_{1s}^{n,m}-Z_{1s}^n,Z_{2s}^{n,m}),\bar{\theta}_s^{n,m}-\bar{\theta}_s^n)|\\ &+|(B_2(Z_{1s}^n,Z_{2s}^{n,m}-Z_{2s}^n),\bar{\theta}_s^{n,m}-\bar{\theta}_s^n)|ds\\ \leqslant&\frac{1}{36}\int_0^t||\bar{\theta}_s^{n,m}-\bar{\theta}_s^n||^2ds+18C_1^2\sup_{0\leqslant s\leqslant t}|Z_{1s-}^{n,m}-Z_{1s-}^n|\\ &\times\sup_{0\leqslant s\leqslant t}|Z_{2s-}^{n,m}|\cdot\left(\int_0^t||Z_{1s}^{n,m}-Z_{1s}^n||^2ds\right)^{\frac{1}{2}}\cdot\left(\int_0^t||Z_{2s}^{n,m}||^2ds\right)^{\frac{1}{2}}+18C_1^2\\ &\times\sup_{0\leqslant s\leqslant t}|Z_{2s-}^{n,m}-Z_{2s-}^n|\cdot\sup_{0\leqslant s\leqslant t}|u_{s-}^n|\\ &\times\left(\int_0^t||Z_{2s}^{n,m}-Z_{2s}^n||^2ds\right)^{\frac{1}{2}}\cdot\left(\int_0^t||u_s^n||^2ds\right)^{\frac{1}{2}}.\end{aligned}$$

联立以上对 I_i 的估计, 最终有

$$\begin{aligned}&\left|\int_0^{t\wedge\tau_M^{n,m}\wedge\tau_{\delta_0}^{n.m}}\left((B_2(\bar{u}_s^{n,m}+Z_{1s}^{n,m},\bar{\theta}_s^{n,m}+Z_{2s}^{n,m}),\bar{\theta}_s^{n,m}-\bar{\theta}_s^n)\right.\right.\\ &\left.\left.-(B_2(\bar{u}_s^n+Z_{1s}^{n,m},\bar{\theta}_s^n+Z_{2s}^{n,m}),\bar{\theta}_s^n-\bar{\theta}_s^n)\right)ds\right|\\ \leqslant&\frac{1}{12}\int_0^{t\wedge\tau_M^{n,m}\wedge\tau_{\delta_0}^{n.m}}||\bar{\psi}_s^{n,m}-\bar{\psi}_s^n||^2ds+18C_1^2\int_0^{t\wedge\tau_M^{n,m}\wedge\tau_{\delta_0}^{n.m}}|\bar{\psi}_s^{n,m}-\bar{\psi}_s^n|^2\end{aligned}$$

$$\times(||\bar{\theta}_s^n||^2 + ||Z_{2s}^{n,m}||^2)ds + 72C_1^2(M\delta_0)^{\frac{3}{2}}.$$

证毕. □

将引理 5.3.10稍作修改可以得到

引理 5.3.11

$$\left|\int_0^t \left((B_1(\bar{u}_s^{n,m} + Z_{1s}^{n,m}), \bar{u}_s^{n,m} - \bar{u}_s^n) - (B_1(\bar{u}_s^n + Z_{1s}^{n,m}), \bar{u}_s^{n,m} - \bar{u}_s^n)\right)ds\right|$$

$$\leqslant \frac{1}{12}\int_0^{t\wedge\tau_M^{n,m}\wedge\tau_{\delta_0}^{n.m}} ||\bar{u}_s^{n,m} - \bar{u}_s^n||^2 ds$$

$$+C\int_0^{t\wedge\tau_M^{n,m}\wedge\tau_{\delta_0}^{n.m}} |\bar{u}_s^{n,m} - \bar{u}_s^n|^2 \cdot (||\bar{u}_s^n||^2 + ||Z_{1s}^{n,m}||^2)ds + C(M\delta_0)^{\frac{3}{2}},$$

其中 C 是不依赖于 n, m 的常数.

引理 5.3.12 对任意的 $\delta > 0$,

$$\lim_{m\to\infty}\limsup_{n\to\infty}\frac{1}{n}\log P\left(\sup_{0\leqslant t\leqslant 1}|\phi_t^{m.n} - \phi_t^n| > \delta\right) = -\infty.$$

证明 令 $M_t = \dfrac{2}{\sqrt{n}}\displaystyle\int_0^t (\bar{\psi}_s^{n,m} - \bar{\psi}_s^n, dW_s^m - dW_s)$. 由引理 5.3.10和引理 5.3.11, 有

$$\sup_{0\leqslant s\leqslant t\wedge\tau_M^{n,m}\wedge\tau_{\delta_0}^{n.m}} |\bar{\psi}_s^{n,m} - \bar{\psi}_s^n|^2 + 2\int_0^{t\wedge\tau_M^{n,m}\wedge\tau_{\delta_0}^{n.m}} ||\bar{\psi}_s^{n,m} - \bar{\psi}_s^n||^2 ds$$

$$\leqslant 16C\int_0^{t\wedge\tau_M^{n,m}\wedge\tau_{\delta_0}^{n.m}} |\bar{\psi}_s^{n,m} - \bar{\psi}_s^n|^2 \cdot (||\bar{\psi}_s^n||^2 + ||Z_s^{n,m}||^2)ds + 16C(M\delta_0)^{\frac{3}{2}}$$

$$+8\int_0^{t\wedge\tau_M^{n,m}\wedge\tau_{\delta_0}^{n.m}} |\left(R(\bar{\psi}_s^{n,m} + Z_s^{n,m}) - R(\bar{\psi}_s^n + Z_s^n), \bar{\psi}_s^{n,m} - \bar{\psi}_s^n\right)|ds$$

$$+16|b^m - b|^2 t^2 + \frac{4t}{n}\sum_{i=m+1}^{\infty}\lambda_i + 2\sup_{0\leqslant s\leqslant t\wedge\tau_M^{n,m}\wedge\tau_{\delta_0}^{n.m}} |M_t|. \tag{5.3.34}$$

注意到

$$\int_0^{t\wedge\tau_M^{n,m}\wedge\tau_{\delta_0}^{n.m}} |\langle R(\bar{\psi}_s^{n,m} + Z_s^{n,m}) - R(\bar{\psi}_s^n + Z_s^n), \bar{\psi}_s^{n,m} - \bar{\psi}_s^n\rangle|ds$$

$$\leqslant \int_0^{t\wedge\tau_M^{n,m}\wedge\tau_{\delta_0}^{n.m}} (3|\bar{\psi}_s^{n,m} - \bar{\psi}_s^n|^2 + |Z_s^{n,m} - Z_s^n|^2)ds.$$

用 Gronwall 不等式,

$$\sup_{0\leqslant s\leqslant t\wedge\tau_M^{n,m}\wedge\tau_{\delta_0}^{n,m}}|\bar{\psi}_s^{n,m}-\bar{\psi}_s^n|^2$$

$$\leqslant\exp(24t+32CM))\cdot\left[8\delta_0+16C(M\delta_0)^{\frac{3}{2}}+16|b^m-b|^2t^2+\frac{4t}{n}\sum_{i=m+1}^{\infty}\lambda_i\right.$$

$$\left.+2\sup_{0\leqslant s\leqslant t\wedge\tau_M^{n,m}\wedge\tau_{\delta_0}^{n,m}}|M_t|\right].\tag{5.3.35}$$

记 $C_{M,t}:=24t+32CM$ 及 $C_M:=C_M(1)=24+32CM$, 有

$$\left[\mathrm{E}(\sup_{0\leqslant s\leqslant t\wedge\tau_M^{n,m}\wedge\tau_{\delta_0}^{n,m}}|\bar{\psi}_s^{n,m}-\bar{\psi}_s^n|^{2p})\right]^{\frac{2}{p}}$$

$$\leqslant 4C_{M,t}^2\cdot\left[\left(8\delta_0+16C(M\delta_0)^{\frac{3}{2}}+16|b^m-b|^2t^2+\frac{4t}{n}\sum_{i=m+1}^{\infty}\lambda_i\right)^2\right.$$

$$\left.+4\left(\mathrm{E}\sup_{0\leqslant s\leqslant t\wedge\tau_M^{n,m}\wedge\tau_{\delta_0}^{n,m}}|M_t|^p\right)^{\frac{2}{p}}\right].\tag{5.3.36}$$

由 Burkholder-Davis-Gundy 不等式, 成立

$$\left[\mathrm{E}(\sup_{0\leqslant s\leqslant t\wedge\tau_M^{n,m}\wedge\tau_{\delta_0}^{n,m}}|\bar{\psi}_s^{n,m}-\bar{\psi}_s^n|^{2p})\right]^{\frac{2}{p}}$$

$$\leqslant 4C_{M,t}^2\cdot\left[\left(8\delta_0+16C(M\delta_0)^{\frac{3}{2}}+16|b^m-b|^2t^2+\frac{4t}{n}\sum_{i=m+1}^{\infty}\lambda_i\right)^2\right.$$

$$\left.+\frac{C_1\cdot p}{n}\left(\mathrm{E}\left(\int_0^{t\wedge\tau_M^{n,m}\wedge\tau_{\delta_0}^{n,m}}\sum_{i=m+1}^{\infty}\lambda_i^2|\bar{\psi}_s^{n,m}-\bar{\psi}_s^n|^2ds\right)^{\frac{p}{2}}\right)^{\frac{2}{p}}\right]$$

$$\leqslant 4C_{M,t}^2\cdot\left[\left(8\delta_0+16C(M\delta_0)^{\frac{3}{2}}+16|b^m-b|^2t^2+\frac{4t}{n}\sum_{i=m+1}^{\infty}\lambda_i\right)^2\right.$$

$$\left.+\frac{C_1\cdot p}{2n}\left(\sum_{i=m+1}^{\infty}\lambda_i^2\right)^2t+\frac{C_1\cdot p}{2n}\int_0^t(\mathrm{E}|\bar{\psi}_{s\wedge\tau_M^{n,m}\wedge\tau_{\delta_0}^{n,m}}^{n,m}-\bar{\psi}_{s\wedge\tau_M^{n,m}\wedge\tau_{\delta_0}^{n,m}}^n|^{2p})^{\frac{2}{p}}ds\right].$$

再用 Gronwall 不等式,

$$
\begin{aligned}
&\left[\mathrm{E}\left(\sup_{0\leqslant s\leqslant t\wedge\tau_M^{n,m}\wedge\tau_{\delta_0}^{n.m}}|\bar{\psi}_s^{n,m}-\bar{\psi}_s^n|^{2p}\right)\right]^{\frac{2}{p}}\\
\leqslant & 4C_{M,t}^2\cdot\left[\left(8\delta_0+16C(M\delta_0)^{\frac{3}{2}}+16|b^m-b|^2t^2+\frac{4t}{n}\sum_{i=m+1}^{\infty}\lambda_i\right)^2\right.\\
&\left.+\frac{C_1\cdot p}{2n}\left(\sum_{i=m+1}^{\infty}\lambda_i^2\right)^2t\right]\times\exp\left(\frac{2C_{M,t}^2\cdot C_1\cdot p}{n}\right).
\end{aligned}
$$

令 $t=1$ 和 $p=2n$, 由 Chebyshev 不等式

$$
\begin{aligned}
&\lim_{m\to\infty}\limsup_{n\to\infty}\frac{1}{n}\log P\Big(\sup_{0\leqslant s\leqslant 1\wedge\tau_M^{n,m}\wedge\tau_{\delta_0}^{n.m}}|\bar{\psi}_s^{m.n}-\bar{\psi}_s^n|^2>\delta^2\Big)\\
\leqslant & \lim_{m\to\infty}\limsup_{n\to\infty}\log\left[\mathrm{E}\left(\sup_{0\leqslant s\leqslant 1\wedge\tau_M^{n,m}\wedge\tau_{\delta_0}^{n.m}}|\bar{\psi}_s^{n,m}-\bar{\psi}_s^n|^{2p}\right)\right]^{\frac{2}{p}}-\log\delta^4\\
\leqslant & 2\log 2C_M+2\log(8\delta_0+16C(M\delta_0)^{\frac{3}{2}})+4C_M^2C_1-4\log\delta.
\end{aligned}
$$

现在令

$$
\begin{aligned}
A^{n,m}:=&\left\{\sup_{0\leqslant t\leqslant 1}|\psi_t^{n,m}|\leqslant M\right\}\bigcap\left\{\sup_{0\leqslant t\leqslant 1}|\psi_t^{n}|\leqslant M\right\}\\
&\bigcap\left\{\sup_{0\leqslant t\leqslant 1}|Z_t^{n,m}|\leqslant M\right\}\bigcap\left\{\sup_{0\leqslant t\leqslant 1}|Z_t^{n}|\leqslant M\right\},
\end{aligned}
$$

$$
\begin{aligned}
B^{n,m}:=&\left\{\int_0^1\|\psi_s^{n,m}\|^2ds\leqslant M\right\}\bigcap\left\{\int_0^1\|\psi_s^{n}\|^2ds\leqslant M\right\}\\
&\bigcap\left\{\int_0^1\|Z_s^{n,m}\|^2ds\leqslant M\right\}\bigcap\left\{\int_0^1\|Z_s^{n}\|^2ds\leqslant M\right\},
\end{aligned}
$$

以及

$$
C^{n,m}:=\left\{\sup_{0\leqslant t\leqslant 1}|Z_t^{n,m}-Z_t^n|\leqslant\delta_0,\int_0^1\|Z_s^{n,m}-Z_s^n\|^2ds\leqslant\delta_0\right\}.
$$

则有

$$
\lim_{m\to\infty}\limsup_{n\to\infty}\frac{1}{n}\log P\Big(\sup_{0\leqslant s\leqslant 1}|\bar{\psi}_s^{m.n}-\bar{\psi}_s^n|^2>\delta^2\Big)
$$

$$\leqslant \lim_{m\to\infty}\limsup_{n\to\infty}\frac{1}{n}\log P\Big(\sup_{0\leqslant s\leqslant 1\wedge\tau_M^{n,m}\wedge\tau_{\delta_0}^{n.m}}|\bar{\psi}_s^{m.n}-\bar{\psi}_s^n|^2>\delta^2\Big)$$

$$\vee\lim_{m\to\infty}\limsup_{n\to\infty}\frac{1}{n}\log P((A^{n,m})^c)\vee\lim_{m\to\infty}\limsup_{n\to\infty}\frac{1}{n}\log P((B^{n,m})^c)$$

$$\vee\lim_{m\to\infty}\limsup_{n\to\infty}\frac{1}{n}\log P((C^{n,m})^c).$$

由引理 5.3.6 和引理 5.3.7, 对任意 $R>0$, 存在 $M>0$ 使得

$$\lim_{m\to\infty}\limsup_{n\to\infty}\frac{1}{n}\log P((A^{n,m})^c)\vee\lim_{m\to\infty}\limsup_{n\to\infty}\frac{1}{n}\log P((B^{n,m})^c)\leqslant -R.$$

而由引理 5.3.8 和文献 [16] 中的引理 5.6, 对任意 $\delta_0>0$, 成立

$$\lim_{m\to\infty}\limsup_{n\to\infty}\frac{1}{n}\log P((C^{n,m})^c)=\infty.$$

因此只要让 δ_0 趋于 0, 就有

$$\lim_{m\to\infty}\limsup_{n\to\infty}\frac{1}{n}\log P\Big(\sup_{0\leqslant s\leqslant 1}|\bar{\psi}_s^{m.n}-\bar{\psi}_s^n|^2>\delta^2\Big)$$

$$\leqslant\Big(2\log 2C_M+2\log(8\delta_0+16C(M\delta_0)^{\frac{3}{2}})+4C_M^2C_1-4\log\delta\Big)\vee -R\leqslant -R,$$

因为 R 是任意选取的, 引理证毕. □

对于 $g\in D([0,1];H)$, 定义 ϕ_t^m 为下面近似方程的解:

$$\phi_t^m(g)=\phi_0-\int_0^t A\phi_s^m(g)ds-\int_0^s B(\phi_s^m,\phi_s^m)ds-\int_0^t R(\phi_s^m)ds+Pmg(t).$$

引理 5.3.13　对任意 $r>0$,

$$\lim_{m\to\infty}\sup_{g:I_0(g)\leqslant r}\sup_{0\leqslant t\leqslant 1}|\phi_t^m(g)-\phi_t(g)|=0.$$

证明　令 $g\in\{g:\ I_0(g)\leqslant r\}$. 设 $Z_t^m(g)$ 和 $Z_t(g)$ 分别是下面线性方程的解:

$$Z_t^m(g)=-\int_0^t AZ_s^m(g)ds+\int_0^s P_m g'(s)ds,$$

及

$$Z_t(g)=-\int_0^t AZ_s(g)ds+\int_0^s g'(s)ds.$$

令 $\psi_t^m(g)=\phi_t^m(g)-Z_t^m(g),\psi_t(g)=\phi_t(g)-Z_t(g)$. 则 $\psi_t^m(g)$ 和 $\psi_t(g)$ 满足

$$\begin{aligned}\psi_t^m(g)=&\phi_0-\int_0^t A\psi_s^m(g)ds-\int_0^t B(\psi_s^m(g)+Z_s^m(g))ds\\&-\int_0^t R(\psi_s^m(g)+Z_s^m(g))ds,\end{aligned}\tag{5.3.37}$$

及

$$\begin{aligned}\psi_t(g)=&\phi_0-\int_0^t A\psi_s(g)ds-\int_0^t B(\psi_s(g)+Z_s(g))ds\\&-\int_0^t R(\psi_s(g)+Z_s(g))ds.\end{aligned}\tag{5.3.38}$$

由 $Z_t(g)$ 的定义可知

$$\frac{dZ_t(g)}{dt}=-AZ_t(g)+g'(t).\tag{5.3.39}$$

用 $Z_t(g)$ 方程 (5.3.39) 两边作内积后得到

$$\frac{d|Z_t(g)|^2}{dt}=-2||Z_t(g)||_A^2+2(g'(t),Z_t(g)),$$

于是

$$\sup_{0\leqslant t\leqslant 1}|Z_t(g)|^2+2\int_0^t||Z_s(g)||_V^2ds\leqslant\frac{1}{2}\sup_{0\leqslant t\leqslant 1}|Z_t(g)|^2+8\left(\int_0^1|g'(s)|ds\right)^2.$$

整理得到

$$\sup_{0\leqslant t\leqslant 1}|Z_t(g)|^2+4\int_0^t||Z_s(g)||_V^2ds\leqslant 16\left(\int_0^1|g'(s)|ds\right)^2.\tag{5.3.40}$$

类似得到

$$\sup_{0\leqslant t\leqslant 1}|Z_t^m(g)|^2+4\int_0^t||Z_s^m(g)||_A^2ds\leqslant 16\left(\int_0^1|g'(s)|ds\right)^2.\tag{5.3.41}$$

由文献 [16] 的引理 5.3 可知, 存在常数 M 满足

$$\sup_{\{g:I_0(g)\leqslant r\}}\int_0^1|g'(s)|ds\leqslant M.$$

于是, 存在依赖于 M 的常数 $C_1(M)$ 和 $C_2(M)$ 满足

$$\sup_{\{g:I_0(g)\leqslant r\}}\sup_{0\leqslant t\leqslant 1}|Z_t(g)|^2\leqslant C_1(M),\qquad \sup_{\{g:I_0(g)\leqslant r\}}\int_0^1||Z_t(g)||_v^2\leqslant C_2(M). \tag{5.3.42}$$

用 $\psi_t(g)$ 与方程

$$\frac{d\psi_t(g)}{dt}=-A\psi_t(g)-B(\psi_t(g)+Z_t(g))-R(\psi_t(g)+Z_t(g)))=0$$

在 H 上作内积得

$$\begin{aligned}\frac{d||\psi_t(g)||^2}{dt}=&-(A_1\psi_t^v(g),\psi_t^v(g))-(A_2\psi_t^\theta(g),\psi_t^\theta(g))\\&-(B_1(\psi_t^v(g)+Z_t^v(g),\psi_t^v(g)+Z_t^v(g),\psi_t^v(g))\\&-(B_2(\psi_t^v(g)+Z_t^v(g),\psi_t^\theta(g)+Z_t^\theta(g)),\psi_t^\theta(g))\\&-(R(\psi_t(g)+Z_t(g)),\psi_t(g))\\=&-(A_1\psi_t^v(g),\psi_t^v(g))-(A_2\psi_t^\theta(g),\psi_t^\theta(g))\\&-b_1(\psi_t^v(g),Z_t^v(g),\psi_t^v(g))-b_1(Z_t^v(g),Z_t^v(g),\psi_t^v(g))\\&-b_2(\psi_t^v(g)+Z_t^v(g),\psi_t^\theta(g),\psi_t^\theta(g))\\&-(R(\psi_t(g)+Z_t(g)),\psi_t(g)).\end{aligned}$$

写成分量形式得到

$$\begin{aligned}\frac{d||\psi_t^v(g)||^2}{dt}\leqslant&-2\nu||\psi_t^v(g)||_{V_1}^2+2||\psi_t^\theta(g)+Z_t^\theta(g)||_{V_2}\cdot||\psi_t^v(g)||_{V_1}\\&+2||\psi_t^v(g)||_{V_1}||Z_t^v(g)||||\psi_t^v(g)||+2||Z_t^v(g)||_{V_1}||Z_t^v(g)||||\psi_t^v(g)||_{V_1}\\\leqslant&K^\epsilon||\psi_t^\theta(g)||_{V_2}^2+\frac{\epsilon}{4}||\psi_t^v(g)||_{V_1}^2+K^\epsilon||Z_t^\theta(g)||^2+\frac{\epsilon}{4}||\psi_t^v(g)||_{V_1}^2\\&+K^\epsilon||Z_t^v(g)||_{V_1}^2||Z_t^v(g)||_{H^2}^2+\frac{\epsilon}{4}||\psi_t^v(g)||_{V_1}^2+K^\epsilon||Z_t^v(g)||_{V_1}^2||Z_t^v(g)||_{H^2}^2\\&+\frac{\epsilon}{4}||\psi_t^v(g)||^2+K^\epsilon||Z_t^v(g)||_{V_1}^2||\psi_t^v||^2+\frac{\epsilon}{4}||\psi_t^v||_{V_1}^2.\end{aligned}$$

整理得到

$$\begin{aligned}&\frac{d||\psi_t^v(g)||^2}{dt}+\lambda||\psi_t^v(g)||_{V_1}^2\leqslant K^\epsilon||\psi_t^\theta(g)||^2\\&+K^\epsilon||Z_t^v(g)||_{V_1}^2||Z_t^v(g)||^2+K^\epsilon||Z_t^\theta(g)||^2+K^\epsilon||Z_t^v(g)||_{V_1}^2.\end{aligned}\tag{5.3.43}$$

同理得到

$$\begin{aligned}
&\frac{d||\psi_t^\epsilon(g)||^2}{dt}+2(A_2\psi_t^\epsilon(g),\psi_t^\epsilon(g))\\
\leqslant&2b_2(\psi_t^\theta(g)+Z_t^\theta(g),Z^\epsilon)_t(g),\psi_t^\theta(g))\\
\leqslant&K^\epsilon||\psi^v(g)||^2||Z_t^v(g)||_{H^2}^2+K^\epsilon||Z_t^v(g)||^2||Z_t^\theta(g)||_{H^2}^2+\epsilon||\psi_t^\theta(g)||_{V_2}^2.
\end{aligned}$$

于是

$$\begin{aligned}
&\frac{d||\psi_t^\theta(g)||^2}{dt}+\lambda||\psi_t^v(g)||_{V_1}^2\\
\leqslant&K^\epsilon||\psi_t^v(g)||^2||Z_t^\theta(g)||_{H^2}^2+K^\epsilon||Z_t^\theta(g)||_{H^2}^2||Z_t^v(g)||^2.
\end{aligned}\tag{5.3.44}$$

由不等式 (5.3.44) 和不等式 (5.3.44) 可得

$$\begin{aligned}
\frac{d||\psi_t(g)||^2}{dt}+\lambda||\psi_t(g)||_V^2\leqslant&K^\epsilon||\psi_t^v(g)||^2||Z_t^\theta(g)||_{H^2}^2+K^\epsilon||Z_t^\theta(g)||_{H^2}^2||Z_t^v(g)||^2\\
&+K^\epsilon||\psi_t^\theta(g)||^2+K^\epsilon||Z_t^v(g)||_{V_1}^2||Z_t^v(g)||^2+K^\epsilon||Z_t^\theta(g)||^2\\
&+K^\epsilon||Z_t^v(g)||_{V_1}^2\\
=:&G(||Z_t^v(g)||_{V_1}^2,||Z_t^\theta(g)||_{V_2}^2,||Z_t^v(g)||^2,||Z_t^\theta(g)||^2),
\end{aligned}$$

在 $[0,t]$ 上积分上述不等式得到

$$\sup_{g:I_0(g)\leqslant r}\left|\sup_{0\leqslant t\leqslant 1}|\psi_t(g)|\right|^2\leqslant C_3(M),\qquad \sup_{g:I_0(g)\leqslant r}\int_0^t||\psi_t(g)||_V^2ds\leqslant C_4(M).$$

由方程 (5.3.37) 和方程 (5.3.38) 可得

$$\begin{aligned}
&||\psi_t^m(g)-\psi_t(g)||^2+2\int_0^t||\psi_s^m(g)-\psi_s(g)||_V^2ds\\
\leqslant&2\int_0^t|<B(\psi_s^m(g)+Z_s^m(g))-B(\psi_s(g)+Z_s(g)),\psi_s^m(g)-\psi_s(g)>|ds\\
&+2\int_0^t|<R(\psi_s^m(g)+Z_s^m(g))-R(\psi_s(g)+Z_s(g)),\psi_s^m(g)-\psi_s(g)>|ds.
\end{aligned}$$

类似于引理 5.3.12 的计算可以得到

$$||\psi_t^m(g)-\psi_t(g)||^2+\lambda\int_0^t||\psi_s^m(g)-\psi_s(g)||_V^2ds$$

$$\leqslant C_5(M) \sup_{\{g:I_0(g)\leqslant r\}} \sup_{0\leqslant t\leqslant 1} |Z_t^m(g) - Z_t(g)|$$
$$+\lambda\int_0^t ||\psi_s^m(g) - \psi_s(g)||^2 (G_1(||\psi_s^m(g)||, ||\psi_s(g)||_V, ||Z_s(g)||_V, ||Z_s^m(g)||_V)ds,$$

其中 $G_1(||\psi_s^m(g)||, ||\psi_s(g)||_V, ||Z_s(g)||_V, ||Z_s^m(g)||_V)$ 是关于 $\psi_s^m(g), \psi_s(g), Z_s(g), Z_s^m(g)$ 的函数. 由 Gronwall 不等式可得

$$\sup_{\{g:I_0(g)\leqslant r\}} \sup_{0\leqslant t\leqslant 1} ||\psi_t^m(g) - \psi_t(g)||^2$$
$$\leqslant C_5(M)^2 \sup_{\{g:I_0(g)\leqslant r\}} \sup_{0\leqslant t\leqslant 1} |Z_t^m(g) - Z_t(g)|. \tag{5.3.45}$$

类似于文献 [16] 中引理 5.7 的证明可知

$$\sup_{\{g:I_0(g)\leqslant r\}} \sup_{0\leqslant t\leqslant 1} |Z_t^m(g) - Z_t(g)| = 0.$$

对不等式 (5.3.45) 两边令 $m\to\infty$, 即可证得该引理. □

综合引理 5.3.9、引理 5.3.12 和引理 5.3.13 即可得到下面的结论.

定理 5.3.2 令 μ_n 表示方程 (5.3.8) 的解 $\phi^n(t)$ 的分布, 则 $\{\mu_n, n\geqslant 1\}$ 在 $D([0,1],H)$ 上满足速率函数为 $I(\cdot)$ 的大偏差原理. 即

(1) 对 $D([0,1];H)$ 中的任何闭子集 F, 都有

$$\limsup_{n\to\infty}\frac{1}{2}\log\mu_n(F)\leqslant -\inf_{h\in F} I(h).$$

(2) 对 $D([0,1];H)$ 中的任何开集 G, 都有

$$\liminf_{n\to\infty}\frac{1}{2}\log\mu_n(G)\geqslant -\inf_{h\in G} I(h).$$

5.4 随机流体类发展方程的大偏差原理

在这一节, 我们将随机 Boussinesq 方程 (5.3.12) 的大偏差原理加以推广, 得到一大类随机流体力学系统的相应结果. 具体而言, 我们所考虑的随机系统包括但不限于：二维 Navier-Stokes 方程、二维磁流体力学方程、Bénard 对流的二维 Boussinesq 模型、二维磁 Bénard 问题, 等等. 我们将沿用 Chueshov 和 Millet[3] 关于白噪声驱动的随机流体力学系统的一些概念和假设.

我们首先引入随机流体力学系统的抽象框架. 令 H 是一个可分 Hilbert 空间, 其上范数为 $|\cdot|$, 算子 $R(\cdot)$ 是 H 上的有界线性算子, 而算子 A 是 H 上的一个

无界自伴正定线性算子. 令 $V = \mathrm{Dom}(A^{\frac{1}{2}})$ 为具有范数 $||v|| = |A^{\frac{1}{2}}v|$ 的空间, V' 是 V 的对偶空间. 对任意 $u \in V, v \in V'$, $\langle u, v\rangle$ 表示 V 和 V' 之间的对偶积. 映射 $B : V \times V \to V'$ 是连续的且满足以下假设:

- **H(i)** $B(\cdot,\cdot) : V \times V \to V'$ 是一个双线性连续映射.
- **H(ii)** 对任意 $u_i \in V$, $i = 1, 2, 3$, 成立

$$\langle B(u_1, u_2), u_3\rangle = -\langle B(u_1, u_3), u_2\rangle. \tag{5.4.1}$$

- **H(iii)** 存在 Banach 空间 $\mathcal{H}$ 满足
  (iii-1) $V \subset \mathcal{H} \subset H$;
  (iii-2) 存在常数 α_0 使得

$$||v||^2_{\mathcal{H}} \leqslant \alpha_0 |v| \cdot ||v||, \quad \forall v \in V; \tag{5.4.2}$$

  (iii-3) 对任意 $\eta > 0$, 存在常数 $C_\eta > 0$ 使得

$$|\langle B(u_1, u_2), u_3\rangle| \leqslant \eta ||u_3||^2 + C_\eta ||u_1||^2_{\mathcal{H}} \cdot ||u_2||^2_{\mathcal{H}}, \quad \forall u_i \in V,\ i=1,2,3. \tag{5.4.3}$$

Lévy 噪声驱动的随机流体力学系统, 如二维 Navier-Stokes 方程, 二维磁流体力学方程, Bénard 对流的二维 Boussinesq 模型, 二维磁 Bénard 问题, 等等, 可被如下的随机发展方程统一地刻画

$$\begin{cases} du(t) + [Au(t) + B((u(t), u(t)) + R(u(t))]dt = bdt + \dfrac{1}{\sqrt{n}} dW^1(t) \\ \qquad + \displaystyle\int_X f(x) \tilde{N}^1_n(dt, dx), \\ u(0) = u_0, \end{cases} \tag{5.4.4}$$

其中 $W(\cdot)$ 是 H-值 Brownian 运动, b 是 H 上的常向量, f 是从可测空间 X 到 H 的可测映射, $\tilde{N}^n$ 是 $[0, \infty) \times X$ 上强度为 $n\nu$ 的补偿 Poisson 测度, 而 ν 是 $\mathcal{B}(X)$ 上的 σ-可加测度.

将前面的论述加以适当修改, 我们可以得到如下结论:

定理 5.4.1 假设条件 H(i) $\sim$ H(iii) 成立, 且 $\int_U |f(x)|^2 e^{\alpha|f(x)|}\nu(dx) < \infty$. 令 μ_n 是随机流体力学系统 (5.4.4) 的解 $\phi^n(t)$ 的分布, 则 $\{\mu_n, n \geqslant 1\}$ 在 $D([0,1], H)$ 上满足速率函数为 $I(\cdot)$ 的大偏差原理.

附注 5.4.1 考虑二维 Navier-Stokes 方程:

$$\begin{cases} du(t)+[-\nu\Delta u(t)+(u(t)\cdot\nabla)u(t)+\nabla p(t)]dt \\ \qquad = bdt+\dfrac{1}{\sqrt{n}}dW^1(t)+\int_X f(x)\tilde{N}_n^1(dt,dx), \\ \nabla\cdot u=0, \quad 在\, D\, 内, \\ u=0, \qquad 在\, \partial D\, 上. \end{cases} \tag{5.4.5}$$

定义

$$\tilde{H}=\{u\in(L^2(D))^2:\operatorname{div}u=0, \quad 在\, D\, 内\}.$$

对任意 $u_1,u_2\in V=(H_0^1(D))^2\subset\tilde{H}$, A 是由如下双线性形式

$$\langle Au_1,u_2\rangle=a(u_1,u_2)=\nu\sigma_{j=1}^2\int_D\frac{\partial u_1}{\partial x_j}\frac{\partial u_2}{\partial x_j}dx \tag{5.4.6}$$

所定义的 Stokes 算子. 双线性算子 $B:V\times V\to V'$ 定义为

$$\langle B(u_1,u_2),u_3\rangle=\int_D(u_1(x)\nabla u_2(x))u_3(x)dx, \quad \forall u_i\in V.$$

最后令 $\mathcal{H}=(L^4(D))\subset\tilde{H}$, $R=0$, 我们可以检验假设 H(i) $\sim$ H(iii) 均成立. 所以由定理 5.4.1 得到随机 Navier-Stokes 方程 (5.4.5) 的解具备大偏差原理. 此结果与 Xu 和 Zhang[17] 的工作契合.

附注 5.4.2 考虑随机二维 Boussinesq 方程组:

$$\begin{cases} du(t)+[-\nu_1\Delta u(t)+(u(t)\cdot\nabla)u(t)+\nabla p(t)-(\theta e_2)]dt \\ \qquad = b_1dt+\dfrac{1}{\sqrt{n}}dW^1(t)+\displaystyle\int_X f_1(x)\tilde{N}_n^1(dt,dx), \\ d\theta(t)+[-\kappa\Delta\theta(t)+(u(t)\cdot\nabla)\theta(t)-u^2(t)]dt \\ \qquad = b_2dt+\dfrac{1}{\sqrt{n}}dW^2(t)+\displaystyle\int_X f_2(x)\tilde{N}_n^2(dt,dx), \\ \nabla\cdot u=0, \quad 在\, D\, 内. \end{cases} \tag{5.4.7}$$

这里, 我们令 $A=(A_1,A_2)$, $B=(B_1,B_2)$, 以及 $R=-(\theta e_2,0)$. 条件 H(i) $\sim$ H(iii) 依然成立, 所以定理 5.4.1 保证随机 Boussinesq 方程组 (5.4.7) 的解具备大偏差原理, 因此定理 5.4.1 包含了上节的结果.

附注 5.4.3 考虑随机二维磁流体力学方程组:

$$\begin{cases} du(t)+[-\nu_1\Delta u(t)+(u(t)\cdot\nabla)u(t)+\nabla\left(p+\dfrac{s}{2}|b|^2\right)-sb\nabla b-(\theta e_2)]dt \\ \qquad =b_1dt+\dfrac{1}{\sqrt{n}}dW^1(t)+\displaystyle\int_X f_1(x)\tilde{N}_n^1(dt,dx), \\ db(t)+[-\nu_2\Delta b(t)+(u(t)\cdot\nabla)b(t)-(b(t)\cdot\nabla)u(t)]dt \\ \qquad =b_2dt+\dfrac{1}{\sqrt{n}}dW^2(t)+\displaystyle\int_X f_2(x)\tilde{N}_n^2(dt,dx), \\ \nabla\cdot u=0,\ \nabla\cdot b=0,\quad 在\, D\, 内, \end{cases} \tag{5.4.8}$$

其边值条件为

$$u=0,\quad b\cdot n=0,\quad \partial_1b_2-\partial_2b_1=0,\quad 在\,\partial D\,上.$$

令

$$\bar{H}=\{u\in(L^2(D))^2:\ \operatorname{div}u=0\ 在\, D\, 内,\ 且\ u\cdot n=0\ 在\,\partial D\,上\},$$

以及 $H=\bar{H}\times\bar{H}$, $V=\left((H_0^1(D))^2\subset\bar{H}\right)\times(H^1(D))^2\subset\bar{H}$. 选取 $\mathcal{H}=(L^4(D))^2(L^4(D))^2\subset\bar{H}$.

接下来我们定义算子 A, $B(\cdot,\cdot)$ 和 $R(\cdot)$. $\bar{H}$ 上的 Stokes 算子 A_1 和 Stokes 算子 A_2 仍由双线性形式 (5.4.6) 定义. 最后再令 $A=(A_1,A_2)$, $R=0$, 以及 $B:V\times V\to V'$ 定义为

$$\begin{aligned}&\langle B((u_1,b_1),(u_2,b_2)),(u_3,b_3)\rangle\\ =&\langle B_1(u_1,u_2),u_3)\rangle-\langle B_1(b_1,b_2)),u_3\rangle+\langle B_1(u_1,b_2),b_3)\rangle-\langle B_1(b_1,u_2)),b_3\rangle,\end{aligned}$$

其中 $(u_i,b_i)\in V$.

可以检验假设 H(i)∼ H(iii) 全部成立, 因此随机二维磁流体力学方程组 (5.4.8) 的解具备大偏差原理.

附注 5.4.4 考虑随机二维磁 Bénard 方程组:

$$\begin{cases} du(t)+[-\nu_1\Delta u(t)+(u(t)\cdot\nabla)u(t)+\nabla(p+\frac{s}{2}|b|^2)-sb\nabla b-(\theta e_2)]dt \\ \qquad =b_1dt+\dfrac{1}{\sqrt{n}}dW^1(t)+\displaystyle\int_X f_1(x)\tilde{N}_n^1(dt,dx), \\ d\theta(t)+[-\kappa\Delta\theta(t)+(u(t)\cdot\nabla)\theta-u^2(t)]dt \\ \qquad =b_2dt+\dfrac{1}{\sqrt{n}}dW^2(t)+\displaystyle\int_X f_2(x)\tilde{N}_n^2(dt,dx), \\ db(t)+[-\nu_2(\Delta)^\gamma b(t)+(u(t)\cdot\nabla)b(t)-(b(t)\cdot\nabla)u(t)]dt \\ \qquad =b_3dt+\dfrac{1}{\sqrt{n}}dW^3(t)+\displaystyle\int_X f_3(x)\tilde{N}_n^3(dt,dx), \\ \nabla\cdot b=0, \quad 在\, D\, 内, \end{cases} \tag{5.4.9}$$

其满足边值条件

$$u=0,\quad \theta=0,\quad b^2=0,\quad \partial_2 b^1=0,\quad 在\, x^2=0\, 和\, x^2=1\, 上,$$
$$u,p,\theta,b,u_{x^1},\theta_{x^1},b_{x^1}\, 是在\, x^1\, 分量上周期为\, l\, 的周期函数.$$

对于此例, 令 $\hat{H}$ 为

$$\hat{H}=\{u\in(L^2(D))^2,\ \mathrm{div}u=0,\ u^2|_{x^2=0}=u^2|_{x^2=l}=0,\ u^1|_{x^1=0}=u^1|_{x^1=l}\}.$$

将 $\tilde{V}$ 和 $\hat{V}$ 取为

$$\tilde{V}=\{u\in\hat{H}\subset(H^1(D))^2,\ u^2|_{x^2=0}=u^2|_{x^2=l}=0,\ u 是在\, x^1\, 分量上\, l\, 周期的函数\},$$
$$\hat{V}=\{\theta\in H^1(D),\ \theta|_{x^2=0}=\theta|_{x^2=l}=0,\ \theta 是在\, x^1\, 分量上\, l\, 周期的函数\}.$$

现在, 我们选取 $H=\hat{H}\times L^2(D)\times\hat{H}$, $V=\tilde{V}\times\hat{V}\times(\hat{H}\subset(H^1(D))^2)$, 以及 $\mathcal{H}=(L^4(D))^2\times L^4(D)\times(L^4(D))^2\subset\widetilde{H}$.

对任意 $(u_i,\theta_i,b_i)\in V$, 算子 A 和 $B(\cdot,\cdot)$ 分别由下面的双线性形式定义

$$\begin{aligned} &\langle A(u_1,\theta_1,b_1),(u_2,\theta_2,b_2)\rangle \\ =&a((u_1,\theta_1,b_1),(u_2,\theta_2,b_2)) \\ =&\nu_1\sum_{j=1}^2\int_D\nabla u_1^j\cdot\nabla u_2^jdx+\kappa\int_D\nabla\theta_1\cdot\nabla\theta_2dx+\nu_2\sum_{j=1}^2\int_D\nabla b_1^j\cdot\nabla ub_2^jdx, \end{aligned}$$

$$\begin{aligned} &\langle B((u_1,\theta_1,b_1),(u_2,\theta_2,b_2),(u_3,\theta_3,b_3))\rangle \\ =&\langle B_1(u_1,u_2),u_3)\rangle-\langle B_1(b_1,b_2)),u_3\rangle \\ &+\langle B_1(u_1,b_2),b_3)\rangle-\langle B_1(b_1,u_2)),b_3\rangle+\sum_{i=1,2}\int_D u_1^i\partial_i\theta_2\,\theta_3dx. \end{aligned}$$

最后令 $R(u,\theta,b)=-(\theta e_2,u^2,0)$. 可以验证假设 H(i)~ H(iii) 均成立, 所以我们由定理 5.4.1推得随机二维磁 Bénard 方程组 (5.4.9) 的解具备大偏差原理.

参 考 文 献

[1] De Acosta A. Large deviations for vector valued Levy processes. *Stochastic Processes and Applications*. 1994, **51**: 75-115.

[2] De Acosta A. A general non-convex large deviation results with applications to stochastics equations. *Probab. Theory Related Fields*. 2000: 483-521.

[3] Chueshov I and Millet A. Strochastic 2D hydrodynamical type systems: well posendess and large deviations. *Appl. Math. Optim.*, 2010, **61**, No.3: 379-420.

[4] Dong Z. The uniqueness of invariant measure of the Burgers equation driven by Lévy processed. *Journal of Theoretical Probability*, 2008, **21**(2): 322-335.

[5] Duan J Q and Millet A. Large deriations for the Boussinesq equations under random influences. *Preprint*, 2008.

[6] Duan J and Millet A. Large deviations for the Boussinesq equations under random Influences. *Stoch. Proc. Appl.*, 2009, **119**: 2052-2081.

[7] Brune P, Duan J and Schmalfuss B. Random dynamics of the Boussinesq with dynamical boundary conditions. *Preprint*.

[8] Flandoli F. Dissipativity and invariant measures for stochastic Navier-Stokes equation. *NoDEA*, 1994, **1**: 403-423.

[9] Ferrario B. Ergodic results for stochastic Navier-Stokes equation. *Stochastics and Stochastics Reports*, 1997, **60**: 271-288.

[10] Gourcy M. A large deriation principle for 2D stochastic Navior-Stokes equation. *Stochastic processes and their applications*, 2007, **117**: 904-927.

[11] Huang J and Duan J. Large derivations for the Non-Newtonian fluid modified Boussinesq approximation equation driven by Gauss noise. *Preprint*, 2010.

[12] Zheng Y and Huang J. Large deviation principle for stochastic boussinesq equations driven by Lévy noise. *Journal of Mathematical Analysis and Applications*, 2016, **439**(2): 523-550.

[13] Da Prato G and Zabczyk J. Stochastic Equations in Infinite Dimensions. Cambridge University Press, 1992.

[14] Da Prato G and Zabczyk J. Ergodicity for Infinite Dimensional Systems. Cambridge University Press, 1996.

[15] Da Prato G and Zabczyk J. Convergence to equilibrium for classical and quantum spin systems. *Probability Theory and Ralat. Fields*, 1995, **103**: 529-552.

[16] Rockner M and Zhang T. Stochastic evolution equations of jump type: existence, uniqueness and large deviation principles. *Preprint*, 2007.

[17] Xu T and Zhang T. Large deviation principles for 2D stochastic Navier-Stokes equatios driven by Lévy processes. *Journal of Functional Analysis*, 2009, **257**: 1519-1545.

第 6 章 退化噪声驱动流体类发展方程的遍历性

近年来退化噪声驱动的无穷维系统的遍历性研究得到了广泛的关注参见文献 [1], [8], [10], [17-19], [22], [23], [25], [30], [41], 这不仅是因为数学上的挑战性, 重要的是这为物理建模显性或隐性的统计测量提供了严格的数学基础.

具体而言, 考虑定义在希尔伯特空间 H 上的抽象方程,

$$dU = F(U)dt + GdW_t, \quad U|_{t=0} = U_0.$$

研究此类非线性随机偏微分方程不变测度的存在唯一性问题 (简称：遍历性问题) 是通往无穷维随机动力系统遍历理论的桥梁. 早期的工作主要考虑 GG^* 是非退化或者轻微退化的情形 (参见 [7], [25], [32], [39], [40] 和它们的参考文献), 而近十来年由于 Martin Hairer 等人的重要工作[17] 这一限制渐渐放宽, 后续的研究工作主要通过证明转移半群的渐近强 Feller 性和不可约性 (其实主要证明系统的某个状态是可达的) 建立随机系统的遍历性. 本章将以大气海洋方程和 Ginzburg-Laudau 方程为例, 分别展示本质椭圆型退化噪声情形 (essential-ellipticity) 和亚椭圆型退化噪声情形 (hypo-ellipticity) 的处理手段.

6.1 退化噪声驱动的大气海洋方程的遍历性

在这一节, 我们研究如下退化噪声驱动的大尺度大气海洋的二维原始方程

$$\begin{cases} \dfrac{\partial u}{\partial t} + u\dfrac{\partial u}{\partial x} + \left(\displaystyle\int_z^0 \frac{\partial u}{\partial x}\right)\dfrac{\partial u}{\partial z} - \dfrac{1}{\varepsilon'}v + \dfrac{1}{\varepsilon'}\dfrac{\partial p_s}{\partial x} - \dfrac{1}{\varepsilon'}\displaystyle\int_z^0 \left(\mu_1\frac{\partial T}{\partial x} - \mu_2\frac{\partial S}{\partial x}\right) \\ \qquad = \gamma_1\Delta u + QdW_t, \\ \dfrac{\partial v}{\partial t} + u\dfrac{\partial v}{\partial x} + \left(\displaystyle\int_z^0 \frac{\partial u}{\partial x}\right)\dfrac{\partial v}{\partial z} + \dfrac{1}{\varepsilon'}u = \gamma_2\Delta v + QdW_t, \\ \dfrac{\partial T}{\partial t} + u\dfrac{\partial T}{\partial x} + \left(\displaystyle\int_z^0 \frac{\partial u}{\partial x}\right)\dfrac{\partial T}{\partial z} = \gamma_3\Delta T + QdW_t, \\ \dfrac{\partial S}{\partial t} + u\dfrac{\partial S}{\partial x} + \left(\displaystyle\int_z^0 \frac{\partial u}{\partial x}\right)\dfrac{\partial S}{\partial z} = \gamma_4\Delta S + QdW_t. \end{cases} \tag{6.1.1}$$

其空间上的定义域为 $D=(0,1)\times(-1,0)$, 边界是 $\partial D=s\cup l\cup b$, 其中

$$s=(0,1)\times\{0\},\quad l=0\times(-1,0)\cup 1\times(-1,0),\quad b=(0,1)\times\{-1\}. \tag{6.1.2}$$

我们考虑齐次边值条件

$$\begin{cases}\dfrac{\partial u}{\partial z}=0,\dfrac{\partial v}{\partial z}=0,\dfrac{\partial T}{\partial z}=0,\dfrac{\partial S}{\partial z}=0 \quad 在\ s\ 上,\\ (u,v)=0,\quad T=0,\quad S=0 \quad 在\ b\ 上,\\ (u,v)=0,\quad \dfrac{\partial T}{\partial x}=0,\dfrac{\partial S}{\partial x}=0 \quad 在\ l\ 上,\end{cases} \tag{6.1.3}$$

和初值条件

$$U_0=(u,v,T,S)_{t=0}=(u_0,v_0,T_0,S_0). \tag{6.1.4}$$

驱动噪声 $W(t)$ 是定义在概率空间 $(\Omega,\mathcal{F},P)$ 上的 Wiener 过程. 令 $\{e_i,\ i=1,2,\cdots\}$ 为 $-\Delta$ 的特征值 $0<\lambda_1\leqslant\lambda_2\leqslant\cdots$ 所对应的一组正交特征函数. 对于某个 $N\in\mathbb{N}$, 我们令 $QW(t)=\sum_{k=1}^N q_k\beta_k(t)e_k$, 其中 $\{\beta_k(t)\}$ 是一组独立的实值布朗运动. 因为这样定义的噪声只驱动系统前 N 个傅里叶模, 所以是一种本质椭圆型退化噪声.

原始方程的分析和研究可以追溯到 20 世纪九十年代. 关于确定原始方程的数学理论及研究背景我们建议读者参见 [38] 及其所附的参考文献. 我们所考虑的随机方程其实是 [20] 中方程的随机版本, 其随即在 [9] 中得到研究 (加性噪声情形) 并得到了 z-弱解. 之后 [12], [13] 研究了物理边界和非线性乘法噪声情形, 建立了全局逐路径解的存在唯一性. 值得一提的是, 对于三维情形, [4] 建立了全局逐路径强解的存在唯一性, [11] 得到了不变测度的存在性和正则性.

不过, 随机原始方程的理论依然需要进一步发展, 特别是需要建立一种一般的理论框架以描述和研究大气海洋过程的长时间行为. 从这个角度而言, 不变测度是后续研究工作起步的基础, 而唯一遍历性至关重要, 这也是本节的主要研究动机, 本节内容取自 [21].

定理 6.1.1 令 $\{\mathcal{P}_t\}$ 是地球物理学中大尺度海洋原始方程 (6.1.1) 所对应的转移半群, 则对充分大的 N, $\{\mathcal{P}_t\}_{t\geqslant 0}$ 存在唯一的不变测度.

用经典的 Krylov-Bogoliubov 平均化方法, 或者类似于 [11] 的证明 (较之更简单), 可以证明 (6.1.1) 所对应的转移半群不变测度的存在性. 然而, 不变测度的唯一性并不容易证明, 特别是对退化噪声驱动的无穷维系统更是如此. 基于 [17] 的工作, 我们采用的方法是尝试证明系统的转移半群兼具渐近强 Feller 性和不可约性. 因为确定方程的解随着时间趋于 0(由于耗散性), 所以不难证明随机方程具备不可约性. 因此本节将主要通过建立转移半群 $\mathcal{P}_t$ 的一种特殊的光滑性以证明渐近强 Feller 性.

6.1.1 预备知识和重要引理

不失一般性, 令所有的 γ_k 等于 1. 我们首先引入一些函数空间

$$H_1 := \left\{u; u \in L^2(D), \int_{-1}^0 udz = 0\right\},$$

$$V_1 := \left\{u; u \in H^1(D), \int_{-1}^0 udz = 0, u|_{b\bigcup l} = 0\right\},$$

$$V_2 := \left\{u; u \in H^1(D), u|_{b\bigcup l} = 0\right\}, \quad V_3 := \left\{u; u \in H^1(D), u|_b = 0\right\}.$$

$V := V_1 \times V_2 \times V_3 \times V_3$ 和 $H := H_1 \times L^2(D) \times L^2(D) \times L^2(D)$ 赋予通常的 Sobolev 范数. [9] 建立了原始方程 (6.1.1) 在 $C([0,T];H) \cap L^2([0,T];V)$ 空间中的逐路径 z-弱解的存在唯一性. 下面, 我们介绍一些关于各向异性空间的基本事实.

定义 6.1.1(各向异性空间[15]) 给定 $p, q \in [1, \infty]$, 如果 $u(x) \in L^q(-1,0)$ 且 $\|u(x,\cdot)\|_{L^q(-1,0)} \in L^p(0,1)$, 则称函数 u 属于 $L_x^p L_z^q(D)$. 进一步地, $L_x^p L_z^q(D)$ 的范数定义为

$$\|u\|_{L_x^p L_z^q(D)} = \|\|u(x,\cdot)\|_{L^q(-1,0)}\|_{L^p(0,1)}. \tag{6.1.5}$$

引理 6.1.1(两个各向异性不等式[15])

(1) $\|u\|^2_{L_x^\infty L_z^2(D)} \leqslant 2\|u_x\|_{L^2(D)}\|u\|_{L^2(D)}$, 当 $u|_l = 0$ 时;

(2) $\|u\|^2_{L_x^2 L_z^\infty(D)} \leqslant 2\|u_z\|_{L^2(D)}\|u\|_{L^2(D)}$, 当 $u|_b = 0$ 时.

进一步地,

(1′) $\|u\|^2_{L_x^2 L_z^\infty(D)} \leqslant C\|\nabla u\|_{(L^2(D))^2}\|u\|_{L^2(D)}$;

(2′) $\|u\|^2_{L_x^2 L_z^\infty(D)} \leqslant C\|\nabla u\|_{(L^2(D))^2}\|u\|_{L^2(D)}$.

我们需要下面的两个引理来建立指数阶的矩估计.

引理 6.1.2 存在正常数 C, κ 和 η_*, 使得对任意 $t > 0$ 和任意 $\eta \in (0, \eta_*]$, 成立

$$\begin{aligned}&\mathrm{E}\exp\{\eta(\|u\|^2 + \|v\|^2 + \kappa\|T\|^2 + \kappa\|S\|^2)\}\\ \leqslant\ & C_2\exp\{\eta e^{-t}(\|u_0\|^2 + \|v_0\|^2 + \kappa\|T_0\|^2 + \kappa\|S_0\|^2)\}.\end{aligned} \tag{6.1.6}$$

证明 由 Young 不等式, 存在 $\kappa > 0$ 使得

$$\left|\frac{1}{\varepsilon'}\int_{-1}^0\int_0^1\left(\int_x^0(\mu_1 T - \mu_2 S)\right)u_x dxdz\right| \leqslant \|u_x\|^2 + \kappa\|T\|^2 + \kappa\|S\|^2,$$

用 Itô 公式得到

$$\|u\|^2 + \|v\|^2 + \kappa\|T\|^2 + \kappa\|S\|^2$$

$$
\begin{aligned}
&\leqslant \|u_0\|^2+\|v_0\|^2+\kappa\|T_0\|^2+\kappa\|S_0\|^2-\int_0^t\big(\|\nabla u\|^2+\|\nabla v\|^2+\kappa\|\nabla T\|^2\\
&\quad+\kappa\|\nabla s\|^2\big)ds+4\varepsilon_0 t+2\int_0^t\langle u+v+\kappa S+\kappa T, QdW_s\rangle,
\end{aligned}
$$

其中 $\varepsilon_0=\mathrm{tr}QQ^*=\sum_{i=1}^N\dfrac{q_i^2}{\lambda_i}$ 是 $QW(t)$ 在 L^2 中的二次变差. 由 Gronwall 不等式和 Poincaré 不等式, 我们得到

$$
\begin{aligned}
&\|u\|^2+\|v\|^2+\kappa\|T\|^2+\kappa\|S\|^2\\
\leqslant\ & e^{-t}\big(\|u_0\|^2+\|v_0\|^2+\kappa\|T_0\|^2+\kappa\|S_0\|^2\big)\\
&-\int_0^t e^{-(t-s)}\big(\|u\|^2+\|v\|^2+\kappa\|T\|^2+\kappa\|S\|^2\big)ds\\
&+4\varepsilon_0+2\int_0^t e^{-(t-s)}\langle u+v+\kappa T+\kappa S, QdW_s\rangle.
\end{aligned}
$$

因为存在 $\alpha>0$, 使得 $\|u\|^2+\|v\|^2+\kappa\|T\|^2+\kappa\|S\|^2\geqslant\alpha\|Q^*(u+v+\kappa T+\kappa S)\|^2$, 所以由指数鞅不等式, 我们有

$$
\begin{aligned}
&P\Big\{\|u\|^2+\|v\|^2+\kappa\|T\|^2+\kappa\|S\|^2-e^{-t}\big(\|u_0\|^2+\|v_0\|^2+\kappa\|T_0\|^2+\kappa\|S_0\|^2\big)\\
&-4\varepsilon_0>\frac{2K}{\alpha}\Big\}\leqslant e^{-K}.
\end{aligned}
$$

注意到事实: 如果 $P(X\geqslant K)\leqslant e^{-K}$ 对所有的 $K>0$ 成立, 则 $\mathrm{E}X\leqslant 2$. 再令 $\eta_*=\dfrac{\alpha}{2}$ 和 $C_2=4e^{2\alpha\varepsilon_0}$ 即可完成证明. □

引理 6.1.3 *存在正常数 C, κ 和 η_*, 使得对所有 $t\geqslant s\geqslant 0$ 和 $\eta\leqslant\eta_*$, 成立*

$$
\begin{aligned}
&\mathrm{E}\exp\Big\{\eta\sup_{t\geqslant s}\big(\|u\|^2+\|v\|^2+\|T\|^2+\|S\|^2\big)\\
&+\frac{\eta}{2}\int_s^t\big(\|\nabla u\|^2+\|\nabla v\|^2+\|\nabla T\|^2+\|\nabla s\|^2\big)ds-4\eta\varepsilon_0(t-s)\Big\}\\
\leqslant\ & C\exp\Big\{\eta e^{-s}\big(\|u_0\|^2+\|v_0\|^2+\|T_0\|^2+\|S_0\|^2\big)\Big\}.
\end{aligned}
$$

证明 对引理 6.1.2 中同一个 κ, 任意 $\eta>0$, 用 Itô 公式得到

$$
\eta\big(\|u\|^2+\|v\|^2+\kappa\|T\|^2+\kappa\|S\|^2\big)
$$

$$
\begin{aligned}
&+\frac{\eta}{2}\int_s^t\left(\|\nabla u\|^2+\|\nabla v\|^2+\kappa\|\nabla T\|^2+\kappa\|\nabla S\|^2\right)dr-4\eta\varepsilon_0(t-s)\\
\leqslant&\,\eta\left(\|u_0\|^2+\|v_0\|^2+\kappa\|T_0\|^2+\kappa\|S_0\|^2\right)\\
&+2\eta\int_s^t e^{-(t-s)}\langle u+v+\kappa T+\kappa S,QdW_r\rangle dr\\
&-\frac{\eta}{2}\int_s^t\left(\|\nabla u\|^2+\|\nabla v\|^2+\kappa\|\nabla T\|^2+\kappa\|\nabla S\|^2\right)dr=:N(s,t).
\end{aligned}
$$

令 $M(s,t)=N(s,t)+\frac{\eta}{2}\int_s^t(\|\nabla u\|^2+\|\nabla v\|^2+\kappa\|\nabla T\|^2+\kappa\|\nabla s\|^2)dr$, 则 M 是一个连续的 L^2-鞅, 且对引理 6.1.2 中的 α, $N(s,t)\leqslant M(s,t)-\frac{\alpha}{8\eta}\langle M\rangle(s,t)$, 其中 $\langle M\rangle(s,t)$ 是 $M(s,t)$ 的二次变差. 由指数鞅不等式, 我们得到

$$
P(\sup_{t\geqslant s}N(s,t)\geqslant K|\mathcal{F}_s)\leqslant\exp\left(-\frac{\alpha K}{4\eta}\right).
$$

类似于引理 6.1.2 的证明, 令 $\eta_*=\frac{\alpha}{4}$ 则有

$$
\begin{aligned}
&\mathrm{E}\bigg[\exp\sup_{t\geqslant s}\eta\left(\|u\|^2+\|v\|^2+\kappa\|T\|^2+\kappa\|S\|^2\right)\\
&+\frac{\eta}{2}\int_s^t\left(\|\nabla u\|^2+\|\nabla v\|^2+\kappa\|\nabla T\|^2+\kappa\|\nabla S\|^2\right)dr-4\eta\varepsilon_0(t-s)|\mathcal{F}_s\bigg]\\
\leqslant&\,2e^{\|u\|^2+\|v\|^2+\kappa\|T\|^2+\kappa\|S\|^2}.
\end{aligned}
$$

先对两边取期望再应用引理 6.1.2 即可完成证明. □

6.1.2 渐近强 Feller 性

我们用 L_l^2 表示 $L^2(D)$ 的有限维 “低频” 子空间, 即 $L_l^2:=\mathrm{span}\{e_1,\cdots,e_N\}$, 用 L_h^2 表示 $L^2(D)$ 的 “高频” 子空间, 故成立直和分解: $L^2(D)=L_l^2\oplus L_h^2$. 与此分解相对应的投影算子分别为 $\pi_l:L^2(D)\to L_l^2$ 和 $\pi_h=I-\pi_l$. 对任意的 $u\in L^2(D)$, 记 $u_l:=\pi_l u$ 和 $u_h:=\pi_h u$.

渐近强 Feller 性可以通过下面的梯度不等式建立.

命题 6.1.1 令 $\{\mathcal{P}_t\}_{t\geqslant 0}$ 为原始方程 (6.1.1) 所对应的半群. 则存在依赖于 ε_0 的常数 $N_*\in\mathbb{N}$ 使得对任意 $\eta>0$, $(u_0,v_0,T_0,S_0)\in H$, 以及任意在 H 上的 Fréchet 可导函数 φ(满足 $\|\varphi\|_\infty,\|\nabla\varphi\|_\infty<\infty$), 成立

$$
\left\|\nabla\mathcal{P}_t(\varphi(u_0,v_0,T_0,S_0))\right\|
$$

$$\leqslant C\exp\left\{\eta(\|u_0\|^2+\|v_0\|^2+\|T_0\|^2+\|S_0\|^2)\right\}(\|\varphi\|_\infty+\|\nabla\varphi\|_\infty e^{-\delta t}). \quad (6.1.7)$$

证明 对任意的 $(\xi_1,\xi_2,\xi_3,\xi_4)\in H$(满足 $\|\xi_1\|=\|\xi_2\|=\|\xi_3\|=\|\xi_4\|=1$), 我们定义与之相对应的一个新元素 $(\varsigma_1,\varsigma_2,\varsigma_3,\varsigma_4)\in H$. 首先我们定义它的低频分量为

$$\varsigma_{1l}=\begin{cases}\xi_{1l}\cdot\left(1-\dfrac{t}{2\|\xi_{1l}\|}\right), & t\in[0,2\|\xi_{1l}\|],\\ 0, & t\in(2\|\xi_{1l}\|,\infty);\end{cases}$$

$$\varsigma_{2l}=\begin{cases}\xi_{2l}\cdot\left(1-\dfrac{t}{2\|\xi_{2l}\|}\right), & t\in[0,2\|\xi_{2l}\|],\\ 0, & t\in(2\|\xi_{2l}\|,\infty);\end{cases}$$

$$\varsigma_{3l}=\begin{cases}\xi_{3l}\cdot\left(1-\dfrac{t}{2\|\xi_{3l}\|}\right), & t\in[0,2\|\xi_{3l}\|],\\ 0, & t\in(2\|\xi_{3l}\|,\infty);\end{cases}$$

$$\varsigma_{4l}=\begin{cases}\xi_{4l}\cdot\left(1-\dfrac{t}{2\|\xi_{4l}\|}\right), & t\in[0,2\|\xi_{4l}\|],\\ 0, & t\in(2\|\xi_{4l}\|,\infty).\end{cases}$$

高频分量 $(\varsigma_{1h},\varsigma_{2h},\varsigma_{3h},\varsigma_{4h})$ 的定义方法是让其满足如下方程:

$$\begin{cases}\partial_t\varsigma_{1h}+\pi_h\left(\varsigma_1\dfrac{\partial u}{\partial x}+u\dfrac{\partial\varsigma_1}{\partial x}+\left(\displaystyle\int_z^0\dfrac{\partial\varsigma_1}{\partial x}\right)\dfrac{\partial u}{\partial z}+\left(\displaystyle\int_z^0\dfrac{\partial u}{\partial x}\right)\dfrac{\partial\varsigma_1}{\partial z}\right)\\ -\dfrac{1}{\varepsilon'}\varsigma_{2h}-\dfrac{1}{\varepsilon'}\displaystyle\int_z^0\left(\mu_1\dfrac{\partial\varsigma_{3h}}{\partial x}-\mu_2\dfrac{\partial\varsigma_{4h}}{\partial x}\right)=\gamma_1\Delta\varsigma_{1h},\\ \partial_t\varsigma_{2h}+\pi_h\left(\varsigma_1\dfrac{\partial v}{\partial x}+u\dfrac{\partial\varsigma_2}{\partial x}+\left(\displaystyle\int_z^0\dfrac{\partial\varsigma_1}{\partial x}\right)\dfrac{\partial v}{\partial z}+\left(\displaystyle\int_z^0\dfrac{\partial u}{\partial x}\right)\dfrac{\partial\varsigma_2}{\partial z}\right)+\dfrac{1}{\varepsilon'}\varsigma_{1h}\\ \quad=\gamma_2\Delta\varsigma_{2h},\\ \partial_t\varsigma_{3h}+\pi_h\left(\varsigma_1\dfrac{\partial T}{\partial x}+u\dfrac{\partial\varsigma_3}{\partial x}+\left(\displaystyle\int_z^0\dfrac{\partial\varsigma_1}{\partial x}\right)\dfrac{\partial T}{\partial z}+\left(\displaystyle\int_z^0\dfrac{\partial u}{\partial x}\right)\dfrac{\partial\varsigma_3}{\partial z}\right)=\gamma_3\Delta\varsigma_{3h},\\ \partial_t\varsigma_{4h}+\pi_h\left(\varsigma_1\dfrac{\partial S}{\partial x}+u\dfrac{\partial\varsigma_4}{\partial x}+\left(\displaystyle\int_z^0\dfrac{\partial\varsigma_1}{\partial x}\right)\dfrac{\partial S}{\partial z}+\left(\displaystyle\int_z^0\dfrac{\partial u}{\partial x}\right)\dfrac{\partial\varsigma_4}{\partial z}\right)=\gamma_4\Delta\varsigma_{4h}.\end{cases} \quad (6.1.8)$$

接下来, 我们断言存在常数 $\delta>0$ 和 $C>0$ 满足对所有 $\eta>0$ 和 $p\geqslant 1$, 成立

$$\mathrm{E}(\|\varsigma_1\|^p+\|\varsigma_2\|^p+\|\varsigma_3\|^p+\|\varsigma_4\|^p)$$

$$\leqslant C(1+\|\varsigma_{1h}\|^p+\|\varsigma_{2h}\|^p+\|\varsigma_{3h}\|^p+\|\varsigma_{4h}\|^p)e^{\eta(\|u_0\|^2+\|v_0\|^2+\|T_0\|^2+\|S_0\|^2)}e^{-\gamma t}. \tag{6.1.9}$$

事实上, 低频分量 $(\varsigma_{1l},\varsigma_{2l},\varsigma_{3l},\varsigma_{4l})$ 满足：当 $0\leqslant t\leqslant 2$ 时, $\|\varsigma_{1l}\|\leqslant 1$, $\|\varsigma_{2l}\|\leqslant 1$, $\|\varsigma_{3l}\|\leqslant 1$, $\|\varsigma_{4l}\|\leqslant 1$ 以及当 $t\geqslant 2$ 时, $\|\varsigma_{1l}\|=\|\varsigma_{2l}\|=\|\varsigma_{3l}\|=\|\varsigma_{4l}\|=0$. 特别地,

$$\mathrm{E}(\|\varsigma_{1l}\|^p+\|\varsigma_{2l}\|^p+\|\varsigma_{3l}\|^p+\|\varsigma_{4l}\|^p)\leqslant C. \tag{6.1.10}$$

对于高频分量 $(\varsigma_{1h},\varsigma_{2h},\varsigma_{3h},\varsigma_{4h})$, 我们有

$$\begin{aligned}
\frac{d}{dt}\|\varsigma_{1h}\|^2 = & -2\|\nabla\varsigma_{1h}\|^2-2\left\langle\varsigma_{1h},\pi_h\left(\varsigma_1\frac{\partial u}{\partial x}+u\frac{\partial\varsigma_1}{\partial x}+\left(\int_z^0\frac{\partial\varsigma_1}{\partial x}\right)\frac{\partial u}{\partial z}\right.\right.\\
&\left.\left.+\left(\int_z^0\frac{\partial u}{\partial x}\right)\frac{\partial\varsigma_1}{\partial z}\right)\right\rangle+\frac{2}{\varepsilon'}\langle\varsigma_{1h},\varsigma_{2h}\rangle+\frac{2}{\varepsilon'}\left\langle\int_z^0\left(\mu_1\frac{\partial\varsigma_{3h}}{\partial x}-\mu_2\frac{\partial\varsigma_{4h}}{\partial x}\right),\varsigma_{1h}\right\rangle,\\
\frac{d}{dt}\|\varsigma_{2h}\|^2 = & -2\|\nabla\varsigma_{2h}\|^2-2\left\langle\varsigma_{2h},\pi_h\left(\varsigma_1\frac{\partial v}{\partial x}+u\frac{\partial\varsigma_2}{\partial x}+\left(\int_z^0\frac{\partial\varsigma_1}{\partial x}\right)\frac{\partial v}{\partial z}\right.\right.\\
&\left.\left.+\left(\int_z^0\frac{\partial u}{\partial x}\right)\frac{\partial\varsigma_2}{\partial z}\right)\right\rangle-\frac{2}{\varepsilon'}\langle\varsigma_{1h},\varsigma_{2h}\rangle,\\
\frac{d}{dt}\|\varsigma_{3h}\|^2 = & -2\|\nabla\varsigma_{3h}\|^2-2\left\langle\varsigma_{3h},\pi_h\left(\varsigma_1\frac{\partial T}{\partial x}+u\frac{\partial\varsigma_3}{\partial x}\right.\right.\\
&\left.\left.+\left(\int_z^0\frac{\partial\varsigma_1}{\partial x}\right)\frac{\partial T}{\partial z}+\left(\int_z^0\frac{\partial u}{\partial x}\right)\frac{\partial\varsigma_3}{\partial z}\right)\right\rangle,\\
\frac{d}{dt}\|\varsigma_{4h}\|^2 = & -2\|\nabla\varsigma_{4h}\|^2-2\left\langle\varsigma_4,\pi_h\left(\varsigma_1\frac{\partial S}{\partial x}+u\frac{\partial\varsigma_4}{\partial x}\right.\right.\\
&\left.\left.+\left(\int_z^0\frac{\partial\varsigma_1}{\partial x}\right)\frac{\partial S}{\partial z}+\left(\int_z^0\frac{\partial u}{\partial x}\right)\frac{\partial\varsigma_4}{\partial z}\right)\right\rangle.
\end{aligned}$$

简单分解可得

$$\left|\left\langle 2\varsigma_{1h},\pi_h\varsigma_1\frac{\partial u}{\partial x}\right\rangle\right|\leqslant\left|\left\langle 2\varsigma_{1h},\varsigma_{1l}\frac{\partial u}{\partial x}\right\rangle\right|+\left|\left\langle 2\varsigma_{1h},\varsigma_{1h}\frac{\partial u}{\partial x}\right\rangle\right|.$$

由 Hölder 不等式,

$$\left|\left\langle 2\varsigma_{1h},\varsigma_{1l}\frac{\partial u}{\partial x}\right\rangle\right|\leqslant C\|\nabla\varsigma_{1l}\|\|\varsigma_{1h}\|\|\nabla u\|\leqslant C(\eta)\|\nabla\varsigma_{1l}\|^2+\eta\|\varsigma_{1h}\|^2\|\nabla u\|^2.$$

由各向异性不等式 (参见引理 6.1.1), 可得

$$\left|\left\langle 2\varsigma_{1h},\varsigma_{1h}\frac{\partial u}{\partial x}\right\rangle\right|\leqslant\left|2\int_{-1}^0\int_0^1\varsigma_{1h}\frac{\partial u}{\partial x}\varsigma_{1h}dxdz\right|$$

$$
\begin{aligned}
&\leqslant C\int_0^1 \|\varsigma_{1h}\|_{L_z^2}\|\nabla\varsigma_{1h}\|_{L_z^2}\|u\|_{L_z^\infty}\\
&\leqslant C\|\varsigma_{1h}\|_{L_x^\infty L_z^2}\|\nabla\varsigma_{1h}\|\|u\|_{L_x^2L_z^\infty}\\
&\leqslant C\|\nabla\varsigma_{1h}\|^{\frac{3}{2}}\|\varsigma_{1h}\|^{\frac{1}{2}}\|u_z\|^{\frac{1}{2}}\|u\|^{\frac{1}{2}}\\
&\leqslant C(\eta)\|u_z\|^{\frac{7}{12}}\|u\|^{\frac{1}{4}}\|\varsigma_{1h}\|^{\frac{1}{4}}\|\nabla\varsigma_{1h}\|^{\frac{7}{4}}+\eta\|\nabla u\|^2\|\varsigma_{1h}\|^2\\
&\leqslant \frac{1}{9}\|\nabla\varsigma_{1h}\|^2+C(\eta)\|u_z\|^{\frac{14}{3}}\|u\|^2\|\varsigma_{1h}\|^2+\eta\|\nabla u\|^2\|\varsigma_{1h}\|^2\\
&\leqslant \frac{1}{9}\|\nabla\varsigma_{1h}\|^2+C(\eta)\|\varsigma_{1h}\|^2+\eta\|\nabla u\|^2\|\varsigma_{1h}\|^2.
\end{aligned}
$$

由 Hölder 不等式,

$$
\left|\left\langle 2\varsigma_{1h},\pi_h u\frac{\partial\varsigma_1}{\partial x}\right\rangle\right|\leqslant C\|\nabla\varsigma_{1l}\|\|\varsigma_{1h}\|\|\nabla u\|\leqslant C(\eta)\|\nabla\varsigma_{1l}\|^2+\eta\|\varsigma_{1h}\|^2\|\nabla u\|^2.
$$

再用各向异性不等式, 我们得到

$$
\begin{aligned}
&\left|\int_{-1}^0\int_0^1\left(\int_z^0\frac{\partial u}{\partial x}\right)\frac{\partial\varsigma_{1l}}{\partial z}\varsigma_{1h}\right|\\
\leqslant&\int_0^1\left\|\int_z^0\frac{\partial u}{\partial x}\right\|_{L_z^\infty}\|\partial\varsigma_{1l}\|_{L_z^2}\|\varsigma_{1h}\|_{L_z^2}\\
\leqslant&\left\|\int_z^0\frac{\partial u}{\partial x}\right\|_{L_x^2L_z^\infty}\|\partial\varsigma_{1l}\|_{L_x^2L_z^2}\|\varsigma_{1h}\|_{L_x^\infty L_z^2}\\
\leqslant&\|\nabla u\|\|\nabla\varsigma_{1l}\|\|\nabla\varsigma_{1h}\|^{\frac{1}{2}}\|\varsigma_{1h}\|^{\frac{1}{2}}\\
\leqslant&\frac{1}{9}\|\nabla\varsigma_{1h}\|^2+C(\eta)\|\nabla u\|^{\frac{4}{3}}\|\nabla\varsigma_{1h}\|^{\frac{4}{3}}\|\varsigma_{1h}\|^{\frac{2}{3}}\\
\leqslant&\frac{1}{9}\|\nabla\varsigma_{1h}\|^2+C(\eta)(\|\nabla u\|^2+1)\|\nabla\varsigma_{1l}\|^2+\eta\|\varsigma_{1h}\|^2\|\nabla u\|^2,
\end{aligned}
$$

以及

$$
\begin{aligned}
&\left|\int_{-1}^0\int_0^1\left(\int_z^0\frac{\partial\varsigma_{1h}+\varsigma_{1l}}{\partial x}\right)\frac{\partial u}{\partial z}\varsigma_{1h}\right|\\
\leqslant&\int_0^1\left\|\int_z^0\frac{\partial\varsigma_{1h}+\varsigma_{1l}}{\partial x}\right\|_{L_z^\infty}\|\varsigma_{1h}\|_{L_z^2}\|u_z\|_{L_z^2}\\
\leqslant&\left\|\int_z^0\frac{\partial\varsigma_{1h}+\varsigma_{1l}}{\partial x}\right\|_{L_x^2L_z^\infty}\|\varsigma_{1h}\|_{L_x^\infty L_z^2}\|u_z\|
\end{aligned}
$$

$$\leqslant \left\|\partial_z \int_z^0 \frac{\partial \varsigma_{1h}+\varsigma_{1l}}{\partial x}\right\|^{\frac{1}{2}} \left\|\int_z^0 \frac{\partial \varsigma_{1h}+\varsigma_{1l}}{\partial x}\right\|^{\frac{1}{2}} \|\nabla\varsigma_{1h}\|^{\frac{1}{2}}\|\varsigma_{1h}\|^{\frac{1}{2}}\|u_z\|$$

$$\leqslant \|\nabla(\varsigma_{1h}+\varsigma_{1l})\|\|\nabla\varsigma_{1h}\|^{\frac{1}{2}}\|\varsigma_{1h}\|^{\frac{1}{2}}\|u_z\|$$

$$\leqslant \|\nabla\varsigma_{1l}\|\|\nabla\varsigma_{1h}\|^{\frac{1}{2}}\|\varsigma_{1h}\|^{\frac{1}{2}}\|u_z\| + \|\nabla\varsigma_{1h}\|^{\frac{3}{2}}\|\varsigma_{1h}\|^{\frac{1}{2}}\|u_z\|$$

$$\leqslant \frac{1}{9}\|\nabla\varsigma_{1h}\|^2 + C\|\nabla\varsigma_{1l}\|^{\frac{4}{3}}\|\varsigma_{1h}\|^{\frac{2}{3}}\|u_z\|^{\frac{4}{3}}$$

$$+C(\eta)\|u_z\|^{\frac{5}{6}}\|\nabla\varsigma_{1h}\|^{\frac{7}{4}}\|\varsigma_{1h}\|^{\frac{1}{4}} + \frac{\eta}{2}\|\nabla u\|^2\|\varsigma_{1h}\|^2$$

$$+\frac{1}{9}\|\nabla\varsigma_{1h}\|^2 + C(\eta)\|\nabla\varsigma_{1l}\|^2 + C(\eta)\|u_z\|^{\frac{20}{3}}\|\varsigma_{1h}\|^2 + \eta\|\nabla u\|^2\|\varsigma_{1h}\|^2.$$

再用 Hölder 不等式,

$$\left|\frac{2}{\varepsilon'}\int_{-1}^0\int_0^1\left(\int_z^0 \mu_1\varsigma_{3h}-\mu_2\varsigma_{4h}\right)\partial_x\varsigma_{1h}dxdz\right| \leqslant \frac{1}{9}\|\nabla\varsigma_{1h}\|^2 + C\|\varsigma_{3h}\|^2 + C\|\varsigma_{4h}\|^2.$$

与 ς_{1h} 的估计类似, 我们继续得到

$$\left|\left\langle 2\varsigma_{2h}, \varsigma_{1l}\frac{\partial v}{\partial x}\right\rangle\right| \leqslant C(\eta)\|\nabla\varsigma_{1l}\|^2 + \eta\|\varsigma_{2h}\|^2\|\nabla v\|^2,$$

$$\left|\left\langle 2\varsigma_{2h}, \varsigma_{1h}\frac{\partial v}{\partial x}\right\rangle\right| \leqslant \frac{1}{3}\|\nabla\varsigma_{2h}\|^2 + \frac{1}{9}\|\nabla\varsigma_{1h}\|^2 + C(\eta)\|\varsigma_{1h}\|^2 + \eta\|\nabla v\|^2\|\varsigma_{1h}\|^2,$$

$$\left|\left\langle 2\varsigma_{2h}, u\frac{\partial \varsigma_2}{\partial x}\right\rangle\right| \leqslant C(\eta)\|\nabla\varsigma_{2l}\|^2 + \eta\|\varsigma_{2h}\|^2\|\nabla u\|^2,$$

$$\left|\int_{-1}^0\int_0^1\left(\int_z^0 \frac{\partial u}{\partial x}\right)\frac{\partial\varsigma_{2l}}{\partial z}\varsigma_{2h}\right| \leqslant \frac{1}{3}\|\nabla\varsigma_{2h}\|^2 + C(\eta)(\|\nabla u\|^2+1)\|\nabla\varsigma_{2l}\|^2 + \eta\|\nabla u\|^2\|\varsigma_{2h}\|^2,$$

和

$$\left|\int_{-1}^0\int_0^1\left(\int_z^0 \frac{\partial\varsigma_{1h}+\varsigma_{1l}}{\partial x}\right)\frac{\partial v}{\partial z}\varsigma_{2h}\right|$$
$$\leqslant \frac{1}{3}\|\nabla\varsigma_{2h}\|^2 + \frac{1}{9}\|\nabla\varsigma_{1h}\|^2 + C(\eta)\|\nabla\varsigma_{1l}\|^2 + \eta\|\nabla v\|^2\|\varsigma_{2h}\|^2 + C(\eta)\|v_z\|^2\|\varsigma_{2h}\|^2.$$

类似地,

$$\left|\left\langle 2\varsigma_{3h}, \pi_h\varsigma_1\frac{\partial T}{\partial x}\right\rangle\right| \leqslant \frac{1}{3}\|\nabla\varsigma_{3h}\|^2 + \frac{1}{9}\|\nabla\varsigma_{1h}\|^2 + C(\eta)\|\varsigma_{1h}\|^2$$

$$+ C(\eta)\|\varsigma_{1l}\|^2 + \eta\|\nabla T\|^2(\|\varsigma_{1h}\|^2 + \|\varsigma_{3h}\|^2),$$

$$\left|\left\langle 2\varsigma_{3h}, u\frac{\partial \varsigma_3}{\partial x}\right\rangle\right| \leqslant C(\eta)\|\nabla \varsigma_{3l}\|^2 + \eta\|\varsigma_{3h}\|^2\|\nabla u\|^2,$$

$$\left|\int_{-1}^0\int_0^1 \left(\int_z^0 \frac{\partial u}{\partial x}\right)\frac{\partial \varsigma_{3l}}{\partial z}\varsigma_{3h}\right| \leqslant \frac{1}{3}\|\nabla \varsigma_{3h}\|^2 + C(\eta)(\|\nabla u\|^2+1)\|\nabla \varsigma_{3l}\|^2$$
$$+ \eta\|\nabla u\|^2\|\varsigma_{3h}\|^2,$$

$$\left|\int_{-1}^0\int_0^1 \left(\int_z^0 \frac{\partial \varsigma_{1h}+\varsigma_{1l}}{\partial x}\right)\frac{\partial T}{\partial z}\varsigma_{3h}\right|$$
$$\leqslant \frac{1}{3}\|\nabla \varsigma_{3h}\|^2 + \frac{1}{9}\|\nabla \varsigma_{1h}\|^2 + C(\eta)\|\nabla \varsigma_{1l}\|^2 + \eta\|\nabla T\|^2\|\varsigma_{3h}\|^2 + C(\eta)\|T_z\|^2\|\varsigma_{3h}\|^2,$$

以及

$$\left|\left\langle 2\varsigma_{4h}, \pi_h\varsigma_1\frac{\partial S}{\partial x}\right\rangle\right|$$
$$\leqslant \frac{1}{3}\|\nabla \varsigma_{4h}\|^2 + \frac{1}{9}\|\nabla \varsigma_{1h}\|^2 + C(\eta)\|\varsigma_{1l}\|^2 + C(\eta)\|\varsigma_{1h}\|^2 + \eta\|\nabla S\|^2(\|\varsigma_{1h}\|^2 + \|\varsigma_{4h}\|^2),$$

$$\left|\left\langle 2\varsigma_{4h}, u\frac{\partial \varsigma_4}{\partial x}\right\rangle\right| \leqslant C(\eta)\|\nabla \varsigma_{4l}\|^2 + \eta\|\varsigma_{4h}\|^2\|\nabla u\|^2,$$

$$\left|\int_{-1}^0\int_0^1 \left(\int_z^0 \frac{\partial u}{\partial x}\right)\frac{\partial \varsigma_{4l}}{\partial z}\varsigma_{4h}\right| \leqslant \frac{1}{3}\|\nabla \varsigma_{4h}\|^2 + C(\eta)(\|\nabla u\|^2+1)\|\nabla \varsigma_{4l}\|^2$$
$$+ \eta\|\nabla u\|^2\|\varsigma_{4h}\|^2,$$

$$\left|\int_{-1}^0\int_0^1 \left(\int_z^0 \frac{\partial \varsigma_{1h}+\varsigma_{1l}}{\partial x}\right)\frac{\partial S}{\partial z}\varsigma_{4h}\right|$$
$$\leqslant \frac{1}{3}\|\nabla \varsigma_{4h}\|^2 + \frac{1}{9}\|\nabla \varsigma_{1h}\|^2 + C(\eta)\|\nabla \varsigma_{1l}\|^2 + \eta\|\nabla S\|^2\|\varsigma_{4h}\|^2 + C(\eta)\|S_z\|^2\|\varsigma_{4h}\|^2.$$

将上述不等式结合, 则有

$$\frac{d}{dt}(\|\varsigma_{1h}\|^2 + \|\varsigma_{2h}\|^2 + \|\varsigma_{3h}\|^2 + \|\varsigma_{4h}\|^2)$$
$$\leqslant -\big(\lambda_N - C(\eta) - \eta(\|\nabla u\|^2 + \|\nabla v\|^2 + \|\nabla T\|^2$$
$$+ \|\nabla S\|^2)\big)(\|\varsigma_{1h}\|^2 + \|\varsigma_{2h}\|^2 + \|\varsigma_{3h}\|^2$$
$$+ \|\varsigma_{4h}\|^2) + C(\eta)(1 + \|\nabla u\|^2 + \|\nabla v\|^2 + \|\nabla T\|^2 + \|\nabla S\|^2)$$

$$\times (\|\varsigma_{1l}\|^2+\|\varsigma_{2l}\|^2+\|\varsigma_{3l}\|^2+\|\varsigma_{4l}\|^2).$$

对此应用 Gronwall 不等式,

$$\begin{aligned}
&\|\varsigma_{1h}\|^2+\|\varsigma_{2h}\|^2+\|\varsigma_{3h}\|^2+\|\varsigma_{4h}\|^2\\
\leqslant\ &(\|\varsigma_{1h}(0)\|^2+\|\varsigma_{2h}(0)\|^2+\|\varsigma_{3h}(0)\|^2+\|\varsigma_{4h}(0)\|^2)\\
&\times\exp\left\{(-\lambda_N+C)t+\eta\int_0^t(\|\nabla u\|^2+\|\nabla v\|^2+\|\nabla T\|^2+\|\nabla S\|^2)ds\right\}\\
&+C\exp\left\{(-\lambda_N+C)(t-2)+\eta\int_0^t(\|\nabla u\|^2+\|\nabla v\|^2+\|\nabla T\|^2+\|\nabla S\|^2)ds\right\}\\
&\times\int_0^2(1+\|\nabla u\|^2+\|\nabla v\|^2+\|\nabla T\|^2+\|\nabla S\|^2),
\end{aligned}$$

这里我们用到了：当 $0\leqslant t\leqslant 2$ 时, $\|\varsigma_{kl}\|\leqslant 1$ 以及当 $t\geqslant 2$ 时 $\|\varsigma_{kl}\|=0$. 注意到当 $N\to\infty$ 时 $\lambda_N\to\infty$, 所以由引理 6.1.3 我们得到 (6.1.9).

为了完成证明, 我们还要建立估计 $\int_0^t \mathrm{E}(\|a\|^2+\|b\|^2+\|c\|^2+\|d\|^2)dt\leqslant Ce^{C(\|u_0\|^2+\|v_0\|^2+\|T_0\|^2+\|S_0\|^2)}$, 其中

$$a(t)=Q^{-1}G_{1t},\quad b(t)=Q^{-1}G_{2t},\quad c(t)=Q^{-1}G_{3t},\quad d(t)=Q^{-1}G_{4t},$$

以及

$$\begin{aligned}
G_{1t}=&\frac{\varsigma_{1l}}{2\|\varsigma_{1l}\|_1}-\Delta\varsigma_{1l}-\pi_l\left(\varsigma_1\frac{\partial u}{\partial x}+u\frac{\partial\varsigma_1}{\partial x}+\left(\int_z^0\frac{\partial\varsigma_1}{\partial x}\right)\frac{\partial u}{\partial z}+\left(\int_z^0\frac{\partial u}{\partial x}\right)\frac{\varsigma_1}{\partial z}\right),\\
&-\frac{1}{\varepsilon'}\varsigma_{2l}-\frac{1}{\varepsilon'}\int_z^0\left(\mu_1\frac{\partial\varsigma_{3l}}{\partial x}-\mu_2\frac{\partial\varsigma_{4l}}{\partial x}\right),\\
G_{2t}=&\frac{\varsigma_{2l}}{2\|\varsigma_{2l}\|_1}-\Delta\varsigma_{2l}-\pi_l\Bigg(\varsigma_1\frac{\partial v}{\partial x}+u\frac{\partial\varsigma_2}{\partial x}+\left(\int_z^0\frac{\partial\varsigma_1}{\partial x}\right)\frac{\partial v}{\partial z}\\
&+\left(\int_z^0\frac{\partial u}{\partial x}\right)\frac{\partial\varsigma_2}{\partial z}\Bigg)+\frac{1}{\varepsilon'}\varsigma_{1l},\\
G_{3t}=&\frac{\varsigma_{3l}}{2\|\varsigma_{3l}\|_1}-\Delta\varsigma_{3l}-\pi_l\left(\varsigma_1\frac{\partial T}{\partial x}+u\frac{\partial\varsigma_3}{\partial x}+\left(\int_z^0\frac{\partial\varsigma_1}{\partial x}\right)\frac{\partial T}{\partial z}+\left(\int_z^0\frac{\partial u}{\partial x}\right)\frac{\partial\varsigma_3}{\partial z}\right),\\
G_{4t}=&\frac{\varsigma_{4l}}{2\|\varsigma_{4l}\|_1}-\Delta\varsigma_{4l}-\pi_l\left(\varsigma_1\frac{\partial T}{\partial x}+u\frac{\partial\varsigma_4}{\partial x}+\left(\int_z^0\frac{\partial\varsigma_1}{\partial x}\right)\frac{\partial T}{\partial z}+\left(\int_z^0\frac{\partial u}{\partial x}\right)\frac{\partial\varsigma_4}{\partial z}\right).
\end{aligned}$$

事实上, 这里的 (a,b,c,d) 恰好满足特定的近似控制问题. 为此, u 在 a 方向上的 Malliavin 导数正好等于 $D\xi_1-\varsigma_1$, 而 b,c,d 也是用类似的方法确定的.

由 Sobolev 嵌入定理,

$$\|\Delta\varsigma_{kl}\| \leqslant \lambda_N^2\|\varsigma_{kl}\| \leqslant C_N\|\varsigma_k\|, \quad k=1,2,3,4.$$

因此, 由 Hölder 不等式、(6.1.9) 和引理 6.1.3 可得：对所有 $s\geqslant 0$, 成立

$$\begin{aligned}
&\mathrm{E}(\|a\|^2+\|b\|^2+\|c\|^2+\|d\|^2)\\
\leqslant & C\mathrm{E}(\|G_{1s}\|^2+\|G_{2s}\|^2+\|G_{3s}\|^2+\|G_{4s}\|^2)\\
\leqslant & C_N\big\{1_{s\leqslant 2}+(\mathrm{E}(\|\varsigma_1\|^4+\|\varsigma_2\|^4+\|\varsigma_3\|^4\\
&+\|\varsigma_4\|^4))^{\frac12}(\mathrm{E}\|u\|^4+\|v\|^4+\|T\|^4+\|S\|^4)^{\frac12}\big\}\\
\leqslant & Ce^{C(\|u_0\|^2+\|v_0\|^2+\|T_0\|^2+\|S_0\|^2)}.
\end{aligned}$$

因为 $a_{[0,t]}$, $b_{[0,t]}$, $c_{[0,t]}$ 和 $d_{[0,t]}$ 关于 Wiener 路径是适应的, 我们得到

$$\begin{aligned}
&\mathrm{E}\left(\left|\int_0^t adW_s\right|+\left|\int_0^t bdW_s\right|+\left|\int_0^t cdW_s\right|+\left|\int_0^t ddW_s\right|\right)\\
\leqslant & Ce^{C(\|u_0\|^2+\|v_0\|^2+\|T_0\|^2+\|S_0\|^2)}.
\end{aligned} \tag{6.1.11}$$

最后, 我们完成 (6.1.7) 的证明. 事实上, 由链式法则和分部积分公式 (参见 [17]) 有

$$\begin{aligned}
&\big\langle\nabla\mathcal{P}_t\varphi(u_0,v_0,T_0,S_0),(\xi_1,\xi_2,\xi_3,\xi_4)\big\rangle\\
\leqslant & \|\varphi\|_\infty\mathrm{E}\Big(\Big|\int_0^t adW_s\Big|+\Big|\int_0^t bdW_s\Big|+\Big|\int_0^t cdW_s\Big|+\Big|\int_0^t ddW_s\Big|\Big)\\
&+\|\nabla\varphi\|_\infty\mathrm{E}(\|\varsigma_1\|+\|\varsigma_2\|+\|\varsigma_3\|+\|\varsigma_4\|).
\end{aligned}$$

再结合 (6.1.9) 和 (6.1.11) 即可完成证明. □

6.2 亚椭圆型退化噪声驱动的 Ginzburg-Laudau 方程的遍历性

这一节考虑定义在环面 $\mathbb{T}=R/2\pi Z$ 上, 布朗运动驱动的随机实 Ginzburg-Landau 方程的遍历性

$$\begin{cases}
dU-\dfrac{\partial^2 U}{\partial z^2}dt-(U-U^3)dt=\displaystyle\sum_{k\in\mathcal{Z}_0}\beta_k e_k dW_k(t),\\
U|_{t=0}=U_0,
\end{cases} \tag{6.2.1}$$

其中 $U:[0,\infty)\times\mathbb{T}\to R$, $\mathcal{Z}_0$ 是 $Z_*=Z\setminus\{0\}$ 的某个子集, $\{\beta_k\}_{k\in Z_0}$ 是非负常数, $\{W_k(t)\}_{k\in Z}$ 是一组定义在滤子概率空间 $(\Omega,\mathcal{F},\{\mathcal{F}_t\},P)$ 上的一维实值独立同分布的布朗运动, 以及

$$e_k(z)=\begin{cases}\sin(kz), & k\in Z\cap[1,\infty), z\in\mathbb{T},\\ \cos(kz), & k\in Z\cap(-\infty,-1], z\in\mathbb{T}.\end{cases}$$

本节主要考虑随机噪声为极度退化的情形 (甚至只驱动寥寥几个傅里叶模), 此类噪声也称为亚椭圆型噪声 (hypo-ellipticity). 本节内容取自文 [37]. 此类研究工作并不多见, 值得一提的是下面的文献:

- Hairer 和 Mattingly[17, 18] 主要考虑环面上退化加性噪声驱动的随机二维 Navier-Stokes 方程. 他们用 Malliavin 分析建立了涡度形式的二维 Navier-Stokes 方程不变测度的遍历性和混合性, 而退化噪声甚至可以只驱动四个方向.
- Földes 等[10] 研究了随机 Boussinesq 方程组

$$\begin{cases}du+(u\cdot\nabla u)dt=(-\nabla p+\nu_1\Delta u+\mathbf{g}\theta)dt, \quad \nabla\cdot u=0,\\ d\theta+(u\cdot\nabla\theta)dt=\nu_2\Delta\theta dt+\sigma_\theta dW,\end{cases}\tag{6.2.2}$$

其中 $u=(u_1,u_2)$ 是速度场, θ 是温度, $\mathbf{g}=(0,g)^{\mathrm{T}}(g\neq 0$ 是个常数). 他们考虑了方程 (6.2.2) 的涡度形式,

$$\begin{cases}d\omega+(u\cdot\nabla\omega-\nu_1\Delta\omega)=g\partial_x\theta dt,\\ d\theta+(u\cdot\nabla\theta-\nu_2\Delta\theta)=\sigma_\theta dW.\end{cases}\tag{6.2.3}$$

他们对只在 θ 的四个方向上噪声驱动的方程 (6.2.3) 建立了指数混合性.

他们的研究工作被视为是这一领域重要的突破 (参见 [10], [17], [19]), 使得高度退化噪声 (本质椭圆型) 驱动的无穷维系统的研究理论得到重要的发展. 然而, 整个理论还远未成熟, 特别是难以应用. 与有限维系统不同, Malliavin 矩阵的可逆性难以证明, 且它的像也是难以刻画的. 为此专家考虑利用湍流系统的结构, 即无穷维湍流系统其实只有有限个不稳定方向, 因此只证明 Malliavin 矩阵在某些扩张锥上具有小特征值是可行的.

与 [10], [17] 相比, 我们利用了方程 (6.2.1) 的特殊结构直接对方程的速度形式处理, 而不必转化为涡度形式. 事实上, 令 U_t 为方程 (6.2.2) 或 (6.2.3) 的解, $\mathcal{J}_{0,t}\xi=DU_t(x)\xi$ 为 U_t 的一个无穷小扰动 (其实是在 ξ 方向扰动初值), 则 [10],

[17] 考虑方程的涡度形式是为了估计 $\mathrm{E}\|\mathcal{J}_{0,t}\xi\|^p < \infty$. 而对于方程 (6.2.1), 我们可以直接得到这个估计.

最后我们介绍几个关于实 Ginzburg-Landau 方程的重要工作.

- 对于布朗运动驱动的随机实 Ginzburg-Landau 方程, Hairer 建立了方程 (6.2.1) 的解的指数混合性，见 [16, Section 6]，他们考虑的噪声可以只驱动有限个方向, 但是要足够多, 其实就是本质椭圆噪声.
- Xu[45] 在一定的条件下证明了 α-稳定噪声驱动的随机实 Ginzburg-Landau 方程存在唯一的不变测度. 他们考虑的噪声是非退化的.
- Mourrat 和 Weber[33] 建立了环面上动力学 Φ_3^4 模型与初值无关的先验估计. Φ_3^4 模型是指如下的随机偏微分方程

$$
\begin{cases}
\partial_t X = \Delta X - X^3 + mX + \xi, \quad \text{在 } R^+ \times [-1,1]^3 \text{ 内}, \\
X(0,\cdot) = X_0,
\end{cases}
$$

其中 ξ 是 $R_+ \times [-1,1]^3$ 上的白噪声, $m \in R$ 是参数.

6.2.1 主要结果

$\mathbb{T} = R/2\pi Z$ 上赋予通常的黎曼度量, 令 dz 表示 $\mathbb{T}$ 上的勒贝格测度. 则

$$
H := \left\{ \xi \in L^2(\mathbb{T}, R); \int_{\mathbb{T}} \xi(z)dz = 0 \right\}
$$

是一个可分的实希尔伯特空间, 其内积为

$$
\langle \xi, \eta \rangle = \int_{\mathbb{T}} \xi(z)\eta(z)dz, \qquad \forall \xi, \eta \in H,
$$

及范数为 $\|\xi\| = \langle \xi, \xi \rangle^{1/2}$.

注意到

$$
\{e_k : k \in Z_*\}
$$

是 H 上的一组正交基. 对任意 $x \in H$, 显然成立

$$
x = \sum_{k \in Z_*} x_k e_k.
$$

令 $\Delta = \dfrac{\partial^2}{\partial z^2}$ 为 H 上的拉普拉斯算子, 则

$$
\Delta e_k = -\gamma_k e_k, \quad \text{其中 } k \in Z_*, \gamma_k = |k|^2. \tag{6.2.4}
$$

对于 $\sigma > 0$, 我们定义

$$
\begin{aligned}
A &:= -\Delta, \\
H^{\sigma} = H^{\sigma,2}(\mathbb{T}) &:= \left\{ x \in H : x = \sum_{k \in Z_*} x_k e_k,\ \text{且}\ \|x\|_{H^{\sigma}}^2 := \sum_{k \in Z_*} (1+\gamma_k)^{\sigma} |x_k|^2 < \infty \right\}, \\
D(A^{\sigma}) &:= \left\{ x \in H : x = \sum_{k \in Z_*} x_k e_k,\ \text{且}\ \|x\|_{D(A^{\sigma})}^2 := \sum_{k \in Z_*} |\gamma_k|^{2\sigma} |x_k|^2 < \infty \right\}, \\
V^{\sigma} &:= \left\{ x \in D(A^{\sigma/2}), \text{且}\ \|x\|_{\sigma} := \|x\|_{D(A^{\sigma/2})} < \infty \right\}.
\end{aligned}
$$

对 $\sigma > 0$, 我们用 $H^{-\sigma}$ 表示 H^{σ} 的对偶空间. 为简便起见, 记 $V = V^1$.

令 $N(U) = -U + U^3$ 和

$$
F(U) = -AU - N(U) = \Delta U + U - U^3.
$$

令 $\{\theta_k\}_{k \in \mathcal{Z}_0}$ 为 $R^{|\mathcal{Z}_0|}$ 的标准基, 其中 $|\mathcal{Z}_0|$ 表示集合 $\mathcal{Z}_0$ 所包含的元素个数. 定义线性映射 $G : R^{|\mathcal{Z}_0|} \to H$ 为

$$
G\theta_k = \beta_k e_k, \tag{6.2.5}
$$

其中 $\{\beta_k\}_{k \in \mathcal{Z}_0}$ 是方程 (6.2.1) 中的非零常数. 我们所考虑的随机力为

$$
GdW_t = \sum_{k \in \mathcal{Z}_0} \beta_k e_k dW_k(t),
$$

则方程 (6.2.1) 可以改写成

$$
dU = F(U)dt + GdW, \quad U|_{t=0} = U_0.
$$

对任意 $n \geqslant 1$, 递归地定义 $\mathcal{Z}_n$ 如下:

$$
\mathcal{Z}_n := \{k + \ell + m :\ k \in \mathcal{Z}_{n-1}, \ell, m \in \mathcal{Z}_0\}. \tag{6.2.6}
$$

在本节中主要做如下假设

假设 6.2.1 (i) 如果 $k \in \mathcal{Z}_0$, 则 $-k \in \mathcal{Z}_0$;

(ii) $\cup_{n=0}^{\infty} \mathcal{Z}_n = Z_*$;

(iii) $|\mathcal{Z}_0| < \infty$.

为了度量平衡态的收敛性, 我们引入 H 上的度量函数

$$
d(x, y) = 1 \wedge \delta^{-1} \|x - y\|, \tag{6.2.7}
$$

其中 δ 是个在后面会调整的小参数. 度量 (6.2.7) 可以自然地拓展成概率测度上的 Wasserstein 度量, 即

$$d(\mu_1,\mu_2)=\sup_{\|\Phi\|_d\leqslant 1}\left|\int_H \Phi(x)\mu(dx)-\int_H \Phi(x)\nu(dx)\right|,$$

其中 $\|\Phi\|_d$ 表示 Φ 在度量 d 下的 Lipschitz 常数.

方程 (6.2.1) 的转移函数为

$$P_t(U_0,E)=P(U(t,U_0)\in E),\quad \forall U_0\in H,\ E\in\mathcal{B}(H),\ t\geqslant 0, \tag{6.2.8}$$

其中 $\mathcal{B}(H)$ 是 H 上的 Borel 集合, $U(t,U_0)$ 是初值为 $U_0\in H$ 的方程 (6.2.1) 的解. 与此相对应, 我们定义马尔科夫半群 $\{P_t\}_{t\geqslant 0}$ $(P_t: M_b(H)\to M_b(H))$ 为

$$P_t\Phi(U_0):=\mathrm{E}\Phi(U(t,U_0))=\int_H \Phi(\bar{U})P_t(U_0,d\bar{U}),\quad \forall\Phi\in M_b(H),\ t\geqslant 0, \tag{6.2.9}$$

其中 $M_b(H)$ 是 H 上的有界可测函数空间. 令 $C_b(H)$ 为 H 上的有界连续实值函数空间, $\mathrm{Pr}(H)$ 为 H 上的 Borel 概率测度组成的集合, P_t 的对偶算子 P_t^* 是 $\mathrm{Pr}(H)$ 上的自映射, 定义为对 $\mu\in\mathrm{Pr}(H)$,

$$P_t^*\mu(A):=\int_H P_t(U_0,A)d\mu(U_0). \tag{6.2.10}$$

下面我们给出本节的主要结果.

定理 6.2.1 *如果假设 6.2.1 成立, 则系统 (6.2.1) 存在唯一的不变测度 μ_*, 而且对任意 $t\geqslant 0$, 算子 P_t 关于 μ_* 是遍历的.*

附注 其实, 可以进一步证明系统 (6.2.1) 关于 μ_* 是混合的, 而且满足弱大数定律和中心极限定理. 不过为了突出本节的研究重心并简化相关论述, 我们略去了这部分内容. 而在下一章里, 我们将对分数阶 MHD 方程组进行一个完整的讨论. □

下面的推论可以视为是定理 6.2.1 的一个特例.

推论 6.2.1 *对任意 $n\geqslant 1$, 如果 $\mathcal{Z}_0=\{-(n+1),-n,n,n+1\}$, 则定理 6.2.1 成立.*

6.2.2 一些矩估计

在这一小节, 我们建立一些常用的矩估计. 当 $T>0$ 是个常数的时候, C_T 表示某个依赖于 T 的常数, 它在换行的时候值可能发生变化.

我们定义 $U_t = U(t, U_0)$ 是方程 (6.2.1) 的解如果它是 $\mathcal{F}_t$-适应的, 满足

$$U \in C([0,\infty), H) \cap L^2_{loc}([0,\infty), V) \quad \text{a.s.}, \tag{6.2.11}$$

而且 U 是方程 (6.2.1) 的温和解, 即

$$U_t = e^{-At}U_0 - \int_0^t e^{-A(t-s)}N(U_s)ds + \int_0^t e^{-A(t-s)}GdW_s.$$

下一命题总结了方程 (6.2.1) 基本的适定性和正则性结果.

命题 6.2.1 给定任意 $U_0 \in H$, 方程 (6.2.1) 存在唯一解 $U : [0,\infty) \times \Omega \to H$ 满足 (6.2.11).

对任意 $t \geqslant 0$ 和任意噪声 $W(,\omega)$, 映射 $U_0 \mapsto U(t, U_0)$ 在 H 上是 Fréchet 可导的. 对任意固定的 $U_0 \in H$ 和 $t \geqslant 0$, $W \mapsto U(t, W)$ 是从 $C((0,t), R^{|\mathcal{Z}_0|})$ 到 H 上 Fréchet 可导的. 进一步地, U 对于所有的正时间是空间光滑的, 即对任意 $t_0 > 0$ 和任意 $s > 0$,

$$U \in C([t_0,\infty), H^s) \quad \text{a.s.}.$$

因为我们考虑的是空间光滑的加法噪声, 所以此命题可以由经典方法证得 (参见 [26]).

令 $U_t = U(t, U_0, W)$ 是初值为 U_0、噪声为 W 的方程 (6.2.1) 的唯一解. 对任意 $\xi \in H$ 和 $s \geqslant 0$, $\mathcal{J}_{s,t}\xi$ 是方程

$$\begin{cases} \partial_t \mathcal{J}_{s,t}\xi + A\mathcal{J}_{s,t}\xi - \mathcal{J}_{s,t}\xi + 3U_t^2\mathcal{J}_{s,t}\xi = 0, \\ \mathcal{J}_{s,s}\xi = \xi, \end{cases} \tag{6.2.12}$$

的唯一解. Malliavin 算子 $\mathcal{D} : L^2(\Omega; H) \to L^2(\Omega, L^2(0,T,R^{|\mathcal{Z}_0|}) \times H)$ 满足：对任意 $v \in L^2(0,T,R^{|\mathcal{Z}_0|})$,

$$\langle \mathcal{D}U, v\rangle_{L^2(0,T,R^{|\mathcal{Z}_0|})} = \lim_{\varepsilon\to 0}\frac{1}{\varepsilon}\left(U\left(T, U_0, W + \varepsilon\int_0^{\cdot} vds\right) - U(T, U_0, W)\right).$$

通过计算可知，对 $v \in L^2(\Omega, L^2(0,T,R^{|\mathcal{Z}_0|}))$,

$$\langle \mathcal{D}U, v\rangle_{L^2(0,T;R^{|\mathcal{Z}_0|})} = \int_0^T \mathcal{J}_{s,T}Gv(s)ds,$$

因此, 由 Riesz 表示定理,

$$\mathcal{D}_s^j U_T = \mathcal{J}_{s,T}G\theta_j, \text{ 对任意 } s \leqslant T,\ j = 1, \cdots, |\mathcal{Z}_0| \text{ 成立}.$$

其中, $\mathcal{D}_s^j F := (DF)^j(s)$, 而 $\mathcal{D}_s^j F$ 是 $\mathcal{D}F$ 在时刻 s 的第 j 个分量.

定义随机算子 $\mathcal{A}_{s,t} : L^2(s,t,R^{|\mathcal{Z}_0|}) \to H$ 为

$$\mathcal{A}_{s,t}v := \int_s^t \mathcal{J}_{r,t}Gv(r)dr.$$

注意到, 对任意 $0 \leqslant s < t$, 函数 $\varrho(t) := \mathcal{A}_{s,t}v$ 满足如下方程

$$\begin{cases} \partial_t \varrho(t) + A\varrho(t) - \varrho(t) + 3U_t^2\varrho(t) = Gv(t), \\ \varrho(s) = 0. \end{cases}$$

对任意 $s < t$, 令 $\mathcal{A}_{s,t}^* : H \to L^2(s,t,R^{|\mathcal{Z}_0|})$ 是 $\mathcal{A}_{s,t}$ 的伴随算子, 则

$$(\mathcal{A}_{s,t}^*\xi)(r) = G^*K_{r,t}\xi, \quad \text{对任意 } \xi \in H,\ r \in [s,t] \text{ 成立.}$$

其中 $G^* : H \to R^{|\mathcal{Z}_0|}$ 是 G 的伴随算子, 而且对 $s < t, \mathcal{K}_{s,t}\xi = \mathcal{J}_{s,t}^*\xi$ 是如下“向后”系统的解

$$\partial_s \varrho^* = A\varrho^* + (\nabla N(U_s))^*\varrho^* = -(\nabla F(U_s))^*\varrho^*, \quad \varrho^*(t) = \xi. \tag{6.2.13}$$

我们接下来定义 Malliavin 矩阵

$$\mathcal{M}_{s,t} := \mathcal{A}_{s,t}\mathcal{A}_{s,t}^* : H \to H. \tag{6.2.14}$$

简单计算可知 $\rho_t := \mathcal{J}_{0,t}\xi - \mathcal{A}_{0,t}v$ 满足

$$\begin{cases} \partial_t \rho_t + A\rho_t - \rho_t + 3U_t^2\rho_t = -Gv(t), \\ \rho(0) = \xi. \end{cases} \tag{6.2.15}$$

对任意 $t \geqslant s \geqslant 0$, 令 $\mathcal{J}_{s,t}^{(2)} : H \to \mathcal{L}(H, \mathcal{L}(H))$ 是 U 关于初值 U_0 的二阶导数. 记 $\mathcal{L}(X) = \mathcal{L}(X,X)$, $\mathcal{L}(X,Y)$ 是从 X 到 Y 的线性算子空间. 注意到对固定的 $U_0 \in H$ 和任意的 $\xi, \xi' \in H$, 函数 $\varrho_t := \mathcal{J}_{s,t}^{(2)}(\xi,\xi')$ 是如下方程的解:

$$\partial_t \varrho_t + A\varrho_t - \varrho_t + 3U_t^2\varrho_t + 6U_t\mathcal{J}_{s,t}\xi\mathcal{J}_{s,t}\xi' = 0, \quad \varrho(s) = 0.$$

对任意 $\alpha \in (0,1]$ 和函数 $g : [T/2,T] \to R$, $\|g\|_{C^\alpha[T/2,T]}$ 由

$$\|g\|_{C^\alpha[T/2,T]} := \sup_{\substack{t_1 \neq t_2 \\ t_1, t_2 \in [T/2, T]}} \frac{|g(t_1) - g(t_2)|}{|t_1 - t_2|^\alpha}$$

定义.

对任意 $\alpha \in (0,1]$ 和函数 $f:[T/2,T]\to H$, 我们定义半范数

$$\|f\|_{C^\alpha([T/2,T],H)} := \sup_{\substack{t_1\neq t_2\\ t_1,t_2\in[T/2,T]}} \frac{\|f(t_1)-f(t_2)\|}{|t_1-t_2|^\alpha}.$$

引理 6.2.1 对任意 $m>0, T>0$, 存在一个正常数 $\gamma=\gamma_{m,T}$ 使得

$$\mathrm{E}\|U_t^m\|^2 \leqslant C_{T,m}(t^{-\gamma}+1), \quad \forall t\in(0,T], \tag{6.2.16}$$

以及

$$\mathrm{E}\|U_t^m\|^2 \leqslant C_{T,m}(\|U_0^m\|^2+1), \quad \forall t\in(0,T], \tag{6.2.17}$$

其中 $C_{T,m}$ 是依赖于 T 和 m 的常数.

证明 对 $f(t)=\langle U_t, U_t^{2m-1}\rangle$ 应用伊藤公式, 有

$$\begin{aligned} d\|U_t^m\|^2 \leqslant& \langle dU_t, U_t^{2m-1}\rangle + \langle U_t,(2m-1)U_t^{2m-2}dU_t\rangle + C_m\|U_t^{m-1}\|^2dt\\ \leqslant& \langle dU_t, 2mU_t^{2m-1}\rangle + C_m(1+\|U_t^m\|^2)dt\\ =&\langle(\Delta U_t+U_t-U_t^3)dt, 2mU_t^{2m-1}\rangle + C_m(1+\|U_t^m\|^2)dt+dM_t\\ =&-(2m)(2m-1)\|\partial_z U\cdot U_t^{m-1}\|^2+2m\|U_t^m\|^2-2m\|U_t^{m+1}\|^2\\ &+C_m(1+\|U_t^m\|^2)dt+dM_t, \end{aligned}$$

其中 M_t 是一个鞅, C_m 是一个依赖于 m 和 β_k 的常数. 对任意 $s\leqslant t\leqslant T$, 由 Young 不等式, $\|U_t^m\|^2\leqslant C_{\varepsilon,m}+\varepsilon\|U_t^{m+1}\|^2$, $\forall\varepsilon>0$, 所以

$$\mathrm{E}\|U_t^m\|^2 + m\mathrm{E}\int_s^t \|U_r^{m+1}\|^2dr \leqslant C_{m,T}(1+\mathrm{E}\|U_s^m\|^2). \tag{6.2.18}$$

注意到

$$(|a|+|b|)^p\leqslant 2^{p-1}(|a|^p+|b|^p), \quad \forall p>1,$$

因此

$$\int_s^t \big(\mathrm{E}\|U_r^m\|^2+1\big)^\lambda dr \leqslant C_{m,T}\big(\mathrm{E}\|U_s^m\|^2+1\big), \tag{6.2.19}$$

其中 $\lambda=\lambda(m)=\dfrac{m+1}{m}>1$. 由 [33, Lemma 7.3], 存在整数 $N\geqslant 1$ 和序列 $0=t_0<t_1<t_2<\cdots<t_N=T$ 满足对所有的 $k\in\{0,1,\cdots,N-1\}$ 成立

$$\mathrm{E}\|U_{t_k}^m\|^2\leqslant C_{T,m}\big(t_{k+1}^{-\frac{1}{\lambda-1}}+1\big).$$

对任意 $t \in [t_k, t_{k+1})$, 由 (6.2.18), 我们有

$$\mathrm{E}\|U_t^m\|^2 \leqslant C_{T,m}\big(\mathrm{E}\|U_{t_k}^m\|^2+1\big) \leqslant C_{T,m}\big(t_{k+1}^{-\frac{1}{\lambda-1}}+1\big) \leqslant C_{T,m}\big(t^{-\frac{1}{\lambda-1}}+1\big),$$

由此 (6.2.16) 成立.

令 (6.2.18) 中 $s=0$, 证得 (6.2.17). □

定义 $\mathcal{E}(t)=\|U_t\|^2+\int_0^t\|U_s\|_1^2ds$ 和

$$\mathfrak{B}_n=\sum_{k\in\mathcal{Z}_0}\gamma_k^n\beta_k^2, \tag{6.2.20}$$

其中 $n\in N\cup\{0\}$, 以及 γ_k 和 β_k 分别由 (6.2.8) 和 (6.2.5) 定义.

引理 6.2.2 对任意 $m \geqslant 0$, $T \geqslant 0$, 存在某个常数 $C=C_{T,m}$ 使得

$$\mathrm{E}\sup_{t\in[0,T]}\mathcal{E}(t)^m \leqslant C(\|U_0\|^{2m}+1).$$

证明 令

$$M_t=2\sum_{k\in\mathcal{Z}_0}\beta_k\int_0^t\langle U_r,e_k\rangle dW_k(r).$$

由伊藤公式,

$$\begin{aligned}
\|U_t\|^2&=\|U_0\|^2+\int_0^t 2\langle U_r,dU_r\rangle+\mathfrak{B}_0t\\
&=\|U_0\|^2+\int_0^t 2\langle U_r,-AU_r+U_r-U_r^3\rangle dr+\mathfrak{B}_0t+M_t\\
&=\|U_0\|^2+\int_0^t\big(-2\|U_r\|_1^2+2\|U_r\|^2-\|U_r\|_{L^4}^4\big)dr+\mathfrak{B}_0t+M_t.
\end{aligned} \tag{6.2.21}$$

注意到 M_t 的二次变差为

$$\langle M\rangle_t=4\sum_{k\in\mathcal{Z}_0}\beta_k^2\int_0^t\langle U_s,e_k\rangle^2ds \leqslant \gamma\int_0^t\|U_s\|^2ds,$$

其中 $\gamma=4\sum\limits_{k\in\mathcal{Z}_0}\beta_k^2$. 我们将 (6.2.21) 改写为

$$\mathcal{E}(t)-\mathfrak{B}_0t=\|U_0\|^2+M_t-\frac{1}{2}\gamma\langle M\rangle_t+K_t,$$

其中

$$K_t = \int_0^t \big(-\|U_r\|_1^2 + 2\|U_r\|^2 - \|U_r\|_{L^4}^4\big)dr + \frac{1}{2}\gamma \cdot \langle M\rangle_t \leqslant C_\gamma t.$$

在上式中, C_γ 是某个依赖于 γ 的常数, 而在最后一个不等式里我们用到

$$\|U_r\|^2 \leqslant C_\varepsilon + \varepsilon\|U_r\|_{L^4}^4, \quad \forall \varepsilon > 0.$$

因此,

$$\mathcal{E}(t) - (\mathfrak{B}_0 + C_\gamma)t \leqslant \|U_0\|^2 + M_t - \frac{\gamma}{2}\langle M\rangle_t.$$

由上鞅不等式 (参见 [26, (7.57)]), 我们有

$$\begin{aligned}
&P\left(\sup_{t\in[0,T]}\big(\mathcal{E}(t) - (\mathfrak{B}_0 + C_\gamma t)\big) \geqslant \rho + \|U_0\|^2\right)\\
\leqslant\, &P\left(\exp\left\{\gamma M_t - \frac{\gamma^2}{2}\langle M\rangle_t\right\} \geqslant e^{\gamma\rho}\right)\\
\leqslant\, &e^{-\gamma\rho}.
\end{aligned}$$

注意到 ξ 和 η 是非负随机变量, 所以

$$\begin{aligned}
\mathrm{E}\xi^m &\leqslant 2^{m-1}\big(\mathrm{E}(\xi-\eta)^m \mathbb{I}_{\{\xi>\eta\}} + \mathrm{E}\eta^m\big)\\
&= 2^{m-1}\int_0^\infty P(\xi - \eta > \lambda^{1/m})d\lambda + 2^{m-1}\mathrm{E}\eta^m.
\end{aligned}$$

对 $\xi = \sup_t \mathcal{E}(t)$ 和 $\eta = \mathfrak{B}_0 + C_\gamma t + \|U_0\|^2$ 用此不等式, 我们有

$$\mathrm{E}\sup_{t\in[0,T]}\mathcal{E}(t)^m \leqslant 2^{m-1}\int_0^\infty \exp\left(-\gamma\lambda^{1/m}\right)d\lambda + 2^{m-1}\mathrm{E}(\mathfrak{B}_0 + C_\gamma t + \|U_0\|^2)^m,$$

证毕. □

对任意整数 $n \geqslant 0$, 定义

$$\mathcal{E}(n,t) = t^n\|U_t\|_n + \int_0^t s^n\|U_s\|_{n+1}^2 ds.$$

引理 6.2.3 对任意 $n, m \geqslant 0$, 存在某个常数 $\kappa = \kappa_{n,m}$ 使得

$$\mathrm{E}\sup_{t\in[0,T]}\mathcal{E}(n,t)^m \leqslant C_{n,m,T}(\|U_0^\kappa\|^2 + 1). \tag{6.2.22}$$

证明 我们用数学归纳法. 令 $f_n(t)=t^n\langle A^nU_t,U_t\rangle$. 由 [26, Theorem 7.7.5] 中的伊藤公式和类似于 [26, Proposition 2.4.12] 的证明, 有

$$f_n(t)=\int_0^t ns^{n-1}\|U_s\|_n^2+2s^n\langle A^nU_s,-AU_s+U_s-U_s^3\rangle+\mathfrak{B}_ns^nds+M_t, \tag{6.2.23}$$

其中

$$M_t=\sum_{k\in\mathcal{Z}_0}2\beta_k\int_0^t\langle A^nU_s,e_k\rangle dW_k(s)=\sum_{k\in\mathcal{Z}_0}2\beta_k\gamma_k^n\int_0^t\langle U_s,e_k\rangle dW_k(s).$$

M_t 的二次变差为

$$\langle M\rangle_t=4\sum_{k\in\mathcal{Z}_0}\beta_k^2\gamma_k^{2n}\int_0^t\langle U_s,e_k\rangle^2ds\leqslant\gamma\int_0^t\|U_s\|^2ds, \tag{6.2.24}$$

其中 $\gamma=4\sum_{k\in\mathcal{Z}_0}\beta_k^2\gamma_k^{2n}$.

显然有下面的等式

$$\langle A^nU_s,AU_s\rangle=\|U_s\|_{n+1}^2,\quad\langle A^nU_s,U_s\rangle=\|U_s\|_n^2. \tag{6.2.25}$$

首先, 我们考虑 $n=1$. 由于

$$\begin{aligned}\langle AU_s,U_s-U_s^3\rangle&=\int_{\mathbb{T}}-\frac{\partial^2U_s(z)}{\partial z^2}(U_s(z)-U_s(z)^3)dz\\&=\int_{\mathbb{T}}\frac{\partial U_s(z)}{\partial z}\left(\frac{\partial U_s(z)}{\partial z}-3U_s(z)^2\frac{\partial U_s(z)}{\partial z}\right)dz\leqslant\|U_s\|_1^2,\end{aligned} \tag{6.2.26}$$

以及 (6.2.23) 和 (6.2.25), 我们有

$$t\|U_t\|_1^2+\int_0^ts\|U_s\|_2^2ds\leqslant C_T\int_0^t\|U_s\|_1^2ds+Ct^2+M_t.$$

由 (6.2.24), 我们将上式改写为

$$\begin{aligned}\mathcal{E}(1,t)&\leqslant C_T\int_0^t\|U_s\|_1^2ds+\frac{\gamma}{2}\langle M\rangle_t+C_Tt+M_t-\frac{\gamma}{2}\langle M\rangle_t\\&\leqslant C_T\int_0^t\|U_s\|_1^2ds+\frac{\gamma^2}{2}\int_0^t\|U_s\|^2ds+C_Tt+M_t-\frac{\gamma}{2}\langle M\rangle_t\end{aligned}$$

$$\leqslant C_T\mathcal{E}(t)+C_Tt+M_t-\frac{\gamma}{2}\langle M\rangle_t.$$

将此不等式与引理 6.2.2 结合, 类似于引理 6.2.2 的证明, 我们对 $n=1$ 完成不等式 (6.2.22) 的证明.

现在假设当 $k\leqslant n-1$ 时, 不等式 (6.2.22) 成立. 由索伯列夫嵌入定理,

$$\begin{aligned}\langle A^nU_s,U_s^3\rangle&=\sum_{|\alpha|=n}C_\alpha\langle D^\alpha U^3,D^\alpha U\rangle\\&\leqslant C(1+\|U_s\|_\infty^2)\|U_s\|_n^2\leqslant C(1+\|U_s\|_1^2)\|U_s\|_n^2,\end{aligned}\tag{6.2.27}$$

其中 $\|U_s\|_\infty=\sup_{z\in\mathbb{T}}|U_s(z)|$.

利用 (6.2.27)、(6.2.24) 和 (6.2.25), 将 (6.2.23) 改写为

$$\begin{aligned}\mathcal{E}(n,t)=&\int_0^t\Big[ns^{n-1}\|U_s\|_n^2-s^n\|U_s\|_{n+1}^2\\&+2s^n\|U_s\|_n^2+2s^n\langle A^nU_s,-U_s^3\rangle+\mathfrak{B}_ns^n\Big]ds+M_t\\\leqslant&\int_0^tC_{T,n}(1+s\|U_s\|_1^2)s^{n-1}\|U_s\|_n^2ds+\frac{\mathfrak{B}_nt^{n+1}}{n+1}+M_t-\frac{\gamma}{2}\langle M\rangle_t+\frac{\gamma}{2}\langle M\rangle_t\\\leqslant&C_{T,n}(\mathcal{E}(1,t)+1)\int_0^ts^{n-1}\|U_s\|_n^2ds+C_nt^{n+1}+M_t-\frac{\gamma}{2}\langle M\rangle_t+\gamma\cdot T\cdot\mathcal{E}(t).\end{aligned}$$

因此,

$$\mathcal{E}(n,t)-C_{T,n}(1+\mathcal{E}(1,t))\mathcal{E}(n-1,t)-C_nt^{n+1}-\gamma\cdot T\cdot\mathcal{E}(t)\leqslant M_t-\frac{\gamma}{2}\langle M\rangle_t.$$

由上鞅不等式, 我们有

$$P\left(\sup_{t\in[0,T]}\big(\mathcal{E}(n,t)-C_{T,n}\mathcal{E}(1,t)\mathcal{E}(n-1,t)-C_nt^{n+1}-\gamma\cdot T\cdot\mathcal{E}(t)\big)\geqslant\rho\right)\leqslant e^{-\gamma\rho}.$$

因为归纳假设保证当 $k\leqslant n-1$ 时不等式 (6.2.22) 成立, 类似于引理 6.2.2 的证明, 当 $k=n$ 时不等式 (6.2.22) 亦成立. □

引理 6.2.4 对任意 $n,m,T>0$ 和 $0<s\leqslant T$, 存在某个正常数 $\lambda=\lambda_{n,m,T}$ 使得

$$\mathrm{E}\sup_{t\in[s,T]}\|U_t\|_n^m\leqslant C_{n,m,T}(s^{-\lambda}+1).$$

证明 由引理 6.2.3 和引理 6.2.1, 可证对某个 $\kappa, \gamma > 0$, 成立

$$\mathrm{E}\sup_{t\in[s,T]}\|U_t\|_n^m \leqslant C_{n,m,T}s^{-nm}\mathrm{E}(\|U_s^\kappa\|^2+1) \leqslant C_{n,m,T}s^{-nm}(s^{-\gamma}+1).$$

令 $\lambda = nm+\gamma$ 即可完成证明. □

引理 6.2.5 对所有 $\xi \in H$ 和 $0 < s < t \leqslant T$, 我们有如下的逐点估计

$$\|\mathcal{J}_{s,t}\xi\| \leqslant \|\xi\|, \quad \|\mathcal{K}_{s,t}\xi\| \leqslant \|\xi\|. \tag{6.2.28}$$

而且, 对每个 $\tau \leqslant T$ 和 $p \geqslant 1$, 存在 $C = C_{T,p}$ 使得

$$\mathrm{E}\sup_{s<t\in[\tau,T]}\left\|\mathcal{J}_{s,t}^{(2)}(\xi,\xi')\right\|^p \leqslant C\|\xi\|^p\|\xi'\|^p \tag{6.2.29}$$

成立.

证明 由 (6.2.12), 对任意 $\xi \in H$ 成立

$$\begin{aligned}d\|\mathcal{J}_{s,t}\xi\|^2 &= -2\langle A\mathcal{J}_{s,t}\xi, \mathcal{J}_{s,t}\xi\rangle dt + 2\langle \mathcal{J}_{s,t}\xi, \mathcal{J}_{s,t}\xi\rangle dt - \langle 6U_t^2\mathcal{J}_{s,t}\xi, \mathcal{J}_{s,t}\xi\rangle dt\\ &\leqslant -2\|\mathcal{J}_{s,t}\xi\|_1^2 dt + 2\|\mathcal{J}_{s,t}\xi\|^2 dt,\end{aligned}$$

由此可得

$$\frac{d}{dt}\|\mathcal{J}_{s,t}\xi\|^2 \leqslant 0, \tag{6.2.30}$$

以及

$$\|\mathcal{J}_{s,t}\xi\|^2 + 2\int_s^t \|\mathcal{J}_{s,r}\xi\|_1^2 d \leqslant \|\xi\|^2 e^{2(t-s)}. \tag{6.2.31}$$

由 (6.2.30) 可知, (6.2.28) 的第一个不等式成立. 而 (6.2.28) 的第二个不等式可由对偶性证得. 接下来我们证明 (6.2.29).

对任意 $U_0, \xi, \xi' \in H$, 函数 $\varrho_t := \mathcal{J}_{s,t}^{(2)}(\xi,\xi') \in H$ 是方程

$$\partial_t\varrho_t + A\varrho_t - \varrho_t + 3U_t^2\varrho_t + 6U_t\mathcal{J}_{s,t}\xi\mathcal{J}_{s,t}\xi' = 0, \quad \varrho(s) = 0,$$

的解. 立即有

$$\partial_t\|\varrho_t\|_H^2 + 2\langle A\varrho_t, \varrho_t\rangle - 2\|\varrho_t\|^2 + \langle 3U_t^2\varrho_t + 6U_t\mathcal{J}_{s,t}\xi\mathcal{J}_{s,t}\xi', \varrho_t\rangle = 0.$$

由 Young 不等式和 Sobolev 嵌入定理, 得到

$$\partial_t\|\varrho_t\|^2 \leqslant -3\langle U_t^2\varrho_t, \varrho_t\rangle - \langle 6U_t\mathcal{J}_{s,t}\xi\mathcal{J}_{s,t}\xi', \varrho_t\rangle + 2\|\varrho_t\|^2$$

$$\begin{aligned}&\leqslant 12\int_{\mathbb{T}}\left((\mathcal{J}_{s,t}\xi)(z)\right)^2\left((\mathcal{J}_{s,t}\xi')(z)\right)^2dz+2\|\varrho_t\|^2\\&\leqslant 12\|\mathcal{J}_{s,t}\xi\|_\infty^2\|\mathcal{J}_{s,t}\xi'\|^2+2\|\varrho_t\|^2\\&\leqslant 12\|\mathcal{J}_{s,t}\xi\|_1^2\|\xi'\|^2+2\|\varrho_t\|^2.\end{aligned}$$

因此, 由 (6.2.31) 可得

$$\left\|\mathcal{J}_{s,t}^{(2)}(\xi,\xi')\right\|^2\leqslant C_T\int_s^t\|\mathcal{J}_{s,r}\xi\|_1^2dr\|\xi'\|^2\leqslant C_T\|\xi\|^2\|\xi'\|^2,$$

(6.2.29) 就此证明. □

引理 6.2.6　*对任意 $p\geqslant 2$, $T\geqslant 0$, 存在 $C=C_{p,T}$ 使得*

$$\mathrm{E}\sup_{t\in[T/2,T]}\|\partial_t K_{t,T}\xi\|_{H^{-2}}^p\leqslant C\|\xi\|^p$$

成立.

证明　注意到 $\rho_t^*=K_{t,T}\xi$ 满足如下方程

$$\partial_t\rho^*=A\rho^*+(\nabla N(U_t))^*\rho^*=-(\nabla F(U_t))^*\rho^*,\quad \rho^*(T)=\xi,$$

以及

$$\begin{aligned}\|A\rho^*\|_{H^{-2}}&\leqslant\|\rho^*\|,\\ \|(\nabla N(U(t)))^*\rho^*\|_{H^{-2}}&\leqslant\sup_{\|\psi\|_{H^2}\leqslant 1}|\langle(\nabla N(U(t)))^*\rho^*,\psi\rangle|\\&\leqslant\sup_{\|\psi\|_{H^2}\leqslant 1}|\langle\rho^*,(\nabla N(U(t)))\psi\rangle|\\&\leqslant C\sup_{\|\psi\|_{H^2}\leqslant 1}\|\rho^*\|\cdot\left[\|U^2(t)\|+1\right]\cdot\|\psi\|_\infty\\&\leqslant C\sup_{\|\psi\|_{H^2}\leqslant 1}\|\rho^*\|\cdot\left[\|U^2(t)\|+1\right]\cdot\|\psi\|_1,\end{aligned}$$

再由引理 6.2.1和引理 6.2.5, 我们证得此引理. □

对任意 $N\geqslant 1$, 定义

$$H_N:=\mathrm{span}\{e_k\ :\ 0<|k|\leqslant N\},$$

以及相关的投影算子

$$P_N:H\to H_N\ 为\ H_N\ 上的正交投影,\quad Q_N:=I-P_N.$$

引理 6.2.7 对任意 $p\geqslant 1$, $T>0$, $\delta>0$, 存在 $N_*=N_*(p,T,\delta)$ 使得对任意 $N\geqslant N_*$, 成立

$$\mathrm{E}\|Q_N\mathcal{J}_{0,T}\|^p_{\mathcal{L}(H,H)}\leqslant\delta,\quad \mathrm{E}\|\mathcal{J}_{0,T}Q_N\|^p_{\mathcal{L}(H,H)}\leqslant\delta(\|U_0^p\|^2+1). \tag{6.2.32}$$

其中 $\|\cdot\|_{\mathcal{L}(X,Y)}$ 表示希尔伯特空间 X 到 Y 的线性映射的算子范数.

证明 对任意 $m\geqslant 1$, 由 [26, Theorem 7.7.5] 中的伊藤公式, 类似于 [26, Proposition 2.4.12] 的证明, 成立

$$\begin{aligned}
&t^m\langle A\mathcal{J}_{0,t}\xi,\mathcal{J}_{0,t}\xi\rangle\\
=&\int_0^t\Big[ms^{m-1}\langle A\mathcal{J}_{0,s}\xi,\mathcal{J}_{0,s}\xi\rangle+2s^m\langle A\mathcal{J}_{0,s},\partial_s\mathcal{J}_{0,s}\xi\rangle\Big]ds\\
=&\int_0^t\Big[ms^{m-1}\langle A\mathcal{J}_{0,s}\xi,\mathcal{J}_{0,s}\xi\rangle+2s^m\langle A\mathcal{J}_{0,s},-A\mathcal{J}_{0,s}\xi+\mathcal{J}_{0,s}\xi-3U_s^2\mathcal{J}_{0,s}\xi\rangle\Big]ds\\
=&\int_0^t\Big[(2s^m+ms^{m-1})\|\mathcal{J}_{0,s}\xi\|_1^2-2s^m\|\mathcal{J}_{0,s}\xi\|_2^2-6s^m\langle A\mathcal{J}_{0,s}\xi,U_s^2\mathcal{J}_{0,s}\xi\rangle\Big]ds\\
\leqslant&\int_0^t\Big[(2s^m+ms^{m-1})\|\mathcal{J}_{0,s}\xi\|_1^2-2s^m\|\mathcal{J}_{0,s}\xi\|_2^2+6s^m\|\mathcal{J}_{0,s}\xi\|_2\|U_s\|_\infty^2\|\mathcal{J}_{0,s}\xi\|\Big]ds\\
\leqslant&\int_0^t\Bigg[(2s^m+ms^{m-1})\|\mathcal{J}_{0,s}\xi\|_1^2-2s^m\|\mathcal{J}_{0,s}\xi\|_2^2\\
&+6s^m\left[\frac{1}{6}\|\mathcal{J}_{0,s}\xi\|_2^2+6\|U_s\|_1^4\|\mathcal{J}_{0,s}\xi\|^2\right]\Bigg]ds\\
\leqslant&\int_0^t\Big[(2s^m+ms^{m-1})\|\mathcal{J}_{0,s}\xi\|_1^2+36s^m\|U_s\|_1^4\|\mathcal{J}_{0,s}\xi\|^2\Big]ds\\
\leqslant&\, C_{T,m}\|\xi\|^2+C_T\int_0^t s^m\|U_s\|_1^4\|\xi\|^2ds,
\end{aligned}$$

在最后一个不等式里, 我们用到 (6.2.31). 由上一不等式和引理 6.2.4, 存在 $m>1$ 使得

$$\mathrm{E}\big(t^m\|\mathcal{J}_{0,t}\xi\|_1^2\big)^p\leqslant C_{T,m}\|\xi\|^{2p},\quad \forall t\in[0,T]. \tag{6.2.33}$$

固定这个 m. 注意到 (6.2.33) 和 $\|Q_Nv\|\leqslant\dfrac{1}{N}\|v\|_1,\forall v\in V$, 我们有

$$\mathrm{E}\|Q_N\mathcal{J}_{0,T}\xi\|^p\leqslant\frac{1}{N^p}\mathrm{E}\|\mathcal{J}_{0,T}\xi\|_1^p\leqslant\frac{1}{N^p}\big(\mathrm{E}\|\mathcal{J}_{0,T}\xi\|_1^{2p}\big)^{1/2}\leqslant\frac{C_{T,m,p}\|\xi\|^p}{N^p\cdot T^{m/2}},$$

由此完成 (6.2.32) 第一部分的证明.

现在, 我们考虑证明 (6.2.32) 的第二部分. 对任意 $\xi \in H$, 令 $\tilde{\xi} = Q_N\xi, \xi_t = \mathcal{J}_{0,t}\tilde{\xi}$. 则 ξ_t 满足如下的方程

$$\begin{cases} \partial_t \xi_t = -A\xi_t + \xi_t - 3U_t^2\xi_t, \\ \xi_0 = \tilde{\xi}. \end{cases} \tag{6.2.34}$$

记 $\xi_t^h = Q_N\xi_t$, $\xi_t^l = P_N\xi_t$. 易得

$$\begin{cases} \partial_t \xi_t^h = -A\xi_t^h + \xi_t^h - Q_N(3U_t^2\xi_t), \\ \xi_0^h = \tilde{\xi}, \end{cases}$$

和

$$\begin{aligned} \partial_t\|\xi_t^h\|^2 &= 2\langle \xi_t^h, \partial_t\xi_t\rangle = 2\langle \xi_t^h, -A\xi_t + \xi_t - 3U_t^2\xi_t\rangle \\ &\leqslant (2-2N^2)\|\xi_t^h\|^2 + \|\xi_t^h\|^2 + C\|\mathcal{J}_{0,t}\tilde{\xi}\|^2\|U_t\|_\infty^2 \\ &\leqslant (3-2N^2)\|\xi_t^h\|^2 + C_T\|U_t\|_1^2\|\tilde{\xi}\|^2. \end{aligned}$$

由 Gronwall 不等式, 对任意 $s \leqslant t$, 成立

$$\begin{aligned} \|\xi_t^h\|^2 &\leqslant \|\xi_s^h\|^2 e^{-(2N^2-3)(t-s)} + e^{-(2N^2-3)t}\int_s^t \left(C_T e^{(2N^2-3)r}\|U_r\|_1^2\|\tilde{\xi}\|^2\right)dr \\ &\leqslant \|\xi_s^h\|^2 e^{-(2N^2-3)(t-s)} + C_T\frac{1}{2N^2-3}\sup_{r\in[s,t]}\|U_r\|_1^2\|\tilde{\xi}\|^2. \end{aligned}$$

因此, 对任意 $p \geqslant 2$ 有

$$\mathrm{E}\|\xi_t^h\|^p \leqslant C_{T,p}\mathrm{E}\|\xi_s^h\|^p e^{-(2N^2-3)(t-s)\cdot\frac{p}{2}} + C_{T,p}\frac{1}{2N^2-3}\mathrm{E}\sup_{r\in[s,t]}\|U_r\|_1^p\|\tilde{\xi}\|^p.$$

上一不等式中令 $s = \dfrac{t}{2}$, 由引理 6.2.4, 对某个 $\gamma > 0$, 我们有

$$\mathrm{E}\|\xi_t^h\|^p \leqslant C_{T,p}\|\tilde{\xi}\|^p\left[e^{-\frac{N^2t}{4}} + \frac{1}{2N^2-3}t^{-\gamma}\right]. \tag{6.2.35}$$

由此得

$$\mathrm{E}\|\xi_T^h\|^p \leqslant \frac{\delta}{2}\|\xi\|^p, \tag{6.2.36}$$

只要 N 足够大.

现在我们考虑估计 ξ_T^l. 对任意 $0 \leqslant t \leqslant T$, 易见 ξ_t^l 满足如下方程

$$\begin{cases}\partial_t \xi_t^l = -A\xi_t^l + \xi_t^l - P_N(3U_t^2\xi_t),\\ \xi_t^l|_{t=0} = 0.\end{cases}$$

我们断言对任意 $\delta > 0$, 存在 $N_* = N_*(p, T, \delta)$ 使得对任意 $N \geqslant N_*$ 成立

$$\mathrm{E}\|\xi_T^\ell\|^p \leqslant \frac{\delta}{2}(\|U_0^p\|^2 + 1)\|\xi\|^p. \tag{6.2.37}$$

一旦我们证明此断言, 则结合 (6.2.37) 和 (6.2.36) 即可完成 (6.2.32) 第二部分的证明.

下面我们给出 (6.2.37) 的证明. 显然,

$$\begin{aligned}\partial_t\|\xi_t^l\|^2 &= \langle \xi_t^l, \partial_t\xi_t\rangle \leqslant -\langle \xi_t^l, 3U_t^2\xi_t\rangle = -\langle \xi_t^l, 3U_t^2(\xi_t^l + \xi_t^h)\rangle\\ &\leqslant |\langle \xi_t^l, 3U_t^2\xi_t^h\rangle| \leqslant 3\|U_t\|_\infty^2\|\xi_t^l\|\|\xi_t^h\|.\end{aligned} \tag{6.2.38}$$

在集合 $\{\|\xi_T^\ell\| \neq 0\}$ 上, 定义

$$\tau = \sup\left\{t \in [0, T], \|\xi_t^\ell\| = 0\right\}.$$

因此对 $t \in (\tau, T]$, 由 (6.2.38) 成立

$$\partial_t\|\xi_t^l\| = \partial_t\sqrt{\|\xi_t^l\|^2} = \frac{\partial_t\|\xi_t^l\|^2}{2\sqrt{\|\xi_t^l\|^2}} \leqslant C\|U_t\|_\infty^2\|\xi_t^h\|.$$

因而,

$$\|\xi_T^l\| \leqslant \|\xi_\tau^l\| + C\int_\tau^T \|U_s\|_\infty^2\|\xi_s^h\|ds \leqslant C\int_0^T \|U_s\|_{\frac{1}{2}}^2\|\xi_s^h\|ds.$$

由此可得

$$\begin{aligned}\mathrm{E}\|\xi_T^l\|^p &\leqslant C_p\mathrm{E}\left(\int_0^t \|U_r\|_{\frac{1}{2}}^2\|\xi_r^h\|dr\right)^p + C_p\mathrm{E}\left(\int_t^T \|U_r\|_{\frac{1}{2}}^2\|\xi_r^h\|dr\right)^p\\ &\leqslant C_p\mathrm{E}\left(\int_0^t \|U_r\|\cdot\|U_r\|_1\cdot\|\xi_r^h\|dr\right)^p + C_p\mathrm{E}\left(\int_t^T \|U_r\|_{\frac{1}{2}}^2\|\xi_r^h\|dr\right)^p\\ &:= I_1 + I_2,\end{aligned} \tag{6.2.39}$$

其中 $t>0$ 是个稍后选定的小参数. 对于 I_1, 由 (6.2.28)、引理 6.2.2、引理 6.2.5和 Hölder 不等式, 成立

$$
\begin{aligned}
I_1 &\leqslant C_{T,p}\mathrm{E}\left[\sup_{s\in[0,t]}\|U_s\|^p\cdot\left(\int_0^t\|U_r\|_1dr\right)^p\right]\cdot\|\xi\|^p\\
&\leqslant C_{T,p}\left[\mathrm{E}\sup_{s\in[0,t]}\|U_s\|^{2p}\right]^{1/2}\cdot\left[\mathrm{E}\left(\int_0^t\|U_r\|_1dr\right)^{2p}\right]^{1/2}\cdot\|\xi\|^p\\
&\leqslant C_{T,p}\left[\mathrm{E}\sup_{s\in[0,t]}\|U_s\|^{2p}\right]^{1/2}\cdot\left[t^p\cdot\mathrm{E}\left(\int_0^t\|U_r\|_1^2dr\right)^p\right]^{1/2}\cdot\|\xi\|^p\\
&\leqslant C_{T,p}t^{p/2}[\|U_0\|^{2p}+1]\|\xi\|^p.
\end{aligned}
$$

令 t 充分小, 得到

$$
I_1\leqslant\frac{\delta}{4}(1+\|U_0^p\|^2)\|\xi\|^p. \tag{6.2.40}
$$

固定这个 t. 由于

$$
\begin{aligned}
I_2 &\leqslant C_{T,p}\mathrm{E}\left(\sup_{r\in[t,T]}\|U_r\|_{\frac{1}{2}}^{2p}\cdot\left(\int_t^T\|\xi_r^h\|dr\right)^p\right)\\
&\leqslant C_{T,p}\left(\mathrm{E}\sup_{r\in[t,T]}\|U_r\|_{\frac{1}{2}}^{4p}\right)^{1/2}\left(\mathrm{E}\left(\int_t^T\|\xi_r^h\|dr\right)^{2p}\right)^{1/2}\\
&\leqslant C_{T,p}\left(\mathrm{E}\sup_{r\in[t,T]}\|U_r\|_{\frac{1}{2}}^{4p}\right)^{1/2}\left(\mathrm{E}\int_t^T\|\xi_r^h\|^{2p}dr\right)^{1/2},
\end{aligned}
$$

由 (6.2.35) 和引理 6.2.4, 我们选取足够大的 N 使得

$$
I_2\leqslant\frac{\delta}{4}\|\xi\|^p. \tag{6.2.41}
$$

结合 (6.2.41)、(6.2.40) 和 (6.2.39), 我们完成 (6.2.37) 第二部分的证明. □

用与 [10, Lemmas A.6, A.7] 和 [17] 类似的方法, 可以由引理 6.2.5得到下面两个引理.

引理 6.2.8 对 $0<s<t$, 我们有

$$
\|\mathcal{A}_{s,t}\|_{\mathcal{L}(L^2([s,t],R^m),H)}\leqslant C\left(\int_s^t\|\mathcal{J}_{r,t}\|_{\mathcal{L}(H,H)}^2dr\right)^{1/2},
$$

其中 C 是某个不依赖于 s,t 的常数. 而且, 对任意 $\beta>0$ 成立

$$\begin{aligned}\|\mathcal{A}_{s,t}^*(\mathcal{M}_{s,t}+I\beta)^{-1/2}\|_{\mathcal{L}(H,L^2([s,t],R^m))}&\leqslant 1,\\ \|(\mathcal{M}_{s,t}+I\beta)^{-1/2}\mathcal{A}_{s,t}\|_{\mathcal{L}(L^2([s,t],R^m),H)}&\leqslant 1,\\ \|(\mathcal{M}_{s,t}+I\beta)^{-1/2}\|_{\mathcal{L}(H,H)}&\leqslant\beta^{-1/2},\\ \|(\mathcal{M}_{s,t}+I\beta)^{-1}\|_{\mathcal{L}(H,H)}&\leqslant\beta^{-1}.\end{aligned}$$

注意到对 $\tau\leqslant t$, 有

$$\mathcal{D}_\tau^j\mathcal{J}_{s,t}\xi=\begin{cases}\mathcal{J}_{\tau,t}^{(2)}(G\theta_j,\mathcal{J}_{s,\tau}\xi), & s\leqslant\tau,\\ \mathcal{J}_{s,t}^{(2)}(\mathcal{J}_{\tau,s}G\theta_j,\xi), & s>\tau.\end{cases}$$

因而,

引理 6.2.9 对任意 $\xi\in H, 0\leqslant s\leqslant t\leqslant T$ 和 $p\geqslant 1$, 我们有估计

$$\mathrm{E}\|\mathcal{D}_\tau^j\mathcal{J}_{s,t}\xi\|^p\leqslant C\|\xi\|^p,$$

$$\mathrm{E}\|\mathcal{D}_\tau^j\mathcal{A}_{s,t}\|_{\mathcal{L}(L^2([s,t],R^m),H)}^p\leqslant C,$$

$$\mathrm{E}\|\mathcal{D}_\tau^j\mathcal{A}_{s,t}^*\|_{\mathcal{L}(H,L^2([s,t],R^m))}^p\leqslant C,$$

其中 $C=C_{T,p}$.

6.2.3 Malliavin 矩阵 $\mathcal{M}$ 的谱性质

对任意 $\alpha>0, N\in\mathbb{N}$, 定义

$$\mathcal{S}_{\alpha,N}:=\{\phi\in H:\|P_N\phi\|^2\geqslant\alpha\|\phi\|^2\}.$$

这一小节的目标是证明如下定理, 此定理估计了在不稳定方向上具有较大投影的特征向量具有小特征值的概率. 粗略地说, 这为我们提供了不稳定方向所生成的空间上 Malliavin 矩阵的可逆性. 由于马尔可夫半群在当前情形下是有限维的, 因此可以通过 Malliavin 分部积分公式构造一个控制问题, 从而得到马尔可夫半群上的梯度估计, 这对于建立遍历性是非常有用的技巧.

定理 6.2.2 对任意 $N\geqslant 1,\alpha\in(0,1]$ 和 $T>0$, 存在某个正常数 $\varepsilon^*=\varepsilon^*(\alpha,N,T)>0$, 使得对任意 $n\geqslant 0$ 和 $\varepsilon\in(0,\varepsilon^*]$, 存在可测集 $\Omega_\varepsilon=\Omega_\varepsilon(\alpha,N,T)\subseteq\Omega$ 满足

$$P(\Omega_\varepsilon^c)\leqslant r(\varepsilon),\tag{6.2.42}$$

其中 $r = r(\alpha, N, T) : (0, \varepsilon^*] \to (0, \infty)$ 是一个非负的、满足 $\lim_{\varepsilon\to 0} r(\varepsilon) = 0$ 的减函数, 且在集合 Ω_ε 上

$$\inf_{\phi\in\mathcal{S}_{\alpha,N}} \frac{\langle \mathcal{M}_{0,T}\phi, \phi\rangle}{\|\phi\|^2} \geqslant \varepsilon. \tag{6.2.43}$$

对于任何 Fréchet 可导映射 $E_1, E_2 : H \to H$,

$$[E_1, E_2](u) := \nabla E_2(u)E_1(u) - \nabla E_1(u)E_2(u).$$

算子 $[E_1, E_2]$ 称为向量场 E_1, E_2 的 "李括号". 对任意 $k, \ell, j \in Z_*$, $m, m', m'' \in \{0, 1\}$, 通过简单计算, 对任意 $u = u(z) \in H$ 定义

$$\begin{aligned}
I_k^m(u) :=& \left[F(u), \cos\left(kz + \frac{\pi}{2}m\right)\right] \\
=& A\cos\left(kz + \frac{\pi}{2}m\right) + 3u^2\cos\left(kz + \frac{\pi}{2}m\right) - \cos\left(kz + \frac{\pi}{2}m\right), \\
\mathcal{J}_{k,\ell}^{m,m'}(u) :=& -\left[\left[F(u), \cos\left(kz + \frac{\pi}{2}m\right)\right], \cos\left(\ell z + \frac{\pi}{2}m'\right)\right] \\
=& 6u\cos\left(kz + \frac{\pi}{2}m\right)\cos\left(\ell z + \frac{\pi}{2}m'\right), \\
K_{k,\ell,j}^{m,m',m''}(u) :=& -\left[\mathcal{J}_{k,\ell}^{m,m'}, \cos\left(jz + \frac{\pi}{2}m''\right)\right] \\
=& 6\cos\left(kz + \frac{\pi}{2}m\right)\cos\left(\ell z + \frac{\pi}{2}m'\right)\cos\left(jz + \frac{\pi}{2}m''\right).
\end{aligned} \tag{6.2.44}$$

因此, 对任意 $k, \ell, j \in Z$, 成立

$$\begin{aligned}
\cos((k+\ell+j)z) &= \sum_{m,m',m''\in\{0,1\}} C_1^{m,m',m''} K_{k,\ell,j}^{m,m',m''}(u), \\
\sin((k+\ell+j)z) &= \sum_{m,m',m''\in\{0,1\}} C_2^{m,m',m''} K_{k,\ell,j}^{m,m',m''}(u),
\end{aligned} \tag{6.2.45}$$

其中 $C_i^{m,m',m''}$, $i = 1, 2$ 是一些依赖于 k, ℓ, j, m, m', m'' 的常数.

令

$$\langle \mathcal{Q}_N\phi, \phi\rangle := \sum_{0\leqslant|k|\leqslant N} |\langle \phi, e_k\rangle|^2.$$

易见下一命题成立.

命题 6.2.2 固定任意整数 $N \in \mathbb{N}$, 则对任意 $U \in H$ 和 $\alpha \in (0,1]$,

$$\langle \mathcal{Q}_N \phi, \phi \rangle \geqslant \frac{\alpha}{2} \|\phi\|^2$$

对任意 $\phi \in \mathcal{S}_{\alpha,N}$ 成立.

命题 6.2.3 固定 $T > 0$, 对任意 $N \geqslant 1$, $\alpha \in (0,1]$, 存在正常数 $q_1 = q_1(\alpha,N,T)$, $q_2 = q_2(\alpha,N,T)$ 使得后续陈述成立: 存在某个正常数 $\varepsilon^* = \varepsilon^*(\alpha,N,T) > 0$, 使得对任意 $\varepsilon \in (0,\varepsilon^*]$, 存在某个可测集 $\Omega_\varepsilon = \Omega_\varepsilon(\alpha,N,T) \subseteq \Omega$ 和正常数 $C_1 = C_1(\alpha,N,T)$, $C_2 = C_2(\alpha,N,T)$ 满足

$$P((\Omega_\varepsilon)^c) \leqslant C_1 \varepsilon^{q_1},$$

而且在集合 Ω_ε 上有

$$\langle \mathcal{M}_{0,T}\phi, \phi \rangle \leqslant \varepsilon \|\phi\|^2 \;\Rightarrow\; \langle \mathcal{Q}_N \phi, \phi \rangle \leqslant C_2 \varepsilon^{q_2} \|\phi\|^2$$

对任意 $\phi \in \mathcal{S}_{\alpha,N}$ 成立.

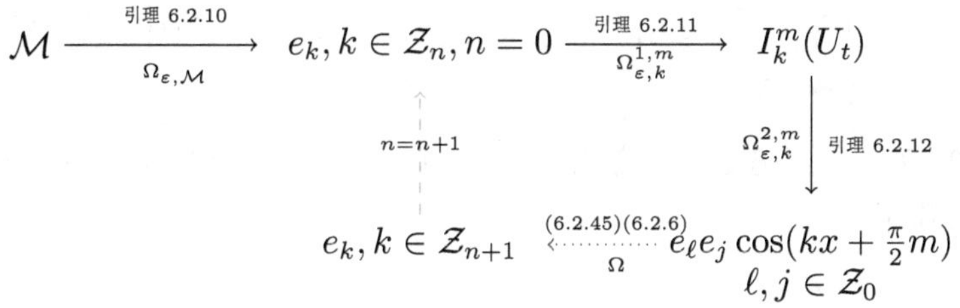

图 6.1

此图展示与证明命题 6.2.3 相关的引理结构, 其中, $m \in \{0,1\}$, $\ell \in \mathcal{Z}_0$. 实箭头表示在某个大的集合 (在箭头的下方或左侧) 上一个 “小” 项会导致另一个 “小” 项, 其中 “小” 的含义在不同的引理里会进一步明确. 虚线箭头表示该过程是迭代的. 点箭头表示新的元素是由原来元素线性组合而成.

引理 6.2.10 对任意 $0 < \varepsilon < \varepsilon_0(T, \mathcal{E}_0)$, 存在集合 $\Omega_{\varepsilon,\mathcal{M}}$ 和常数 $C = C_T$ 满足

$$P(\Omega_{\varepsilon,\mathcal{M}}^c) \leqslant C\varepsilon,$$

且在集合 $\Omega_{\varepsilon,\mathcal{M}}$ 上,

$$\langle \mathcal{M}_{0,T}\phi, \phi \rangle \leqslant \varepsilon \|\phi\|^2 \Rightarrow \sup_{t \in [T/2,T]} |\langle \mathcal{K}_{t,T}\phi, e_\ell \rangle| \leqslant \varepsilon^{1/8} \|\phi\| \tag{6.2.46}$$

对任意 $\ell \in \mathcal{Z}_0$ 和 $\phi \in H$ 成立.

证明 首先注意有

$$\langle \mathcal{M}_{0,T}\phi, \phi\rangle = \sum_{\ell\in\mathcal{Z}_0}(\beta_\ell)^2\int_0^T \langle e_\ell, \mathcal{K}_{r,T}\phi\rangle^2 dr.$$

定义函数 $g_\phi(\cdot):[T/2,T]\to R^+$,

$$g_\phi(t) := \sum_{\ell\in\mathcal{Z}_0}(\beta_\ell)^2\int_0^t \langle e_\ell, \mathcal{K}_{r,T}\phi\rangle^2 dr,$$

则

$$\begin{aligned} g'_\phi(t) &= \sum_{\ell\in\mathcal{Z}_0}(\beta_\ell)^2\langle e_\ell, \mathcal{K}_{t,T}\phi\rangle^2,\\ g''_\phi(t) &= 2\sum_{\ell\in\mathcal{Z}_0}\beta_\ell^2\langle e_\ell, \mathcal{K}_{t,T}\phi\rangle\langle e_\ell, \partial_t\mathcal{K}_{t,T}\phi\rangle. \end{aligned}$$

令

$$\Omega_{\varepsilon,\mathcal{M}} = \bigcap_{\phi\in H,\|\phi\|=1}\Big\{\sup_{t\in[T/2,T]}|g_\phi(t)|\geqslant\varepsilon \ \text{或}\ \sup_{t\in[T/2,T]}|g'_\phi(t)|\leqslant\varepsilon^{1/4}\Big\}.$$

显然在 $\Omega_{\varepsilon,\mathcal{M}}$ 上 (6.2.46) 成立. 令 [10, Lemma 6.2] 中的 $\alpha=1$, 由引理 6.2.5 和引理 6.2.6, 可得

$$\begin{aligned} P\left(\Omega^c_{\varepsilon,\mathcal{M}}\right) &\leqslant P\left(\bigcup_{\phi\in H,\|\phi\|=1}\Big\{\sup_{t\in[T/2,T]}|g_\phi(t)|\leqslant\varepsilon \ \text{且}\ \sup_{t\in[T/2,T]}|g'_\phi(t)|\geqslant\varepsilon^{1/4}\Big\}\right)\\ &\leqslant C\varepsilon\sum_{\ell\in\mathcal{Z}_0}(\beta_\ell)^4\mathrm{E}[\sup_{t\in[T/2,T],\|\phi\|=1}|\langle e_\ell, \mathcal{K}_{t,T}\phi\rangle\langle e_\ell, \partial_t\mathcal{K}_{t,T}\phi\rangle|^2]\\ &\leqslant C\varepsilon, \end{aligned}$$

证毕. □

引理 6.2.11 固定 $k\in Z$, $m\in\{0,1\}$. 对任意 $0<\varepsilon<\varepsilon_0(T)$, 存在集合 $\Omega^{1,m}_{\varepsilon,k}$ 和 $C=C_{k,m,T}$ 满足

$$P((\Omega^{1,m}_{\varepsilon,k})^c)\leqslant C\varepsilon,$$

且在集合 $\Omega^{1,m}_{\varepsilon,k}$ 上, 对任意 $\phi\in H$ 成立

$$\sup_{t\in[T/2,T]}\left|\left\langle\mathcal{K}_{t,T}\phi, \cos\left(kx+\frac{\pi}{2}m\right)\right\rangle\right|\leqslant\varepsilon\|\phi\|$$

$$\Rightarrow \sup_{t\in[T/2,T]} |\langle \mathcal{K}_{t,T}\phi, I_k^m(U_t)\rangle| \leqslant \varepsilon^{1/10}\|\phi\|. \tag{6.2.47}$$

证明 定义 $g_\phi(t) := \langle \mathcal{K}_{t,T}\phi, \cos(kx+\frac{\pi}{2}m)\rangle$, $\forall t\in[0,T]$. 由 (6.2.13), 可得

$$\begin{aligned} g'_\phi(t) &= \left\langle \mathcal{K}_{t,T}\phi, \left[F(U_t), \cos\left(kz+\frac{\pi}{2}m\right)\right]\right\rangle \\ &= \langle \mathcal{K}_{t,T}\phi, I_k^m(U_t)\rangle. \end{aligned}$$

令 $\alpha = \dfrac{1}{4}$, 定义

$$\Omega_{\varepsilon,k}^{1,m} = \bigcap_{\phi\in H,\|\phi\|=1} \left\{ \sup_{t\in[T/2,T]} |g_\phi(t)| \geqslant \varepsilon \ \text{或}\ \sup_{t\in[T/2,T]} |g'_\phi(t)| \leqslant \varepsilon^{\alpha/2(1+\alpha)} \right\}.$$

则在 $\Omega_{\varepsilon,k}^{1,m}$ 上, (6.2.47) 成立. 由 [10, Lemma 6.2], 成立

$$\begin{aligned} P\left((\Omega_{\varepsilon,k}^{1,m})^c\right) &\leqslant P\left(\bigcup_{\phi\in H,\|\phi\|=1} \left\{ \sup_{t\in[T/2,T]} |g_\phi(t)| \leqslant \varepsilon \ \text{且}\ \sup_{t\in[T/2,T]} |g'_\phi(t)| \geqslant \varepsilon^{\alpha/2(1+\alpha)} \right\} \right) \\ &\leqslant C\varepsilon \mathrm{E}[\sup_{\phi,\|\phi\|=1} \|g'_\phi\|_{C^\alpha[T/2,T]}^{2/\alpha}]. \end{aligned} \tag{6.2.48}$$

注意到

$$g'_\phi(t) = \langle \mathcal{K}_{t,T}\phi, I_k^m(U_t)\rangle = \langle \mathcal{K}_{t,T}\phi, Af + 3U_t^2 f - f\rangle,$$

其中 $f:\mathbb{T}\to R$ 的定义为 $f(z) = \cos\left(kz+\dfrac{\pi}{2}m\right)$. 我们有

$$\begin{aligned} &\|g'_\phi\|_{C^\alpha[T/2,T]} \\ \leqslant& C\sup_{t\in[T/2,T]} |\partial_t\langle \mathcal{K}_{t,T}\phi, Af\rangle| + C\|\langle \mathcal{K}_{t,T}\phi, U_t^2 f\rangle\|_{C^\alpha[T/2,T]} + C\sup_{t\in[T/2,T]} |\partial_t\langle \mathcal{K}_{t,T}\phi, f\rangle| \\ \leqslant& C\sup_{t\in[T/2,T]} |\partial_t\langle \mathcal{K}_{t,T}\phi, Af\rangle| + C\sup_{t\in[T/2,T]} \|\partial_t\mathcal{K}_{t,T}\phi\|_{H^{-2}} \sup_{t\in[T/2,T]} \|U_t^2 f\|_2 \\ &+C\sup_{t\in[T/2,T]} \|\mathcal{K}_{t,T}\phi\|\cdot\|U_t^2 f\|_{C^\alpha([T/2,T],H)} + C\sup_{t\in[T/2,T]} |\partial_t\langle \mathcal{K}_{t,T}\phi, f\rangle|. \end{aligned}$$

由 (6.2.1)、引理 6.2.4以及

$$\frac{\|(U_{t_1}^2 - U_{t_2}^2)f\|}{|t_1-t_2|^\alpha} \leqslant (\|U_{t_1}f\| + \|U_{t_2}f\|)\cdot\frac{\|U_{t_1}-U_{t_2}\|}{|t_1-t_2|^\alpha}$$

$$\leqslant (\|U_{t_1}\| + \|U_{t_2}\|) \cdot \frac{\|U_{t_1} - U_{t_2}\|}{|t_1 - t_2|^\alpha},$$

我们得到

$$\mathrm{E}\|U_t^2 f\|^p_{C^\alpha([T/2,T],H)} \leqslant C_{T,p}, \quad \forall p \geqslant 1.$$

因此, 由引理 6.2.4、引理 6.2.5、引理 6.2.6及上一不等式, 可证

$$\mathrm{E}\left[\sup_{\phi:\|\phi\|=1} \|g'_\phi\|^{2/\alpha}_{C^\alpha[T/2,T]}\right] \leqslant C_T.$$

将此不等式和 (6.2.48) 结合即完成引理的证明. □

引理 6.2.12 固定 $k \in Z$, $m \in \{0,1\}$. 对任意 $0 < \varepsilon < \varepsilon_0(T)$, 存在集合 $\Omega^{2,m}_{\varepsilon,k}$ 和 $C = C_{T,k}$ 满足

$$P((\Omega^{2,m}_{\varepsilon,k})^c) \leqslant C\varepsilon^{1/27}, \tag{6.2.49}$$

且在集合 $\Omega^{2,m}_{\varepsilon,k}$ 上, 对任意 $\phi \in H$ 成立

$$\begin{aligned}
&\sup_{t\in[T/2,T]} |\langle \mathcal{K}_{t,T}\phi, I^m_k(U_t)\rangle| \leqslant \varepsilon\|\phi\| \\
\Rightarrow &\sup_{\ell,j\in\mathcal{Z}_0} \sup_{t\in[T/2,T]} |\beta_\ell\beta_j| \cdot \left|\left\langle \mathcal{K}_{t,T}\phi, e_\ell e_j \cos\left(kx + \frac{\pi}{2}m\right)\right\rangle\right| \leqslant \varepsilon^{1/9}\|\phi\|. \qquad (6.2.50)
\end{aligned}$$

证明 令 $L_t = U_0 + \int_0^t F(U_s)ds$, 则

$$\begin{aligned}
I^m_k(U_t) =& A\cos\left(kz + \frac{\pi}{2}m\right) - \cos\left(kz + \frac{\pi}{2}m\right) + 3U_t^2 \cos\left(kz + \frac{\pi}{2}m\right) \\
=& A\cos\left(kz + \frac{\pi}{2}m\right) - \cos\left(kz + \frac{\pi}{2}m\right) \\
&+3\left(L_t + \sum_{k\in\mathcal{Z}_0} \beta_k e_k W_k(t)\right)^2 \cos\left(kz + \frac{\pi}{2}m\right) \\
=& A\cos\left(kz + \frac{\pi}{2}m\right) - \cos\left(kz + \frac{\pi}{2}m\right) + 3\left(L_t^2 + 2L_t \sum_{\ell\in\mathcal{Z}_0} \beta_\ell e_\ell W_\ell(t)\right. \\
&\left. + \sum_{\ell,j\in\mathcal{Z}_0} \beta_\ell e_\ell \beta_j e_j W_\ell(t) W_j(t)\right) \cos\left(kz + \frac{\pi}{2}m\right).
\end{aligned}$$

因此,

$$\langle \mathcal{K}_{t,T}\phi, I^m_k(U_t)\rangle$$

$$
\begin{aligned}
&= \left\langle \mathcal{K}_{t,T}\phi, A\cos\left(kz+\frac{\pi}{2}m\right) - \cos\left(kz+\frac{\pi}{2}m\right) + 3L_t^2\cos\left(kz+\frac{\pi}{2}m\right)\right\rangle \\
&\quad +6\sum_{\ell\in\mathcal{Z}_0}\left\langle \mathcal{K}_{t,T}\phi, L_t\beta_\ell e_\ell\cos\left(kz+\frac{\pi}{2}m\right)\right\rangle W_\ell(t) \\
&\quad +3\sum_{\ell,j\in\mathcal{Z}_0}\left\langle \mathcal{K}_{t,T}\phi, \beta_\ell e_\ell\beta_j e_j\cos\left(kz+\frac{\pi}{2}m\right)\right\rangle W_\ell(t)W_j(t) \\
&:= A_0(t) + \sum_{\ell\in\mathcal{Z}_0} A_\ell W_\ell(t) + \sum_{\ell,j\in\mathcal{Z}_0} A_{\ell,j} W_\ell(t)W_j(t).
\end{aligned}
$$

由引理 6.2.4-6.2.6, 对任意 T, $p>0$, 我们有

$$
\begin{aligned}
\mathrm{E}\Bigg[\sup_{s\neq t\in[T/2,T]}\Bigg|&\frac{|A_0(t)-A_0(s)|}{|t-s|} + \sum_{\ell\in\mathcal{Z}_0}\frac{|A_\ell(t)-A_\ell(s)|}{|t-s|} \\
&+ \sum_{\ell,j\in\mathcal{Z}_0}\frac{|A_{\ell,j}(t)-A_{\ell,j}(s)|}{|t-s|}\Bigg|^p\Bigg] \leqslant C_{T,p}.
\end{aligned} \tag{6.2.51}
$$

定义

$$
\begin{aligned}
\mathcal{N}_1(\phi) := \sup_{s\neq t\in[T/2,T]}\Bigg|&\frac{|A_0(t)-A_0(s)|}{|t-s|} + \sum_{\ell\in\mathcal{Z}_0}\frac{|A_\ell(t)-A_\ell(s)|}{|t-s|} \\
&+ \sum_{\ell,j\in\mathcal{Z}_0}\frac{|A_{\ell,j}(t)-A_{\ell,j}(s)|}{|t-s|}\Bigg|, \\
\mathcal{N}_0(\phi) := \sup_{s\neq t\in[T/2,T]}\Bigg|&|A_0(t)| + \sum_{\ell\in\mathcal{Z}_0}|A_\ell(t)| + \sum_{\ell,j\in\mathcal{Z}_0}|A_{\ell,j}(t)|\Bigg|.
\end{aligned}
$$

由 [10, Theorem 6.4], 存在集合 $\Omega_\varepsilon^{\#}$ 使得

$$
P((\Omega_\varepsilon^{\#})^c) \leqslant C\varepsilon, \tag{6.2.52}
$$

而且在 $\Omega_\varepsilon^{\#}$ 上, 我们有

$$
\sup_{t\in[T/2,T]}|\langle\mathcal{K}_{t,T}\phi, I_k^m(U)\rangle| \leqslant \varepsilon \Rightarrow \begin{cases} \text{或者}\mathcal{N}_0(\phi) \leqslant \varepsilon^{1/9}, \\ \text{或者}\mathcal{N}_1(\phi) \geqslant \varepsilon^{-1/27}. \end{cases} \tag{6.2.53}
$$

因此, 在集合

$$
\Omega_{\varepsilon,k}^{2,m} := \Omega_\varepsilon^{\#} \cap \cap_{\phi\in H,\|\phi\|=1}\{\mathcal{N}_1(\phi) < \varepsilon^{-1/27}\}
$$

上成立

$$\sup_{t\in[T/2,T]}|\langle \mathcal{K}_{t,T}\phi, I_k^m(U)\rangle| \leqslant \varepsilon \Rightarrow \mathcal{N}_0(\phi) \leqslant \varepsilon^{1/9}. \tag{6.2.54}$$

将 (6.2.54) 与下述事实结合

$$\left|\left\langle \mathcal{K}_{t,T}\phi, \beta_\ell e_\ell \beta_j e_j \cos\left(kz+\frac{\pi}{2}m\right)\right\rangle\right| = |\beta_\ell\beta_j|\cdot\left|\left\langle \mathcal{K}_{t,T}\phi, e_\ell e_j \cos\left(kz+\frac{\pi}{2}m\right)\right\rangle\right|,$$

则得到 (6.2.50). 最后由 (6.2.51) 和 (6.2.52) 我们证得结论 (6.2.49). □

引理 6.2.13　对任意 $n\in\mathbb{N}$, 和 $q_n, C_n>0$, 存在 $p_{n+1}, q_{n+1}, C_{n+1}>0$, 常数 $C=C(n,T)$, 和集合 $\Omega_{\varepsilon,n}$ 满足

$$P(\Omega_{\varepsilon,n}^c) \leqslant C\varepsilon^{p_{n+1}},$$

且在集合 $\Omega_{\varepsilon,n}$ 上成立

$$\begin{aligned}&\sum_{k\in\mathcal{Z}_n,}\sup_{t\in[T/2,T]}|\langle \mathcal{K}_{t,T}\phi, e_k\rangle| \leqslant C_n\varepsilon^{q_n}\|\phi\|\\ \Rightarrow &\sum_{k\in\mathcal{Z}_{n+1}}\sup_{t\in[T/2,T]}|\langle \mathcal{K}_{t,T}\phi, e_k\rangle| \leqslant C_{n+1}\varepsilon^{q_{n+1}}\|\phi\|.\end{aligned}$$

证明　对任意 $n\geqslant 0$, 由假设 6.2.1及 $\mathcal{Z}_n$ 的定义可得

$$\forall k\in\mathcal{Z}_n \Rightarrow -k\in\mathcal{Z}_n. \tag{6.2.55}$$

因此在集合 $\{\sum_{k\in\mathcal{Z}_n}\sup_{t\in[T/2,T]}|\langle \mathcal{K}_{t,T}\phi, e_k\rangle| \leqslant C_n\varepsilon^{q_n}\|\phi\|\}$ 上, 成立

$$\sup_{t\in[T/2,T],k\in\mathcal{Z}_n,m\in\{0,1\}}\left|\left\langle \mathcal{K}_{t,T}\phi, \cos\left(kz+\frac{\pi}{2}m\right)\right\rangle\right| \leqslant C_n\varepsilon^{q_n}\|\phi\|.$$

由引理 6.2.11, 对任意 $k\in\mathcal{Z}_n$, $m\in\{0,1\}$, 存在集合 $\Omega_{\varepsilon,k}^{1,m}$, $C=C_{k,m,T}$ 和 $p_n'>0$ 满足

$$P((\Omega_{\varepsilon,k}^{1,m})^c) \leqslant C\varepsilon^{p_n'}, \tag{6.2.56}$$

且在集合 $\Omega_{\varepsilon,k}^{1,m}$ 上,

$$\begin{aligned}&\sup_{t\in[T/2,T]}\left|\left\langle \mathcal{K}_{t,T}\phi, \cos\left(kz+\frac{\pi}{2}m\right)\right\rangle\right| \leqslant C_n\varepsilon^{q_n}\|\phi\|\\ \Rightarrow &\sup_{t\in[T/2,T]}|\langle \mathcal{K}_{t,T}\phi, I_k^m(U_t))\rangle| \leqslant C_{n+1}'\varepsilon^{q_{n+1}'}\|\phi\|\end{aligned} \tag{6.2.57}$$

对 $C'_{n+1}, q'_{n+1} > 0$ 成立.

由引理 6.2.12, 对任意 $k \in \mathcal{Z}_n$, $m \in \{0,1\}$, 存在 p''_n, C_{n+1}, q_{n+1} 和集合 $\Omega^{2,m}_{\varepsilon,k}$ 使得在 $\Omega^{2,m}_{\varepsilon,k}$ 上,

$$\sup_{t\in[T/2,T]} |\langle \mathcal{K}_{t,T}\phi, I^m_k(U)\rangle| \leqslant C'_{n+1}\varepsilon^{q'_{n+1}}\|\phi\|$$

$$\Rightarrow \sup_{t\in[T/2,T],\ell,j\in\mathcal{Z}_0} \left|\left\langle \mathcal{K}_{t,T}\phi, e_\ell e_j \cos\left(kz+\frac{\pi}{2}m\right)\right\rangle\right| \leqslant C_{n+1}\varepsilon^{q_{n+1}}\|\phi\| \tag{6.2.58}$$

成立, 而且

$$P((\Omega^{2,m}_{\varepsilon,k})^c) \leqslant C\varepsilon^{p''_n}. \tag{6.2.59}$$

令

$$\Omega_{\varepsilon,n} = \cap_{k\in\mathcal{Z}_n, m\in\{0,1\}}\Omega^{1,m}_{\varepsilon,k} \cap \Omega^{2,m}_{\varepsilon,k}.$$

由 (6.2.57) 和 (6.2.58), 在集合 $\Omega_{\varepsilon,n}$ 上

$$\sum_{k\in\mathcal{Z}_n,} \sup_{t\in[T/2,T]} |\langle \mathcal{K}_{t,T}\phi, e_k\rangle| \leqslant C_n\varepsilon^{q_n}\|\phi\|$$

$$\Rightarrow \sup_{t\in[T/2,T]} \sup_{\substack{k\in\mathcal{Z}_n,\ \ell,j\in\mathcal{Z}_0\\ m\in\{0,1\}}} \left|\left\langle \mathcal{K}_{t,T}\phi, e_\ell e_j \cos\left(kz+\frac{\pi}{2}m\right)\right\rangle\right| \leqslant C_{n+1}\varepsilon^{q_{n+1}}\|\phi\|$$

对 $C_{n+1}, q_{n+1} > 0$ 成立. 因为当 $n=0$ 时 (6.2.55) 成立, 所以在 $\Omega_{\varepsilon,n}$ 上, 亦成立

$$\sum_{k\in\mathcal{Z}_n,} \sup_{t\in[T/2,T]} |\langle \mathcal{K}_{t,T}\phi, e_k\rangle| \leqslant C_n\varepsilon^{q_n}\|\phi\|$$

$$\Rightarrow \sup_{t\in[T/2,T]} \sup_{\substack{k\in\mathcal{Z}_n,\ \ell,j\in\mathcal{Z}_0\\ m,m',m''\in\{0,1\}}} \left|\left\langle \mathcal{K}_{t,T}\phi, \cos\left(\ell z+\frac{\pi}{2}m'\right)\cos\left(jz+\frac{\pi}{2}m''\right)\right.\right.$$

$$\left.\left. \times\cos\left(kz+\frac{\pi}{2}m\right)\right\rangle\right| \leqslant C_{n+1}\varepsilon^{q_{n+1}}\|\phi\|.$$

最后, 由 (6.2.44)、(6.2.45)、(6.2.56) 和 (6.2.59), 我们完成证明. □

命题 6.2.3 的证明 首先, 注意 $\Omega_{\varepsilon,\mathcal{M}}$ 的定义, 令 $C_0=1, q_0=\dfrac{1}{8}$. 对任意 $n\in\mathbb{N}$, 在定义了常数 C_n, q_n 之后, 由引理 6.2.13 定义 $p_{n+1}, q_{n+1}, C_{n+1}, \Omega_{\varepsilon,n}$.

令

$$\Omega_\varepsilon = \Omega_{\varepsilon,\mathcal{M}} \cap \left(\cap_{n=1}^N \Omega_{\varepsilon,n}\right).$$

注意到当 $t=T$ 时 $\mathcal{K}_{t,T}\phi=\phi$ 成立, 由引理 6.2.10 和引理 6.2.13, 对正常数 p_N^*, q_N^*, $C=C(T,N)$, 我们有

$$P((\Omega_\varepsilon)^c)\leqslant C\varepsilon^{p_N^*},$$

且对任意 $\phi\in\mathcal{S}_{\alpha,N}$

$$\langle\mathcal{M}_{0,T}\phi,\phi\rangle\leqslant\varepsilon\|\phi\|^2\ \Rightarrow\ \langle\mathcal{Q}_N\phi,\phi\rangle\leqslant C\varepsilon^{q_N^*}\|\phi\|^2,$$

在集合 Ω_ε 上成立. 命题 6.2.3 证毕. □

定理 6.2.2 的证明 令 Ω_ε 是命题 6.2.3 所确定的集合. 令 ε^* 是正常数使得, 对任意 $\varepsilon\in(0,\varepsilon^*]$

$$\frac{\alpha}{2}>C_2\varepsilon^{q_2} \tag{6.2.60}$$

成立, 其中 C_2, q_2 是命题 6.2.3 中的常数.

由命题 6.2.3, 存在 $C_1, q_1>0$, 使得

$$P((\Omega_\varepsilon)^c)\leqslant C_1\varepsilon^{q_1}.$$

且在集合 Ω_ε 上, 对任意 $\phi\in\mathcal{S}_{\alpha,N}$, 如果成立

$$\langle\mathcal{M}_{0,T}\phi,\phi\rangle<\varepsilon\|\phi\|^2,$$

则由命题 6.2.2 和命题 6.2.3, 可以推得

$$\frac{\alpha}{2}\|\phi\|^2\leqslant\langle\mathcal{Q}_N\phi,\phi\rangle\leqslant C_2\varepsilon^{q_2}\|\phi\|^2,$$

这与 (6.2.60) 矛盾. 因此, (6.2.43) 在集合 Ω_ε 上成立, 定理 6.2.2 证毕. □

定理 6.2.2 的最直接意义就是得到下面的梯度估计, 我们这里所给出的证明方法是比较经典的 (主要参考 [10, Section 3]), 读者也可以参看 [17], [18], [19] 等.

命题 6.2.4 对某个 $\gamma_0>0$ 和任意 $\eta>0$, $U_0\in H$,

$$\|\nabla P_t\Phi(U_0)\|\leqslant C\left(\sqrt{P_t(|\Phi|^2)(U_0)}+e^{-\gamma_0 t}\sqrt{P_t(\|\nabla\Phi\|^2)(U_0)}\right)$$

对任意 $t>0$ 和 $\Phi\in C_b(H)$ 成立, 其中 C 是一个与 t, U_0 和 Φ 无关的常数.

证明 令 v 是一个控制变量, $\rho_t=\mathcal{J}_{0,t}\xi-\mathcal{A}_{0,t}v$ 是 (6.2.15) 中所定义的函数. 用 $v_{s,t}$ 表示控制变量 v 在 $[s,t]$ 上的限制. 显然, $\rho_0=\xi$ 和 ρ_t 依赖于 $\xi, t, v_{0,t}$. 对任一偶数 $n\in 2\mathbb{N}$, $v_{0,n}$ 和 ρ_n 如上定义, 再当 $r\in[n,n+2]$ 时令

$$v_{n,n+1}(r):=\left(\mathcal{A}^*_{n,n+1}(\mathcal{M}_{n,n+1}+I\beta)^{-1}\mathcal{J}_{n,n+1}\rho_n\right)(r),\quad v_{n+1,n+2}(r)=0,$$

其中 $\beta=\beta(n)>0$ 即将在 (6.2.63) 中确定.

定义

$$\mathcal{R}_{n,n+1}^{\beta}:=\beta(\mathcal{M}_{n,n+1}+I\beta)^{-1}.$$

类似 [10] 的做法, 分解 $\rho_{n+2}=\rho_{n+2}^{H}+\rho_{n+2}^{L}$, 其中

$$\begin{aligned}\rho_{n+2}^{H}&=\mathcal{J}_{n+1,n+2}Q_N\mathcal{R}_{n,n+1}^{\beta}\mathcal{J}_{n,n+1}\rho_n,\\ \rho_{n+2}^{L}&=\mathcal{J}_{n+1,n+2}P_N\mathcal{R}_{n,n+1}^{\beta}\mathcal{J}_{n,n+1}\rho_n.\end{aligned}\tag{6.2.61}$$

由 (6.2.16), 对某个常数 $C_0>1$ 成立

$$\mathrm{E}(1+\|U_{n+1}^{8}\|^2)\big|\mathcal{F}_n\leqslant C_0.$$

令 $\delta=\dfrac{1}{2^9C_0}$. 由上一不等式、(6.2.28)、(6.2.32)和引理 6.2.8, 我们有

$$\begin{aligned}\mathrm{E}(\|\rho_{n+2}^{H}\|^8|\mathcal{F}_n)&\leqslant\|\rho_n\|^8\mathrm{E}\Big(\mathrm{E}\big(\|\mathcal{J}_{n+1,n+2}Q_N\|^8|\mathcal{F}_{n+1}\big)\cdot\|\mathcal{J}_{n,n+1}\|^8\big|\mathcal{F}_n\Big)\\ &\leqslant\|\rho_n\|^8\mathrm{E}\big(\delta(1+\|U_{n+1}^{8}\|^2)\cdot\|\mathcal{J}_{n,n+1}\|^8\big|\mathcal{F}_n\big)\\ &\leqslant C_0\delta\|\rho_n\|^8\end{aligned}\tag{6.2.62}$$

对某个合适的 $N=N(\delta)$ 成立. 在 (6.2.61) 中选定这一 N. 由引理 6.2.5-6.2.9和定理 6.2.2, 存在 $\beta=\beta(n)>0$ 使得

$$\mathrm{E}(\|\rho_{n+2}^{L}\|^8|\mathcal{F}_n)\leqslant\delta\|\rho_n\|^8.\tag{6.2.63}$$

由 (6.2.62) 和 (6.2.63), 成立

$$\mathrm{E}(\|\rho_{n+2}\|^8|\mathcal{F}_n)\leqslant2^7\mathrm{E}(\|\rho_{n+2}^{L}\|^8+\|\rho_{n+2}^{H}\|^8|\mathcal{F}_n)\leqslant2^7\cdot2C_0\delta\|\rho_n\|^8=\frac{1}{2}\|\rho_n\|^8.$$

由此可得, 对任一偶数 n 成立

$$\mathrm{E}\|\rho_n\|^8\leqslant2^{-n/2}\|\xi\|^8.\tag{6.2.64}$$

由 (6.2.64) 和之前建立的矩估计, 类似 [10, Section 3] 中的证明, 可得

$$\sup_{\|\xi\|=1,t\geqslant0}\mathrm{E}\left|\int_0^t v\cdot dW\right|\leqslant C,$$

而且对某个 $\gamma_0>0$,

$$\sup_{\|\xi\|=1}\mathrm{E}\|\rho_t\|^2\leqslant Ce^{-\gamma_0 t}.$$

由此即可完成证明. □

6.2.4 定理 6.2.1 的证明

令 H 是一个 Banach 空间. 回顾定义

$$d(x,y)=1\wedge\delta^{-1}\|x-y\|,\quad \forall x,y\in H,$$

其中 δ 是个稍后确定的小参数. 在集合

$$Pr_1(H):=\left\{\mu\in Pr(H):\int_H d(0,u)d\mu(u)<\infty\right\}$$

上, 度量 d 可以诱导一个关于测度的 Wasserstein-Kantorovich 度量

$$d(\mu_1,\mu_2)=\sup_{\|\Phi\|_d\leqslant 1}\left|\int_H\Phi(x)\mu(dx)-\int_H\Phi(x)\nu(dx)\right|,$$

这里 $\|\Phi\|_d$ 表示 Φ 在度量 d 下的 Lipschitz 常数.

我们将应用以下结果证明定理 6.2.1.

定理 6.2.3([18, Theorem 2.5] 的简化形式) 令 $(P_t)_{t>0}$ 是 Banach 空间 H 上的马尔科夫半群, 其满足

(1) 存在常数 $\alpha\in(0,1)$, $C>0$ 和 $T_1>0$ 使得

$$\|DP_t\Phi\|_\infty\leqslant C\|\Phi\|_\infty+\alpha_1\|D\Phi\|_\infty,\tag{6.2.65}$$

对所有 $t\geqslant T_1$ 和所有 Fréchet 可导函数 $\Phi:H\to R$ 成立;

(2) 对所有 $\delta>0$, 存在 $T_2=T_2(\delta)$ 满足对任意 $t>T_2$, 存在 $a>0$ 使得

$$\sup_{\Gamma\in\mathcal{C}(P_t^*\delta_{U_0},P_t^*\delta_{\widetilde{U}_0})}\Gamma\{(U',U'')\in H\times H:\|U'-U''\|<\delta\}\geqslant a,\tag{6.2.66}$$

对所有 $U_0,\widetilde{U}_0\in H$ 成立. 这里 δ_U 是集中在 U 上的 dirac 测度, 算子 P_t^* 由 (6.2.10) 定义, $\mathcal{C}(\mu_1,\mu_2)$ 表示 $H\times H$ 上耦合测度 π 的集合, 即要求: $\pi(A\times H)=\mu_1(A)$ 且 $\pi(H\times A)=\mu_2(A)$ 对所有 Borel 集 $A\subset H$ 成立.

则 $(P_t)_{t>0}$ 具有唯一的不变测度 μ_*.

定理 6.2.1 的证明 回顾前面的定义: $U_t=U(t,U_0)$ 是方程 (6.2.1) 的解, 对任意 $t>0$, $U_0\in H$ 和 $E\in\mathcal{B}(H)$, $P_t(U_0,E)$, P_t 和 P_t^* 由 (6.2.8)-(6.2.10) 定义.

首先由命题 6.2.4, (6.2.65) 成立, 因而我们只需集中证明 (6.2.66). 对任意 $r>0$, 用 B_r 表示 $\{U'\in H,\|U'\|\leqslant r\}$. 仿照 [10, Page 2489] 的证明, 可得对任意 $\daleth,\delta>0$, 存在 $T_*=T_*(\daleth,\delta)\geqslant 0$ 使得

$$\inf_{\|U\|\leqslant\daleth}P_T(U,B_\delta)>0,\tag{6.2.67}$$

对 $T > T_*$ 成立.

由引理 6.2.1, 存在正常数 C_1 和 γ 使得对任意 $\gimel, \delta > 0$ 和 $T > t = 1$, 成立

$$
\begin{aligned}
P_T\Big(\overline{U}_0, B_{\frac{\delta}{2}}\Big) &= \int_H P_t\left(\overline{U}_0, dU\right) P_{T-t}\Big(U, B_{\frac{\delta}{2}}\Big) \\
&\geqslant \int_{B_\gimel} P_t\left(\overline{U}_0, dU\right) \inf_{U\in B_\gimel} P_{T-t}\Big(U, B_{\frac{\delta}{2}}\Big) \\
&\geqslant \left(1 - \frac{\mathrm{E}\|U_t\|}{\gimel}\right) \inf_{U\in B_\gimel} P_{T-t}\Big(U, B_{\frac{\delta}{2}}\Big) \\
&\geqslant \left(1 - \frac{C_1(1+t^{-\gamma})}{\gimel}\right) \inf_{U\in B_\gimel} P_{T-t}\Big(U, B_{\frac{\delta}{2}}\Big) \\
&\geqslant \left(1 - \frac{2C_1}{\gimel}\right) \inf_{U\in B_\gimel} P_{T-t}\Big(U, B_{\frac{\delta}{2}}\Big),
\end{aligned}
\tag{6.2.68}
$$

其中 U_t 是方程 (6.2.1) 初值为 $\overline{U}_0$ 的解. 在上一不等式中, 令 $\gimel = 4C_1$. 由 (6.2.67), 存在 $T^* = T^*(\gimel, \delta)$ 使得对任意 $T > T^*$,

$$
\inf_{\|U\|\leqslant\gimel} P_{T-t}\Big(U, B_{\frac{\delta}{2}}\Big) > 0.
$$

将此不等式与 (6.2.68) 结合, 并注意到 $\gimel = 4C_1$, 我们得到

$$
\inf_{\overline{U}_0\in H} P_T\Big(\overline{U}_0, B_{\frac{\delta}{2}}\Big) > 0 \tag{6.2.69}
$$

对 $T \geqslant T^*$ 成立.

对任意 $U_0, \widetilde{U}_0 \in H$ 和 $T > 0$, 定义 $\tilde{\Gamma}_{U_0,\widetilde{U}_0} \in Pr(H\times H)$ 为

$$
\tilde{\Gamma}_{U_0,\widetilde{U}_0}(A_1\times A_2) := P_T(U_0, A_1)P_T(\widetilde{U}_0, A_2), \quad \forall\, A_1, A_2 \in \mathcal{B}(H).
$$

则由 (6.2.69), 成立

$$
\begin{aligned}
&\sup_{\Gamma\in\mathcal{C}(P_t^*\delta_{U_0}, P_t^*\delta_{\widetilde{U}_0})} \Gamma\{(U', U'') \in H\times H : \|U' - U''\| < \delta\} \\
\geqslant &\tilde{\Gamma}_{U_0,\widetilde{U}_0}\{(U', U'') \in H\times H : \|U' - U''\| < \delta\} \\
\geqslant &P_T\left(U_0, B_{\frac{\delta}{2}}\right)\cdot P_T\left(\widetilde{U}_0, B_{\frac{\delta}{2}}\right) \geqslant \left(\inf_{\overline{U}_0\in H} P_T\Big(\overline{U}_0, B_{\frac{\delta}{2}}\Big)\right)^2 > 0.
\end{aligned}
$$

因此 (6.2.66) 成立.

故由定理 6.2.3, $(P_t)_{t>0}$ 存在唯一的不变测度 μ_*. □

参考文献

[1] Albeverio S, Debussche A, Xu L. Exponential mixing of the 3D stochastic Navier-Stokes equations driven by mildly degenerate noises. *Applied Mathematics & Optimization*, 2012, 66(2): 273-308.

[2] Brzeźniak Z, Hausenblas E, Zhu J. 2D stochastic Navier-Stokes equations driven by jump noise. *Nonlinear Analysis: Theory, Methods & Applications*, 2013, 79: 122-139.

[3] Constantin P, Foias C. Navies-Stokes equations. Chicago Lectures In Mathematics. Chicago: University of Chicago Press, 1988.

[4] Debussche A, Glatt-Holtz N, Temam R, et al. Global existence and regularity for the 3D stochastic primitive equations of the ocean and atmosphere with multiplicative white noise. *Nonlinearity*, 2012, 25(7): 2093.

[5] Dong Z, Xie Y. Ergodicity of stochastic 2D Navier-Stokes equation with Lévy noise. *J. Differential Equations*, 2011, 251(1): 196-222.

[6] Dong Z, Xu L, Zhang X. Invariant measures of stochastic 2D Navier-Stokes equation driven by α-stable processes. *Electronic communications in probability*, 2011, 16.

[7] E W. Stochastic hydrodynamics. *Current Developments in Mathematics*, 2000(1): 109-147.

[8] E W, Mattingly J C. Ergodicity for the navier-stokes equation with degenerate random forcing: finite-dimensional approximation. *Communications on Pure & Applied Mathematics*, 2010, 54(11): 1386-1402.

[9] Ewald B, Petcu M, and Temam R. Stochastic solutions of the two-dimensional primitive equations of the ocean and atmosphere with an additive noise. *Anal. Appl.* (*Singap.*), 2007, 5(2): 183-198.

[10] Földes J, Glatt-Holtz N, Richards G, et al. Ergodic and mixing properties of the Boussinesq equations with a degenerate random forcing. *Journal of Functional Analysis*, 2005, 269(8): 2427-2504.

[11] Glatt-Holtz N, Kukavica T, Vicol V, et al. Existence and regularity of invariant measures for the three dimensional stochastic primitive equations. *Journal of Mathematical Physics*, 2014, 55(5): 051504.

[12] Glatt-Holtz N, Temam R. Pathwise solutions of the 2D stochastic primitive equations. *Applied Mathematics and Optimization*, 2011, 63(3): 401-433.

[13] Glatt-Holtz N, Ziane M. The stochastic primitive equations in two space dimensions with multiplicative noise. *Discrete Contin. Dyn. Syst. Ser. B*, 2008, 10(4): 801-822.

[14] Goldys B, Maslowski B. Exponential ergodicity for stochastic Burgers and 2D Navier-Stokes equations. *J. Funct. Anal.*, 2005, 226(1): 230-255.

[15] Guillen F, Masmoudi N and Rodriguez-Bellido M. Anisotropic estimates and strong solutions for the primitive equations. *Diff. Int. Equ.*, 2001, 14: 1381-1408.

[16] Hairer M. Exponential mixing properties of stochastic pdes through asymptotic coupling. *Probability Theory & Related Fields*. 2001, 124 (3): 345-380.

[17] Harier M, Mattingly C. Ergodicity of the 2D Navier-Stokes equations with degenerate stochastic forcing. *Ann. Math.*, 2006, 164: 993-1032.

[18] Hairer M, Mattingly J C. Spectral gaps in Wasserstein distances and the 2D stochastic Navier-Stokes equations. *The Annals of Probability*, 2008, 36(6): 2050-2091.

[19] Hairer M, Mattingly J C. A theory of hypoellipticity and unique ergodicity for semi-linear stochastic PDEs. *Electronic Journal of Probability*, 2011, 16: 658-738.

[20] Huang D, Guo B. On two-dimensional large-scale primitive equations in oceanic dynamics I. *Applied Mathematics and Mechanics (English Edition)*, 2007, 28(5): 581-591.

[21] Huang D, Shen T, Zheng Y. Ergodicity of two-dimensional primitive equations of large scale ocean in geophysics driven by degenerate noise. *Applied Mathematics Letters*, 2019, 102: 106146.

[22] Kuksin S, Shirikyan A. Coupling appraoch to white-forced nonlinear PDEs. *J. De Math. Pures Et Appl.*, 2002, 81(6): 567-602.

[23] Agrachev A, Kuksin S, Sarychev A, et al. On finite-dimensional projections of distributions for solutions of randomly forced 2D Navier-Stokes equations. *Annales De Linstitut Henri Poincaré Probability & Statistics*, 2007, 43(4): 399-415.

[24] Komorowski T, Walczuk A. Central limit theorem for Markov processes with spectral gap in the Wasserstein metric. *Stochastic Processes & Their Applications*, 2012, 122(5): 2155-2184.

[25] Kuksin S, Shirikyan A. A coupling approach to randomly forced nonlinear PDEs. *Commun. Math. Phys.*, 2001, 221: 351-366.

[26] Kuksin S, Shirikyan A. Mathematics of Two-Dimensional Turbulence. Cambridge Tracts in Mathematics. Cambridge University Press, 2012.

[27] Komorowski T, Peszat S, Szarek T. On ergodicity of some Markov processes. *Ann. Probab.*, 2010, 38(4): 1401-1443.

[28] Liu W, Röckner M. Local and global well-posedness of SPDE with generalized coercivity conditions. *J. Differential Equations*, 2013, 254(2): 725-755.

[29] Menaldi J L, Sritharan S S. Stochastic 2D Navier-Stokes equation. *Appl. Math. Optim.*, 2002, 46: 31-53.

[30] Mattingly J C. Exponential convergence for the stochastically forced Navier-Stokes equations and other partially dissipative dynamics. *Comm. Math. Phys.*, 2002, 230(3), 421-462.

[31] Mohammed S, Zhang T. Anticipating stochastic 2D Navier-Stokes equations. *J. Funct. Anal.*, 2013, 264(6): 1380-1408.

[32] Masmoudi N, Young L S. Ergodic theory of infinite dimensional systems with applications to dissipative parabolic pde's. *Communications in Mathematical Physics*, 2002, 227 (3): 461-481.

[33] Mourrat J C, Weber H. The dynamic Φ_3^4 model comes down from infinity. *Communications in Mathematical Physics*, 2017, 356: 673-753.

[34] Nualart D. The Malliavin Calculus and Related Topics, second edition. New York: Springer, 2005.

[35] Odasso C. Exponential mixing for stochastic pdes: the non-additive case. *Probability Theory and Related Fields*, 2008, 140(1-2): 41-82.

[36] Odasso C. Ergodicity for the stochastic complex Ginzburg-Landau equations[C]. *Annales de l'Institut Henri Poincare (B) Probability and Statistics.* No longer published by Elsevier, 2006, 42(4): 417-454.

[37] Peng X, Huang J, Zhang R. Ergodicity and exponential mixing of the real Ginzburg-Landau equation with a degenerate noise. *Journal of Differential Equations*, 2020, 269(4): 3686-3720.

[38] Petcu M, Temam R and Ziane M. Some mathematical problems in geophysical fluid dynamics. *Special Volume on Computational Methods for the Atmosphere and the Oceans*, 2009, 14: 577-750.

[39] Da Prato G, Zabczyk J. Stochastic Equations in Infinite Dimensions. Cambridge University Press, 1992.

[40] Da Prato G, Zabczyk J. Ergodicity for Infinite Dimensional Systems. Cambridge University Press, 1996.

[41] Röckner M, Zhang X. Stochastic tamed 3D Navier-Stokes equations: existence, uniqueness and ergodicity. *Probab. Theory Related Fields*, 2009, 145: 211-267.

[42] Shirikyan A. Exponential mixing for randomly forced partial differential equations: method of coupling. *Instability in Models Connected with Fluid Flows* II, 2008, 7: 155-188.

[43] Shen T, Huang J. Ergodicity of stochastic magnetohydrodynamic equations driven by α-stable noise. *Journal of Mathematical Analysis & Applications*, 2017, 446(1): 746-769.

[44] Xu L, Zegarlinski B. Existence and exponential mixing of infinite white stable systems with unbounded interactions. *Electron. J. Probab.*, 2010, 15: 1994-2018.

[45] Xu L. Ergodicity of the stochastic real ginzburg-landau equation driven by α-stable noises. *Stochastic Processes & Their Applications*, 2012, 123(10): 3710-3736.

第 7 章 退化噪声驱动流体类发展方程的混合性

混合性是比遍历性更进一步的工作, 因此对随机系统的结构会有更高的要求. 经典方法是用 Harris 定理及其相关论述, 不过其很难应用到无穷维发展方程. 有基于此, 专家们深入开发耦合方法和 Lyapunov 结构并取得了一系列成果 (参见文献 [19], [21], [22], [35]). 本章的研究工作主要是基于文献 [21], 简而言之, 我们要利用文献 [21] 所建立的一种类 Harris 理论框架, 为此需要证明动力系统拥有一种强的 Lyapunov 结构, 一种相对弱的不可约性和一种特殊形式的梯度不等式. 我们将先后对本质椭圆型退化噪声驱动的三维驯化 N-S 方程和亚椭圆型退化噪声驱动的分数阶 MHD 方程组完成混合性的证明, 最后对三维随机 Ginzburg-Laudau 方程更进一步讨论不变测度的稳定性.

7.1 退化噪声驱动的随机三维驯化 Navier-Stokes 方程的混合性

随机 Navier-Stokes (NSE) 方程是描述不可压流体演化的重要模型：

$$\begin{cases} d\boldsymbol{u}(t) = [\nu\Delta\boldsymbol{u}(t) - (\boldsymbol{u}(t)\cdot\nabla)\boldsymbol{u}(t) + \nabla p(t) + g(t,\boldsymbol{u}(t))]dt + \sigma(t,\boldsymbol{u}(t))dW_t, \\ \mathrm{div}\boldsymbol{u}(t) = 0, \qquad \boldsymbol{u}(0) = \boldsymbol{u}_0, \end{cases}$$

虽然随机二维 Navier-Stokes 方程被广泛而深入地研究[20, 21, 35], 随机三维 Navier-Stokes 方程的研究依然困难重重. 正是因为这个原因, Flandoli 等[16, 36] 转而证明其在不同的条件下存在鞅解或平衡解等, 不过他们在证明解的唯一性的时候依然存在困难. 另一方面, Debussche 等[12] 证明了随机三维 Navier-Stokes 方程存在马尔科夫选择. Da Prato 和 Debussche[42] 证明了不变测度的存在唯一性, 但是他们的方法不适用于退化噪声也不能用来估计混合率.

最近, Röchner 和 Zhang[44] 提出了一个新颖的随机三维驯化 Navier-Stokes 方程:

$$\begin{cases} d\boldsymbol{u}(t) = [\nu\Delta\boldsymbol{u}(t) - (\boldsymbol{u}(t)\cdot\nabla)\boldsymbol{u}(t) + \nabla p(t) - g_N(|\boldsymbol{u}(t)|^2)\boldsymbol{u}(t)]dt + QdW_t, \\ \mathrm{div}\boldsymbol{u}(t) = 0, \qquad \boldsymbol{u}(0) = \boldsymbol{u}_0, \end{cases} \tag{7.1.1}$$

其中 $g_N : R^+ \mapsto R^+$ 是驯化函数, 它是光滑的且满足对某个 $N > 0$

$$\begin{cases} g_N(r) = 0, & r \leqslant N, \\ g_N(r) = (r-N)/\nu, & r \geqslant N+1, \\ 0 \leqslant g_N'(r) \leqslant C_\nu, & r \geqslant 0, \end{cases}$$

这里 $p(t,x)$ 表示压力, QW_t 是时间白的高斯噪声.

Röckner 和 Zhang[44] 证明了随机三维驯化 Navier-Stokes 方程在空间 $C([0,T];\mathbb{H}^1)$ 中存在唯一的强解. 在周期边界和退化噪声情形, 他们也证明了其对应的转移半群存在唯一的不变测度. 其后不久, Röckner 和 Zhang[45] 对这个模型证明了一个小时间的大偏差原理. 在这一节里, 我们将他们的工作推进以证明定理 7.1.1.

定理 7.1.1　*在周期边界和退化噪声情形, 随机系统 (7.1.1) 存在一个指数吸引的不变测度.*

需要指出的是, 尽管二维 NSE 方程在 [21] 中被成功地处理, 但当研究三维驯化 NSE 方程时情形有很大不同, 因为前者存在唯一的 L^2-解, 而后者并不具备. 因此, 我们不得不在空间三元组 $\mathbb{H}^2 \subset \mathbb{H}^1 \subset \mathbb{H}^0$ 上推导以获得 $\mathbb{H}^1$-解, 这导致接下来的各种估计更加精细和困难. 比如为了构造一个合适的 Lyapunov 函数, 我们不得不估计某个指数矩的期望, 这对于高阶项和高阶范数同时存在的式子是很难做到的, 特别从随机分析的角度而言是实现不了的. 为此我们建立了两个关键的技术引理克服这种困难, 关键点是将 PDE 和随机分析的技巧结合用反复插值和迭代的方法进行降阶. 值得一提的是, 最近 Földes 等[18] 也用类似的方法证明指数混合性, 不过他们在证明不可约性时由于忽略了 Boussinesq 方程本质上是强不可约的, 所以该部分证明写得比较冗长. 而随机驯化三维 NSE 方程在一定程度上也是强不可约的, 所以可以简洁地证明其满足相对弱的不可约性.

7.1.1　预备知识

在这一小节我们首先引入一些必要的概念和性质. 为了简便起见, 我们用记号 C(可能带下标) 代表正的常数, 其值可能随着位置的不同而不同. 同样为了处理方便, 我们不妨设 $\nu = 1$.

令 $\mathbb{T} = [0,1)$ 表示单位圆周. 令 $C_0^\infty(\mathbb{T}^3, R^3)$ 表示所有 $\mathbb{T}^3$ 到 R^3 具备紧支集的光滑函数的集合. 对于自然数 $p \geqslant 1$, 令 $L^p(\mathbb{T}^3; R^3)$ 为向量值的 L^p-空间, 其范数记为 $\|\cdot\|_{L^p}$. 对于某个非负整数 $m \geqslant 0$, 令 H^m 为 $\mathbb{T}^3$ 到 R^3 的 Sobolev 空间, 即是函数空间 $C_0^\infty(\mathbb{T}^3, R^3)$ 在范数

$$\|\boldsymbol{u}\|_{H^m} = \left(\int_{\mathbb{T}^3} |(I-\Delta)^{m/2}\boldsymbol{u}|^2 dx \right)^{1/2}$$

下的闭包, 其中 $(I-\Delta)^{m/2}$ 由傅里叶变换定义.

下面我们介绍 Gagliado-Nirenberge 插值不等式. 设 $q \geqslant 1$ 和 $m \in \mathbb{N}$. 如果

$$\frac{1}{q}=\frac{1}{2}-\frac{m\alpha}{3}, \quad 0 \leqslant \alpha \leqslant 1,$$

则对于任意的 $\boldsymbol{u} \in H^m$, 有

$$\|\boldsymbol{u}\|_{L^q} \leqslant C_{m,q}\|\boldsymbol{u}\|_{H^m}^{\alpha}\|\boldsymbol{u}\|_{L^2}^{1-\alpha}.$$

令

$$\mathbb{H}^m := \{\boldsymbol{u} \in H^m : \operatorname{div}(\boldsymbol{u})=0\}.$$

则 $(\mathbb{H}^m, \|\cdot\|_{H^m})$ 是一个可分的希尔伯特空间. 我们记空间 $\mathbb{H}^m$ 中的 $\|\cdot\|_{H^m}$ 为 $\|\cdot\|_{\mathbb{H}^m}$. 特别地, $\mathbb{H}^0$ 是希尔伯特空间 $L^2(\mathbb{T}^3;R^3)$ 的闭线性子空间. 令 $\mathcal{P}$ 为空间 $L^2(\mathbb{T}^3;R^3)$ 到空间 $\mathbb{H}^0$ 的正交投影算子, 则 $\mathcal{P}$ 与导算子可交换, 而且如果将其限制为从空间 H^m 映到 $\mathbb{H}^m$, 则 $\mathcal{P}$ 成为一个有界算子. 我们再引入空间 $\mathbb{H}^1$ 上的一组由 $\mathcal{P}\Delta$ 的特征向量构成的正交基, 即

$$\mathcal{P}\Delta \boldsymbol{e}_i=-\lambda_i \boldsymbol{e}_i, \quad \langle \boldsymbol{e}_i, \boldsymbol{e}_i\rangle_{\mathbb{H}^1}=1, \quad i=1,2,\cdots$$

其中 $0<\lambda_1 \leqslant \cdots \lambda_n \uparrow \infty$.

下面我们介绍退化噪声的构造. 对于 $M \in \mathbb{N}$, 令 $\Omega=C_0(R^+, R^M)$ 为所有初值为 0 的连续函数空间, P 为 σ-代数 $\mathcal{F}:=\mathcal{B}(C_0(R^+,R^M))$ 上的标准 Wiener 测度, 则坐标过程

$$W_t(\omega):=\omega(t), \quad \omega \in \Omega \tag{7.1.2}$$

为 $(\Omega, \mathcal{F}, P)$ 上的标准 Wiener 过程. 由

$$Qe_i=q_i \boldsymbol{e}_i, \quad q_i>0, \quad i=1,\cdots,M, \tag{7.1.3}$$

我们定义线性映射 $Q: R^M \to \mathbb{H}^1$, 其中 $\{e_i, i=1,\cdots,M\}$ 是欧氏空间 R^M 的标准基.

现在 $\boldsymbol{w}_t=QW_t$ 即为所考虑的退化噪声. 该噪声的退化性体现在噪声只驱动系统前 M 个 Fourier 模. 此时 $\boldsymbol{w}_t$ 在 H^1 中的二次变差为 $\mathcal{E} \triangleq \sum_{i=1}^M q_i^2$.

下面我们引用文献 [44] 的重要结果. 首先是三维 SNSE 方程 H^1-初值强解的存在唯一性.

定理 7.1.2 对于任意的 $\boldsymbol{u}_0 \in H^1$, 存在唯一的解 $\boldsymbol{u}(t,x)$ 满足:

(1) $\boldsymbol{u} \in L^2(\Omega,P;C([0,T];H^1)) \bigcap L^2(\Omega,P;L^2([0,T];H^2))$, 而且对于任意的 $T>0$,

$$\mathrm{E}\sup_{0\leqslant s\leqslant t}\|\boldsymbol{u}(t)\|_1^2+\int_0^t \mathrm{E}\|\boldsymbol{u}(s)\|_2^2 ds \leqslant C_T(1+\|\boldsymbol{u}_0\|_1^2), \quad \forall t \in [0,T], \tag{7.1.4}$$

成立.

(2) $\boldsymbol{u}(t,x)$ 以一种 (概率上的) 强意义满足 SNSE 方程, 即对任意的 $t \geqslant 0$,

$$\boldsymbol{u}(t)=\boldsymbol{u}_0+\int_0^t[\Delta\boldsymbol{u}(s)-(\boldsymbol{u}(s)\cdot\nabla)\boldsymbol{u}(s)-g_N(|\boldsymbol{u}(t)|^2)\boldsymbol{u}(s)]ds+\boldsymbol{w}_t,\quad \text{P-a.s..}$$

对于某个固定的初值 $\boldsymbol{u}_0\in\mathbb{H}^1$, 我们记其决定的唯一解为 $\boldsymbol{u}(t,\boldsymbol{u}_0)$. 则 $\{\boldsymbol{u}(t,\boldsymbol{u}_0); t\geqslant 0\}$ 构成了状态空间 $\mathbb{H}^1$ 上的强马氏过程.

现在我们考虑与 $\boldsymbol{u}(t,\boldsymbol{u}_0)$ 相关的转移半群. 令 $C_b(\mathbb{H}^1)$ 表示 $\mathbb{H}^1$ 上的所有有界、局部一致连续函数构成的集合. $C_b(\mathbb{H}^1)$ 在范数 $\|\varphi\|_\infty=\sup_{\boldsymbol{u}\in\mathbb{H}^1}|\varphi(\boldsymbol{u})|$ 下是一个 Banach 空间. 对于 $t\geqslant 0$, 半群 $\mathcal{P}_t$ 定义为

$$\mathcal{P}_t\varphi(\boldsymbol{u}_0)=\mathrm{E}(\varphi(\boldsymbol{u}(t,\boldsymbol{u}_0))),\quad \varphi\in C_b(\mathbb{H}^1).$$

则它的对偶半群 $\mathcal{P}_t^*$(定义在概率测度空间 $\mathcal{M}(\mathbb{H}^1)$ 上) 为

$$\int_{\mathbb{H}^1}\varphi d(\mathcal{P}_t^*\mu)=\int_{\mathbb{H}^1}\mathcal{P}_t\varphi d\mu.$$

概率测度 $\mu\in\mathcal{M}(\mathbb{H}^1)$ 称为是不变的如果 $\mathcal{P}_t^*\mu=\mu$ 对任意的 $t\geqslant 0$ 成立.

下一结果同样引自文献 [44].

定理 7.1.3　*考虑周期性边界和退化加法噪声驱动的随机系统 (7.1.1), 令 $\{\mathcal{P}_t\}_{t\geqslant 0}$ 为其对应的转移半群, 则对于充分大的 $M=M(\mathcal{E},\lambda_1,N)\in\mathbb{N}$, $\{\mathcal{P}_t\}_{t\geqslant 0}$ 存在唯一的不变测度.*

接下来, 我们概述 [21] 所建立的一个理论框架, 它主要包含三个基本假设和一个类 Harris 定理. 这些假设乍看上去也许会觉得冗长和累赘, 然而, 它们与经典的 Hariis 论述在直观意义上是契合的. 具体而言, 这些假设要求建立一种强 Lyapunov 结构, 一种特殊形式的梯度不等式, 以及一种相对弱的不可约性. 在陈述这些假设之前, 我们还要引入一些概念.

假设 Φ_t 是 Banach 空间 $\mathcal{H}$(范数为 $\|\cdot\|$) 上的某个随机流. 对于概率空间中几乎处处的 ω, 映射 $x\mapsto\Phi_t(\omega,x)$ 是 C^1 的. 令 $\mathcal{P}_t$ 是空间 $\mathcal{H}$ 上由流 Φ_t 生成的马氏半群. 我们用 $D\Phi_t$ 表示 $\Phi_t(\omega,x)$ 关于 x 求 Fréchet 导数. 对任意 Borel 集合 $A\subset\mathcal{H}$, 令 $\mathcal{C}(\mu_1,\mu_2)$ 为 $\mathcal{H}\times\mathcal{H}$ 上所有满足 $\Gamma(A\times\mathcal{H})=\mu_1(A)$ 及 $\Gamma(\mathcal{H}\times A)=\mu_2(A)$ 的测度 Γ 的集合. 如此定义在乘积空间上的测度 Γ 也称为是 μ_1 和 μ_2 的“耦合”.

假设　(A1) 存在函数 $V:\mathcal{H}\to[1,\infty)$ 满足下面的性质:

1. 存在两个严格增的连续函数 V^* 和 $V_*([0,\infty)\to[1,\infty))$, 满足

$$V_*(\|x\|)\leqslant V(x)\leqslant V^*(\|x\|)$$

对所有的 $x\in\mathcal{H}$ 成立, 而且 $\lim\limits_{a\to\infty}V_*(a)=\infty$;

2. 存在常数 C 和 $\kappa > 1$ 满足

$$aV^*(a) \leqslant CV_*^\kappa(a),$$

对任意的 $a > 0$ 成立;

3. 存在正常数 $C, r_0 < 1$, 以及满足 $\xi(1) < 1$ 的减函数 $\xi : [0,1] \to [0,1]$, 使得对任意的满足 $\|h\| = 1$ 的 $h \in \mathcal{H}$

$$\mathrm{E}V^r(\Phi_t(x))(1 + \|D\Phi_t(x)h\|) \leqslant CV^{r\xi(t)}(x),$$

对所有的 $x \in \mathcal{H}$, $r \in [r_0, \kappa]$, $t \in [0,1]$ 成立.

(A2) 存在 $C_1 > 0$ 和 $p \in [0,1)$, 使得对任意的 $\alpha \in (0,1)$ 存在正数 $T(\alpha)$ 和 $C(\alpha)$ 以及

$$\|D\mathcal{P}_t\varphi(x)\| \leqslant C_1 V^p(x)\left(C(\alpha)\sqrt{(\mathcal{P}_t|\varphi|^2)(x)} + \alpha\sqrt{(\mathcal{P}_t\|D\varphi\|^2)(x)}\right),$$

对所有的 $x \in \mathcal{H}$ 和 $t \geqslant T(\alpha)$ 成立.

(A3) 对任意的 $C > 0$, $r \in (0,1)$, $T_0 > 0$ 和 $\delta > 0$, 存在某个 $T > T_0$ 和 $a > 0$ 使得

$$\inf_{|x|,|y| \leqslant C} \sup_{\Gamma \in \mathcal{C}(\mathcal{P}_T^*\delta_x, \mathcal{P}_T^*\delta_y)} \Gamma\{(x', y') \in \mathcal{H} \times \mathcal{H} : \rho_r(x', y') < \delta\} \geqslant a.$$

附注 7.1.1 假设 (A1) 和假设 (A3) 分别对应强 Lyapunov 结构和相对弱的不可约性. 这里的假设 (A3) 比文献 [21] 中的稍弱一点, 不过依然可以得到文献 [21] 中的 Theorem 3.4.

附注 7.1.2 Odasso[37] 曾经在证明指数混合性方面做出重要工作. 最近文献 [33, 34] 的作者将他的方法和 Constantin 等[8] 的技巧相结合, 成功地对退化噪声驱动的三维分数阶 Leray-α 模型证明了指数混合性. 然而, Odasso 的方法并不适用于 Hömander 所提出的亚椭圆型噪声情形, 而假设 (A2) 却不存在这个问题. 而且假设 (A2) 还特别适用于证明渐近强 Feller 性, 这是无穷维 Hömander 理论过去十余年来得以迅速发展的重要驱动之一 (参见 [2], [18], [20]).

对于 $r \in (0,1]$, 我们引入一族 $\mathcal{H}$ 上的度量 ρ_r

$$\rho_r(x,y) = \inf_\gamma \int_0^1 V^r(\gamma(t))\|\dot\gamma(t)\|dt, \tag{7.1.5}$$

其中 inf 是对所有满足 $\gamma(0) = x$ 和 $\gamma(1) = y$ 的路径 γ 取的. ρ_1 也简记为 ρ.

如果存在满足假设 (A1) 的函数 $V(x)$, 则对每个 Fréchet 可导函数 $\varphi : \mathcal{H} \to R$, 我们引入下面的范数

$$\|\varphi\|_V = \sup_{x \in \mathcal{H}} \frac{|\varphi(x)| + \|D\varphi(x)\|}{V(x)}.$$

进一步地, 如果马氏半群 $\mathcal{P}_t$ 存在某个不变测度 μ_*, 我们可以引入范数

$$\|\varphi\|_\rho = \sup_{x\neq y} \frac{|\varphi(x)-\varphi(y)|}{\rho(x,y)} + \left|\int_{\mathcal{H}} \varphi(x)\mu_*(dx)\right|.$$

下面的定理是我们证明指数混合性的关键, 它可以由 [21] 中的定理 3.6、推论 3.5、定理 4.5 推得.

定理 7.1.4　令 Φ_t 是 Banach 空间 H 上的某个随机流, 它是几乎处处 C^1 的且满足假设 ($A1$). 令 $\mathcal{P}_t$ 为其对应的马氏半群, $\mathcal{P}_t$ 满足假设 ($A2$) 和 ($A3$). 那么, $\mathcal{P}_t$ 存在唯一的不变测度. 而且, 存在常数 $\gamma > 0$ 和 $C > 0$ 使得

$$\left\|\mathcal{P}_t\varphi - \int_{\mathcal{H}} \varphi(x)\mu_*(dx)\right\|_\rho \leqslant Ce^{-\gamma t}\left\|\varphi - \int_{\mathcal{H}} \varphi(x)\mu_*(dx)\right\|_\rho,$$

$$\left\|\mathcal{P}_t\varphi - \int_{\mathcal{H}} \varphi(x)\mu_*(dx)\right\|_V \leqslant Ce^{-\gamma t}\left\|\varphi - \int_{\mathcal{H}} \varphi(x)\mu_*(dx)\right\|_V,$$

对任意的 Fréchet 可导函数 $\varphi : \mathcal{H} \to R$ 和任意的 $t > 0$ 成立.

7.1.2　定理 7.1.1 的证明

证明方法是通过逐一验证假设 (A1)-(A3) 以应用定理 7.1.4.

下面的引理是技术性的, 这可能也是我们在空间三元组 $\mathbb{H}^2 \subset \mathbb{H}^1 \subset \mathbb{H}^0$ 中所能获取的最优估计.

引理 7.1.1　假设 $0 < \mu < \dfrac{1}{8\|Q\|^2}$, 那么

$$\mathrm{E}\ \exp\left(\mu \sup_{0\leqslant s\leqslant t} \|\boldsymbol{u}(s)\|_{\mathbb{H}^1}^2 e^{-\frac{1}{4}(t-s)}\right) \leqslant C\exp\left(\mu\|\boldsymbol{u}_0\|_{\mathbb{H}^1}^2 e^{-\frac{1}{4}t}\right).$$

证明　将算子 $\mathcal{P}$ 作用在等式 (7.1.1) 两边, 再应用 Itô 公式, 则

$$\begin{aligned} d\|\boldsymbol{u}\|_{\mathbb{H}^1}^2 = {} & 2\left\langle (I-\Delta)\boldsymbol{u}, \mathcal{P}\Delta\boldsymbol{u} - \mathcal{P}\big((\boldsymbol{u}\cdot\nabla)\boldsymbol{u}\big) - \mathcal{P}\big(g_N(|\boldsymbol{u}|^2)\boldsymbol{u}\big)\right\rangle_{\mathbb{H}^0} dt \\ & + 2\langle \boldsymbol{u}(t), d\boldsymbol{w}_t\rangle_{\mathbb{H}^1} + \mathcal{E}dt. \end{aligned}$$

由 g_N 的定义, 我们有

$$\begin{aligned} \left\langle (I-\Delta)\boldsymbol{u}, -\mathcal{P}\big(g_N(|\boldsymbol{u}|^2)\boldsymbol{u}\big)\right\rangle_{\mathbb{H}^0} & \leqslant -\left\langle \nabla\boldsymbol{u}, \nabla\big(g_N(|\boldsymbol{u}|^2)\boldsymbol{u}\big)\right\rangle_{\mathbb{H}^0} \\ & \leqslant -\int_{\mathbb{T}^3} |\nabla\boldsymbol{u}|^2 \cdot g_N(|\boldsymbol{u}|^2)dx \\ & \quad -\frac{1}{2}\int_{\mathbb{T}^3} g_N'(|\boldsymbol{u}|^2)\cdot|\nabla|\boldsymbol{u}|^2|^2 dx \\ & \leqslant -\int_{\mathbb{T}^3} |\nabla\boldsymbol{u}|^2\cdot|\boldsymbol{u}|^2 dx + N\|\nabla\boldsymbol{u}\|_{\mathbb{H}^0}^2, \end{aligned}$$

因而

$$
\begin{aligned}
d\|\boldsymbol{u}\|_{\mathbb{H}^1}^2 \leqslant & (-\|\boldsymbol{u}\|_{\mathbb{H}^2}^2 - \||\boldsymbol{u}| \cdot |\nabla \boldsymbol{u}|\|_{L^2}^2 + 2(1+N)\|\nabla \boldsymbol{u}\|_{\mathbb{H}^0}^2 + 2\|\boldsymbol{u}\|_{\mathbb{H}^0}^2)dt \\
& + 2\langle \boldsymbol{u}(t), d\boldsymbol{w}_t\rangle_{\mathbb{H}^1} + \mathcal{E}dt \\
\leqslant & (-\|\boldsymbol{u}\|_{\mathbb{H}^2}^2 - \||\boldsymbol{u}| \cdot |\nabla \boldsymbol{u}|\|_{L^2}^2 + C_N\|\boldsymbol{u}(t)\|_{\mathbb{H}^1}^2)dt \\
& + 2\langle \boldsymbol{u}(t), d\boldsymbol{w}_t\rangle_{\mathbb{H}^1} + \mathcal{E}dt \\
\leqslant & \left(-\frac{1}{2}\|\boldsymbol{u}\|_{\mathbb{H}^2}^2 + C_{N,\mathcal{E}}\right)dt + 2\langle \boldsymbol{u}(t), d\boldsymbol{w}_t\rangle_{\mathbb{H}^1}.
\end{aligned} \tag{7.1.6}
$$

固定 $t > 0$, 由 Itô 公式

$$
\begin{aligned}
& d\exp\left(\frac{1}{4}(s-t)\right)\mu\|\boldsymbol{u}(s)\|_{\mathbb{H}^1}^2 \\
\leqslant & \exp\left(\frac{1}{4}(s-t)\right)\left(\mu C_{N,\mathcal{E}} - \frac{\mu}{2}\|\boldsymbol{u}(s)\|_{\mathbb{H}^2}^2 + \frac{\mu}{4}\|\boldsymbol{u}(s)\|_{\mathbb{H}^1}\right)ds \\
& + 2\mu\exp\left(\frac{1}{4}(s-t)\right)\langle \boldsymbol{u}(s), d\boldsymbol{w}_s\rangle_{\mathbb{H}^1}.
\end{aligned}
$$

限制 $s \in [0,t]$, 则

$$
\begin{aligned}
& \exp\left(\frac{1}{4}(s-t)\right)\mu\|\boldsymbol{u}(s)\|_{\mathbb{H}^1}^2 \\
\leqslant & \mu\|\boldsymbol{u}_0\|_{\mathbb{H}^1}^2\exp\left(-\frac{1}{4}t\right) + 4\mu C_{N,\mathcal{E}} - \frac{1}{4}\int_0^s \mu\|\boldsymbol{u}(r)\|_{\mathbb{H}^2}^2 dr \\
& + 2\mu\int_0^s \exp\left(\frac{1}{4}(r-t)\right)\langle \boldsymbol{u}(r), d\boldsymbol{w}_r\rangle_{\mathbb{H}^1}.
\end{aligned}
$$

因此对于正常数 K,

$$
\begin{aligned}
& P\left(\sup_{0\leqslant s\leqslant t}\exp\left(\frac{1}{4}(s-t)\right)\mu\|\boldsymbol{u}(s)\|_{\mathbb{H}^1}^2 - \mu\|\boldsymbol{u}_0\|_{\mathbb{H}^1}^2\exp\left(-\frac{1}{4}t\right) - 4\mu C_{N,\mathcal{E}} > K\right) \\
\leqslant & P\left(\sup_{0\leqslant s\leqslant t} 2\mu\int_0^s \exp\left(\frac{1}{4}(r-t)\right)\langle \boldsymbol{u}(r), d\boldsymbol{w}_r\rangle_{\mathbb{H}^1} - \frac{1}{4}\int_0^s \mu\|\boldsymbol{u}(r)\|_{\mathbb{H}^2}^2 dr > K\right) \\
\leqslant & P\left(\sup_{0\leqslant s\leqslant t} 2\mu\int_0^s \exp\left(\frac{1}{4}(r-t)\right)\langle \boldsymbol{u}(r), d\boldsymbol{w}_r\rangle_{\mathbb{H}^1} - \frac{1}{16\mu\|Q\|^2}\langle M\rangle(s) > K\right) \\
\leqslant & \exp\left(-\frac{1}{8\mu\|Q\|^2}K\right),
\end{aligned}
$$

其中 $M(s)=2\mu\int_0^s \exp\left(\frac{1}{4}(r-t)\right)\langle \boldsymbol{u}(r), d\boldsymbol{w}_r\rangle_{\mathbb{H}^1}$, 注意到最后一个不等式是由指数鞅不等式而得.

由概率不等式, 对 $b>1$,

$$P(X>K)\leqslant e^{-bK}\Rightarrow \mathrm{E}e^X\leqslant \frac{1}{b-1},$$

再注意到引理的条件中有 $0<\mu<\frac{1}{8\|Q\|^2}$, 直接可得

$$\begin{aligned}&\mathrm{E}\exp\left(\sup_{0\leqslant s\leqslant t}\exp\left(\frac{1}{4}(s-t)\right)\mu\|\boldsymbol{u}(s)\|_{\mathbb{H}^1}^2\right)\\ \leqslant\ &\frac{4\mu\|Q\|^2\exp\left(4\mu C_{N,\varepsilon}\right)}{\frac{1}{2}-4\mu\|Q\|^2}\exp\left(\mu\|\boldsymbol{u}_0\|_{\mathbb{H}^1}^2\exp\left(-\frac{1}{4}t\right)\right),\end{aligned}$$

证毕. □

附注 7.1.3　由此引理我们立即有 $\mathrm{E}\ \exp\left(\mu\|\boldsymbol{u}(t)\|_{\mathbb{H}^1}^2\right)\leqslant C\exp\left(\mu\|\boldsymbol{u}_0\|_{\mathbb{H}^1}^2e^{-\frac{1}{4}t}\right)$ 对所有 $t\geqslant 0$ 成立. 这揭示了 Lyapunov 结构的本质特征. 如果我们限制 $0\leqslant t\leqslant 1$, 则对任意 $\eta>0$

$$\mathrm{E}\exp\left(\int_0^t \eta\|\boldsymbol{u}(s)\|_{\mathbb{H}^1}^2\mathrm{ds}\right)\leqslant \mathrm{E}\exp\left(2\eta\sup_{0\leqslant s\leqslant t}\|\boldsymbol{u}(s)\|_{\mathbb{H}^1}^2e^{-\frac{1}{4}(t-s)}\right).$$

我们再应用引理 7.1.1 可得当 η 充分小时,

$$\mathrm{E}\exp\left(\int_0^t \eta\|\boldsymbol{u}(s)\|_{\mathbb{H}^1}^2\mathrm{ds}\right)\leqslant \exp\left(2\eta\|\boldsymbol{u}_0\|_{\mathbb{H}^1}^2e^{-\frac{1}{4}t}\right).$$

这个不等式在下一引理中会用到.

记 $\Phi_t(\omega,\boldsymbol{u}_0)\triangleq \boldsymbol{u}(t,\omega;\boldsymbol{u}_0)$. 固定 $\boldsymbol{u}_0\in\mathbb{H}^1$, 对任意的 $h\in\mathbb{H}^1$, 令 $\mathcal{J}_th\triangleq D\Phi_t(\boldsymbol{u}_0)h$. 则 $\mathcal{J}_th$ 是线性化方程

$$\partial_t\mathcal{J}_th=\Delta\mathcal{J}_th+\mathcal{K}(\boldsymbol{u}(t,\omega;\boldsymbol{u}_0),\mathcal{J}_th),\qquad \mathcal{J}_0h=h \tag{7.1.7}$$

的解, 其中 $\mathcal{K}$ 关于第二个分量是线性的, 由

$$\mathcal{K}(\eta,\xi)\triangleq -\mathcal{P}((\xi\cdot\nabla)\eta+(\eta\cdot\nabla)\xi)-\mathcal{P}(g_N(|\eta|^2)\xi+2g_N'(|\eta|^2)\langle\eta,\xi\rangle_{R^3}\eta)$$

定义.

下一引理给出了雅可比算子的一种新估计, 关键是利用 PDE 技巧尽量地降阶.

引理 7.1.2 对任意 $\kappa>0$, 成立

$$\mathrm{E}\|D\Phi_t(\boldsymbol{u}_0)\|_{\mathbb{H}^1}^2=\mathrm{E}\|\mathcal{J}_t\|_{\mathbb{H}^1}^2\leqslant C_\kappa\exp\left(\kappa\|\boldsymbol{u}_0\|_{\mathbb{H}^1}^2e^{-\frac{1}{4}t}\right),\quad t\in[0,1].$$

证明 首先我们引入新的记号, 将方程 (7.3.9) 重新记为 $\partial_t\mathcal{J}_th=\Delta\mathcal{J}_th+\sum_{i=1}^4F_i$, 其中

$$F_1=-\mathcal{P}((\mathcal{J}_th\cdot\nabla)\boldsymbol{u}(t)),\qquad F_2=-\mathcal{P}((\boldsymbol{u}(t)\cdot\nabla)\mathcal{J}_th),$$
$$F_3=-\mathcal{P}(g_N(|\boldsymbol{u}(t)|^2)\mathcal{J}_th),\quad F_4=-\mathcal{P}(2g_N'(|\boldsymbol{u}(t)|^2)\langle\boldsymbol{u}(t),\mathcal{J}_th\rangle_{R^3}\boldsymbol{u}(t)).$$

我们建立 $\mathcal{J}_th$ 的 $\mathbb{H}^0$-范数估计

$$\begin{aligned}\frac{d}{dt}\|\mathcal{J}_th\|_{\mathbb{H}^0}^2&=-2\|\nabla\mathcal{J}_th\|_{\mathbb{H}^0}^2-2\langle\mathcal{P}((\mathcal{J}_th\cdot\nabla)\boldsymbol{u}(t)),\mathcal{J}_th\rangle_{\mathbb{H}^0}+\sum_{i=3}^4\langle F_i,\mathcal{J}_th\rangle_{\mathbb{H}^0}^2\\&\leqslant-2\|\nabla\mathcal{J}_th\|_{\mathbb{H}^0}^2-2\langle\mathcal{P}((\mathcal{J}_th\cdot\nabla)\boldsymbol{u}(t)),\mathcal{J}_th\rangle_{\mathbb{H}^0}+N\|\mathcal{J}_th\|_{\mathbb{H}^0}^2.\end{aligned}$$

由插值不等式,

$$\begin{aligned}&2|\langle\mathcal{P}((\mathcal{J}_th\cdot\nabla)\boldsymbol{u}(t)),\mathcal{J}_th\rangle_{\mathbb{H}^0}|\\&\leqslant C\|\boldsymbol{u}(t)\|_{\mathbb{H}^1}\|\|\mathcal{J}_th\|_{\mathbb{H}^0}\|\mathcal{J}_th\|_{\mathbb{H}^{\frac{3}{4}}}\\&\leqslant\|\nabla\mathcal{J}_th\|_{\mathbb{H}^1}^2+\frac{C}{\eta^2}\|\mathcal{J}_th\|_{\mathbb{H}^0}^2+\frac{\eta}{2}\|\boldsymbol{u}(t)\|_{\mathbb{H}^1}^2\|\mathcal{J}_th\|_{\mathbb{H}^0}^2+N\|\mathcal{J}_th\|_{\mathbb{H}^0}^2,\end{aligned}$$

对任意 $\eta>0$ 成立, 因此

$$\frac{d}{dt}\|\mathcal{J}_th\|_{\mathbb{H}^0}^2\leqslant-\|\nabla\mathcal{J}_th\|_{\mathbb{H}^0}^2+(C_{\eta,N}+\eta\|\boldsymbol{u}(t)\|_{\mathbb{H}^1}^2)\|\mathcal{J}_th\|_{\mathbb{H}^0}^2.$$

由 Gronwall 不等式, 我们有

$$\|\mathcal{J}_th\|_{\mathbb{H}^0}^2\leqslant\|h\|_{\mathbb{H}^0}^2\exp\left(tC_{\eta,N}+\eta\int_0^t\|\boldsymbol{u}(s)\|_{\mathbb{H}^1}^2ds\right).\tag{7.1.8}$$

再由 Young 不等式, 我们得

$$\frac{d}{dt}\|\mathcal{J}_th\|_{\mathbb{H}^1}^2\leqslant-\|\mathcal{J}_th\|_{\mathbb{H}^2}^2+2\|\mathcal{J}_th\|_{\mathbb{H}^0}^2+C\sum_{i=1}^4\|F_i\|_{\mathbb{H}^0}^2.\tag{7.1.9}$$

应用 Hölder 不等式和插值不等式, 则有

$$\|F_2\|_{\mathbb{H}^0}^2\leqslant C\|\boldsymbol{u}(t)\|_{L^\infty}^2\|\mathcal{J}_th\|_{\mathbb{H}^1}^2\leqslant C\|\boldsymbol{u}(t)\|_{\mathbb{H}^1}\|\boldsymbol{u}(t)\|_{\mathbb{H}^2}\|\mathcal{J}_th\|_{\mathbb{H}^1}^2,$$

$$
\begin{aligned}
&\|F_1\|_{\mathbb{H}^0}^2 \leqslant C\|\boldsymbol{u}(t)\|_{\mathbb{H}^1}^2\|\mathcal{J}_t h\|_{\mathbb{H}^1}\|\mathcal{J}_t h\|_{\mathbb{H}^2} \leqslant C\|\boldsymbol{u}(t)\|_{\mathbb{H}^1}^4\|\mathcal{J}_t h\|_{\mathbb{H}^1}^2 + \frac{1}{4}\|\mathcal{J}_t h\|_{\mathbb{H}^2}^2,\\
&\|F_3\|_{\mathbb{H}^0}^2 \leqslant C\|\boldsymbol{u}(t)\|_{L^6}^4\|\mathcal{J}_t h\|_{L^6}^2 \leqslant C\|\boldsymbol{u}(t)\|_{\mathbb{H}^1}^4\|\mathcal{J}_t h\|_{\mathbb{H}^1}^2,\\
&\|F_4\|_0^2 \leqslant C\|\boldsymbol{u}(t)\|_{L^6}^4\|\mathcal{J}_t h\|_{L^6}^2 \leqslant C\|\boldsymbol{u}(t)\|_{\mathbb{H}^1}^4\|\mathcal{J}_t h\|_{\mathbb{H}^1}^2.
\end{aligned}
$$

将上面的估计代入不等式 (7.3.13) 中, 可得

$$
\begin{aligned}
&\frac{d}{dt}\|\mathcal{J}_t h\|_{\mathbb{H}^1}^2\\
\leqslant& -\frac{1}{2}\|\mathcal{J}_t h\|_{\mathbb{H}^2}^2 + C\|\boldsymbol{u}(t)\|_{\mathbb{H}^1}^4\|\mathcal{J}_t h\|_{\mathbb{H}^1}^2 + 2\|\mathcal{J}_t h\|_{\mathbb{H}^0}^2\\
&+\eta\|\boldsymbol{u}(t)\|_{\mathbb{H}^2}^2\|\mathcal{J}_t h\|_{\mathbb{H}^1}^2 + C_\eta\|\boldsymbol{u}(t)\|_{\mathbb{H}^1}^2\|\mathcal{J}_t h\|_{\mathbb{H}^1}^2\\
\leqslant& -\frac{1}{2}\|\mathcal{J}_t h\|_{\mathbb{H}^2}^2 + C_\eta\|\boldsymbol{u}(t)\|_{\mathbb{H}^1}^4\|\mathcal{J}_t h\|_{\mathbb{H}^0}\|\mathcal{J}_t h\|_{\mathbb{H}^2} + 2\|\mathcal{J}_t h\|_{\mathbb{H}^0}^2 + \eta\|\boldsymbol{u}(t)\|_{\mathbb{H}^2}^2\|\mathcal{J}_t h\|_{\mathbb{H}^1}^2\\
\leqslant& -\frac{1}{4}\|\mathcal{J}_t h\|_{\mathbb{H}^2}^2 + \eta\|\boldsymbol{u}(t)\|_{\mathbb{H}^2}^2\|\mathcal{J}_t h\|_{\mathbb{H}^1}^2 + C_\eta(1+\|\boldsymbol{u}(t)\|_{\mathbb{H}^1}^8)\|\mathcal{J}_t h\|_{\mathbb{H}^0}^2.
\end{aligned}
$$

代入 (7.1.8), 有

$$
\begin{aligned}
&\frac{d}{dt}\|\mathcal{J}_t h\|_{\mathbb{H}^1}^2\\
\leqslant& \eta\|\boldsymbol{u}(t)\|_{\mathbb{H}^2}^2\|\mathcal{J}_t h\|_{\mathbb{H}^1}^2 + C_\eta\|h\|_{\mathbb{H}^0}^2(1+\|\boldsymbol{u}(t)\|_{\mathbb{H}^1}^8)\exp\left(tC_{\eta,N} + \eta\int_0^t\|\boldsymbol{u}(s)\|_{\mathbb{H}^1}^2 ds\right).
\end{aligned}
$$

用 Gronwall 不等式, 则

$$
\begin{aligned}
\|\mathcal{J}_t h\|_{\mathbb{H}^1}^2 \leqslant& \|h\|_{\mathbb{H}^1}^2 e^{\eta\int_0^t\|\boldsymbol{u}(s)\|_{\mathbb{H}^2}^2 ds}\\
&\times\left\{1 + C_\eta\int_0^t(1+\|\boldsymbol{u}(s)\|_{\mathbb{H}^1}^8)\exp\left(tC_{\eta,N} + \eta\int_0^s\|\boldsymbol{u}(\tilde{s})\|_{\mathbb{H}^1}^2 d\tilde{s}\right)ds\right\}.
\end{aligned}
$$

因为我们只考虑 $t\in[0,1]$, 应用不等式 $x^n \leqslant n!e^x$ 得

$$
\|\mathcal{J}_t\|_{\mathbb{H}^1}^2 \leqslant e^{\eta\int_0^t\|\boldsymbol{u}(s)\|_{\mathbb{H}^2}^2 ds}\left\{1 + C_{\eta,N}\int_0^t \exp\left[\eta\left(\|\boldsymbol{u}(s)\|_{\mathbb{H}^1}^2 + \int_0^s\|\boldsymbol{u}(\tilde{s})\|_{\mathbb{H}^1}^2 d\tilde{s}\right)\right]ds\right\}. \tag{7.1.10}
$$

对任意 $\eta>0$, 现在我们开始估计 $\exp\left\{\eta\int_0^t\|\boldsymbol{u}(s)\|_{\mathbb{H}^2}^2 ds\right\}$. 注意到由 (7.1.6) 有

$$
d\|\boldsymbol{u}\|_{\mathbb{H}^1}^2 \leqslant (-\|\boldsymbol{u}\|_{\mathbb{H}^2}^2 - \||\boldsymbol{u}|\cdot|\nabla\boldsymbol{u}|\|_{L^2}^2 + C_N\|\boldsymbol{u}(t)\|_{\mathbb{H}^1}^2)dt + 2\langle\boldsymbol{u}(t), d\boldsymbol{w}_t\rangle_{\mathbb{H}^1} + \mathcal{E}dt.
$$

积分这个式子, 得到

$$
\begin{aligned}
&\|\boldsymbol{u}(t)\|_{\mathbb{H}^1}^2-\|\boldsymbol{u}_0\|_{\mathbb{H}^1}^2\\
\leqslant&-\int_0^t\|\boldsymbol{u}(s)\|_{\mathbb{H}^2}^2ds+C_N\int_0^t\|\boldsymbol{u}(s)\|_{\mathbb{H}^1}^2ds+2\int_0^t\langle\boldsymbol{u}(s),d\boldsymbol{w}_s\rangle_{\mathbb{H}^1}+\int_0^t\mathcal{E}ds.
\end{aligned}
$$

将最后一个不等式两边乘以 η, 再取指数, 则有

$$
\begin{aligned}
&e^{\eta(\|\boldsymbol{u}(t)\|_{\mathbb{H}^1}^2-\|\boldsymbol{u}_0\|_{\mathbb{H}^1}^2)}\\
\leqslant&e^{-\eta\int_0^t\|\boldsymbol{u}(s)\|_{\mathbb{H}^2}^2ds}\cdot e^{-2\eta^2\int_0^t\|\boldsymbol{u}(s)\|_{\mathbb{H}^1}^2ds+2\eta\int_0^t\langle\boldsymbol{u}(s),d\boldsymbol{w}_s\rangle_{\mathbb{H}^1}}\cdot e^{C_{N,\eta}\int_0^t\|\boldsymbol{u}(s)\|_{\mathbb{H}^1}^2ds+\eta\mathcal{E}t},
\end{aligned}
$$

其中 $C_{N,\eta}=\eta C_N+2\eta^2$. 令 $M_t\triangleq-2\eta^2\int_0^t\|\boldsymbol{u}(s)\|_{\mathbb{H}^1}^2ds+2\eta\int_0^t\langle\boldsymbol{u}(s),d\boldsymbol{w}_s\rangle_{\mathbb{H}^1}$, 则由引理 7.1.1 和 Novikov 判据知 e^{2M_t} 是一个指数鞅, 因此

$$
\begin{aligned}
\mathrm{E}e^{\eta\int_0^t\|\boldsymbol{u}(s)\|_{\mathbb{H}^2}^2ds}\leqslant&\mathrm{E}\left(e^{\eta(-\|\boldsymbol{u}(t)\|_{\mathbb{H}^1}^2+\|\boldsymbol{u}_0\|_{\mathbb{H}^1}^2)}\cdot e^{C_{N,\eta}\int_0^t\|\boldsymbol{u}(s)\|_{\mathbb{H}^1}^2ds+\eta\mathcal{E}t}\cdot e^{M_t}\right)\\
\leqslant&e^{\eta\|\boldsymbol{u}_0\|_{\mathbb{H}^1}^2}\cdot e^{\eta\mathcal{E}t}\mathrm{E}\left(e^{C_{N,\eta}\int_0^t\|\boldsymbol{u}(s)\|_{\mathbb{H}^1}^2ds}\cdot e^{M_t}\right)\\
\leqslant&e^{\eta\|\boldsymbol{u}_0\|_{\mathbb{H}^1}^2}\cdot e^{\eta\mathcal{E}t}\left(\mathrm{E}e^{C_{N,\eta}\int_0^t\|\boldsymbol{u}(s)\|_{\mathbb{H}^1}^2ds}\right)^{\frac{1}{2}}.
\end{aligned}\tag{7.1.11}
$$

现在, 将 (7.1.11) 代入 (7.1.10), 由附注 7.1.3 知只要 η 充分小即可完成证明. □

下一命题用来验证假设 (A1).

命题 7.1.1 *存在正常数 C,μ_0 和一个满足 $\xi(1)<1$ 的减函数 $\xi:[0,1]\to[0,1]$, 使得*

$$
\mathrm{E}\exp\left(\mu\|\boldsymbol{u}(t)\|_{\mathbb{H}^1}^2\right)(1+\|D\Phi_t(\boldsymbol{u}_0)\|_{\mathbb{H}^1})\leqslant C\exp\left(\mu\|\boldsymbol{u}_0\|_{\mathbb{H}^1}^2\xi(t)\right),
$$

对任意 $\boldsymbol{u}_0\in\mathbb{H}^1$, $\mu<\mu_0$ 和 $t\in[0,1]$ 成立.

证明 取 $\mu_0=(8\|Q\|^2)^{-1}$, $\xi(t)=2e^{-t/4}$, 再令 κ 充分小, 由引理 7.1.1和引理 7.1.2即可完成证明. □

回顾前面的定义：对固定的 $\boldsymbol{u}_0\in H^1$, 我们用 $\boldsymbol{u}(t,\boldsymbol{u}_0)$ 表示定理 7.1.2确定的唯一解, 而且 $\{\boldsymbol{u}(t,\boldsymbol{u}_0):t\geqslant0,\boldsymbol{u}_0\in H^1\}$ 构成了状态空间 $\mathbb{H}^1$ 上的强马氏过程. 对两个固定的 $\boldsymbol{u}_{01},\boldsymbol{u}_{02}\in H^1$, 我们分别记 $\boldsymbol{u}_i(t)=\boldsymbol{u}(t,\boldsymbol{u}_{0i})$ 为以 $\boldsymbol{u}_{0i},i=1,2$ 为初值的解.

鉴于命理 7.1.1 和 (7.1.5), 对 $0<\mu<\dfrac{1}{8\|Q\|^2}$, 我们用函数 $V(\boldsymbol{u})=\exp(\mu\|\boldsymbol{u}\|_{\mathbb{H}^1}^2)$ 构造度量 ρ_r. 下一引理与 [21, 引理 5.7] 类似, 然而现在我们要同时考虑两条源自不同初值的轨道, 旨在将来更方便地验证假设 (A3).

引理 7.1.3 对任意 $r_1, r_2, T_0 > 0$ 和 $r \in (0,1)$, 存在 $T > T_0$ 使得

$$\inf_{\|\boldsymbol{u}_{01}\|_{\mathbb{H}^1}+\|\boldsymbol{u}_{02}\|_{\mathbb{H}^1}\leqslant r_1} P\{\omega : \rho_r\big(\boldsymbol{u}_1(T), \boldsymbol{u}_2(T)\big) \leqslant r_2\} > 0.$$

证明 为了简化记号, 我们用 $\boldsymbol{u}$ 同时代替 $\boldsymbol{u}_1$ 和 $\boldsymbol{u}_2$. 令 $\boldsymbol{v} = \boldsymbol{u} - \boldsymbol{w}$, 则

$$\partial_t \boldsymbol{v} = \mathcal{P}[\Delta(\boldsymbol{v}+\boldsymbol{w})-((\boldsymbol{v}+\boldsymbol{w})\cdot\nabla)(\boldsymbol{v}+\boldsymbol{w})-g_N(|\boldsymbol{v}+\boldsymbol{w}|^2)(\boldsymbol{v}+\boldsymbol{w})], \quad \boldsymbol{v} = \boldsymbol{u}_0. \tag{7.1.12}$$

令 $T > 0$ 和 $\varepsilon > 0$, 它们的具体值会在后面确定. 定义

$$\Omega_\varepsilon = \left\{\omega : \sup_{t\in[0,T]} \|\boldsymbol{w}(t,\omega)\|_{\mathbb{H}^6} < \varepsilon\right\}.$$

用 $\boldsymbol{v}$ 乘以方程 (7.1.12) 两边, 再作分部积分, 我们对任意的 $\omega \in \Omega_\varepsilon$ 有

$$\begin{aligned}\frac{d}{dt}\|\boldsymbol{v}\|^2 = & 2\langle \Delta \boldsymbol{w}, \boldsymbol{v}\rangle_{\mathbb{H}^0} - 2\|\nabla \boldsymbol{v}\|_{\mathbb{H}^0}^2 - 2\langle((\boldsymbol{v}+\boldsymbol{w})\cdot\nabla)(\boldsymbol{v}+\boldsymbol{w}), \boldsymbol{v}\rangle_{\mathbb{H}^0} \\ & +2\langle g_N(|\boldsymbol{v}+\boldsymbol{w}|^2)(\boldsymbol{v}+\boldsymbol{w}), \boldsymbol{w}\rangle_{\mathbb{H}^0} - 2\langle g_N(|\boldsymbol{v}+\boldsymbol{w}|^2)(\boldsymbol{v}+\boldsymbol{w}), \boldsymbol{v}+\boldsymbol{w}\rangle_{\mathbb{H}^0}.\end{aligned}$$

因为

$$\begin{aligned}-2\langle((\boldsymbol{v}+\boldsymbol{w})\cdot\nabla)(\boldsymbol{v}+\boldsymbol{w}), \boldsymbol{v}\rangle_{\mathbb{H}^0} &= -2\langle((\boldsymbol{v}+\boldsymbol{w})\cdot\nabla)(\boldsymbol{v}+\boldsymbol{w}), \boldsymbol{w}\rangle_{\mathbb{H}^0} \\ &\leqslant 2\|\nabla \boldsymbol{w}\|_{L^\infty}\|\boldsymbol{v}+\boldsymbol{w}\|_{\mathbb{H}^0}^2 \\ &\leqslant C\varepsilon\|\boldsymbol{v}\|_{\mathbb{H}^0}^2 + C\varepsilon,\end{aligned}$$

以及

$$\begin{aligned}2\langle g_N(|\boldsymbol{v}+\boldsymbol{w}|^2)(\boldsymbol{v}+\boldsymbol{w}), \boldsymbol{w}\rangle_{\mathbb{H}^0} &\leqslant 2\|\boldsymbol{w}\|_{L^\infty}\|\boldsymbol{v}+\boldsymbol{w}\|_{L^3}^3 \\ &\leqslant C\varepsilon\|\nabla \boldsymbol{v}\|_{\mathbb{H}^0}^{3/2}\|\boldsymbol{v}\|_{\mathbb{H}^0}^{3/2} + C\varepsilon^4 \\ &\leqslant \|\nabla \boldsymbol{v}\|_{\mathbb{H}^0}^2 + C\varepsilon^4\|\boldsymbol{v}\|_{\mathbb{H}^0}^6 + C\varepsilon^4,\end{aligned}$$

不难得到

$$\frac{d}{dt}\|\boldsymbol{v}\|_{\mathbb{H}^0}^2 \leqslant -\|\nabla \boldsymbol{v}\|_{\mathbb{H}^0}^2 + C\varepsilon\|\boldsymbol{v}\|_{\mathbb{H}^0}^6 + C\varepsilon.$$

令 $\widetilde{\lambda} = 1/\lambda_1$, 由庞加莱不等式

$$\frac{d}{dt}\|\boldsymbol{v}\|_{\mathbb{H}^0}^2 \leqslant -\widetilde{\lambda}\|\boldsymbol{v}\|_{\mathbb{H}^0}^2 + C\varepsilon\|\boldsymbol{v}\|_{\mathbb{H}^0}^6 + C\varepsilon. \tag{7.1.13}$$

由 Gronwall 不等式,

$$\|\boldsymbol{v}(t)\|_{\mathbb{H}^0}^2 \leqslant e^{-\widetilde{\lambda}(t-s)}\|\boldsymbol{v}(s)\|_{\mathbb{H}^0}^2 + \frac{C}{\widetilde{\lambda}}\{C\varepsilon \sup_{r\in[s,t]}\|\boldsymbol{v}(r)\|_{\mathbb{H}^0}^6 + C\varepsilon\}. \tag{7.1.14}$$

接下来我们转入 H^1 估计. 用 $-\Delta \boldsymbol{v}$ 乘以 (7.1.12) 两边再分部积分, 我们得到

$$\begin{aligned}&\frac{d}{dt}\|\boldsymbol{v}\|_{\mathbb{H}^1}^2\\=&2\langle \mathcal{P}[\Delta(\boldsymbol{v}+\boldsymbol{w})-((\boldsymbol{v}+\boldsymbol{w})\cdot\nabla)(\boldsymbol{v}+\boldsymbol{w})-g_N(|\boldsymbol{v}+\boldsymbol{w}|^2)(\boldsymbol{v}+\boldsymbol{w})],(I-\Delta)\boldsymbol{v}\rangle_{\mathbb{H}^0}.\end{aligned}$$

类似于 (7.1.13), 依然有

$$\frac{d}{dt}\|\boldsymbol{v}\|_{\mathbb{H}^1}^2\leqslant -\hat{\lambda}\|\boldsymbol{v}\|_{\mathbb{H}^1}^2+C\|\boldsymbol{v}\|_{\mathbb{H}^0}^2+C\varepsilon\|\boldsymbol{v}\|_{\mathbb{H}^0}^6+C\varepsilon,$$

对某个 $\hat{\lambda}>0$ 成立.

再由 Gronwall 不等式,

$$\|\boldsymbol{v}(t)\|_{\mathbb{H}^1}^2\leqslant e^{-\hat{\lambda}(t-s)}\|\boldsymbol{v}(s)\|_{\mathbb{H}^1}^2+\frac{C}{\hat{\lambda}}\{C\sup_{r\in[s,t]}\|\boldsymbol{v}(r)\|_{\mathbb{H}^0}^2+C\varepsilon\sup_{r\in[s,t]}\|\boldsymbol{v}(r)\|_{\mathbb{H}^0}^6+C\varepsilon\}.$$

引入 $T'>0$, $h>0$, 它们的值即将被确定, 由 (7.1.14) 存在足够小的 ε 使得

$$\sup_{t\in[0,T']}\|\boldsymbol{v}(t)\|_{\mathbb{H}^0}^2\leqslant 2r_1, \tag{7.1.15}$$

这里 r_1 与 T' 无关. 假设

$$\|\boldsymbol{v}(T')\|_{\mathbb{H}^0}^2\leqslant\frac{\zeta}{2},\qquad \sup_{t\in[T',T'+h]}\|\boldsymbol{v}(t)\|_{\mathbb{H}^0}^2\leqslant\zeta, \tag{7.1.16}$$

对某个 $\zeta>0$ 成立, 要注意这里的 ζ 可以做到任意小只要 T' 足够大 (且不依赖于 h).

由 (7.1.15) 得

$$\|\boldsymbol{v}(T')\|_{\mathbb{H}^1}^2\leqslant C(r_1^4+1), \tag{7.1.17}$$

进一步地,

$$\begin{aligned}&\|\boldsymbol{u}(T'+h)\|_{\mathbb{H}^1}^2\\\leqslant&\|\boldsymbol{v}(T'+h)\|_{\mathbb{H}^1}^2+\|\boldsymbol{w}(T'+h)\|_{\mathbb{H}^1}^2\\\leqslant& e^{-\widetilde{\lambda}h}(r_1^4+1)+C\{C\varepsilon\sup_{r\in[T',T'+h]}\|\boldsymbol{v}(r)\|_{\mathbb{H}^0}^4+C\varepsilon\}.\end{aligned} \tag{7.1.18}$$

另一方面, 注意到 ρ_r 的定义, 对任意的 $z\in H^1$ 成立

$$\rho_r(z,0)\leqslant\int_0^1 V^r(sz)\|z\|_{\mathbb{H}^1}ds\leqslant\|z\|_{\mathbb{H}^1}V^{*r}(\|z\|_{\mathbb{H}^1})\leqslant\|z\|_{\mathbb{H}^1}\exp(\nu r\|z\|_{\mathbb{H}^1}^2).$$

因为 $r \in (0,1)$, 故存在某个 $\tilde{r} > 0$ 使得 $\rho_r(z,0) \leqslant \frac{r_2}{2}$ 对任意 $\|z\|_{\mathbb{H}^1}^2 \leqslant \tilde{r}$ 成立.

类似于 [44, 引理 6.1], 现在我们将之前待定的各个常数确定. 首先令 ζ 和 ε 足够小, h 充分大, 使得 (7.1.18) 的右边小于 $\tilde{r}$, 再选足够大的 $T' > T_0$, 和足够小的 ε, 使得 (7.1.16) 和 (7.1.15) 成立. 最后, 令 $T = T' + h$, 则

$$\rho_r\big(\boldsymbol{u}_1(T), \boldsymbol{u}_2(T)\big) \leqslant \rho_r\big(\boldsymbol{u}_1(T), 0\big) + \rho_r\big(\boldsymbol{u}_2(T), 0\big) \leqslant r_2.$$

显然,

$$\begin{aligned}\Omega_\varepsilon \subset & \bigcap_{\|\boldsymbol{u}_{01}\|_{\mathbb{H}^1} + \|\boldsymbol{u}_{02}\|_{\mathbb{H}^1} \leqslant r_1} \{\omega : \|\boldsymbol{u}_i(T)\|_{\mathbb{H}^1}^2 \leqslant \tilde{r},\ i = 1,2\} \\ \subset & \bigcap_{\|\boldsymbol{u}_{01}\|_{\mathbb{H}^1} + \|\boldsymbol{u}_{02}\|_{\mathbb{H}^1} \leqslant r_1} \{\omega : \rho_r\big(\boldsymbol{u}_1(T), \boldsymbol{u}_2(T)\big) \leqslant r_2\}.\end{aligned}$$

因为 $\Omega_\varepsilon > 0$ 是开集, 所以 $P\{\Omega_\varepsilon\} > 0$, 证毕. □

下一命题旨在验证假设 (A2), 它也适用于证明渐近强 Feller 性.

命题 7.1.2 　*令 $\{\mathcal{P}_t\}_{t \geqslant 0}$ 为 (7.1.1) 对应的转移半群. 对任意 $t > 0, \alpha > 0$ 和 $u \in H^1$, 以及任意的 H^1 上的 Fréchet 可导函数 φ, 存在常数 $C(\alpha), \delta > 0$ 使得只要 M 充分大, 就有*

$$\|\nabla \mathcal{P}_t(\varphi(\boldsymbol{u}_0))\| \leqslant C(\alpha) \exp\{\alpha \|\boldsymbol{u}_0\|_1^2\} \big(\sqrt{(\mathcal{P}_t|\varphi|^2)(\boldsymbol{u}_0)} + \sqrt{(\mathcal{P}_t\|\nabla\varphi\|_1^2)(\boldsymbol{u}_0)}e^{-\delta t}\big). \tag{7.1.19}$$

证明　因为此命题由 [21, 命题 5.5] 改进而得, 所以这里我们只是概述证明过程. 对任意的 $\boldsymbol{v} \in H^1(\|\boldsymbol{v}\|_1 = 1)$, 定义其低频分量 $\boldsymbol{v}_l(t)$ 为

$$\boldsymbol{v}_l(t) = \begin{cases} \xi_l \cdot \left(1 - \dfrac{t}{2\|\xi_l\|_1}\right), & t \in [0, 2\|\xi_l\|_1], \\ 0, & t \in (2\|\xi_l\|_1, \infty). \end{cases}$$

要求其高频分量 $\boldsymbol{v}_h(t)$ 满足方程

$$\partial_t \boldsymbol{v}_h = \Delta \pi_h \boldsymbol{v}_h + \pi_h \mathcal{K}(\boldsymbol{u}, \boldsymbol{v}_l + \boldsymbol{v}_h), \quad \boldsymbol{v}_h(0) = \boldsymbol{v}_h, \tag{7.1.20}$$

其中 $\mathcal{K}$ 关于第二个分量是线性的, 由下式定义

$$\mathcal{K}(\eta, \xi) \triangleq -\mathcal{P}((\xi \cdot \nabla)\eta + (\eta \cdot \nabla)\xi) - \mathcal{P}(g_N(|\eta|^2)\xi + 2g_N'(|\eta|^2)\langle \eta, \xi \rangle_{R^3}\eta).$$

令

$$g(t) = Q^{-1} G_t,$$

其中

$$G_t = \frac{\boldsymbol{v}_l \cdot 1_{\{t<2\|\boldsymbol{v}_l\|_1\}}}{2\|\boldsymbol{v}_l\|_1} + \Delta \boldsymbol{v}_l + \pi_l \mathcal{K}(\boldsymbol{u}, \boldsymbol{v}_l + \boldsymbol{v}_h).$$

可以检验 $\boldsymbol{v}(t) = \boldsymbol{v}_l(t) + \boldsymbol{v}_h(t)$ 满足下面的方程

$$\begin{aligned}\partial_t \boldsymbol{v} &= \Delta \boldsymbol{v} + \mathcal{K}(\boldsymbol{u}, \boldsymbol{v}) - Qg(t)\\ &= \Delta \boldsymbol{v}_h + \pi_h \mathcal{K}(\boldsymbol{u}, \boldsymbol{v}) - \frac{\boldsymbol{v}_l \cdot 1_{\{t<2\|\boldsymbol{v}_l\|_1\}}}{2\|\boldsymbol{v}_l\|_1},\end{aligned}$$

且 $\boldsymbol{v}(0) = \boldsymbol{v}$.

由链式法则和分部积分公式, 我们有

$$\begin{aligned}&\langle \nabla \mathcal{P}_t \varphi(\boldsymbol{u}_0), \xi \rangle_{H^1}\\ =&\mathrm{E}\langle \nabla(\varphi(\boldsymbol{u}(t))), \xi\rangle_{H^1} = \mathrm{E}\langle (\nabla\varphi)(\boldsymbol{u}(t)), \mathcal{J}_t \xi\rangle_{H^1}\\ =&\mathrm{E}\left[\mathfrak{D}^g\big(\varphi(\boldsymbol{u}(t))\big)\right] + \mathrm{E}\langle (\nabla\varphi)(\boldsymbol{u}(t)), \boldsymbol{v}(t)\rangle_{H^1}\\ =&\mathrm{E}\left[\varphi(\boldsymbol{u}(t)) \int_0^t \langle g(s), d\boldsymbol{w}_s\rangle\right] + \mathrm{E}\langle (\nabla\varphi)(\boldsymbol{u}(t)), \boldsymbol{v}(t)\rangle_{H^1}\\ \leqslant& \sqrt{(\mathcal{P}_t|\varphi|^2)(\boldsymbol{u}_0)}\left[\mathrm{E}\left|\int_0^t \langle g(s), d\boldsymbol{w}_s\rangle\right|^2\right]^{\frac{1}{2}} + \sqrt{(\mathcal{P}_t\|\nabla\varphi\|_1^2)(\boldsymbol{u}_0)}[\mathrm{E}\|\boldsymbol{v}\|_1^2]^{\frac{1}{2}},\end{aligned} \tag{7.1.21}$$

其中 $\mathfrak{D}^g\big(\varphi(\boldsymbol{u}(t))\big)$ 是在方向 g 上关于 ω 的 Malliavin 导数.

文献 [21] 给出两个估计式. 一是对 $t \geqslant 2$, 存在常数 $\tilde{\delta} > 0$ 和 $C > 0$ 使得只要 M 足够大, 就有

$$\mathrm{E}\|\boldsymbol{v}\|_1^2 \leqslant C e^{C\|\boldsymbol{u}_0\|_1^2 - \tilde{\delta} t}.$$

由此我们可以立即得到对 $\alpha > 0$, 存在常数 $0 < \delta < \tilde{\delta}$ 和 $C(\alpha) > 0$ 使得

$$\mathrm{E}\|\boldsymbol{v}\|_1^2 \leqslant C(\alpha) e^{\alpha\|\boldsymbol{u}_0\|_1^2 - \delta t}. \tag{7.1.22}$$

另一个估计式是

$$\mathrm{E}\|g(t)\|^2 \leqslant C_M\{1 + (\mathrm{E}\|\boldsymbol{v}(t)\|^2)^{\frac{1}{2}}(1 + \mathrm{E}\|\boldsymbol{u}(t)\|_{L^4}^4)^{\frac{1}{2}}\}.$$

可以推得 $\displaystyle\int_0^t \mathrm{E}\|\boldsymbol{u}(t)\|_{L^4}^4 dt$ 关于 t 至多线性增长, 见 [21, 式 (4.5)], 而由 (7.1.22) $\mathrm{E}\|\boldsymbol{v}(t)\|^2$ 是指数衰减的. 因此对于 $\alpha > 0$, 存在常数 $C(\alpha) > 0$ 使得

$$\int_0^t \mathrm{E}\|g(t)\|^2 dt \leqslant C(\alpha) e^{\alpha\|\boldsymbol{u}_0\|^2}. \tag{7.1.23}$$

将 (7.1.22) 和 (7.1.23) 代入 (7.1.21) 再利用随机积分的性质, 我们完成证明. □

定理 7.1.1 的证明 现在我们逐一验证假设 (A1)-(A3). 令 $\mathcal{H}=\mathbb{H}^1$. 强 Lyapunov 结构 (即假设 (A1)) 可以由命题 7.1.1推得: 只要我们取 $V(\boldsymbol{u})=\exp(\gamma\|\boldsymbol{u}\|_{\mathbb{H}^1}^2)$ 以及 $0<\gamma<(8\|Q\|^2)^{-1}$. 进一步地, 假设 (A2) 和 (A3) 分别由命题 7.1.2和引理 7.1.3得到. 因此只要 M 充分大即可应用定理 7.1.4完成证明. □

7.2 亚椭圆型退化噪声驱动的分数阶 MHD 方程的混合性

磁流体力学方程组 (MHD) 可以描述导电流体速度场和磁场动力学以及其基本的物理守恒定律 (参见文献 [5,11]). MHD 方程组解的存在性、唯一性、正则性和稳定性等问题已经得到了广泛地研究 (参见文献 [7], [13], [32], [46]). 本节内容取自文献 [52].

最近几年, 如下的广义分数阶 MHD 方程组得到越来越多地关注,

$$\begin{cases}\partial_t u+\left[u\cdot\nabla u+\mu(-\Delta)^{\alpha}u\right]=\left[-\nabla p+b\cdot\nabla b\right],\\ \partial_t b+\left[u\cdot\nabla b+\nu(-\Delta)^{\beta}b\right]=b\cdot\nabla u,\\ u(0,x)=u_0, b(0,x)=b_0,\end{cases}\tag{7.2.1}$$

其中 $u(t,x), b(t,x)\in R^2$. Wu[49] 证明了当 $\mu>0$, $\nu>0$, $\alpha\geqslant\dfrac{1}{2}+\dfrac{d}{4}$, $\beta\geqslant\dfrac{1}{2}+\dfrac{d}{4}$, $u_0,b_0\in L^2$ 时方程 (7.2.1) 存在唯一的弱解, 以及当 $\mu>0$, $\nu>0$, $\alpha\geqslant\dfrac{1}{2}+\dfrac{d}{4}$, $\beta\geqslant\dfrac{1}{2}+\dfrac{d}{4}$, 和 u_0,b_0 充分光滑时方程 (7.2.1) 存在经典解.

对于具有水平耗散和水平磁扩散的二维不可压 MHD 方程, Cao、Dipendra 和 Wu[6] 证明了当 $\varepsilon,\delta>0$ 和 u_0,b_0 充分光滑时, 方程存在全局光滑解.

另一方面, 对于由在速度场和磁场都非退化的随机力所驱动的 MHD 方程组, 文献 [3] 用耦合方法得到了不变测度的存在唯一性. 对于高斯乘性噪声驱动的随机二维不可压分数阶 MHD 方程组, [24] 证明了适定性和随机吸引子的存在性. 对于退化乘性噪声驱动的环面 $\mathbb{T}^2$ 上的随机分数阶 MHD 方程组, [48] 证明了不变测度的存在唯一性. [48] 所考虑的退化噪声是“本质椭圆型”的, 即噪声只驱动系统靠前的有限个 Fourier 模 (需要足够多).

本节考虑环面 $\mathbb{T}^2=[-\pi,\pi]^2$ 上由退化加性噪声驱动的 MHD 方程组

$$\begin{cases} du+\big[u\cdot\nabla u+(-\Delta)^{\alpha}u\big]dt=\big[-\nabla p+b\cdot\nabla b\big]dt, \\ db+\big[u\cdot\nabla b+(-\Delta)^{\beta}b\big]dt=b\cdot\nabla udt \\ \qquad\qquad +\displaystyle\sum_{k=(k_1,k_2)\in Z_0}\left(\frac{k_2}{|k|},-\frac{k_1}{|k|}\right)^{\mathrm{T}}\alpha_k^0\cos(k\cdot x)dW^{k,0}(t) \\ \qquad\qquad +\displaystyle\sum_{k=(k_1,k_2)\in Z_0}\left(-\frac{k_2}{|k|},\frac{k_1}{|k|}\right)^{\mathrm{T}}\alpha_k^1\sin(k\cdot x)dW^{k,1}(t), \\ \nabla\cdot u=\nabla\cdot b=0, \\ u(0,x)=u_0(x),\quad b(0,x)=b_0(x), \end{cases} \tag{7.2.2}$$

其具有周期性边界条件

$$u_i(x,t)=u_i(x+2\pi j,t),\quad b_i(x,t)=b_i(x+2\pi j,t),\quad i=1,2,$$

其中 $\alpha>1$, $\beta>1$, $t\geqslant 0$, $j\in Z$, $u=(u_1,u_2)$ 和 $b=(b_1,b_2)$ 分别表示速度场和磁场, p 是压力标量, Z_0 是 $Z^2\backslash\{0,0\}$ 的某个子集, $(W^{k,m})_{k\in Z_0,m\in\{0,1\}}$ 是滤子概率空间 $(\Omega,\mathcal{F},\{\mathcal{F}_t\}_{t\geqslant 0},P)$ 上的 $2|Z_0|$-维布朗运动, $\{\alpha_k^m\}_{k\in Z_0,m\in\{0,1\}}$ 是非零常数. 本节规定 $d:=2|Z_0|<\infty$.

对于 $n\geqslant 0$, 定义

$$\begin{aligned} &\mathcal{Z}_0:=\{k\ \big|\ k\in Z_0 \text{ 或} -k\in Z_0\}, \\ &\mathcal{Z}_n:=\{k+\ell\ \big|\ k\in\mathcal{Z}_{n-1},\ell\in\mathcal{Z}_0,\langle k,\ell^{\perp}\rangle\neq 0,|k|\neq|\ell|\}, \end{aligned} \tag{7.2.3}$$

其中对任意 $\ell=(\ell_1,\ell_2)$, $\ell^{\perp}=(-\ell_2,\ell_1)$, 而 $\langle\cdot,\cdot\rangle$ 表示 R^2 上的内积.

假设 7.2.1 $\cup_{k=0}^{\infty}\mathcal{Z}_{2k}=Z^2\backslash\{0,0\},\cup_{k=0}^{\infty}\mathcal{Z}_{2k+1}=Z^2\backslash\{0,0\}$.

假设 7.2.1 虽然看上去并不直观, 不过其恰属于退化噪声中最重要的 “亚椭圆” 噪声情形, 参见附注 7.2.1 和例 7.2.1. 下面我们陈述主要结果.

定理 7.2.1 *如果假设 7.2.1 成立, 则方程 (7.2.2) 对应的转移半群存在唯一的、指数混合的不变测度. 进一步的, 大数定律和中心极限定理亦成立.*

定理 7.2.1 的完整陈述参见定理 7.2.2.

亚椭圆形退化噪声驱动的无穷维系统的遍历性和混合性研究的技术难点在于, 如何通过非线性项和随机项的交互作用成功地生成足够大的有限维空间以及如何在这些空间上进行精细的谱分析. 更具体地说, 这一方法非常依赖于常向量场和非线性项的李括号 (迭代) 运算, 并以此获得合适的 Hörmander 条件. 需要指出的是, 这种李括号的具体运算过程需要针对不同的系统细心发掘, 而且没有

一定规律可循, 比如 Navier-Stokes 方程组和 Boussinesq 方程组推演 Hörmander 条件的证明过程存在显著差异 (参见文献 [18], [20], [23]).

本节的主要贡献是我们成功地推算出适应于 MHD 方程组的李括号计算模式, 并以此获得了一种新颖的 Hörmander 条件. 与文献 [18], [20] 不同, 我们直接考虑分数阶 MHD 方程组 (7.2.2) 的原始形式而非涡度形式, 而且, 我们充分利用了非线性对流项的特性. 简而言之, 我们先激活磁场方程的噪声项, 利用对流将噪声拓展到速度方程, 再扰动之使得相空间的 b 分量上生成新的噪声方向; 另一方面, u 分量上的新噪声方向也可以类似获得 (区别是只扰动一次). 如此反复迭代进行, 即可将满足假设 7.2.1 的有限个噪声方向拓展到整个相空间. 细心的读者会发现 Hörmander 条件的推导过程与文献 [18], [20], [23] 相比有显著的区别.

与文献 [47], [48] 的工作相比, 他们考虑的是 "本质椭圆" 情形. 即虽然噪声只驱动有限个方向, 但要驱动足够多个傅里叶模靠前的方向, 而我们所考虑的本质椭圆情形只要求相当有限个方向 (且不需要这些方向紧邻). 我们会在例 7.2.1 中进一步阐述这点, 而且我们的工作和文献 [18], [20], [23] 虽然相关但展现了不同的景象.

7.2.1　预备知识

首先我们引入方程组 (7.2.2) 的泛函表示, 给出随机力的具体描述, 从而将 (7.2.2) 写成一个抽象的随机发展方程.

对 $\forall s \geqslant 0$, 引入高阶 Sobolev 空间

$$H_1^s := \left\{ u = (u_1, u_2) \in (W^{s,2}(\mathbb{T}^2))^2 : \nabla \cdot u = 0,\ \int_{\mathbb{T}^2} u_1(x)dx = \int_{\mathbb{T}^2} u_2(x)dx = 0 \right\},$$

其中 $W^{s,2}(\mathbb{T}^2)$ 是经典的 Sobolev-Slobodeckii 空间, H_1^s 装配范数

$$\|u\|_{H_1^s}^2 := \|u_1\|_{W^{s,2}}^2 + \|u_2\|_{W^{s,2}}^2,$$

这里 $u = (u_1, u_2)$. 令 $H_2^s = H_1^s$, $H^s = H_1^s \times H_2^s$. 对任意的 $U = (u, b) \in H^s$, U 在 H^s 上的范数为

$$\|U\|_{H^s}^2 = \|u\|_{H_1^s}^2 + \|b\|_{H_2^s}^2.$$

我们用 $H^{-s} := (H^s)^*$ 表示 H^s 的对偶空间. 特别地, 定义

$$H_1 := H_1^0 = \left\{ u = (u_1, u_2) \in (L^2(\mathbb{T}^2))^2 \,\middle|\, \nabla \cdot u = 0,\ \int_{\mathbb{T}^2} u_1(x)dx = \int_{\mathbb{T}^2} u_2(x)dx = 0 \right\}.$$

在空间 H_1 上的范数为

$$\|u\|^2 = \|(u_1, u_2)\|^2 := \|u_1\|_{L^2}^2 + \|u_2\|_{L^2}^2.$$

类似地, 令 $H := H^0$. 为了简便起见, $\langle\cdot,\cdot\rangle$ 可能表示 Hilbert 空间 H 或 H_1 上的内积. 令 Π 为 $(L^2(\mathbb{T}^2))^2$ 到空间 H_1 上的投影算子.

对任意的 $u \in H_1^\alpha$, 令 $\Lambda^\alpha u = (-\Delta)^{\alpha/2}u$. 对任意的 $b \in H_2^\beta$, 令 $\Lambda^\beta b = (-\Delta)^{\beta/2}b$.

对任意 $m, n \in R$, 定义

$$H^{m;n} := \{w = (u,b) : | \ u \in H_1^m, b \in H_2^n\},$$

其上的范数为 $\|w\|_{H^{m;n}}^2 = \|u\|_{H_1^m}^2 + \|b\|_{H_2^n}^2$. 我们也用 $H^{-m;-n} := (H^{m;n})^*$ 表示 $H^{m;n}$ 的对偶空间.

接下来, 需要借助 H 上的一组正交基构造随机力, 为此对 $k = (k_1, k_2)$, 记

$$e_k^0 = \left(\frac{k_2}{|k|}, -\frac{k_1}{|k|}\right)^{\mathrm{T}} \cdot \cos(k\cdot x),$$

$$e_k^1 = \left(-\frac{k_2}{|k|}, \frac{k_1}{|k|}\right)^{\mathrm{T}} \cdot \sin(k\cdot x).$$

则 $\{e_k^m\}_{k\in Z^2\setminus\{0,0\}, m\in\{0,1\}}$ 恰好构成了 H_1 上的一组正交基.

记

$$\psi_k^0(x) := (e_k^0, 0)^{\mathrm{T}} \in H_1 \times H_2, \qquad \psi_k^1(x) = (e_k^1, 0)^{\mathrm{T}} \in H_1 \times H_2,$$

以及

$$\sigma_k^0(x) := (0, e_k^0)^{\mathrm{T}} \in H_1 \times H_2, \qquad \sigma_k^1(x) = (0, e_k^1)^{\mathrm{T}} \in H_1 \times H_2. \tag{7.2.4}$$

令 $\{e_k^m\}_{k\in Z_0, m\in\{0,1\}}$ 是 $R^{2|Z_0|}$ 上的标准基. 我们定义线性映射 $\mathcal{Q}_b : R^{2|Z_0|} \to H$ 使得

$$\mathcal{Q}_b e_k^m := \alpha_k^m \sigma_k^m.$$

记 $\mathcal{Q}_b$ 的 Hilbert-Schmidt 范数为

$$\mathcal{E}_0 := \|\mathcal{Q}_b^* \mathcal{Q}_b\| = \sum_{k\in Z_0, m\in\{0,1\}} (\alpha_k^m)^2.$$

现在我们给出随机力的定义

$$\mathcal{Q}_b dW_t = \sum_{k\in Z_0, m\in\{0,1\}} \alpha_k^m \sigma_k^m dW^{k,m}(t). \tag{7.2.5}$$

对 $U=(u,b)^{\mathrm{T}}$ 和 $\tilde{U}=(\tilde{u},\tilde{b})^{\mathrm{T}}$, 记 $A^{\alpha,\beta}U=((-\Delta)^{\alpha}u,(-\Delta)^{\beta}b)^{\mathrm{T}}$, 以及

$$
\begin{aligned}
B(U,\tilde{U}) &= \begin{pmatrix} \Pi\big[u\cdot\nabla\tilde{u}-b\cdot\nabla\tilde{b}\big] \\ \Pi\big[u\cdot\nabla\tilde{b}-b\cdot\nabla\tilde{u}\big] \end{pmatrix}, \\
B(U) &= B(U,U), \\
F(U) &= -A^{\alpha,\beta}U-B(U,U).
\end{aligned}
$$

则方程 (7.2.2) 可以写成 H 上的抽象随机发展方程

$$
dU+\big(A^{\alpha,\beta}U+B(U,U)\big)dt=\mathcal{Q}_b dW_t,\quad U(0)=U_0, \tag{7.2.6}
$$

或者更紧凑的形式

$$
dU_t=F(U_t)dt+\mathcal{Q}_b dW_t. \tag{7.2.7}
$$

建立方程的适定性可以参考文献 [24]. 记 $U=U(\cdot,U_0,W)$ 为初值是 U_0、噪声是 W 的方程 (7.2.6) 的唯一解. 对任意的 $\xi=(\xi_1,\xi_2)\in H$, $t\geqslant s\geqslant 0$, 雅可比 $J_{s,t}\xi$ 是下面方程的唯一解

$$
\begin{cases}
\partial_t J_{s,t}\xi+A^{\alpha,\beta}J_{s,t}\xi+B(U,J_{s,t}\xi)+B(J_{s,t}\xi,U)=0, \\
J_{s,s}\xi=\xi.
\end{cases} \tag{7.2.8}
$$

为简便起见, 令 $J_t\xi:=J_{0,t}\xi$. 再令 $J_{s,t}^{(2)}:H\to\mathcal{L}(H,\mathcal{L}(H))$ 是 U 关于初值 U_0 的二阶导数. 注意到对固定的 $U_0\in H$ 及任意 $\xi,\xi'\in H$, 函数 $\rho_t:=J_{s,t}^{(2)}(\xi,\xi')$ 是下面方程的解

$$
\partial_t\rho+A^{\alpha,\beta}\rho+\nabla B(U)\rho+\nabla B(J_{s,t}\xi)J_{s,t}\xi'=0,\qquad \rho(s)=0. \tag{7.2.9}
$$

下面, 我们简要介绍 Malliavin 分析中关于 Malliavin 矩阵的基本知识. 令 $d=2|Z_0|$. Malliavin 导数 $\mathcal{D}:L^2(\Omega,H)\to L^2(\Omega;L^2(0,T;R^d)\times H)$ 满足, 对任一 $v\in L^2(0,T;R^d)$

$$
\langle\mathcal{D}U,v\rangle_{L^2(0,T;R^d)}=\lim_{\varepsilon\to 0}\frac{1}{\varepsilon}\left(U\left(T,U_0,W+\varepsilon\int_0^{\cdot}vds\right)-U(T,U_0,W)\right).
$$

由 Duhamel 公式 (参见 [23]) 可得，对 $v\in L^2(\Omega;L^2(0,T;R^d))$,

$$
\langle\mathcal{D}U,v\rangle_{L^2(0,T;R^d)}=\int_0^T J_{s,T}\mathcal{Q}_b v(s)ds.
$$

定义随机算子 $\mathcal{A}_{s,t}: L^2(s,t;R^d) \to H$ 为

$$\mathcal{A}_{s,t}v := \int_s^t J_{r,t}\mathcal{Q}_b v(r)dr.$$

直接计算可以验证 $\mathcal{A}_{s,t}v$ 满足如下方程

$$\begin{cases} \partial_t \mathcal{A}_{s,t}v + A^{\alpha,\beta}\mathcal{A}_{s,t}v + B(U,\mathcal{A}_{s,t}v) + B(\mathcal{A}_{s,t}v,U) = \mathcal{Q}_b v(t), \\ \mathcal{A}_{s,s}v = 0. \end{cases}$$

对任意 $s<t$, 令 $\mathcal{A}_{s,t}^*: H \to L^2(s,t;R^d)$ 是 $\mathcal{A}_{s,t}$ 的伴随算子, 则

$$(\mathcal{A}_{s,t}^*\xi)(r) = \mathcal{Q}_b^*\mathcal{K}_{r,t}\xi, \text{ 对任意 } \xi \in H, r\in[s,t] \text{ 成立}$$

其中 $\mathcal{Q}_b^*: H \to R^d$ 是 $\mathcal{Q}_b$ 的伴随算子, 而且对 $s<t$, $\mathcal{K}_{s,t}\xi$ 是如下 "向后" 系统的解

$$\partial_s\rho^* = A^{\alpha,\beta}\rho^* + (\nabla B(U(s)))^*\rho^* = -(\nabla F(U))^*\rho^*, \quad \rho^*(t)=\xi. \tag{7.2.10}$$

现在我们可以定义 Malliavin 矩阵

$$\mathcal{M}_{s,t} := \mathcal{A}_{s,t}\mathcal{A}_{s,t}^*: H \to H.$$

注意到 $\rho_t := J_{0,t}\xi - \mathcal{A}_{0,t}v$ 满足

$$\begin{cases} \partial_t\rho_t + A^{\alpha,\beta}\rho_t + B(U,\rho_t) + B(\rho_t,U) = -\mathcal{Q}_b v(t), \\ \rho(0) = \xi. \end{cases}$$

此方程的意义在于将遍历问题转化为一个控制问题. 实际上用 Malliavin 分析中的分部积分公式, 我们可以通过对 Malliavin 矩阵 $\mathcal{M}$ 的谱分析来估计 $\nabla P_t\Phi$.

在叙述主要定理前, 我们还需要回顾一些基本概念和引入新的泛函空间.

分别用 $M_b(H)$ 和 $C_b(H)$ 表示 H 上的有界可测函数空间和有界连续函数空间. 我们需要对任意的 $\eta>0$ 定义适合定理 7.2.2 的特殊的容许泛函空间

$$\mathcal{O}_\eta := \left\{\Phi \in C^1(H): \|\Phi\|_\eta < \infty\right\},$$

其中 $\|\Phi\|_\eta := \sup_{U_0\in H}\left(\exp\left(-\eta\|U_0\|\right)(|\Phi(U_0)| + \|\nabla\Phi(U_0)\|)\right)$.

方程 (7.2.2) 的转移函数定义为

$$P_t(U_0,E) = P(U(t,U_0)\in E), \quad \forall U_0\in H,\ E\in\mathcal{B}(H),\ t\geqslant 0,$$

其中 $\mathcal{B}(H)$ 是 H 上的 Borel 集族, $U(t,U_0)=(u,b)$ 是初值为 $U_0=(u_0,b_0)\in H$ 的方程 (7.2.2) 的唯一解.

方程 (7.2.2) 的马尔科夫半群 $\{P_t\}_{t\geqslant 0}$ 定义为

$$P_t\Phi(U_0) := \mathrm{E}\Phi(U(t,U_0)) = \int_H \Phi(U)P_t(U_0,dU), \quad \forall\, \Phi\in M_b(H),\ t\geqslant 0. \tag{7.2.11}$$

本节的主要结果为

定理 7.2.2 如果假设 7.2.1 成立, 则 (7.2.2) 存在唯一的不变测度 μ_*, 且对任意 $t\geqslant 0$, 半群 P_t 关于 μ_* 是遍历的. 进一步的, 存在常数 η^* 使得对任意的 $\eta\in(0,\eta^*)$, μ_* 满足

(i) (混合性) 存在 $\gamma=\gamma(\eta)>0$ 和 $C=C(\eta)$ 使得

$$\left|\mathrm{E}\Phi(U(t,U_0)) - \int_H \Phi(\bar U)d\mu_*(\bar U)\right| \leqslant C\exp\left(-\gamma t+\eta\|U_0\|\right)\|\Phi\|_\eta \tag{7.2.12}$$

对任意的 $\Phi\in\mathcal{O}_\eta, U_0\in H$ 及任意的 $t\geqslant 0$ 成立.

(ii) (弱大数定律) 对任意的 $\Phi\in\mathcal{O}_\eta$ 和任意的 $U_0\in H$,

$$\lim_{T\to\infty}\frac{1}{T}\int_0^T \Phi(U(t,U_0))dt = \int_H \Phi(\bar U)d\mu_*(\bar U) =: m_\Phi, \quad \text{依概率收敛}. \tag{7.2.13}$$

(iii) (中心极限定理) 对任意的 $\Phi\in\mathcal{O}_\eta$, 所有的 $U_0\in H$ 和 $\xi\in R$ 成立

$$\lim_{T\to\infty} P\left(\frac{1}{\sqrt{T}}\int_0^T (\Phi(U(t,U_0))-m_\Phi)dt<\xi\right) = \mathcal{X}(\xi), \tag{7.2.14}$$

其中 $\mathcal{X}$ 是零均值、方差等于

$$\lim_{T\to\infty}\frac{1}{T}\mathrm{E}\left(\int_0^T (\Phi(U(t,U_0))-m_\Phi)dt\right)^2$$

的正态随机变量的分布函数.

附注 7.2.1 有趣的是, 假设 7.2.1 可以在噪声只驱动四个方向的“极致退化”情形下满足. 下一例子不仅展示了这点, 而且比较了假设 7.2.1 与文献 [18], [20], [21] 中对应假设的区别.

例 7.2.1 若 $Z_0=\{(0,1),(1,1),(1,0),(1,2)\}$, 则假设 7.2.1成立.

证明 对 $n\geqslant 0$, 定义

$$\begin{aligned}
\hat Z_0 &= \{(0,1),(1,1),-(0,1),-(1,1)\},\\
\hat Z_n &:= \left\{k+\ell \;\middle|\; k\in\hat Z_{n-1}, \ell\in\hat Z_0, \langle k,\ell^\perp\rangle\neq 0, |k|\neq|\ell|\right\},
\end{aligned}$$

则不难验证

$$\hat{Z}_1 = \{(-1,0), (-1,-2), (1,0), (1,2)\},$$

以及

$$\cup_{n=0}^{\infty} \hat{Z}_n = Z^2 \backslash \{0,0\}.$$

由 (7.2.3),

$$\begin{aligned}
\mathcal{Z}_0 &= \hat{Z}_0 \cup \hat{Z}_1, \\
\mathcal{Z}_1 &\supseteq \hat{Z}_0 \cup \hat{Z}_1 \cup \hat{Z}_2, \\
\mathcal{Z}_2 &\supseteq \hat{Z}_2 \cup \hat{Z}_3, \\
&\cdots \\
\mathcal{Z}_k &\supseteq \hat{Z}_k \cup \hat{Z}_{k+1}, \\
&\cdots .
\end{aligned}$$

因此

$$\cup_{k=0}^{\infty} \mathcal{Z}_{2k} \supseteq \cup_{n=0}^{\infty} \hat{Z}_n = Z^2 \backslash \{0,0\}, \qquad \cup_{k=0}^{\infty} \mathcal{Z}_{2k+1} \supseteq \cup_{n=0}^{\infty} \hat{Z}_n = Z^2 \backslash \{0,0\},$$

故假设 7.2.1成立. □

7.2.2 $U_t, J_{s,t}\xi, \mathcal{K}_{s,t}\xi, J_{s,t}^{(2)}(\xi,\xi'), \mathcal{M}_{s,t}$ 的矩估计

首先我们要建立唯一解 U 及其线性化泛函的矩估计, 其实这部分内容与 6.2.2 小节类似, 因此我们会略去一些证明书写. 主要区别在于, 现在我们需要对分数阶 MHD 方程组 (7.2.2) 施加条件 $\alpha > 1, \beta > 1$, 并通过精细的插值和加权以补偿对流算子 B 的复杂作用. 读者可以通过引理 7.2.1 和引理 7.2.2 初步理解这种处理手段.

引理 7.2.1 对于任意 $U_0 \in H$, 令 $U(\cdot) = U(\cdot, U_0)$ 是初值 $U(0) = U_0$ 的方程 (7.2.6) 的唯一解. 则存在 $\eta^* > 0$ 使得

(1) 对任意 $\eta \in (0, \eta^*]$, 存在 $C = C(\eta, \mathcal{E}_0) > 0$ 使得

$$\begin{aligned}
&\mathrm{E}\Big[\exp\Big\{\eta\|U_t\|^2 + \frac{\eta}{2}e^{-t/2}\int_0^t \|\Lambda^\alpha u_s\|^2 ds + \frac{\eta}{2}e^{-t/2}\int_0^t \|\Lambda^\beta b_s\|^2 ds\Big\}\Big] \\
&\leqslant C\exp\{\eta\|U(0)\|^2 e^{-t}\}.
\end{aligned}$$

(2) 对任意 $\eta \in (0, \eta^*]$, 存在 $C > 0$ 使得

$$\mathrm{E}\exp\Big\{\eta\|U_t\|^2 - \eta\|U_0\|^2 + \eta\int_0^t \|\Lambda^\alpha u_s\|^2 ds + \eta\int_0^t \|\Lambda^\beta b_s\|^2 ds - \eta\mathcal{E}_0 t\Big\} \leqslant C. \quad (7.2.15)$$

(3) 对任意 $N>0$ 和 $\eta\in(0,\eta^*]$, 成立

$$\mathrm{E}\exp\left\{\eta\sum_{k=0}^{N}\|U(k)\|^2\right\}\leqslant\exp\left(\rho\eta\|U_0\|^2+\kappa N\right),$$

其中 $\rho,\kappa>0$ 是与 N 和 U_0 无关的正常数.

(4) 对任意 $s\geqslant 0, p\geqslant 2$, 和 $\eta\in(0,\eta^*]$, 存在 $C=C(\eta,s,T,p)$ 使得

$$\mathrm{E}\left(\sup_{t\in[T/2,T]}\|U(t)\|_{H^s}^p\right)\leqslant C\exp\left(\eta\|U_0\|^2\right),$$

以及

$$\mathrm{E}\left(\|U\|_{C^{1/4}([T/2,T],H^s)}^p\right)\leqslant C\exp\left(\eta\|U_0\|^2\right).$$

证明 (1) 由 Itô 公式, 对 $\eta>0$ 成立

$$\begin{aligned}&\eta\|U_t\|^2-\eta\|U_0\|^2+2\eta\int_0^t\|\Lambda^\alpha u_s\|^2ds+2\eta\int_0^t\|\Lambda^\beta b_s\|^2ds\\=&\eta\mathcal{E}_0t+2\eta\int_0^t\langle b,\mathcal{Q}_bdW_s\rangle.\end{aligned}$$

令 $\bar{Z}(t):=\eta\|\Lambda^\alpha u_s\|^2+\eta\|\Lambda^\beta b_s\|^2$, 则

$$\begin{aligned}\eta\mathcal{E}_0-2\eta\|\Lambda^\alpha u_s\|^2-2\eta\|\Lambda^\beta b_s\|^2&\leqslant\eta\mathcal{E}_0-2\bar{Z}(t),\\4\eta^2|\langle b,\mathcal{Q}_b\rangle|^2&\leqslant4\eta\mathcal{E}_0\bar{Z}(t).\end{aligned}$$

对 $\bar{U}(t):=\eta\|U_t\|^2$ 应用 [21, lemma 5.1], 我们得到存在 $\eta^*>0$, 使得对任意 $\eta\in(0,\eta^*]$ 成立

$$\begin{aligned}&\mathrm{E}\Big[\exp\Big\{\eta\|U_t\|^2+\frac{1}{2}e^{-t/2}\int_0^t\eta\|\Lambda^\alpha u_s\|^2ds+\frac{1}{2}e^{-t/2}\int_0^t\eta\|\Lambda^\beta b_s\|^2ds\Big\}\Big]\\\leqslant&C(\eta,\mathcal{E}_0)\exp\{\eta\|U(0)\|^2e^{-t}\}.\end{aligned}$$

(2) 用 Itô 公式得

$$\|U_t\|^2-\|U_0\|^2+2\int_0^t\|\Lambda^\alpha u_s\|^2ds+2\int_0^t\|\Lambda^\beta b_s\|^2ds=\mathcal{E}_0t+2\int_0^t\langle b,\mathcal{Q}_bdW_s\rangle,$$

因而对任意 $\eta>0$,

$$\eta\|U_t\|^2-\eta\|U_0\|^2+2\eta\int_0^t\|\Lambda^\alpha u_s\|^2ds+\eta\int_0^t\|\Lambda^\beta b_s\|^2ds-\eta\mathcal{E}_0t$$

$$\leqslant 2\eta\int_0^t\langle b,\mathcal{Q}_b dW_s\rangle-\eta\int_0^t\|\Lambda^\beta b_s\|^2ds.$$

若 $\eta\leqslant\dfrac{1}{4|\mathcal{E}_0|^2}$, 则由指数鞅不等式存在常数 C, 使得

$$\mathrm{E}\exp\left\{\eta\|U_t\|^2-\eta\|U_0\|^2+\eta\int_0^t\|\Lambda^\alpha u_s\|^2ds+\eta\int_0^t\|\Lambda^\beta b_s\|^2ds-\eta\mathcal{E}_0t\right\}\leqslant C.$$

(3) 证明与 [20, Lemma 4.10] 类似.

(4) 注意到事实: $\|W^{k,\ell}\|_{C^{1/4}_{[T/2,T]}}$ 对任意 $p\geqslant 1$ 存在有限 p 阶矩, 我们可以仿照 [31, Proposition 2.4.12] 完成 (4) 的证明. □

回顾 (7.2.8)、(7.2.10)和 (7.2.9) 可知: $J_{s,t}$ 是雅可比算子, 其伴随算子为 $\mathcal{K}_{s,t}$, 导算子为 $J^{(2)}_{s,t}$.

引理 7.2.2 对 $\xi\in H$, 令 $J_{s,t}\xi=(J^1_{s,t}\xi,J^2_{s,t}\xi)\in H_1\times H_2$. 对任意 $\eta>0$ 和 $0<s<t$, 我们有如下估计

$$\begin{aligned}&\|J_{s,t}\xi\|^2+\int_s^t\left[\|\Lambda^\alpha J^1_{s,r}\xi\|^2+\|\Lambda^\beta J^2_{s,r}\xi\|^2\right]dr\\&\leqslant C\exp\left(\eta\int_s^t\|U(s)\|^2_{H^1}ds+C(\eta)(t-s)\right)\|\xi\|^2,\end{aligned}\tag{7.2.16}$$

其中 $C,C(\eta)$ 不依赖于 s,t. 进一步地, 对任意 $\tau\leqslant T,p\geqslant 1$ 和任意 $\eta>0$, 存在 $C=C(\eta,T-\tau,p)$ 使得

$$\mathrm{E}\sup_{s<t\in[\tau,T]}\|J_{s,t}\xi\|^p\leqslant C\exp\left(\eta\|U_0\|^2\right)\|\xi\|^p,\tag{7.2.17}$$

$$\mathrm{E}\sup_{s<t\in[\tau,T]}\|\mathcal{K}_{s,t}\xi\|^p\leqslant C\exp\left(\eta\|U_0\|^2\right)\|\xi\|^p,\tag{7.2.18}$$

$$\mathrm{E}\sup_{s<t\in[\tau,T]}\|J^{(2)}_{s,t}(\xi,\xi')\|^p\leqslant C\exp\left(\eta\|U_0\|^2\right)\|\xi\|^p\|\xi'\|^p.\tag{7.2.19}$$

证明 注意到 (7.2.8), 对 $\alpha'\in(1,\alpha)$, $\beta'\in(0,\beta)$ 和任意 $\eta\in(0,1)$, 由插值不等式和 Young 不等式我们得到

$$\begin{aligned}&d\|J_{s,t}\xi\|^2\\&=-2\langle A^{\alpha,\beta}J_{s,t}\xi,J_{s,t}\xi\rangle dt-2\langle B(U,J_{s,t}\xi),J_{s,t}\xi\rangle dt-2\langle B(J_{s,t}\xi,U),J_{s,t}\xi\rangle dt\\&=-2\langle A^{\alpha,\beta}J_{s,t}\xi,J_{s,t}\xi\rangle dt-2\langle B(J_{s,t}\xi,U),J_{s,t}\xi\rangle dt\\&\leqslant-2\|\Lambda^\alpha J^1_{s,t}\xi\|^2-2\|\Lambda^\beta J^2_{s,t}\xi\|^2+C\|U\|_{H^1}\cdot\left[\|\Lambda^{\alpha'}J^1_{s,t}\xi\|+\|\Lambda^{\beta'}J^2_{s,t}\xi\|\right]\cdot\|J_{s,t}\xi\|\end{aligned}$$

$$
\begin{aligned}
&\leqslant -2\|\Lambda^{\alpha}J_{s,t}^{1}\xi\|^2-2\|\Lambda^{\beta}J_{s,t}^{2}\xi\|^2+C(\eta)\cdot\left[\|\Lambda^{\alpha'}J_{s,t}^{1}\xi\|^2+\|\Lambda^{\beta'}J_{s,t}^{2}\xi\|^2\right]\\
&\quad+\eta\|U\|_{H^1}^2\cdot\|J_{s,t}\xi\|^2\\
&\leqslant -\|\Lambda^{\alpha}J_{s,t}^{1}\xi\|^2-\|\Lambda^{\beta}J_{s,t}^{2}\xi\|^2+\eta\|U\|_{H^1}^2\cdot\|J_{s,t}\xi\|^2+C(\eta)\|J_{s,t}\xi\|^2,
\end{aligned}
$$

因此 (7.2.16) 成立.

由 (7.2.16) 和引理 7.2.1, (7.2.17) 和 (7.2.18) 亦成立.

对固定的 $U_0\in H$ 和任意 $\xi,\xi'\in H$, 由 (7.2.8) 二阶导算子 $\rho_t:=J_{s,t}^{(2)}(\xi,\xi')=(\rho_t^1,\rho_t^2)\in H_1\times H_2$ 满足

$$
\partial_t\rho+A^{\alpha,\beta}\rho+\nabla B(U)\rho+\nabla B(J_{s,t}\xi)J_{s,t}\xi'=0,\qquad \rho(s)=0.
$$

因而

$$
\begin{aligned}
&\partial_t\|\rho_t\|^2+2\langle A^{\alpha,\beta}\rho_t,\rho_t\rangle+2\langle B(\rho,U),\rho\rangle+\langle B(J_{s,t}\xi,J_{s,t}\xi'),\rho_t\rangle\\
&+\langle B(J_{s,t}\xi',J_{s,t}\xi),\rho_t\rangle=0.
\end{aligned}
$$

再由 Young 不等式和插值不等式, 对任意 $\alpha'\in(1,\alpha)$, $\beta'\in(0,\beta)$ 和 $\eta>0$ 成立,

$$
\begin{aligned}
&\partial_t\|\rho_t\|^2+2\|\Lambda^{\alpha}\rho_t^1\|^2+2\|\Lambda^{\beta}\rho_t^2\|^2\\
&\leqslant C\left[\|\Lambda^{\alpha'}\rho_t^1|+\|\Lambda^{\beta'}\rho_t^2|\right]\left[\|\rho_t\|\cdot\|U_t\|_{H^1}\right]\\
&\quad+C\left[\|\Lambda^{\alpha'}\rho_t^1|+\|\Lambda^{\beta'}\rho_t^2|\right]\left[\|J_{s,t}\xi'\|\cdot[\|\Lambda^{\alpha'}J_{s,t}^1\xi\|+\|\Lambda^{\beta'}J_{s,t}^2\xi\|]\right]\\
&\quad+C\left[\|\Lambda^{\alpha'}\rho_t^1|+\|\Lambda^{\beta'}\rho_t^2|\right]\left[[\|\Lambda^{\alpha'}J_{s,t}^1\xi'\|+\|\Lambda^{\beta'}J_{s,t}^2\xi'\|]\cdot\|J_{s,t}\xi\|\right]\\
&\leqslant C(\eta)\left[\|\Lambda^{\alpha'}\rho_t^1|^2+\|\Lambda^{\beta'}\rho_t^2|^2\right]+\eta\|\rho_t\|^2\cdot\|U_t\|_{H^1}^2+\eta\|J_{s,t}\xi'\|^2+\eta\|J_{s,t}\xi\|^2\\
&\quad+\eta[\|\Lambda^{\alpha'}J_{s,t}^1\xi\|^2+\|\Lambda^{\beta'}J_{s,t}^2\xi\|^2]+\eta[\|\Lambda^{\alpha'}J_{s,t}^1\xi'\|^2+\|\Lambda^{\beta'}J_{s,t}^2\xi'\|^2]\\
&\leqslant \eta\left[\|\Lambda^{\alpha}\rho_t^1|^2+\|\Lambda^{\beta}\rho_t^2|^2\right]+C(\eta)\|\rho_t\|^2+\eta\|\rho_t\|^2\cdot\|U_t\|_{H^1}^2+\eta\|J_{s,t}\xi'\|^2+\eta\|J_{s,t}\xi\|^2\\
&\quad+\eta[\|\Lambda^{\alpha'}J_{s,t}^1\xi\|^2+\|\Lambda^{\beta'}J_{s,t}^2\xi\|^2]+\eta[\|\Lambda^{\alpha'}J_{s,t}^1\xi'\|^2+\|\Lambda^{\beta'}J_{s,t}^2\xi'\|^2].
\end{aligned}
$$

令 η 充分小, 由 Gronwall 不等式有

$$
\begin{aligned}
\|\rho_t\|^2\leqslant{}& C\eta\int_s^t[\|J_{s,r}\xi'\|^2+\|\Lambda^{\alpha'}J_{s,r}^1\xi'\|^2+\|\Lambda^{\beta'}J_{s,r}^2\xi'\|^2]dr\\
&\cdot\exp\left(\eta\int_s^t\|U_r\|_{H^1}^2dr+C(\eta)(t-s)\right)\\
&+C\eta\int_s^t[\|J_{s,r}\xi\|^2+\|\Lambda^{\alpha'}J_{s,r}^1\xi\|^2+\|\Lambda^{\beta'}J_{s,r}^2\xi\|^2]dr
\end{aligned}
$$

$$\cdot \exp\left(\eta \int_s^t \|U_r\|_{H^1}^2 dr + C(\eta)(t-s)\right).$$

由引理 7.2.1 以及 (7.2.16-7.2.18), (7.2.19) 成立. □

下一引理虽然只建立了一种关于初始时刻的弱范数估计, 在后面会经常用到.

引理 7.2.3 *对任意 $p \geqslant 2$, $T \geqslant 0$, 和 $\eta > 0$, 存在 $C = C(p,T,\eta)$ 使得*

$$\mathrm{E} \sup_{t\in[T/2,T]} \|\partial_t K_{t,T}\xi\|_{H^{-2\alpha;-2\beta}}^p \leqslant C \exp(\eta\|U_0\|^2)\|\xi\|^p.$$

证明 由于 $\rho_t^* = ((\rho_t^*)^1, (\rho_t^*)^2) = K_{t,T}\xi$ 满足方程

$$\partial_t \rho^* = A^{\alpha,\beta}\rho^* + (\nabla B(U(t)))^*\rho^* = -(\nabla F(U))^*\rho^*, \quad \rho^*(T) = \xi,$$

所以有

$$\|A^{\alpha,\beta}\rho^*\|_{H^{-2\alpha;-2\beta}} \leqslant \|\rho^*\|.$$

注意到

$$\begin{aligned}\|(\nabla B(U(t)))^*\rho^*\|_{H^{-2\alpha;-2\beta}} &\leqslant \sup_{\|\psi\|_{H^{2\alpha;2\beta}}\leqslant 1} |\langle(\nabla B(U(t)))^*\rho^*, \psi\rangle| \\ &\leqslant \sup_{\|\psi\|_{H^{2\alpha;2\beta}}\leqslant 1} |\langle\rho^*, (\nabla B(U(t)))\psi\rangle| \\ &\leqslant \|\rho^*\| \cdot \|U(t)\|_{H^1},\end{aligned}$$

故由引理 7.2.2 我们完成证明. □

对任意 $N \geqslant 1$, 定义

$$H_N := \mathrm{span}\{\sigma_k^0, \sigma_k^1, \psi_k^0, \psi_k^1 \ : \ 0 < |k| \leqslant N\},$$

以及相应的投影算子

$$P_N : H \to H_N \text{ 是 } H_N \text{ 上的正交投影}, \quad Q_N := I - P_N.$$

下面三个引理适用于将对 Malliavin 矩阵的估计转化为对马尔科夫半群的梯度估计 (参见命题 7.2.3). 由于它们的证明与上文差别不大, 故略去.

引理 7.2.4 *对任意 $p \geqslant 1$, $T > 0$, $\delta, \gamma > 0$, 存在 $N_* = N_*(p,T,\delta,\gamma)$ 使得对任意 $N \geqslant N_*$ 成立*

$$\mathrm{E}\|Q_N J_{0,T}\|_{\mathcal{L}(H,H)}^p \leqslant \gamma \exp(\delta\|U_0\|^2),$$
$$\mathrm{E}\|J_{0,T} Q_N\|_{\mathcal{L}(H,H)}^p \leqslant \gamma \exp(\delta\|U_0\|^2),$$

$\mathcal{L}(X,Y)$ 表示从希尔伯特空间 X 到 Y 的线性映射.

引理 7.2.5 对 $0 < s < t$, 成立

$$\|\mathcal{A}_{s,t}\|_{\mathcal{L}(L^2([s,t],R^d),H)} \leqslant C\left(\int_s^t \|J_{r,t}\|^2_{\mathcal{L}(H,H)}dr\right)^{1/2},$$

这里的常数 C 不依赖于 s,t. 进一步地, 对任意 $\nu > 0$

$$\begin{aligned}
&\|\mathcal{A}^*_{s,t}(\mathcal{M}_{s,t}+I\nu)^{-1/2}\|_{\mathcal{L}(H,L^2([s,t],R^d))} \leqslant 1,\\
&\|(\mathcal{M}_{s,t}+I\nu)^{-1/2}\mathcal{A}_{s,t}\|_{\mathcal{L}(L^2([s,t],R^d),H)} \leqslant 1,\\
&\|(\mathcal{M}_{s,t}+I\nu)^{-1/2}\|_{\mathcal{L}(H,H)} \leqslant \nu^{-1/2}.
\end{aligned}$$

我们仍用 $\mathcal{D}$ 表示 Malliavin 导数, 并沿用记号

$$\mathcal{D}_s F := (\mathcal{D}F)(s), \quad s \in [0,T], \qquad \mathcal{D}^j F := (\mathcal{D}F)^j, \quad j = 1, \cdots, d.$$

事实上对于 $\tau \leqslant t$,

$$\mathcal{D}^j_\tau J_{s,t}\xi = \begin{cases} J^{(2)}_{\tau,t}(\mathcal{Q}_b e_j, J_{s,\tau}\xi), & s \leqslant \tau,\\ J^{(2)}_{s,t}(J_{\tau,s}\mathcal{Q}_b e_j, \xi), & s > \tau. \end{cases}$$

引理 7.2.6 对任意 $\eta > 0$, $\xi \in H$ 和 $p \geqslant 1$, 我们有估计

$$\begin{aligned}
&\mathrm{E}\|\mathcal{D}^j_\tau J_{s,t}\xi\|^p \leqslant C\exp(\eta\|U_0\|^2)\|\xi\|^p,\\
&\mathrm{E}\|\mathcal{D}^j_\tau \mathcal{A}_{s,t}\|^p_{\mathcal{L}(L^2([s,t],R^d),H)} \leqslant C\exp(\eta\|U_0\|^2),\\
&\mathrm{E}\|\mathcal{D}^j_\tau \mathcal{A}^*_{s,t}\|^p_{\mathcal{L}(H,L^2([s,t],R^d))} \leqslant C\exp(\eta\|U_0\|^2),
\end{aligned}$$

其中 $C = C(\eta, p)$.

7.2.3 李括号的计算细节

李括号的计算思路其实是受到与 (7.2.6) 关联的 Kolmogorov-Fokker-Planck 方程的 Hörmander 条件的启发. 下面的内容分为两部分, 首先我们阐释如何将噪声传播到所有的速度方向 u.

对 $u, \tilde{u} \in H_1 = H_2$, 记 $\boldsymbol{b}(u,\tilde{u}) := u \cdot \nabla\tilde{u}$. 对任意 $\ell, k \in Z^2$, $m, m' \in \{0,1\}$, 引入

$$\begin{aligned}
Y^m_k(U) :=& [F(U), \sigma^m_k]\\
=& A^{\alpha,\beta}\sigma^m_k + B(\sigma^m_k, U) + B(U, \sigma^m_k),\\
J^{m,m'}_{k,\ell}(U) :=& -[Y^m_k(U), \sigma^{m'}_\ell]\\
=& B(\sigma^m_k, \sigma^{m'}_\ell) + B(\sigma^{m'}_\ell, \sigma^m_k)
\end{aligned}$$

$$
=\begin{pmatrix} -\Pi\boldsymbol{b}(e_k^m, e_\ell^{m'}) - \Pi\boldsymbol{b}(e_\ell^{m'}, e_k^m) \\ 0 \end{pmatrix}
$$

$$
=\begin{pmatrix} -\Pi\mathcal{J}_{k,\ell}^{m,m'} \\ 0 \end{pmatrix}. \tag{7.2.20}
$$

引理 7.2.7 对 $k,\ell\in Z_+^2$, 成立

$$
\boldsymbol{b}(e_k^1, e_\ell^1) = \frac{\langle k, \ell^\perp\rangle}{|k||\ell|}\sin(k\cdot x)\cos(\ell\cdot x)(\ell_2, -\ell_1)^{\mathrm{T}},
$$

$$
\boldsymbol{b}(e_\ell^1, e_k^1) = \frac{\langle \ell, k^\perp\rangle}{|k||\ell|}\sin(\ell\cdot x)\cos(k\cdot x)(k_2, -k_1)^{\mathrm{T}},
$$

$$
\boldsymbol{b}(e_k^1, e_\ell^0) = \frac{\langle k, \ell^\perp\rangle}{|k||\ell|}\sin(k\cdot x)\sin(\ell\cdot x)(-\ell_2, \ell_1)^{\mathrm{T}},
$$

$$
\boldsymbol{b}(e_\ell^1, e_k^0) = \frac{\langle \ell, k^\perp\rangle}{|k||\ell|}\sin(\ell\cdot x)\sin(k\cdot x)(-k_2, k_1)^{\mathrm{T}},
$$

以及

$$
\boldsymbol{b}(e_k^0, e_\ell^1) = \frac{\langle k, \ell^\perp\rangle}{|k||\ell|}\cos(k\cdot x)\cos(\ell\cdot x)(\ell_2, -\ell_1)^{\mathrm{T}},
$$

$$
\boldsymbol{b}(e_\ell^0, e_k^1) = \frac{\langle \ell, k^\perp\rangle}{|k||\ell|}\cos(\ell\cdot x)\cos(k\cdot x)(k_2, -k_1)^{\mathrm{T}},
$$

$$
\boldsymbol{b}(e_k^0, e_\ell^0) = \frac{\langle k, \ell^\perp\rangle}{|k||\ell|}\cos(k\cdot x)\sin(\ell\cdot x)(-\ell_2, \ell_1)^{\mathrm{T}},
$$

$$
\boldsymbol{b}(e_\ell^0, e_k^0) = \frac{\langle \ell, k^\perp\rangle}{|k||\ell|}\cos(\ell\cdot x)\sin(k\cdot x)(-k_2, k_1)^{\mathrm{T}}.
$$

引理 7.2.8 令 $a=\dfrac{\langle k,\ell^\perp\rangle}{|k||\ell|}$, 则对任意 $k,\ell\in Z_+^2$ 成立

$$
\begin{aligned}
\mathcal{J}_{k,\ell}^{0,1} &= \boldsymbol{b}(e_k^0, e_\ell^1) + \boldsymbol{b}(e_\ell^1, e_k^0)\\
&= a\cos((k+\ell)x)(\ell_2-k_2, -\ell_1+k_1)^{\mathrm{T}} + a\cos((k-\ell)x)(\ell_2+k_2, -\ell_1-k_1)^{\mathrm{T}},\\
\mathcal{J}_{\ell,k}^{0,1} &= \boldsymbol{b}(e_\ell^0, e_k^1) + \boldsymbol{b}(e_k^1, e_\ell^0)\\
&= -a\cos((k+\ell)x)(k_2-\ell_2, -k_1+\ell_1)^{\mathrm{T}} - a\cos((\ell-k)x)(\ell_2+k_2, -\ell_1-k_1)^{\mathrm{T}},
\end{aligned}
$$

进一步地,

$$
\mathcal{J}_{k,\ell}^{0,1} + \mathcal{J}_{\ell,k}^{0,1} = 2a\cos((k+\ell)x)(\ell_2-k_2, -\ell_1+k_1)^{\mathrm{T}}, \tag{7.2.21}
$$

$$\Pi\big[\mathcal{J}_{k,\ell}^{0,1}+\mathcal{J}_{\ell,k}^{0,1}\big]=ac\frac{1}{|k+\ell|}\cdot(|\ell|^2-|k|^2)e_{k+\ell}^0, \tag{7.2.22}$$

$$\Pi\big[\mathcal{J}_{k,\ell}^{0,1}-\mathcal{J}_{\ell,k}^{0,1}\big]=ac\frac{-|\ell|^2+|k|^2}{|k-\ell|}\cdot e_{k-\ell}^0, \tag{7.2.23}$$

$$\Pi\big[\mathcal{J}_{k,\ell}^{1,1}+\mathcal{J}_{\ell,k}^{0,0}\big]=ac\frac{|\ell|^2-|k|^2}{|k-\ell|}\cdot e_{k-\ell}^1, \tag{7.2.24}$$

$$\Pi\big[\mathcal{J}_{k,\ell}^{1,1}-\mathcal{J}_{\ell,k}^{0,0}\big]=ac\frac{|\ell|^2-|k|^2}{|k+\ell|}\cdot e_{k+\ell}^1, \tag{7.2.25}$$

其中 c 是不依赖于 k,ℓ 的非零常数 (每行的 c 可以不同).

证明　可以通过直接计算证明此引理, 这里只证明 (7.2.22).

事实上, 由 (7.2.21),

$$\begin{aligned}&\Pi\big[\mathcal{J}_{k,\ell}^{0,1}+\mathcal{J}_{\ell,k}^{0,1}\big]\\&=\langle 2a\cos((k+\ell)x)(\ell_2-k_2,-\ell_1+k_1)^{\mathrm{T}},e_{k+\ell}^0\rangle e_{k+\ell}^0\\&=ac\frac{1}{|k+\ell|}\cdot(|\ell|^2-|k|^2)e_{k+\ell}^0,\end{aligned}$$

其中 $\langle\cdot,\cdot\rangle$ 表示 H_1 上的内积, c 是某个非零常数. □

由引理 7.2.8 和 (7.2.20), 我们可以生成 u 分量上的合适方向了.

引理 7.2.9　令 $a=\dfrac{\langle k,\ell^{\perp}\rangle}{|k||\ell|}$, 则存在某个独立于 k,ℓ 的非零常数 c, 使得下面的不等式成立

$$\begin{aligned}J_{k,\ell}^{0,1}+J_{\ell,k}^{0,1}&=ac\frac{1}{|k+\ell|}\cdot(|\ell|^2-|k|^2)\psi_{k+\ell}^0,\\J_{k,\ell}^{0,1}-J_{\ell,k}^{0,1}&=ac\frac{-|\ell|^2+|k|^2}{|k-\ell|}\cdot\psi_{k-\ell}^0,\\J_{k,\ell}^{1,1}+J_{\ell,k}^{0,0}&=ac\frac{|\ell|^2-|k|^2}{|k-\ell|}\cdot\psi_{k-\ell}^1,\\J_{k,\ell}^{1,1}-J_{\ell,k}^{0,0}&=ac\frac{|\ell|^2-|k|^2}{|k+\ell|}\cdot\psi_{k+\ell}^1.\end{aligned}$$

然后我们阐释如何将噪声传播到所有的磁场方向 b, 为此类似地引入

$$\begin{aligned}\mathcal{Y}_k^m(U)&:=\big[F(U),\psi_k^m\big]\\&=A^{\alpha,\beta}\psi_k^m+B(\psi_k^m,U)+B(U,\psi_k^m),\\Z_{k,\ell}^{m,m'}&:=-\Big[\mathcal{Y}_k^m(U),\sigma_\ell^{m'}\Big]\end{aligned}$$

$$
\begin{aligned}
&= B(\psi_k^m, \sigma_\ell^{m'}) + B(\sigma_\ell^{m'}, \psi_k^m) \\
&= \begin{pmatrix} 0 \\ \Pi\left[\boldsymbol{b}(e_k^m, e_\ell^{m'}) - \boldsymbol{b}(e_\ell^{m'}, e_k^m)\right] \end{pmatrix} \\
&= \begin{pmatrix} 0 \\ \Pi\mathcal{Z}_{k,\ell}^{m,m'} \end{pmatrix},
\end{aligned} \tag{7.2.26}
$$

其中

$$
\mathcal{Z}_{k,\ell}^{m,m'} := \boldsymbol{b}(e_k^m, e_\ell^{m'}) - \boldsymbol{b}(e_\ell^{m'}, e_k^m).
$$

下一引理与引理 7.2.8 相对应.

引理 7.2.10 令 $a = \dfrac{\langle k, \ell^\perp\rangle}{|k||\ell|}$, 则存在不依赖于 k,ℓ 的非零常数 c(每行的 c 可以不同), 使得下面的不等式成立

$$
\begin{aligned}
\Pi\mathcal{Z}_{k,\ell}^{0,1} + \Pi\mathcal{Z}_{\ell,k}^{0,1} &= ac|k-\ell|e_{k-\ell}^0, \\
\Pi\mathcal{Z}_{k,\ell}^{0,1} - \Pi\mathcal{Z}_{\ell,k}^{0,1} &= ac|k+\ell|e_{k+\ell}^0, \\
\Pi\mathcal{Z}_{k,\ell}^{1,1} + \Pi\mathcal{Z}_{k,\ell}^{0,0} &= ac|k-\ell|e_{k-\ell}^1, \\
\Pi\mathcal{Z}_{k,\ell}^{1,1} - \Pi\mathcal{Z}_{k,\ell}^{0,0} &= ac|k+\ell|e_{k+\ell}^1.
\end{aligned}
$$

证明 由引理 7.2.7 有

$$
\mathcal{Z}_{k,\ell}^{0,1} + \mathcal{Z}_{\ell,k}^{0,1} = a\cos\big((k-\ell)x\big)(\ell_2 - k_2, -\ell_1 + k_1)^{\mathrm{T}},
$$

以及

$$
\begin{aligned}
\Pi\mathcal{Z}_{k,\ell}^{0,1} + \Pi\mathcal{Z}_{\ell,k}^{0,1} &= \langle a\cos\big((k-\ell)x\big)(\ell_2 - k_2, -\ell_1 + k_1)^{\mathrm{T}}, e_{k-\ell}^0\rangle e_{k-\ell}^0 \\
&= ac|k-\ell|e_{k-\ell}^0,
\end{aligned}
$$

其中 c 是某个非零常数. 其他不等式的证明是类似的. □

类似地, 由引理 7.2.10和 (7.2.26), 我们可以生成 b 分量上的合适方向.

引理 7.2.11 记 $a = \dfrac{\langle k, \ell^\perp\rangle}{|k||\ell|}$, 则存在不依赖 k,ℓ 的非零常数 c(每行的 c 可以不同), 使得下面的不等式成立

$$
\begin{aligned}
Z_{k,\ell}^{0,1} + Z_{\ell,k}^{0,1} &= ac|k-\ell|\sigma_{k-\ell}^0, \\
Z_{k,\ell}^{0,1} - Z_{\ell,k}^{0,1} &= ac|k+\ell|\sigma_{k+\ell}^0, \\
Z_{k,\ell}^{1,1} + Z_{k,\ell}^{0,0} &= ac|k-\ell|\sigma_{k-\ell}^1, \\
Z_{k,\ell}^{1,1} - Z_{k,\ell}^{0,0} &= ac|k+\ell|\sigma_{k+\ell}^1.
\end{aligned}
$$

最后, 我们在图 7.1 里演示通过一系列的李括号 (迭代) 运算生成新方向的方案. 须注意在图 7.1 的上半部分 ψ 由 σ 生成, 而在下半部分 σ 由 ψ 生成, 这种反对称性源于 B 的对流结构.

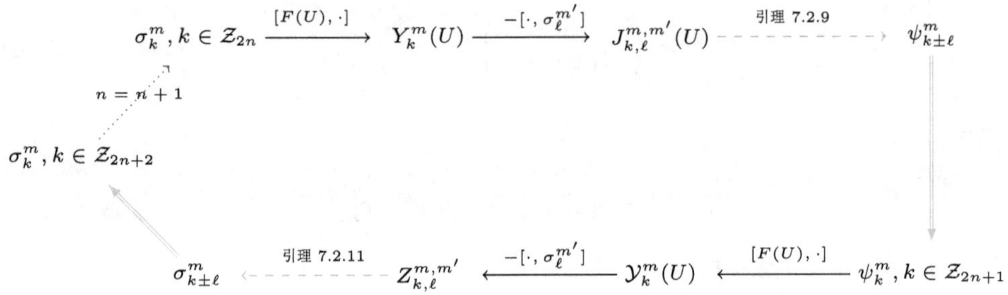

图 7.1

此图 7.1 演示如何通过一系列的李括号 (迭代) 运算生成新的方向, 其中 $m, m' \in \{0,1\}$, $\ell \in \mathcal{Z}_0$. 实线箭头表示新的函数是由李括号生成, 箭头上方给出了对应的李括号运算. 虚线箭头表示新的元素是由先前位置的元素线性组合而成. 点箭头表示该过程是反复迭代的. 双线箭头表示 $k \pm \ell$ 实际上来自于 $\mathcal{Z}_{2n+1}$ 或 $\mathcal{Z}_{2n+2}$.

7.2.4 $\mathcal{M}$ 的谱性质

对任意 $\alpha > 0$, $N \in \mathbb{N}$, 定义

$$\mathcal{S}_{\alpha,N} := \{\phi \in H : \|P_N\phi\|^2 \geqslant \alpha\|\phi\|^2\}.$$

下一定理在某种程度上建立了不稳定方向所生成的空间上 Malliavin 矩阵的可逆性, 从而我们可以通过 Malliavin 分部积分公式构造一个控制问题, 得到马尔可夫半群上的梯度估计 (参见命题 7.2.3).

定理 7.2.3 对任意 $N \geqslant 1$, $\alpha \in (0,1]$ 和 $\eta > 0$, 存在正常数 $\varepsilon^* = \varepsilon^*(\alpha,\eta,N,T) > 0$, 使得对任意 $n \geqslant 0$ 和 $\varepsilon \in (0,\varepsilon^*]$, 存在可测集 $\Omega_\varepsilon = \Omega_\varepsilon(\alpha, N, T) \subseteq \Omega$ 满足

$$P(\Omega_\varepsilon^c) \leqslant r(\varepsilon)\exp(\eta\|U_0\|^2), \tag{7.2.27}$$

其中 $r = r(\alpha,\eta,N,T) : (0,\varepsilon^*] \to (0,\infty)$ 是一个非负减函数, $\lim_{\varepsilon\to 0} r(\varepsilon) = 0$, 且在集合 Ω_ε 上,

$$\inf_{\phi\in\mathcal{S}_{\alpha,N}} \frac{\langle \mathcal{M}_{0,T}\phi,\phi\rangle}{\|\phi\|^2} \geqslant \varepsilon. \tag{7.2.28}$$

首先, 首先我们引入二次型 Q_N

$$\langle Q_N(U)\phi,\phi\rangle := \sum_{n=0}^{N} \sum_{k\in\mathcal{Z}_{2n}, m\in\{0,1\}} |\langle\phi,\sigma_k^m\rangle|^2 + \sum_{n=0}^{N} \sum_{k\in\mathcal{Z}_{2n+1}, m\in\{0,1\}} |\langle\phi,\psi_k^m\rangle|^2.$$

当我们只考虑 $\phi \in \mathcal{S}_{\alpha,N}$ 时, 这些二次型的下界估计是简单的.

命题 7.2.1 固定任意自然数 $N \in \mathbb{N}$, 则对任意 $U \in H$ 和 $\alpha \in (0,1]$,

$$\langle Q_N(U)\phi, \phi\rangle \geqslant \frac{\alpha}{2}\|\phi\|^2$$

对所有的 $\phi \in \mathcal{S}_{\alpha,N}$ 成立.

证明 由 $\mathcal{S}_{\alpha,N}$ 和 Q_N 的定义显然. □

对 Q_N 的上界估计是困难的, 为此先引入一些概念和引理.

记 $\bar{U} = U - \mathcal{Q}_b W$, 则

$$\begin{cases}\partial_t \bar{U} = F(U) = F(\bar{U} + \mathcal{Q}_b W),\\ \bar{U}(0) = U_0,\end{cases} \tag{7.2.29}$$

在 $U = \bar{U} + \mathcal{Q}_b W$ 处展开, 我们得到

$$Y_k^m(U) = Y_k^m(\bar{U}) - \sum_{\ell\in Z_0, m'\in\{0,1\}} \alpha_\ell^{m'}[Y_k^m(U), \sigma_\ell^{m'}]W^{\ell,m'}, \tag{7.2.30}$$

以及

$$\mathcal{Y}_k^m(U) = \mathcal{Y}_k^m(\bar{U}) - \sum_{\ell\in Z_0, m'\in\{0,1\}} \alpha_\ell^{m'}[\mathcal{Y}_k^m(U), \sigma_\ell^{m'}]W^{\ell,m'}. \tag{7.2.31}$$

对 $s \in [0,1]$, $\phi \in H$ 引入

$$\mathcal{N}_s(\phi) := \max_{\ell\in Z_0, m'\in\{0,1\}} \left\{\|\langle \mathcal{K}_{t,T}\phi, Y_k^m(\bar{U})\rangle\|_{C^s}, |\alpha_\ell^{m'}| \cdot \|\langle \mathcal{K}_{t,T}\phi, [Y_k^m(U), \sigma_\ell^{m'}]\rangle\|_{C^s}\right\},$$

$$\mathcal{M}_s(\phi) := \max_{\ell\in Z_0, m'\in\{0,1\}} \left\{\|\langle \mathcal{K}_{t,T}\phi, \mathcal{Y}_k^m(\bar{U})\rangle\|_{C^s}, |\alpha_\ell^{m'}| \cdot \|\langle \mathcal{K}_{t,T}\phi, [\mathcal{Y}_k^m(U), \psi_\ell^{m'}]\rangle\|_{C^s}\right\},$$

其中对任意 $\alpha \in (0,1]$ 和函数 $g : [T/2, T] \to R$, $\|g\|_{C^\alpha}$ 的定义为

$$\|g\|_{C^\alpha} := \|g\|_{C^\alpha[T/2,T]} := \sup_{\substack{t_1 \neq 2 \\ t_1, t_2 \in [T/2, T]}} \frac{|g(t_1) - g(t_2)|}{|t_1 - t_2|^\alpha},$$

以及对 $\alpha = 0$, $\|g\|_{C^0}$ 的定义为

$$\|g\|_{C^0} := \|g\|_{C^0[T/2,T]} := \sup_{t\in[T/2,T]} |g(t)|.$$

引理 7.2.12 对任意 $p \geqslant 1$, $\eta > 0$, 成立

$$\mathrm{E}\Big[\sup_{\phi\in H, \|\phi\|=1} \mathcal{N}_0(\phi)^p\Big] \leqslant C(\eta, k, p)\exp(\eta\|U_0\|^2), \tag{7.2.32}$$

$$\mathrm{E}\Big[\sup_{\phi\in H,\|\phi\|=1}\mathcal{N}_1(\phi)^p\Big]\leqslant C(\eta,k,p)\exp(\eta\|U_0\|^2),\tag{7.2.33}$$

$$\mathrm{E}\Big[\sup_{\phi\in H,\|\phi\|=1}\mathcal{M}_0(\phi)^p\Big]\leqslant C(\eta,k,p)\exp(\eta\|U_0\|^2),\tag{7.2.34}$$

$$\mathrm{E}\Big[\sup_{\phi\in H,\|\phi\|=1}\mathcal{M}_1(\phi)^p\Big]\leqslant C(\eta,k,p)\exp(\eta\|U_0\|^2).\tag{7.2.35}$$

证明　(7.2.32) 和 (7.2.34) 可以直接由引理 7.2.1和引理 7.2.2得到.

由 $Y_k^m(\bar{U}),F(U),Z_{k,\ell}^{m,m'}$ 的定义和引理 7.2.1, 存在 $C=C(k,p,\eta)$ 和 $q=q(p,k)$ 使得

$$\begin{aligned}&\mathrm{E}\sup_{t\in[T/2,T]}\|[Y_k^m(\bar{U}),F(U)]\|^{2p}+\mathrm{E}\sup_{t\in[T/2,T]}\|[F(U),Z_{k,\ell}^{m,m'}]\|^{2p}\\ \leqslant&\, C\mathrm{E}\Big[1+\|U\|_{H^4}^q\Big]\\ \leqslant&\, C\exp(\eta\|U_0\|^2/2).\end{aligned}\tag{7.2.36}$$

由此估计及引理 7.2.2则有

$$\begin{aligned}&\mathrm{E}\|\langle\mathcal{K}_{t,T}\phi,Y_k^m(\bar{U})\rangle\|_{C^1}^p\\ \leqslant&\, C\mathrm{E}\|\partial_t\langle\mathcal{K}_{t,T}\phi,Y_k^m(\bar{U})\rangle\|^p\\ \leqslant&\, C\mathrm{E}|\langle\mathcal{K}_{t,T}\phi,[Y_k^m(\bar{U}),F(U)]\rangle|^p\\ \leqslant&\, C\|\phi\|^p\exp(\eta\|U_0\|^2/2)\left(\mathrm{E}\sup_{t\in[T/2,T]}\|[Y_k^m(\bar{U}),F(U)]\|^{2p}\right)^{1/2}\\ \leqslant&\, C\exp(\eta\|U_0\|^2).\end{aligned}\tag{7.2.37}$$

由 (7.2.36) 和引理 7.2.2, 得到

$$\begin{aligned}&\mathrm{E}\Big[\|\langle\mathcal{K}_{t,T}\phi,[Y_k^m(U),\sigma_\ell^{m'}]\rangle\|_{C^1}^p\Big]\\ =&\,\mathrm{E}\Big[\|\langle\mathcal{K}_{t,T}\phi,Z_{k,\ell}^{m,m'}\rangle\|_{C^1}^p\Big]\\ \leqslant&\,\mathrm{E}\Big[|\partial_t\langle\mathcal{K}_{t,T}\phi,Z_{k,\ell}^{m,m'}\rangle|^p\Big]\\ \leqslant&\,\mathrm{E}\Big[|\langle\mathcal{K}_{t,T}\phi,[F(U),Z_{k,\ell}^{m,m'}]\rangle|^p\Big]\\ \leqslant&\, C\|\phi\|^p\exp(\eta\|U_0\|^2/2)\left(\mathrm{E}\sup_{t\in[T/2,T]}\|[F(U),Z_{k,\ell}^{m,m'}]\|^{2p}\right)^{1/2}\\ \leqslant&\, C\exp(\eta\|U_0\|^2).\end{aligned}\tag{7.2.38}$$

联立 (7.2.37) 和 (7.2.38) 得到 (7.2.33). (7.2.35) 的证明与 (7.2.33) 类似. □

下面两个技术引理在后面的证明中及其重要.

引理 7.2.13(Földes 等[18]) 固定 $T>0$, $\alpha\in(0,1]$ 和某个指标集 $\mathcal{I}$. 考虑取值在 $C^{1,\alpha}([T/2,T])$ 上的随机函数类 $g_\phi(\phi\in\mathcal{I})$. 对任意 $\varepsilon>0$ 定义

$$\Lambda_{\varepsilon,\alpha}:=\bigcup_{\phi\in\mathcal{I}}\Lambda_{\varepsilon,\alpha}^{\phi},\quad \text{其中 } \Lambda_{\varepsilon,\alpha}^{\phi}:=\left\{\sup_{t\in[T/2,T]}|g_\phi(t)|\leqslant\varepsilon \text{ 以及 } \sup_{t\in[T/2,T]}|g_\phi'(t)|>\varepsilon^{\frac{\alpha}{2(1+\alpha)}}\right\}.$$

则存在 $\varepsilon_0=\varepsilon_0(\alpha,T)$ 使得, 对任意 $\varepsilon\in(0,\varepsilon_0)$ 成立

$$P(\Lambda_{\varepsilon,\alpha})\leqslant C\varepsilon\mathrm{E}\left(\sup_{\phi\in\mathcal{I}}\|g_\phi\|_{C^{1,\alpha}[T/2,T]}^{2/\alpha}\right).$$

定理 7.2.4(Hairer-Mattingly[23]) 固定 $M,T>0$. 形如

$$F=A_0+\sum_{|\alpha|\leqslant M}A_\alpha W^\alpha$$

的 M 次 "Wiener 多项式" 组成了 $\mathfrak{B}_M$ 类, 其中对每个多重指标 α ($|\alpha|\leqslant M$), $A_\alpha:\Omega\times[0,T]\to R$ 是某一随机过程. 则对所有 $\varepsilon\in(0,1)$ 和 $\beta>0$, 存在可测集 $\Omega_{\varepsilon,M,\beta}$ 满足 $P(\Omega_{\varepsilon,M,\beta}^c)\leqslant C\varepsilon$, 使得在 $\Omega_{\varepsilon,M,\beta}$ 上对所有 $F\in\mathfrak{B}_M$ 有

$$\sup_{t\in[0,T]}|F(t)|<\varepsilon^\beta\Rightarrow\begin{cases}\sup\limits_{\alpha\leqslant M}\sup\limits_{t\in[0,T]}|A_\alpha(t)|\leqslant\varepsilon^{\beta 3^{-M}} \text{ 成立},\\ \text{或者}\quad\sup\limits_{\alpha\leqslant M}\sup\limits_{s\neq t\in[0,T]}\dfrac{A_\alpha(t)-A_\alpha(s)}{t-s}\geqslant\varepsilon^{-\beta 3^{-(M+1)}} \text{ 成立}.\end{cases}$$

下一命题表明在 $\mathcal{S}_{\alpha,N}$ 上, 有大概率只要 Malliavin 矩阵 $\mathcal{M}_{0,T}$ 的特征值较小, 则二次型 Q_N 也相应地具备小特征值.

命题 7.2.2 固定 $T>0$, 对任意 $N\geqslant1$, $\alpha\in(0,1]$ 和 $\eta>0$, 存在正常数 $q_1=q_1(\alpha,N,T,\eta),q_2=q_2(\alpha,N,T,\eta)$ 使得以下陈述成立: 存在正常数 $\varepsilon^*=\varepsilon^*(\alpha,N,T,\eta)>0$, 使得对任意 $\varepsilon\in(0,\varepsilon^*]$, 存在可测集 $\Omega_\varepsilon^*=\Omega_\varepsilon^*(\alpha,N,T,\eta)\subseteq\Omega$ 及正常数 $C_1=C_1(\alpha,N,T,\eta)$, $C_2=C_2(\alpha,N,T,\eta)$ 满足

$$P((\Omega_\varepsilon^*)^c)\leqslant C_1\varepsilon^{q_1}\exp(\eta\|U_0\|^2),$$

且在集合 Ω_ε^* 上,

$$\langle\mathcal{M}_{0,T}\phi,\phi\rangle\leqslant\varepsilon\|\phi\|^2\ \Rightarrow\ \langle Q_N(U)\phi,\phi\rangle\leqslant C_2\varepsilon^{q_2}\|\phi\|^2$$

对任意 $\phi\in\mathcal{S}_{\alpha,N}$ 成立.

命题 7.2.2 的证明需要借助迭代和归纳的方法, 首先注意到

$$\langle \mathcal{M}_{0,T}\phi, \phi\rangle = \sum_{\ell\in Z_0, m'\in\{0,1\}} (\alpha_\ell^{m'})^2 \int_0^T \langle \sigma_\ell^{m'}, \mathcal{K}_{r,T}\phi\rangle^2 dr.$$

因此如果 $\langle \mathcal{M}_{0,T}\phi, \phi\rangle$ 是小量则可以推断 $\langle \sigma_\ell^{m'}, \mathcal{K}_{r,T}\phi\rangle$ 也是小量, 这是引理 7.2.14 的内容. 接下来由图 7.1 所揭示的李括号运算, 我们可以依次推断 $\langle Y_k^m(U), \mathcal{K}_{r,T}\phi\rangle$、$\langle [Y_k^m(U), \sigma_\ell^{m'}], \mathcal{K}_{r,T}\phi\rangle$ 和 $\langle \psi_{k+\ell}^m, \mathcal{K}_{r,T}\phi\rangle$ 都是小量 (分别对应引理 7.2.15、引理 7.2.16 和引理 7.2.17). 我们还需要将这些结果集成, 因为它们是在不同的大集合上成立的, 这是建立引理 7.2.21 的原因. 另一方面, 我们可以由 $\langle \psi_k^m, \mathcal{K}_{r,T}\phi\rangle$ 是小量依次推断在不同的大集合上, $\langle \mathcal{Y}_k^m(U), \mathcal{K}_{r,T}\phi\rangle$、$\langle [\mathcal{Y}_k^m(U), \sigma_\ell^{m'}], \mathcal{K}_{r,T}\phi\rangle$ 和 $\langle \sigma_{k+\ell}^m, \mathcal{K}_{r,T}\phi\rangle$ 都是小量 (分别对应引理 7.2.18、引理 7.2.19 和引理 7.2.20). 同样, 我们需要引理 7.2.22 来集成这些结果. 图 7.2 演示了论证命题 7.2.2 的具体结构.

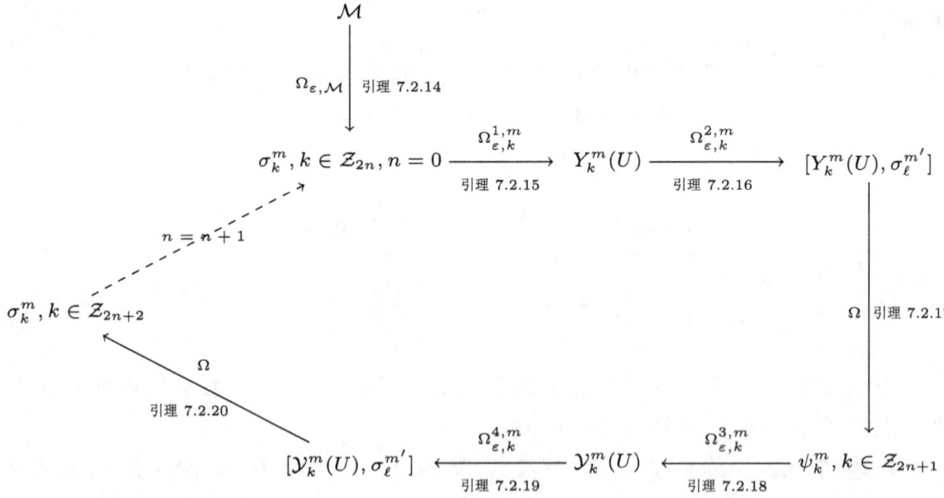

图 7.2

此图展示证明命题 7.2.2 的引理结构, 其中 $m, m'\in\{0,1\}$, $\ell\in\mathcal{Z}_0$. 实线箭头表示在某个大集合 (在箭头上方或左侧) 上一种"小量"会导致另一种"小量", "小量"的具体含义在不同的引理中阐释. 虚线箭头表示该过程是反复迭代的. 图 7.1 和图 7.2 其实有着密切的联系.

引理 7.2.14 对任意 $0<\varepsilon<\varepsilon_0(T)$ 和所有 $\eta>0$, 存在集合 $\Omega_{\varepsilon,\mathcal{M}}$ 和 $C=C(\eta,T)$ 满足

$$P(\Omega_{\varepsilon,\mathcal{M}}^c) \leqslant C\exp\{\eta\|U_0\|^2\}\varepsilon$$

使得在集合 $\Omega_{\varepsilon,\mathcal{M}}$ 上

$$\langle \mathcal{M}_{0,T}\phi, \phi\rangle \leqslant \varepsilon\|\phi\|^2 \Rightarrow \sup_{t\in[T/2,T]} |\langle \mathcal{K}_{t,T}\phi, \sigma_\ell^{m'}\rangle| \leqslant \varepsilon^{1/8}\|\phi\|^2 \tag{7.2.39}$$

对任意 $\ell \in \mathcal{Z}_0$, $m' \in \{0,1\}$ 和 $\phi \in H$ 成立.

证明 注意到

$$\langle \mathcal{M}_{0,T}\phi, \phi\rangle = \sum_{\ell\in Z_0, m'\in\{0,1\}} (\alpha_\ell^{m'})^2 \int_0^T \langle \sigma_\ell^{m'}, \mathcal{K}_{r,T}\phi\rangle^2 dr.$$

定义函数 $g_\phi(\cdot) : [T/2, T] \to R^+$ 为

$$g_\phi(t) := \sum_{\ell\in Z_0, m'\in\{0,1\}} (\alpha_\ell^{m'})^2 \int_0^t \langle \sigma_\ell^{m'}, \mathcal{K}_{r,T}\phi\rangle^2 dr,$$

则

$$\begin{aligned} g'_\phi(t) &= \sum_{\ell\in Z_0, m'\in\{0,1\}} (\alpha_\ell^{m'})^2 \langle \sigma_\ell^{m'}, \mathcal{K}_{t,T}\phi\rangle^2, \\ g''_\phi(t) &= 2\sum_{\ell\in Z_0, m'\in\{0,1\}} (\alpha_\ell^{m'})^2 \langle \sigma_\ell^{m'}, \mathcal{K}_{t,T}\phi\rangle \langle \sigma_\ell^{m'}, \partial_t\mathcal{K}_{t,T}\phi\rangle. \end{aligned}$$

令

$$\Omega_{\varepsilon,\mathcal{M}} = \bigcap_{\phi\in H, \|\phi\|=1} \left\{ \sup_{t\in[T/2,T]} |g_\phi(t)| \geqslant \varepsilon \text{ 或 } \sup_{t\in[T/2,T]} |g'_\phi(t)| \leqslant \varepsilon^{1/4} \right\}.$$

注意到 $\mathcal{Z}_0$ 的定义以及

$$\langle \mathcal{K}_{t,T}\phi, \sigma_\ell^{m'}\rangle = \langle \mathcal{K}_{t,T}\phi, \sigma_{-\ell}^{m'}\rangle,$$

因而在 $\Omega_{\varepsilon,\mathcal{M}}$ 上 (7.2.39) 成立. 由引理 7.2.13、引理 7.2.3及 (7.2.18), 我们有

$$\begin{aligned} P\left(\Omega_{\varepsilon,\mathcal{M}}^c\right) &\leqslant P\left(\bigcup_{\phi\in H, \|\phi\|=1} \left\{ \sup_{t\in[T/2,T]} |g_\phi(t)| \leqslant \varepsilon \text{ 且 } \sup_{t\in[T/2,T]} |g'_\phi(t)| \geqslant \varepsilon^{1/4} \right\}, \right) \\ &\leqslant C\varepsilon \sum_{\ell\in\mathcal{Z}_0, m'\in\{0,1\}} (\alpha_\ell^{m'})^4 \mathrm{E}\Big[\sup_{t\in[T/2,T], \|\phi\|=1} |\langle \sigma_\ell^{m'}, \mathcal{K}_{t,T}\phi\rangle \langle \sigma_\ell^{m'}, \partial_t\mathcal{K}_{t,T}\phi\rangle|^2 \Big] \\ &\leqslant C\varepsilon \exp\{\eta\|U_0\|^2\}. \end{aligned}$$

□

引理 7.2.15 固定 $k \in Z^2$, $m \in \{0,1\}$. 对任意 $0 < \varepsilon < \varepsilon_0(T)$ 和 $\eta > 0$, 存在集合 $\Omega_{\varepsilon,k}^{1,m}$ 和 $C = C(k,\eta,T)$ 满足

$$P((\Omega_{\varepsilon,k}^{1,m})^c) \leqslant C\exp\{\eta\|U_0\|^2\}\varepsilon,$$

使得在集合 $\Omega_{\varepsilon,k}^{1,m}$ 上成立

$$\sup_{t\in[T/2,T]}|\langle\mathcal{K}_{t,T}\phi,\sigma_k^m\rangle| \leqslant \varepsilon\|\phi\| \Rightarrow \sup_{t\in[T/2,T]}|\langle\mathcal{K}_{t,T}\phi, Y_k^m(U)\rangle| \leqslant \varepsilon^{1/10}\|\phi\|. \quad (7.2.40)$$

证明 定义 $g_\phi(t) := \langle\mathcal{K}_{t,T}\phi,\sigma_k^m\rangle$, $\forall t\in[0,T]$, 则由 (7.2.10) 可得

$$\begin{aligned} g'_\phi(t) &= \langle\mathcal{K}_{t,T}\phi,[F(U),\sigma_k^m]\rangle \\ &= \langle\mathcal{K}_{t,T}\phi, Y_k^m(U)\rangle. \end{aligned}$$

令 $\alpha = \dfrac{1}{4}$, 定义

$$\Omega_{\varepsilon,k}^{1,m} = \bigcap_{\phi\in H,\|\phi\|=1}\Big\{\sup_{t\in[T/2,T]}|g_\phi(t)| \geqslant \varepsilon \text{ 或 } \sup_{t\in[T/2,T]}|g'_\phi(t)| \leqslant \varepsilon^{\alpha/2(1+\alpha)}\Big\}.$$

则在 $\Omega_{\varepsilon,k}^{1,m}$ 上 (7.2.40) 成立. 由引理 7.2.13 有

$$\begin{aligned} P\left((\Omega_{\varepsilon,k}^{1,m})^c\right) &\leqslant P\left(\bigcup_{\phi\in H,\|\phi\|=1}\Big\{\sup_{t\in[T/2,T]}|g_\phi(t)| \leqslant \varepsilon \text{ 且 } \sup_{t\in[T/2,T]}|g'_\phi(t)| \geqslant \varepsilon^{\alpha/2(1+\alpha)}\Big\}\right) \\ &\leqslant C\varepsilon\mathrm{E}\Big[\sup_\phi\|g'_\phi\|_{C^\alpha[T/2,T]}^{2/\alpha}\Big]. \end{aligned}$$

因为

$$\begin{aligned} g'_\phi(t) &= \langle\mathcal{K}_{t,T}\phi, Y_k^m(U)\rangle \\ &= \langle\mathcal{K}_{t,T}\phi, Y_k^m(\bar{U})\rangle - \sum_{\ell\in Z_0, m'\in\{0,1\}}\alpha_\ell^{m'}\langle\mathcal{K}_{t,T}\phi,[Y_k^m(U),\sigma_\ell^{m'}]\rangle W^{\ell,m'}, \end{aligned}$$

所以

$$\begin{aligned} &\|g'_\phi\|_{C^\alpha[T/2,T]} \\ &\leqslant C\sup_{t\in[T/2,T]}|\partial_t\langle\mathcal{K}_{t,T}\phi, Y_k^m(\bar{U})\rangle| \\ &\quad + C\sum_{\ell\in Z_0,m'\in\{0,1\}}\sup_{t\in[T/2,T]}|\langle\mathcal{K}_{t,T}\phi,[Y_k^m(U),\sigma_\ell^{m'}]\rangle|\cdot|W^{\ell,m'}(\cdot)|_{C^\alpha[T/2,T]} \\ &\quad + C\sum_{\ell\in Z_0,m'\in\{0,1\}}|\langle\mathcal{K}_{t,T}\phi,[Y_k^m(U),\sigma_\ell^{m'}]\rangle|_{C^\alpha[T/2,T]}\cdot\sup_{t\in[T/2,T]}|W^{\ell,m'}(t)|. \end{aligned}$$

因此, 由引理 7.2.12 可得

$$\mathrm{E}\Big[\sup_{\phi:\|\phi\|=1}\|g'_\phi\|_{C^\alpha[T/2,T]}^{2/\alpha}\Big] \leqslant C(\eta,\alpha)\exp\left(\eta\|U_0\|^2\right).$$

□

引理 7.2.16 固定某个 $k \in Z_+^2$. 对任意 $0 < \varepsilon < \varepsilon_0(T)$ 和 $\eta > 0$, 存在集合 $\Omega_{\varepsilon,k}^{2,m}$ 和 $C = C(\eta, T, k)$ 满足

$$P((\Omega_{\varepsilon,k}^{2,m})^c) \leqslant C \exp\{\eta \|U_0\|^2\} \varepsilon^{1/9},$$

且在集合 $\Omega_{\varepsilon,k}^{2,m}$ 上成立

$$\sup_{t\in[T/2,T]} |\langle \mathcal{K}_{t,T}\phi, Y_k^m(U)\rangle| \leqslant \varepsilon\|\phi\|$$
$$\Rightarrow \sup_{\ell\in\mathcal{Z}_0, m'\in\{0,1\}} \sup_{t\in[T/2,T]} |\alpha_\ell^{m'}| \cdot |\langle \mathcal{K}_{t,T}\phi, [Y_k^m(U), \sigma_\ell^{m'}]\rangle| \leqslant \varepsilon^{1/3}\|\phi\|.$$

证明 用函数展开, 则

$$\langle \mathcal{K}_{t,T}\phi, Y_k^m(U)\rangle = \langle \mathcal{K}_{t,T}\phi, Y_k^m(\bar{U})\rangle - \sum_{\ell\in Z_0, m'\in\{0,1\}} \alpha_\ell^{m'} \langle \mathcal{K}_{t,T}\phi, [Y_k^m(U), \sigma_\ell^{m'}]\rangle W^{\ell,m'}.$$

对 $s \in \{0,1\}$, $\phi \in H$, 利用前面的定义

$$\mathcal{N}_s(\phi) = \max_{\ell\in Z_0, m'\in\{0,1\}} \left\{ \|\langle \mathcal{K}_{t,T}\phi, Y_k^m(\bar{U})\rangle\|_{C^s}, |\alpha_\ell^{m'}| \cdot \|\langle \mathcal{K}_{t,T}\phi, [Y_k^m(U), \sigma_\ell^{m'}]\rangle\|_{C^s} \right\}.$$

由定理 7.2.4, 存在集合 $\Omega_\varepsilon^\#$ 使得

$$P((\Omega_\varepsilon^\#)^c) \leqslant C\varepsilon,$$

且在 $\Omega_\varepsilon^\#$ 上,

$$\sup_{t\in[T/2,T]} |\langle \mathcal{K}_{t,T}\phi, Y_k^m(U)\rangle| \leqslant \varepsilon\|\phi\| \Rightarrow \begin{cases} \mathcal{N}_0(\phi) \leqslant \varepsilon^{1/3}, \\ \text{或者} \ \ \mathcal{N}_1(\phi) \geqslant \varepsilon^{-1/9}. \end{cases}$$

令

$$\Omega_{\varepsilon,k}^{2,m} := \Omega_\varepsilon^\# \cap \cap_{\phi\in H, \|\phi\|=1} \{\mathcal{N}_1(\phi) < \varepsilon^{-1/9}\}.$$

则由引理 7.2.12、(7.2.3) 和事实

$$|\langle \mathcal{K}_{t,T}\phi, [Y_k^m(U), \sigma_\ell^{m'}]\rangle| = |\langle \mathcal{K}_{t,T}\phi, [Y_k^m(U), \sigma_{-\ell}^{m'}]\rangle|,$$

我们完成证明. □

引理 7.2.17　对任意 $n \in \mathbb{N}$, 存在常数 C_n 使得对任意 $k \in \mathcal{Z}_{2n}$, 由

$$\sup_{\ell \in \mathcal{Z}_0, m, m' \in \{0,1\}} \sup_{t \in [T/2,T]} |\langle \mathcal{K}_{t,T}\phi, [Y_k^m(U), \sigma_\ell^{m'}]\rangle| \leqslant \varepsilon \|\phi\|$$

可得

$$\sup_{\ell \in \mathcal{Z}_0, m \in \{0,1\}} \sup_{t \in [T/2,T]} |\langle \mathcal{K}_{t,T}\phi, \psi_{k+\ell}^m]\rangle| \leqslant C_n \varepsilon \|\phi\|$$

几乎处处成立.

证明　直接来自引理 7.2.9 和 (7.2.20). □

引理 7.2.18　固定 $k \in Z^2$, $m \in \{0,1\}$. 对任意 $0 < \varepsilon < \varepsilon_0(T)$ 和 $\eta > 0$, 存在集合 $\Omega_{\varepsilon,k}^{3,m}$ 和 $C = C(\eta, k, T)$ 满足

$$P((\Omega_{\varepsilon,k}^{3,m})^c) \leqslant C \exp\{\eta \|U_0\|^2\} \varepsilon,$$

且在集合 $\Omega_{\varepsilon,k}^{3,m}$ 上, 对任意 $m \in \{0,1\}$ 成立

$$\sup_{t \in [T/2,T]} |\langle \mathcal{K}_{t,T}\phi, \psi_k^m\rangle| \leqslant \varepsilon \|\phi\| \Rightarrow \sup_{t \in [T/2,T]} |\langle \mathcal{K}_{t,T}\phi, [F(U), \psi_k^m]\rangle| \leqslant \varepsilon^{1/10} \|\phi\|. \tag{7.2.41}$$

证明　定义 $g_\phi(t) := \langle \mathcal{K}_{t,T}\phi, \psi_k^m\rangle$, 则由 (7.2.10) 有

$$g'_\phi(t) = \langle \mathcal{K}_{t,T}\phi, [F(U), \psi_k^m]\rangle.$$

令 $\alpha = \dfrac{1}{4}$, 定义

$$\Omega_{\varepsilon,k}^{3,m} = \bigcap_{\phi \in H, \|\phi\|=1} \left\{ \sup_{t \in [T/2,T]} |g_\phi(t)| \geqslant \varepsilon \text{ 或 } \sup_{t \in [T/2,T]} |g'_\phi(t)| \leqslant \varepsilon^{\alpha/2(1+\alpha)} \right\}.$$

那么在集合 $\Omega_{\varepsilon,k}^{3,m}$ 上 (7.2.41) 成立. 由引理 7.2.13我们有

$$\begin{aligned} P\left((\Omega_{\varepsilon,k}^{3,m})^c\right) &\leqslant P\left(\bigcup_{\phi \in H, \|\phi\|=1} \left\{ \sup_{t \in [T/2,T]} |g_\phi(t)| \leqslant \varepsilon \text{ 且 } \sup_{t \in [T/2,T]} |g'_\phi(t)| \geqslant \varepsilon^{\alpha/2(1+\alpha)} \right\} \right) \\ &\leqslant C\varepsilon \mathrm{E}\left[\sup_{\phi \in H, \|\phi\|=1} \|g'_\phi\|_{C^\alpha[T/2,T]}^{2/\alpha} \right]. \end{aligned}$$

因为

$$g'_\phi(t) = \langle \mathcal{K}_{t,T}\phi, [F(U), \psi_k^m]\rangle$$

$$=\langle\mathcal{K}_{t,T}\phi,\mathcal{Y}_k^m(\bar{U})\rangle-\sum_{\ell\in Z_0,m'\in\{0,1\}}\alpha_\ell^{m'}\langle\mathcal{K}_{t,T}\phi,[\mathcal{Y}_k^m(U),\sigma_\ell^{m'}]\rangle W^{\ell,m'},$$

所以

$$\begin{aligned}&\|g_\phi'\|_{C^\alpha[T/2,T]}\\ \leqslant&C\sup_{t\in[T/2,T]}|\partial_t\langle\mathcal{K}_{t,T}\phi,\mathcal{Y}_k^m(\bar{U})\rangle|\\ &+C\sum_{\ell\in Z_0,m'\in\{0,1\}}\sup_{t\in[T/2,T]}|\langle\mathcal{K}_{t,T}\phi,[\mathcal{Y}_k^m(U),\sigma_\ell^{m'}]\rangle|\cdot|W^{\ell,m'}|_{C^\alpha[T/2,T]}\\ &+C\sum_{\ell\in Z_0,m'\in\{0,1\}}|\langle\mathcal{K}_{t,T}\phi,[\mathcal{Y}_k^m(U),\sigma_\ell^{m'}]\rangle|_{C^\alpha[T/2,T]}\cdot\sup_{t\in[T/2,T]}|W^{\ell,m'}(t)|.\end{aligned}$$

由引理 7.2.12 得到

$$\mathrm{E}\Big[\sup_{\phi:\|\phi\|=1}\|g_\phi'\|_{C^\alpha[T/2,T]}^{2/\alpha}\Big]\leqslant C(\eta,\alpha)\exp(\eta\|U_0\|^2).\qquad\square$$

引理 7.2.19 固定 $k\in Z_+^2$, $m\in\{0,1\}$. 对任意 $0<\varepsilon<\varepsilon_0(T)$ 和 $\eta>0$, 存在集合 $\Omega_{\varepsilon,k}^{4,m}$ 和 $C=C(k,\eta,T)$ 满足

$$P((\Omega_{\varepsilon,k}^{4,m})^c)\leqslant C\exp\{\eta\|U_0\|^2\}\varepsilon,$$

且在集合 $\Omega_{\varepsilon,k}^{4,m}$ 上成立

$$\begin{aligned}&\sup_{t\in[T/2,T]}|\langle\mathcal{K}_{t,T}\phi,\mathcal{Y}_k^m(U)\rangle|\leqslant\varepsilon\|\phi\|\\ \Rightarrow&\sup_{\ell\in Z_0,m'\in\{0,1\}}\sup_{t\in[T/2,T]}|\alpha_\ell^{m'}|\cdot\big|\big\langle\mathcal{K}_{t,T}\phi,\big[\mathcal{Y}_k^m(U),\sigma_\ell^{m'}\big]\big\rangle\big|\leqslant\varepsilon^{1/3}\|\phi\|.\end{aligned}$$

证明 用函数展开, 则

$$\langle\mathcal{K}_{t,T}\phi,\mathcal{Y}_k^m(U)\rangle=\langle\mathcal{K}_{t,T}\phi,\mathcal{Y}_k^m(\bar{U})\rangle-\sum_{\ell\in Z_0,m'\in\{0,1\}}\alpha_\ell^{m'}\langle\mathcal{K}_{t,T}\phi,[\mathcal{Y}_k^m(U),\sigma_\ell^{m'}]\rangle W^{\ell,m'}.$$

对 $s\in\{0,1\}$, $\phi\in H$, 由前面的定义

$$\mathcal{M}_s(\phi):=\max_{\ell\in Z_0,m'\in\{0,1\}}\Big\{\|\langle\mathcal{K}_{t,T}\phi,\mathcal{Y}_k^m(\bar{U})\rangle\|_{C^s},|\alpha_\ell^{m'}|\cdot\|\langle\mathcal{K}_{t,T}\phi,[\mathcal{Y}_k^m(U),\sigma_\ell^{m'}]\rangle\|_{C^s}\Big\}.$$

因而由定理 7.2.4, 存在集合 $\Omega_\varepsilon^{\#}$ 使得

$$P((\Omega_\varepsilon^{\#})^c)\leqslant C\varepsilon,$$

且在 $\Omega_\varepsilon^{\#}$ 上

$$\sup_{t\in[T/2,T]}|\langle\mathcal{K}_{t,T}\phi,\mathcal{Y}_k^m(U)\rangle|\leqslant\varepsilon\|\phi\|\Rightarrow\begin{cases}\mathcal{M}_0(\phi)\leqslant\varepsilon^{1/3},\\ \text{或者}\quad\mathcal{M}_1(\phi)\geqslant\varepsilon^{-1/9}.\end{cases}$$

令

$$\Omega_{\varepsilon,k}^{4,m}=\Omega_\varepsilon^{\#}\cap\cap_{\phi\in H,\|\phi\|=1}\{\mathcal{M}_1(\phi)<\varepsilon^{-1/9}\}.$$

则由引理 7.2.12、(7.2.3) 和事实

$$|\langle\mathcal{K}_{t,T}\phi,[\mathcal{Y}_k^m(U),\psi_\ell^{m'}]\rangle|=|\langle\mathcal{K}_{t,T}\phi,[\mathcal{Y}_k^m(U),\psi_{-\ell}^{m'}]\rangle|$$

我们完成引理的证明. □

引理 7.2.20 对任意 $n\in\mathbb{N}$, 存在常数 $C=C(n)$ 使得对任意 $k\in\mathcal{Z}_{2n+1}$, 由

$$\sup_{\ell\in\mathcal{Z}_0,m,m'\in\{0,1\}}\sup_{t\in[T/2,T]}|\langle\mathcal{K}_{t,T}\phi,[\mathcal{Y}_k^m(U),\sigma_\ell^{m'}]\rangle|\leqslant\varepsilon\|\phi\|$$

可得

$$\sup_{\ell\in\mathcal{Z}_0,m\in\{0,1\}}\sup_{t\in[T/2,T]}|\langle\mathcal{K}_{t,T}\phi,\sigma_{k+\ell}^m]\rangle|\leqslant C\varepsilon\|\phi\|$$

几乎处处成立.

证明 直接来自 (7.2.26) 和引理 7.2.11. □

引理 7.2.21 对任意 $n\in\mathbb{N}$, 以及 $q_{2n},C_{2n}>0$, 存在 $p_{2n+1},q_{2n+1},C_{2n+1}>0$, 集合 $\Omega_{\varepsilon,2n}$ 和常数 $C=C(n,\eta,T)$ 满足

$$P(\Omega_{\varepsilon,2n}^c)\leqslant C\exp\{\eta\|U_0\|^2\}\varepsilon^{p_{2n+1}},$$

且在集合 $\Omega_{\varepsilon,2n}$ 上成立

$$\sum_{k\in\mathcal{Z}_{2n},m\in\{0,1\}}\sup_{t\in[T/2,T]}|\langle\mathcal{K}_{t,T}\phi,\sigma_k^m\rangle|\leqslant C_{2n}\varepsilon^{q_{2n}}\|\phi\|$$

$$\Rightarrow\sum_{k\in\mathcal{Z}_{2n+1},m\in\{0,1\}}\sup_{t\in[T/2,T]}|\langle\mathcal{K}_{t,T}\phi,\psi_k^m\rangle|\leqslant C_{2n+1}\varepsilon^{q_{2n+1}}\|\phi\|.$$

证明 对任意 $k\in\mathcal{Z}_{2n}$, $m\in\{0,1\}$, 由引理 7.2.15, 存在 $p'_{2n},C'_{2n+1},q'_{2n+1}$ 和集合 $\Omega_{\varepsilon,k}^{1,m}$ 使得在集合 $\Omega_{\varepsilon,k}^{1,m}$ 上,

$$\sup_{t\in[T/2,T]}|\langle\mathcal{K}_{t,T}\phi,\sigma_k^m\rangle|\leqslant C_{2n}\varepsilon^{q_{2n}}\|\phi\|\Rightarrow\sup_{t\in[T/2,T]}|\langle\mathcal{K}_{t,T}\phi,Y_k^m(U)\rangle|\leqslant C'_{2n+1}\varepsilon^{q'_{2n+1}}\|\phi\|,$$

且

$$P((\Omega_{\varepsilon,k}^{1,m})^c) \leqslant C\exp\{\eta\|U_0\|^2\}\varepsilon^{p'_{2n}}.$$

再由引理 7.2.16, 存在 $p_{2n}, C_{2n+1}, q_{2n+1}$ 和集合 $\Omega_{\varepsilon,k}^{2,m}$ 使得在集合 $\Omega_{\varepsilon,k}^{2,m}$ 上,

$$\sup_{t\in[T/2,T]} |\langle \mathcal{K}_{t,T}\phi, Y_k^m(U)\rangle| \leqslant C'_{2n+1}\varepsilon^{q'_{2n+1}}\|\phi\|$$

$$\Rightarrow \sup_{\ell\in\mathcal{Z}_0, m'\in\{0,1\}} \sup_{t\in[T/2,T]} |\langle \mathcal{K}_{t,T}\phi, [Y_k^m(U), \sigma_\ell^{m'}]\rangle| \leqslant C_{2n+1}\varepsilon^{q_{2n+1}}\|\phi\|,$$

且

$$P((\Omega_{\varepsilon,k}^{2,m})^c) \leqslant C\exp\{\eta\|U_0\|^2\}\varepsilon^{p_{2n}}.$$

最后令

$$\Omega_{\varepsilon,2n} = \bigcap_{k\in\mathcal{Z}_{2n}, m\in\{0,1\}} \left[\Omega_{\varepsilon,k}^{1,m} \cap \Omega_{\varepsilon,k}^{2,m}\right],$$

则由 (7.2.20)、引理 7.2.17 和引理 7.2.9 我们完成证明. □

引理7.2.22 对任意 $n\in\mathbb{N}$, 以及 $q_{2n+1}, C_{2n+1}>0$, 存在 $p_{2n+2}, q_{2n+2}, C_{2n+2}>0$, 集合 $\Omega_{\varepsilon,2n+1}$ 和常数 $C=C(n,\eta,T)$ 满足

$$P(\Omega_{\varepsilon,2n+1}^c) \leqslant C\exp\{\eta\|U_0\|^2\}\varepsilon^{p_{2n+2}},$$

且在集合 $\Omega_{\varepsilon,2n+1}$ 上成立

$$\sum_{k\in\mathcal{Z}_{2n+1}, m\in\{0,1\}} \sup_{t\in[T/2,T]} |\langle \mathcal{K}_{t,T}\phi, \psi_k^m\rangle| \leqslant C_{2n+1}\varepsilon^{q_{2n+1}}\|\phi\|$$

$$\Rightarrow \sum_{k\in\mathcal{Z}_{2n+2}, m\in\{0,1\}} \sup_{t\in[T/2,T]} |\langle \mathcal{K}_{t,T}\phi, \sigma_k^m\rangle| \leqslant C_{2n+2}\varepsilon^{q_{2n+2}}\|\phi\|.$$

证明 由引理 7.2.18, 对任意 $m\in\{0,1\}$, $k\in\mathcal{Z}_{2n+1}$, $\varepsilon>0$, 存在集合 $\Omega_{\varepsilon,k}^{3,m}$ 和 $p'_{2n+2}, q'_{2n+2}, C'_{2n+2}>0$ 使得

$$P((\Omega_{\varepsilon,k}^{3,m})^c) \leqslant C'_{2n+2}\exp\{\eta\|U_0\|^2\}\varepsilon^{p'_{2n+2}},$$

且在集合 $\Omega_{\varepsilon,k}^{3,m}$ 上成立

$$\sup_{t\in[T/2,T]} |\langle \mathcal{K}_{t,T}\phi, \psi_k^m\rangle| \leqslant \varepsilon\|\phi\| \Rightarrow \sup_{t\in[T/2,T]} |\langle \mathcal{K}_{t,T}\phi, \mathcal{Y}_k^m(U)\rangle| \leqslant \varepsilon^{q'_{2n+2}}\|\phi\|.$$

再由引理 7.2.19, 对任意 $m\in\{0,1\}$, $k\in\mathcal{Z}_{2k+1}$, $\varepsilon>0$, 存在集合 $\Omega_{\varepsilon,k}^{4,m}$ 和 $p_{2n+2}, q_{2n+2}, C_{2n+2}>0$ 使得

$$P((\Omega_{\varepsilon,k}^{4,m})^c) \leqslant C_{2n+2}\exp\{\eta\|U_0\|^2\}\varepsilon^{p_{2n+2}},$$

且在集合 $\Omega_{\varepsilon,k}^{4,m}$ 上成立

$$\sup_{t\in[T/2,T]} |\langle \mathcal{K}_{t,T}\phi, \mathcal{Y}_k^m(U)\rangle| \leqslant \varepsilon^{q'_{2n+2}}\|\phi\|$$

$$\Rightarrow \sup_{\ell\in\mathcal{Z}_0, m'\in\{0,1\}} \sup_{t\in[T/2,T]} \left|\left\langle \mathcal{K}_{t,T}\phi, \left[\mathcal{Y}_k^m(U), \sigma_\ell^{m'}\right]\right\rangle\right| \leqslant \varepsilon^{q_{2n+2}}\|\phi\|.$$

令

$$\Omega_{\varepsilon,2n+1} = \bigcap_{k\in\mathcal{Z}_{2n+1}, m\in\{0,1\}} \left[\Omega_{\varepsilon,k}^{3,m} \cap \Omega_{\varepsilon,k}^{4,m}\right],$$

则由 (7.2.26)、引理 7.2.20 和引理 7.2.11 我们完成证明. □

命题 7.2.2 的证明 首先, 我们回顾引理 7.2.14 中 $\Omega_{\varepsilon,\mathcal{M}}$ 的定义, 令 $C_0 = 1, q_0 = \dfrac{1}{8}$. 则对任意 $n \in \mathbb{N}$, 在常数 C_{2n}, q_{2n} 固定后, 我们用引理 7.2.21 设置 $p_{2n+1}, q_{2n+1}, C_{2n+1}, \Omega_{\varepsilon,2n}$, 以及用引理 7.2.22 设置 $p_{2n+2}, q_{2n+2}, C_{2n+2}, \Omega_{\varepsilon,2n+1}$. 如此反复进行下去, 则对任意 $n \in \mathbb{N}, \Omega_{\varepsilon,n}, C_n, p_n, q_n$ 都可以确定.

令

$$\Omega_\varepsilon^* = \Omega_{\varepsilon,\mathcal{M}} \cap \cap_{n=0}^{2N+1} \Omega_{\varepsilon,n}.$$

将引理 7.2.21、引理 7.2.22 与引理 7.2.14 结合, 则对正常数 p_N^*, q_N^*, 存在 $C = C(\eta, T, N)$ 使得

$$P((\Omega_\varepsilon^*)^c) \leqslant C\varepsilon^{p_N^*} \exp(\eta\|U_0\|^2),$$

且在集合 Ω_ε^* 上

$$\langle \mathcal{M}_{0,T}\phi, \phi\rangle \leqslant \varepsilon\|\phi\|^2 \;\Rightarrow\; \langle Q_N(U)\phi, \phi\rangle \leqslant C\varepsilon^{q_N^*}\|\phi\|^2,$$

对任意 $\phi \in \mathcal{S}_{\alpha,N}$ 成立. 证毕. □

定理 7.2.3 的证明 令 $\Omega_\varepsilon = \Omega_\varepsilon^*$ (Ω_ε^* 来自命题 7.2.2). 令 ε^* 满足对任意 $\varepsilon \in (0, \varepsilon^*]$ 成立

$$\frac{\alpha}{2} < C_2\varepsilon^{q_2}. \tag{7.2.42}$$

这里 C_2, q_2 也是来自命题 7.2.2 的常数.

首先, 由命题 7.2.2, (7.2.27) 成立.

然后在集合 $\Omega_\varepsilon = \Omega_\varepsilon^*$ 上, 对满足

$$\langle \mathcal{M}_{0,T}\phi, \phi\rangle < \varepsilon\|\phi\|^2$$

的任意 $\phi \in \mathcal{S}_{\alpha,N}$，联立命题 7.2.1 和命题 7.2.2 得到

$$\frac{\alpha}{2}\|\phi\|^2 \leqslant \langle Q_N(U)\phi, \phi\rangle \leqslant C_2\varepsilon^{q_2}\|\phi\|^2,$$

这与 (7.2.42) 相矛盾. 因此, (7.2.28) 在集合 Ω_ε 上成立. □

一旦命理 7.2.2 得到建立, 我们就可以将对 Malliavin 矩阵 $\mathcal{M}$ 的谱估计转化为对 $\nabla P_t\Phi$ 的估计, 这是下一命题的主要内容, 由于只能证明 Malliavin 矩阵 $\mathcal{M}$ 在有限维锥上是非退化的, 所以只能得到一种渐近形式的梯度估计, 这也是 Hairer[20] 引入渐近强 Feller 性概念的最主要动机.

命题 7.2.3 *对某个 $\gamma_0 > 0$ 及所有 $\eta > 0$, $U_0 \in H$, (7.2.11) 所定义的马氏半群 $\{P_t\}_{t\geqslant 0}$ 满足*

$$\|\nabla P_t\Phi(U_0)\| \leqslant C\exp\left(\eta\|U_0\|^2\right)\left(\sqrt{P_t(|\Phi|^2)(U_0)} + e^{-\gamma_0 t}\sqrt{P_t(\|\nabla\Phi\|^2)(U_0)}\right)$$

对所有 $t \geqslant 0$ 和 $\Phi \in C_b(H)$ 成立, 其中 $C = C(\eta, \gamma_0)$ 与 t 和 Φ 无关.

证明 此命题的证明与命题 6.2.4 类似. 简而言之, 利用前面所建立的关于 $U_t, J_{s,t}\xi, \mathcal{K}_{s,t}\xi$, $J_{s,t}^{(2)}(\xi,\xi')$ 的矩估计, 我们可以用 Malliavin 分部积分公式将命题转化为一种控制问题, 再用引理 7.2.4、引理 7.2.5、引理 7.2.6反复迭代做衰变估计. 具体细节参见文献 [18], [20], [21], [23]. □

7.2.5 定理 7.2.2 的证明

证明方法是分别应用 [21, Theorem 3.4] 和 [26, Theorem 2.1] 以得到混合率和中心极限定理. 由于方法比较直接而且和 [18, Theorem 2.3] 的证明类似, 这里我们只概述其过程. 首先, 我们依然需要借助 1-Wasserstein 度量. 利用引理 7.2.1(1) 所固定的 $\eta^* > 0$, 对任意 $\eta \in (0, \eta^*]$, $r \in (0,1]$, 定义 H 上的度量 ρ_r 为

$$\rho_r(U_1, U_2) := \inf_{\gamma}\int_0^1 \exp\left(\eta r\|\gamma(t)\|^2\right)\|\gamma'(t)\|dt, \tag{7.2.43}$$

为简便起见, 记 $\rho := \rho_1$.

定理 7.2.2 的证明 (a) 由 Itô 公式,

$$\|U_t\|^2 - \|U_0\|^2 + 2\int_0^t \|\Lambda^\alpha u_s\|^2 ds + 2\int_0^t \|\Lambda^\beta b_s\|^2 ds = \mathcal{E}_0 t + 2\int_0^t \langle b, \mathcal{Q}_b dW_s\rangle,$$

所以

$$\frac{1}{T}\mathrm{E}\int_0^T \|U\|_{H^1}dt \leqslant \frac{\|U_0\|^2}{T} + \mathcal{E}_0.$$

由经典的 Krylov-Bogoliubov 平均化方法, 可证半群 P_t 至少存在一个不变测度.

(b) 强 Lyapunov 结构的存在性: 令 $\kappa=\dfrac{3}{2}$, $r_0=\dfrac{1}{4}$, 以及 $\eta'=\dfrac{1}{4}\cdot\dfrac{\eta}{2}\cdot e^{-1/2}$, 由引理 7.2.2成立

$$\|J_t\xi\|\leqslant C\exp\left(\eta'\int_0^t\|U(s)\|_{H^1}^2 d\right).$$

再由引理 7.2.1, 对 $r\in[r_0,2\kappa]$ 和 $t\in[0,1]$ 我们得到

$$\begin{aligned}\mathrm{E}\Big[\exp(r\eta\|U_t\|^2)(1+\|J_t\xi\|)\Big]&\leqslant C\mathrm{E}\Big[\exp\Big(r\eta\|U_t\|^2+\eta'\int_0^t\|U(s)\|_{H^1}^2\Big)\Big]\\&\leqslant C\mathrm{E}\Big[\exp\Big(r\eta\|U_t\|^2+\frac{\eta r}{2}e^{-t/2}\int_0^t\|U(s)\|_{H^1}^2\Big)\Big]\\&\leqslant C\exp\Big\{\eta r|U(0)|^2e^{-\frac{t}{2}}\Big\}.\end{aligned}$$

因此, [20, Assumption 4] 适用于 $\kappa=\dfrac{3}{2}$, $\eta\in\left(0,\dfrac{1}{3}\eta^*\right)$, $r_0=\dfrac{1}{4}$, 以及

$$\begin{aligned}&V_*(x)=\exp\left(\frac{3}{4}\eta x^2\right),\quad\forall x\in R,\\&V^*(x)=\exp\left(\frac{17}{16}\eta x^2\right),\quad\forall x\in R,\\&V(x)=\exp(\eta x^2),\quad\forall x\in R,\\&\xi(t)=e^{-\frac{t}{2}},\quad t\in[0,1],\end{aligned}$$

所以 Lyapunov 结构得到验证.

(c) 马氏半群的梯度不等式: 事实上, 由命题 7.2.3, 对某个 $\gamma_0>0$ 以及任意 $\eta>0$, $U_0\in H$, 马氏半群 $\{P_t\}_{t\geqslant0}$ 满足

$$\|\nabla P_t\Phi(U_0)\|\leqslant C\exp(\eta\|U_0\|^2)\left(\sqrt{P_t(|\Phi|^2)(U_0)}+\mathrm{e}^{-\gamma_0t}\sqrt{P_t(\|\nabla\Phi\|^2)(U_0)}\right)$$

对所有 $t\geqslant0$ 及 $\Phi\in C_b(H)$ 成立, 其中 $C=C(\eta,\gamma_0)$ 不依赖于 t 和 Φ.

(d) 我们需要建立一种相对弱的不可约性, 即对任意 $\varrho,\varepsilon>0$, $r\in(0,1)$, 存在 $T^*=T^*(\varrho,r,\varepsilon)$ 使得对任意 $T>T^*$,

$$\inf_{\|U_1\|,\|U_2\|\leqslant\varrho}\ \sup_{\Gamma\in\mathcal{C}(P_T^*\delta_{U_1},P_T^*\delta_{U_2})}\Gamma\{(U',U'')\in H\times H:\rho_r(U',U'')<\varepsilon\}>0,\quad(7.2.44)$$

其中 δ_U 是集中在 U 上的狄拉克测度, $\mathcal{C}(\mu_1,\mu_2)$ 是 $H\times H$ 上的耦合测度集合.

事实上, 这可以立即由一般意义上的不可约性得到, 即对任意 $\varrho,\varepsilon>0$, 存在 $T_*=T_*(\varrho,\varepsilon)\geqslant 0$ 使得

$$\inf_{\|U_0\|\leqslant\varrho} P\big(U_0,\{U\in H,\|U\|\leqslant\varepsilon\}\big)>0, \tag{7.2.45}$$

对任意 $T>T_*$ 成立. 而这点可以利用确定系统的耗散性和高斯分布的性质用经典的方法证明 (参见文献 [41]).

对任意 $\Phi\in\mathcal{O}_\eta$, 易得

$$\int\Phi(U)d\mu_*(U)\leqslant C\|\Phi\|_\eta,$$

对某个依赖于 η 的常数 C 成立. 应用 [21, Theorem 3.4], 由 (a)-(d) 得到 P_t 存在唯一的指数混合的不变测度 μ_*.

(e) 为了应用 [26, Theorem 2.1], 需要建立以下估计

$$\int[\rho(0,U)]^3P_t(U_0,dU)\quad\leqslant\quad C\exp\left(\eta^*\|U_0\|^2\right), \tag{7.2.46}$$

其中常数 C 独立于 U_0 和 $t\geqslant 0$. 这一不等式可以由引理 7.2.1 和 ρ 的定义立即获得. 至此我们完成了所有证明. □

7.3 退化噪声驱动三维随机 Ginzburg-Laudau 方程的混合性和不变测度的稳定性

因为参数和初值等因素的敏感性, 随机微分方程是很多领域数学建模的合适模型. 然而, 随机模型本身的稳定性依然需要审慎地考虑, 这实质上关系到建模是否合理. 在这一节, 我们将以三维随机 Ginzburg-Landau 方程 (SGLE) 为例来研究这一问题.

Ginzburg-Landau 方程是研究超导的重要模型. 特别地, 在描述非平衡流体动力系统的空间格局和不稳定性发生机制时, 它发挥着重要的作用. 已有很多研究随机 Ginzburg-Landau 方程的工作, 比如文献 [4], [15], [30], [39], [43], [50] 及其所附的参考文献. 我们所考虑的三维随机 Ginzburg-Landau 方程为带有零 Dirichlet 边界的如下模型 (参见文献 [43])

$$du(t)=[\gamma u(t)+(\lambda+i\alpha)\Delta u(t)-(\kappa+i\beta)|u(t)|^2u(t)]dt+QdW(t), \tag{7.3.1}$$

其中 u 是待求的定义在某个三维区域 D 的复值 ($\mathbb{C}$-值) 函数, 常数 $\alpha,\beta,\lambda,\gamma,\kappa$ 是实数且 $\gamma>0$. 随机力由时间白的高斯噪声 $Q\dot{W}$ 所模拟, 其中 $W(t)$ 是一个定义

在某个概率空间 $(\Omega, \mathcal{F}, P)$ 上的 Wiener 过程, Q 是一个非负定、对称、线性的连续算子.

令 $\Theta := (\gamma, \lambda, \alpha, \kappa, \beta, Q)$. 一个很自然的问题是, 如果 Θ 在某个合理的度量下扰动, 原随机模型是否稳定? 显然, 我们需要对这里的稳定性给出明确的定义以避免产生混淆. 为此, 我们集中考虑与原方程对应的转移半群 $\mathcal{P}_t$ 和与扰动方程对应的近似转移半群 $\mathcal{P}_t^\varepsilon$, 重点研究 $\mathcal{P}_t$ 和 $\mathcal{P}_t^\varepsilon$ 之间的关系, 特别地当 ε 趋于 0 时二者的不变测度之间的关系.

值得一提的是, 此类问题已引起了专家们的关注. Martin Hairer 等[21] 在研究退化噪声驱动的二维随机 Navier-Stokes 方程时研究了不变测度关于参数的正则 (regular) 依赖性. 随后, 他们[22] 将此类稳定性定义为不变测度的稳定性而且尝试建立一种适用于类度量函数的理论框架. 我们的研究受益于他们的启发, 不过, [22] 所建立的理论框架并不能直接应用于 Ginzburg-Landau 方程更不用说证明更强的正则依赖性. 事实上, 对于三维 Ginzburg-Landau 方程难以证明其存在唯一的、逐点的 L^2-解, 因此我们不得不在高一阶的空间三元组 $H^2 \subset H^1 \subset H^0$ 上利用 H^1-解生成转移半群, 而且三次的非线性项也给我们带来一些困难. 所有这些因素导致我们需要开发新的技巧以处理指数矩, 而且我们也只能证明一种与 [21], [22] 相比稍弱的稳定性.

下面, 我们用 μ^Θ 表示参数为 Θ 的 SGLE 方程的唯一的不变测度, 用 $\mu^{\widehat{\Theta}}$ 表示参数为 $\widehat{\Theta}$ 的 SGLE 方程的不变测度 (不一定唯一). 这样的 Θ ($\widehat{\Theta}$, 相应的) 是存在的而且 [43] 里给出了充分性条件, 我们用 Λ_0 (Λ, 相应的) 表示它们的参数集. 我们再对原方程的系数提出一些假设 (7.3.1).

(H1) 要求 $\gamma < \varrho_1 \lambda$, 其中 ϱ_1 是下面 Dirichlet 问题的最大特征值,

$$-\Delta u = \varrho u, \quad 在D内, \quad u = 0 \in \partial D.$$

(H2) $4\beta^2 \leqslant 5\kappa^2$.

我们的主要结果 (参见定理 7.3.4) 可以简要陈述如下

定理 7.3.1 假设 (H1) 和 (H2) 成立. 则当 $\widehat{\Theta} \to \Theta$ 时, $\mu^{\widehat{\Theta}} \to \mu^\Theta$.

这里收敛性的确切定义参见下文.

7.3.1 预备知识

在这一小节, 我们介绍一些概念和记号, 再引用 [43], [51] 建立的重要结果. 令 $L^2(D)$ 和 $H^1(D)$ 为赋予复内积

$$\langle u, v \rangle = \int_D u\bar{v}dx, \quad \langle u, v \rangle_1 = \langle u, v \rangle + \int_D \nabla u \nabla \bar{v} dx$$

的经典的希尔伯特空间. 用 $\|\cdot\|_{L^p}$ 表示 L^p 范数, 用 $\|\cdot\|_m$ 表示 H^m 索伯列夫空间范数, m 是非负整数. 因此 $\|\cdot\|_{L^2}$ 和 $\|\cdot\|_0$ 是同一种范数, 我们将用 $\|\cdot\|$ 简记

之. $C(\cdot)$ 代表某个正常数, 它的值在不同的位置可能会发生变化.

本节所考虑的驱动噪声是本质椭圆型退化噪声, 因此只驱动确定 Ginzburg-Landau 方程的有限个频率 (模) 而不必囊括所有的不稳定方向. 具体而言, 对于 $N \in \mathbb{N}$, 令 $\Omega = C_0(R^+, R^N)$ 是初值为 0 的连续函数空间, P 是 $\mathcal{F} := \mathcal{B}(C_0(R^+, R^N))$ 上标准的 Wiener 测度. 那么坐标过程

$$W_t(\omega) := \omega(t), \quad \omega \in \Omega \tag{7.3.2}$$

是 $(\Omega, \mathcal{F}, P)$ 上标准的 Wiener 过程. 记 $\{\boldsymbol{e}_i,\ i = 1, 2, \cdots\}$ 为 $-\Delta$ 的特征值 $0 < \varrho_1 \leqslant \varrho_2 \leqslant \cdots \leqslant \varrho_N \to \infty$ 所对应的一组正交特征函数. 线性映射 $Q : R^N \to H^1$ 表示为

$$Qe_i = q_i \boldsymbol{e}_i. \tag{7.3.3}$$

现在 $\boldsymbol{w}_t = QW_t$ 即为方程中的退化噪声, 其只驱动系统的前 N 个傅里叶模. 此时 $\boldsymbol{w}_t$ 在 H 和 H^1 中的二次变差分别为 $[\boldsymbol{w}]_0(t) = \sum_{i=1}^N \dfrac{q_i^2}{\varrho_i} t$ 和 $[\boldsymbol{w}]_1(t) = \sum_{i=1}^N q_i^2 t$.

文献 [43] 对此类三维 SGLE 方程获得了 H^1 初值的强解的存在唯一性.

定理 7.3.2 对任意 $u_0 \in H^1$, 存在唯一解 $u(t, x)$ 满足:

(1) $u \in L^2(\Omega, P; C([0, T]; H^1)) \bigcap L^2(\Omega, P; L^2([0, T]; H^2))$ 对任意 $T > 0$ 成立且

$$\mathrm{E} \sup_{0 \leqslant s \leqslant t} \|u(t)\|_1^2 + \int_0^t \mathrm{E}\|u(s)\|_2^2 ds \leqslant C(\|u_0\|_1^2), \quad \forall t \in [0, T]. \tag{7.3.4}$$

(2) 它以"温和"的形式满足 SGLE, 即对所有 $t \geqslant 0$,

$$u(t) = u_0 + \int_0^t [Au(s) + N(u(s))] ds + d\boldsymbol{w}_t, \quad \text{P-a.s.},$$

其中

$$Au = (\lambda + i\alpha)\Delta u, \quad N(u(s)) = \gamma u - (\kappa + i\beta)|u|^2 u.$$

对固定的 $u_0 \in H^1$, 我们记此唯一解为 $u(t, u_0)$. 则 $\{u(t, u_0); t \geqslant 0\}$ 构成了状态空间 H^1 上的强马氏半群. 我们用 $\mathcal{P}_t$ 表示 $u(t, u_0)$ 对应的转移半群, 而 $\mathcal{P}_t^*$ 表示作用在概率测度空间 $\mathcal{M}(H^1)$ 上的转移半群, 它是 $\mathcal{P}_t$ 的对偶算子. 测度 $\mu \in \mathcal{M}(H^1)$ 是不变的, 如果 $\mathcal{P}_t^* \mu = \mu$ 对任意 $t \geqslant 0$ 成立. [43] 还给出了不变测度存在唯一性的充分性条件.

7.3.2 三维随机 Ginzburg-Laudau 方程的混合性

对 $\nu > 0$, 引入空间 H^1 上的一族度量 d_ν 为

$$d_\nu(x, y) = \inf_\gamma \int_0^1 \exp(\nu \|\gamma(t)\|_1^2) \|\dot{\gamma}(t)\|_1 dt, \tag{7.3.5}$$

其中 inf 是对所有满足 $\gamma(0)=x$ 和 $\gamma(1)=y$ 的路径 γ 取的下确界. 由此立即有

$$d_\nu(x,y)\leqslant\|x-y\|_1\big(\exp(\nu\|x\|_1^2)+\exp(\nu\|y\|_1^2)\big). \tag{7.3.6}$$

对 $\mu_1,\mu_2\in\mathcal{M}(H^1)$, 记 $\mathcal{C}(\mu_1,\mu_2)$ 为测度 μ_1 和 μ_2 的耦合. 定义 1-Wasserstein 度量为

$$d_\nu(\mu_1,\mu_2)=\inf_{\pi\in\mathcal{C}(\mu_1,\mu_2)}\int_{H^1\times H^1}d_\nu(x,y)\pi(dx,dy). \tag{7.3.7}$$

这一小节旨在建立以下定理.

定理 7.3.3 [51] 假设 (H1), (H2) 成立. 令 $\{\mathcal{P}_t\}$ 是 (7.3.1) 对应的转移半群, 则对充分大的 N, 存在正常数 $\eta_0=\dfrac{\lambda}{4\|Q\|_1^2}$, γ 和 C 使得

$$d_\eta(\mathcal{P}_t^*\mu_1,\mathcal{P}_t^*\mu_2)\leqslant Ce^{-\gamma t}d_\eta(\mu_1,\mu_2),$$

对所有 $t>0,\eta\leqslant\eta_0$ 以及 H^1 上的任意测度 μ_1 和 μ_2 成立.

与 7.1 节类似, 我们证明混合性的策略是应用定理 7.1.4. 首先我们依然需要建立马氏半群的梯度估计

命题 7.3.1 [51] 令 $\{\mathcal{P}_t\}_{t\geqslant 0}$ 是与 SGLE (7.3.1) 关联的转移半群. 对任意 $t>0$, $\alpha>0,u\in H^1$, 以及 H^1 上任意 Fréchet 可导函数 φ, 存在常数 $C(\alpha),\delta>0$ 使得只要 N 充分大, 就有

$$\|\nabla\mathcal{P}_t(\varphi(u_0))\|\leqslant C(\alpha)\exp\{\alpha\|u_0\|_1^2\}\left(\sqrt{(\mathcal{P}_t|\varphi|^2)(u_0)}+\sqrt{(\mathcal{P}_t\|\nabla\varphi\|_1^2)(u_0)}e^{-\delta t}\right) \tag{7.3.8}$$

成立.

其实从第 6 章开始我们就努力为各类方程建立此类估计, 因为其在证明渐近强 Feller 性时可以发挥重要作用. 特别地, 在 6.2 节我们对一维环面上的 Ginzburg-Laudau 方程也建立了类似的估计, 不过由于当时考虑的是亚椭圆型退化噪声, 导致证明十分困难. 此命题的证明与 [43] 中的类似, 只不过我们的估计要做的稍强一点以更好的应用定理 7.1.4, 具体证明细节可以参考文献 [51].

为了突出解对噪声的依赖, 记 $u(t,\omega;u_0)=\Phi_t(\omega,u_0)$. 再对任意 $h\in H^1$, 记 $D\Phi_t(u_0)h=\mathcal{J}_th$. 则 $\mathcal{J}_th$ 是如下线性化方程的解

$$\partial_t\mathcal{J}_th=(\lambda+i\alpha)\Delta\mathcal{J}_th+\mathcal{N}(u(t,\omega,u_0),\mathcal{J}_th),\quad \mathcal{J}_0h=h, \tag{7.3.9}$$

其中 $\mathcal{N}$ 关于第二个分量是线性的:

$$\mathcal{N}(\eta,\xi)=\gamma\xi-(\kappa+i\beta)\big[|\eta|^2\xi+2Re(\overline{\eta},\xi)\eta\big]. \tag{7.3.10}$$

证明的第二部分是找到一种 Lyapunov 结构, 这也是相当棘手的地方, 因为与一般的 Harris 论述不同, 定理 7.1.4 要求建立一种“强”的 Lyapunov 结构, 事实上, 这需要对解过程的指数矩进行估计, 然而由于 SGLE (7.3.1) 的非线性项是三次的, 这种估计实质上比二维 Navier-Stokes 方程要困难. 下一引理虽然简短却为我们提供了关键的降阶手段.

引理 7.3.1 假设 (H2) 成立, 则有

$$\|\mathcal{J}_t h\|_1^2 \leqslant e^{Ct}\left(C\int_0^t e^{Cs}\|u(s)\|_1^8 ds + \|h\|_1^2\right).$$

证明 首先我们将方程稍作整理

$$\partial_t \mathcal{J}_t h = \gamma \mathcal{J}_t h + (\lambda + i\alpha)\Delta \mathcal{J}_t h + \sum_{i=1}^2 F_i, \tag{7.3.11}$$

其中

$$F_1 = -(\kappa + i\beta)|u(t)|^2 \mathcal{J}_t h,\ F_2 = -2\Re(\overline{u(t)}, \mathcal{J}_t h)u(t).$$

因为 $\partial_t\|\mathcal{J}_t h\|^2 = 2\langle \mathcal{J}_t h, \partial_t \mathcal{J}_t h\rangle$, 所以

$$\partial_t\|\mathcal{J}_t h\|^2 = 2\gamma\|\mathcal{J}_t h\|^2 - 2\lambda\|\nabla \mathcal{J}_t h\|^2 + 2\sum_{i=1}^2 \langle F_i, \mathcal{J}_t h\rangle.$$

两边取实部可得

$$\Re\left[\sum_{i=1}^2 \langle F_i, \mathcal{J}_t h\rangle\right] \leqslant -(\kappa+1)\|u\mathcal{J}_t h_1\|^2 - \Re\int_D u^2 \mathcal{J}_t {h_1}^2 dx \leqslant 0.$$

因此,

$$\partial_t\|\mathcal{J}_t h\|^2 \leqslant -\lambda\|\nabla \mathcal{J}_t h\|^2 + C\|\mathcal{J}_t h\|^2,$$

对此用 Gronwall 不等式得

$$\|\mathcal{J}_t h\|^2 \leqslant C\exp(Ct). \tag{7.3.12}$$

接下来我们估计 $\|\mathcal{J}_t h\|_1^2$. 由 Young 不等式得

$$\frac{d}{dt}\|\mathcal{J}_t h\|_1^2 \leqslant -\lambda\|\mathcal{J}_t h\|_2^2 + C\|\mathcal{J}_t h\|_1^2 + C\sum_{i=1}^2\|F_i\|^2. \tag{7.3.13}$$

由 Hölder 不等式和插值不等式, 我们有

$$\|F_1\|^2 + \|F_2\|^2 \leqslant C\|u(t)\|_{L^8}^4 \cdot \|\mathcal{J}_t h\|_{L^4}^2 \leqslant C\|u(t)\|_{L^8}^4 \cdot \|\mathcal{J}_t h\| \cdot \|\mathcal{J}_t h\|_1.$$

将此估计和 (7.3.12) 代入不等式 (7.3.13), 则有

$$\frac{d}{dt}\|\mathcal{J}_t h\|_1^2 \leqslant -\lambda\|\mathcal{J}_t h\|_2^2 + C\|\mathcal{J}_t h\|_1^2 + Ce^{Ct}\|u(t)\|_{L^8}^8.$$

再由 Gronwall 不等式, 我们得到

$$\|\mathcal{J}_t h\|_1^2 \leqslant e^{Ct}\left(\int_0^t Ce^{Cs}\|u(s)\|_{L^8}^8 ds + \|h\|_1^2\right).$$

最后由 Sobolev 嵌入不等式我们完成证明. □

下一引理实质上可以由引理 7.3.4 推得, 所以略去证明.

引理 7.3.2 假设 (H2) 成立且 $0 < \nu < \dfrac{\lambda}{4\|Q\|^2}$, 则有

$$\mathrm{E}\exp\big(\nu\|u(t)\|_1^2\big) \leqslant C\exp\Big(\big(\nu\|u(0)\|_1^2\big)e^{-\frac{1}{2}t}\Big). \tag{7.3.14}$$

附注 7.3.1 由不等式 $x^n \leqslant n!e^x$、引理 7.3.1 和引理 7.3.2, 可以得到对某个 $0 < \nu < \dfrac{\lambda}{4\|Q\|^2}$, 成立 $\mathrm{E}\|D\Phi_t(u_0)h\| \leqslant C\exp\big(\nu\|u_0\|_1^2 e^{-\frac{1}{2}t}\big)$, $\forall t \in [0,1]$. 特别地, 引理 7.3.2也表明我们可以选取 $V(u) = \exp(\nu\|u\|_1^2)$ 作为假设 (A1) 中的 V 函数, 同时相应的选定 $V_*(a) = V^*(a) = \exp(\nu a^2)$. 则不难验证假设 (A1) 成立. □

对两个初值 $u_{01}, u_{02} \in H^1$, 用 $u_i(t) = u(t, u_{0i})$ 分别表示初值为 $u_{0i}, i = 1, 2$ 的解.

由附注 7.3.1 和 (7.1.5), 对 $0 < \nu < \dfrac{\lambda}{4\|Q\|^2}$, 我们用函数 $V(u) = \exp(\nu\|u\|_1^2)$ 来构造度量 ρ_r. 下一引理与引理 7.1.3类似, 故略去证明.

引理 7.3.3 假设 (H1) 成立, 则对任意 $r_1, r_2, T_0 > 0$ 和 $r \in (0,1)$, 存在 $T > T_0$ 使得

$$\inf_{\|u_{01}\|_1 + \|u_{02}\|_1 \leqslant r_1} P\{\omega : \rho_r\big(u_1(T), u_2(T)\big) \leqslant r_2\} > 0.$$

现在让我们回顾 7.1.1 小节的内容并令 $\mathcal{H} = H^1$. 借助引理 7.3.1 和引理 7.3.2, 由附注 7.3.1 可得对 $0 < \nu < \dfrac{\lambda}{4\|Q\|^2}$, 只需令 $V(u) = \exp(\nu\|u\|_1^2)$, 则方程 (7.3.1) 的解满足假设 (A1). 进一步的, 命题 7.3.1 和引理 7.3.3 分别保证了假设 (A2) 和假设 (A3) 的成立. 所以只要令 N 充分大, 我们即可由定理 7.1.4 得到定理 7.3.3.

7.3.3 随机系统的稳定性

我们首先建立一个技术引理, 它主要用来估计 $\|u\|_1$ 和 $\|u\|_2$ 的矩, 特别地也保证了度量 (7.3.7) 的存在性.

引理 7.3.4 假设 (H2) 成立且 $0<\nu<\dfrac{\lambda}{4\|Q\|_1^2}$, 则

$$\mathrm{E}\exp\left(\nu\|u(t)\|_1^2+\frac{\nu\lambda e^{-\frac{\lambda t}{4}}}{4}\int_0^t\|u(s)\|_2^2ds\right)\leqslant C\exp\left(\nu\|u_0\|_1^2e^{-\frac{\lambda}{4}t}\right). \tag{7.3.15}$$

证明 注意到 $QW(t)$ 在 H^1 中的二次变差由 $\mathcal{E}\triangleq\sum_{i=1}^N q_i^2$ 给出, 我们应用 Itô 公式得到

$$\|u(t)\|_1^2=\|u_0\|_1^2+\sum_{i=1}^3 I_i(t), \tag{7.3.16}$$

其中

$$\begin{aligned}
I_1(t)=&2\int_0^t\langle u,(\lambda+i\alpha)\Delta u\rangle_1ds+2\gamma\int_0^t\langle u,u\rangle_1ds-2\int_0^t\langle u,(\kappa+i\beta)|u|^2u\rangle_1ds,\\
I_2(t)=&2\sum_{k=1}^N q_k\int_0^t\langle u,\boldsymbol{e}_k\rangle_1d\beta_k(s),\qquad I_3(t)=\mathcal{E}t.
\end{aligned}$$

由插值不等式和 Hölder 不等式得

$$2\gamma\|u\|_1^2\leqslant\lambda\|\nabla u\|_1^2+C(\gamma,\lambda)\|u\|^2\leqslant\lambda\|\nabla u\|_1^2+\frac{\kappa}{2}\|u\|_{L^4}^4+\frac{C(\gamma,\lambda)^2|D|}{2\kappa}.$$

由假设 (H2) 有 $5\kappa^2\geqslant4\beta^2$, 所以

$$\begin{aligned}
&\Re\langle u,(\kappa+i\beta)|u|^2u\rangle_1\\
=&\Re\langle u,(\kappa+i\beta)|u|^2u\rangle+\Re\langle\nabla u,(\kappa+i\beta)\nabla(|u|^2u)\rangle\\
\geqslant&3\kappa\||u||\nabla u|\|^2-2\left|\Re\left[(\kappa-i\beta)\int\nabla u\cdot\overline{u}(\Im(\nabla u\cdot\overline{u})i)dx\right]\right|+\kappa\|u\|_{L^4}^4\geqslant\kappa\|u\|_{L^4}^4.
\end{aligned}$$

两边取实部再用 Young 不等式, 则有

$$\|u(t)\|_1^2\leqslant\|u_0\|_1^2+C(\gamma,\lambda,\kappa,\mathcal{E})t-\lambda\int_0^t\|\nabla u\|_1^2ds+2\sum_{k=1}^N q_k\int_0^t\langle u,\boldsymbol{e}_k\rangle_1d\beta_k(s). \tag{7.3.17}$$

接下来, 我们仿照 [21, 引理 5.1] 的证明方法. 对 $0<\nu<\lambda/(4\|Q\|_1^2)$, 记 $G(t,\omega)=2\nu\sum_{k=1}^N q_k\langle u,\boldsymbol{e}_k\rangle_1e_k$, 则 (7.3.17) 转化为

$$\nu d\|u(t,\omega)\|_1^2\leqslant\nu(C-\lambda\|u(t,\omega)\|_2^2)dt+G(t,\omega)dW(t,\omega).$$

固定 $t>0$ 且限制 $s\in[0,t]$, 令

$$Y(s)=\nu e^{\frac{\lambda}{4}(s-t)}\|u(s)\|_1^2+\frac{\nu\lambda}{4}\int_0^s e^{\frac{\lambda}{4}(r-t)}\|u(r)\|_2^2dr,$$

则有 $Y(0)=\nu e^{-\frac{\lambda}{4}t}\|u_0\|_1^2$ 以及 $Y(t)\geqslant\nu\|u(t)\|_1^2+\dfrac{\nu\lambda e^{-\lambda t/4}}{4}\displaystyle\int_0^t\|u(s)\|_2^2ds$. Itô 公式给出

$$dY(s)\leqslant\nu\exp\left(\frac{\lambda}{4}(s-t)\right)\left(C-\frac{\lambda}{2}\|u(s)\|_2^2\right)ds+\exp\left(\frac{\lambda}{4}(s-t)\right)G(s)dW(s).$$

因为 $s\in[0,t]$, 所以

$$Y(s)\leqslant Y(0)+\frac{4\nu C}{\lambda}-\frac{\nu\lambda}{2}\int_0^s\|u(r)\|_2^2dr+\int_0^s\exp\left(\frac{\lambda}{4}(r-t)\right)G(r)dW(r).$$

注意到 $G(t)^2\leqslant 4\nu^2\|Q\|_1^2\|u(t)\|_2^2$, 我们有

$$\begin{aligned}&P\left(\nu\|u(t\|_1^2+\frac{\nu\lambda e^{-\frac{\lambda t}{4}}}{4}\int_0^t\|u(s)\|_1^2ds-\nu\|u_0\|_1^2e^{-\frac{\lambda}{4}t}-\frac{4\nu C}{\lambda}>K\right)\\
\leqslant&P\left(Y(t)-Y(0)-\frac{4\nu C}{\lambda}>K\right)\\
\leqslant&P\left(\int_0^t\exp\left(\frac{\lambda}{4}(r-t)\right)G(r)dW(r)-\frac{\nu\lambda}{2}\int_0^t\|u(r)\|_2^2dr>K\right)\\
\leqslant&P\left(\int_0^t\exp\left(\frac{\lambda}{4}(r-t)\right)G(r)dW(r)-\frac{\lambda}{8\nu\|Q\|_1^2}\langle M\rangle(t)>K\right)\\
\leqslant&\exp\left(-\frac{\lambda}{4\nu\|Q\|_1^2}K\right),\end{aligned}$$

其中 $M(s)=\displaystyle\int_0^s\exp\left(\frac{\lambda}{4}(r-t)\right)G(r)dW(r)$. 因此, 我们推得

$$\begin{aligned}&\mathrm{E}\exp\left(\nu\|u(t)\|_1^2+\frac{\nu\lambda e^{-\frac{\lambda t}{4}}}{4}\int_0^t\|u(s)\|_2^2ds\right)\\
\leqslant&\frac{4\nu\|Q\|_1^2\exp\left(\dfrac{4\nu C}{\lambda}\right)}{\lambda-4\nu\|Q\|_1^2}\exp\left(\nu\|u_0\|_1^2e^{-\frac{\lambda}{4}t}\right),\end{aligned}\tag{7.3.18}$$

注意到 $0<\nu<\lambda/(4\|Q\|_1^2)$ 即完成证明. □

附注 7.3.2 引理的证明可以稍作修改以得到

$$\mathrm{E}\exp\Big(\nu\sup_{0\leqslant s\leqslant t}\|u(s)\|_1^2\Big)\leqslant C\exp\Big(\nu\|u_0\|_1^2e^{-\frac{\lambda}{4}t}\Big). \tag{7.3.19}$$

后面我们会用这个估计来应用 Lebesgue 控制收敛定理. □

为了研究随机系统的扰动, 我们还需引入一些记号. 注意 $\Theta:=(\gamma,\lambda,\alpha,\kappa,\beta,Q)$, 我们引入参数空间 Λ, 它包含所有使得三维 SGLN 方程存在不变测度的 Θ(不变测度可以不唯一). Λ 上赋予自然的度量

$$d(\Theta,\widehat{\Theta})^2=|\gamma-\hat{\gamma}|^2+|\lambda-\hat{\lambda}|^2+|\alpha-\hat{\alpha}|^2+|\kappa-\hat{\kappa}|^2+|\beta-\hat{\beta}|^2+\|Q-\widehat{Q}\|_1^2.$$

再引入 Λ 的子集 Λ_0, 它包含所有使得三维 SGLN 方程存在唯一不变测度的 Θ. Λ 和 Λ_0 的非空性由 [43] 保证. 对于每个 $\Theta\in\Lambda_0$, 我们用 μ^Θ 表示参数为 Θ 的 SGLN 方程的唯一的不变测度, 以及 $\mathcal{P}_t^\Theta$ 为其对应的转移半群. 对于 $\widehat{\Theta}\in\Lambda$, 用 $\mu^{\widehat{\Theta}}$ 表示半群 $\mathcal{P}_t^{\widehat{\Theta}}$ 的任一不变测度. 为了简便记号书写, 也用 $\mathcal{P}_t^{\Theta*}$ 表示 $(\mathcal{P}_t^\Theta)^*$.

设 $u_0\in H^1$, 对任意两组参数 Θ 和 $\hat{\Theta}$, 用 u_t ($\hat{u}_t$, 相应的) 表示参数为 Θ ($\hat{\Theta}$, 相应的) 且初值为 u_0 的方程 (7.3.1) 的唯一解. 对于 $R>0$, 定义停时

$$\tau_R:=\inf\{t\geqslant 0:\|u(t,u_0)\|_1\vee\|\hat{u}(t,u_0)\|_1\geqslant R\}.$$

下一命题用来估计对应不同参数的转移分布的接近程度.

命题 7.3.2 *存在某个 $\nu_0>0$ 使得, 对每个正数 $\nu\leqslant\nu_0$ 存在 $C>0$ 和 $C(R)>0$ 使得*

$$\mathrm{E}\|u_{t\wedge\tau_R}-\hat{u}_{t\wedge\tau_R}\|_1^2\leqslant Ce^{C(R)t+\nu\|u_0\|_1^2}d(\Theta,\widehat{\Theta})^2.$$

证明 令

$$\tilde{u}_t=u_t-\hat{u}_t,\quad \tilde{\gamma}=\gamma-\hat{\gamma},\quad \tilde{\lambda}=\lambda-\hat{\lambda},\quad \tilde{\alpha}=\alpha-\hat{\alpha},$$
$$\tilde{\kappa}=\kappa-\hat{\kappa},\quad \tilde{\beta}=\beta-\hat{\beta},\quad \widetilde{Q}=Q-\widehat{Q}.$$

易得

$$d\tilde{u}=[\gamma\tilde{u}+\tilde{\gamma}\hat{u}+(\lambda+i\alpha)\Delta\tilde{u}+(\tilde{\lambda}+i\tilde{\alpha})\Delta\hat{u}-(\kappa+i\beta)|u|^2u+(\hat{\kappa}+i\hat{\beta})|\hat{u}|^2\hat{u}]dt+\widetilde{Q}dW.$$

为了做 Ornstein-Uhlenbeck 变换, 引入随机卷积

$$\Psi_t=\int_0^t e^{(\lambda+i\alpha)\Delta(t-s)}\widetilde{Q}dW(s),$$

和 $\tilde{u}_t^\Psi=\tilde{u}_t-\Psi_t$. 立即有

$$d\tilde{u}^\Psi=[\gamma\tilde{u}^\Psi+\gamma\Psi+\tilde{\gamma}\hat{u}+(\lambda+i\alpha)\Delta\tilde{u}^\Psi+(\tilde{\lambda}+i\tilde{\alpha})\Delta\hat{u}-(\kappa+i\beta)|u|^2u+(\hat{\kappa}+i\hat{\beta})|\hat{u}|^2\hat{u}]dt.$$

用 $(I-\Delta)\tilde{u}^{\Psi}$ 乘以方程两边, 先用分部积分公式再取实部, 则有

$$
\begin{aligned}
&\frac{1}{2}\partial_t\|\tilde{u}^{\Psi}\|_1^2\\
=&\gamma\|\tilde{u}^{\Psi}\|_1^2+\gamma\langle\Psi,(I-\Delta)\tilde{u}^{\Psi}\rangle+\tilde{\gamma}\langle\hat{u},(I-\Delta)\tilde{u}^{\Psi}\rangle+\lambda\langle\Delta\tilde{u}^{\Psi},\tilde{u}^{\Psi}\rangle_1\\
&+\Re(\tilde{\lambda}+i\tilde{\alpha})\langle\Delta\hat{u},(I-\Delta)\tilde{u}^{\Psi}\rangle\\
&-\Re(\kappa+i\beta)\langle|u|^2u-|\hat{u}|^2\hat{u},(I-\Delta)\tilde{u}^{\Psi}\rangle-\Re(\tilde{\kappa}+i\tilde{\beta})\langle|\hat{u}|^2\hat{u},(I-\Delta)\tilde{u}^{\Psi}\rangle.
\end{aligned}
$$

首先, 线性部分可以简单地处理如下

$$
\gamma\langle\Psi,(I-\Delta)\tilde{u}^{\Psi}\rangle\leqslant\frac{\lambda}{8}\|\tilde{u}^{\Psi}\|_2^2+\frac{2\gamma^2}{\lambda}\|\Psi\|^2,\quad\tilde{\gamma}\langle\hat{u},(I-\Delta)\tilde{u}^{\Psi}\rangle\leqslant\frac{\lambda}{8}\|\tilde{u}^{\Psi}\|_2^2+\frac{2\tilde{\gamma}^2}{\lambda}\|\hat{u}\|^2,
$$

$$
\lambda\langle\Delta\tilde{u}^{\Psi},\tilde{u}^{\Psi}\rangle_1=-\lambda\langle(I-\Delta)\tilde{u}^{\Psi},(I-\Delta)\tilde{u}^{\Psi}\rangle+\lambda\langle\tilde{u}^{\Psi},(I-\Delta)\tilde{u}^{\Psi}\rangle=-\lambda\|\tilde{u}^{\Psi}\|_2^2+\lambda\|\tilde{u}^{\Psi}\|_1^2,
$$

以及

$$
\begin{aligned}
&\Re(\tilde{\lambda}+i\tilde{\alpha})\langle\Delta\hat{u},(I-\Delta)\tilde{u}^{\Psi}\rangle\\
=&-\Re(\tilde{\lambda}+i\tilde{\alpha})\langle(I-\Delta)\hat{u},(I-\Delta)\tilde{u}^{\Psi}\rangle+\Re(\tilde{\lambda}+i\tilde{\alpha})\langle\hat{u},(I-\Delta)\tilde{u}^{\Psi}\rangle\\
\leqslant&2\sqrt{\tilde{\lambda}^2+\tilde{\alpha}^2}\|\hat{u}\|_2\|\tilde{u}^{\Psi}\|_2\leqslant\frac{\lambda}{4}\|\tilde{u}^{\Psi}\|_2^2+\frac{4(\tilde{\lambda}^2+\tilde{\alpha}^2)}{\lambda}\|\hat{u}\|_2^2.
\end{aligned}
$$

下面我们来处理非线性项, 其中之一为

$$
\begin{aligned}
|\Re(\tilde{\kappa}+i\tilde{\beta})\langle|\hat{u}|^2\hat{u},(I-\Delta)\tilde{u}^{\Psi}\rangle|&\leqslant\frac{\lambda}{4}\|\tilde{u}^{\Psi}\|_2^2+\frac{\tilde{\kappa}^2+\tilde{\beta}^2}{\lambda}\|\hat{u}\|_{L^6}^6\\
&\leqslant\frac{\lambda}{4}\|\tilde{u}^{\Psi}\|_2^2+\frac{\tilde{\kappa}^2+\tilde{\beta}^2}{\lambda}C\|\hat{u}\|_1^6.
\end{aligned}
$$

另一项处理如下

$$
\begin{aligned}
&|\Re(\kappa+i\beta)\langle|u|^2u-|\hat{u}|^2\hat{u},(I-\Delta)\tilde{u}^{\Psi}\rangle|\\
\leqslant&\sqrt{\kappa^2+\beta^2}\||\tilde{u}^{\Psi}+\Psi|(|u|+|\hat{u}|)^2\|\|\tilde{u}^{\Psi}\|_2\\
\leqslant&\frac{\lambda}{8}\|\tilde{u}^{\Psi}\|_2^2+\frac{2(\kappa^2+\beta^2)}{\lambda}\|\tilde{u}^{\Psi}+\Psi\|_{L^4}^2\||u|+|\hat{u}|\|_{L^8}^4\\
\leqslant&\frac{\lambda}{8}\|\tilde{u}^{\Psi}\|_2^2+\frac{\kappa^2+\beta^2}{\lambda}C_1\|\tilde{u}^{\Psi}\|_2\|\tilde{u}^{\Psi}\|(\|u\|_1^4+\|\hat{u}\|_1^4)+\frac{\kappa^2+\beta^2}{\lambda}C_2\|\Psi\|_1^2(\|u\|_1^4+\|\hat{u}\|_1^4)\\
\leqslant&\frac{\lambda}{4}\|\tilde{u}^{\Psi}\|_2^2+C(\kappa,\beta,\lambda)\big[\|\tilde{u}^{\Psi}\|^2(\|u\|_1^8+\|\hat{u}\|_1^8)+\|\Psi\|_1^2(\|u\|_1^4+\|\hat{u}\|_1^4)\big].
\end{aligned}
$$

将这些估计式联立得到

$$\begin{aligned}
&\frac{1}{2}\partial_t\|\tilde{u}^\Psi\|_1^2\\
\leqslant&\gamma\|\tilde{u}^\Psi\|_1^2+\frac{2\gamma^2}{\lambda}\|\Psi\|^2+\frac{2\tilde{\gamma}^2}{\lambda}\|\hat{u}\|^2+\lambda\|\tilde{u}^\Psi\|_1^2+\frac{4(\tilde{\lambda}^2+\tilde{\alpha}^2)}{\lambda}\|\hat{u}\|_2^2\\
&+\frac{\tilde{\kappa}^2+\tilde{\beta}^2}{\lambda}C\|\hat{u}\|_1^6+C(\kappa,\beta,\lambda)\left[\|\tilde{u}^\Psi\|^2(\|u\|_1^8+\|\hat{u}\|_1^8)+\|\Psi\|_1^2(\|u\|_1^4+\|\hat{u}\|_1^4)\right]\\
\leqslant&C(\gamma,\kappa,\beta,\lambda)(1+\|u\|_1^8+\|\hat{u}\|_1^8)\|\tilde{u}^\Psi\|_1^2\\
&+C(\kappa,\beta,\lambda,\gamma)\|\Psi\|_1^2(1+\|u\|_1^4+\|\hat{u}\|_1^4)+C(\lambda)(\tilde{\gamma}^2+\tilde{\lambda}^2+\tilde{\alpha}^2+\tilde{\kappa}^2+\tilde{\beta}^2)\|\hat{u}\|_2^6.
\end{aligned}$$

注意到 $C(\cdot)$ 内的参数 $(\gamma,\kappa,\beta,\lambda)$ 现在已经固定了, 我们将略去它们以简便书写.

由 Gronwall 不等式

$$\begin{aligned}
\|\tilde{u}^\Psi_{t\wedge\tau_R}\|_1^2\leqslant Ce^{C(R)t}\int_0^{t\wedge\tau_R}&\Big[\|\Psi_s\|_1^2(1+\|u_s\|_1^4+\|\hat{u}_s\|_1^4)\\
&+(\tilde{\gamma}^2+\tilde{\lambda}^2+\tilde{\alpha}^2+\tilde{\kappa}^2+\tilde{\beta}^2)\|\hat{u}_s\|_2^6\Big]ds,
\end{aligned}$$

两边取期望, 应用 Cauthy-Schwartz 不等式以及注意到 $\mathrm{E}\|\Psi_s\|_1^4\leqslant C(\mathrm{E}\|\Psi_s\|_1^2)^2$, 我们有

$$\begin{aligned}
\mathrm{E}\|\tilde{u}^\Psi_{t\wedge\tau_R}\|_1^2\leqslant Ce^{C(R)t}\int_0^{t\wedge\tau_R}&\Big[\mathrm{E}\|\Psi_s\|_1^2(1+\mathrm{E}\|u_s\|_1^8\\
&+\mathrm{E}\|\hat{u}_s\|_1^8)^{\frac{1}{2}}+(\tilde{\gamma}^2+\tilde{\lambda}^2+\tilde{\alpha}^2+\tilde{\kappa}^2+\tilde{\beta}^2)\mathrm{E}\|\hat{u}_s\|_2^6\Big]ds.
\end{aligned}$$

用不等式 $x^n\leqslant n!a^{-n}e^{ax}$、引理 7.3.4 以及注意到 $\mathrm{E}\|\Psi_t\|_1^2\leqslant\|\widetilde{Q}\|^2/(2\sqrt{\lambda^2+\alpha^2})$, 得

$$\mathrm{E}\|\tilde{u}^\Psi_{t\wedge\tau_R}\|_1^2\leqslant Ce^{C(R)t+\nu\|u_0\|_1^2}\left(\|\widetilde{Q}\|^2+\tilde{\gamma}^2+\tilde{\lambda}^2+\tilde{\alpha}^2+\tilde{\kappa}^2+\tilde{\beta}^2\right).$$

命题证毕. □

最后, 我们给出定理 7.3.1 的完整版本的证明.

定理 7.3.4 对于任意的 $\Theta\in\Lambda_0$ 成立

$$\lim_{\widehat{\Theta}\to\Theta}d_\nu(\mu^\Theta,\mu^{\widehat{\Theta}})=0,$$

其中 $\nu\leqslant\dfrac{\lambda}{12\|Q\|_1^2}$, 且极限是对 $\widehat{\Theta}\in\Lambda$ 取的, $\widehat{\Theta}\to\Theta$ 由度量 $d(\Theta,\widehat{\Theta})$ 决定.

证明 由 [51, 定理 1.1], 存在某个 $t_0>0$ 使得

$$d_\nu(P_t^{\Theta*}\mu^\Theta,P_t^{\Theta*}\mu^{\widehat{\Theta}})\leqslant\frac{1}{2}d_\nu(\mu^\Theta,\mu^{\widehat{\Theta}}),$$

对所有 $t \geqslant t_0$ 成立. 下面我们就取 $t=t_0$, 则

$$
\begin{aligned}
d_\nu(\mu^\Theta,\mu^{\widehat{\Theta}}) &= d_\nu(P_t^{\Theta*}\mu^\Theta, P_t^{\widehat{\Theta}*}\mu^{\widehat{\Theta}}) \leqslant d_\nu(P_t^{\Theta*}\mu^\Theta, P_t^{\Theta*}\mu^{\widehat{\Theta}}) + d_\nu(P_t^{\Theta*}\mu^{\widehat{\Theta}}, P_t^{\widehat{\Theta}*}\mu^{\widehat{\Theta}}) \\
&\leqslant \frac{1}{2} d_\nu(\mu^\Theta,\mu^{\widehat{\Theta}}) + d_\nu(P_t^{\Theta*}\mu^{\widehat{\Theta}}, P_t^{\widehat{\Theta}*}\mu^{\widehat{\Theta}}).
\end{aligned} \tag{7.3.20}
$$

接下来我们估计 $d_\nu(P_t^{\Theta*}\mu^{\widehat{\Theta}}, P_t^{\widehat{\Theta}*}\mu^{\widehat{\Theta}})$, 其本质上是 $d_\nu(P_t^{\Theta*}\delta_{u_0}, P_t^{\widehat{\Theta}*}\delta_{u_0})$ 的积分. 由上界估计 (7.3.6) 得

$$
\begin{aligned}
& d_\nu(P_t^{\Theta*}\delta_{u_0}, P_t^{\widehat{\Theta}*}\delta_{u_0}) \\
\leqslant & \mathrm{E} d_\nu\big(u_t,\hat{u}_t\big) \leqslant \Big(\mathrm{E}\|u_t-\hat{u}_t\|_1^2 2\mathrm{E}(e^{2\nu\|u_t\|_1^2}+e^{2\nu\|\hat{u}_t\|_1^2})\Big)^{\frac{1}{2}} \\
\leqslant & \Big(\mathrm{E}\|u_t-u_{t\wedge\tau_R}\|_1^2 2\mathrm{E}(e^{2\nu\|u_t\|_1^2}+e^{2\nu\|\hat{u}_t\|_1^2})\Big)^{\frac{1}{2}} \\
& + \Big(\mathrm{E}\|\hat{u}_t-\hat{u}_{t\wedge\tau_R}\|_1^2 2\mathrm{E}(e^{2\nu\|u_t\|_1^2}+e^{2\nu\|\hat{u}_t\|_1^2})\Big)^{\frac{1}{2}} \\
& + \Big(\mathrm{E}\|u_{t\wedge\tau_R}-\hat{u}_{t\wedge\tau_R}\|_1^2 2\mathrm{E}(e^{2\nu\|u_t\|_1^2}+e^{2\nu\|\hat{u}_t\|_1^2})\Big)^{\frac{1}{2}}.
\end{aligned}
$$

联合引理 7.3.4 和命题 7.3.2, 得

$$
d_\nu(P_t^{\Theta*}\delta_{u_0}, P_t^{\widehat{\Theta}*}\delta_{u_0}) \leqslant C e^{3\nu\|u_0\|_1^2}\big(e^{C(R)t}d(\Theta,\widehat{\Theta})+\mathrm{E}\|u_t-u_{t\wedge\tau_R}\|_1+\mathrm{E}\|\hat{u}_t-\hat{u}_{t\wedge\tau_R}\|_1\big).
$$

因此

$$
\begin{aligned}
& d_\nu(P_t^{\Theta*}\mu^{\widehat{\Theta}}, P_t^{\widehat{\Theta}*}\mu^{\widehat{\Theta}}) \\
\leqslant & C\int_{H^1} e^{3\nu\|u\|_1^2}\mu^{\widehat{\Theta}}(du)\big(e^{C(R)t}d(\Theta,\widehat{\Theta})+\mathrm{E}\|u_t-u_{t\wedge\tau_R}\|_1+\mathrm{E}\|\hat{u}_t-\hat{u}_{t\wedge\tau_R}\|_1\big).
\end{aligned}
$$

因为我们考虑让 $\widehat{\Theta}$ 逼近 Θ, 所以不妨认为 $d(\Theta,\widehat{\Theta})$ 是有限的, 再应用引理 7.3.4 得到

$$
\int_{H^1} e^{3\nu\|u\|_1^2}\mu^{\widehat{\Theta}}(du) = \int_{H^1} e^{3\nu\|u\|_1^2}P_t^{\widehat{\Theta}*}\mu^{\widehat{\Theta}}(du) = \mathrm{E}e^{3\nu\|\hat{u}_t\|_1^2} \leqslant C,
$$

一致成立. 将此式和 (7.3.20) 结合, 我们最终得到

$$
\begin{aligned}
d_\nu(\mu^\Theta,\mu^{\widehat{\Theta}}) &\leqslant C\big(e^{C(R)t}d(\Theta,\widehat{\Theta})+\mathrm{E}\|u_t-u_{t\wedge\tau_R}\|_1+\mathrm{E}\|\hat{u}_t-\hat{u}_{t\wedge\tau_R}\|_1\big) \\
&\leqslant \mathrm{I}+\mathrm{II}+\mathrm{III}.
\end{aligned}
$$

由附注 7.3.2, 我们可以用控制收敛定理先令 R 充分大, 这样 II 和 III 可以做到任意小, 再令 $d(\Theta,\widehat{\Theta})\to 0$ 即完成证明. □

参考文献

[1] Albeverio S, Debussche A, Xu L. Exponential mixing of the 3D stochastic Navier-Stokes equations driven by mildly degenerate noises. *Appl. Math. Optim.*, 2012, 66, no. 2: 273-308.

[2] Bao J, Wang F, Yuan C. Asymptotic log-harnack inequality and applications for stochastic systems of infinite memory. *Stochastic Process. Appl.*, 2019, 129(11): 4576-4596.

[3] Barbu V, Da Prato G. Existence and ergodicity for the two-dimensional stochastic Magnetohydrodynamics equations. *Appl.Math.Optim*, 2007, 56: 145-168.

[4] Barton-Smith M. Invariant measure for the stochastic Ginzburg-Landau equation. *NoDEA Nonlinear Differential Equations Appl.*, 2004, 11: 29-52.

[5] Cababbes H. Theoretical Magnetofluiddynamics. New york: Academic Presee, 1970.

[6] Cao C, Dipendra R, Wu J. The 2D MHD equations with horizontal dissipation and horizontal magnetic diffusion. *Journal of Differential Equations*, 2013, 253: 2661-2681.

[7] Cao C, Wu J. Global regularity for the 2D MHD equations with mixed partial dissipation and magnetic diffusion. *Adv.Math.*, 2011, 226: 1803-1822.

[8] Constantin P, Glatt-Holtz N, Vicol V. Unique ergodicity for fractionally dissipated stochastically forced 2D Euler equations. *Commun. Math. Phys.*, 2014, 330: 819-857.

[9] Coullet P, Elphick C, Gil L, et al. Topological defects of wave patterns. *Phys. Rev. Lett.*, 1987, 59: 884-887.

[10] Coullet P, Lega L. Defect-mediated turbulence in wave patterns. *Europhys. Lett.*, 1988, 7(6): 511-516.

[11] Cowling T, Phil D. Theoretical magnetofluiddynamics. *The institute of Physics*, 1976.

[12] Debussche A, Odasso C. Markov solutions for the 3D stochastic Navier-Stokes equations with state dependent noise. *Journal of Evolution Equations*, 2006, 6(2): 305-324.

[13] Duvaut G, Lions J L. Inequations en thermolasticit et magntohydrodynamique. *Arch. Ration. Mech. Anal.*, 1972, 46: 241-279.

[14] E W, Mattingly J C. Ergodicity for the Navier-Stokes equation with degenerate random forcing: finite-dimensional approximation. *Communications on Pure and Applied Mathematics*, Vol.LIV, 2001: 1386-1402.

[15] Eckmann J, Haier M. Invariant measures for stochastic partial differential equations in unbounded domains. *Nonlinearity*, 2001, 14: 133-151.

[16] Flandoli F, Gatarek D. Martingale and stationary solutions for stochastic Navier-Stokes equations. *Probability Theory and Related Fields*, 1995, 102(3): 367-391.

[17] Flandoli F, Romito M. Markov selections for the 3D stochastic Navier-Stokes equations. *Probability Theory and Related Fields*, 2008, 140(3-4): 407-458.

[18] Földes J, Glatt-Holtz N, Richards G, et al. Ergodic and mixing properties of the Boussinesq equations with a degenerate random forcing. *Journal of Functional Analysis*, 2015, 269(8): 2427-2504.

[19] Hairer M. Exponential mixing properties of stochastic PDEs through asymptotic coupling. *Probability Theory and Related Fields*, 2001, 124(3): 345-380.

[20] Hairer M, Mattingly J C. Ergodicity of the 2D Navier-Stokes equations with degenerate stochastic forcing. *Annals of Mathematics*, 2006, 164(3): 993-1032.

[21] Hairer M, Mattingly C. Spectral gaps in wasserstein distances and the 2D stochastic Navier-Stokes equations. *The Annals of Probabiltiy,* 2008, 36(6): 2050-2091.

[22] Hairer M, Mattingly C, Scheutzow M. Asymptotic coupling and a general form of Harris' theorem with applications to stochastic delay equations. *Probability Theory and Related Fields*, 2011, 149(1-2): 223-259.

[23] Hairer M, Mattingly J C. A theory of hypoellipticity and unique ergodicity for semilinear stochastic PDEs. *Electronic Journal of Probability*, 2011, 16: 658-738.

[24] Huang J, Shen T. Well-posedness and dynamics of the stochastic fractional magneto-hydrodynamic equations. *Nonlinear Analysis*, 2016, 133: 102-133.

[25] Joets A, Ribotta R. Defects in Non-linear Waves in Convection, Lect. Notes. in Phys.353. Berlin: Springer-Verlag, 1990.

[26] Komorowski T, Walczuk A. Central limit theorem for Markov processes with spectral gap in the Wasserstein metric. *Stochastic Processes & Their Applications*, 2012, 122(5): 2155-2184.

[27] Kuksin S, Shirikyan A. Coupling appraoch to white-forced nonlinear PDEs. J. De Math. Pures Et Appl., 2002, 81(6): 567-602.

[28] Kuksin S, Shirikyan A. A coupling approach to randomly forced nonlinear PDEs. I. *Commun. Math. Phys.*, 2001, 221: 351-366.

[29] Kuksin S, Shirikyan A. Coupling approach to white-forced nonlinear PDEs. J. Math. Pures Appl., 2002, 81(9), 6: 567-602.

[30] Kuksin S. Randomly forced CGL equation: stationary measures and the inviscid limit. *J. Phys. A*, 2004, 37(12): 3805-3822.

[31] Kuksin S B, Shirikyan A. Mathematics of two-dimensional turbulence. *Cambridge Tracts in Mathematics*, 2012.

[32] Lei Z, Zhou Y. BKM's criterion and global weak solutions for magnetohydrodynamics with zero viscosity. *Discrete Contin. Dyn. Syst.*, 2009, 25: 575-583.

[33] Li S, Liu W, Xie Y. Ergodicity of 3D leray-α model with fractional dissipation and degenerate stochastic forcing. *Infin. Dimens. Anal. Quantum Probab. Relat. Top.*, 2019, 22: 1950002.

[34] Li S, Liu W, Xie Y. Exponential mixing for stochastic 3D leray-α model with degenerate multiplicative noise. *Applied Mathematics Letters*, 2019, 95: 1-6.

[35] Mattingly C. Exponential convergence for the stochastically forced Navier-stokes equations and other partially dissipative dynamics. *Communications in Mathematical Physics.*, 2002, 230(3): 421-462.

[36] Mikulevicius R, Rozovskii B L. Global L_2-solutions of stochastic Navier-Stokes equations. *Annals of Probability,* 2005(1): 137-176.

[37] Odasso C. Exponential mixing for stochastic PDEs: the non-additive case. *Probability Theory and Related Fields*, 2008, 140: 41-82.

[38] Odasso C. Exponential mixing for 3D stochastic Navier-Stokes equations. *Communications in mathematical physics*, 2007, 270: 109-139.

[39] Odasso C. Ergodicity for the stochastic complex Ginzburg-Landau equations. *Ann. Inst. H. Poincaré Probab. Statist.*, 2006, 4(4): 417-454.

[40] Da Parto G, Zabcyzk J. Stochastic Equations in Infinite Dimensionals. Cambridge: Cambridge University Press, 1992.

[41] Da Parto G, Zabcyzk J. Ergodicity for Infinite Dimensional Systems. Cambridge: Cambridge University Press, 1996.

[42] Da Prato G, Debussche A. Ergodicity for the 3D stochastic Navier-Stokes equations. *Journal de Mathématiques Pures et Appliqués*, 2003, 82(8): 877-947.

[43] Pu X, Guo B. Momentum estimates and ergodicity for the 3D stochastic cubic Ginzburg-Landau equation with degenerate noise. *J. Differential Equations*, 2011, 251: 1747-1777.

[44] Röckner M, Zhang X. Stochastic tamed 3D Navier-Stokes equations: existence, uniqueness and ergodicity. *Probab. Theory Related Fields*, 2009, 145, 1-2: 211-267.

[45] Röchner M, Zhang T. Stochastic 3D tamed Navier-Stokes equations: Existence, uniqueness and small time large deviation principles. *Journal of Differential Equations,* 2012, 251(1): 716-744.

[46] Sermange M, Temam R. Some mathematical questions related to the MHD equations. *Comm. Pure Appl. Math.*, 1983, 36: 635-664.

[47] Shen T, Huang J. Ergodicity of stochastic Magneto-Hydrodynamic equations driven by α-stable noise. *Journal of Mathematical Analysis & Applications*, 2017, 446(1): 746-769.

[48] Shen T, Huang J, Zeng C. Ergodicity of the 2D stochastic fractional Magneto-hydrodynamic equations driven by degenerate multiplicative noise. *Preprint.*

[49] Wu J. Generalized MHD equations. *J. Differential Equations*, 2003, 195: 284-312.

[50] Yang D, Hou Z. Large deviations for the stochastic derivative Ginzburg-Landau equation with multiplicative noise. *Phys. D Nonlinear Phenomena*, 2008, 237: 82-91.

[51] Zheng Y, Huang J H. Exponential convergence for the 3D stochastic cubic Ginzburg-Landau equation with degenerate noise. *Discrete and Continuous Dynamical Systems-B*, 2019, 24: 5621-5632.

[52] Peng X, Huang J, Zheng Y. Exponential mixing for the fractional Magneto-Hydrodyanic equation with degenerate stochastic forcing. Comm. Pur. Appl. Anal, 2020, 19: 4479-4506.

第 8 章　动力系统的随机稳定性

在过去的几十年里, 人们对动力系统的结构稳定性问题进行了大量而深入的探讨, 遗憾地发现这种稳定性要求似乎太强, 以至于很多常见的系统难于满足. 近年来, 随着遍历理论和随机动力系统理论的深入发展, 尤其是一些专家的先驱性工作, 使人们逐渐意识到：对一个系统要求随机稳定性比结构稳定性更贴合实际；而且, 一些不具备结构稳定性的系统, 其实是随机稳定的 (参见文献 [5] 和 [36]). 有鉴于此, 随机稳定性是动力系统重要的前沿研究领域. 本章将从具体的 Burgers 方程模型入手, 再转向抽象系统介绍关于部分双曲动力系统和宽螺旋管吸引子的研究工作.

8.1　Burgers 方程的随机稳定性

Burgers 方程是最流行的流体力学模型之一. 它描述了只有在碰撞时才相互作用的粘性粒子的速度场的演化规律, 通常被认为是无压力和不可压缩的 Navier-Stokes 系统的简单形式. 作为湍流模型, 它在从宇宙学到交通建模等许多领域有着广泛的应用. 文献 [29] 关于 Burges 方程的综述很值得一读. 在非平衡态统计力学中随机 Burgers 方程尤为重要, 因为它的高维版本与著名的 KPZ 方程的微分形式是一致的[33]. 它出现在各种一维系统的研究中, 比如超导体中的涡旋线[27]、电荷密度波[30]、定向聚合物[33], 等等.

这一节考虑在单位圆周 $\mathbb{S}^1$ 上的 Burgers 方程

$$du^\epsilon + u^\epsilon \frac{\partial u^\epsilon}{\partial x} dt = \mu \frac{\partial^2 u^\epsilon}{\partial x^2} dt + \sum_{k=1}^{\infty} \frac{dF_k^\epsilon(x)}{dx} dB_k(t), \tag{8.1.1}$$

其中 $\{B_k(t), t \in (-\infty, \infty)\}$ 是定义在某个概率空间 $(\Omega, \mathcal{F}, P)$ 上独立的标准 Wiener 过程, F_k^ϵ 是 1 周期的函数. 记 $f_k^\epsilon(x) = \dfrac{dF_k^\epsilon(x)}{dx}$, 假设 $f_k^\epsilon(x) \in C^2(\mathbb{S}^1)$ 且 $\|f_k^\epsilon(x)\|_{C^2} \leqslant \dfrac{C\epsilon}{k^2}$ 对某个常数 C 成立. 这些条件意味着方程的随机力在时间上是白噪声, 而在空间上是光滑的周期函数.

我们主要采用 [34]、[35] 和 [29] 的思路来研究 Burgers 方程的遍历性质. 大致而言, 我们需要考虑随机 Burgers 方程的流体流在统计观点下当噪声趋于零时的稳定区域 (即渐近行为), 这一问题一般比较困难, 要细致分析随机系统和确定系统不变测度之间的关系, 以它们的趋同性体现动力系统的随机稳定性. 不过受到 Sinai 的启发, 这里我们采取一种取巧的研究方法, 即考虑利用随机 Burgers 方程的显示解而非不变测度来完成我们的推导. 证明的另一个关键点是如何协调长时间效应与小噪声效应. 此项研究工作可以被视为是 Hairer 和 Voss[31] 的理论支撑, 虽然考虑的情形较他们简化了很多, 事实上, [31] 将噪声和粘性同时趋于 0, 即考虑如下方程

$$du = \epsilon\partial_x^2 udt - u\partial_x udt + \sqrt{\epsilon}dw.$$

由于冲击效应的存在, 随机无粘性 Burgers 方程是非常复杂的, 这使得平稳解和不变测度的构造也是非常深刻的问题[29], 因此与 [31] 对应的完整理论文章将是十分有意义和重要的工作.

接下来，首先沿着 [29] 的思路基于 Hopf-Cole 变换推导随机 Burgers 方程的显示解.

考虑随机偏微分方程

$$d\varphi^\epsilon = \mu\frac{\partial^2\varphi^\epsilon}{\partial x^2}dt + \left(-\frac{1}{2\mu}\sum_{k=1}^{\infty}F_k^\epsilon(x)dB_k(t) - \frac{1}{4\mu}\left(\sum_{k=1}^{\infty}(F_k^\epsilon(x))^2\right)dt\right)\varphi^\epsilon, \quad (8.1.2)$$

由 Feynman-Kac 公式得到它的显示解为

$$\varphi^\epsilon(x,t) = \mathrm{E}_\beta\varphi^\epsilon(x+\beta(t_0),t_0)\exp\left(-\frac{1}{2\mu}\int_{t_0}^{t}\sum_{k=1}^{\infty}F_k^\epsilon(x+\beta(s))dB_k(s)\right), \quad (8.1.3)$$

其中 E_β 表示关于方差为 2μ、初值为 0 的 Wiener 测度的期望. 令 $v^\epsilon = -2\mu\ln\varphi^\epsilon$. 用 Itô 公式有

$$dv^\epsilon = -2\mu^2\frac{1}{\varphi^\epsilon}\frac{\partial^2\varphi^\epsilon}{\partial x^2}dt + \sum_{k=1}^{\infty}F_k^\epsilon(x)dB_k(t),$$

其中 $\frac{1}{4\mu}\mathrm{E}\Big(\sum\limits_{k=1}^{\infty}F_k^\epsilon(x)dB_k(t)\Big)^2 = \frac{1}{4\mu}\Big(\sum\limits_{k=1}^{\infty}(F_k^\epsilon(x))^2\Big)dt$ 正好被消去. 再令 $u^\epsilon = \frac{\partial v^\epsilon}{\partial x}$, 可直接验证 u^ϵ 满足 Burgers 方程

$$du^\epsilon + u^\epsilon\frac{\partial u^\epsilon}{\partial x}dt = \mu\frac{\partial^2 u^\epsilon}{\partial x^2}dt + \sum_{k=1}^{\infty}f_k^\epsilon(x)dB_k(t). \quad (8.1.4)$$

对 $x,y\in R^1$, $t>s$, 定义

$$K_\epsilon(x,t,y,s) = \int e^{-\frac{1}{2\mu}\int_s^t F^\epsilon(\beta(\tau),\tau)d\tau}dW_{(y,s)}^{(x,t)}(\beta),$$

其中 $dW_{(y,s)}^{(x,t)}(\beta)$ 是方差为 2μ 的布朗桥 ($\beta(t)=x$, $\beta(s)=y$) 所定义的概率测度, 则由 (8.1.3) 得

$$\varphi^\epsilon(x,t)=\int_0^1 N(x,t,y,s)e^{-\frac{1}{2\mu}h^\epsilon(y,s)}dy, \tag{8.1.5}$$

以及

$$u^\epsilon(x,t)=-2\mu\frac{\displaystyle\int_0^1 \frac{\partial}{\partial x}N(x,t,y,s)e^{-\frac{1}{2\mu}h^\epsilon(y,s)}dy}{\displaystyle\int_0^1 N(x,t,y,s)e^{-\frac{1}{2\mu}h^\epsilon(y,s)}dy}, \tag{8.1.6}$$

其中 $h^\epsilon(y,s)=\displaystyle\int_0^y u^\epsilon(z,s)dz$, 和

$$N(x,t,y,s)=\sum_{m=-\infty}^{\infty}K_\epsilon(x,t,y+m,s),\quad x,y\in[0,1].$$

显然 N 是圆周 $\mathbb{S}^1$ 上的转移矩阵. 再定义

$$\widetilde{K}_\epsilon(x,t,y,s)=\frac{x-y}{2\mu(t-s)}K_\epsilon(x,t,y,s)$$

和

$$\widetilde{N}(x,t,y,s)=\sum_{m=-\infty}^{\infty}\widetilde{K}_\epsilon(x,t,y+m,s),$$

则 $u^\epsilon(x,t)$ 可以分成二部分

$$\begin{aligned}u^\epsilon(x,t)=&-2\mu\frac{\displaystyle\int_0^1\left(\frac{\partial}{\partial x}N(x,t,y,s)-\widetilde{N}(x,t,y,s)\right)e^{-\frac{1}{2\mu}h^\epsilon(y,s)}dy}{\displaystyle\int_0^1 N(x,t,y,s)e^{-\frac{1}{2\mu}h^\epsilon(y,s)}dy}\\&-2\mu\frac{\displaystyle\int_0^1 \widetilde{N}(x,t,y,s)e^{-\frac{1}{2\mu}h^\epsilon(y,s)}dy}{\displaystyle\int_0^1 N(x,t,y,s)e^{-\frac{1}{2\mu}h^\epsilon(y,s)}dy}\\=&u_1^\epsilon(x,t)+u_2^\epsilon(x,t).\end{aligned} \tag{8.1.7}$$

引理 8.1.1　固定 s, 设 $h^\epsilon(x)=h^\epsilon(\cdot,s)$ 是一个 C^2 周期函数. 则 $\varphi^\epsilon(x,t)$ 的概率分布当 $t\to\infty$ 时弱收敛, 且极限 $\Phi^\epsilon(x)$ 并不依赖于 $h^\epsilon(x,s)$.

证明　事实上, 此引理源自文献 [34] 和 [35], 所以只概述证明思路.

$$
\begin{aligned}
\varphi^{\epsilon}(x,t) &= \int_0^1 N(x,t,y,s)e^{-\frac{1}{2\mu}h^{\epsilon}(y,s)}dy \\
&= \int_{[0,1]^{[t-s]}} N(x,t,x_{[t-s]-1},s+[t-s]-1) \\
&\quad \times N(x_{[t-s]-1},s+[t-s]-1,x_{[t-s]-2},s+[t-s]-2)\cdots \\
&\quad \times N(x_2,s+2,x_1,s+1)N(x_1,s+1,y,s)e^{-\frac{1}{2\mu}h^{\epsilon}(y,s)}\prod_{i=1}^{[t-s]-1}dx_i dy.
\end{aligned}
$$

考虑离散非齐次马氏链 $\{x_0=y,x_1,x_2,\cdots\}$, 其转移矩阵为 $N(x_{j+1},s+j+1,x_j,s+j),j\in Z^*$, 再记它的 n 步转移概率函数为 $Q(n,y,z)$, 有

$$
\begin{aligned}
\varphi^{\epsilon}(x,t) &= \int_0^1 N(x,t,y,s)e^{-\frac{1}{2\mu}h^{\epsilon}(y,s)}dy \\
&= \int_{[0,1]^2} N(x,t,z,s+[t-s]-1)Q([t-s]-1,y,z)e^{-\frac{1}{2\mu}h^{\epsilon}(y,s)}dzdy.
\end{aligned}
$$

如果能证明 $\{x_n\}_{n\in Z^*}$ 是遍历的, 则可以立即得到引理. 事实上, 选取某个常数 $\rho>0$, 每个矩阵 $N(x_{j+1},s+j+1,x_j,s+j)$ 比 ρ 大的概率至少是某个 $p>0$. 容易看出这样的 j 在连续 n 项 $N(x_{j+1},s+j+1,x_j,s+j)$ 中大于 βn(对某个 $\beta>0$) 的概率至少为 $1-C(1-p)^n$, C 是某个正常数. 因此 n 步转移概率函数 $Q(n,y,z)$ 倾向于不依赖于 y, 这恰是遍历性所指. 证毕. □

定理 8.1.1

$$
\lim_{\epsilon\to 0}\lim_{t\to\infty} u^{\epsilon}(x,t)\to 0,
$$

此处的收敛是依分布收敛.

证明 由 (8.1.7), 可以依次估计 $u_1^{\epsilon}(x,t)$ 和 $u_2^{\epsilon}(x,t)$. 首先,

$$
u_1^{\epsilon}(x,t) = -2\mu\frac{\displaystyle\int_0^1\left(\frac{\partial}{\partial x}N(x,t,y,s)-\widetilde{N}(x,t,y,s)\right)e^{-\frac{1}{2\mu}h^{\epsilon}(y,s)}dy}{\displaystyle\int_0^1 N(x,t,y,s)e^{-\frac{1}{2\mu}h^{\epsilon}(y,s)}dy} = \frac{I_1}{\varphi^{\epsilon}(x,t)},
$$

其中

$$
\begin{aligned}
I_1 &= -2\mu\int_0^1\int_0^1\left(\frac{\partial}{\partial x}N(x,t,z,t-\kappa)N(z,t-\kappa,y,s)-\widetilde{N}(x,t,y,s)\right)e^{-\frac{1}{2\mu}h^{\epsilon}(y,s)}dy \\
&= -2\mu\int_0^1\int_0^1\sum_{m=-\infty}^{\infty}\left(\frac{\partial}{\partial x}K_{\epsilon}(x,t,z+m,t-\kappa)-\widetilde{K}_{\epsilon}(x,t,z+m,t-\kappa)\right)
\end{aligned}
$$

$$\times N(z,t-\kappa,y,s)e^{-\frac{1}{2\mu}h^\epsilon(y,s)}dzdy,$$

这里 κ 需要满足 $t>\kappa>s$, 其值稍后确定.

注意到

$$\begin{aligned}\int_s^t F^\epsilon(\beta(\tau),\tau)d\tau=&\sum_{k=1}^{\infty}F_k^\epsilon(\beta(t))B_k(t)-\sum_{k=1}^{\infty}F_k^\epsilon(\beta(s))B_k(s)\\&-\sum_{k=1}^{\infty}\int_s^t f_k^\epsilon(\beta(\tau))B_k(\tau)d\beta(\tau),\end{aligned}$$

所以有

$$K_\epsilon(x,t,y,s)=\int e^{-\frac{1}{2\mu}(\sum\limits_{k=1}^{\infty}F_k^\epsilon(x)B_k(t)-\sum\limits_{k=1}^{\infty}F_k^\epsilon(y)B_k(s)-\sum\limits_{k=1}^{\infty}\int_s^t f_k^\epsilon(\beta(\tau))B_k(\tau)d\beta(\tau))}dW_{(y,s)}^{(x,t)}(\beta).$$

直接计算可得

$$-2\mu\left(\frac{\partial K_\epsilon(x,t,y,s)}{\partial x}-\widetilde{K}_\epsilon(x,t,y,s)\right)=D(\beta)K_\epsilon(x,t,y,s),$$

其中

$$D(\beta)=-\sum_{k=1}^{\infty}f_k^\epsilon(x)B_k(t)+\sum_{k=1}^{\infty}\int_s^t B_k(\tau)\left(f_k^{\epsilon\prime}(\beta)\frac{\tau}{t-s}d\beta+f_k^\epsilon(\beta)\frac{1}{t-s}d\tau\right).$$

因此,

$$\begin{aligned}I_1=&-2\mu\int_0^1\int_0^1\left(\frac{\partial}{\partial x}N(x,t,z,t-\kappa)N(z,t-\kappa,y,s)-\widetilde{N}(x,t,y,s)\right)e^{-\frac{1}{2\mu}h^\epsilon(y,s)}dy\\=&-2\mu\int_0^1\int_0^1\sum_{m=-\infty}^{\infty}\left(\frac{\partial}{\partial x}K(x,t,z+m,t-\kappa)-\frac{x-z-m}{2\mu\kappa}K_\epsilon(x,t,z+m,t-\kappa)\right)\\&\times N(z,t-\kappa,y,s)e^{-\frac{1}{2\mu}h^\epsilon(y,s)}dzdy\\=&\int_0^1\int_0^1\sum_{m=-\infty}^{\infty}D(\beta)K(x,t,z+m,t-\kappa)N(z,t-\kappa,y,s)e^{-\frac{1}{2\mu}h^\epsilon(y,s)}dzdy.\end{aligned}$$

所以

$$|I_1|\leqslant C(\|F\|_{t-\kappa}^t)\int_0^1\int_0^1 N(z,t-\kappa,y,s)e^{-\frac{1}{2\mu}h^\epsilon(y,s)}dzdy,$$

其中 $C(\|F\|_{t-\kappa}^t)$ 是某个依赖于 $\|F\|_{t-\kappa}^t=\max\limits_{t-\kappa\leqslant s\leqslant t}\sum\limits_{k=1}^{\infty}\|F_k^\epsilon(x)\|_{C^3(\mathbb{S}^1)}|B_k(s)-B_k(t)|$ 的正常数.

因此由引理 8.1.1、$F_k^\epsilon(x)$ 的假设和布朗运动的分布性质, 我们得到当 $t\to\infty$ 时,

$$|u_1^\epsilon(x,t)|\leqslant \epsilon\frac{C(\kappa)\displaystyle\int_0^1\Phi^\epsilon(x)dx}{\Phi^\epsilon(x)}. \tag{8.1.8}$$

现在转而估计 $u_2^\epsilon(x,t)$, 令 $u_2^\epsilon(x,t)=-\dfrac{I_2}{\varphi^\epsilon(x,t)}$.

$$\begin{aligned}I_2=&2\mu\int_0^1\widetilde{N}(x,t,y,s)e^{-\frac{1}{2\mu}h^\epsilon(y,s)}dy\\ =&\int_0^1\int_0^1\sum_{m=-\infty}^{\infty}\frac{x-z_1-m}{\kappa}K_\epsilon(x,t,z_1+m,t-\kappa)N(z_1,t-\kappa,y,s)e^{-\frac{1}{2\mu}h^\epsilon(y,s)}dz_1dy\\ =&\frac{1}{\kappa}\int_{[0,1]^3}\sum_{m=-\infty}^{\infty}K_\epsilon(x,t,z_1+m,t-\kappa)(x-z_1-m)\\ &\times N(z_1,t-\kappa,z_2,s+[t-\kappa-s]-1)N(z_2,s+[t-\kappa-s]-1,y,s)e^{-\frac{1}{2\mu}h^\epsilon(y,s)}dz_1dz_2dy\\ =&\frac{1}{\kappa}\int_{[0,1]^3}\sum_{m=-\infty}^{\infty}K_\epsilon(x,t,z_1+m,t-\kappa)(x-z_1-m)\\ &\times N(z_1,t-\kappa,z_2,s+[t-\kappa-s]-1)Q([t-\kappa-s]-1,y,z_2)e^{-\frac{1}{2\mu}h^\epsilon(y,s)}dz_1dz_2dy\\ =&\frac{1}{\kappa}\int_{[0,1]^2}\mathrm{E}(x-Z_1)|_{Z_2=z_2}Q([t-\kappa-s]-1,y,z_2)e^{-\frac{1}{2\mu}h^\epsilon(y,s)}dz_2dy.\end{aligned}$$

由引理 8.1.1, $Q(n,y,z)$ 是某个遍历马氏链的转移概率函数, 因此当 $t\to\infty$ 时,

$$|I_2|\longrightarrow\frac{1}{\kappa}\int_0^1|\mathrm{E}(x-Z_1)|_{Z_2=z_2}U(z_2)|\,dz_2\leqslant\frac{2}{\kappa}\int_0^1U(z)dz$$

依分布收敛, 其中非负函数 $U(z)$ 不依赖于 h^ϵ 的极限分布.

将 $u_1^\epsilon(x,t)$ 和 $u_2^\epsilon(x,t)$ 的估计结合, 得到当 $t\to\infty$ 时,

$$|u^\epsilon(x,t)|\leqslant|u_1^\epsilon(x,t)|+|u_2^\epsilon(x,t)|\leqslant\epsilon\frac{C(\kappa)\displaystyle\int_0^1\Phi^\epsilon(x)dx}{\Phi^\epsilon(x)}+\frac{1}{\kappa}\cdot\frac{2\displaystyle\int_0^1U(z)dz}{\Phi^\epsilon(x)}.$$

最后先让 κ 充分大, 再令 ϵ 趋于 0, 就可以保证 u_1 和 u_2 都充分小, 证毕. □

8.2 部分双曲动力系统和 Markov 半群的动力学

微分同胚双曲吸引子上的 SRB 测度相对 Markov 扰动的稳定性以及流在其双曲吸引子上的 SRB 测度相对其时间-1 映射的 Markov 扰动的稳定性在文献 [21]

中已有很好的研究结果. 这里进一步考虑对一类部分双曲吸引子上的微分同胚进行 Markov 扰动的问题. 在一定的条件下, 可以通过随机扰动产生平稳测度族的弱极限点以证明 SRB 测度的存在性, 当极限点唯一时, 同时可以得到其随机稳定性.

在本章中, 设 M 是一个光滑的黎曼流形, $U \subset M$ 是一个具备紧闭包的开集, $f: U \to M$ 是一个到象的 C^2 微分同胚. 这里把一个子集 $\Lambda \subset U$ 叫做是 f 的**部分扩张吸引子**, 如果它满足以下的性质：

(i) Λ 是紧的, $f\Lambda = \Lambda$;

(ii) 映射 f 在 Λ 上是以如下意义部分扩张的：

$$TM = E^u \oplus E^{cs} \tag{8.2.1}$$

是切丛上的连续分解, $\dim E^u \neq 0$. 存在一个实数 $\lambda_0 > 0$ 使得

$$\begin{cases} \limsup\limits_{n\to\infty} \dfrac{1}{n} \log |Tf^n\xi| \geqslant \lambda_0, \quad \forall \xi \in E^u, \quad \xi \neq 0, \\ \liminf\limits_{n\to\infty} \dfrac{1}{n} \log |Tf^n\eta| \leqslant 0, \qquad \forall \eta \in E^{cs}, \quad \eta \neq 0; \end{cases} \tag{8.2.2}$$

(iii) 存在 Λ 的一个闭邻域 U_Λ ($U_\Lambda \subset U$), 使得 $fU_\Lambda \subset \mathrm{int}(U_\Lambda)$ 和 $\bigcap_{n\geqslant 0} f^n U_\Lambda = \Lambda$ (U_Λ 被称为 Λ 的**吸引域**).

令 Λ 是一个如上引入的部分扩张吸引子. 与文献 [9, 引理 2.3] 中的方法类似, 可以把分解 $T_\Lambda M = E^u \oplus E^{cs}$ 连续延展到 Λ 的一个闭邻域 V_Λ 上, 使得它仍然是 Df-不变的

$$T_{V_\Lambda} M = \hat{E}^u \oplus \hat{E}^{cs}. \tag{8.2.3}$$

可以做到 $V_\Lambda \subset U_\Lambda$ 以及 $fV_\Lambda \subset V_\Lambda$. 可以证明 (8.2.2) 对分解 (8.2.3) 依然成立. 对于 $x \in V_\Lambda$, $\hat{E}^{cs}_x$ 由 $D_x f^n$ 所决定 ($n \geqslant 0$), 事实上,

$$\hat{E}^{cs}_x = \left\{ \eta \in T_x M : \liminf_{n\to\infty} \frac{1}{n} \log |D_x f^n \eta| \leqslant 0 \right\}$$

($\hat{E}^u$ 在 V_Λ 上的延展通常并不唯一). 利用 Brin 和 Kifer[7] 的结果, 可以证明 $\hat{E}^{cs}_x$ 对 $x \in V_\Lambda$ 是 Hölder 连续的. 这里, 假设 $\hat{E}^{cs}_x$ 对 $x \in V_\Lambda$ 是 Lipschitz 连续的而且以如下的方式局部唯一可积：对任意 $x \in V_\Lambda$, 存在一个 $\dim \hat{E}^{cs}_x$ 维的 C^1 嵌入子流形 $W^{cs}_{\mathrm{loc}}(x)$ 以及 $\alpha(x) > 0$ 使得, 一个 C^1 曲线 $\sigma : [0,1] \to M$ 只要满足 $\sigma(0) = x$, $\dot{\sigma}(t) \in \hat{E}^{cs}_{\sigma(t)}$ 对 $t \in [0,1]$, 并且其长度小于 $\alpha(x)$, 则一定包含在 $W^{cs}_{\mathrm{loc}}(x)$ 内 (文献 [12] 中有相关的结果). 关于局部可积流形的其他性质将会在引理 8.2.2 中给出. 上面给出的假设限制性太强, 我们并不知道能否削弱它而不影响最终结果. 对于由行列式为 1 或 -1, 特征值的绝对值可能为 1 的整系数矩阵所诱导的环

面自同构, $\hat{E}_x^{cs}$ 的 Lipschitz 连续性可以由文献 [18] 中的一些类似"捆束" (bunch) 的条件保证.

这里考虑由一族转移概率为 $P^\varepsilon(x,\cdot)$, $x\in U_\Lambda$ 的 Markov 链 $\{X_n^\varepsilon\}_{n\geqslant 0}$, $\varepsilon>0$ 给出的 $f:U_\Lambda\to U_\Lambda$ 的随机扰动. 假定该转移概率族满足下面所陈述的性质 (参见文献 [21] 中的假设 II.1.1, 以及文献 [17]), 对任意 $x\in U_\Lambda$, $\hat{\rho}>0$ 是一个使得 $\exp_x:\{\xi\in T_xM:|\xi|<\hat{\rho}\}\to B(x,\hat{\rho})$ 是微分同胚的实数.

假设 (a) $P^\varepsilon(x,\cdot)$ 具备形式 $P^\varepsilon(x,\cdot)=Q_{fx}^\varepsilon(\cdot)$, 其中 $Q_y^\varepsilon(\cdot)$, $y\in U_\Lambda$, $\varepsilon>0$ 是一族相对于 M 上的 Lebesgue 测度 m 密度为 q_y^ε 的转移概率, 即

$$Q_y^\varepsilon(\Gamma)=\int_\Gamma q_y^\varepsilon(z)dm(z),\quad \text{任意可测的 } \Gamma\subset M;$$

(b) 存在常数 $0<\alpha<1$, $C>0$ 和一族非负函数 $\{r_y(\xi),\xi\in T_yM,y\in U_\Lambda\}$ 满足, 当 $\varepsilon>0$ 足够小时,

$$q_y^\varepsilon(z)\leqslant C\varepsilon^{-v}e^{-\alpha\cdot\frac{d(y,z)}{\varepsilon}},\quad (\text{其中 } v=\dim M),$$

对任意 $y\in U_\Lambda$, $z\in M$ 成立, 而且

$$q_y^\varepsilon(z)\leqslant(1+\varepsilon^\alpha)\varepsilon^{-v}r_y\left(\frac{\exp_y^{-1}z}{\varepsilon}\right)$$

亦成立, 只要 $y\in U_\Lambda$, $d(y,z)\leqslant\varepsilon^{1-\alpha}$;

(c) 函数 $r_y(\xi)$, $\xi\in T_yM$, $y\in U_\Lambda$ 满足:

(i) $\displaystyle\int_{T_yM}r_y(\xi)dm_y(\xi)=1$, 其中 m_y 是 T_yM 上黎曼度量诱导的;

(ii) $r_y(\xi)\leqslant Ce^{-\alpha|\xi|}$;

(iii) 如果 $V_y^+=\{\xi\in T_yM:r_y(\xi)>0\}$ 以及 $\partial V_y^+(\delta)$ 代表 V_y^+ 的边界 ∂V_y^+ 的 δ 邻域, 则

$$\int_{\partial V_y^+(\delta)}r_y(\xi)dm_y(\xi)\leqslant C\delta,$$

以及

$$r_y(\xi)\leqslant r_z(\eta)+C\rho,$$

当 $\xi\notin\partial V_y^+(C\rho)$ 时, 其中 $\rho=\rho((y,\xi),(z,\eta))=d(y,z)+|\xi-\pi_{zy}\eta|$, π_{zy} 是从 T_zM 到 T_yM 的平行移动, y, z 满足 $d(y,z)<\hat{\rho}$;

(d) $q_y^\varepsilon(z)=0$ 当 $y\in fU_\Lambda$ 且 $z\notin U_\Lambda$ 时.

这类随机扰动的最简单情形是当 Q_y^ε 是 $B(y,\varepsilon)$ 上的均匀分布时, 即 $q_y^\varepsilon(z)=m(B(y,\varepsilon))^{-1}$ 当 $z\in B(y,\varepsilon)$ 时以及其它情况下 $q_y^\varepsilon(z)=0$. 寻找进一步的例子见文献 [21, II.1].

U_Λ 上的一个概率测度 μ^ε 称为 Markov 链 $\{X_n^\varepsilon\}_{n\geqslant 0}$ 的平稳测度, 如果

$$\int P^\varepsilon(x,\Gamma)d\mu^\varepsilon(x)=\mu^\varepsilon(\Gamma),\quad \text{任意可测的}\Gamma\subset U_\Lambda.$$

一个 $f:U_\Lambda\to U_\Lambda$ 上的不变测度 μ 叫做是 Sinai-Ruelle-Bowen 测度 (SRB 测度), 如果对 μ 几乎处处存在一个正的 Lyapunov 指数, 而且 μ 在不稳定流形上有绝对连续的条件测度, 或者等价地, 由文献 [22], μ 满足 Pesin 熵公式

$$h_\mu(f)=\int\chi(x)d\mu(x), \tag{8.2.4}$$

其中 $h_\mu(f)$ 是 (f,μ) 的熵, $\chi(x)$ 是 f 在 x 点处的非负 Lyapunov 指数的和. 主要结果如下:

定理 8.2.1　*令 Λ 是 f 的一个如上引入的局部扩张吸引子并假设 $\hat{E}^{cs}$ 是 Lipschitz 连续的, 在 Λ 的一个邻域上是局部唯一可积的. 令 $\{X_n^\varepsilon\}_{n\geqslant 0}, \varepsilon>0$ 是 f 的一族满足假设的 Markov 扰动. 对每个足够小的 $\varepsilon>0$, 令 μ^ε 是 $\{X_n^\varepsilon\}_{n\geqslant 0}$ 的平稳测度. 则 $\{\mu^\varepsilon\}_{\varepsilon>0}$ 的任一极限点 μ 是 f 的集中在 Λ 上的 SRB 测度.*

上述结果表明在 Λ 上至少存在一个 SRB 测度 μ, 而且, 当它是唯一的时候 (相关结果见文献 [10]), 它关于 Markov 扰动 $\{X_n^\varepsilon\}_{n\geqslant 0}$ 是随机稳定的, 即

$$\mu^\varepsilon\to\mu,\quad \text{当}\varepsilon\to 0\text{时}.$$

这里要注意, 不能期待随机稳定性对任意的 Markov 扰动都成立. 即使在很简单的情形, 比方说 $f:S^1\to S^1$, $e^{\theta i}\mapsto e^{2\theta i}$ 也会导致反例[3,19].

我们并不知道当 Λ 是一个局部压缩吸引子时, 是否有类似定理 8.2.1的结果存在. 局部压缩吸引子可以由将 (8.2.1) 和 (8.2.2) 分别替换成

$$T_\Lambda M=E^{uc}\oplus E^s \tag{8.2.5}$$

和

$$\begin{cases}\limsup\limits_{n\to\infty}\dfrac{1}{n}\log|Df^n\xi|\geqslant 0, & \forall\xi\in E^{uc},\quad \xi\neq 0,\\ \liminf\limits_{n\to\infty}\dfrac{1}{n}\log|Df^n\eta|\leqslant -\lambda_0, & \forall\eta\in E^s,\quad \eta\neq 0\end{cases} \tag{8.2.6}$$

(其中 $\lambda_0>0$ 是一个常数) 来定义. 这种情形包含文献 [16] 中引入的“几乎 Anosov”微分同胚. 对于随机微分同胚的扰动, 以上引入的两类吸引子都可以证明类似的结果 (不需要假设 Lipschitz 连续性以及 E^{cs} 的可积性)[8,23].

8.2.1　部分双曲动力系统的动力学

令 Λ 是 f 的一个部分双曲吸引子. 令 $0<\gamma<\frac{1}{12}\lambda_0$ 满足

$$e^{\lambda_0-4\gamma}-e^{5\gamma}>e^{5\gamma}-e^{4\gamma}. \tag{8.2.7}$$

由文献 [23], 存在一个常数 $C(\gamma)>0$ 使得对任意的 $x\in\Lambda$,

$$
\begin{aligned}
&|D_xf^n\xi|\geqslant C(\gamma)^{-1}e^{(\lambda_0-\gamma)n}|\xi|, \quad \forall\xi\in E_x^u,\\
&|D_xf^n\eta|\leqslant C(\gamma)e^{\gamma n}|\eta|, \qquad \forall\eta\in E_x^{cs}.
\end{aligned}
$$

接下来, 对点 $x\in\Lambda$ 引入 $T_\Lambda M$ 上的一个新的范数 $\|\cdot\|$,

$$
\begin{aligned}
&\|\xi\|_x=\sum_{n=1}^{+\infty}e^{(\lambda_0-2\gamma)n}|D_xf^{-n}\xi|, \quad \forall\xi\in E_x^u,\\
&\|\eta\|_x=\sum_{n=0}^{+\infty}e^{-2\gamma n}|D_xf^n\eta|, \qquad \forall\eta\in E_x^{cs},\\
&\|\zeta\|_x=\max\{\|\xi\|_x,\|\eta\|_x\}, \qquad \forall\zeta=\xi+\eta\in E_x^u\oplus E_x^{cs}.
\end{aligned}
$$

很容易验证 $\|\cdot\|_x$ 连续依赖于 $x\in\Lambda$, 而且

$$
\begin{aligned}
&\|Df\xi\|\geqslant e^{(\lambda_0-2\gamma)}\|\xi\|, \quad \forall\xi\in E^u,\\
&\|Df\eta\|\leqslant e^{2\gamma}\|\eta\|, \qquad \forall\eta\in E^{cs}.
\end{aligned}
$$

选取 Λ 的一个闭邻域 V, 使得 $V\subset V_\Lambda$ 以及 $fV\subset\mathrm{int}(V)$. 进一步地, $T_\Lambda M=E^u\oplus E^{cs}$ 和 $\|\cdot\|$ 还可以分别延拓到连续分解 $T_VM=E^1\oplus E^2$(例如 (8.2.3)) 和 T_VM 上的一个连续范数 $\|\cdot\|$ 上,

$$
\|\zeta\|=\max\{\|\xi\|,\|\eta\|\}, \quad \forall\zeta=\xi+\eta\in E^1\oplus E^2,
$$

使得对任意的 $x\in V$,

$$
D_xf=\begin{pmatrix} F_x^{11} & F_x^{21}\\ F_x^{12} & F_x^{22}\end{pmatrix}:E_x^1\oplus E_x^2\to E_{fx}^1\oplus E_{fx}^2
$$

满足

$$
\begin{aligned}
&\|(F_x^{11})^{-1}\|\leqslant e^{-(\lambda_0-3\gamma)}, \qquad \|F_x^{22}\|\leqslant e^{3\gamma},\\
&\|F_x^{21}\|\leqslant\frac{1}{8}(e^{5\gamma}-e^{4\gamma}), \qquad \|F_x^{12}\|\leqslant\frac{1}{8}(e^{5\gamma}-e^{4\gamma}).
\end{aligned}
$$

令 $\bar{A}=\bar{A}_{\gamma,V}>0$ 满足

$$
\bar{A}^{-1}|\zeta|\leqslant\|\zeta\|\leqslant\bar{A}|\zeta|, \quad \forall\zeta\in T_VM.
$$

引理 8.2.1 存在常数 $\bar{\delta}>0,\bar{K}>0$ 和 $\bar{\rho}>0$ 使得对任意 $0<\delta\leqslant\bar{\delta}$ 以及 f 在 V 内的任意 δ 伪轨 $\omega=(z_0,z_1,\cdots,z_n)$, 如果 $\bar{K}e^{5\gamma n}\delta\leqslant\bar{\rho}$, 则存在一个点 y^ω 满足

$$
d(f^iy^\omega,z_i)\leqslant\bar{A}\bar{K}e^{5\gamma i}\delta, \quad 0\leqslant i\leqslant n.
$$

证明　选取 $0<\varepsilon<1$ 和 $\bar{K}>0$ 使得

$$\varepsilon<\frac{1}{2}(e^{5\gamma}-e^{4\gamma}),\qquad \frac{\bar{A}}{\bar{K}}<\frac{1}{2}(e^{5\gamma}-e^{4\gamma}). \tag{8.2.8}$$

选取数 $\bar{\delta}>0$ 和 $\bar{\rho}>0$ 使得对任意的 $x,\ y\in V(d(fx,y)\leqslant\bar{\delta})$, 映射

$$F(x,y,\cdot):=\exp_y^{-1}\circ f\circ\exp_x:\{\zeta\in T_xM:\|\zeta\|\leqslant\bar{\rho}\}\to T_yM$$

具备形式

$$F(x,y,\xi)=F_1(x,y)\xi_1+F_2(x,y)\xi_2+R(x,y,\xi),$$

其中, $\xi=\xi_1+\xi_2\in E_x^1\oplus E_x^2$, $\|\xi\|\leqslant\bar{\rho}$, $F_i(x,y):E_x^i\to E_y^i$, $i=1,2$ 是线性映射, 而且

$$\|F_1(x,y)^{-1}\|\leqslant e^{-(\lambda_0-4\gamma)},\quad \|F_2(x,y)\|\leqslant e^{4\gamma},$$

$$\mathrm{Lip}_{\|\cdot\|}(R(x,y,\cdot))\leqslant\varepsilon.$$

令 $0<\delta\leqslant\bar{\delta}$ 以及令 $x,y\in V$ 满足 $d(fx,y)\leqslant\delta$. 我们断言, 如果 $r_i:=\bar{K}e^{5\gamma i}\delta\leqslant\bar{\rho}$ 以及 $h_x:E_x^1(r_i):=\{\xi\in E_x^1:\|\xi\|\leqslant r_i\}\to E_x^2(r_i)$ 满足 $\mathrm{Lip}_{\|\cdot\|}(h_x(\cdot))\leqslant 1$, 则存在一个映射 $h_y:E_y^1(r_{i+1})\to E_y^2(r_{i+1})$ 满足 $\mathrm{Lip}_{\|\cdot\|}(h_y(\cdot))\leqslant 1$ 和

$$F(x,y,\cdot)\mathrm{Graph}(h_x)\supset\mathrm{Graph}(h_y). \tag{8.2.9}$$

事实上, 对每个固定的 $\eta_1\in E_y^1(r_{i+1})$, 定义一个映射

$$l:E_x^1(r_i)\to E_x^1,\ \ \xi_1\mapsto F_1(x,y)^{-1}[\eta_1-\pi_1R(x,y,\xi_1+h_x(\xi_1))],$$

其中 $\pi_i:E^1\oplus E^2\to E^i$, $i=1,2$ 是自然投影. 利用 (8.2.8), 可以验证 l 是一个从 $E_x^1(r_i)$ 到自身的压缩映射, 因此它具有一个唯一的不动点 $t(\eta_1)$. 定义 $h_y:E_y^1(r_{i+1})\to E_y^2$,

$$h_y(\eta_1)=F_2(x,y)h_x(t(\eta_1))+\pi_2R(x,y,t(\eta_1)+h_x(t(\eta_1))).$$

接下来, 注意到 $\|t(\eta_1)-t(\eta_2)\|\leqslant(e^{\lambda_0-4\gamma}-\varepsilon)^{-1}\|\eta_1-\eta_2\|$ 对任意的 $\eta_1,\eta_2\in E_y^1(r_{i+1})$ 成立, 以及应用 (8.2.8), 容易验证 $\mathrm{Lip}_{\|\cdot\|}(h_y(\cdot))\leqslant 1$ 和 $\|h_y(\eta_1)\|\leqslant r_{i+1}$ 对任意的 $\eta_1\in E_y^1(r_{i+1})$ 成立. 映射 $h_y:E_y^1(r_{i+1})\to E_y^2(r_{i+1})$ 显然满足 (8.2.9). 这就证明了上面的断言.

令 $0<\delta\leqslant\bar{\delta}$ 以及令 $\omega=(z_0,z_1,\cdots,z_n)$ 是一条 f 在 V 内的满足 $\bar{K}e^{5\gamma n}\delta\leqslant\bar{\rho}$ 的 δ 伪轨. 选取一个映射 $h_{z_0}:E_{z_0}^1(r_0)\to E_{z_0}^2(r_0)$ 满足 $\mathrm{Lip}_{\|\cdot\|}(h_{z_0}(\cdot))\leqslant 1$. 从上面的断言知道存在映射 $h_{z_i}:E_{z_i}^1(r_i)\to E_{z_i}^2(r_i)$, $0\leqslant i\leqslant n$ 使得对任意的 $0\leqslant i\leqslant n-1$ 成立:

$$F(z_i,z_{i+1},\cdot)\mathrm{Graph}(h_{z_i})\supset\mathrm{Graph}(h_{z_{i+1}}).$$

选取 $\xi_0 \in \text{Graph}(h_{z_0})$, 使得一旦定义 $\xi_{i+1} = F(z_i, z_{i+1}, \xi_i)$, $0 \leqslant i \leqslant n-1$, 就有 $\xi_i \in \text{Graph}(h_{z_i})$ 对 $0 \leqslant i \leqslant n$ 成立. 令 $y^\omega = \exp_{z_0} \xi_0$, 则 $f^i y^\omega = \exp_{z_i} \xi_i$, 所以

$$d(f^i y^\omega, z_i) = |\xi_i| \leqslant \bar{A}\|\xi_i\| \leqslant \bar{A}\bar{K}e^{5\gamma i}\delta, \quad 0 \leqslant i \leqslant n. \qquad \square$$

附注 应用文献 [24] 中的引理 Ⅲ.2.1 和 Ⅲ.2.2, 再经过简单的计算知, 当 ε 足够小时, 对在引理 8.2.1 的证明中出现的 h_x 和 h_y, 存在一个常数 L_0 满足, 如果 h_x 的导数 $D.h_x$ 是 Lipschitz 的, 则 $D.h_y$ 也是 Lipschitz 的, 而且

$$\text{Lip}_{\|\cdot\|}(D.h_y) \leqslant e^{-(\lambda_0 - 6\gamma)}\text{Lip}_{\|\cdot\|}(D.h_x) + L_0.$$

因此对于 $\omega = (z_0, z_1, \cdots, z_n)$ 和上面构造的 h_{z_i}, $0 \leqslant i \leqslant n$, 对每个 $0 \leqslant i \leqslant n$,

$$\begin{aligned}\text{Lip}_{\|\cdot\|}(D.h_{z_i}) &\leqslant e^{-(\lambda_0-6\gamma)i}\text{Lip}_{\|\cdot\|}(D.h_{z_0}) + \sum_{k=0}^{i-1} e^{-(\lambda_0-6\gamma)k}L_0 \\ &\leqslant e^{-(\lambda_0-6\gamma)i}\text{Lip}_{\|\cdot\|}(D.h_{z_0}) + \frac{1}{1-e^{-(\lambda_0-6\gamma)}}L_0.\end{aligned}$$

为了在证明定理 8.2.1的过程中对 Λ 的一个固定邻域内的点 x 估计 $P(n, x, \Gamma)$, 需要在 Λ 的这个邻域内构造局部中心-稳定流形和局部不稳定流形. 这将会在下个引理中完成. 在一致双曲吸引子的情形, 只需要对 Λ 内的点构造 [21].

引理 8.2.2 给定小的 $\gamma > 0$ 和足够小的 $\delta > 0$, 特别地, $0 < \delta < \min\{e^\gamma - 1, \sqrt{e^{\lambda_0 - 6\gamma}} - 1\}$, 存在 Λ 的闭邻域 $N = N_{\gamma,\delta}$, $N_1(V \supset N \supset N_1$, $fN \subset N$ 以及 $fN_1 \subset N_1)$, 一个实数 $\kappa > 0$, 一族连续的 $\dim E^{cs}$ 维 C^1 嵌入圆盘 $\{W_\kappa^{cs}(x)\}_{x\in N}$ 和一族连续的 $\dim E^u$ 维 C^2 嵌入圆盘 $\{W_\kappa^u(x)\}_{x\in N}$ 使得对 $x \in N$ 下面的事实成立:

(1) (i) $T_y W_\kappa^{cs}(x) = \hat{E}_y^{cs}$, $\forall y \in W_\kappa^{cs}(x)$;

(ii) $W_\kappa^{cs}(x) = \exp_x \text{Graph}(h_x^{cs})$, 其中 $h_x^{cs} : \{\xi \in E_x^2 : |\xi| < \kappa\} \to E_x^1$ 是一个 C^1 映射, 满足 $|h_x^{cs}|_{C^1} \leqslant \delta$;

(iii) $fW_{\theta\kappa}^{cs}(x) \subset W_\kappa^{cs}(fx)$, 其中 $0 < \theta < 1$ 是一个常数, 而且

$$W_\rho^{cs}(x) = \exp_x \text{Graph}(h_x^{cs}|_{\{\xi\in E_x^2:|\xi|<\rho\}}), \quad \forall 0 < \rho < \kappa;$$

(iv) 对于 $y \in W_\kappa^{cs}(x)$, 如果 $f^k y \in B(f^k x, \Theta^{-1}\kappa)$, $\forall 0 \leqslant k \leqslant n-1$, 则

$$d(f^k y, f^k x) \leqslant \Theta[(1+\delta)e^{4\gamma}]^k d(y, x), \quad 0 \leqslant k \leqslant n,$$

其中 $\Theta > 0$ 是一个常数.

(2) (i) $W_\kappa^u(x)=\exp_x z\mathrm{Graph}(h_x^u)$, 其中 $h_x^u:\{\xi\in E_x^1:|\xi|<\kappa\}\to E_x^2$ 是一个 C^2 映射, 满足 $|h_x^u|_{C^1}\leqslant \bar{A}^2\delta$ 且 $|h_x^u|_{C^2}\leqslant\bar{B}$ 对某个不依赖于 $x\in N$ 的常数 $\bar{B}>0$ 成立；

(ii) 如果 $x\in fN$, 则

$$fW_\kappa^u(f^{-1}x)\supset W_\kappa^u(x);$$

如果 $x,f^{-1}x,\cdots,f^{-n}x\in N$, 则对任意的 $y\in W_\kappa^u(x)$,

$$d(f^{-k}y,f^{-k}x)\leqslant \bar{A}^2e^{-k(\lambda_0-5\gamma)}d(y,x),\quad 0\leqslant k\leqslant n;$$

(3) 对 $x\in N_1, W_\kappa^u(x)\subset N, W_\kappa^{cs}(x)\subset N, \bigcup_{z\in W_\kappa^u(x)}W_\kappa^{cs}(z)$ 和 $\bigcup_{z\in W_\kappa^{cs}(x)}W_\kappa^u(z)$ 包含了 x 的一个邻域.

引理 8.2.2 (1) 由 $\hat{E}^{cs}$ 的局部唯一可积性得到. $\{W_\kappa^u(x)\}_{x\in\Lambda}$ 的存在性可以由文献 [18] 中的 Hadamard-Perron 定理的一个局部版本得到, 引理 8.2.2 (2) 中关于 $\{W_\kappa^u(x)\}_{x\in N}$ 的结果来自于文献 [14].

引理 8.2.3 存在一个常数 $\hat{C}>0$ 满足对任意的 $x,y\in N$, 只要 $f^iy\in W_\kappa^u(f^ix), 0\leqslant i\leqslant n$, 就有

$$\hat{C}^{-1}\leqslant\frac{\mathcal{J}_n(x)}{\mathcal{J}_n(y)}\leqslant\hat{C},$$

其中 $\mathcal{J}_n(y)=\mathcal{J}(y)\mathcal{J}(fy)\cdots\mathcal{J}(f^{n-1}y)$, $\mathcal{J}(y)=\det(D_yf|_{E_y^u})|$, E_y^u 是 $W_\kappa^u(x)$ 在 y 点处的切空间.

证明 由引理 8.2.2 (2),

$$\begin{aligned}\left|\log\frac{\mathcal{J}_n(x)}{\mathcal{J}_n(y)}\right|&\leqslant\sum_{i=0}^{n-1}|\log\mathcal{J}(f^ix)-\log\mathcal{J}(f^iy)|\\&\leqslant\sum_{i=0}^{n-1}\bar{B}_1d(f^ix,f^iy)\\&\leqslant\sum_{i=0}^{n-1}\bar{B}_2e^{-(\lambda_0-5\gamma)(n-i)}d(f^nx,f^ny),\end{aligned}$$

对常数 $\bar{B}_1,\bar{B}_2>0$ 成立. 引理现在易得. □

对 $x\in N$ 和 $0<\varepsilon\leqslant\kappa$, 令 $W_\varepsilon^u(x)=\exp_x\mathrm{Graph}(h_x^u|_{\{\xi\in E_x^1:|\xi|<\varepsilon\}})$. 在文献 [21] 中的命题 II.3.10 可以被推广过来, 即

引理 8.2.4 存在常数 $\bar{C}>0$, $0<\bar{\varepsilon}\leqslant\kappa$, $0<\bar{\rho}\leqslant\kappa$ 满足, 如果 $x,y\in N_1$, $0<\varepsilon\leqslant\bar{\varepsilon}$, $0<\rho\leqslant\bar{\rho}$, $n\geqslant1$ 以及 $W_\varepsilon^u(x)\bigcap f^{-n}W_\rho^{cs}(y)$ 由点 $\{z_k\}$ 组成, 则

$$\sum_k(\mathcal{J}_n(z_k))^{-1}\leqslant\bar{C}\varepsilon^{v^u},\tag{8.2.10}$$

其中 $v^u = \dim W^u(x)$.

证明 证明采用与文献 [21, Prop. II.3.10] 中的证明相似的办法. 但是, 由于情形有所不同 (特别地, 圆盘族 $\{W^u_\kappa(x)\}_{x\in N}$ 可能并不唯一), 这里简述这个证明以省掉琐碎的细节. 令 $\hat{E}^u_x$, $\hat{E}^{cs}_x$ 分别是 $W^u_\kappa(x)$ 和 $W^{cs}_\kappa(x)$ 在 $x\in N$ 处的切空间, 则 $T_N M = \hat{E}^u \oplus \hat{E}^{cs}$ 构成了一个 Tf 不变的连续分解. 当 ε 足够小时, 对任意的 $x\in N_1$ 以及任意的 $z\in W^u_\varepsilon(x)$, 有 $W^u_\varepsilon(x) = \exp_z \mathrm{Graph}(J^u_z)$, 其中 J^u_z 是一个从 $\hat{E}^u_z$ 中的区域到 $\hat{E}^{cs}_z$ 的 C^2 映射并满足 J^u_z 有小的 Lipschitz 常数以及 $D.J^u_z$ 的 Lipschitz 常数比常数 $\hat{L}$ 小. 而且, 存在 $0<\bar{\rho}\leqslant\kappa$ 满足对任意的 $x\in N_1$ 和任意的 $z\in W^{cs}_\varepsilon(x)$, $W^{cs}_{\bar{\rho}}(x) = \exp_z \mathrm{Graph}(J^{cs}_z)$, 其中 J^{cs}_z 是一个从 $\hat{E}^{cs}_z$ 中的区域到 $\hat{E}^u_z$ 的 Lipschitz 常数比 $\dfrac{1}{2}$ 小的 C^1 映射. 令 x, $y\in N_1$, $n\geqslant 1$ 并假设 $W^u_\varepsilon(x)\bigcap f^{-n}W^{cs}_{\bar{\rho}}(y) = \{z_k\}_{k\in\mathcal{K}}$. 应用与引理 8.2.1 证明中相类似的论述及与附录和引理 8.2.3 相类似的结果知, $f^n W^u_\varepsilon(x)$ 必然包含 $\dim \hat{E}^u$ 维的无交片 (piece) $W_{f^n z_k}, k\in\mathcal{K}$, 并满足每片上的子流形所诱导的 Lebesgue 测度比某个常数 $\bar{L}$ 大, 这表明对任意的 $k\in\mathcal{K}$,

$$\mathrm{Leb}(f^{-n}W_{f^n z_k})J_n(z_k) \geqslant \bar{L}\cdot \mathrm{Const}.$$

对 $k\in\mathcal{K}$ 作和, 得到 (8.2.10). □

8.2.2 Markov 半群的动力学

下面证明一些关于 Markov 链的有用的结论. 本节的内容和思想主要来自于文献 [21], 由于现在的系统已经不是一致双曲, 很多地方做了必要的改动.

令 $\beta = 5\gamma, v = \dim M$. 令 $K>1$ 是满足 $K\cdot\dfrac{\lambda_0}{2} > 1$ 的常数. 由假设和文献 [21, 引理 II.1.1], 有

引理 8.2.5 令 $n = [-K\log\varepsilon]+1$ 以及 $\delta = \varepsilon^{1-\beta}$. 当 ε 足够小时, 有

$$|P^\varepsilon(n,x,\Gamma) - P^\varepsilon_x\{d(fX^\varepsilon_l, X^\varepsilon_{l+1})<\delta,\ l=0,1,\cdots,n-1,\ X^\varepsilon_n\in\Gamma\}| \leqslant \exp(-\varepsilon^{-\beta/2}) \tag{8.2.11}$$

对任意 $x\in U_\Lambda$ 以及任意 Borel 集合 $\Gamma\subset U_\Lambda$ 成立.

证明 式子 (8.2.11) 的左边小于

$$\begin{aligned}
&\sum_{i=0}^{n-1} P^\epsilon_x\{\mathrm{dist}(fX^\epsilon_i, X^\epsilon_{i+1})\geqslant\delta,\ i=0,1,\cdots,n-1,\ X^\epsilon_n\in\Gamma\}\\
\leqslant&\underbrace{\sum_{i=0}^{n-2} P^\epsilon_x\{\mathrm{dist}(fX^\epsilon_i, X^\epsilon_{i+1})\geqslant\delta,\ X^\epsilon_n\in\Gamma\}}_{(A)} + \underbrace{P^\epsilon_x\{\mathrm{dist}(fX^\epsilon_{n-1}, X^\epsilon_n)\geqslant\delta,\ X^\epsilon_n\in\Gamma\}}_{(B)}
\end{aligned}$$

令 $A_i^\epsilon = \{\operatorname{dist}(fX_i^\epsilon, X_{i+1}^\epsilon) \geqslant \delta,\ X_n^\epsilon \in \Gamma\}$, $B_i^\epsilon = \{\operatorname{dist}(fX_i^\epsilon, X_{i+1}^\epsilon) \geqslant \delta\}$, $C_i^\epsilon = \{X_n^\epsilon \in \Gamma\}$, 则

$$\begin{aligned}P_x^\epsilon(A_i^\epsilon) &= \mathrm{E}(E_x 1_{A_i^\epsilon}(\omega)|\mathcal{F}_{n-1})\\ &= \mathrm{E}(1_{B_i^\epsilon}(\omega)E_x(1_{C_i^\epsilon}(\omega)|\mathcal{F}_{n-1}))\\ &= \mathrm{E}(1_{B_i^\epsilon}(\omega)E_x(1_{C_i^\epsilon}(\omega)|X_{n-1}^\epsilon))\\ &= \mathrm{E}(1_{B_i^\epsilon}(\omega)P_x(X_n^\epsilon \in \Gamma|X_{n-1}^\epsilon))\\ &= \mathrm{E}\left(1_{B_i^\epsilon}(\omega)\int_\Gamma q_{fX_{n-1}^\epsilon}^\epsilon(y)dm(y)\right)\\ &\leqslant C\epsilon^{-v}m\left(\Gamma \bigcap \overline{U_\Lambda}\right)P(B_i^\epsilon),\end{aligned}$$

$$\begin{aligned}(\mathrm{A}) &\leqslant (n-1)C\epsilon^{-v}m\left(\Gamma \bigcap \overline{U_\Lambda}\right)\sup_{y\in\overline{U_\Lambda}}\int_{\overline{U_\Lambda}\setminus B_\delta(fy)} q_{fy}^\epsilon(z)dm(z)\\ &\leqslant C_1 n\epsilon^{-2v}e^{-\frac{\alpha\delta}{\epsilon}},\end{aligned}$$

$$\begin{aligned}(\mathrm{B}) &\leqslant \sup_y \int_{\overline{U_\Lambda}\setminus B_\delta(fy)} q_{fy}^\epsilon(z)dm(z)\\ &\leqslant C_2 n\epsilon^{-2v}e^{-\frac{\alpha\delta}{\epsilon}}.\end{aligned}$$

联合式子 (A) 和 (B), 再注意到 n, δ 和 ϵ 的关系, 即得到了结论. □

为了研究 $\{X_n^\varepsilon\}_{n\geqslant 0}$ 在 f 的轨道上的作用, 下面的引理考虑 Markov 链在切丛 $T_N M$ 上的作用. 对任意 $x \in N$, $\xi \in T_x M$ 以及一个 Borel 集合 $\Psi \subset T_{fx}M$, 定义

$$R_x^\varepsilon(\xi, \Psi) = \int_\Psi r_x^\varepsilon(\xi, \eta)dm_{fx}(\eta),$$

其中

$$r_x^\varepsilon(\xi, \eta) = \varepsilon^{-v} r_{fx}\left(\frac{\eta - Df\xi}{\varepsilon}\right).$$

对 $n \geqslant 1$, $x \in N$, $\xi \in T_x M$ 以及一个 Borel 集合 $\Psi \subset T_{f^n x}M$, 令

$$\begin{aligned}&R_x^\varepsilon(n, \xi, \Psi)\\ &= \int_{T_{fx}M}\cdots\int_{T_{f^{n-1}x}M}\int_\Psi r_x^\varepsilon(\xi, \eta_1)r_{fx}^\varepsilon(\eta_1, \eta_2)\cdots\\ &\quad r_{f^{n-1}x}^\varepsilon(\eta_{n-1}, \eta_n)dm_{fx}(\eta_1)\cdots dm_{f^n x}(\eta_n).\end{aligned}$$

对于任意 $x \in M$ 以及任意 $\xi, \eta \in T_x M$, 令

$$\Xi_x^\epsilon(\xi, \eta) = \epsilon\sum_{k=1}^n Df^{n-k}\theta_x(k) + Df^n\xi,$$

其中 $\{\theta_x(k)\in T_{f^kx}M,\ k=1,2,\cdots\}$ 是两两独立的随机向量, 它们的分布是

$$P\{\theta_x(k)\in\Psi\}=\int_\Psi r_{f^kx}(\eta)dm_{f^kx}(\eta).$$

引理 8.2.6 当 $\Xi_x^\epsilon(\xi,n-1)=\zeta$ 时, $\Xi_x^\epsilon(\xi,n)$ 是一个基点为 ξ, 转移概率为 $R_{f^nx}(\zeta,\cdot)$ 的 Markov 链.

证明

$$\begin{aligned}&P(\Xi_x^\epsilon(\xi,n)\in\Psi|\ \Xi_x^\epsilon(\xi,n-1))\\ =&P(\epsilon\theta_x(n)+Df\Xi_x^\epsilon(\xi,n-1)\in\Psi|\ \Xi_x^\epsilon(\xi,n-1))\\ =&P(\epsilon\theta_x(n)+Df\zeta\in\Psi|\ \Xi_x^\epsilon(\xi,n-1)=\zeta)|_{\ \zeta=\Xi_x^\epsilon(\xi,n-1)}\\ &(\text{由于}\theta_x(n)\text{和}\Xi_x^\epsilon(\xi,n-1)\text{是相互独立的})\\ =&R_{f^nx}^\epsilon(\zeta,\Psi)|_{\ \zeta=\Xi_x^\epsilon(\xi,n-1)}.\end{aligned}$$

□

引理 8.2.7 给定任意 $\xi\in T_xM$ 以及一个 Borel 集合 $\Psi\subset T_{f^nx}M$, 有

$$P(\Xi_x^\epsilon(\xi,n)\in\Psi)=R_x^\epsilon(n,\xi,\Psi).$$

证明 由 Chapman-Kolmogorov 方程, 结论是显然的. □

令 $T_NM=\hat{E}^u\oplus\hat{E}^{cs}$ 是在证明引理 8.2.4 中引入的 Tf 不变的分解.

引理 8.2.8 对于任意的 $\xi\in T_xM$, $n\geqslant 1$ 以及 Borel 集合 $\Psi^{cs}\subset\hat{E}_{f^nx}^{cs}$, $\Psi^u\subset\hat{E}_{f^nx}^u(1)=\{\xi\in\hat{E}_{f^nx}^u;\|\xi\|\leqslant 1\}$, 存在常数 $C>0$ 使得

$$R_x^\epsilon(n,\xi,\Psi^{cs}+\Psi^u)\leqslant C\epsilon^{-v^u}m_{f^nx}^u(\Psi^u)\mathcal{J}_n(x)^{-1}(x),$$

其中 v^u 是 $\hat{E}_x^u$ 的维数.

证明 定义 $\phi_x^u(n)=\sum\limits_{k=1}^{n-1}Df^{-k}\theta_x^u(k+1)$, 则

$$\begin{aligned}R_x^\epsilon(n,\xi,\Psi^{cs}+\Psi^u)&\leqslant P(\Xi_x^\epsilon(\xi,n)\in\Psi^{cs}+\Psi^u)\quad(\text{由引理 8.2.7})\\ &\leqslant P(\epsilon Df^{n-1}(\phi_x^u(n)+\theta_x^u(1))+Df^n\xi^u\in\Psi^u)\\ &=P(\phi_x^u(n)+\theta_x^u(1)+\epsilon^{-1}Df\xi^u\in\epsilon^{-1}Df^{-(n-1)}\Psi^u)\\ &=\int_{\hat{E}_{fx}^u}P(\phi_x^u(n)\\ &\quad\times\in d\eta)\int_{\epsilon^{-1}Df^{-(n-1)}\Psi^u}r_{fx}^u(\zeta-\eta-\epsilon^{-1}Df\xi^u)dm_{fx}^u(\zeta).\end{aligned}$$

(由于$\phi_x^u(n)$和$\theta_x^u(1)$是相互独立的)

再注意到

$$\begin{aligned}P(\theta_x^u(1)\in\Psi^u)&\leqslant P(\theta_x(1)\in\Psi^u+\hat{E}^{cs})\\&=\int_{\hat{E}^{cs}}\int_{\Psi^u}r_{fx}(\eta_1+\eta_2)dm_f^u x(\eta_1)dm_{fx}^{cs}(\eta_2)\\&=\int_{\Psi^u}\left(\int_{\hat{E}^{cs}}r_{fx}(\eta_1+\eta_2)dm_{fx}^{cs}(\eta_2)\right)dm_{fx}^u(\eta_1)\\&\leqslant\int_{\Psi^u}\int_{\hat{E}^{cs}}Ce^{-\alpha\|\eta_1+\eta_2\|}dm_{fx}^{cs}(\eta_2)dm_{fx}^u(\eta_1)\\&\quad(\text{由假设(c)知})\\&\leqslant Cm_{fx}^u(\Psi^u),\end{aligned}$$

因此 $R_x^\epsilon(n,\xi,\Psi^{cs}+\Psi^u)\leqslant Cm_{fx}^u(\epsilon^{-1}Df^{-(n-1)}\Psi^u)$, 结论得证. □

当 $n\geqslant[-K\log\varepsilon]+1$ 时, 有

$$\sup\{\|\xi\|:\ \xi\in\varepsilon^{-1}Df^{-(n-1)}\hat{E}^u(1)\}\leqslant 1,$$

其中 $\hat{E}^u(1)=\{\zeta\in\hat{E}^u:\ \|\zeta\|\leqslant 1\}$, $0<\varepsilon<1$.

引理 8.2.9　存在常数 $\tilde{C}>0$, $\tilde{\sigma}>0$ (可能依赖于 γ) 和 $\tilde{\varepsilon}>0$ 使得对任意 $x\in N$, $\xi\in T_xM$, $0<\varepsilon<\tilde{\varepsilon}$, $n\geqslant[-K\log\varepsilon]+1$, Borel 集合 $\Psi^u\subset\hat{E}_{f^nx}^u(1)$, $\Psi^{cs}\subset\hat{E}_{f^nx}^{cs}$, 有

$$R_x^\epsilon(n,\xi,\Psi^u+\hat{E}^{cs})\leqslant\tilde{C}\varepsilon^{-v^u}m_{f^nx}^u(\Psi^u)\mathcal{J}_n(x)^{-1}e^{-\tilde{\sigma}\|\xi^u\|\varepsilon^{-1}},$$

其中 v^u 是 $\hat{E}_x^u$ 的维数, ξ^u 由 $\xi=\xi^u+\xi^{cs}\in\hat{E}_x^u\oplus\hat{E}_x^{cs}$ 所定义.

证明　通过引理 8.2.8 的证明知

$$P(\theta_x^u(1)\in\Psi^u)\leqslant\int_{\Psi^u}r_{fx}^u(\eta_1)dm_{fx}^u(\eta_1),$$

其中 $r_{fx}^u(\eta_1)=\displaystyle\int_{\hat{E}^{cs}}r_{fx}(\eta_1+\eta_2)dm_{fx}^{cs}(\eta_2)$. 由 $\hat{E}^u$ 和 $\hat{E}^{cs}$ 的一致横截性以及假设 (c), 有

$$r_y^u(\eta)\leqslant C_1\exp(-\sigma_1\|\eta\|)\tag{8.2.12}$$

对常数 $\sigma_1,C_1>0$ 成立.

接下来证明

$$\mathrm{E}\exp(\sigma_1\|\phi_x^u(n)\|)\leqslant C_2\tag{8.2.13}$$

对某个常数 $C_2 > 0$ 成立. 令 $\lambda_1 = \lambda_0 - 3\gamma$, 则

$$\|\phi_x^u(n)\| \leqslant \sum_{k=1}^{n-1} e^{-\lambda_1 k}\|\theta_x^u(k+1)\|,$$

$$\begin{aligned}
\mathrm{E}\exp(\sigma_1\|\phi_x^u(n)\|) &\leqslant \mathrm{E}\exp\left(\sigma_1\left(\sum_{k=1}^{n-1} e^{-\lambda_1 k}\|\theta_x^u(k+1)\|\right)\right)\\
&\leqslant \mathrm{E}\prod_{k=1}^{n-1}\exp(\sigma_1 e^{-\lambda_1 k}\|\theta_x^u(k+1)\|)\\
&\leqslant \prod_{k=1}^{n-1}\mathrm{E}\exp(\sigma_1 e^{-\lambda_1 k}\|\theta_x^u(k+1)\|)\\
&\leqslant \prod_{k=1}^{n-1}\mathrm{E}\exp(\sigma_2 e^{-\lambda_1 k}\|\theta_x(k+1)\|)\\
&= \prod_{k=1}^{n-1}\int C\exp(\sigma_2 e^{-\lambda_1 k}\|\zeta\|)\exp(-\alpha\|\zeta\|)dm_{f^{k+1}x}(\zeta)\\
&\leqslant \prod_{k=1}^{n-1}\left(\int_{\|\zeta\|<e^{\frac{1}{2}\lambda_1 k}}\cdots+\int_{\|\zeta\|\geqslant e^{\frac{1}{2}\lambda_1 k}}\cdots\right)\\
&\leqslant \prod_{k=1}^{n-1}\left(\exp\{\sigma_2 e^{-\frac{1}{2}\lambda_1 k}\}\right.\\
&\qquad\left.+\int_{\|\zeta\|\geqslant e^{\frac{1}{2}\lambda_1 k}}\exp\{(\sigma_2 e^{-\lambda_1 k}-\alpha\|\zeta\|)\|\zeta\|\}dm_{f^{k+1}x}(\zeta)\right).
\end{aligned}$$

这就证明了 (8.2.13).

由契比雪夫不等式和 (8.2.13) 得到

$$P\left\{\|\phi_x^u(n)\| \geqslant \frac{1}{3\epsilon}\|Df\xi^u\|\right\} \leqslant C_2\exp\left(-\frac{\sigma_1}{3\epsilon}\|Df\xi^u\|\right). \tag{8.2.14}$$

注意到已经选取好 K 以保证

$$\sup\{\|\xi\|;\ \xi \in \epsilon^{-1}Df^{-(n-1)}\Psi^u\} \leqslant 1$$

当 $n \geqslant [-K\log\epsilon]+1$ 以及 $\epsilon > 0$ 足够小时成立. 因此, 如果 $\zeta \in \epsilon^{-1}Df^{-(n-1)}\Psi^u$ 以及 $\|\eta\| < \dfrac{1}{3\epsilon}\|Df\xi^u\|$, 则由 (8.2.12),

$$r_{fx}^u(\zeta-\eta-\epsilon^{-1}Df\xi^u) \leqslant C_1\exp\left(-\frac{\sigma_1}{3\epsilon}\|Df\xi^u\|\right). \tag{8.2.15}$$

最后,

$$\begin{aligned}
&R_x^\epsilon(n,\xi,\Psi^{cs}+\Psi^u)\\
\leqslant& P(\Xi_x^\epsilon(\xi,n)\in\Psi^{cs}+\Psi^u)\quad(\text{由引理8.2.7})\\
\leqslant& P(\epsilon Df^{n-1}(\phi_x^u(n)+\theta_x^u(1))+Df^n\xi^u\in\Psi^u)\\
=& P(\phi_x^u(n)+\theta_x^u(1)+\epsilon^{-1}Df\xi^u\in\epsilon^{-1}Df^{-(n-1)}\Psi^u)\\
=&\int_{\hat{E}_{fx}^u}P(\phi_x^u(n)\in d\eta)\int_{\epsilon^{-1}Df^{-(n-1)}\Psi^u}r_{fx}^u(\zeta-\eta-\epsilon^{-1}Df\xi^u)dm_{fx}^u(\zeta)\\
&(\text{由于}\phi_x^u(n)\text{和}\theta_x^u(1)\text{是相互独立的})\\
=&\int_A P(\phi_x^u(n)\in d\eta)\int\cdots+\int_{A^c}P(\phi_x^u(n)\in d\eta)\int\cdots,
\end{aligned}$$

其中 $A=\left\{\eta;\ \|\eta\|\geqslant\dfrac{1}{3\epsilon}\|Df\xi^u\|\right\}$. 联合 (8.2.12), (8.2.14) 和 (8.2.15), 这就完成了引理的证明. □

8.3 部分双曲系统的 SRB 测度与随机稳定性

令 $\gamma>0$ 满足 $30v(K+1)\cdot5\gamma<\alpha$ ($0<\alpha<1$ 在假设 8.2 中引入), 令 $\beta=5\gamma$, $\delta_\varepsilon=\varepsilon^{1-\beta}$, $n_\varepsilon=[-K\log\varepsilon]+1$. 对于 $\bar z\in\Lambda$, 令 $R_{\bar z,\eta,\rho}=\bigcup_{y\in W_\eta^u(\bar z)}W_\rho^{cs}(y)$ 是一个矩形. 这一小节的主要结果是下面的定理 8.3.1, 通过它完成定理 8.2.1 的证明. 它与文献 [21, 定理 II.4.1] 类似, 我们将通过沿着文献 [21, 定理 II.4.1] 的证明路线来完成它的证明. 由于现在的系统是非一致双曲系统, 因此会在一些地方做必要的调整.

定理 8.3.1 采取与定理 8.2.1 相同的假设. 令 μ^ε, $\varepsilon>0$ 是 $\{X_n^\varepsilon\}_{n\geqslant0}$ 的一系列平稳测度, $\varepsilon>0$, 则存在正常数 η_0, ρ_0, C_0 满足对任意的矩形 $R_{\bar z,\eta,\rho}$ ($\bar z\in\Lambda$, $0<\eta\leqslant\eta_0$, $0<\rho\leqslant\rho_0$) 以及 $\{\mu^\varepsilon\}_{\varepsilon>0}$ 的任一极限点 μ (当 $\varepsilon\to0$ 时), 有

$$\mu(R_{\bar z,\eta,\rho})\leqslant C_0m^u(W_\eta^u(\bar z)),\tag{8.3.1}$$

其中 m^u 是在不稳定流形上诱导的 Lebesgue 测度.

证明 由于 $\{\mu^\varepsilon\}_{\varepsilon>0}$ 的任一极限点 μ (当 $\varepsilon\to0$ 时) 是 $f:U_\Lambda\to U_\Lambda$ 的不变测度以及 $\bigcap_{n\geqslant0}f^nU_\Lambda=\Lambda$, μ 的支集一定在 Λ 上.

由于假设 $\hat E^{cs}$ 是 Lipschitz 连续和局部可积的, 对于任意的 $\bar z\in\Lambda$ 以及任意的 $h_i:E_{\bar z}^u(\bar\rho)\to E_{\bar z}^{cs}(\bar\rho)$ ($\mathrm{Lip}(h_i)\leqslant\dfrac12$, $i=1,2$), $\exp_{\bar z}\mathrm{Graph}(h_i)$ ($i=1,2$) 沿着叶片 $\{W_{\bar\rho}^{cs}(y)\}_{y\in W_{\bar\rho}^u(\bar z)}$ 的 poincaré 映射是 Lipschitz 连续的.

令 $0<\eta<\frac{1}{2}\bar{\rho}$ 以及 $0<\rho<\frac{1}{2}\bar{\rho}$. 令 $\bar{z}\in\Lambda$ 以及 $E=W_\eta^u(\bar{z})$. 注意到 W^u 圆盘对于 $E\subset\Lambda$ 内的点是唯一的, 所以对于某个 $\varepsilon>0$, 由 Besicovitch 覆盖定理 (参见文献 [24, 章 VI.6]), 可以选取 $v_i\in E$, $1\leqslant i\leqslant k_\varepsilon$ 使得

$$E\subset\bigcup_{i=1}^{k_\varepsilon}W_\varepsilon^u(v_i),\qquad \sum_{i=1}^{k_\varepsilon}m^u(W_\varepsilon^u(v_i))\leqslant c(v^u)m^u(E), \tag{8.3.2}$$

其中 $c(v^u)$ 是一个仅依赖于维数 $v^u=\dim E^u$ 的常数.

令 $x\in N_1$. 对于 Borel 集合 $\Gamma\subset N_1$, 令

$$I_1^\varepsilon(\delta,n,x,\Gamma)=P_x^\varepsilon\{d(fX_l^\varepsilon,X_{l+1}^\varepsilon)<\delta,\ l=0,\cdots,n-1;\ X_n^\varepsilon\in\Gamma\}.$$

由引理 8.2.5,

$$\begin{aligned}P^\varepsilon(n_\varepsilon,x,R_{\bar{z},\eta,\rho})&\leqslant I_1^\varepsilon(\delta_\varepsilon,n_\varepsilon,x,R_{\bar{z},\eta,\rho})+\exp(-\varepsilon^{-\frac{\beta}{2}})\\&\leqslant\sum_{i=1}^{k_\varepsilon}I_1^\varepsilon(\delta_\varepsilon,n_\varepsilon,x,W_\rho^{cs}(E_i))+\exp(-\varepsilon^{-\frac{\beta}{2}}),\end{aligned}$$

其中 $E_i=W_\varepsilon^u(v_i)$ 以及 $W_\rho^{cs}(E_i)=\bigcup_{y\in E_i}W_\rho^{cs}(y)$. 令 $\omega=(x,y_1,\cdots,y_{n_\varepsilon})$ 是一个满足 $y_{n_\varepsilon}\in W_\rho^{cs}(E_i)$ 的 δ_ε 伪轨. 由引理 8.2.1, 存在 y^ω 使得

$$d(f^ly^\omega,y_l)\leqslant\bar{A}\bar{K}e^{\beta l}\delta_\varepsilon,\qquad 0\leqslant l\leqslant n_\varepsilon,$$

其中 $y_0=x$. 由之前关于 K 和 β 的假设, 有

$$d(f^ly^\omega,y_l)\leqslant\varepsilon^{1-2K\beta},\qquad 0\leqslant l\leqslant n_\varepsilon, \tag{8.3.3}$$

当 ε 足够小时. 由此导出

$$y^\omega\in\bigcup_{y\in W^u_{\varepsilon^{1-3K\beta}}(x)}W^{cs}_{\varepsilon^{1-3K\beta}}(y).$$

对于某个 $x'\in W^u_{\varepsilon^{1-3K\beta}}(x)$, 设 $y^\omega\in W^{cs}_{\varepsilon^{1-3K\beta}}(x')$. 由引理 8.2.2 (1) (iv),

$$d(f^lx',f^ly^\omega)\leqslant 2\bar{A}^2e^{5\gamma l}\varepsilon^{1-3K\beta}\leqslant\frac{1}{2}\varepsilon^{1-5K\beta}, \tag{8.3.4}$$

对 $0\leqslant l\leqslant n_\varepsilon$ 成立, 当 ε 足够小时. 设

$$W^u_{\varepsilon^{1-3K\beta}}(x)\bigcap f^{-n_\varepsilon}W^{cs}_{\bar{\rho}}(v_i)=\{x_{ij}\}.$$

令 $x_{ij_\omega}\in\{x_{ij}\}$ 是这样的点：在点 $\{f^{n_\varepsilon}x_{ij}\}$ 中, 沿着 $f^{n_\varepsilon}W^u_{\varepsilon^{1-3K\beta}}(x)$ 最接近 $f^{n_\varepsilon}x'$ 的点是 $f^{n_\varepsilon}x_{ij_\omega}$. 由于

$$d(f^{n_\varepsilon}x',y_{n_\varepsilon})\leqslant d(f^{n_\varepsilon}x',f^{n_\varepsilon}y^\omega)+d(f^{n_\varepsilon}y^\omega,y_{n_\varepsilon})\leqslant\varepsilon^{1-5K\beta},$$

所以有 $f^{n_\varepsilon}x' \in \bigcup_{y\in W^{cs}_{\varepsilon^{1-6K\beta}}(y_{n_\varepsilon})} W^u_{\varepsilon^{1-6K\beta}}(y)$. 应用 W^{cs} 叶片上的 Poincaré 映射的 Lypschitz 连续性, 有

$$d(f^{n_\varepsilon}x', f^{n_\varepsilon}x_{ij_\omega}) \leqslant C_1\varepsilon^{1-6K\beta},$$

对某个常数 $C_1>0$ 成立, 而且由引理 8.2.2 (2) (ii)、式 (8.3.3) 和 (8.3.4),

$$d(f^l x_{ij_\omega}, y_l) \leqslant \varepsilon^{1-7K\beta}, \quad 0\leqslant l\leqslant n_\varepsilon,$$

当 ε 足够小时. 因此

$$I_1^\varepsilon(\delta_\varepsilon, n_\varepsilon, x, W^{cs}_\rho(E_i)) \leqslant \sum_j I_2^\varepsilon(\varepsilon^{1-7K\beta}, n_\varepsilon, x, x_{ij}, W^{cs}_\rho(E_i)),$$

其中

$$\begin{aligned}&I_2^\varepsilon(\delta, n, x, z, \Gamma)\\=&P_x^\varepsilon\{d(X_l^\varepsilon, f^l z)\leqslant\delta,\ 0\leqslant l\leqslant n,\ X_n^\varepsilon\in\Gamma\}\\=&\int_{B_\delta(fz)}\cdots\int_{B_\delta(f^{n-1}z)}\int_{B_\delta(f^n z)\bigcap\Gamma} q^\varepsilon_{fx}(y_1)q^\varepsilon_{fy_1}(y_2)\cdots q^\varepsilon_{fy_{n-1}}(y_n)dm(y_1)\cdots dm(y_n),\end{aligned}$$

$B_\delta(f^l z)$ 是圆心在 $f^l z$ 半径为 δ 的球.

由假设 (b),

$$\begin{aligned}&I_2^\varepsilon(\varepsilon^{1-7K\beta}, n_\varepsilon, x, x_{ij}, W^{cs}_\rho(E_i))\\\leqslant&(1+\varepsilon^\alpha)^{n_\varepsilon}\int_{U_{\varepsilon^{1-7K\beta}}(fx_{ij})}\cdots\int_{U_{\varepsilon^{1-7K\beta}}(f^{n_\varepsilon-1}x_{ij})}\int_{U_{\varepsilon^{1-7K\beta}}(f^{n_\varepsilon}x_{ij})\bigcap W^{cs}_\rho(E_i)}\\&\times\varepsilon^{-v}r_{fx}\left(\frac{1}{\varepsilon}\exp_{fx}^{-1}y_1\right)\varepsilon^{-v}r_{fy_1}\left(\frac{1}{\varepsilon}\exp_{fy_1}^{-1}y_2\right)\\&\cdots\varepsilon^{-v}r_{fy_{n_\varepsilon-1}}\left(\frac{1}{\varepsilon}\exp^{-1}_{fy_{n_\varepsilon-1}}y_{n_\varepsilon}\right)dm(y_1)\cdots dm(y_{n_\varepsilon}).\end{aligned}\tag{8.3.5}$$

容易验证, 存在一个常数 $K_0>0$, 使得如果 $\mathrm{dist}(fy_{l-1}, f^l x_{ij})\leqslant\varepsilon^{1-7K\beta}$, $l=1,\cdots,n_\varepsilon$, 则

$$\|\exp^{-1}_{f^l x_{ij}}y_l - Df\exp^{-1}_{f^{l-1}x_{ij}}y_{l-1} - \pi_{fy_{l-1}f^l x_{ij}}\exp^{-1}_{fy_{l-1}}y_l\|\leqslant K_0\varepsilon^{2-14K\beta},\tag{8.3.6}$$

其中 π_{xy} 是从 T_xM 到 T_yM 的平行移动.

令 $\eta_l=\exp^{-1}_{f^l x_{ij}}y_l$, 则由假设 (c), 有

$$r_{fy_{l-1}}\left(\frac{1}{\varepsilon}\exp^{-1}_{fy_{l-1}}y_l\right)\leqslant r_{f^l x_{ij}}\left(\frac{1}{\varepsilon}(\eta_l - Df\eta_{l-1})\right)+\varepsilon^{1-16K\beta}$$

$$+\chi_{\partial_l^\varepsilon}(y_l) r_{fy_{l-1}}\left(\frac{1}{\varepsilon}\exp_{fy_{l-1}}^{-1} y_l\right), \tag{8.3.7}$$

其中 $\partial_l^\varepsilon = \left\{y; \frac{1}{\varepsilon}\exp_{fy_{l-1}}^{-1} \in \partial V_{fy_{l-1}}^+(\varepsilon^{1-16K\beta})\right\}$, χ_Γ 代表集合 Γ 的示性函数.

由于指数映射 $\exp_y$ 是从 T_yM 的零点的一个小邻域到 M 中 y 的某个邻域的微分同胚, 而且在 T_yM 的零点处的 Jacobi 矩阵恰是单位矩阵, 因此

$$1 - C_2\mathrm{dist}(y_1, y_2) \leqslant \frac{m(dy_1)}{m_{y_2}(d\exp_{y_2}^{-1} y_1)} \leqslant 1 + C_2\mathrm{dist}(y_1, y_2) \tag{8.3.8}$$

对某个常数 $C_2 > 0$ 成立, 其中 $m_y(\cdot)$ 代表 T_yM 上的 Riemann 体积. 由 (8.3.8) 以及假设 (c)(iii), 有

$$\int_{\partial_l^\varepsilon \cap U_{\varepsilon^{1-7K\beta}}} \varepsilon^{-v} r_{fy_{l-1}}\left(\frac{1}{\varepsilon}\exp_{fy_{l-1}}^{-1} y_l\right) dm(y_l) \leqslant 2C_2\varepsilon^{1-16K\beta}. \tag{8.3.9}$$

现在考虑 $\Psi_\varepsilon = Exp_{f^{n_\varepsilon}x_{ij}}^{-1}(W_\rho^{cs}(E_i)\bigcap U_{f^{n_\varepsilon}x_{ij}}(\varepsilon^{1-7K\beta}))$, 我们断言

$$\Psi_\varepsilon \subset E_{f^{n_\varepsilon}x_{ij}}^{cs}(1) + E_{f^{n_\varepsilon}x_{ij}}^{u}(C_3\varepsilon), \tag{8.3.10}$$

对某个常数 $C_3 > 0$ 成立, 其中 $E_{f^{n_\varepsilon}x_{ij}}^{u}(1) = \{\xi \in E_{f^{n_\varepsilon}x_{ij}}^{u};\ \|\xi\| \leqslant 1\}$. 事实上, $\Psi_\varepsilon^{cs} \subset E_{f^{n_\varepsilon}x_{ij}}^{cs}(1)$. 由于 $W^{cs}(\cdot)$ 和 E^{cs} 从是 Hölder 连续的 [24, III.4], 因此对任意的 $\xi, \eta \in \exp_{y_1}^{-1} W_{\varepsilon^{1-8K\beta}}^{cs}(y_2)$, 以及任意的$y_1, y_2 \in U_{f^{n_\varepsilon}x_{ij}}(\varepsilon^{1-8K\beta})$, $\xi - \eta$ 和 $E_{y_1}^{cs}$ 的夹角的阶数是 $\varepsilon^{\tau(1-8K\beta)}$, 其中 $\tau > 0$ 是 Hölder 指数. 因此

$$\|\xi^u - \eta^u\| \leqslant K_1\varepsilon^{(1-8K\beta)(1+\gamma_0)}, \tag{8.3.11}$$

对某个常数 $K_1 > 0$ 成立. 选取 $\beta > 0$ 足够小使得 $(1-8K\beta)(1+\gamma_0) > 1$. 由 (8.3.11) 和事实

$$\Psi_\varepsilon \subset \exp_{f^{n_\varepsilon}x_{ij}}^{-1}(W_\rho^{cs}(E_i)), \quad W_\rho^{cs}(E_i) \supset W_\varepsilon^u(v_i)$$

即完成断言的证明.

显然, 存在常数 $K_2 > 0$, 使得

$$K_2^{-1}\varepsilon^{v^u} \leqslant m^u(E_i) \leqslant K_2 m_{f^{n_\varepsilon}x}^u(E_{f^{n_\varepsilon}x}^u(C_1\varepsilon)) \leqslant K_2^2\varepsilon^{v^u} \leqslant K_2^3 m^u(E_i);$$

$$K_2^{-1}\varepsilon^{v(1-7K\beta)} \leqslant m(U_{\varepsilon^{1-7K\beta}}(y)) \leqslant K_2\varepsilon^{v(1-7K\beta)}. \tag{8.3.12}$$

结合 (8.3.5), (8.3.7), (8.3.10), (8.3), (8.3.9) 和 (8.3.8), 作代换 $\xi = \exp_{x_{ij}}^{-1} x$ 和 $\eta_l = \exp_{f^l x_{ij}}^{-1} y_l$, 就有

$$I_2^\varepsilon(\varepsilon^{1-7K\beta}, n_\varepsilon, x, x_{ij}, W_\rho^{cs}(E_i))$$

$$
\begin{aligned}
&\leqslant (1+\varepsilon^{\alpha})(1+C_2\varepsilon^{1-7K\beta})^{n_\varepsilon}\Bigg[I_3^{\varepsilon}(\varepsilon^{1-7K\beta}, n_\varepsilon, \xi, x_{ij}, \Psi_\varepsilon) \\
&\quad + \sum_{0\leqslant\tau\leqslant n_\varepsilon}(\varepsilon^{1-16K\beta})^{\tau}\prod_{1\leqslant k\leqslant\tau,\ l_1<l_2,\cdots<l_\tau}\ \sup_{\eta\in T_{f^{l_k+1}x_{ij}}(\varepsilon^{1-7K\beta})} I_3^{\varepsilon}(\varepsilon^{1-7K\beta}, \\
&\quad l_{k+1}-l_k-1, \eta, f^{l_k+1}x_{ij}, T_{f^{l_k+1}x_{ij}}(\varepsilon^{1-7K\beta}))\Bigg].
\end{aligned} \tag{8.3.13}
$$

其中

$$
\begin{aligned}
I_3^{\varepsilon}(\delta, k, \xi, x_{ij}, \Psi) = &\int_{T_{fx_{ij}}(\delta)}\cdots\int_{T_{f^{k-1}x_{ij}}(\delta)}\int_{\Psi} r_{x_{ij}}^{\varepsilon}(\xi, \eta_1) r_{fx_{ij}}^{\varepsilon}(\eta_1, \eta_2) \\
&\cdots r_{f^{k-1}x_{ij}}^{\varepsilon}(\eta_{k-1}, \eta_k) dm_{fx_{ij}}(\eta_1)\cdots dm_{f^k x_{ij}}(\eta_k)
\end{aligned}
$$

以及 $T_{x_{ij}}(\rho) = \{\xi \in T_{x_{ij}}M;\ \|\xi\| \leqslant \rho\}$. 当代换 (8.3.7) 的第一项时, 在 (8.3.13) 的右边出现第一个 I_3^{ε} 积分式子；当代换 (8.3.7) 的剩余两项时, 在 (8.3.13) 的右边出现复杂项 (l_k, $k = 1, \cdots, \tau$ 恰恰是进行代换的位置). 这样就成功地把 (8.3.5) 的在 M 上的积分替换成切丛上的积分, 现在可以应用上一节关于概率的引理了.

注意到

$$
\begin{aligned}
R_x^{\varepsilon}(n, \xi, \Psi) = &\int_{T_{fx}M}\cdots\int_{T_{f^{n-1}x}M}\int_{\Psi} r_x^{\varepsilon}(\xi, \eta_1) r_{fx}^{\varepsilon}(\eta_1, \eta_2) \\
&\cdots r_{f^n x}^{\varepsilon}(\eta_{n-1}, \eta_n) dm_{fx}(\eta_1)\cdots dm_{f^n x}(\eta_n).
\end{aligned}
$$

因此

$$
I_3^{\varepsilon}(\delta, k, \xi, x_{ij}, \Psi) \leqslant R_{x_{ij}}^{\varepsilon}(k, \xi, \Psi).
$$

由引理 8.2.9,

$$
\begin{aligned}
&I_3^{\varepsilon}(\varepsilon^{1-7K\beta}, n_\varepsilon, \xi, x_{ij}, \Psi_\varepsilon) \\
\leqslant\ & C\varepsilon^{-v^u} m_{f^{n_\varepsilon}x_{ij}}^{u}(\Psi_\varepsilon^u)\mathcal{J}_{n_\varepsilon-1}(x_{ij})^{-1}\exp(-\tilde{\sigma}\|\xi^u\|\varepsilon^{-1}) \\
\leqslant\ & C\varepsilon^{-v^u} m_{f^{n_\varepsilon}x_{ij}}^{u}(E_{f^{n_\varepsilon}x_{ij}}^{u}(C_1\varepsilon))\mathcal{J}_{n_\varepsilon-1}(x_{ij})^{-1}\exp(-\tilde{\sigma}\|\xi^u\|\varepsilon^{-1}) \qquad (\text{由}(8.3.12)) \\
\leqslant\ & C_4\varepsilon^{-v^u} m^{u}(E_i)\mathcal{J}_{n_\varepsilon}(x_{ij})^{-1}\exp(-\tilde{\sigma}\|\xi^u\|\varepsilon^{-1}).
\end{aligned} \tag{8.3.14}
$$

类似地

$$
\begin{aligned}
&\sup_{\eta\in T_{f^{l_k+1}x_{ij}}(\varepsilon^{1-7K\beta})} I_3^{\varepsilon}(\varepsilon^{1-7K\beta}, l_{k+1}-l_k-1, \eta, f^{l_k+1}x_{ij}, T_{f^{l_k+1}x_{ij}}(\varepsilon^{1-7K\beta})) \\
\leqslant\ & {C_5}^{\tau}\varepsilon^{\tau(1-7K\beta v^u-16K\beta-7K\beta v)}\mathcal{J}_{n_\varepsilon}(x_{ij})^{-1}
\end{aligned} \tag{8.3.15}
$$

对常数 $C_4, C_5 > 0$ 成立.

由 (8.3.13), (8.3.14) 和 (8.3.15), 有

$$
\begin{aligned}
&I_2^{\varepsilon}(\varepsilon^{1-7K\beta}, n_\varepsilon, x, x_{ij}, W_\rho^{cs}(E_i)) \\
\leqslant &(1+\varepsilon^{\alpha})^{n_\varepsilon}(1+C_2\varepsilon^{1-7K\beta})^{n_\varepsilon}[C_4\varepsilon^{-v^u}m^u(E_i)\mathcal{J}_{n_\varepsilon}(x_{ij})^{-1}\exp(-\tilde{\sigma}\|\xi^u\|\varepsilon^{-1}) \\
&+\mathcal{J}_{n_\varepsilon}(x_{ij})^{-1}\sum_{1\leqslant\tau\leqslant n} C_5{}^{\tau}\varepsilon^{\tau(1-7K\beta v^u-16K\beta-7K\beta v)}] \\
\leqslant &C_6\mathcal{J}_{n_\varepsilon}(x_{ij})^{-1}\varepsilon^{-v^u}m^u(E_i)[\exp(-\tilde{\sigma}\|\xi^u\|\varepsilon^{-1})+\varepsilon^{(1-32vK\beta)}],
\end{aligned}
$$

对某个常数 $C_6>0$ 成立.

令 $G_k^{\varepsilon}=\overline{W_{k\varepsilon}^u(x)\setminus W_{(k-1)\varepsilon}^u(x)}(\ k=1,2,\cdots,[\varepsilon^{-3K\beta}]+1)$. 对于每个 G_k^{ε} 选取 $\xi_{k1},\cdots,\xi_{kp_k}\in E_x^1$ 使得只要令 $\hat{W}_{kp}^{\varepsilon}=\exp_x \mathrm{Graph}(h_x^u|_{\{\xi\in E_x^1:|\xi-\xi_{kp}|\leqslant\varepsilon\}})$, 就有

$$
G_k^{\varepsilon}\subset\bigcup_{p=1}^{p_k}\hat{W}_{kp}^{\varepsilon},\quad p_k\leqslant C_7k^{v^u-1},
$$

其中 $C_7>0$ 是一个常数. 由引理 8.2.4, 对于任何固定的 i, k, p, 有

$$
\sum_{x_{ij}\in\hat{W}_{kp}^{\varepsilon}}\mathcal{J}_{n_\varepsilon}(x_{ij})^{-1}\leqslant\bar{C}\varepsilon^{v^u}.
$$

令 $\xi_{ij}=\exp_x^{-1}x_{ij}$. 如果 $x_{ij}\in\hat{W}_{kp}^{\varepsilon}$, 显然有 $\|\xi_{ij}^u\|\geqslant\bar{L}k\varepsilon$ 对某个常数 $\bar{L}>0$ 成立. 所以

$$
\begin{aligned}
&P^{\varepsilon}(n_\varepsilon, x, R_{\bar{z},\eta,\rho}) \\
\leqslant&\sum_{i=1}^{k_\varepsilon}\sum_j I_2^{\varepsilon}(\varepsilon^{1-7K\beta}, n_\varepsilon, x, x_{ij}, W_\rho^{cs}(E_i))+\exp(-\varepsilon^{-\frac{\beta}{2}}) \\
\leqslant&\sum_{i=1}^{k_\varepsilon}\sum_{k,p}\sum_{x_{ij}\in\hat{W}_{kp}^{\varepsilon}} C_6\mathcal{J}_{n_\varepsilon}(x_{ij})^{-1}\varepsilon^{-v^u}m^u(E_i)[\exp(-\tilde{\sigma}\|\xi_{ij}^u\|\varepsilon^{-1}) \\
&+\varepsilon^{1-32vK\beta}]+\exp(-\varepsilon^{-\frac{\beta}{2}}) \\
\leqslant&\sum_{i=1}^{k_\varepsilon}\sum_{k,p} C_6\bar{C}m^u(E_i)[\exp(-\tilde{\sigma}k\bar{L})+\varepsilon^{1-32vK\beta}]+\exp(-\varepsilon^{-\frac{\beta}{2}}) \\
\leqslant&\sum_{i=1}^{k_\varepsilon}\sum_k C_6\bar{C}m^u(E_i)[C_7k^{v^u-1}\exp(-\tilde{\sigma}k\bar{L})+C_7k^{v^u-1}\varepsilon^{1-32vK\beta}]+\exp(-\varepsilon^{-\frac{\beta}{2}}) \\
\leqslant&\sum_{i=1}^{k_\varepsilon} C_6C_7\bar{C}m^u(E_i)\left[\sum_k k^{v^u-1}\exp(-\tilde{\sigma}k\bar{L})+2^{v^u}\varepsilon^{1-32vK\beta-3v^uK\beta}\right]+\exp(-\varepsilon^{-\frac{\beta}{2}})
\end{aligned}
$$

$$\leqslant C_8 m^u(E) + \exp(-\varepsilon^{-\frac{\beta}{2}}),$$

对某个常数 $C_8 > 0$ 成立. 由此可以导出

$$\begin{aligned}\mu^{\varepsilon}(R_{\bar{z},\eta,\rho}) &= \int_N P^{\varepsilon}(n_{\varepsilon}, x, R_{\bar{z},\eta,\rho}) d\mu^{\varepsilon}(x) + \mu^{\varepsilon}(U_{\Lambda} \setminus N) \\ &\leqslant C_8 m^u(E) + \exp(-\varepsilon^{-\frac{\beta}{2}}) + \mu^{\varepsilon}(U_{\Lambda} \setminus N) \\ &= C_8 m^u(E) + O(\varepsilon).\end{aligned}$$

最后, 对于集合 $E_k = W^u_{\eta+\frac{1}{k}}(\bar{z})$ 依然成立:

$$\mu^{\varepsilon}(R_{\bar{z},\eta+\frac{1}{k},\rho+\frac{1}{k}}) \leqslant C_8 m^u(E_k) + O(\varepsilon), \tag{8.3.16}$$

只要 k 充分大.

如果存在一个子序列 $\varepsilon_i \to 0$, 满足 $\mu^{\varepsilon_i} \to \mu$(弱收敛) 当 $\varepsilon_i \to 0$ 时, 则

$$\mu(R_{\bar{z},\eta,\rho}) \leqslant \mu(\inf R_{\bar{z},\eta+\frac{1}{k},\rho+\frac{1}{k}}) \leqslant \varliminf_{i\to\infty} \mu^{\varepsilon_i}(\inf R_{\bar{z},\eta+\frac{1}{k},\rho+\frac{1}{k}}) \leqslant C_8 m^u(E_k).$$

令 $k \to 0$,

$$\mu(R_{\bar{z},\eta,\rho}) \leqslant C_8 m^u(E).$$

□

定理 8.2.1 的证明　对于 $x \in \Lambda$, 令 $B(x,\delta) = \{y \in M : d(y,x) < \delta\}$ 以及 $B_n(x,\delta) = \{y \in M : d(f^l y, f^l x) < \delta,\ 0 \leqslant l \leqslant n-1\}$. 当 $\delta > 0$ 充分小时, 有 $B(x,\delta) \subset W^{cs}_{L\delta}(W^u_{L\delta}(x))$ 对于任意的 $x \in \Lambda$ 以及某个常数 $L > 0$ 成立. 从局部 W^{cs} 和局部 W^u 流形的不变性可知, 如果 $y \in B_n(x,\delta)$, 则 $y \in W^{cs}_{L\delta}(\bigcap_{l=0}^{n-1} f^{-l} W^u_{L\delta}(f^l x))$, 因此

$$\mu(B_n(x,\delta)) \leqslant C_8 m^u\left(\bigcap_{l=0}^{n-1} f^{-l} W^u_{L\delta}(f^l x)\right).$$

把这个式子和定理 8.3.1、引理 8.2.3结合起来就有

$$\mu(B_n(x,\delta)) \leqslant C_9 \mathcal{J}_n(x)^{-1},$$

对某个常数 $C_9 > 0$ 成立. 因此, 对于任意的 $x \in \Lambda$,

$$\limsup_{n\to+\infty} -\frac{1}{n} \log \mu(B_n(x,\delta)) \geqslant \limsup_{n\to+\infty} \frac{1}{n} \log \mathcal{J}_n(x).$$

由 Brin-Katok 局部熵公式[6] 即可得出

$$h_{\mu}(f) \geqslant \int \chi(x) d\mu(x).$$

结合这个式子和 Ruelle 不等式得, μ 满足 Pesin 熵公式. 由于对 μ 存在几乎处处为正的 Lyapunov 指数, μ 是一个 SRB 测度. □

8.4 一种无界区域上的双曲动力系统的随机稳定性

8.4.1 引言

这一章研究由作用在实轴上的仿射压缩变换和作用在圆周 $S^1 = R/Z$ 上的 "角乘积" 变换的斜积所生成的动力系统:

$$T : S^1 \times R \to S^1 \times R, \qquad T(x, y) = (lx, \lambda y + f(x)),$$

其中 $l \geqslant 2$ 是一个整数, $0 < \lambda < 1$ 是一个实数以及 f 是一个作用在 S^1 上的 C^r 函数 $(r \geqslant 3)$. 文献 [2], [26] 证明了, 如果 T 是局部体积扩张的, 即 $\lambda l > 1$, 则对于 C^r 通有的 f, 存在一个相对于 Lebesgue 测度绝对连续的 SRB 测度. 而且当 $\lambda^{1+2s} l > 1 (0 \leqslant s < r-2)$ 时, 对于 C^r 通有的 f 这个 SRB 测度的密度也具备一定程度的正则性. 这里, 映射 T 的不变测度 μ 称为 SRB 测度当且仅当对 Lebesgue 几乎所有的点 $(x, y) \in S^1 \times R$, 下式以弱收敛的意义成立:

$$\frac{1}{n} \sum_{k=0}^{n-1} \delta_{T^k(x,y)} \to \mu.$$

本章研究对一类横截的宽螺旋管吸引子施加随机扰动 (横截的类似定义由 Tsujii[26] 最早引入, 也请参照定义 8.4.1). 事实上, 这种横截性条件对 C^r 通有的 f 都成立. 进一步地, 当应用确定系统和扰动后的系统的转移算子的谱性质时, 就会得到关于不变密度以及混合率的随机稳定性结果.

考虑如下的关于 T 的随机扰动. 给定 $\varepsilon > 0$, 令 ν_ε 是一个作用在 $[-\varepsilon, \varepsilon] \times [-\varepsilon, \varepsilon]$ 上的概率测度, 它的密度是 $\theta_\varepsilon(t) = \theta_\varepsilon(t^{(1)}, t^{(2)})$. 对于 $t = (t^{(1)}, t^{(2)}) \in R^2$, 定义

$$(T + t) : S^1 \times R \to S^1 \times R, \qquad (x, y) \mapsto (lx + t^{(1)}, \lambda y + f(x) + t^{(2)}).$$

用 $\mathcal{T}_{\nu_\varepsilon}$ 指代由下面的复合映射所生成的动力系统:

$$T_{\bar{t}}^n = (T + t_n) \circ (T + t_{n-1}) \circ \cdots \circ (T + t_1), \qquad n \geqslant 0,$$

其中 $\bar{t} = (t_1, t_2, \cdots, t_n, \cdots) \in (R^2)^N$ 是根据 ${\nu_\varepsilon}^N$ 随机选取的, 或者等价地, t_k, $k = 1, 2, \cdots$ 根据 ν_ε 独立随机地选取.

每个 $\mathcal{T}_{\nu_\varepsilon}$ 诱导了一个 Markov 链 $\{X_n^\varepsilon\}_{n \geqslant 0}$, 它的转移概率 $P^\varepsilon(\mathbf{x}, \cdot)$, $\mathbf{x} \in S^1 \times R$ 是由

$$P^\varepsilon(\mathbf{x}, E) = \nu_\varepsilon\{t \in R^2 : (T + t)(\mathbf{x}) \in E\}$$

对任意可测的$E \subset S^1 \times R$ 给出的.

一个 $S^1 \times R$ 上的概率测度 μ_ε 叫做 $\mathcal{T}_{\nu_\varepsilon}$ 的不变测度, 或者等价地, 叫做 $\{X_n^\varepsilon\}_{n\geqslant 0}$ 的平稳测度, 如果

$$\int P^\varepsilon(\mathbf{x}, E)d\mu_\varepsilon(\mathbf{x}) = \mu_\varepsilon(E),$$

对任意可测的$E \subset S^1 \times R$ 成立.

定理 8.4.1 当 l 和 λ 满足 $\lambda^{1+2s}l > 1$ $(0 \leqslant s < r-2)$ 以及所考虑的确定系统是横截系统的时候, 则对充分小的 ε, 不变测度 μ_ε 存在而且相对于 Lebesgue 测度绝对连续. 进一步地, μ_ε 的密度包含在 Sobelev 空间 $W^s(S^1 \times R)$ 中.

所谓 T 的转移算子 $\mathcal{L}: L^1(S^1 \times R) \to L^1(S^1 \times R)$ 是由

$$\mathcal{L}h(\mathbf{x}) = \frac{1}{\lambda l} \sum_{\mathbf{y} \in T^{-1}(\mathbf{x})} h(\mathbf{y})$$

定义的.

随机转移算子$\mathcal{L}_\varepsilon: L^1(S^1 \times R) \to L^1(S^1 \times R)$ 按照下面的方式定义:

$$\mathcal{L}_\varepsilon h(\mathbf{x}) = \int \mathcal{L}_{T+t}h(\mathbf{x})\theta_\varepsilon(t)dt.$$

定理 8.4.2 当 l 和 λ 满足 $\lambda^{1+2s}l > 1$ $(1/2 \leqslant s < r-2)$ 以及所考虑的确定系统是横截系统的时候, 则对充分小的 ε, 转移算子 $\mathcal{L}_\varepsilon$ 连续作用在一个包含在 $W^s(S^1 \times R)$ 内的 Banach 空间 $\mathcal{B}$ 上, 其本质谱半径不大于 γ (γ 将在推论 8.4.2中确定). 特别地, $\mathcal{L}_\varepsilon$ 有一个谱距, 其决定相关系数以指数速度衰退.

接下来考虑混合率的收敛问题. 把 τ_0 称为是 (T, μ_0) 关于 $(\mathcal{B}, \|\cdot\|)$ 中的函数的相关系数的衰退率, 如果 τ_0 是满足下面式子的最小实数: 对 $\tau > \tau_0$ 和每对 $\phi, \psi \in \mathcal{B}$, 存在 $C = C(\tau, \|\phi\|, \|\psi\|)$ 使得

$$\left|\int (\phi \circ T^n) \cdot \psi d\mu_0 - \int \phi d\mu_0 \int \psi d\mu_0\right| \leqslant C\tau^n, \quad \forall n \geqslant 1$$

成立. 衰退率在很多文献里也称为是混合率. 当 $\tau_0 > \text{ess sp}(\mathcal{L})$ 时, 称 τ_0 为孤立衰退率.

对于马氏链 $(X^\varepsilon, \mu_\varepsilon)$, 令 $P_n^\varepsilon(\mathbf{x}, \cdot)$ 是它的 n 步转移概率. 把 τ_ε 叫做 $(X^\varepsilon, \mu_\varepsilon)$ 关于 $(\mathcal{B}, \|\cdot\|)$ 中的函数的相关系数的衰退率 (混合率), 如果 τ_ε 是满足下面式子的最小实数: 对 $\tau > \tau_\varepsilon$ 和每对 $\phi, \psi \in \mathcal{B}$, 存在 $C = C(\tau, \|\phi\|, \|\psi\|)$ 使得

$$\left|\int \left(\int \phi(\mathbf{y})P_n^\varepsilon(\mathbf{x}, d\mathbf{y})\right) \cdot \psi(\mathbf{x})d\mu_\varepsilon(\mathbf{x}) - \int \phi d\mu_\varepsilon \int \psi d\mu_\varepsilon\right| \leqslant C\tau^n, \quad \forall n \geqslant 1$$

成立.

定理 8.4.3 当 l 和 λ 满足 $\lambda^{1+2s}l > 1$ $(1/2 \leqslant s < r-2)$ 以及所考虑的确定系统是横截的时候. 令 $\mu_0 = \rho_0 dm$ 是 T 的绝对连续的不变测度. μ_ε 是定理 8.4.1 得到的不变测度, 密度是 ρ_ε. 对 $0 \leqslant \rho < r-2$, 动力系统 (T, μ_0) 在 X^ε 扰动下是强随机稳定的: $\|\rho_\varepsilon - \rho_0\|_\rho^\dagger \to 0$ 当 $\varepsilon \to 0$ ($\|\cdot\|_\rho^\dagger$ 在 3.1 节中引进); 而且, 当 τ_0 是孤立衰退率时, 它还是健壮的, 即 $\tau_\varepsilon \to \tau_0$ 当 $\varepsilon \to 0$.

8.4 节的结构安排如下: 8.4.2 节为了考虑 T 以及扰动后的映射 $T_{\bar{t}}$ 的横截性条件, 引入了一系列定义. 定义的引入采用了和文献 [2] 几乎一致的方式. T 的横截性条件已经在文献 [2] 中被证明是通有的, 这也足以说明当 $\bar{t}$ 足够小时扰动映射 $T_{\bar{t}}$ 是横截的. 8.4.3 节仿照文献 [2], [11], 对于作用在 $S^1 \times R$ 上的 C^r 函数, 引入预范数 $\|\cdot\|_\rho^\dagger$. 然后, 证明两个反映范数 $\|\cdot\|_\rho^\dagger$ 和 Sobolev 范数 $\|\cdot\|_{W^s}$ 之间关系的 Lasota-Yorke 类不等式. 最后, 在 8.4.4 节, 建立空间紧性引理、随机扰动引理和最理想形式的 Lasota-Yorke 类不等式, 从而完成定理 8.4.1、定理 8.4.2 和定理 8.4.3 的证明.

8.4.2 初始设定

从现在开始, 固定满足条件 $\lambda^{1+2s}l > 1$ 的一个整数 $l \geqslant 2$ 以及实数 $0 < \lambda < 1$ 和 $0 \leqslant s < r-2$. 令 $\kappa > \|f\|_{C^r} := \max\limits_{0 \leqslant \kappa \leqslant r} \sup\limits_{x \in S^1} \left|\dfrac{d^k}{dx^k} f(x)\right|$, 其中 f 选自一个横截系统. 固定 $\alpha_0 = \kappa/(1-\lambda)$ 并令 $D = S^1 \times [-\alpha_0, \alpha_0]$, 则有 $(T+t)(D) \subset D$ 当 t 足够小时.

令 $\mathcal{P}$ 是把 S^1 分成一系列区间 $\mathcal{P}(k) = [(k-1)/l, k/l)(1 \leqslant k \leqslant l)$ 的分割. 令 $\tau : S^1 \to S^1$ 是由 $\tau(x) = l \cdot x$ 定义的映射, 则分割 $\mathcal{P}^n := \bigvee_{i=0}^{n-1} \tau^{-i}(\mathcal{P})$ $(n \geqslant 1)$ 由区间

$$\mathcal{P}(\mathbf{a}) = \bigcap_{i=0}^{n-1} \tau^{-i}(\mathcal{P}(a_{n-i})), \quad \mathbf{a} = (a_i)_{i=1}^n \in \mathcal{A}^n$$

构成, 其中 $\mathcal{A}^n$ 指代由 $\mathcal{A} = \{1, 2, \cdots, l\}$ 生成的字长为 n 的字空间.

对于 $x \in S^1$ 和 $\mathbf{a} \in \mathcal{A}^n$, 存在唯一的点 $y \in \mathcal{P}(\mathbf{a})$ 使得 $\tau^n(y) = x$, 以后用 $\mathbf{a}(x)$ 表示 y. 对于 $\mathbf{a} = (a_i)_{i=1}^n \in \mathcal{A}^n$, 区间段 $\mathcal{P}(\mathbf{a}) \times \{0\} \subset S^1 \times R$ 在 T^n 下作用的像是函数 $S(\cdot, \mathbf{a})$ 的图, 函数 $S(\cdot, \mathbf{a})$ 的定义为

$$S(x, \mathbf{a}) := \sum_{i=1}^n \lambda^{i-1} f(\tau^{n-i}(\mathbf{a}(x))) = \sum_{i=1}^n \lambda^{i-1} f([\mathbf{a}]_i(x)),$$

其中 $[\mathbf{a}]_q = (a_i)_{i=1}^q$. 对于一个无穷长度的字 $\mathbf{a} = (a_i)_{i=1}^\infty \in \mathcal{A}^\infty$ 定义

$$S(x, \mathbf{a}) = \lim_{i \to \infty} S(x, [\mathbf{a}]_i) = \sum_{i=1}^\infty \lambda^{i-1} f([\mathbf{a}]_i(x)).$$

对于一个长度为 m 的字 $\mathbf{c}$, 令 $\mathcal{P}_*(\mathbf{c})$ 是区间 $\mathcal{P}(\mathbf{c})$ 和紧邻着它的两个在 $\mathcal{P}^m$ 中的区间的并. 对于给定的一个字 $\mathbf{a} \in \mathcal{A}^n(1 \leqslant n \leqslant \infty)$ 函数 $S(\cdot, \mathbf{a})$ 可能未必在 $\mathcal{P}_*(\mathbf{c})$ 上是连续的, 比方说当 $0 \in S^1$ 恰恰是 $\mathcal{P}(\mathbf{c})$ 端点的时候. 然而 $S(\cdot, \mathbf{a})$ 在 $\mathcal{P}(\mathbf{c})$ 上的限制可以被自然地延拓到 $\mathcal{P}_*(\mathbf{c})$ 上成为一个 C^r 函数. 事实上, 令 $\tau_{\mathbf{c},\mathbf{a}}^{-i} : \mathcal{P}_*(\mathbf{c}) \to S^1$ 是满足 $\tau_{\mathbf{c},\mathbf{a}}^{-i}(\mathcal{P}(\mathbf{c})) \subset \mathcal{P}([\mathbf{a}]_i)$ 的 τ^i 的逆的分支, 则 $S(\cdot, \mathbf{a})$ 的延拓可以如下给出:

$$S_{\mathbf{c}}(\cdot, \mathbf{a}) : \mathcal{P}_*(\mathbf{c}) \to R, \quad S_{\mathbf{c}}(x, \mathbf{a}) := \sum_{i=1}^{n} \lambda^{i-1} f(\tau_{\mathbf{c},\mathbf{a}}^{-i}(x)).$$

对于任意长度 (包含无限长) 的字 $\mathbf{a}$, 有

$$\sup_{x \in \mathcal{P}_*(\mathbf{c})} \max_{0 \leqslant v < r} l^v \left| \frac{d^v}{dx^v} S_{\mathbf{c}}(x, \mathbf{a}) \right| \leqslant \alpha_0.$$

对于 $C_0 > 2$, $\mathbf{a}, \mathbf{b} \in \mathcal{A}^q$ 以及 $\mathbf{c} \in \mathcal{A}^p$, 称 $\mathbf{a}$ 和 $\mathbf{b}$ 在 $\mathbf{c}$ 上横截, 并且记做 $\mathbf{a} \pitchfork_{\mathbf{c}} \mathbf{b}$, 如果

$$\left| \frac{d}{dx} S_{\mathbf{c}}(x, \mathbf{a}) - \frac{d}{dx} S_{\mathbf{c}}(y, \mathbf{b}) \right| > C_0 \lambda^q l^{-q} \alpha_0$$

对于 $\mathcal{P}_*(\mathbf{c})$ 闭包上的任意点 x,y 都成立.

令

$$\boldsymbol{e}(q, p) = \max_{\mathbf{c} \in \mathcal{A}^p} \max_{\mathbf{a} \in \mathcal{A}^q} \sharp\{\mathbf{b} \in \mathcal{A}^q | \mathbf{a} \not\pitchfork_{\mathbf{c}} \mathbf{b}\} \quad 以及 \quad \boldsymbol{e}(q) = \lim_{p \to \infty} \boldsymbol{e}(q.p).$$

定义 8.4.1　*称确定动力系统是横截的, 如果*

$$\limsup_{q \to \infty} \frac{\boldsymbol{e}(q)}{(\lambda^{1+2s} \cdot l)^q} = 0.$$

8.4 节要求选定的确定动力系统对于某个 C_0 是**横截**的. 这是一种从文献 [2] 中提取出来的非常自然的条件, 可以证明被 C^r 通有的 f 所满足.

记 $\tau + t^{(1)}$ 为平移映射 $x \mapsto \tau(x) + t^{(1)}$ 以及

$$\tau_{\bar{t}}^n = (\tau + t_n^{(1)}) \circ (\tau + t_{n-1}^{(1)}) \cdots (\tau + t_1^{(1)}), \quad n \geqslant 1.$$

$\sigma : (R^2)^{\mathbb{N}} \mapsto (R^2)^{\mathbb{N}}$ 由 $\sigma(\bar{t}) = \sigma(t_1, t_2, \cdots, t_n, \cdots) = (t_2, t_3, \cdots, t_n, \cdots)$ 定义. 从现在开始称 $\bar{t}$ 是个小量如果 $\|\bar{t}\| := \max_i |t_i|$ 是个小量.

相应于随机情形, 令 $\mathcal{P}_t$ 是把 S^1 分成区间 $\mathcal{P}_t(k) = [(k-1-t)/l, (k-t)/l)$ $(1 \leqslant k \leqslant l,\ t > 0)$ 的分割. 对于 $\bar{t} \in ([-\varepsilon, \varepsilon]^2)^{\mathbb{N}}$, 分割 $\mathcal{P}_{\bar{t}}^n$ $(n \in \mathbb{N})$ 由区间 $\mathcal{P}_{\bar{t}}(\mathbf{a})$ $(\mathbf{a} = (a_i)_{i=1}^n \in \mathcal{A}^n)$ 构成, 其中 $\mathcal{P}_{\bar{t}}(\mathbf{a})$ 是与进行 $\sum_{i=1}^n \dfrac{t_i}{l^i}$ 位移后的 $\mathcal{P}(\mathbf{a})$ 重合的连通分支 $\tau_{\bar{t}}^{-(n-1)}(\mathcal{P}_{t_n})$.

对 $x \in S^1$ 以及 $\mathbf{a} \in \mathcal{A}^n$, 存在唯一的点 $y \in \mathcal{P}_{\bar{t}}(\mathbf{a})$ 使得 $\tau_{\bar{t}}^n(y) = x$, 用 $\mathbf{a}_{\bar{t}}(x)$ 来指代 y. 对 $\mathbf{a} = (a_i)_{i=1}^n \in \mathcal{A}^n$, 区间段 $\mathcal{P}_{\bar{t}}(\mathbf{a}) \times \{0\} \subset S^1 \times R$ 在 $T_{\bar{t}}^n$ 下作用的像是函数 $S_{\bar{t}}(\cdot, \mathbf{a})$ 的图, 函数 $S_{\bar{t}}(\cdot, \mathbf{a})$ 的定义由下式给出:

$$S_{\bar{t}}(x, \mathbf{a}) = \sum_{i=1}^n \lambda^{i-1}(f(\tau_{\bar{t}}^{n-i}(\mathbf{a}_{\bar{t}}(x))) + t_{n+1-i}^{(2)}) = \sum_{i=1}^n \lambda^{i-1}(f([\mathbf{a}]_{i,\sigma^{n-i}(\bar{t})}(x)) + t_{n+1-i}^{(2)}).$$

对于无限长的字 $\mathbf{a} = (a_i)_{i=1}^\infty \in \mathcal{A}^\infty$, 定义

$$S_{\bar{t}}(x, \mathbf{a}) = \lim_{i \to \infty} S_{\bar{t}}(x, [\mathbf{a}]_i).$$

对于一个长度 m 的字 $\mathbf{c}$, 把 $\mathcal{P}^m$ 的每个区间分成两个等长的区间后形成一个新的分割 $(\mathcal{P}^m)^2$. 令 $\mathcal{P}_{*,\bar{t}}(\mathbf{c})$ 是区间 $\mathcal{P}(\mathbf{c})$ 和紧邻着它的两个在 $(\mathcal{P}^m)^2$ 中的区间的并. 显然, $\mathcal{P}_{*,\bar{t}}(\mathbf{c}) \subset \mathrm{Int}\mathcal{P}_*(\mathbf{c})$. 同样地, 对 $\mathbf{a} \in \mathcal{A}^n$ $(1 \leqslant n \leqslant \infty)$, 函数 $S_{\bar{t}}(\cdot, \mathbf{a})$ 未必在 $\mathcal{P}_{*,\bar{t}}(\mathbf{c})$ 上连续, 比方说当 $0 \in S^1$ 是 $\mathcal{P}(\mathbf{c})$ 的端点时. 然而 $S_{\bar{t}}(\cdot, \mathbf{a})$ 在 $\mathcal{P}(\mathbf{c})$ 上的限制可以自然地延拓到 $\mathcal{P}_{*,\bar{t}}(\mathbf{c})$ 上成为一个 C^r 函数. 实际上, 令 $\tau_{\mathbf{c},\mathbf{a},\bar{t}}^{-i} : \mathcal{P}_{*,\bar{t}}(\mathbf{c}) \to S^1$ 是满足 $\tau_{\mathbf{c},\mathbf{a},\bar{t}}^{-i}(\mathcal{P}(\mathbf{c})) \subset \mathcal{P}_{\sigma^{n-i}(\bar{t})}([\mathbf{a}]_i)$ 的 $\tau_{\sigma^{n-i}(\bar{t})}^i$ 的逆的分支, $S_{\bar{t}}(\cdot, \mathbf{a})$ 的延拓由下式给出:

$$S_{\mathbf{c},\bar{t}}(\cdot, \mathbf{a}) : \mathcal{P}_{*,\bar{t}}(\mathbf{c}) \to R, \quad S_{\mathbf{c},\bar{t}}(x, \mathbf{a}) := \sum_{i=1}^n \lambda^{i-1}(f(\tau_{\mathbf{c},\mathbf{a},\bar{t}}^{-i}(x)) + t_{n+1-i}^{(2)}).$$

对于任意长度 (包含无限长) 的字 $\mathbf{a}$ 以及充分小的 $\bar{t}$, 有

$$\sup_{x \in \mathcal{P}_{*,\bar{t}}(\mathbf{c})} \max_{0 \leqslant v < r} l^v \left| \frac{d^v}{dx^v} S_{\mathbf{c},\bar{t}}(x, \mathbf{a}) \right| \leqslant \alpha_0.$$

对于 $\mathbf{a}, \mathbf{b} \in \mathcal{A}^q$ 以及 $\mathbf{c} \in \mathcal{A}^p$, 称 $\mathbf{a}$ 和 $\mathbf{b}$ 在 $\mathbf{c}$ 上依赖于 $\bar{t}$ 横截, 如果

$$\left| \frac{d}{dx} S_{\mathbf{c},\bar{t}}(x, \mathbf{a}) - \frac{d}{dx} S_{\mathbf{c},\bar{t}}(y, \mathbf{b}) \right| > 2\lambda^q l^{-q} \alpha_0$$

对于 $\mathcal{P}_{*,\bar{t}}(\mathbf{c})$ 闭包上的任意点 x,y 都成立.

令

$$\boldsymbol{e}_{\bar{t}}(q,p) = \max_{\mathbf{c} \in \mathcal{A}^p} \max_{\mathbf{a} \in \mathcal{A}^q} \sharp\{\mathbf{b} \in \mathcal{A}^q | \mathbf{a} \not\pitchfork_{\mathbf{c},\bar{t}} \mathbf{b}\} \quad 以及 \quad \boldsymbol{e}_{\bar{t}}(q) = \lim_{p \to \infty} \boldsymbol{e}_{\bar{t}}(q,p).$$

注意由 $S_{\mathbf{c},\bar{t}}(\cdot, \mathbf{a})$, $S_{\mathbf{c}}(\cdot, \mathbf{a})$, $\mathcal{P}_{*,\bar{t}}(\mathbf{c})$ 和 $\mathcal{P}_*(\mathbf{c})$ 的定义, 可以推断出

$$\mathbf{a} \pitchfork_{\mathbf{c}} \mathbf{b} \Longrightarrow \mathbf{a} \pitchfork_{\mathbf{c},\bar{t}} \mathbf{b}, \quad \forall\, \mathbf{a}, \mathbf{b} \in \mathcal{A}^q, \ \forall\, \mathbf{c} \in \mathcal{A}^p.$$

当 $\bar{t}$ 足够小时, 此时 $\boldsymbol{e}_{\bar{t}}(q,p) \leqslant \boldsymbol{e}(q,p)$ 以及 $\boldsymbol{e}_{\bar{t}}(q) \leqslant \boldsymbol{e}(q)$.

直到 8.4.3.2 小节为止, 固定一个大的整数 q, q 将会在 8.4.4 节中确定. 由定义知, 存在一个整数 $p_0 \geqslant 1$ 使得 $\boldsymbol{e}(q,p) = \boldsymbol{e}(q)(p \geqslant p_0)$. 也固定一个整数 $p \geqslant p_0$.

8.4.3 Lasota-Yorke 不等式

8.4.3.1 Perron-Frobenius 算子

令 $C^r(D)$ 是作用在 $S^1 \times R$ 上的 C^r 函数构成的集合, 它们的支集包含在 D 内. 为了定义范数, 先定义一个作用在 $S^1 \times R$ 上的 C^r 曲线族 Γ. 令 $\gamma : \mathcal{D}(\gamma) \to S^1 \times R$ 是一个作用在 $S^1 \times R$ 上的连续曲线, $\mathcal{D}(\gamma)$ 的定义是一个紧区间. 对于 $n \geqslant 0$ 和 $\bar{t} \in ([-\varepsilon, \varepsilon]^2)^{\mathbb{N}}$, 存在 l^n 个曲线 $\widetilde{\gamma}_{i,\bar{t}} : \mathcal{D}(\gamma) \to S^1 \times R$, $1 \leqslant i \leqslant l^n$, 使得 $T^n_{\bar{t}} \circ \widetilde{\gamma}_{i,\bar{t}} = \gamma$, 把它们中的每一个都叫做 γ 在 $T^n_{\bar{t}}$ 下作用的逆象.

令 Γ 是 C^r 曲线 $\gamma : \mathcal{D}(\gamma) \to S^1 \times R$ 构成的集合, 它们满足:

- $\mathcal{D}(\gamma)$ 的定义域是一个紧区间;
- γ 可以写成 $\gamma(t) = (\pi \circ \gamma(t), t)$ 的形式;
- $|\dfrac{d^i(\pi \circ \gamma)}{dt^i(s)}| \leqslant c_i$, $1 \leqslant i \leqslant r$, $s \in \mathcal{D}(\gamma)$.

其中 $\pi : S^1 \times R \to S^1$ 是投影到第一分量的映射, c_i, $1 \leqslant i \leqslant r$ 是正常数, 由 $T^n_{\bar{t}}$ 的双曲性质知, 这些正常数可以取到.

进一步地, $\gamma \in \Gamma$ 在 $T^n_{\bar{t}}$ $(n \geqslant 1)$ 下作用的逆像 $\widetilde{\gamma}_{\bar{t}}$ 可以写成由一个曲线 $\widehat{\gamma}_{\bar{t}} \in \Gamma$ 和一个 C^r 微分同胚 $g_{\bar{t}} : \mathcal{D}(\gamma) \to \mathcal{D}(\widehat{\gamma}_{\bar{t}})$ 的复合 $\widehat{\gamma}_{\bar{t}} \circ g_{\bar{t}}$. 而且, 可以选取正常数 c 使得 $g_{\bar{t}}$ 满足

$$\left|\frac{d^v}{ds^v}(g_{\bar{t}}^{-1}(s))\right| < c\lambda^n, \qquad \text{当 } \bar{t} \text{ 足够小时}, \tag{8.4.1}$$

其中 $s \in \mathcal{D}(\widehat{\gamma}_{\bar{t}})$, $1 \leqslant v \leqslant r$, c 与 $\bar{t}$ 无关.

从现在开始固定 c, c_i, $1 \leqslant i \leqslant r$ 和 Γ, c_i 在 8.4.3.2 小节确定.

对于函数 $h \in C^r(D)$ 以及一个整数 $0 \leqslant \rho \leqslant r-1$, 定义

$$\|h\|^{\dagger}_{\rho} := \max_{\alpha+\beta\leqslant\rho} \sup_{\gamma\in\Gamma} \sup_{\phi\in\mathcal{C}^{\alpha+\beta}(\gamma)} \int \phi(t)\partial^{\alpha}_x\partial^{\beta}_y h(\gamma(t))dt,$$

其中 $\max\limits_{\alpha+\beta\leqslant\rho}$ 表示对于满足 $\alpha+\beta \leqslant \rho$ 的非负整数对 (α, β) 取最大值, $\mathcal{C}^s(\gamma)$ 是定义在 R 上的 C^s 函数 ϕ 组成的空间, ϕ 满足 $\operatorname{supp}\phi \subset \operatorname{int}(\mathcal{D}(\gamma))$ 以及 $\|\phi\|_{C^s} \leqslant 1$. 这是一个定义在 $C^r(D)$ 上的范数, 它满足

$$\|h\|_{L^1} \leqslant C\|h\|^{\dagger}_0 \leqslant C\|h\|^{\dagger}_{\rho}. \tag{8.4.2}$$

引理 8.4.1　*存在一个常数 A_0 使得*

$$\|\mathcal{L}^n_{\varepsilon}h\|^{\dagger}_{\rho} \leqslant A_0 l^{-\rho n}\|h\|^{\dagger}_{\rho} + C(n)\|h\|^{\dagger}_{\rho-1}, \quad 1 \leqslant \rho \leqslant r-1, \tag{8.4.3}$$

以及

$$\|\mathcal{L}^n_{\varepsilon}h\|^{\dagger}_0 \leqslant A_0\|h\|^{\dagger}_0, \tag{8.4.4}$$

对于 $n \geqslant 0$, 充分小的 $\varepsilon > 0$ 以及 $h \in C^r(D)$ 成立. 其中 $C(n)$ 可能依赖 n 但不会依赖 h.

证明 由于

$$\mathcal{L}_\varepsilon^n h = \int \cdots \int \mathcal{L}_{T_{\bar{t}}^n} h \cdot \theta(t_1) \cdots \theta(t_n) dt_1 \cdots dt_n = \int \cdots \int \mathcal{L}_{T_{\bar{t}}^n} h \cdot \theta(t_1) \cdots \theta(t_n) d\bar{t},$$

以及积分与微分的可交换性, 考虑估计 $\|\mathcal{L}_{T_{\bar{t}}^n} h\|_\rho^\dagger$.

出于符号简化的考虑, 用 $\mathcal{L}_{\bar{t}}^n$ 来代替 $\mathcal{L}_{T_{\bar{t}}^n}$. 考虑满足 $1 \leqslant \rho \leqslant r-1$ 和 $\alpha+\beta=\rho$ 的非负整数 ρ, α 和 β, 对下式两边作微分

$$\mathcal{L}_{\bar{t}}^n h(x,y) = \frac{1}{\lambda^n l^n} \sum_{(x',y') \in T_{\bar{t}}^{-n}(x,y)} h(x',y'),$$

注意微分式 $\partial_x^\alpha \partial_y^\beta \mathcal{L}_{\bar{t}}^n h(x,y)$ 可以写成

$$\Phi_{\bar{t}}(x,y) = \sum_{(x',y') = T_{\bar{t}}^{-n}(x,y)} \sum_{k=0}^{\alpha} Q_{k,\bar{t}}(x) \frac{\partial_x^{\alpha-k} \partial_y^{\beta+k} h(x',y')}{\lambda^{(1+\beta+k)n} l^{(1+\alpha-k)n}}$$

与

$$\Psi_{\bar{t}}(x,y) = \sum_{(x',y') = T_{\bar{t}}^{-n}(x,y)} \sum_{a+b \leqslant \rho-1} Q_{a,b,\bar{t}}(x) \frac{\partial_x^a \partial_y^b h(x',y')}{\lambda^{(1+b)n} l^{(1+a)n}}$$

的和, 其中 $Q_{k,\bar{t}}(\cdot)$ 和 $Q_{a,b,\bar{t}}(\cdot)$ 分别是 C^ρ 和 C^{a+b} 函数.

对于 $\gamma \in \Gamma$ 以及 $\phi \in \mathcal{C}^\rho(\gamma)$, 估计

$$\int \phi(t) \partial_x^\alpha \partial_y^\beta \mathcal{L}_{\bar{t}}^n h(\gamma(t)) dt = \int \phi(t) \Phi_{\bar{t}}(\gamma(t)) dt + \int \phi(t) \Psi_{\bar{t}}(\gamma(t)) dt. \tag{8.4.5}$$

令 $\gamma_{i,\bar{t}}$, $1 \leqslant i \leqslant l^n$ 是曲线 γ 在 $T_{\bar{t}}^n$ 作用下的逆象, 并记作 $\widehat{\gamma}_{i,\bar{t}} \in \Gamma$ 和一个 C^r 微分同胚 $g_{i,\bar{t}}$ 的复合 $\widehat{\gamma}_{i,\bar{t}} \circ g_{i,\bar{t}}$, 则有

$$\begin{aligned} \int \phi(t) \Psi_{\bar{t}}(\gamma(t)) dt &= \sum_{1 \leqslant i \leqslant l^n} \sum_{a+b \leqslant \rho-1} \int \phi(t) \frac{Q_{a,b,\bar{t}}(\pi \circ \gamma(t)) \cdot \partial_x^a \partial_y^b h(\gamma_{i,\bar{t}}(t))}{\lambda^{(1+b)n} l^{(1+a)n}} dt \\ &= \sum_{1 \leqslant i \leqslant l^n} \sum_{a+b \leqslant \rho-1} \int \frac{\phi(g_{i,\bar{t}}^{-1}(s)) \cdot Q_{a,b,\bar{t}}(\pi \circ \gamma \circ g_{i,\bar{t}}^{-1}(s))(g_{i,\bar{t}}^{-1})'(s) \cdot \partial_x^a \partial_y^b h(\widehat{\gamma}_{i,\bar{t}}(s))}{\lambda^{(1+b)n} l^{(1+a)n}} ds. \end{aligned} \tag{8.4.6}$$

由于函数 $s \mapsto \phi(g_{i,\bar{t}}^{-1}(s)) \cdot Q_{a,b,\bar{t}}(\pi \circ \gamma \circ g_{i,\bar{t}}^{-1}(s))(g_{i,\bar{t}}^{-1})'(s)$ 的 C^{a+b} 范数当 $\bar{t}$ 足够小时被某个依赖于 n 的常数一致控制, 有

$$\left| \int \phi(t) \Psi_{\bar{t}}(\gamma(t)) dt \right| \leqslant C(n) \|h\|_{\rho-1}^\dagger, \tag{8.4.7}$$

其中 $C(n)$ 可能依赖 n 但与 h 和 $\bar{t}$ 无关.

(8.4.5) 右边的第一个积分化为

$$\begin{aligned}&\int \phi(t)\Phi_{\bar{t}}(\gamma(t))dt\\ =&\sum_{1\leqslant i\leqslant l^n}\sum_{k=0}^{\alpha}\int \phi(t)\frac{Q_{k,\bar{t}}(\pi\circ\gamma(t))\cdot\partial_x^{\alpha-k}\partial_y^{\beta+k}h(\gamma_{i,\bar{t}}(t))}{\lambda^{(1+\beta+k)n}l^{(1+\alpha-k)n}}dt\\ =&\sum_{1\leqslant i\leqslant l^n}\sum_{k=0}^{\alpha}\int \frac{\phi(g_{i,\bar{t}}^{-1}(s))\cdot Q_{k,\bar{t}}(\pi\circ\gamma\circ g_{i,\bar{t}}^{-1}(s))(g_{i,\bar{t}}^{-1})'(s)\cdot\partial_x^{\alpha-k}\partial_y^{\beta+k}h(\widehat{\gamma}_{i,\bar{t}}(s))}{\lambda^{(1+\beta+k)n}l^{(1+\alpha-k)n}}ds.\end{aligned}$$

暂时固定 $1\leqslant i\leqslant l^n$, 作分部积分. 对于任何 $\psi\in C^\rho(\mathcal{D}(\widehat{\gamma}_{i,\bar{t}}))$, 有

$$\begin{aligned}\int\frac{d\psi}{ds}(s)\cdot\frac{\partial_x^{\alpha-k}\partial_y^{\beta+k-1}h(\widehat{\gamma}_{i,\bar{t}}(s))}{\lambda^{(1+\beta+k)n}l^{(1+\alpha-k)n}}ds=&-\int\widetilde{\psi}(s)\frac{\partial_x^{\alpha-k+1}\partial_y^{\beta+k-1}h(\widehat{\gamma}_{i,\bar{t}}(s))}{\lambda^{(1+\beta+k-1)n}l^{(1+\alpha-k+1)n}}ds\\ &-\int\psi(s)\frac{\partial_x^{\alpha-k}\partial_y^{\beta+k}h(\widehat{\gamma}_{i,\bar{t}}(s))}{\lambda^{(1+\beta+k)n}l^{(1+\alpha-k)n}}ds,\end{aligned}$$

其中 $\widetilde{\psi}(s)=\lambda^{-n}l^n(\pi\circ\widehat{\gamma}_{i,\bar{t}})'(s)\psi(s)$. 这表明

$$\begin{aligned}\left|\int\psi(s)\frac{\partial_x^{\alpha-k}\partial_y^{\beta+k}h(\widehat{\gamma}_{i,\bar{t}}(s))}{\lambda^{(1+\beta+k)n}l^{(1+\alpha-k)n}}ds\right|\leqslant&\left|\int\widetilde{\psi}(s)\frac{\partial_x^{\alpha-k+1}\partial_y^{\beta+k-1}h(\widehat{\gamma}_{i,\bar{t}}(s))}{\lambda^{(1+\beta+k-1)n}l^{(1+\alpha-k+1)n}}ds\right|\\ &+C(n)\|\psi\|_{C^\rho}\|h\|_{\rho-1}^\dagger,\end{aligned}\tag{8.4.8}$$

其中 $C(n)$ 可能依赖 n 但是与 h 和 ψ 无关. 令

$$\psi_0(s)=\phi(g_{i,\bar{t}}^{-1}(s))\cdot Q_{k,\bar{t}}(\pi\circ\gamma\circ g_{i,\bar{t}}^{-1}(s))\cdot(g_{i,\bar{t}}^{-1})'(s),$$

以及

$$\psi_j(s)=\lambda^{-nj}l^{nj}((\pi\circ\widehat{\gamma}_{i,\bar{t}})'(s))^j\psi_0(s)=\lambda^{-nj}((\pi\circ\gamma\circ(g_{i,\bar{t}})^{-1})'(s))^j\psi_0(s).$$

反复用 (8.4.8), 得到

$$\begin{aligned}\left|\int\frac{\psi_0(s)\partial_x^{\alpha-k}\partial_y^{\beta+k}h(\widehat{\gamma}_{i,\bar{t}}(s))}{\lambda^{(1+\beta+k)n}l^{(1+\alpha-k)n}}ds\right|\leqslant&\left|\int\frac{\psi_{\beta+k}(s)\partial_x^{\rho}h(\widehat{\gamma}_{i,\bar{t}}(s))}{\lambda^n l^{(1+\rho)n}}ds\right|\\ &+\sum_{j=0}^{\beta+k-1}C(n)\|\psi_j\|_{C^\rho}\|h\|_{\rho-1}^\dagger.\end{aligned}$$

由于 $\|\psi_j\|_{C^\rho}<C_0\lambda^n$ $(0\leqslant j\leqslant\beta+k)$, 其中 C_0 与 $\bar{t}$ 无关, 当 $\bar{t}$ 足够小时 (这可以由 (8.4.1) 知), 有

$$\left|\int\frac{\psi_0(s)\partial_x^{\alpha-k}\partial_y^{\beta+k}h(\widehat{\gamma}_{i,\bar{t}}(s))}{\lambda^{(1+\beta+k)n}l^{(1+\alpha-k)n}}ds\right|\leqslant C_0l^{-(1+\rho)n}\|h\|_\rho^\dagger+C(n)\|h\|_{\rho-1}^\dagger.$$

对所有的曲线 $\gamma_{i,\bar{t}}$, $1 \leqslant i \leqslant l^n$ 作和, 得到

$$\left|\int \phi(t)\Phi_{\bar{t}}(\gamma(t))dt\right| \leqslant C_0 l^{-\rho n}\|h\|_{\rho}^{\dagger} + C(n)\|h\|_{\rho-1}^{\dagger},$$

其中 C_0 不依赖于 $\bar{t}$ 当 $\bar{t}$ 足够小时. 这个式子和 (8.4.7) 一起给出了 (8.4.3). 对 (8.4.4) 可以类似给出. □

8.4.3.2 主要的 Lasota-Yorke 不等式

这一小节证明下面的命题:

命题 8.4.1 存在一个不依赖于 q 的常数 B_0 以及一个常数 $C(q)$, 使得对任意的 $\phi \in C^r(D)$, 任意整数 ρ_0 $(s+1<\rho_0 \leqslant r-1)$ 以及足够小的 ε, 有

$$\|\mathcal{L}_{\varepsilon}^{q}\phi\|_{W^s}^2 \leqslant \frac{B_0\boldsymbol{e}(q)}{(\lambda^{1+2s}l)^q}\|\phi\|_{W^s}^2 + C(q)\|\phi\|_{W^s}\|\phi\|_{\rho_0}^{\dagger}.$$

首先引入一些概念, 然后证明一些跟 Sobolev 范数 $\|\cdot\|_{W^s}$ 有关的基本事实. 定义 $\phi \in C^r(D)$ 的 Fourier 变换是一个作用在 $Z \times R$ 上的函数:

$$\mathcal{F}\phi(\xi,\eta) = \frac{1}{\sqrt{2\pi}}\int_{S^1\times R}\phi(x,y)\exp(-\mathbf{i}(2\pi\xi x+\eta y))dxdy.$$

对于 $s \geqslant 0$ 以及任意的 $\phi_1,\phi_2 \in C^r(D)$, 定义

$$(\phi_1,\phi_2)_{W^s} := (\phi_1,\phi_2)_{W^s}^* + (\phi_1,\phi_2)_{L^2},$$

其中

$$(\phi_1,\phi_2)_{W^s}^* := \sum_{\xi=-\infty}^{\infty}\int_R \mathcal{F}\phi_1(\xi,\eta)\cdot\overline{\mathcal{F}\phi_2(\xi,\eta)}\cdot((2\pi\xi)^2+\eta^2)^s d\eta.$$

Sobolev 范数定义为: $\|\phi\|_{W^s} = \sqrt{(\phi,\phi)_{W^s}}$. 自然地有

$$(\phi_1,\phi_2)_{W^s}^* = \sum_{\alpha+\beta=[s]} b_{\alpha\beta}(\partial_x^{\alpha}\partial_y^{\beta}\phi_1, \partial_x^{\alpha}\partial_y^{\beta}\phi_2)_{W^{s-[s]}}^*, \tag{8.4.9}$$

其中 $b_{\alpha\beta}$ 是满足 $(X^2+Y^2)^{[s]} = \sum_{\alpha,\beta} b_{\alpha\beta}X^{2\alpha}Y^{2\beta}$ 的正整数. 特别地, 当 s 是一个整数时, 有

$$(\phi_1,\phi_2)_{W^s}^* = \sum_{\alpha+\beta=s} b_{\alpha\beta}\int_{S^1\times R}\partial_x^{\alpha}\partial_y^{\beta}\phi_1(x,y)\cdot\overline{\partial_x^{\alpha}\partial_y^{\beta}\phi_2(x,y)}dxdy. \tag{8.4.10}$$

如果 s 不是一个整数, 应用下面的公式 ([15, pp240]): 存在一个只依赖于 $0<\sigma<1$ 的常数 $B>0$ 使得

$(\phi_1,\phi_2)_{W^{\sigma}}^*$

$$=B\int_{S^1\times R}dxdy\int_{R^2}\frac{(\phi_1(x+u,y+v)-\phi_1(x,y))\overline{(\phi_2(x+u,y+v)-\phi_2(x,y))}}{(u^2+v^2)^{1+\sigma}}dudv. \tag{8.4.11}$$

引理 8.4.2 (1) 对于 $0\leqslant t<s\leqslant r$ 和 $\varepsilon'>0$, 存在一个常数 $C(\varepsilon',t,s)$ 使得

$$\|\phi\|_{W^t}^2\leqslant\varepsilon'\|\phi\|_{W^s}^2+C(\varepsilon',t,s)\|\phi\|_{L^1}^2,\quad \phi\in C^r(D); \tag{8.4.12}$$

(2) 对于 $\varepsilon'>0$, 存在一个常数 $C(\varepsilon',s)$ 满足下面的性质：如果函数 $\phi_1,\phi_2\in C^r(D)$ 的支集是无交的而且它们之间的距离大于 ε', 则

$$|(\phi_1,\phi_2)_{W^s}|\leqslant C(\varepsilon',s)\|\phi_1\|_{L^1}\|\phi_2\|_{L^1}. \tag{8.4.13}$$

证明 (1) 由范数的定义和性质 $\|\mathcal{F}\phi\|_{L^\infty}\leqslant\|\phi\|_{L^1}$ 易得. 当 s 是一个整数时, 因为 $(\phi_1,\phi_2)_s=0$ ((8.4.10)), (2) 是平凡的. 假设 s 不是一个整数. 由 (8.4.9) 和 (8.4.11) 以及支集无交的性质, 可以把 $(\phi_1,\phi_2)_{W^s}^*$ 写作

$$-2B\sum_{\alpha+\beta=[s]}\int_{S^1\times R}dxdy\int_{R^2}\frac{b_{\alpha\beta}\cdot\partial_x^\alpha\partial_y^\beta\phi_1(x+u,y+v)\cdot\overline{\partial_x^\alpha\partial_y^\beta\phi_2(x,y)}}{(u^2+v^2)^{1+\sigma}}dudv,$$

其中 $\sigma=s-[s]$. 对 (u,v) 分部积分 $[s]$ 次, 然后交换变量再分部积分 $[s]$ 次, 得到

$$(\phi_1,\phi_2)_{W^s}^*=\int_{S^1\times R}dxdy\int_{R^2}\frac{\phi_1(x+u,y+v)\overline{\phi_2(x,y)}\widetilde{B}(u,v)}{(u^2+v^2)^{1+\sigma+2[s]}}dudv,$$

其中 $\widetilde{B}(u,v)$ 一个关于 u 和 v 的 $2[s]$ 次多项式. 由此可以推出 (2). □

对于 $\beta_0=\kappa/(l-\lambda)$, 令 $\mathbf{C}$ 和 $\mathbf{C}^*$ 是 R^2 中的锥, 定义为

$$\mathbf{C}=\{(u,v)\in R^2||u|\leqslant\beta_0^{-1}|v|\}$$

和

$$\mathbf{C}^*=\{(\xi,\eta)\in R^2||\eta|\leqslant\beta_0^{-1}|\xi|\},$$

使得 $D(T+t)_{\mathbf{x}}^{-1}(\mathbf{C})\subset\mathbf{C}$ 和 $D(T+t)_{\mathbf{x}}^*(\mathbf{C}^*)\subset\mathbf{C}^*$ 对 $\mathbf{x}\in S^1\times R$ 都成立只要 t 足够小. 现在来确定 c_i. 选取 $c_1=\beta_0^{-1}$, 然后有必要的话增大 $c_2,\cdots,c_r$, 可以假设对任意小的 $\bar{t}$, 只要 I 是一个在 $S^1\times R$ 中的直线段以及 J 是 $T_{\bar{t}}^{-q}(I)$ 的一个分量都在 $\mathbf{C}$ 内的分支, 则 J 是 Γ 中某一个函数的像 (注意 q 在 8.4.3.2 小节前一直被固定住). 令 $\mathcal{P}_*(\mathbf{c},\mathbf{a}_{\bar{t}})=\tau_{\mathbf{c},\mathbf{a},\bar{t}}^{-q}(\mathcal{P}_{*,\bar{t}}(\mathbf{c}))$ ($\mathbf{a}\in\mathcal{A}^q$, $\mathbf{c}\in\mathcal{A}^p$). 范数 $\|\cdot\|^\dagger$ 将在下面的引理中被用到.

引理 8.4.3 令 ρ_0 是一个整数 $(s+1<\rho_0\leqslant r-1)$. 令 $\mathbf{a}$ 和 $\mathbf{c}$ 分别是 $\mathcal{A}^q$ 和 $\mathcal{A}^p$ 中的字, 而且 $\chi: S^1\times R\to R$ 是一个 C^∞ 函数, 其支集为 $\mathcal{P}_*(\mathbf{c},\mathbf{a}_{\bar{t}})\times R$. 选取 $(\xi,\eta)\in Z\times R\backslash\{(0,0)\}$ 使得, 对任意的 $\mathbf{x}\in\mathcal{P}_*(\mathbf{c},\mathbf{a}_{\bar{t}})\times R$, 有 $(DT^q_{\bar{t}})^*_{\mathbf{x}}(\xi,\eta)\in\mathbf{C}^*$. 则对任意的 $\phi\in C^r$ 以及足够小的 $\bar{t}$,

$$|(\xi^2+\eta^2)^{\rho_0/2}\mathcal{F}(\mathcal{L}^q_{\bar{t}}(\chi\cdot\phi))(\xi,\eta)|\leqslant C(q,\chi)\|\phi\|^\dagger_{\rho_0},\tag{8.4.14}$$

其中 $C(q,\chi)$ 可能依赖于 q 和 χ.

证明 令 (ξ,η) 是一个满足假设的向量. 令 Γ' 是 $S^1\times R$ 中的直线段的集合, 它们是与 (ξ,η) 正交的直线与区间 $\mathcal{P}_{*,\bar{t}}(\mathbf{c})\times R$ 的交. 对 Γ' 中的元素按照长度进行参数化. 由于 $\mathcal{L}^q_{\bar{t}}(\chi\cdot\phi)$ 的支集包含在 $D\cap(\mathcal{P}_{*,\bar{t}}(\mathbf{c})\times R)$ 内, 因此 (8.4.14) 的左边被

$$\sup_{\gamma\in\Gamma'}\int_\gamma\partial^{\rho_0}\mathcal{L}^q_{\bar{t}}(\chi\cdot\phi)dt\tag{8.4.15}$$

的常数倍控制. 其中 ∂ 当 $|\xi|>|\eta|$ 时是关于 x 的偏导数, 反之是关于 y 的偏导数. 对每个 $\gamma\in\Gamma'$, 存在唯一的包含在 $\mathcal{P}_*(\mathbf{c},\mathbf{a}_{\bar{t}})\times R$ 内的 $T^q_{\bar{t}}$ 的逆象 $\widetilde{\gamma}$. 当 $\mathbf{x}\in\widetilde{\gamma}$ 以及 u 在 $T^q_{\bar{t}}(\mathbf{x})$ 处正切于 γ 时,

$$0=\langle u,(\xi,\eta)\rangle=\langle(DT^q_{\bar{t}})^{-1}_{\mathbf{x}}u,(DT^q_{\bar{t}})^*_{\mathbf{x}}(\xi,\eta)\rangle.$$

由假设 $(DT^q_{\bar{t}})^*_{\mathbf{x}}(\xi,\eta)\in\mathbf{C}^*$, 因此 $(DT^q_{\bar{t}})^{-1}_{\mathbf{x}}u\in\mathbf{C}$. 所以 $\widetilde{\gamma}$ 可以写成 Γ 中的一个元 $\widehat{\gamma}$ 和一个 C^r 微分同胚 ψ 的复合 $\widehat{\gamma}\circ\psi$. 对 $T^m_{\bar{t}}$ 作扭曲估计, 再注意到范数 $\|\cdot\|^\dagger_{\rho_0}$ 的定义, 得到 (8.4.15) 可以被 $C\|\phi\|^\dagger_{\rho_0}$ 控制. □

令 $\{\chi_{\mathbf{c}}:S^1\to R\}_{\mathbf{c}\in\mathcal{A}^p}$ 是一个从属于覆盖 $\{\mathrm{int}\mathcal{P}_{*,\bar{t}}(\mathbf{c})\}_{\mathbf{c}\in\mathcal{A}^p}$ 的 C^∞ 分解, 因此 $\mathrm{supp}(\chi_{\mathbf{c}})\subset\mathrm{int}\mathcal{P}_{*,\bar{t}}(\mathbf{c})$. 定义函数 $\chi_{\mathbf{c},\mathbf{a}_{\bar{t}}}$ 为 $\chi_{\mathbf{c},\mathbf{a}_{\bar{t}}}(\tau^{-q}_{\mathbf{c},\mathbf{a},\bar{t}}x)=\chi_{\mathbf{c}}(x)$ 当 $x\in\mathcal{P}_{*,\bar{t}}(\mathbf{c})$ 时, 然后再让它在其余点处为 0, 则函数 $\chi_{\mathbf{c},\mathbf{a}_{\bar{t}}}((\mathbf{a},\mathbf{c})\in\mathcal{A}^q\times\mathcal{A}^p)$ 依旧是一个 C^∞ 的单位分解. 为了保持符号的简洁, 仍用 $\chi_{\mathbf{c}}$ 和 $\chi_{\mathbf{c},\mathbf{a}_{\bar{t}}}$ 来表示 $\chi_{\mathbf{c}}\circ\pi$ 和 $\chi_{\mathbf{c},\mathbf{a}_{\bar{t}}}\circ\pi$.

引理 8.4.4 存在一个常数 $C>0$ 使得对任意的 $\phi\in C^r(D)$ 以及任意 $\bar{t}\in([-\varepsilon,\varepsilon]^2)^{\mathbb{N}}$, 有

$$\sum_{(\mathbf{a},\mathbf{c})\in\mathcal{A}^q\times\mathcal{A}^p}\|\chi_{\mathbf{c},\mathbf{a}_{\bar{t}}}\phi\|^2_{W^s}\leqslant 2\|\phi\|^2_{W^s}+C\|\phi\|^2_{L^1}\tag{8.4.16}$$

和

$$\|\phi\|^2_{W^s}\leqslant 7\sum_{\mathbf{c}\in\mathcal{A}^p}\|\chi_{\mathbf{c}}\phi\|^2_{W^s}+C\|\phi\|^2_{L^1}.\tag{8.4.17}$$

证明 当 $s=0$ 的时候证明是显然地, 假设 $s>0$. 令 t 是比 s 小的最大的整数, 则对任意 $\varepsilon'>0$, 有

$$\sum_{(\mathbf{a},\mathbf{c})\in\mathcal{A}^q\times\mathcal{A}^p}\|\chi_{\mathbf{c},\mathbf{a}_{\bar{t}}}\phi\|^2_{W^s}\leqslant(1+\varepsilon')\|\phi\|^2_{W^s}+C(\varepsilon')\|\phi\|^2_{W^t}.$$

事实上, 当 s 是一个整数时, 可以通过 (8.4.10) 来得到它, 不然, 则利用 (8.4.9) 和 (8.4.11). 因此 (8.4.16) 由 (8.4.12) 得到.

由 (8.4.13), 有 $(\chi_{\mathbf{c}}\phi, \chi_{\mathbf{c}'}\phi)_{W^s} \leqslant C\|\chi_{\mathbf{c}}\phi\|_{L^1}\|\chi_{\mathbf{c}'}\phi\|_{L^1} \leqslant C\|\phi\|_{L^1}^2$ 对任意 $C>0$ 的常数都正确, 只要 $\mathcal{P}_{*,\bar{t}}(\mathbf{c})$ 和 $\mathcal{P}_{*,\bar{t}}(\mathbf{c}')$ 的闭包并不相交. 同样有 $(\chi_{\mathbf{c}}\phi, \chi_{\mathbf{c}'}\phi)_{W^s} \leqslant (\|\chi_{\mathbf{c}}\phi\|_{W^s}^2 + \|\chi_{\mathbf{c}'}\phi\|_{W^s}^2)/2$. 应用这两个式子得到

$$\|\phi\|_{W^s}^2 = \sum_{(\mathbf{c},\mathbf{c}')\in\mathcal{A}^p\times\mathcal{A}^p} (\chi_{\mathbf{c}}\phi, \chi_{\mathbf{c}'}\phi)_{W^s},$$

这样就证明了 (8.4.17). □

现在开始证明命题 8.4.1. 由 (8.4.17), 有

$$\|\mathcal{L}_{\bar{t}}^q(\phi)\|_{W^s}^2 \leqslant 7\sum_{\mathbf{c}\in\mathcal{A}^p}\|\chi_{\mathbf{c}}\mathcal{L}_{\bar{t}}^q(\phi)\|_{W^s}^2 + C\|\phi\|_{L^1}^2 \leqslant 7\sum_{\mathbf{c}\in\mathcal{A}^p}\left\|\sum_{\mathbf{a}\in\mathcal{A}^q}\mathcal{L}_{\bar{t}}^q(\chi_{\mathbf{ca}}\phi)\right\|_{W^s}^2 + C\|\phi\|_{L^1}^2.$$

因此考虑估计

$$\left\|\sum_{\mathbf{a}\in\mathcal{A}^q}\mathcal{L}_{\bar{t}}^q(\chi_{\mathbf{ca}}\phi)\right\|_{W^s}^2 = \sum_{(\mathbf{a},\mathbf{b})\in\mathcal{A}^q\times\mathcal{A}^q}(\mathcal{L}_{\bar{t}}^q(\chi_{\mathbf{ca}}\phi), \mathcal{L}_{\bar{t}}^q(\chi_{\mathbf{cb}}\phi))_{W^s},$$

当 $\mathbf{c}\in\mathcal{A}^p$ 时.

首先考虑一对 $(\mathbf{a},\mathbf{b})\in\mathcal{A}^q\times\mathcal{A}^q$ 使得 $\mathbf{a} \pitchfork_{\mathbf{c},\bar{t}} \mathbf{b}$. 对于任意 $(\xi,\eta)\in Z\times R\backslash\{(0,0)\}$, 这蕴含要不 $(DT_{\bar{t}}^q)_{\mathbf{x}}^*(\xi,\eta)\in\mathbf{C}^*$ 对所有的 $\mathbf{x}\in\mathcal{P}_*(\mathbf{c},\mathbf{a}_{\bar{t}})\times R$ 成立, 要不 $(DT_{\bar{t}}^q)_{\mathbf{x}}^*(\xi,\eta)\in\mathbf{C}^*$ 对所有的 $\mathbf{x}\in\mathcal{P}_*(\mathbf{c},\mathbf{b}_{\bar{t}})\times R$ 成立. 令 U 是所有满足第一种可能的 $(\xi,\eta)\in Z\times R$ 构成的集合, $V=(Z\times R)\backslash U$. 当 $(\xi,\eta)\in U$ 时, 由引理 8.4.3, 存在一个常数 $C>0$ 使得 $|\mathcal{F}(\mathcal{L}_{\bar{t}}^q(\chi_{\mathbf{ca}}\cdot\phi))(\xi,\eta)| \leqslant C(\xi^2+\eta^2)^{-\rho_0/2}\|\phi\|_{\rho_0}^{\dagger}$ 以及 $|\mathcal{F}(\mathcal{L}_{\bar{t}}^q(\chi_{\mathbf{ca}}\cdot\phi))(\xi,\eta)| \leqslant C\|\phi\|_{L^1}$. 由 (8.4.2), $|\mathcal{F}(\mathcal{L}_{\bar{t}}^q(\chi_{\mathbf{ca}}\cdot\phi))(\xi,\eta)|$ 可以被 $C\|\phi\|_{\rho_0}^{\dagger}$ 进一步控制. 因此, $|\mathcal{F}(\mathcal{L}_{\bar{t}}^q(\chi_{\mathbf{ca}}\cdot\phi))(\xi,\eta)| \leqslant C(1+\xi^2+\eta^2)^{-\rho_0/2}\|\phi\|_{\rho_0}^{\dagger}$. 由于当 $s<\rho_0-1$ 时 $(1+\xi^2+\eta^2)^{-\rho_0+s}$ 可积, 所以有

$$\begin{aligned}&\left|\sum_{\xi=-\infty}^{\infty}\int \mathbf{1}_U(\xi,\eta)\cdot(1+\xi^2+\eta^2)^s\mathcal{F}(\mathcal{L}_{\bar{t}}^q(\chi_{\mathbf{ca}}\cdot\phi))\cdot\overline{\mathcal{F}(\mathcal{L}_{\bar{t}}^q(\chi_{\mathbf{cb}}\cdot\phi))}d\eta\right|\\ \leqslant{}& C\left(\sum_{\xi=-\infty}^{\infty}\int \mathbf{1}_U(\xi,\eta)\cdot(1+\xi^2+\eta^2)^s|\mathcal{F}(\mathcal{L}_{\bar{t}}^q(\chi_{\mathbf{ca}}\cdot\phi))|^2 d\eta\right)^{1/2}\|\mathcal{L}_{\bar{t}}^q(\chi_{\mathbf{cb}}\cdot\phi)\|_{W^s}\\ \leqslant{}& C\|\phi\|_{\rho_0}^{\dagger}\|\phi\|_{W^s}.\end{aligned}$$

对于在 V 中点可以证明类似的不等式, 进一步有

$$|(\mathcal{L}_{\bar{t}}^q(\chi_{\mathbf{ca}}\cdot\phi), \mathcal{L}_{\bar{t}}^q(\chi_{\mathbf{cb}}\cdot\phi))_{W^s}| \leqslant C\|\phi\|_{\rho_0}^{\dagger}\|\phi\|_{W^s}. \tag{8.4.18}$$

对于所有满足 $\mathbf{a} \not\sim_{\mathbf{c},\bar{t}} \mathbf{b}$ 的 $\mathbf{a}$ 和 $\mathbf{b}$ 求和, 则

$$\begin{aligned}\sum_{\mathbf{a}\not\sim_{\mathbf{c},\bar{t}}\mathbf{b}}((\mathcal{L}_{\bar{t}}^q(\chi_{\mathbf{ca}}\cdot\phi),(\mathcal{L}_{\bar{t}}^q(\chi_{\mathbf{cb}}\cdot\phi))_{W^s} &\leqslant \sum_{\mathbf{a}\not\sim_{\mathbf{c},\bar{t}}\mathbf{b}}\frac{\|\mathcal{L}_{\bar{t}}^q(\chi_{\mathbf{ca}}\cdot\phi)\|_{W^s}^2+\|\mathcal{L}_{\bar{t}}^q(\chi_{\mathbf{cb}}\cdot\phi)\|_{W^s}^2}{2}\\ &\leqslant \boldsymbol{e}_{\bar{t}}(q)\sum_{\mathbf{a}\in\mathcal{A}^q}\|\mathcal{L}_{\bar{t}}^q(\chi_{\mathbf{ca}}\cdot\phi)\|_{W^s}^2.\end{aligned} \tag{8.4.19}$$

对于和式的最后一项, 可以有估计

$$\|\mathcal{L}_{\bar{t}}^q(\chi_{\mathbf{ca}}\cdot\phi)\|_{W^s}^2 \leqslant \frac{C_0\|\chi_{\mathbf{ca}}\cdot\phi\|_{W^s}^2}{\lambda^{(1+2s)q}l^q}+C\|\phi\|_{L^1}^2, \tag{8.4.20}$$

其中 C_0 是一个依赖 λ, l 和 κ 的常数. 事实上, 当 s 是一个整数的时候可以由 (8.4.10) 来证明它, 其他情况利用 (8.4.9) 和 (8.4.11) 即可.

由 (8.4.18)~(8.4.20), (8.4.16) 和 (8.4.2), 得到

$$\begin{aligned}\sum_{\mathbf{c}\in\mathcal{A}^p}\left\|\sum_{\mathbf{a}\in\mathcal{A}^q}\mathcal{L}_{\bar{t}}^q(\chi_{\mathbf{ca}}\cdot\phi)\right\|_{W^s}^2 &\leqslant \frac{C_0\boldsymbol{e}_{\bar{t}}(q)}{\lambda^{(1+2s)q}l^q}\sum_{(\mathbf{a},\mathbf{c})\in\mathcal{A}^q\times\mathcal{A}^p}\|\chi_{\mathbf{ca}}\cdot\phi\|_{W^s}^2+C\|\phi\|_{W^s}\|\phi\|_{\rho_0}^{\dagger}\\ &\leqslant 2\frac{C_0\boldsymbol{e}_{\bar{t}}(q)}{\lambda^{(1+2s)q}l^q}\|\phi\|_{W^s}^2+C\|\phi\|_{W^s}\|\phi\|_{\rho_0}^{\dagger}.\end{aligned}$$

最后注意当 $\|\bar{t}\|$ 足够小时 $\boldsymbol{e}_{\bar{t}}(q)\leqslant\boldsymbol{e}(q)$, 证得了结论.

8.4.4 无界区域上的随机双曲动力系统的谱分析

引理 8.4.5 *令 $\delta\in(l^{-1},1)$. 存在 $C>0$ 使得, 对整数 $1\leqslant\rho\leqslant r-1$, 以及 $n\in\mathbb{N}$,*

$$\|\mathcal{L}_\varepsilon^n h\|_\rho^{\dagger}\leqslant C\delta^{\rho n}\|h\|_\rho^{\dagger}+C\|h\|_{\rho-1}^{\dagger}.$$

证明 通过对 ρ 归纳来证明这个引理. 令 $\rho\geqslant 1$. 由引理 8.4.1, 存在 $N\in\mathbb{N}$ 和 $C>0$ 使得

$$\|\mathcal{L}_\varepsilon^N h\|_\rho^{\dagger}\leqslant \delta^{\rho N}\|h\|_\rho^{\dagger}+C\|h\|_{\rho-1}^{\dagger}. \tag{8.4.21}$$

因此 $\rho=1$ 的情形是成立的, 如果反复迭代 (8.4.21) (利用引理 8.4.1). 进一步地, 由归纳假设知 $\|\mathcal{L}_\varepsilon^n h\|_{\rho-1}^{\dagger}\leqslant C\|h\|_{\rho-1}^{\dagger}$. 因此, 再次迭代 (8.4.21) 得到结论. □

引理 8.4.6 *令 $\delta\in(l^{-1},1)$ 以及令 $0\leqslant\rho_1<\rho_0\leqslant r-1$ 是整数. 令 $v(\rho_0,\rho_1)=\sum_{j=\rho_1+1}^{\rho_0}\frac{1}{j}$. 存在常数 $C>0$ 使得对任意的 $n\in\mathbb{N}$,*

$$\|\mathcal{L}_\varepsilon^n h\|_{\rho_0}^{\dagger}\leqslant C\delta^{n/v(\rho_0,\rho_1)}\|h\|_{\rho_0}^{\dagger}+C\|h\|_{\rho_1}^{\dagger}.$$

证明 令 n 是 $(r-1)!$ 的倍数, 则对 $\rho_1+1\leqslant\rho\leqslant\rho_0$ 进行归纳, 可以由引理 8.4.5 得到

$$\left\|\mathcal{L}_\varepsilon^{(\frac{1}{\rho}+\cdots+\frac{1}{\rho_1+1})n}h\right\|_\rho^{\dagger}\leqslant C\delta^n\|h\|_\rho^{\dagger}+C\|h\|_{\rho_1}^{\dagger}.$$

对于 $\rho=\rho_0$, 得到 $\|\mathcal{L}_\varepsilon^{v(\rho_0,\rho_1)n}h\|_{\rho_0}^\dagger \leqslant C\delta^n\|h\|_{\rho_0}^\dagger + C\|h\|_{\rho_1}^\dagger$. □

由横截的性质, $\limsup\limits_{q\to\infty}\dfrac{\boldsymbol{e}(q)}{(\lambda^{1+2sl})^q}=0$. 因此可以让 q 足够大使得 $\left(\dfrac{(B_0\boldsymbol{e}(q))^{1/q}}{\lambda^{1+2sl}}\right)$ <1. 这里固定 q.

定理8.4.4 令 $0\leqslant\rho_1<\rho_0\leqslant r-1$ 是满足 $s<\rho_0-1$ 的整数. 令 $v=v(\rho_0,\rho_1)$ 与上个引理中 v 的相同且

$$\gamma\in\left(\max\left(l^{-1/v},\sqrt{\frac{(B_0\boldsymbol{e}(q))^{1/q}}{\lambda^{1+2sl}}}\right),1\right).$$

再令 $\|\phi\|:=\|\phi\|_{W^s}+\|\phi\|_{\rho_0}^\dagger$, 则存在一个常数 C 满足对任意的 $n\in\mathbb{N}$,

$$\|\mathcal{L}_\varepsilon^n\phi\|\leqslant C\gamma^n\|\phi\|+C\|\phi\|_{\rho_1}^\dagger.$$

证明 由于 $\sqrt{a+b}\leqslant\sqrt{a}+\sqrt{b}$ 以及 $\sqrt{ab}\leqslant\varepsilon' a+\varepsilon'^{-1}b$, 命题 8.4.1推出

$$\|\mathcal{L}_\varepsilon^q\phi\|_{W^s}\leqslant\left(\frac{(B_0\boldsymbol{e}(q))^{1/q}}{\lambda^{1+2sl}}\right)^{q/2}\|\phi\|_{W^s}+\varepsilon'\|\phi\|_{W^s}+C(\varepsilon')\|\phi\|_{\rho_0}^\dagger.$$

由于 $\left(\dfrac{(B_0\boldsymbol{e}(q))^{1/q}}{\lambda^{1+2sl}}\right)^{q/2}<\gamma^q$, 选取 ε' 足够小就有

$$\|\mathcal{L}_\varepsilon^q\phi\|_{W^s}\leqslant\gamma^q\|\phi\|_{W^s}+C\|\phi\|_{\rho_0}^\dagger.$$

迭代这个方程 K 次得到

$$\|\mathcal{L}_\varepsilon^{Kq}\phi\|_{W^s}\leqslant\gamma^{Kq}\|\phi\|_{W^s}+C(K)\|\phi\|_{\rho_0}^\dagger \tag{8.4.22}$$

对某个常数 $C(K)$ 成立. 当 K 足够大时, 由 γ 的选取和引理 8.4.6有

$$\|\mathcal{L}_\varepsilon^{Kq}\phi\|_{\rho_0}^\dagger\leqslant\frac{\gamma^{Kq}}{2}\|\phi\|_{\rho_0}^\dagger+C'(K)\|\phi\|_{\rho_1}^\dagger. \tag{8.4.23}$$

固定一个这样的 K, 然后定义一个范数 $\|\phi\|^*:=\|\phi\|_{W^s}+2C(K)\gamma^{-Kq}\|\phi\|_{\rho_0}^\dagger$. 对 (8.4.22) 和 (8.4.23) 作和后得到

$$\|\mathcal{L}_\varepsilon^{Kq}\phi\|^*\leqslant\gamma^{Kq}\|\phi\|^*+C\|\phi\|_{\rho_1}^\dagger.$$

迭代这个方程 (注意 $\|\mathcal{L}_\varepsilon^n\phi\|_{\rho_1}^\dagger\leqslant C\|\phi\|_{\rho_1}^\dagger$ 对某个不依赖于 n 的常数 C 成立, 由引理 8.4.5 知), 对于范数 $\|\cdot\|^*$ 得到了定理的结论. 由于该范数与原范数 $\|\cdot\|$ 等价, 因此完成了证明. □

推论 8.4.1 对于扰动系统定理 8.4.1 的结论成立.

证明 选取 $\rho_0 = r-1$ 和 $\rho_1 = 0$. 因为 $s < r-2$, 它们满足定理 8.4.4的假设. 固定一个非负函数 $\Psi_0 \in C^r(D)$ 使得 $\int \Psi_0 dm = 1$, 其中 m 为 D 上的 Lebesgue 测度. 对于给定的 ε, 令 $\Psi_n = \frac{1}{n}\sum_{i=0}^{n-1} \mathcal{L}_\varepsilon^i \Psi_0$. 由定理 8.4.4, 序列 Ψ_n $(n \geqslant 1)$ 被范数 $\|\cdot\|$ 所控制, 因此也同样被范数 $\|\cdot\|_{W^s}$ 控制. 所以存在一个子序列 $n(k) \to \infty$ 满足 $\Psi_{n(k)}$ 弱收敛到 Hilbert 空间 $W^s(S^1 \times R)$ 中的某一个元素 Ψ_∞. Ψ_∞ 恰恰是算子 $\mathcal{L}_\varepsilon$ 的不动点. 进一步地, 经过简单检验知 Ψ_∞ 就是所求的密度. □

令 $\mathcal{B}$ 是 $C^r(D)$ 空间在范数 $\|\cdot\|$ 下的完备化. 它是一个包含在 $W^s(D)$ 内且包含 $C^{r-1}(D)$ 的 Banach 空间. 令 $\mathcal{B}'$ 是 $C^r(D)$ 空间在范数 $\|\cdot\|_\rho^\dagger$ 下的完备化.

引理 8.4.7 当 $\rho + \frac{1}{2} < s$ 时, $\mathcal{B}$ 的单位球在 $\mathcal{B}'$ 内是相对紧的.

证明 因为 $\|\phi\| := \|\phi\|_{W^s} + \|\phi\|_{\rho_0}^\dagger$, 故 $\mathcal{B}$ 在 $W^s(D)$ 内的嵌入是连续的. 令 $t \in (\rho + 1/2, s)$, 则由 Sobolev 嵌入定理, $W^s(D)$ 在 $W^t(D)$ 内的嵌入是紧的. 最后, 只需检验映射 $W^t(D) \to \mathcal{B}'$ 是连续的. 由于 $t > \rho + \frac{1}{2}$, [1, 定理 7.58(iii)] (应用 $p = q = 2$, $k = 1$ 和 $n = 2$ 的情形) 证明了, 对任意光滑曲线 $\mathcal{C} \subset D$ 和任意的 $\phi \in W^t(D)$,

$$\|\partial_x^\alpha \partial_y^\beta \phi\|_{L^2(\mathcal{C})} \leqslant C(\mathcal{C})\|\phi\|_{W^t(D)},$$

只要 α 和 β 是满足 $\alpha + \beta \leqslant \rho$ 的非负整数. 常数 $C(\mathcal{C})$ 可以选成对 Γ 中的所有曲线是一致的, 这样就得到了 $\|\phi\|_\rho^\dagger \leqslant C\|\phi\|_{W^t(D)}$. □

推论 8.4.2 令 $1/2 < s < r-2$. 如果

$$\gamma \in \left(\sqrt{\frac{(B_0 \boldsymbol{e}(q))^{1/q}}{\lambda^{1+2s} l}}, 1\right),$$

则定理 8.4.2对于这样的 γ 成立.

证明 令 ρ_0 是满足 $s < \rho_0 - 1$ 的最小的整数, ρ_1 是满足 $\rho_1 < s - 1/2$ 的最大的整数, 都满足定理 8.4.4的假设, 而且 $v(\rho_0, \rho_1) \leqslant 1 + \frac{1}{2} + \frac{1}{3} < 2$. 因此,

$$l^{-1/v} < \frac{1}{\sqrt{l}} < \sqrt{\frac{(B_0 \boldsymbol{e}(q))^{1/q}}{\lambda^{1+2s} l}}.$$

注意定理 8.4.4 给出了关于空间 $\mathcal{B}$ 和空间 $\mathcal{B}'$ 的 Lasota-Yorke 不等式, 因此推论是 Hennion 定理[13] 的标准结果, 如果利用引理 8.4.7. □

引理 8.4.8 对于任意的 $h \in C^r(D)$ 以及任意小的 ε, $1 \leqslant \rho \leqslant r-2$,

$$\|\mathcal{L}_\varepsilon h - \mathcal{L}h\|_\rho^\dagger \leqslant C\varepsilon \|h\|_{\rho+1}^\dagger. \tag{8.4.24}$$

证明　显然, 只要证明下式即可：

$$\|\mathcal{L}_{T+t}h-\mathcal{L}_Th\|_\rho^\dagger\leqslant Ct\|h\|_{\rho+1}^\dagger,$$

其中

$$\mathcal{L}h=\mathcal{L}_Th=\frac{1}{\lambda l}\sum_{(x',y')\in T^{-1}(x,y)}h(x',y'),$$

$$\mathcal{L}_{T+t}h=\frac{1}{\lambda l}\sum_{(x',y')\in (T+t)^{-1}(x,y)}h(x',y').$$

考虑满足 $1\leqslant\rho\leqslant r-2$ 和 $\alpha+\beta=\rho$ 的非负整数 ρ,α,β, 对 $\mathcal{L}h$ 两边作微分, 有

$$\partial_x^\alpha\partial_y^\beta\mathcal{L}_Th(x,y)=\sum_{(x',y')\in T^{-1}(x,y)}\sum_{a+b\leqslant\rho}Q_{a,b}(x)\frac{\partial_x^a\partial_y^bh(x',y')}{\lambda^{1+b}l^{1+a}},$$

其中 $Q_{a,b}(\cdot)$ 是属于 C^{a+b} 中的函数. 容易验证 $Q_{a,b}(\cdot)$ 的 C^{a+b} 范数被某个常数控制. 同时也存在

$$\partial_x^\alpha\partial_y^\beta\mathcal{L}_{T+t}h(x,y)=\sum_{(x',y')\in (T+t)^{-1}(x,y)}\sum_{a+b\leqslant\rho}Q_{a,b,t}(x)\frac{\partial_x^a\partial_y^bh(x',y')}{\lambda^{1+b}l^{1+a}},$$

其中 $Q_{a,b,t}(\cdot)$ 与 $Q_{a,b}(\cdot)$ 具备类似的性质, 进一步, $|Q_{a,b}(\cdot)-Q_{a,b,t}(\cdot)|_{C^{a+b}}\leqslant Ct$.

对于 $\gamma\in\Gamma$ 和 $\phi\in\mathcal{C}^\rho(\gamma)$, 估计 $\displaystyle\int\phi(s)\partial_x^\alpha\partial_y^\beta\mathcal{L}h(\gamma(s))ds$. 令 γ_i (相应地, $\gamma_{i,t}$), $1\leqslant i\leqslant l$ 是曲线 γ 在 T(相应地, $(T+t)$) 下的逆象, 把它们写成 $\widehat{\gamma}_i\in\Gamma$(相应地, $\widehat{\gamma}_{i,t}\in\Gamma$) 和一个 C^r 微分同胚 g_i 的复合 $\widehat{\gamma}_i\circ g_i$(相应地, $\widehat{\gamma}_{i,t}\circ g_i$). 由于 $T+t$ 只是 T 的平移, 以上的复合都是有意义的, 而且, $\widehat{\gamma}_{i,t}$ 也恰恰是 $\widehat{\gamma}_i$ 的平移, 满足 $|\widehat{\gamma}_i-\widehat{\gamma_{i,t}}|_{C^r}\leqslant Ct$.

然后有

$$\begin{aligned}&\int\phi(s)\partial_x^\alpha\partial_y^\beta\mathcal{L}h(\gamma(s))ds\\=&\sum_{1\leqslant i\leqslant l}\sum_{a+b\leqslant\rho}\int\phi(s)\frac{Q_{a,b}(\pi\circ\gamma(s))\cdot\partial_x^a\partial_y^bh(\gamma_i(s))}{\lambda^{(1+b)}l^{(1+a)}}ds\\=&\sum_{1\leqslant i\leqslant l}\sum_{a+b\leqslant\rho}\int\frac{\phi(g_i^{-1}(s))\cdot Q_{a,b}(\pi\circ\gamma\circ g_i^{-1}(s))(g_i^{-1})'(s)\cdot\partial_x^a\partial_y^bh(\widehat{\gamma}_i(s))}{\lambda^{(1+b)}l^{(1+a)}}ds.\end{aligned}\tag{8.4.25}$$

类似地

$$\begin{aligned}
&\int \phi(s)\partial_x^\alpha\partial_y^\beta\mathcal{L}_{T+t}h(\gamma(s))ds\\
=&\sum_{1\leqslant i\leqslant l}\sum_{a+b\leqslant\rho}\int\phi(s)\frac{Q_{a,b,t}(\pi\circ\gamma(s))\cdot\partial_x^a\partial_y^b h(\gamma_{i,t}(s))}{\lambda^{(1+b)}l^{(1+a)}}ds\\
=&\sum_{1\leqslant i\leqslant l}\sum_{a+b\leqslant\rho}\int\frac{\phi(g_i^{-1}(s))\cdot Q_{a,b,t}(\pi\circ\gamma\circ g_i^{-1}(s))(g_i^{-1})'(s)\cdot\partial_x^a\partial_y^b h(\widehat{\gamma}_{i,t}(s))}{\lambda^{(1+b)}l^{(1+a)}}ds.
\end{aligned}\tag{8.4.26}$$

首先

$$\begin{aligned}
&\big|\phi(g_i^{-1}(s))Q_{a,b}(\pi\circ\gamma\circ g_i^{-1}(s))(g_i^{-1})'(s)\partial_x^a\partial_y^b h(\widehat{\gamma}_i(s))\\
&-\phi(g_i^{-1}(s))Q_{a,b,t}(\pi\circ\gamma\circ g_i^{-1}(s))(g_i^{-1})'(s)\partial_x^a\partial_y^b h(\widehat{\gamma}_i(s))\big|\\
=&\left|\int\phi(g_i^{-1}(s))\partial_x^a\partial_y^b h(\widehat{\gamma}_i(s))(g_i^{-1})'(s)(Q_{a,b}(\pi\circ\gamma\circ g_i^{-1}(s))\right.\\
&\left.-Q_{a,b,t}(\pi\circ\gamma\circ g_i^{-1}(s)))ds\right|.
\end{aligned}\tag{8.4.27}$$

由于 $|Q_{a,b}(\cdot)-Q_{a,b,t}(\cdot)|_{C^{a+b}}\leqslant Ct$, $|\phi(\cdot)_{C^{\alpha+\beta}}|\leqslant C$ 以及 $|g_i^{-1}(\cdot)|_{C^r}\leqslant C$, 因此可以推断出 (8.4.27) 比 $Ct\|h\|_{\rho+1}^{\dagger}$ 小.

因此只需要估计

$$\begin{aligned}
&\left|\int\phi(g_i^{-1}(s))\cdot Q_{a,b,t}(\pi\circ\gamma\circ g_i^{-1}(s))(g_i^{-1})'(s)(\partial_x^a\partial_y^b h(\widehat{\gamma}_i(s))-\partial_x^a\partial_y^b h(\widehat{\gamma}_{i,t}(s)))ds\right|\\
=&\left|\int\phi(g_i^{-1}(s))\cdot Q_{a,b,t}(\pi\circ\gamma\circ g_i^{-1}(s))(g_i^{-1})'(s)\right.\\
&\left.\times\int_0^1 D\partial_x^\alpha\partial_y^\beta h(\widehat{\gamma}_{i,t}(s)+s'(\widehat{\gamma}_i(s)-\widehat{\gamma}_{i,t}(s)))\cdot(\widehat{\gamma}_i(s)-\widehat{\gamma}_{i,t}(s))ds'ds\right|.
\end{aligned}\tag{8.4.28}$$

由于 $\widehat{\gamma}_{i,t}$ 是 $\widehat{\gamma}$ 的平移, 自然有 $\widehat{\gamma}_{i,t}(s)+s'(\widehat{\gamma}_i(s)-\widehat{\gamma}_{i,t}(s))\in\Gamma$. 因此当 s' 被固定住时, 每个积分都是沿着 Γ 的一条曲线作的, 因此 (8.4.28) 至多为

$$C\|h\|_{\rho+1}^{\dagger}|\widehat{\gamma}_{i,t}-\widehat{\gamma}_i|_{C^r}\leqslant Ct\|h\|_{\rho+1}^{\dagger}.$$

结合 (8.4.25)~(8.4.28), 即证得了引理. □

固定任意的 $\varrho\in\left(\sqrt{\dfrac{(B_0\boldsymbol{e}(q))^{1/q}}{\lambda^{1+2s}l}},1\right)$, 然后用 $\mathrm{sp}(\mathcal{L})$ 代表算子 $\mathcal{L}:\mathcal{B}\to\mathcal{B}$ 的谱. 集合 $\mathrm{sp}(\mathcal{L})\cap\{z\in\mathbb{C}:|z|\geqslant\varrho\}$ 由有限个有限重的特征根 $\lambda_1,\cdots,\lambda_k$ 所组成. 稍稍改变 ϱ, 如果有必要的话, 可以假定 $\mathrm{sp}(\mathcal{L})\cap\{z\in\mathbb{C}:|z|=\varrho\}=\varnothing$. 因此存在 $\delta_*<\varrho-\sqrt{\dfrac{(B_0\boldsymbol{e}(q))^{1/q}}{\lambda^{1+2s}l}}$ 满足

$$|\lambda_i-\lambda_j|>\delta_*\ \ (i\neq j);\qquad \mathrm{dist}(\mathrm{sp}(\mathcal{L}),\{|z|=\varrho\})>\delta_*.$$

结合引理 8.4.7、引理 8.4.8、引理 8.4.1和定理 8.4.4的结果, 即可以得到

定理 8.4.5 对于任意的 $\delta \in (0, \delta_*]$ 和 $\eta < 1 - \dfrac{\log \varrho}{\log \sqrt{\dfrac{(B_0 \boldsymbol{e}(q))^{1/q}}{\lambda^{1+2sl}}}}$, 存在 ε_0 使得对任意的 $\mathcal{L}_\varepsilon$, 只要 $\varepsilon \leqslant \varepsilon_0$ 就有

(1) 谱投影算子

$$\Pi_\varepsilon^{(j)} := \frac{1}{2\pi i} \int_{\{|z-\lambda_j|=\delta\}} (z - \mathcal{L}_\varepsilon)^{-1} dz$$

和

$$\Pi_\varepsilon^{(\varrho)} := \frac{1}{2\pi i} \int_{\{|z|=\varrho\}} (z - \mathcal{L}_\varepsilon)^{-1} dz$$

在 $\mathcal{B}$ 上是有定义的. 类似地, 用 $\Pi_0^{(j)}$ 和 $\Pi_0^{(\varrho)}$ 来表示算子 $\mathcal{L}$ 所对应的谱投影算子;

(2) 存在 $K_1 > 0$ 满足 $\|\Pi_\varepsilon^{(j)} - \Pi_0^{(j)}\|_{\mathcal{B}\to\mathcal{B}'} \leqslant K_1 \varepsilon^\eta$ 以及 $\|\Pi_\varepsilon^{(\varrho)} - \Pi_0^{(\varrho)}\|_{\mathcal{B}\to\mathcal{B}'} \leqslant K_1 \varepsilon^\eta$;

(3) $\operatorname{rank}(\Pi_\varepsilon^{(j)}) = \operatorname{rank}(\Pi_0^{(j)})$;

(4) 存在 $K_2 > 0$ 满足 $\|\mathcal{L}_\varepsilon^n \Pi_\varepsilon^{(\varrho)}\|_{\mathcal{B}} \leqslant K_2 \varrho^n$ 对任意 $n \in \mathbb{N}$ 成立.

特别地, 这个定理蕴含了算子 $\mathcal{L}$ 的孤立特征值 λ_j 的稳定性. 再注意到转移算子的特征值与衰退率之间的关系, 不难得出定理 8.4.3 成立.

参 考 文 献

[1] Adams R A. Sobolev Spaces. Pure and Applied Mathematics, Vol. 65. Academic Press, 1975.

[2] Avila A, Gouëzel S, Tsujii M. Smoothness of solenoidal attractors. *Discrete Contin. Dyn. Syst.*, 2006, 15(1): 21-35.

[3] Benedicks M, Viana M. Random perturbations and statistical properties of Hénon-like maps. *Ann. Inst. H. Poincaré Anal. Non Linéare*, to appear.

[4] Blank M, Keller G, Liverani C. Ruelle-Perron-Frobenius spectrum for Anosov maps. *Nonlinearity*, 2001, 15(6): 1905-1973.

[5] Bonatti C, Díaz L J, Viana M. Dynamics Beyond Uniform Hyperbolicity: A Global Geometric and Probabilistic Perspective. Berlin: Springer-Verlag, 2005.

[6] Brin M, Katok A. On Local Entropy. *Lect. Not. Math.* 1007. Springer-Verlag, 1983: 30-38.

[7] Brin M, Kifer Y. Dynamics of Markov chains and stable manifolds for random diffeomorphisms. *Ergod. Th. Dynam. Syst.*, 1987, 7: 351-374.

[8] Cowieson W, Young L S. SRB measures as zero-noise limits. *Ergod. Th. Dynam. Syst.*, 2005, 25: 1115-1138.

[9] Chen Z P, Liu P D. Orbit shift stability of a class of self-covering maps. *Sci. China*, Ser. A, 1991, 34(1): 1-13.

[10] Dolgopyat D. On differentiability of SRB states for partially hyperbolic systems. *Invent. Math.*, 2004, 155: 389-449.

[11] Gouëzel S, Liverani C. Banach spaces adapted to anosov systems. *Ergodic Theory and Dynamical Systems*, 2006, 26(1): 189-217.

[12] Hasselblatt B, Pesin Y. Partially hyperbolic dynamical systems// Hasselblatt B, Katok A, eds, *Handbook of Dynamical Systems*, Vol. 1B, Amsterdam: Elsevier, 2006: 1-55.

[13] Hennion H. Sur un théorème spectral et son application aus noyaux lipschitziens. *Proc. Amer. Math. Soc.*, 1993, 118: 627-634.

[14] Hirsch M W, Palis J, Pugh C, et al. Neighborhoods of hyperbolic sets. *Invent. Math.*, 1970, 9: 121-134.

[15] Hörmander L. The Analysis of Linear Partial Differential Operators. I. 2nd edition, Berlin: Springer-Verlag, 1990.

[16] Hu H, Young L S. Nonexistence of SBR measures for some diffeomorphisms that are 'almost Anosov'. *Ergod. Th. Dynam. Syst.*, 1995, 15: 67-76.

[17] Katok A, Kifer Y. Random perturbations of transformations of an interval. *J. Analyse Math.*, 1986, 47: 193-237.

[18] Katok A, Hasselblatt B. Introduction to the Modern Theory of Dynamical Systems. Cambridge University Press, 1995.

[19] Keller G. Stochastic stability of some chaotic dynamical systems. *Monatsh. Math.*, 1982, 94: 313-333.

[20] Keller G, Liverani C. Stability of the spectrum for transfer operators. *Annali della Scuola Normale Superiore di Pisa, Scienze Fisiche e Matematiche.* 1999, (4)XXVIII: 141-152.

[21] Kifer Y. Random perturbations of dynamical systems. Boston: Birkhäuser, 1988.

[22] Ledrappier F, Young L S. The metric entropy of diffeomorphisms. Part I: Characterization of measures satisfying Pesin's formula. *Ann. Math.*, 1985, 122: 509-539.

[23] Liu P D, Lu K. Random diffeomorphism perturbations of partially hyperbolic attractors. *Preprint.*

[24] Liu P D, Qian M. Smooth Ergodic Theory of Random Dynamical Systems. Lect. Not. Math. 1606. New York: Springer, 1995.

[25] Sinai Y G. Gibbs measures in ergodic theory. *Russian Math. Surveys*, 1972, 27(4): 21-69.

[26] Tsujii M. Fat solenoidal attractors. Nonlinearity, 2001, 14: 1011-1027.

[27] Blatter G, Feigelman M V, Geshkenbein V B, et al. Vortices in high-temperature superconductors. *Rev. Modern Phys.*, 1994, 66: 1125-1388.

[28] Elworthy K D. Stochastic Differential Equations on Manifolds. London: Cambridge University Press, 1982.

[29] E W, Khanin K, Mazel A, et al. Invariant measures for Burgers equation with stochastic forcing. *Ann. of Math.*, 2000, 151: 877-960.

[30] Feigelman M V. One-dimensional periodic structures in a weak random potential. *Sov. Phys. JETP*, 1980, 52: 555-561.

[31] Hairer M, Voss J. Approximations to the Stochastic Burgers equation. *Journ. Nonlin. Sci.*, 2011, 12: 897-920.

[32] Kifer Y. The Burgers equation with a random force and a general model for directed polymers in random environments. *Probab. Theory Related Fields*, 1997, 108: 29-65.

[33] Krug J, Spohn H. Kinetic Roughening of Growing Surfaces. London: Cambridge University Press, 1992.

[34] Sinai Y. Two results concerning asymptotic behavior of solutions of the Burgers equation with force. *J. Statist. Phys*, 1991, 64: 1-12.

[35] Sinai Y. Burgers system driven by a periodic stochastic flow. //Ikeda N, et al., eds. *Ito's Stochastic Calculus and Probability Theory.* New York: Springer-Verlag, 1996: 347-353.

[36] Viana M. Dynamics: a probabilistic and geometric perspective. Proceedings of the International Congress of Mathematicians, Vol. I (Berlin, 1998). Doc. Math. 1998, Extra Vol. I, 557–578 (electronic).